Une histoire de tout, ou presque...

Bill Bryson

Une histoire de tout, ou presque…

Traduit de l'anglais (États-Unis) par Françoise Bouillot

Ouvrage traduit avec le concours du Centre national du livre

ÉDITIONS
FRANCE
LOISIRS

Titre original : *A Short History of Nearly Everything*
publié par Doubleday, a division of Transworld Publishers

Édition du Club France Loisirs,
avec l'autorisation des Éditions Payot & Rivages

Éditions France Loisirs,
123, boulevard de Grenelle, Paris
www.franceloisirs.com

ISBN : 978-2-7441-9900-4

À Meghan et Chris. Bienvenue.

« Le physicien Leo Szilard annonça un jour à son ami Hans Bethe qu'il envisageait de tenir un journal : "Je n'ai pas l'intention de le publier. Je compte simplement consigner les faits pour l'édification de Dieu." "Tu ne crois pas que Dieu connaît les faits ?" demanda Bethe. "Certes, Il les connaît, répliqua Szilard, mais Il ne connaît pas *cette version des faits*." »

Hans Christian von Baeyer,
Taming the Atom.

Introduction

Bienvenue. Et félicitations. Ravi de voir que vous y êtes arrivé. Je sais que ça n'a pas été facile – et même un peu plus compliqué que vous ne le soupçonnez.

Avant tout, il a fallu, pour que vous soyez là aujourd'hui, que des billions d'atomes errant au hasard aient la curieuse obligeance de s'assembler de façon complexe pour vous créer. Cet arrangement est si particulier qu'il n'a jamais été tenté auparavant et n'existera qu'une seule fois. Pendant les années à venir (encore nombreuses, souhaitons-le), ces minuscules particules vont accomplir sans rechigner les milliards de tâches délicates nécessaires pour vous conserver intact et vous permettre de jouir de cet état suprêmement agréable, mais pas toujours apprécié à sa juste valeur, qu'est l'existence.

Il reste que la raison qui pousse les atomes à prendre toute cette peine nous laisse assez perplexes. Être vous-même n'est pas une expérience gratifiante au niveau atomique. Si dévoués soient-ils, vos atomes ne se soucient pas de vous : ils ne savent même pas que vous êtes là. D'ailleurs, ils ne savent pas non plus qu'*ils* sont là : ce ne sont que de stupides particules même pas vivantes. (Arrêtons-nous un instant sur ce fait étrange que si vous deviez vous extraire vous-même à la pince à épiler, atome après atome, vous obtiendriez un petit tas de fine poussière atomique qui n'a jamais été vivante mais qui a autrefois été vous.) Pourtant, tout au long de votre existence, elles obéiront à une seule et unique pulsion : vous conserver.

La mauvaise nouvelle, c'est que les atomes sont inconstants et que leur temps de dévotion est des plus fugaces. Même une longue vie humaine se monte à environ 650 000 heures en tout et pour tout. À la fin de ce modeste parcours, pour des raisons inconnues, vos atomes vont se dissocier sans bruit et aller vaquer à d'autres affaires. Pour vous, tout sera dit.

Estimez-vous encore heureux que cela vous soit arrivé. En règle générale, à ce que l'on sait, cela ne se produit pas dans l'univers. C'est d'ailleurs fort curieux, car les atomes qui s'assemblent si libéralement et agréablement pour former des choses vivantes sur terre sont exactement les mêmes qui se refusent catégoriquement à le faire sur d'autres planètes. Quoi qu'elle puisse être par ailleurs, la vie sur le plan chimique est remarquablement terre à terre : du carbone, de l'hydrogène, de l'oxygène et de l'azote, un soupçon de calcium, une pincée de soufre, un léger nappage d'éléments tout aussi ordinaires – rien qu'on ne pourrait trouver au bazar du coin – et l'affaire est faite. Le seul caractère remarquable des atomes qui vous constituent, c'est qu'ils vous constituent. On appelle cela le miracle de la vie.

Que les atomes fabriquent ou non de la vie dans d'autres portions de l'Univers, ils font en tout cas des tas d'autres choses : en gros, tout le reste. Sans eux, il n'y aurait pas d'eau, ni d'air, ni de roches, pas d'étoiles ni de planètes, pas de lointains nuages de gaz ni de nébuleuses spirales, ni aucune de ces choses qui donnent à l'Univers son heureuse matérialité. Les atomes sont si nombreux et si nécessaires que nous tendons souvent à oublier qu'ils pourraient ne pas exister. Il n'y a pas de loi exigeant que l'Univers se remplisse de petites particules de matière, qu'il produise la lumière, la gravité et toutes les autres propriétés physiques dont dépend notre existence. Il n'y a d'ailleurs pas besoin d'un univers du tout. La plupart du temps, il n'y en a pas eu. Il n'y avait pas d'atomes et pas d'univers où ils puissent flotter. Il n'y avait rien, rien du tout – nulle part.

Donc, nous sommes bien contents pour les atomes. Mais avoir des atomes qui s'assemblent de façon délibérée n'est qu'un aspect du processus qui vous a amené ici. Pour être ici maintenant, vivant au XXIe siècle et assez malin pour le savoir, vous avez dû bénéficier d'une remarquable ligne de chance biologique. La survie sur terre est une affaire étonnamment épineuse. Sur les milliards et les milliards d'espèces vivantes qui ont existé depuis l'aube de la création, la plupart – 99,99 % – ne sont plus là. Il se trouve que la vie sur terre n'est pas seulement brève, mais d'une précarité consternante. C'est un trait curieux de notre existence que d'être issus d'une planète qui excelle à faire naître la vie, mais est meilleure encore dans son extinction.

Sur terre, la durée de vie moyenne d'une espèce ne dépasse guère 4 millions d'années, de sorte que si vous voulez tenir le coup pendant des milliards d'années, il vous faut être aussi inconstant que les atomes qui vous ont constitué. Vous devez être prêt à tout changer en vous – forme, taille, couleur, espèce – et ce à plusieurs reprises. C'est plus facile à dire qu'à faire, parce que les modifications s'opèrent au hasard. Pour passer de l'état de « globule atomique protoplasmique primordial » (selon les termes de Gilbert et Sullivan) à celui d'humain debout sur ses deux jambes et doué de sensations, il vous a fallu muter sans cesse de nouveaux caractères, d'une façon très opportune, pendant un temps extrêmement long. Ainsi, à diverses périodes au cours des derniers 3,8 milliards d'années, vous avez successivement abhorré l'oxygène avant de l'adorer, développé des nageoires, des membres et de jolies ailes, pondu des œufs, balayé l'air d'une langue fourchue ; vous avez vécu sous terre, dans les arbres, vous avez été mince, couvert de poils, vous avez été plus gros qu'un cerf et plus petit qu'une souris, et encore un million d'autres choses. Il aurait suffi d'une infime déviation dans tous ces changements évolutionnaires pour que vous soyez en train de lécher des algues sur les parois d'une grotte, de vous prélasser tel un phoque sur un rivage rocheux, ou de souffler de l'air par un trou situé au sommet de votre tête avant de plonger vingt mètres sous l'eau pour avaler une bouchée de délicieux arénicoles.

Vous avez non seulement été assez verni pour appartenir depuis des temps immémoriaux à une ligne d'évolution favorisée, mais vous avez eu également une chance insolente – voire miraculeuse – dans vos ancêtres personnels. Considérez que pendant 3,8 milliards d'années, soit une période plus ancienne que les montagnes, les fleuves et les océans de la Terre, chacun de vos ancêtres des deux côtés a été assez séduisant pour trouver un(e) partenaire, assez solide pour se reproduire, et assez béni du destin pour avoir le temps de le faire. Aucun de vos ancêtres pertinents ne s'est fait écrabouiller, dévorer, noyer, affamer, aplatir, égorger, blesser mortellement – en bref n'a été détourné d'une façon quelconque de sa quête vitale consistant à déverser au bon moment une petite charge de matériel génétique dans le bon partenaire, afin de perpétuer la seule séquence possible de combinaisons héréditaires qui allait finalement devenir, d'une façon aussi brève que stupéfiante, vous.

Ce livre parle de la façon dont tout cela est arrivé : comment nous sommes passés du moment où il n'y avait rien du tout à celui où il y a eu quelque chose, puis comment un peu de ce quelque chose est devenu nous, avec quelques aperçus sur ce qui s'est passé entre-temps et depuis. Cela fait certes bien des choses à explorer, et c'est pourquoi ce livre s'intitule *Une histoire de tout... ou presque* – ce qui est d'ailleurs un peu exagéré. Ce serait impossible. Mais avec un peu de chance, le temps d'arriver au bout, on en aura l'impression.

Mon propre point de départ, pour ceux que cela intéresserait, a été un livre de sciences illustré que j'ai eu à l'école primaire. Le modèle réglementaire, années 1950, du manuel scolaire cabossé et tristement pesant, mais l'une de ses illustrations me captiva : un plan en coupe montrant l'intérieur de la Terre, la planète formant une sorte de grand gâteau dont on aurait retranché un quart.

J'ai du mal à croire qu'il y a eu une époque où je n'avais encore jamais vu d'illustration de ce type, mais elle a dû exister, puisque je me rappelle encore ma fascination. Je soupçonne que ce premier intérêt tenait à une vision toute personnelle de bandes de motards parcourant paisiblement les grandes plaines américaines et plongeant soudain d'une falaise de 6 500 kilomètres courant entre l'Amérique centrale et le pôle Nord. Je m'intéressai ensuite, sur un mode plus scolaire, à ce fait scientifique que la Terre était formée de couches distinctes, aboutissant en son centre, selon la légende, à une sphère incandescente aussi chaude que la surface du Soleil, et je me rappelle m'être demandé avec stupéfaction : « Mais comment font-ils pour savoir des choses pareilles ? »

Je ne doutai pas un instant de l'exactitude de l'information. Je tends aujourd'hui encore à croire les affirmations des scientifiques, au même titre que celles des chirurgiens, plombiers et autres détenteurs de savoirs ésotériques et privilégiés – mais j'étais incapable, ma vie dût elle en dépendre, de concevoir comment un esprit humain pouvait connaître la nature des espaces situés à des milliers de kilomètres sous nos pieds, qu'aucun œil n'avait jamais vus et que les rayons X ne pouvaient pénétrer. Pour moi, c'était un pur miracle – et telle est restée depuis ma position vis-à-vis de la science.

Surexcité, je rapportai le livre à la maison et l'ouvris avant le dîner – ce qui poussa sans doute ma mère à me tâter le front en me demandant si j'allais bien – et j'entrepris de le lire de la première à la dernière page.

Mais voilà le truc : ce n'était pas excitant du tout. Ce n'était même pas compréhensible. Et surtout, ça ne répondait à aucune des questions que suscitait l'illustration dans un esprit normalement curieux : comment se fait-il que nous ayons un soleil au milieu de notre planète ? Et si ça brûle comme ça là-dessous, pourquoi le sol n'est-il pas brûlant sous nos pieds ? Et pourquoi le reste de l'intérieur ne fond-il pas – et d'ailleurs, il fond peut-être ? Et quand le noyau aura fini de se consumer, est-ce qu'une partie de la Terre chutera dans l'espace, laissant un trou géant à la surface ? Et comment ils le savent ? Comment ils l'ont découvert ?

Mais l'auteur restait étrangement silencieux sur tous ces détails – silencieux sur tout, en fait, sauf sur les synclinaux et les anticlinaux, les failles axiales et compagnie. C'était comme s'il voulait garder pour lui les trucs intéressants en les rendant inabordables. Avec les années, je commençai à soupçonner que ce brave homme n'était pas le seul dans son cas. Il semblait y avoir une conspiration universelle chez tous les auteurs de manuels visant à ne jamais s'approcher trop près du légèrement intéressant, tout en veillant à rester à une distance plus que respectable du franchement intéressant.

Je sais aujourd'hui qu'il y a pléthore d'auteurs scientifiques capables de la prose la plus claire et la plus passionnante – Timothy Ferris, Richard Fortey et Tim Flannery pour ne citer qu'une lettre de l'alphabet (sans oublier le regretté Richard Feynman) –, mais, hélas, aucun d'eux n'a jamais rédigé mes manuels scolaires. Les miens étaient écrits par des hommes (jamais des femmes) manifestement convaincus que tout devenait clair une fois exprimé en formules, et souffrant de l'aimable illusion que les enfants adorent voir les chapitres se terminer par une rafale de questions qu'ils puissent ruminer à tête reposée. Je grandis donc persuadé que la science était extrêmement casse-pieds, tout en soupçonnant qu'elle pouvait être autre chose, et sans trop y réfléchir si je pouvais l'éviter. Cela aussi resta ma position pendant longtemps.

Des années plus tard, je me trouvais dans un vol long-courrier survolant le Pacifique, regardant distraitement par le hublot l'océan éclairé par la Lune, quand je réalisai brutalement que j'ignorais absolument tout de la seule planète sur laquelle je vivrais jamais. Par exemple, je n'avais aucune idée de la raison pour laquelle les océans sont salés alors que les Grands Lacs ne le sont pas. Je ne savais pas si les océans devenaient plus ou moins salés, et si les niveaux de salinité de l'océan étaient une chose dont je doive me soucier. (Je suis heureux de vous informer que jusqu'à la fin des années 1970 les scientifiques ne connaissaient pas non plus les réponses à ces questions. Ils se bornaient à ne pas s'en vanter trop fort.)

Et la salinité des océans n'était bien sûr que la plus mince part de mon ignorance. Je ne savais pas ce qu'était un proton, ni une protéine, je ne distinguais pas un quark d'un quasar, je ne comprenais pas comment les géologues pouvaient regarder une couche de roches dans un canyon et vous dire son âge, je ne savais absolument rien. Je me sentis saisi d'un désir inhabituel d'être un peu moins ignare sur ces épineuses questions, et de comprendre comment d'autres gens les avaient comprises, ce qui restait pour moi la plus grande source de stupéfaction. Comment peut-on *savoir* combien pèse la Terre, l'âge de ses roches, ou ce qui se trouve réellement en son centre ? Comment savoir quand l'Univers a commencé et à quoi il ressemblait à ce moment ? Et comment sait-on ce qui se passe au cœur d'un atome ? Et surtout comment, avec tout cela, restons-nous incapables de prédire un tremblement de terre ou simplement de savoir s'il faut prévoir un parapluie pour le pique-nique de dimanche prochain ?

J'ai donc résolu de consacrer une partie de ma

vie – trois ans, au final – à lire des livres et des journaux, et à trouver des experts dotés d'une patience suffisamment angélique pour répondre aux questions les plus incroyablement stupides. Je voulais savoir s'il ne serait pas possible de comprendre et d'apprécier – de s'émerveiller, et même de jouir – les découvertes de la science à un niveau qui ne soit pas trop technique ou difficile, sans être trop superficiel non plus.

C'était mon idée et mon espoir, et c'est ce qu'entend être cet ouvrage. Quoi qu'il en soit, nous avons une longue route à parcourir et beaucoup moins que 650 000 heures à notre disposition, alors il est temps de s'y mettre.

Première partie

PERDUS DANS LE COSMOS

« Elles sont toutes sur le même plan.
Elles tournent toutes dans la même direction [...].
C'est parfait, voyez-vous. C'est splendide.
C'en est presque troublant. »

L'astronome Geoffrey Marcy
décrivant le système solaire.

I

Pour construire un univers

Vous aurez beau essayer de toutes vos forces, vous n'arriverez jamais à concevoir combien un proton peut être minuscule, et quelle modeste place il occupe dans l'espace. Il est tout simplement trop petit.

Un proton est une fraction infinitésimale d'un atome, qui est lui-même une chose imperceptible. Les protons sont si petits qu'une tache d'encre de la taille du point sur ce *i* peut en contenir à peu près 500 000 000 000[1], soit bien plus que le nombre de secondes contenues en un demi-million d'années. Le moins que l'on puisse dire des protons, c'est qu'ils sont extrêmement microscopiques.

Imaginez maintenant, si cela vous est possible (et ça ne l'est pas, évidemment), que l'on réduise l'un de ces protons à un milliardième de sa taille normale, dans un espace si restreint qu'un atome y paraîtrait énorme. À présent, fourrez dans ce minuscule espace un soupçon de matière[2]. Parfait. Vous voilà prêt à démarrer un univers.

Je suppose bien sûr que vous voulez construire un univers inflationnaire. Si vous le préférez à l'ancienne mode, avec un big bang classique, il vous faut encore quelques petites choses. En fait, vous devez rassembler tout ce qui existe – chaque fragment, chaque particule de matière jusqu'aux confins de la création – et comprimer le tout dans un point d'une compacité si infinitésimale qu'il n'a pas de dimensions du tout. Cela s'appelle une singularité.

Dans tous les cas, attendez-vous à un « boum » vraiment costaud. Il va sans dire que vous voudrez vous retirer dans un endroit sûr pour admirer le spectacle. Hélas, il n'y a nul endroit où se retirer, parce que en dehors de la singularité il n'y a pas d'*endroit*. Quand l'univers entame son expansion, il ne s'élargit pas pour remplir un vide plus grand que lui. Le seul espace qui existe est celui qu'il crée en se dilatant.

Il est naturel, mais erroné, de visualiser la singularité comme une sorte de point suspendu dans un vide obscur et sans bords. Mais il n'y a pas d'espace et pas de ténèbres. La singularité n'a pas d'*autour* autour d'elle. Elle n'a pas d'espace à occuper, pas d'endroit où être. On ne peut même pas demander depuis combien de temps elle est là – si elle vient juste de jaillir comme une idée de génie, ou si elle était là de toute éternité, attendant patiemment le moment M. Le temps n'existe pas. Il n'y a pas de passé d'où elle pourrait émerger.

Et c'est ainsi, à partir de rien, que notre univers commence.

En une unique et aveuglante explosion, un moment glorieux, trop fugace et trop grandiose pour les mots, la singularité prend des dimensions célestes, occupe un espace au-delà de l'imaginable. Au cours de la première seconde (que des dizaines de cosmologues consacreront leur carrière à découper en tranches de plus en plus fines) sont produites la gravité et les autres forces qui gouvernent la physique. En moins d'une minute, l'univers a atteint une dimension d'un million de milliards de kilomètres et il s'accroît rapidement. Il fait très chaud maintenant, autour de dix milliards de degrés, assez pour engendrer les réactions nucléaires qui vont créer les éléments les plus légers : pour l'essentiel de l'hydrogène et de l'hélium, avec une pointe de lithium (un atome sur cent millions). En trois minutes, 98 % de toute la matière qui existe ou existera jamais ont été produits. Nous avons un univers. C'est un lieu doté de possibilités stupéfiantes, et c'est aussi un bel endroit. Il a été fabriqué en moins de temps qu'il n'en faut pour faire un sandwich.

Le moment où cela s'est produit reste une question assez controversée. Les cosmologues ont longtemps débattu pour savoir si l'instant de la création remontait à 10 milliards d'années, ou le double, ou quelque part entre les deux. Le consensus semble en voie de s'établir autour de 13,7 milliards d'années[3], mais ces choses sont notoirement difficiles à mesurer, comme nous le verrons plus loin. Tout ce que l'on peut dire de certain, c'est qu'en un point indéterminé d'un passé très lointain, pour des raisons inconnues, est arrivé le moment que la science désigne sous la formule $t = 0$[4]. Nous étions en route.

Il y a bien sûr beaucoup de choses que nous ignorons, et une grande part de ce que nous croyons savoir, nous l'avons ignoré, ou nous avons cru le savoir, pendant très longtemps. Même la notion de big bang est extrêmement récente. L'idée était dans l'air depuis les années 1920, quand Georges Lemaître, un prêtre belge, la proposa pour la première fois, mais elle ne devint une notion opératoire en cosmologie qu'au milieu des années 1960, quand deux jeunes radio-astronomes firent par inadvertance une extraordinaire découverte.

Ils s'appelaient Arno Penzias et Robert Wilson. En 1965, ils s'efforçaient de mettre en service une grande antenne de communication appartenant aux laboratoires Bell de Holmdel, dans le New Jersey, mais ils étaient perturbés par un bruit de fond persistant – un sifflement continu qui rendait impossible tout travail expérimental. Le bruit venait de chaque point du ciel, nuit et jour, en toute saison. Pendant un an, les jeunes astronomes firent tout leur possible pour identifier et éliminer ce bruit. Ils testèrent tous les systèmes électriques. Ils démontèrent et remontèrent leurs instruments, vérifièrent les circuits, détortillèrent des kilomètres de fils, époussetèrent chaque fiche. Ils grimpèrent dans l'antenne parabolique et vérifièrent l'étanchéité de chaque soudure et de chaque rivet. Ils remontèrent dans la parabole armés de balais et de brosses à chiendent pour la débarrasser de la moindre trace de ce qu'ils devaient qualifier par la suite de « matériau diélectrique blanc[5] », plus connu du commun des mortels sous le nom de fiente d'oiseau. Rien n'y fit.

Pendant ce temps, à l'université Princeton située à une petite cinquantaine de kilomètres de là, une équipe de scientifiques dirigée par Robert Dicke se demandait comment trouver la chose même dont les deux autres cherchaient si diligemment à se débarrasser. Les chercheurs de Princeton suivaient une idée qui leur avait été suggérée dans les années 1940 par George Gamow, un astrophysicien d'origine russe : si l'on cherchait assez loin dans l'espace, on devait trouver une radiation cosmique fossile laissée par le big bang. Gamow avait calculé que le temps de traverser l'étendue du cosmos, cette radiation atteindrait la Terre sous forme de micro-ondes. Dans un article plus récent, il avait même indiqué l'instrument approprié pour cette recherche : l'antenne Bell de Holmdel[6]. Malheureusement, ni Penzias et Wilson, ni les chercheurs de Princeton n'avaient lu l'article de Gamow.

Le bruit qu'entendaient Penzias et Wilson était bien sûr le bruit que Gamow avait postulé. Ils avaient trouvé la limite de l'Univers, ou du moins sa partie visible, à 150 000 milliards de milliards de kilomètres de là[7]. Ils « voyaient » les premiers photons – la lumière la plus ancienne de l'Univers – que le temps et la distance avaient convertis en micro-ondes, exactement comme Gamow l'avait prédit. Dans son livre *The Inflationary*

Universe, Alan Guth propose une analogie qui nous aide à mettre tout cela en perspective. Si l'on rapporte les profondeurs de l'Univers à la hauteur de l'Empire State Building, le centième étage représentant le présent et le trottoir le moment du big bang, à l'époque de la découverte de Penzias et Wilson, les galaxies les plus lointaines jamais détectées se trouvaient à peu près au soixantième étage, et les objets les plus éloignés – les quasars – se trouvaient au vingtième. La découverte des deux radio-astronomes venait d'amener notre connaissance de l'univers visible à un centimètre du trottoir[8].

Encore ignorants de ce qui provoquait ce bruit, Wilson et Penzias appelèrent Dicke à Princeton et lui décrivirent leur problème dans l'espoir qu'il leur suggère une solution. Dicke comprit aussitôt ce qu'avaient trouvé les deux jeunes gens. « Eh bien, mes enfants, dit-il à ses collègues en raccrochant, on vient de se faire griller la politesse. »

Peu après, l'*Astrophysical Journal* publia deux articles : l'un par Penzias et Wilson décrivant leur aventure avec le sifflement, et l'autre par l'équipe de Dicke expliquant sa nature. Bien que les deux astronomes n'aient pas cherché la radiation cosmique fossile, bien qu'ils n'aient pas su ce que c'était lorsqu'ils l'avaient trouvée et qu'ils ne l'aient ni décrite ni interprétée, ils reçurent le prix Nobel de physique en 1978. Les chercheurs de Princeton durent se contenter de remerciements. Selon Dennis Overbye, dans *Lonely Hearts of the Cosmos*, ni Penzias ni

Wilson ne comprirent la signification de ce qu'ils avaient découvert avant de lire le *New York Times*.

Soit dit en passant, nous avons tous fait l'expérience des perturbations dues à la radiation cosmique fossile. Allumez votre télévision sur n'importe quel canal qui ne capte pas de chaîne : environ 1 % de la neige que vous voyez danser sur l'écran est dû à ce reliquat du big bang[9]. La prochaine fois que vous vous plaindrez qu'il n'y a rien à la télé, rappelez-vous que vous pouvez toujours regarder la naissance de l'Univers.

Bien que tout le monde l'appelle le big bang, les auteurs scientifiques nous conseillent de ne pas l'imaginer comme une explosion au sens conventionnel du terme. Il s'agit plutôt d'une vaste et soudaine expansion à une échelle monstrueuse. Mais alors, qu'est-ce qui l'a provoquée ?

Selon certains, la singularité était le reliquat de l'effondrement d'un univers plus ancien, de sorte que nous ne serions qu'un dans un cycle éternel d'univers se dilatant et s'effondrant tour à tour. D'autres attribuent le big bang à ce qu'ils appellent un « faux vide », ou un « champ scalaire », ou une « énergie du vide » – une qualité ou une chose ayant introduit une certaine quantité d'instabilité dans ce néant. Il semble impossible d'obtenir quelque chose à partir de rien, mais comme avant il n'y avait rien et que maintenant il y a un univers, la preuve est faite que c'est possible. Le nôtre n'est peut-être qu'un parmi de nombreux univers plus vastes, situés pour certains dans des dimensions différentes, et il est possible qu'il se produise des big bang un peu partout tous les matins. Ou il se peut que l'espace et le temps aient eu des formes totalement différentes avant le big bang – des formes qui nous sont trop étrangères pour les imaginer – et que le big bang soit une sorte de phase de transition faisant passer l'Univers d'une forme qui nous est incompréhensible à une forme que nous comprenons à peu près. « Tout ceci est très proche des questions religieuses[10] », déclarait en 2001 au *New York Times* le Dr Andrei Linde, cosmologue à Stanford.

La théorie du big bang ne concerne pas le « bang » lui-même, mais ce qui s'est passé après le « bang ». Et fort peu de temps après, figurez-vous. Après s'être livrés à des calculs complexes et avoir scruté attentivement ce qui se passe dans les accélérateurs de particules, les scientifiques sont parvenus à la conclusion qu'ils pouvaient remonter à 10^{-43} secondes après le moment de la création, quand l'Univers était encore si petit qu'il vous aurait fallu un microscope pour le trouver. Nous n'avons pas à nous pâmer devant chaque nombre fabuleux qui se présente à nous, mais il peut être bon de s'arrêter sur l'un d'eux de temps à autre, juste pour se souvenir de leur inimaginable dimension. Ainsi, 10^{-43} s'écrit 0,000000000000000000000 0000000000000000000001, ou un dix-millionième de billionième de billionième de billionième de seconde*[11].

L'essentiel de ce que nous savons, ou croyons savoir, sur les premiers moments de l'Univers, nous le devons à une idée appelée la théorie de l'inflation, proposée pour la première fois en 1979 par un jeune physicien des particules, alors à Stanford, aujourd'hui au MIT (Massachusetts Institute of Technology), nommé Alan Guth. Il avait trente-deux ans et, de son propre aveu, n'avait pas fait grand-chose jusque-là[12]. Il n'aurait sans doute jamais formulé cette grande théorie s'il n'avait assisté par hasard à une conférence sur le big bang donnée par Robert Dicke

---

* Un mot sur la notation scientifique : dans la mesure où les très grands nombres sont embarrassants à écrire et pratiquement impossibles à lire, les scientifiques utilisent des formules impliquant les puissances (ou les multiples) de 10. Ainsi, 10 000 000 000 s'écrit 10^{10} et 6 500 000 devient $6,5 \times 10^{6}$. Le principe s'appuie très simplement sur les multiples de 10 : 10 x 10 (ou 100) devient 10^{2} ; 10 x 10 x 10 (ou 1 000) donne 10^{3} et ainsi de suite à l'infini. Le petit chiffre en haut (en exposant) indique le nombre de zéros suivant le premier chiffre. Les notations négatives offrent la même chose en miroir, le chiffre en haut indiquant le nombre d'espaces après la virgule décimale (de sorte que 10^{-4} signifie 0,0001). Bien que je salue le principe, je reste toujours stupéfait que quelqu'un lisant « $1,4 \times 10^{9}$ km^{3} » voie aussitôt que cela signifie 1,4 milliard de kilomètres cubiques, et plus étonné encore que l'on choisisse la première formulation, surtout dans le livre destiné au grand public où je l'ai trouvée. Supposant que la plupart des lecteurs sont aussi peu portés sur les maths que moi, j'en ferai un usage très limité, bien qu'ils soient parfois inévitables, surtout dans un chapitre concernant des phénomènes à l'échelle cosmique.

en personne, qui le poussa à s'intéresser à la cosmologie, et notamment à la naissance de l'Univers[13].

Il en résulta la théorie de l'inflation cosmologique, qui soutient qu'une fraction de seconde après l'aube de la création l'Univers connut une soudaine et spectaculaire expansion. Il se mit à se dilater – en fait à sortir de lui-même, doublant sa taille toutes les 10^{-34} secondes[14]. L'épisode tout entier n'avait peut-être duré que 10^{-30} secondes – soit un millionième de millionième de millionième de millionième de millionième de second –, mais il avait fait passer l'Univers d'une chose que l'on pouvait tenir dans la main en une chose au moins 10 000 000 000 000 000 000 000 000 fois plus grande[15]. La théorie de l'inflation explique les ondulations et les tourbillons qui rendent notre univers possible. Sans eux, il n'y aurait pas de fragments de matière et donc pas d'étoiles, seulement des gaz à la dérive et d'éternelles ténèbres.

Selon la théorie de Guth, à un dix-millionième de billionième de billionième de billionième de seconde, la gravité a émergé. Au bout d'un laps de temps ridiculement court, elle a été rejointe par l'électromagnétisme et les forces nucléaires fortes et faibles – soit la substance de la physique. À celles-ci se sont adjoints un instant plus tard des essaims de particules élémentaires – la substance de la substance. À partir de rien, il y a eu soudain des tonnes de photons, de protons, d'électrons, de neutrons et de bien d'autres choses encore – entre 10^{79} et 10^{89} de chaque sorte, selon la théorie du big bang standard.

De telles quantités sont bien sûr inimaginables. Il suffit de savoir qu'en un seul instant nous avons été dotés d'un univers très vaste – d'une dimension d'au moins cent milliards d'années-lumière selon la théorie, mais peut-être d'une taille infinie – et parfaitement outillé pour la création d'étoiles, de galaxies et d'autres systèmes complexes[16].

L'extraordinaire, de notre point de vue, c'est de voir à quel point les choses ont bien tourné pour nous. Si l'Univers s'était formé ne serait-ce que légèrement autrement – si la gravité avait été une fraction plus forte ou plus faible, si l'expansion s'était déroulée un peu plus vite ou plus lentement, il aurait pu ne jamais y avoir d'éléments stables pour nous constituer, ni de sol où poser nos pieds. Si la gravité avait été un poil plus forte, l'Univers lui-même aurait pu s'effondrer comme une tente mal montée, en l'absence des valeurs exactes propres à lui donner les dimensions, la densité et les composants nécessaires. Mais la gravité eût-elle été un soupçon plus faible que rien n'aurait pu fusionner. L'Univers serait resté pour toujours un morne vide peuplé de particules errantes.

C'est l'une des raisons qui poussent certains experts à penser qu'il a pu exister bien d'autres big bang, peut-être des milliards, dispersés dans l'imposante durée de l'éternité, et que si nous existons dans cet univers particulier, c'est qu'il est simplement celui où nous *pouvions* exister. Comme l'a dit un jour Edward P. Tryon, de l'université Columbia : « À la question de savoir pourquoi c'est arrivé, je propose cette modeste réponse que notre univers est simplement l'une de ces choses qui arrivent de temps à autre. » À quoi Alan Guth ajoute : « La création d'un univers a beau être une chose très improbable, Tryon souligne bien que personne n'a jamais compté les tentatives avortées[17]. »

Martin Rees, l'astronome royal de Grande-Bretagne, estime qu'il existe de nombreux univers, peut-être en nombre infini, doté chacun de différents attributs, selon différentes combinaisons, et que nous vivons simplement dans celui qui est combiné de telle sorte qu'il nous permet d'exister. Il propose cette comparaison avec un grand magasin : « Lorsqu'il y a un grand choix de vêtements, vous n'êtes pas surpris de trouver un costume à votre taille. S'il existe de nombreux univers, gouvernés chacun par un ensemble de nombres différent, il s'en trouvera un doté d'un ensemble particulier de nombres permettant la vie. Nous sommes dans celui-là[18]. »

Rees soutient que six nombres en particulier gouvernent notre univers, et que si l'une de ces valeurs se trouvait ne serait-ce que légèrement modifiée, les choses ne pourraient être telles qu'elles sont. Par exemple, l'existence de notre univers exige que l'hydrogène se convertisse en hélium d'une façon extrêmement précise – sur la base d'une conversion des sept millièmes de sa masse en énergie. Abaissez très légèrement cette valeur – de 0,007 % à 0,006 % – et aucune transformation ne pourrait avoir lieu : l'Univers serait constitué d'hydrogène et de rien d'autre. Élevez-la au contraire – jusqu'à 0,008 % – et les liaisons seraient si prolifiques que l'hydrogène serait épuisé depuis longtemps. Dans un cas comme dans l'autre, il suffirait d'une très légère torsion de ces nombres pour que l'Univers tel que nous le connaissons et tel qu'il nous est indispensable n'existe pas[19].

Précisons toutefois que tout est parfait *jusqu'ici*. À long terme, la gravité peut devenir un peu trop forte[20], stoppant ainsi un beau jour l'expansion de l'Univers et l'amenant à s'effondrer sur lui-même, jusqu'à ce qu'il se réduise à une nouvelle singularité, peut-être pour recommencer tout le processus depuis le début. Au contraire, la gravité peut s'affaiblir et l'Univers continuera éternellement sa course folle jusqu'à ce que tout soit si éloigné qu'il n'y ait plus aucune chance d'interactions matérielles, de sorte qu'il deviendra un endroit inerte et mort, mais très spacieux. La troisième option est que la gravité est juste comme il faut – ce que les cosmologues appellent la « densité critique » – et qu'elle continuera à maintenir l'Univers dans ses justes dimensions pour permettre aux choses de se poursuivre indéfiniment. (Pour mémoire, ces trois univers possibles sont appelés respectivement fermé, ouvert et plat.)

À présent, la question que nous nous sommes tous posée un jour est celle-ci : que se passerait-il si l'on voyageait jusqu'au bord de l'Univers et si l'on passait la tête en coulisses ? Où *serait* notre tête si elle n'était plus dans l'Univers ? Que trouverait-on au-delà ? La réponse, fort décevante, est que l'on ne peut jamais atteindre le bord de l'Univers. Non parce qu'il faudrait trop de temps pour y arriver – même si c'est vrai –, mais parce que même en voyageant obstinément et indéfiniment en ligne droite, vous ne pourriez jamais en trouver la limite externe. Vous reviendriez simplement à votre point de départ (moment auquel on tend sans doute à se lasser de l'exercice et où on laisse tout tomber). La raison en est que l'Univers est courbe, d'une façon que nous avons du mal à imaginer, en conformité avec la théorie de la relativité d'Einstein (que nous étudierons en son temps). Pour le moment, il suffit de savoir que nous ne sommes pas perdus dans une énorme bulle en expansion constante. En fait, l'espace se courbe, d'une façon qui lui permet d'être sans limites mais fini. On ne peut même pas dire à proprement parler qu'il est en expansion, car, comme le fait observer le Prix Nobel de physique Steven Weinberg, « les systèmes solaires et les galaxies ne sont pas en expansion, et l'espace lui-même ne l'est pas[21] ». En fait, ce sont les galaxies qui s'éloignent les unes des autres à toute vitesse. Tout cela est un défi à l'intuition. Pour reprendre les termes du biologiste J. B. S. Haldane, « l'Univers n'est pas seulement plus étrange que nous ne le supposons ; il est plus étrange que nous ne pouvons le supposer ».

L'analogie à laquelle on a le plus souvent

recours pour expliquer la courbure de l'espace est d'imaginer que l'on amène sur terre quelqu'un issu d'un univers où tout est plat et qui n'a jamais vu de sphère. Si loin qu'il puisse cheminer à la surface de la planète, il n'en trouverait jamais le bord. Il finirait par revenir à son point de départ, et aurait évidemment un mal de chien à expliquer ce qui s'est passé. Nous nous trouvons dans la même position que notre perplexe habitant d'un monde plat, à ceci près que nous sommes confrontés à une dimension plus vaste.

De même qu'il n'y a pas d'endroit où l'on puisse trouver le bord de l'Univers, il n'y a pas d'endroit où l'on puisse se tenir en disant : « C'est d'ici que tout est parti. Voici le centre absolu de tout. » Nous sommes *tous* au centre de tout. En fait, ce n'est pas une certitude : il est impossible de le prouver mathématiquement. Les scientifiques supposent simplement que nous ne pouvons pas vraiment être le centre de l'Univers – imaginez ce que cela impliquerait –, mais que le phénomène doit être le même partout pour tous les observateurs[22]. Mais le fait est qu'on n'en sait rien.

Pour nous, l'Univers ne va que jusqu'où la lumière a voyagé au cours des milliards d'années qui ont suivi sa formation. L'Univers visible – celui que nous connaissons et dont nous pouvons parler – mesure un million cinq cent mille millions de millions de millions de kilomètres (soit 1 500 000 000 000 000 000 000 000)[23]. Mais selon la plupart des théories, l'Univers au sens large – parfois appelé méta-univers – est encore bien plus vaste. D'après Rees, le nombre d'années-lumière jusqu'au bord de cet univers invisible devrait s'écrire « non avec dix zéros, ni même avec cent, mais avec des millions[24] ». En bref, il y a plus d'espace que vous ne pouvez l'imaginer, sans même vous donner la peine d'essayer d'en compter davantage.

Pendant longtemps, la théorie du big bang a laissé un vide béant qui en a troublé plus d'un : elle n'offrait pas l'ombre d'une explication à notre arrivée ici. Bien que 98 % de la matière existante aient été créés par le big bang, cette matière consistait exclusivement en gaz légers : l'hélium, l'hydrogène et le lithium mentionnés plus haut. Pas une particule de ces matières lourdes si cruciales pour notre existence – carbone, nitrogène, oxygène et le reste – n'a émergé de la soupe gazeuse de la création. Mais – et c'est là le point troublant – pour forger ces éléments lourds, il faut le type de chaleur et d'énergie d'un big bang. Or, il n'y a eu qu'un seul big bang et il ne les a pas produits. Alors, d'où viennent-ils ?

Curieusement, l'homme qui a trouvé la réponse à cette question était un cosmologue qui méprisait profondément la théorie du big bang et avait forgé lui-même ce terme par pur sarcasme. Nous allons bientôt faire sa connaissance, mais avant d'aborder la question de notre présence dans le secteur, il ne serait pas mauvais de consacrer quelques minutes à déterminer où se trouve exactement le secteur en question.

II

Bienvenue dans le système solaire

De nos jours, les astronomes peuvent faire les choses les plus stupéfiantes. Si quelqu'un craquait une allumette sur la Lune, ils seraient capables d'en détecter la lueur. Ils peuvent inférer, à partir des plus infimes oscillations ou vibrations des étoiles les plus lointaines, la taille et la nature, voire l'habitabilité potentielle de planètes bien trop lointaines pour être visibles[1] – des planètes si distantes qu'il nous faudrait passer 500 000 ans dans un vaisseau spatial pour les atteindre. Avec leurs radiotélescopes, ils peuvent saisir des fragments de radiation si ridiculement faibles que la *totalité* de l'énergie collectée de l'extérieur du système solaire par tous ces fragments réunis depuis le début de la collecte (en 1951) représente « moins que l'énergie d'un seul flocon de neige tombant sur le sol[2] », selon les termes de Carl Sagan.

En bref, il ne se passe pas grand-chose dans l'Univers que les astronomes ne puissent découvrir s'ils le cherchent bien. C'est ce qui rend d'autant plus remarquable que, jusqu'en 1978, nul ne se soit jamais avisé que Pluton avait une lune. Cet été-là, un jeune astronome du nom de James Christy, travaillant à l'Observatoire naval de Flagstaff, en Arizona[3], se livrait à un examen de routine de photographies de Pluton quand il distingua quelque chose – un objet trouble et incertain mais qui n'était résolument pas Pluton. Après avoir consulté son collègue Robert Harrington, il aboutit à cette conclusion que ce qu'il regardait était une lune – et pas n'importe laquelle. Par rapport à sa planète, c'était la plus grosse du système solaire.

Cela porta un coup terrible au statut de Pluton en tant que planète, qui n'avait jamais été bien solide de toute façon. L'espace occupé à la fois par la lune et par Pluton ayant été jusque-là le même, il en découlait que Pluton était beaucoup plus petite qu'on ne l'avait supposé – plus peut-être que Mercure[4]. En fait, le système solaire comporte sept lunes, dont la nôtre, qui sont plus grandes que Pluton.

La question qui s'impose à présent est la suivante : pourquoi a-t-il fallu si longtemps pour découvrir une lune dans notre propre système solaire ? La réponse tient en partie à l'endroit où les astronomes pointent leurs instruments, en partie à ce que ces instruments sont conçus pour détecter, et en partie à Pluton lui-même. Mais l'élément crucial reste l'endroit où sont pointés les télescopes. Selon les termes de l'astronome Clark Chapman : « La plupart des gens pensent que les astronomes se rendent la nuit dans les observatoires pour balayer l'étendue des cieux. C'est faux. Pratiquement tous les télescopes du monde sont conçus pour scruter très loin de minuscules fragments de ciel en vue de détecter un quasar, faire la chasse aux trous noirs ou contempler une galaxie éloignée. Le seul véritable réseau de télescopes balayant la totalité du ciel a été conçu et réalisé par les militaires[5]. »

Notre représentation est faussée par des images artistiques d'une résolution qui n'existe pas dans l'astronomie réelle. Sur la photo de Christy, Pluton est à peine visible et très flou – un fragment d'ouate cosmique – et sa lune n'est pas le globe finement dessiné que nous offrirait une image du *National Geographic*, mais une trace à peine distincte de flou supplémentaire. Au point qu'il a fallu sept ans à un autre observateur pour repérer à son tour cette lune et ainsi confirmer son existence[6].

L'amusant dans la découverte de Christy, c'est qu'elle a eu lieu à Flagstaff, où Pluton avait été aperçu pour la première fois en 1930. Pour l'essentiel, nous devons cet événement fondateur en astronomie à Percival Lowell. Issu de l'une des plus anciennes et des plus riches familles de Boston – où régnaient les Lowell et les Cabot, les Lowell ne parlant qu'aux Cabot, alors que les Cabot ne s'adressaient qu'à Dieu –, il a financé le célèbre observatoire qui porte son nom. Mais il a surtout laissé une trace dans les mémoires pour sa robuste croyance que Mars était couvert de canaux diligemment construits par des Martiens pour convoyer l'eau des régions polaires vers les terres desséchées, mais prometteuses, voisines de l'équateur.

Lowell avait encore une intime conviction : il existait, quelque part au-delà de Neptune, une neuvième planète inconnue, appelée la planète X. Il appuyait cette croyance sur les irrégularités qu'il avait détectées sur les orbites d'Uranus et de Neptune, et il consacra ses dernières années à tenter de trouver la géante gazeuse dont l'existence ne faisait pour lui aucun doute. Il mourut subitement en 1916, épuisé par sa quête, et sa recherche tomba dans l'oubli tandis que ses héritiers se partageaient gaillardement son héritage. Mais en 1929, en partie pour faire oublier la saga martienne devenue désormais fichtrement gênante, les directeurs de l'Observatoire Lowell décidèrent de reprendre ses recherches et embauchèrent à cette fin un jeune natif du Kansas nommé Clyde Tombaugh.

Tombaugh n'avait pas de formation particulière en astronomie, mais il ne manquait ni de zèle ni d'astuce ; au bout d'un an de patientes recherches, il parvint plus ou moins à repérer Pluton, un faible point dans l'immensité du firmament[7]. Ce fut une trouvaille d'autant plus miraculeuse que les observations à partir desquelles Lowell avait prédit l'existence d'une planète au-delà de Neptune se révélèrent archifausses. Tombaugh vit aussitôt que la nouvelle planète n'était en rien la géante gazeuse que Lowell avait postulée, mais toutes ses réserves (et celles d'autres scientifiques) sur la nature de l'objet furent balayées par le délire avec lequel cet âge aisément excitable accueillait toute nouvelle spectaculaire. C'était la première planète découverte par les Américains, et on n'allait pas se laisser gâcher la vie par l'éventualité qu'il s'agît d'une simple boule de glace très éloignée. Elle reçut le nom de Pluton parce que les deux premières lettres formaient les initiales de Lowell. Celui-ci fut partout salué à titre posthume comme un génie de premier ordre et Tombaugh fut largement oublié, sauf par les astronomes, qui tendent à le révérer.

Certains continuent de penser qu'il y a une planète X là-haut – un vrai monstre, peut-être dix fois plus grande que Jupiter, mais si éloignée qu'elle serait invisible à nos yeux[8]. (Elle recevrait si peu de lumière solaire qu'elle n'en aurait pratiquement pas à refléter.) Selon eux, il ne s'agirait pas d'une planète conventionnelle comme Jupiter ou Saturne – elle est bien trop lointaine pour ça (nous parlons peut-être de 7 000 milliards de kilomètres) –, mais plutôt d'un soleil qui aurait avorté. La plupart des systèmes solaires du cosmos sont binaires (à double étoile), ce qui fait de notre unique soleil une petite curiosité.

Quant à Pluton elle-même, nul ne connaît exactement sa taille, ni sa composition, ni son type d'atmosphère, ni même sa nature exacte. Pour de nombreux astronomes, il ne s'agit pas du tout d'une planète, mais simplement du plus gros objet trouvé jusqu'ici dans une zone de débris galactiques appelée ceinture de Kuiper. La ceinture de Kuiper a été théorisée en 1930 par un astronome du nom de F. C. Leonard[9], mais son nom honore Gerard Kuiper, un Hollandais travaillant en Amérique, qui en propagea l'idée. C'est la source de ce que l'on appelle les comètes à courte période – celles qui passent près de nous assez régulièrement et dont la plus célèbre est la comète de Halley. Les comètes à longue période de révolution (dont les récentes visiteuses Hale-Bopp et Hyakutake) viennent du nuage d'Oort, bien plus éloigné.

Il est clair que Pluton ne se comporte pas comme les autres planètes. Outre qu'elle n'est qu'un obscur avorton, ses mouvements sont si variables que personne ne peut dire exactement où elle se trouvera dans un siècle. Alors que les autres planètes gravitent en orbite plus ou moins sur le même plan, il semble que sa trajectoire orbitale ait une inclinaison de 17 degrés, comme le bord d'un chapeau crânement incliné sur la tête de quelqu'un. Son orbite est si irrégulière que pendant de longues périodes de ses révolutions solitaires autour du Soleil, elle est plus proche de nous que ne l'est Neptune. D'ailleurs, pendant l'essentiel des années 1980 et 1990, Neptune a été la planète la plus éloignée du système solaire. Ce n'est que le 11 février 1999 que Pluton a repris sa place sur la piste extérieure, où elle va demeurer pendant les deux cent vingt-huit ans à venir[10].

Donc, si Pluton est vraiment une planète, elle est pour le moins bizarre. Elle est très petite : sa masse ne représente qu'un quart de celle de la Terre. Si vous la posiez sur les États-Unis, elle couvrirait moins de la moitié inférieure des 48 États, ce qui suffit en soi à la rendre très anormale. En bref, notre système planétaire consiste en quatre planètes rocheuses internes, quatre géantes gazeuses externes, et une minuscule boule de glace solitaire. En outre, tout laisse à penser que nous n'allons pas tarder à découvrir d'autres sphères glacées bien plus grandes dans cette même portion de l'espace – et là, les problèmes commenceront. Une fois que Christy eut repéré la lune de Pluton, les astronomes se mirent à regarder plus attentivement cette section du cosmos et, dès début décembre 2002, ils avaient trouvé plus de six cents autres objets transneptuniens, ou plutinos[11]. Ils pensent désormais qu'il peut y avoir des milliards de ces objets. La difficulté, c'est que la plupart d'entre eux sont terriblement sombres. Ils ont classiquement un albédo, ou capacité à refléter la lumière, de 4 %, soit à peu près celle d'un morceau de charbon[12] – et bien sûr, ces morceaux de charbon se trouvent à environ 6,5 milliards de kilomètres de nous.

Et cela représente quelle distance précisément ? C'est au-delà de l'imaginable. L'espace, voyez-vous, est tout simplement énorme – rien de moins. Imaginons, à des fins d'édification et de divertissement, que nous soyons prêts à embarquer dans une fusée. Nous n'allons pas très loin, au bord de notre propre système solaire, mais nous devons avoir une idée de l'immensité de l'espace et de la place minuscule que nous y occupons.

Mauvaise nouvelle, les amis. J'ai bien peur que nous ne soyons pas rentrés pour le dîner. Même à la vitesse de la lumière, il nous faudrait sept heures pour atteindre Pluton et il va sans dire que nous sommes incapables de nous déplacer aussi rapidement. Il va falloir nous traîner dans un vaisseau spatial qui est nettement plus lent. Les plus grandes vitesses atteintes par un objet humain sont celles des sondes *Voyager* 1 et 2, qui s'éloignent actuellement de nous à environ 56 000 km/h[13].

Si les deux *Voyager* ont été lancées à cette date précise (en août et septembre 1977), c'est que Jupiter, Saturne, Uranus et Neptune se trouvaient dans un alignement favorable – phénomène qui ne se produit que tous les cent soixante-quinze ans. Cela a permis aux sondes *Voyager* de bénéficier de l'« effet de fronde gravitationnelle » qui permet de renvoyer les vaisseaux d'une géante gazeuse à l'autre en une sorte de grand flipper cosmique. Même ainsi, il leur a fallu neuf ans pour atteindre Uranus et douze pour croiser l'orbite de Pluton.

La première chose que vous allez apprendre, c'est que l'espace mérite bien son nom et qu'il y règne une absence d'événements assez consternante. Notre système solaire est peut-être la chose la plus vivante sur des milliards de kilomètres alentour, mais toutes les choses visibles en son sein – le Soleil, les planètes et leurs lunes, les milliards de roches chaotiques des ceintures d'astéroïdes, les comètes et les autres débris à la dérive – remplissent moins d'un billionième de l'espace disponible[14]. Vous risquez de comprendre tout aussi vite que nos cartes du système solaire n'ont jamais été à l'échelle – loin s'en faut. Les cartes de l'espace montrent en général les planètes tournant l'une derrière l'autre à des intervalles assez voisins – les géantes à l'extérieur se font même de l'ombre sur de nombreuses illustrations –, mais c'est une ruse nécessaire pour les faire tenir sur une seule et même feuille de papier. En fait, Neptune ne se trouve pas juste derrière Jupiter, elle est située bien au-delà – cinq fois plus loin de Jupiter que celle-ci ne l'est de nous, si lointaine qu'elle ne capte que 3 % de la lumière solaire que reçoit Jupiter.

En fait, les distances sont telles qu'il est impossible dans la pratique de représenter le système solaire à l'échelle. Même en ajoutant des dizaines de feuilles pliées à votre manuel, vous seriez encore loin du compte. Sur une carte à une échelle réduisant la Terre au diamètre d'un petit pois, Jupiter se trouverait encore à plus de 300 mètres de votre livre, et Pluton à 2 km (et de la taille d'une bactérie, de sorte qu'elle serait invisible de toute façon). À la même échelle, Proxima du Centaure, l'étoile la plus proche de nous, se trouverait à environ 15 000 km de là. Même en rétrécissant le tout jusqu'à ce que Jupiter soit aussi petite que le point qui termine cette phrase et Pluton pas plus grosse qu'une molécule, celle-ci se trouverait encore éloignée d'une dizaine de mètres.

Le système solaire est donc vraiment énorme. Le temps d'atteindre Pluton, nous sommes si loin que notre bon vieux Soleil s'est réduit à la dimension d'une tête d'épingle. Il n'est guère plus gros qu'une grosse étoile. Dans un vide aussi solitaire, vous commencez à comprendre que même des objets non négligeables – la lune de Pluton, par exemple – aient pu échapper à l'attention. À cet égard, Pluton n'a rien d'une exception. Jusqu'aux expéditions de *Voyager*, on pensait que Neptune avait deux lunes ; *Voyager* en a trouvé six de plus. Quand j'étais enfant, on pensait que le système solaire contenait trente lunes. Le total de nos jours se monte à « au moins quatre-vingt-dix », dont un tiers n'ont été découvertes qu'au cours de ces dix dernières années[15].

Nous devons donc toujours garder à l'esprit qu'au moment même où nous scrutons les profondeurs de l'Univers nous ne savons toujours pas ce que contient notre propre système solaire.

À présent, l'autre chose que vous remarquez tandis que nous dépassons Pluton, c'est précisément que nous dépassons Pluton. Il a beau être le dernier objet indiqué sur les cartes du ciel, nous sommes encore bien loin des confins du système solaire. Nous n'y parviendrons pas avant d'avoir franchi le nuage d'Oort, vaste domaine céleste de comètes dérivantes[16] et, excusez du peu, nous n'atteindrons pas le nuage d'Oort avant encore dix mille ans. Loin de marquer la limite externe du système solaire, comme l'impliquent si cavalièrement nos cartes scolaires, Pluton ne représente qu'à peine 1/50 000 du trajet.

Il va sans dire qu'un tel voyage est inenvisageable. Une simple expédition de 384 000 km vers la Lune reste pour nous une entreprise considérable. Une mission habitée vers Mars, annoncée par le président Bush dans un bref moment d'égarement, a été subrepticement abandonnée quand quelqu'un s'est avisé qu'il en coûterait 450 milliards de dollars et sans doute la vie de l'équipage tout entier (leur ADN réduit en bouillie par des particules solaires de forte énergie dont on ne sait pas les protéger)[17].

À partir de ce que nous connaissons et de ce que nous pouvons raisonnablement imaginer, il n'y a absolument aucune chance qu'un être humain aille jamais visiter les limites de notre système solaire. C'est trop loin, point final. De nos jours, même avec le télescope spatial Hubble, nous ne pouvons pas distinguer le nuage d'Oort, de sorte que nous n'avons pas la certitude absolue qu'il est là. Son existence est probable, mais entièrement hypothétique*.

Tout ce que nous savons de certain sur le nuage d'Oort, c'est qu'il commence quelque part au-delà de Pluton et s'étend sur environ deux années-lumière dans le cosmos. L'unité de mesure au sein du système solaire est l'unité astronomique, ou AU, qui représente la distance de la Terre au Soleil, soit 150 millions de kilomètres. Pluton se trouve à une quarantaine d'AU de nous, et le cœur du nuage d'Oort à environ cinquante mille. En un mot comme en cent, ce n'est pas la porte à côté.

---

* De son nom complet le nuage Öpik-Oort. Il honore l'astronome estonien Ernst Öpik, qui a postulé son existence en 1932, et l'astronome néerlandais Jan Oort, qui a affiné ses calculs dix-huit ans plus tard.

Imaginons tout de même que nous ayons atteint le nuage d'Oort. Ce qui vous frappe tout d'abord, c'est la paix profonde qui règne là-haut. Nous sommes loin de tout désormais – si loin de notre soleil qu'il n'est même plus l'étoile la plus brillante dans le ciel. Il est remarquable de penser que cette minuscule et lointaine lueur a une gravité suffisante pour retenir toutes ces comètes en orbite. Elle n'est pas très puissante, de sorte que les comètes dérivent de façon assez notable, à une vitesse qui n'excède pas 350 km à l'heure[18]. De temps à autre, certaines sont poussées hors de leur orbite normale par une légère perturbation gravitationnelle – une étoile qui passe, peut-être. Parfois, elles sont éjectées dans le vide spatial et l'on n'entend plus jamais parler d'elles, mais il arrive aussi qu'elles tombent dans une longue orbite autour du Soleil. Chaque année, trois ou quatre d'entre elles, dites comètes à longue période, traversent le système solaire interne. Il arrive que ces visiteuses errantes se cognent dans quelque chose de solide comme la Terre. C'est pour cela que nous sommes dehors ce soir, pour observer une comète qui vient d'entamer une longue chute vers le centre du système solaire. Il est prévu qu'elle tombe, parmi tous les endroits possibles, sur Manson, dans l'Iowa. Elle va mettre un bon bout de temps pour y arriver – au moins trois ou quatre millions d'années. Nous la laisserons donc tomber pour le moment et nous reviendrons à elle bien plus tard dans notre histoire.

Voilà pour notre système solaire. Et qu'y a-t-il au-delà ? Eh bien, rien du tout et beaucoup de choses, selon la perspective que l'on adopte.

À court terme, il n'y a rien. Le vide le plus parfait jamais créé par l'homme n'est pas aussi vide que le vide de l'espace interstellaire[19]. Et il y a des tonnes de ce néant avant d'atteindre le prochain petit fragment de quelque chose. Notre voisine la plus proche dans le cosmos, Proxima du Centaure, qui appartient à l'amas de trois étoiles nommé Alpha du Centaure, se trouve à 4,3 années-lumière[20], un saut de puce en termes galactiques, mais qui représente quand même cent millions de fois le voyage jusqu'à la Lune. Il vous faudrait au moins vingt-cinq mille ans en vaisseau spatial pour y arriver et, une fois là-bas, vous ne seriez jamais que sur un groupe d'étoiles solitaires au milieu d'un immense nulle part. Avant d'atteindre Sirius, le prochain poste un peu important, il vous faudrait encore voyager pendant 4,6 années-lumière. Et il en irait ainsi tout au long du chemin si vous vouliez goûter au cabotage d'étoile en étoile. Pour atteindre ne serait-ce que le centre de notre galaxie, il faudrait bien plus de temps qu'il ne s'en est écoulé depuis l'apparition de l'homme.

L'espace, redisons-le, est énorme. La distance moyenne entre les étoiles est de 32 000 milliards de kilomètres[21]. Même à des vitesses approchant celle de la lumière, ce sont des distances positivement infranchissables pour un quelconque voyageur. Il est toujours possible que des extraterrestres parcourent des milliards de kilomètres pour venir s'amuser à tracer des cercles dans les champs du Wiltshire, ou pour flanquer la frousse de sa vie à un pauvre type dans un pick-up sur une route solitaire de l'Arizona (ils ont sans doute des ados farceurs eux aussi), mais cela reste très improbable.

Pourtant, statistiquement, la probabilité qu'il y ait quelque part d'autres êtres pensants reste assez bonne. Nul ne sait combien il y a d'étoiles dans la Voie lactée – les estimations vont de 100 à 400 milliards – et la Voie lactée n'est qu'une galaxie sur 140 milliards, dont beaucoup sont plus vastes que la nôtre. En 1960, un professeur de l'université Cornell du nom de Frank Drake, inspiré par l'énormité de ces chiffres, conçut une célèbre équation visant à calculer les chances de trouver une vie avancée dans le cosmos à partir d'une série de probabilités décroissantes.

Dans l'équation de Drake, on divise le nombre d'étoiles dans une certaine portion de l'Univers par le nombre d'étoiles susceptibles d'avoir un système planétaire ; on divise le chiffre obtenu par le nombre de systèmes planétaires qui pourraient théoriquement contenir de la vie ; puis on divise par le nombre de planètes sur lesquelles la vie, étant apparue, parvient à l'intelligence. À chaque division, les chiffres se rétrécissent de façon colossale, mais, même selon l'hypothèse la plus basse, le nombre de civilisations avancées dans la seule Voie lactée se compte toujours par millions.

Quelle pensée intéressante et excitante. Nous ne sommes peut-être qu'une civilisation avancée parmi des millions. Malheureusement, l'espace étant ce qu'il est, la distance moyenne entre deux de ces civilisations est estimée à au moins 200 années-lumière, ce qui est encore plus loin que l'idée que l'on s'en fait. Cela signifie avant tout que même si ces êtres savent que nous sommes là et sont capables de nous voir dans leurs télescopes, ils regardent la lumière laissée par la Terre voici deux cents ans. Donc, ils ne nous voient pas, ni moi ni vous. Ils regardent la Révolution française et Thomas Jefferson, des gens en bas de soie et en perruques poudrées qui ne savent pas ce qu'est un atome ni un gène, qui produisent leur électricité en frottant un bâton d'ambre contre un morceau de fourrure et s'émerveillent que ça marche. Tout message qui pourrait nous parvenir d'eux se terminerait par « Votre Serviteur » et nous féliciterait de la beauté de nos chevaux et de notre maîtrise de l'huile de baleine. Deux cents années-lumière est une distance qui nous dépasse tellement qu'elle nous passe précisément au-dessus de la tête.

Ainsi, même si nous ne sommes pas vraiment seuls, en pratique nous le sommes. Carl Sagan estime le nombre probable de planètes dans l'Univers à dix mille milliards de milliards – un nombre qui dépasse de loin l'imagination. Mais ce qui la dépasse non moins, c'est la quantité d'espace à travers laquelle elles sont éparpillées. « Si l'on vous insérait au hasard dans l'Univers, écrit Sagan, les chances que vous vous trouviez sur une planète ou à proximité seraient inférieures à une sur un milliard de billions de billions » (10^{33}, soit un suivi de trente-trois zéros). « Les mondes sont précieux[22]. »

Aussi est-ce sans doute une heureuse nouvelle qu'en février 1999 l'Union astronomique internationale ait décerné officiellement à Pluton le statut de planète. L'Univers est un endroit vaste et solitaire, et tous les voisins sont bons à prendre.

III

L'univers du révérend Evans

Quand le ciel est clair et la Lune pas trop brillante, le révérend Robert Evans, un homme aimable et discret, traîne un gros télescope sur la terrasse de sa maison située à une soixantaine de kilomètres de Sydney dans les Montagnes bleues d'Australie, et se livre à une activité extraordinaire : il plonge le regard dans le passé pour trouver des étoiles à l'agonie.

Le plus facile, bien sûr, c'est de regarder dans le passé. Lorsque vous jetez un coup d'œil au ciel nocturne, ce que vous voyez est de l'histoire, des millénaires d'histoire : les étoiles non pas telles qu'elles sont, mais telles qu'elles étaient quand leur lumière les a quittées. Pour ce que nous en savons, l'Étoile polaire, notre fidèle compagne, pourrait s'être éteinte en janvier dernier, ou en 1854, ou à un moment quelconque depuis le XIVe siècle sans que nous en soyons encore informés. Tout ce que nous pouvons et pourrons jamais dire, c'est qu'elle brûlait encore il y a six cent quatre-vingts ans. Les étoiles meurent sans arrêt. Ce que Bob Evans fait mieux que quiconque, c'est de saisir ces fugaces moments d'adieu céleste.

Le jour, Evans est un aimable pasteur en semi-retraite de l'Église unitarienne d'Australie, qui occupe son temps à de menues recherches sur l'histoire des mouvements religieux au XIXe siècle. Mais la nuit, il devient à sa très modeste façon un titan des cieux : il chasse les supernovae.

Une supernova apparaît quand une étoile géante, bien plus grande que notre soleil, s'effondre en provoquant une explosion spectaculaire, libérant en un instant l'énergie d'une centaine de milliards de soleils[1] et brillant plus fort pendant un moment que toutes les étoiles de sa galaxie. « C'est comme mille milliards de bombes à hydrogène qui exploseraient en même temps, dit Evans. Si une supernova explosait dans un rayon de cinq cents années-lumière, nous serions fichus, ajoute-t-il gaiement. Ce serait rideau pour tout le monde[2]. » Mais l'Univers est vaste, et les supernovae sont *a priori* beaucoup trop lointaines pour nous faire du mal. En fait, la plupart se trouvent à des distances si inimaginables que leur lumière nous parvient comme une imperceptible lueur. Pendant le mois où elles sont visibles, la seule chose qui les distingue des autres étoiles est qu'elles occupent un point dans l'espace où il n'y avait rien auparavant. Ce sont ces têtes d'épingle anormales et très occasionnelles dans le dôme surpeuplé du ciel que trouve le révérend Evans.

Pour comprendre quelle fête c'est pour lui, imaginez une table rectangulaire recouverte d'une nappe noire sur laquelle on a répandu une poignée de sel. Disons que les grains de sel sont une galaxie. Maintenant, imaginez 1 500 tables comme la première – en gros, de quoi remplir le parking de l'hypermarché voisin – sur lesquelles on a jeté la même poignée de sel. À présent, ajoutez un grain de sel sur l'une des tables au hasard et laissez Bob Evans se promener parmi celles-ci. En un clin d'œil, il l'aura repéré. Le grain de sel est la supernova.

Ce talent est si exceptionnel qu'Oliver Sacks, dans *Un anthropologue sur Mars*, lui consacre un passage dans un chapitre sur les savants autistes – en précisant bien sûr qu'il ne veut nullement le qualifier d'autiste[3]. Evans, qui n'a jamais rencontré Sacks, s'amuse fort à l'idée d'être autiste ou savant, mais serait bien en peine d'expliquer d'où lui vient cette étrange capacité.

« On dirait que j'ai un don pour mémoriser les champs d'étoiles », m'a-t-il dit d'un air vaguement coupable quand je lui ai rendu visite dans son petit bungalow du paisible village d'Hazelbrook, où commence l'immense bush australien. « Je ne suis pas particulièrement bon à d'autres choses, a-t-il ajouté. J'ai du mal à retenir les noms. »

« Et l'endroit où il met les choses », a lancé sa femme depuis la cuisine.

Il a acquiescé d'un sourire et m'a demandé si je voulais voir son télescope. J'avais imaginé qu'Evans aurait un véritable observatoire dans sa cour – une version réduite du mont Wilson ou de Palomar, avec un dôme coulissant et un siège mécanique que je me réjouissais déjà de manœuvrer. En fait, il m'a emmené dans un débarras encombré où il conserve ses papiers et son télescope – un cyclindre blanc proche par sa forme et ses dimensions d'un ballon d'eau chaude – posé sur un socle en contreplaqué de fabrication maison. Pour effectuer ses observations, il trimballe l'objet en deux voyages sur sa terrasse. Entre l'angle du toit et les eucalyptus, il a une vue du ciel de l'ordre du timbre-poste, mais, à l'en croire, c'est amplement suffisant. Et là, quand le ciel est clair et la Lune pas trop brillante, il trouve ses supernovae.

Le terme de « supernova » a été forgé dans les années 1930 par un mémorable phénomène, un astrophysicien nommé Fritz Zwicky. Né en Bulgarie et élevé en Suisse, Zwicky arriva dans les années 1920 au California Institute of Technology (Caltech) où il se distingua aussitôt par son caractère mordant et ses talents erratiques. Il n'avait pas l'air extrêmement brillant, et nombre de ses collègues le considéraient comme un « irritant bouffon[4] ». Obsédé par sa forme physique, il pouvait se laisser tomber à terre à peu près n'importe où et se lancer dans une série de pompes destinées à prouver sa virilité à quiconque aurait eu l'imprudence d'en douter. Il était connu pour son agressivité, au point que son plus proche collaborateur, un homme très doux nommé Walter Baade, finit par refuser de rester seul avec lui[5]. Zwicky accusait notamment Baade, qui était allemand, d'être un nazi, ce qui était faux. Il le menaça même de le tuer s'il le voyait sur le campus de Caltech[6].

Mais Zwicky était aussi capable de remarquables fulgurances. Au début des années 1930, il s'intéressa à une question qui laissait depuis longtemps les astronomes perplexes : l'apparition par intermittence de points de lumière dans le ciel – de nouvelles étoiles. Il se demanda contre toute probabilité si le neutron, la particule subatomique qui venait d'être découverte en Angleterre par James Chadwick et connaissait donc une certaine vogue, pourrait se trouver au cœur des choses. Il réfléchit que si une étoile s'effondrait pour atteindre des densités comparables à celles que l'on trouvait dans le noyau des atomes, il en résulterait un noyau d'une compacité extrême. Les atomes seraient littéralement broyés, leurs électrons incrustés de force dans le noyau, formant des neutrons[7]. On obtiendrait une étoile à neutrons. Imaginez un million de boulets de canon réduits à la taille d'une bille – et nous sommes encore loin du compte. Le noyau d'une étoile à neutrons est si dense qu'une simple cuillerée de matière pèserait 100 milliards de kilogrammes ! Mais ce n'était qu'un début. Zwicky comprit qu'après l'effondrement d'une telle étoile il resterait une énorme quantité d'énergie – assez pour susciter le plus gros bang de l'Univers[8]. Il appela ces explosions des supernovae. Elles devaient être – et sont en effet – les plus gros événements de la création.

Le 15 janvier 1934, la *Physical Review* publia un résumé très concis d'une communication présentée le mois précédent par Zwicky et Baade à l'université de Stanford. Malgré son extrême brièveté – un paragraphe de vingt-quatre lignes –, ce texte contenait une énorme quantité de science nouvelle : on y trouvait la première référence aux supernovae et aux étoiles à neutrons, une explication convaincante de leur mode de formation et un calcul correct de l'échelle de leurs explosions. Pour compléter le tableau, les auteurs associaient l'explosion des supernovae à la production d'un nouveau phénomène mystérieux appelé les rayons cosmiques, que l'on venait de découvrir présents en masse dans l'Univers. Ces idées étaient totalement révolutionnaires : en effet, l'existence des étoiles à neutrons ne serait pas confirmée avant une trentaine d'années et la notion de rayons cosmiques, si elle est jugée plausible, n'a toujours pas été vérifiée[9]. Ce résumé était dans son ensemble, selon les termes de l'astrophysicien Kip S. Thorne, « l'un des documents les plus prophétiques de l'histoire de la physique et de l'astronomie[10] ».

Curieusement, Zwicky n'avait à peu près aucune idée des raisons pour lesquelles tout cela se produisait. D'après Thorne, « il ne maîtrisait pas suffisamment les lois de la physique pour justifier ses idées[11] ». Zwicky excellait dans les grandes intuitions ; aux autres – et notamment à Baade – de se charger du petit boulot mathématique.

Zwicky fut également le premier à reconnaître qu'il n'y avait pas assez de masse visible dans l'Univers pour maintenir ensemble les galaxies, et qu'il devait exister une autre influence gravitationnelle – ce que nous appelons aujourd'hui la matière noire. Cependant, il ne comprit pas que si une étoile à neutrons se rétrécissait suffisamment, elle deviendrait si dense que même la lumière ne pourrait échapper à sa force de gravitation. On obtient alors un trou noir. Malheureusement, Zwicky était tenu en un tel dédain par la plupart de ses collègues que ses idées n'attirèrent aucune attention. Lorsque, cinq ans plus tard, le grand Robert Oppenheimer aborda les étoiles à neutrons dans un article resté historique, il ne fit aucune référence au travail de Zwicky, ni même à celui-ci, bien qu'il eût travaillé sur le même problème des années durant dans un bureau situé à l'étage en dessous. Les déductions de Zwicky sur la matière noire n'allaient pas susciter l'attention avant près de quarante ans[12]. Nous pouvons seulement supposer qu'il se consola en multipliant les pompes.

Quand nous levons la tête vers le ciel, nous n'apercevons qu'un mince fragment de l'Univers. De la Terre, seules 6 000 étoiles sont visibles à l'œil nu, et seulement 2 000 depuis un point unique[13]. Avec des jumelles, ce chiffre s'élève à environ 50 000, et avec un petit télescope de deux pouces, il bondit à 300 000. Avec un télescope de seize pouces comme celui d'Evans, on commence à compter non plus en étoiles, mais en galaxies. De sa terrasse, Evans estime qu'il peut voir entre 50 000 et 100 000 galaxies, contenant chacune des dizaines de milliards d'étoiles. Il s'agit certes de nombres respectables, mais, même ainsi, les supernovae sont extrêmement rares. Une étoile peut brûler pendant des milliards d'années, mais elle ne meurt qu'une seule fois et vite, et seules quelques-unes de ces étoiles à l'agonie explosent. La plupart expirent en silence, comme un feu de camp à l'aube. Dans une galaxie classique, formée de centaines de milliards d'étoiles, une supernova ne se formera en moyenne que tous les deux cents ou trois cents ans. Trouver une supernova est donc un peu comme poser un télescope en haut de l'Empire State Building et le pointer sur les fenêtres de Manhattan dans l'espoir de trouver, par exemple, une fête d'anniversaire avec un gâteau portant précisément vingt et une bougies.

Aussi, quand les astronomes virent un pasteur plein d'espoir venir leur demander d'une petite voix douce s'ils n'auraient pas des plans du ciel convenables pour chasser les supernovae, ils pensèrent d'abord qu'il avait un peu perdu la tête. À l'époque, Evans avait un télescope de dix pouces – une taille déjà respectable pour des observations d'amateur, mais guère le genre d'objet adéquat pour la cosmologie sérieuse – et il se proposait de trouver l'un des phénomènes les plus rares de l'Univers. Dans toute l'histoire de l'astronomie avant qu'Evans ait commencé ses observations en 1980, on avait découvert à peine une soixantaine de supernovae. (Quand je lui ai rendu visite, en août 2001, il venait d'enregistrer sa trente-quatrième découverte ; une autre suivit trois mois plus tard, et une autre encore début 2003.)

Mais Evans avait certains avantages. La plupart des observateurs, comme la plupart des gens en général, se trouvent dans l'hémisphère Nord, de sorte qu'il disposait de beaucoup de ciel pour lui tout seul, surtout au début. Il pouvait compter en outre sur sa rapidité et son étrange mémoire. Les grands télescopes sont des choses encombrantes, dont le temps opérationnel se trouve souvent réduit par la durée des manœuvres nécessaires pour les pointer dans la bonne position. Evans pouvait tourner son petit télescope de seize pouces de tous les côtés, comme un artilleur dans un combat aérien, en ne consacrant que quelques secondes à chaque point du ciel. Il pouvait donc observer jusqu'à quatre cents galaxies en une seule soirée, alors qu'un grand télescope professionnel peut s'estimer heureux d'en trouver cinquante ou soixante.

Quand on cherche des supernovae, on passe surtout son temps à ne pas les trouver. De 1980 à 1996, Evans fit une moyenne de deux découvertes par an – un faible retour sur investissement pour des centaines de nuits d'observation assidue. Une fois, il en trouva trois en quinze jours, mais il passa ensuite trois ans sans en trouver une seule.

« Il y a en fait un certain avantage à ne rien trouver, dit-il. Cela permet aux cosmologues de comprendre la vitesse à laquelle évoluent les galaxies. C'est l'un des rares domaines où l'absence de preuves est une preuve. »

À côté du télescope étaient posées des piles de photos et de papiers relatifs à ses recherches, et il m'en montra quelques-uns. Si vous avez jamais feuilleté une revue d'astronomie destinée au grand public, et ça a bien dû vous arriver, vous savez qu'elles sont remplies de magnifiques photos en couleurs de lointaines nébuleuses, de nuages rayonnant d'une splendide lumière céleste. Les images d'Evans n'avaient rien à voir avec tout cela. C'étaient des photos troubles en noir et blanc de petits points entourés de halos brillants. L'une d'elles, qui représentait un champ d'étoiles, diffusait une lueur si insignifiante que je dus coller le nez dessus pour la voir. Il s'agissait, m'assura-t-il, d'une étoile d'une constellation appelée Fornax, dans une galaxie connue en astronomie sous le nom de NGC1365. (NGC veut dire *New General Catalogue*, et on y enregistre ces petites choses. C'était autrefois un gros livre sur un bureau de Dublin ; de nos jours, évidemment, c'est une base de données.) Pendant soixante millions d'années, la lumière de la spectaculaire disparition de l'étoile avait voyagé dans l'espace silencieux jusqu'à cette nuit d'août 2001 où elle avait atteint la Terre sous la forme d'une minuscule lueur, la plus ténue des illuminations du ciel nocturne. Ce fut bien sûr Robert Evans, sur sa colline embaumant l'eucalyptus, qui la découvrit.

« Il y a quelque chose de satisfaisant, dit-il, dans cette idée d'une lumière voyageant pendant des millions d'années dans l'espace, et au moment exact où elle atteint la Terre, quelqu'un est pile en train de regarder au bon endroit du ciel. Il me paraît juste qu'un événement d'une telle ampleur ait des témoins. »

Les supernovae font bien plus que nous épater.

Elles sont de différentes sortes (dont l'une découverte par Evans) et l'une d'elles, connue sous le nom de « supernova de type Ia », intéresse particulièrement l'astronomie parce qu'elle explose toujours de la même façon, en ayant atteint la même masse critique. Aussi peut-elle servir de repère pour mesurer la vitesse d'expansion de l'Univers.

En 1987, Paul Perlmutter, du laboratoire Lawrence de Berkeley en Californie, ayant besoin de plus de supernovae que n'en pouvaient fournir les observations, entreprit de trouver une méthode de recherches plus systématique[14]. Il mit au point un joli petit système d'ordinateurs sophistiqués et de dispositifs à couplage de charge – en un mot d'excellentes caméras numériques – et automatisa la chasse aux supernovae. Les télescopes pouvaient désormais prendre des milliers de photos et laisser l'ordinateur détecter les points brillants marquant l'explosion d'une étoile. En cinq ans, grâce à cette technique, Perlmutter et ses collègues de Berkeley trouvèrent quarante-deux supernovae. Il est vrai que même des amateurs pourraient en trouver grâce à ce système. « Avec ces caméras numériques, vous pouvez pointer un télescope vers le ciel et aller regarder la télévision, dit Evans avec une moue de dépit. Ça enlève tout le côté romantique. »

Je lui ai demandé s'il était tenté d'adopter la nouvelle technologie. « Oh, non, m'a-t-il répondu. J'aime trop ma façon à moi. Et puis (ici, coup d'œil à la photo de sa toute dernière trouvaille et petit sourire en coin), je peux encore leur damer le pion de temps en temps. »

La question qui vient naturellement à l'esprit est la suivante : « Que se passerait-il si une étoile explosait dans les environs ? » Notre voisine stellaire la plus proche est Alpha du Centaure, à 4,3 années-lumière. Je m'étais imaginé que s'il se produisait une explosion là-bas, nous aurions 4,3 ans pour contempler la lumière de ce magnifique événement se répandre dans le ciel. Que se passerait-il si nous avions quatre ans et trois mois pour regarder un destin irrévocable s'avancer vers nous, sachant qu'une fois arrivé il va nous réduire en bouillie ? Les gens iraient-ils encore travailler ? Les agriculteurs cultiveraient-ils encore les champs ? Se trouverait-il quelqu'un pour livrer les produits alimentaires dans les magasins ?

Des semaines plus tard, de retour chez moi dans le New Hampshire, j'ai posé ces questions à John Thorstensen, un astronome de Dartmouth College. « Oh, non, m'a-t-il répondu en riant, la nouvelle d'un tel événement voyage à la vitesse de la lumière, mais son pouvoir de destruction aussi, de sorte que vous seriez mort dans la seconde même où vous l'apprendriez. Mais ne vous faites pas de souci, ça ne risque pas d'arriver[15]. »

Pour être tué par l'explosion d'une supernova, m'expliqua-t-il ensuite, il faudrait être « ridiculement près » – à environ une dizaine d'années-lumière. « Le danger viendrait de différents types de radiations – des rayons cosmiques, etc. »

Ils produiraient certes de magnifiques aurores boréales, des rideaux chatoyants d'une lumière d'outre-tombe qui rempliraient toute la voûte des cieux. Mais une chose assez puissante pour offrir un tel spectacle aurait aussi la force de faire exploser la magnétosphère, la zone magnétique située très haut au-dessus de la Terre, qui nous protège normalement des rayons ultraviolets et d'autres attaques cosmiques. Sans la magnétosphère, quiconque aurait le malheur de faire un pas au soleil prendrait aussitôt l'aspect d'une pizza oubliée au four.

Selon Thorstensen, ce qui nous laisse croire avec quelque apparence de raison qu'un tel événement est impossible dans notre coin de galaxie, c'est qu'il faut d'abord un type d'étoile particulier pour obtenir une supernova. L'étoile candidate doit être dix à vingt fois plus massive que notre soleil : « Or, nous n'avons rien de la taille requise qui soit aussi proche. L'Univers, grâce au ciel, est un endroit immense. » La candidate la plus proche serait Bételgeuse, dont divers crachotements laissent penser depuis des années qu'il se passe là-haut des choses d'une intéressante instabilité. Mais Bételgeuse se trouve à 50 000 années-lumière d'ici.

Dans toute l'histoire connue, une demi-douzaine seulement de supernovae ont été assez proches pour être perceptibles à l'œil nu[16]. L'une date de 1054 et créa la Nébuleuse du Crabe. Une autre, en 1604, forma une étoile assez brillante pour être vue de jour pendant trois semaines. La plus récente date de 1987, quand une supernova se mit à luire dans une zone du cosmos connue sous le nom de Grand Nuage de Magellan, mais elle était à peine visible, uniquement depuis l'hémisphère Sud – et située en outre à la confortable distance de 169 000 années-lumière.

Les supernovae ont une importance pour nous à un autre titre encore. Sans elles, nous ne serions pas là. Rappelez-vous l'énigme cosmologique sur laquelle s'est refermé le premier chapitre : le big bang a créé des tonnes de gaz légers, mais pas d'éléments lourds. Ceux-ci sont arrivés plus tard, mais pendant fort longtemps, personne n'a réussi à savoir comment. Le problème, c'est qu'il a fallu quelque chose de vraiment très chaud – plus encore que le noyau des étoiles les plus chaudes – pour forger le carbone, le fer et les autres éléments sans lesquels nous serions d'une affligeante immatérialité. Les supernovae ont fourni l'explication, et ce fut un cosmologue anglais aux façons aussi singulières que celles de Fritz Zwicky qui la découvrit.

Ce natif du Yorkshire du nom de Fred Hoyle est mort en 2001, ce qui lui a valu dans la revue *Nature* une flatteuse nécrologie le décrivant comme « un cosmologue et un polémiste[17] » – ce qui n'est pas peu dire. « Il se lança toute sa vie dans toutes sortes de controverses, attachant son nom à quantité d'absurdités. » Il affirma par exemple, sans l'ombre d'une preuve, que le précieux fossile d'un archéoptéryx du Muséum d'histoire naturelle était un faux, comme l'homme de Piltdown, à la grande exaspération des paléontologues du musée qui durent passer des jours à répondre aux coups de fil de journalistes du monde entier. Il croyait aussi que la vie sur terre était issue de graines venues de l'espace, de même que la grippe et la peste bubonique, et il avança un jour que l'homme avait évolué pour avoir le nez pointu et les narines orientées vers le bas afin d'éviter que des éléments pathogènes cosmiques ne tombent dedans[18].

C'est lui qui a forgé par pure facétie le terme de « big bang » lors d'une émission de radio en 1952. Il affirmait que rien dans notre compréhension de la physique ne pouvait expliquer pourquoi tout, rassemblé sur un point, devrait soudain entrer dans une spectaculaire expansion. Hoyle favorisait la théorie de la création continue, selon laquelle l'Univers est en expansion constante et crée continuellement de la matière à mesure qu'il croît[19]. Hoyle comprit aussi que si les étoiles implosaient, elles devaient libérer d'énormes quantités de chaleur – au moins 100 millions de degrés, assez pour commencer à générer les éléments lourds dans un processus appelé nucléosynthèse[20]. En 1957, Hoyle montra comment les éléments lourds se formaient lors de l'explosion des supernovae. Mais fort injustement, ce fut W. A. Fowler, l'un de ses collaborateurs, qui eut droit au prix Nobel.

Selon la théorie de Hoyle, une étoile en explosant devait générer assez de chaleur pour créer tous les nouveaux éléments et les disperser dans le cosmos où ils iraient former des nuages gazeux – le milieu interstellaire – qui finiraient par fusionner en de nouveaux systèmes solaires. Ces nouvelles théories permettaient au moins de construire des scénarios plausibles pour expliquer comment nous sommes arrivés là. Voici donc ce que nous croyons savoir de nos jours.

Il y a 4,6 milliards d'années, un vaste tourbillon de gaz d'une dimension d'environ 25 milliards de kilomètres s'accumula dans l'espace où nous sommes aujourd'hui et commença à s'agréger. L'essentiel du nuage – 99,9 % de notre système solaire – servit à fabriquer le Soleil[21]. Sur la matière restante, deux grains microscopiques flottèrent assez près l'un de l'autre pour être réunis par les forces électrostatiques. Ce fut l'instant de conception de notre planète. Partout dans cette ébauche de système solaire la même chose se produisit : des grains de poussière entrant en collision formèrent peu à peu des mottes de matière de plus en plus vastes. Ces mottes finirent par être assez grandes pour être appelées planétésimales. Au cours de ces collisions incessantes, elles se fracturaient ou se recombinaient au hasard en d'infinies permutations, mais dans chaque rencontre il y avait un gagnant, et certains de ces gagnants devinrent assez grands pour dominer l'orbite sur laquelle ils se déplaçaient.

Tout cela s'est produit remarquablement vite. On estime que quelques milliers d'années ont suffi pour passer d'un minuscule amas de grains de poussière à une jeune planète de quelques centaines de kilomètres de diamètre. Il n'a guère fallu que 200 millions d'années, voire moins, pour que la Terre soit formée, bien qu'encore en fusion et soumise à un bombardement constant de tous les débris qui continuaient à flotter autour d'elle[22].

Voici environ 4,5 milliards d'années, un objet de la taille de Mars s'écrasa sur la Terre, soulevant assez de matière pour former une sphère voisine, la Lune. On estime qu'en quelques semaines la matière soulevée s'était réassemblée en une seule motte, et qu'en l'espace d'un an elle était devenue la roche sphérique qui nous accompagne depuis lors. On pense que l'essentiel des matériaux lunaires sont issus de la croûte terrestre, et non du noyau, ce qui explique pourquoi la Lune a si peu de fer alors que nous en avons tant[23]. Soit dit en passant, cette théorie est toujours présentée comme nouvelle, alors qu'elle a été proposée pour la première fois dans les années 1940 par Reginald Daly, de l'université Harvard[24]. La seule nouveauté dans l'affaire, c'est que les gens s'y intéressent.

Quand la Terre n'avait qu'un tiers environ de sa taille actuelle, elle a sans doute commencé à former une atmosphère, essentiellement composée de dioxyde de carbone, d'azote, de méthane et de soufre. Pas le genre de choses que l'on associerait à la vie *a priori*, et pourtant la vie s'est formée à partir de cette soupe indigeste. Le dioxyde de carbone est un gaz au puissant effet de serre. Ce fut une bonne chose, parce que le

Soleil était nettement plus faible à cette époque. Si nous n'avions pas bénéficié de l'effet de serre, la Terre serait sans doute restée éternellement glacée, et la vie n'aurait pas pu y poser un orteil[25]. Mais la vie y posa bien un orteil, et même les deux pieds.

Pendant 500 millions d'années, la jeune Terre continua de subir une pluie constante de comètes, de météorites et d'autres débris galactiques, ce qui apporta l'eau pour remplir les océans et les composants nécessaires à la formation de la vie. C'était un environnement singulièrement hostile, et pourtant la vie y trouva sa voie. Un minuscule sac de produits chimiques eut un petit hoquet et devint animé. Nous étions en route.

Quatre milliards d'années plus tard, des gens commencèrent à se demander comment tout cela était arrivé, et c'est ce qui nous amène au chapitre suivant.

Deuxième partie

LA TAILLE DE LA TERRE

« La Nature et les lois naturelles
étaient dissimulées dans les ténèbres ;
Dieu dit “Que Newton soit”
et tout devint lumière. »

Alexander Pope

IV

La mesure des choses

Si vous deviez désigner l'expédition scientifique la moins conviviale de tous les temps, vous auriez du mal à trouver pire que l'expédition de l'Académie des sciences en 1735. Menée par l'hydrologue Pierre Bouguer et le mathématicien-soldat Charles Marie de La Condamine, cette équipe de scientifiques et d'aventuriers s'embarqua pour le Pérou en vue de trianguler les distances à travers les Andes.

Le public souffrait alors depuis peu d'une violente démangeaison de comprendre la Terre – déterminer son âge, sa masse, sa situation dans l'espace et la façon dont on en était arrivé là. L'équipe française voulait contribuer à résoudre la question de la circonférence de la planète en mesurant la longueur d'un degré de méridien (soit 1/360 de la circonférence de la Terre) sur une ligne d'environ 300 km reliant Yarouqui, près de Quito, jusqu'à Cuenca, située aujourd'hui en Équateur*.

* La triangulation était une technique classique, fondée sur cet axiome géométrique qu'il suffit de connaître la longueur d'un côté d'un triangle et deux de ses angles pour trouver toutes ses autres dimensions sans quitter son fauteuil.

La situation dérapa pratiquement dès le début, et parfois de façon dramatique. À Quito, les visiteurs provoquèrent les autochtones et furent chassés de la ville à coups de pierre. Peu après, le médecin de l'expédition fut assassiné pour une histoire de femme. Le botaniste perdit l'esprit. D'autres moururent d'accès de fièvre et de chutes. L'un des plus âgés de la bande, un certain Jean Godin, s'enfuit avec une gamine de treize ans et il n'y eut jamais moyen de le persuader de revenir.

Le groupe dut même suspendre ses travaux pendant huit mois, le temps que La Condamine

---

Supposons, par exemple, que vous et moi ayons décidé de mesurer la distance de la Terre à la Lune. Avec la triangulation, la première chose à faire est de mettre une certaine distance entre nous : par exemple, vous restez à Paris, je m'en vais à Moscou et de là nous regardons la Lune au même moment. À présent, imaginez une ligne reliant les trois acteurs de cet exercice – c'est-à-dire vous, moi et la Lune : elle forme un triangle. Mesurez la longueur de sa base entre vous et moi et les deux angles où nous nous trouvons, et le reste peut se calculer aisément. (La somme des angles d'un triangle étant toujours égale à 180 degrés, si vous connaissez la somme de deux de ses angles, vous pouvez aussitôt en déduire le troisième ; et connaître la forme précise d'un triangle et la longueur de l'un de ses côtés vous donne aussitôt la longueur des deux autres.) Ce fut la méthode utilisée par l'astronome grec Hipparque de Nicée, en l'an 150 av. J.-C., pour calculer la distance de la Terre à la Lune. Au niveau du sol, le principe de la triangulation reste inchangé, à ceci près que les triangles ne sont pas dans l'espace, mais disposés côte à côte sur une carte. Pour mesurer un degré de méridien, les topographes créent une sorte de chaîne de triangles tout le long du chemin, de part et d'autre de la ligne à mesurer.

aille régler leurs problèmes de papiers à Lima. Pour finir, Bouguer et lui cessèrent de s'adresser la parole et refusèrent de travailler ensemble. L'expédition, réduite comme peau de chagrin, était sans cesse en butte à la suspicion des autorités, qui peinaient à croire que des scientifiques aient parcouru la moitié du monde pour mesurer le monde. Deux siècles et demi plus tard, la question n'a rien perdu de sa pertinence. Pourquoi les Français n'effectuaient-ils pas leurs mesures en France, s'épargnant ainsi les aléas et l'inconfort de l'aventure andine ?

La réponse tient pour partie au fait que les scientifiques du XVIIIe siècle, et notamment les Français, faisaient rarement les choses simplement s'ils pouvaient les faire d'une façon absurdement compliquée, et pour partie à un problème pratique déjà soulevé par l'astronome anglais Edmond Halley bien longtemps avant que Bouguer et La Condamine eussent rêvé d'aller en Amérique du Sud et eussent inventé une bonne raison pour le faire.

Halley était un personnage exceptionnel. Au cours de sa longue carrière[1], il fut capitaine de vaisseau, cartographe, professeur de géométrie à Oxford, vice-directeur de l'hôtel de la Monnaie à Londres, astronome royal et inventeur de la cloche à plongée. Il écrivit avec autorité sur le magnétisme, les marées et le mouvement des planètes, et avec reconnaissance sur les effets de l'opium. Il inventa la carte météorologique et le calcul actuariel, proposa des méthodes pour mesurer l'âge de la Terre et sa distance au Soleil, et inventa même une méthode pour garder le poisson frais en toute saison. Curieusement, la seule chose qu'il ne fit pas fut de découvrir la comète qui porte son nom. Il se borna à reconnaître que celle qu'il avait vue en 1682 était la même que l'on avait pu observer en 1456, 1531 et 1607. Elle ne prit son nom qu'en 1758, seize ans après sa mort.

Mais la plus grande contribution de Halley au savoir humain est peut-être d'avoir pris part à un modeste pari avec deux autres sommités de son temps : Robert Hooke, resté célèbre pour avoir été le premier à décrire une cellule, et le grand Christopher Wren, qui fut astronome avant de devenir architecte, ce que l'on tend à oublier aujourd'hui. Un soir de 1683, Halley, Hooke et Wren dînaient à Londres quand la conversation tomba sur les mouvements des objets célestes. On savait que les planètes étaient inclinées pour orbiter selon un type d'ovale connu sous le nom d'ellipse – « une courbe très spécifique et précise », pour citer Richard Feynman[2] –, mais sans que l'on comprît pourquoi. Wren offrit généreusement une prime de quarante shillings (l'équivalent de deux semaines de salaire) à celui qui résoudrait la question.

Hooke, enclin à s'attribuer des idées qui n'étaient pas forcément les siennes[3], affirma qu'il avait résolu le problème, mais que son altruisme l'empêchait de livrer la solution, car il ne voulait pas priver les autres du plaisir de la trouver tout seuls. Il entendait « la dissimuler un temps, de sorte que d'autres aient tout le loisir de l'apprécier ». S'il réfléchit plus avant à la question, il n'en a pas laissé trace. Mais Halley brûlait du désir de trouver la réponse, au point de faire le voyage à Cambridge l'année suivante pour en appeler hardiment aux lumières du titulaire de la chaire lucasienne de mathématiques de l'université, Isaac Newton en personne.

Newton était un très curieux personnage : excessivement brillant, mais solitaire, triste, méfiant jusqu'à la paranoïa, d'une célèbre distraction (on dit qu'en se levant le matin il pouvait rester assis des heures sur son lit, immobilisé par l'afflux soudain de pensées dans sa tête), et capable des plus parfaites bizarreries. Il construisit son propre laboratoire, le premier à Cambridge, pour se lancer ensuite dans les expériences les plus étranges. Un jour, il inséra une alêne de cordonnier dans son orbite et la fit tourner « entre l'œil et l'os, aussi près que possible de l'arrière de l'œil[4] », juste pour voir ce qui allait se passer. Miraculeusement, il ne se passa rien – du moins rien de vraiment fâcheux. Une autre fois, il fixa le soleil aussi longtemps qu'il le put pour en déterminer les éventuels effets sur la vision. Là encore, il échappa au pire, bien qu'il dût passer trois jours dans une pièce obscure pour réparer les dégâts.

Mais ces excentricités sortaient de l'esprit d'un suprême génie – d'ailleurs capable de bizarreries jusque dans les travaux les plus classiques. Frustré par les limites des mathématiques conventionnelles, il inventa, alors qu'il était encore étudiant, un type de calcul entièrement nouveau, le calcul infinitésimal, exploit dont il ne souffla mot à quiconque pendant vingt-sept ans[5]. De même, ses travaux sur l'optique allaient bouleverser notre compréhension de la lumière et contribuer à fonder la science de la spectroscopie, mais il garda ses résultats pour lui pendant trente ans.

Newton n'appliquait que pour une faible part ses brillants talents à la science véritable. Il consacra la moitié de sa vie à des travaux d'alchimie et à une quête religieuse forcenée. Il était secrètement membre de la secte hérétique des arianistes, qui réfutait le dogme de la Sainte-Trinité – ce qui ne manquait pas de sel pour un membre du Trinity College de Cambridge. Il passa des heures à étudier le plan du temple de Salomon à Jérusalem (apprenant l'hébreu tout seul au passage, pour déchiffrer les textes originaux), persuadé qu'il contenait des indices mathématiques sur la date de la seconde venue du Christ et de la fin du monde. Son attachement à l'alchimie n'était pas moins ardent. En 1936, l'économiste John Maynard Keynes, ayant acquis dans une vente aux enchères une malle de papiers qui avaient appartenu à Newton, constata avec stupéfaction qu'ils n'étaient nullement consacrés à l'optique ou au mouvement des planètes, mais à une quête obsessionnelle du moyen de transformer les métaux vils en or. Une analyse d'une mèche de cheveux de Newton pratiquée dans les années 1970 montra qu'elle contenait du mercure – un élément qui intéresse les alchimistes, les chapeliers, les fabricants de thermomètres et à peu près personne d'autre – à une concentration quarante fois plus élevée que la normale. Cela peut expliquer qu'il ait eu du mal à se souvenir de sortir du lit le matin.

Ce qu'Halley attendait précisément de lui lors de sa visite surprise en août 1684, nous ne le saurons jamais. Mais grâce au récit d'un confident de Newton, Abraham de Moivre, nous avons une trace de cette rencontre historique :

> En 1684, le Pr Halley vint lui rendre visite à Cambridge [et] après qu'ils eurent passé un moment ensemble, le professeur lui demanda quelle courbe à son avis décriraient les planètes en supposant que la force d'attraction qui les maintient au Soleil soit inverse au carré de la distance qui les sépare de lui.

Cela fait référence à un fait mathématique connu comme la loi de l'inverse carré, dont Halley était persuadé qu'il se trouvait au cœur de l'explication, mais sans pouvoir déterminer comment.

> Sir Isaac répondit aussitôt que c'était une [ellipse]. Le professeur, plein de joie et d'étonnement, lui demanda comment il le savait. « Eh bien, répondit-il, je l'ai calculé » ; sur quoi le Pr Halley demanda à voir son calcul sur-le-champ ; sir Isaac chercha parmi ses papiers mais fut incapable de le trouver.

C'est un peu comme si quelqu'un annonçait qu'il a trouvé le moyen de guérir le cancer mais ne se rappelle pas où il a bien pu fourrer la formule. Pressé par Halley, Newton accepta de refaire ses calculs et de les lui envoyer. En fait, il fit bien plus. Il s'enferma dans une retraite d'intenses réflexions et ressortit au bout de deux ans avec son chef-d'œuvre : les *Philosophiae Naturalis Principia Mathematica*, ou *Principes mathématiques de philosophie naturelle*, mieux connus sous le nom de *Principia*.

Quelques rares fois dans l'Histoire, il sort d'un esprit humain une observation si pénétrante et si inattendue que l'on se demande ce qui est le plus stupéfiant – le fait lui-même ou la capacité à l'avoir pensé. Les *Principia* ont été l'un de ces moments. Le livre rendit Newton instantanément célèbre. Il devait passer le reste de sa vie comblé d'honneurs, et fut notamment le premier à être anobli en Grande-Bretagne pour une œuvre scientifique. Même le grand mathématicien allemand Gottfried von Leibniz[6], avec qui Newton eut une longue et âpre dispute sur la priorité de l'invention du calcul infinitésimal, jugeait sa contribution aux mathématiques égale à tout le travail accumulé avant lui. « Nul mortel ne peut être plus proche des dieux », écrivit Halley – sentiment partagé par ses contemporains et par bien d'autres depuis.

Si l'on a appelé les *Principia* « l'un des livres les plus inaccessibles jamais écrits[7] » (Newton l'avait rendu difficile à dessein pour ne pas être harcelé par de « petits amateurs » en mathématiques, comme il les appelait), c'était un phare pour ceux qui pouvaient le suivre. Outre expliquer mathématiquement les orbites des corps célestes, il identifiait la force d'attraction qui les faisait se mouvoir : la gravité. Soudain, tous les mouvements dans l'Univers prenaient un sens.

Au cœur des *Principia* se trouvent les trois lois sur le mouvement (qui affirment sans détour qu'un objet se meut dans la direction vers laquelle il est poussé ; qu'il continue à se mouvoir en ligne droite tant qu'aucune autre force n'intervient pour le ralentir ou le dévier ; et que tout mouvement suscite une réaction égale et inverse) et la loi universelle de la gravitation. Celle-ci affirme que tout objet dans l'Univers exerce une poussée sur tous les autres. Vous n'en avez sans doute pas conscience, mais pendant que vous êtes assis en train de lire, vous attirez tout ce qui se trouve autour de vous – murs, plafond, lampe, chat – du fait de votre petit (voire minuscule) champ de gravitation. Et toutes ces choses vous attirent également. Newton a compris le premier que l'attraction entre deux objets quelconques est, selon les termes de Feynman, « proportionnelle à la masse de chacun et varie en raison inverse du carré de la distance entre eux[8] ». En d'autres termes, si l'on double la distance entre deux objets, l'attraction qui s'exerce entre eux est quatre fois plus faible. On peut l'exprimer à l'aide de cette formule :

$$F = \frac{Gmm'}{r^2}$$

laquelle n'a bien sûr aucun usage pratique pour vous et moi, mais dont nous pouvons au moins apprécier l'élégante compacité. Deux ou trois multiplications simples, une petite division, et hop : vous avez votre position gravitationnelle où que vous alliez. C'était la première loi de la nature réellement universelle jamais proposée par un esprit humain, ce qui justifie que Newton soit encore tenu en si grande estime aujourd'hui.

La publication des *Principia* n'alla pas sans quelques drames mineurs. À la grande horreur de Halley, au moment où l'ouvrage allait être terminé, Newton et Hooke s'engagèrent dans une âpre dispute pour savoir qui le premier avait formulé la loi de l'inverse carré, et Newton refusa de sortir le troisième livre, sans lequel les deux premiers étaient à peu près inintelligibles. Halley dut déployer des trésors de diplomatie et recourir à la plus basse flatterie pour extraire enfin le dernier livre au fantasque professeur.

Mais Halley n'était pas au bout de ses peines. La Royal Society, qui avait promis de publier l'ouvrage, retira sa parole sous le prétexte de quelque embarras d'argent. La société savante avait fait l'année précédente un flop assez coûteux en publiant une *Histoire des poissons*, et elle soupçonnait qu'il n'y aurait pas foule pour acheter un livre sur les principes mathématiques. Bien qu'il n'eût pas de grands moyens, Halley paya la publication de sa poche. Newton, selon son habitude, ne sortit pas un sou[9]. Pour compléter le tableau, alors qu'il venait d'accepter le poste de secrétaire de l'académie, Halley fut informé que celle-ci n'avait plus les moyens de lui allouer le salaire promis de 50 livres par an. Il serait payé en exemplaires de la fameuse *Histoire des poissons*[10].

Les lois de Newton expliquaient tant de choses – le mouvement des marées, celui des planètes, la trajectoire décrite par les boulets de canon avant qu'ils ne retombent à terre, la raison qui nous empêche d'être éjectés dans l'espace alors que la planète tourne sous nos pieds à des centaines de kilomètres à l'heure* – qu'il fallut un moment pour en saisir toutes les implications. Mais l'une de ses révélations au moins fut aussitôt objet de débat.

C'était la suggestion que la Terre n'est pas tout à fait ronde. Selon la théorie de Newton, la force centrifuge de la rotation de la Terre devait provoquer un léger aplatissement des pôles et un renflement à l'équateur. Il s'ensuivait que la longueur d'un degré ne serait pas la même en Italie qu'en Écosse. Pour être précis, celle-ci devait se raccourcir à mesure qu'on s'éloignait des pôles. C'était une mauvaise nouvelle pour les gens dont les mesures de la Terre partaient du présupposé qu'elle formait une sphère parfaite – c'est-à-dire tous ceux qui mesuraient la Terre.

Cela faisait déjà un demi-siècle que l'on s'évertuait à trouver la taille de la Terre en s'astreignant à des mesures aussi exactes que possible. L'un des premiers à tenter l'aventure fut un mathématicien anglais nommé Richard Norwood. Dans sa jeunesse, Norwood était parti aux Bermudes avec une cloche à plongée modelée

---

* La vitesse à laquelle vous tournez dépend de l'endroit où vous êtes. La vitesse de rotation de la Terre varie entre environ 16 000 km/h à l'équateur et 0 aux pôles.

sur celle de Halley, dans l'intention de faire fortune en pêchant des perles dans les fonds marins. Son projet échoua parce qu'il n'y avait pas de perles et que sa cloche à plongée ne fonctionnait pas de toute façon, mais Norwood n'était pas homme à se laisser abattre pour si peu. Au début du XVIIe siècle, les Bermudes étaient connues des marins pour être difficiles à localiser. L'océan est grand, les Bermudes minuscules, et les instruments de navigation étaient désespérément inadéquats pour combler cet écart. On n'avait même pas encore établi la longueur d'un mille nautique. Dans l'immensité de l'océan, la moindre erreur de calcul prenait des proportions telles que les bateaux manquaient souvent les Bermudes de très loin. Norwood, dont la première passion était la trigonométrie, et donc les angles, décida d'introduire un brin de rigueur mathématique dans la navigation, et résolut à cette fin de calculer la longueur d'un degré d'arc.

Tournant le dos à la tour de Londres, il consacra deux années entières à marcher sur 335 km vers le nord jusqu'à York, tendant et mesurant systématiquement une chaîne, sans oublier de méticuleux ajustements en fonction des accidents de terrain et des méandres de la route. Il visait à mesurer l'angle du soleil à York à la même heure de la journée et le même jour de l'année que sa première mesure à Londres. Il raisonnait qu'à partir de là il pourrait déterminer la longueur d'un degré de méridien terrestre et ainsi calculer la circonférence de la Terre.

C'était une entreprise d'une ambition presque ridicule : une erreur d'une infime fraction de degré modifierait le chiffre obtenu. Mais, comme Norwood le proclama fièrement, il se montra précis « à une brindille près[11] » – ou, plus exactement, à 550 mètres près. Il obtint un chiffre de 110,72 km par degré d'arc.

L'ouvrage majeur de Norwood sur la navigation, *The Seaman's Practice*, fut publié en 1637 et trouva aussitôt un public. Il connut dix-sept éditions et était encore réimprimé vingt-cinq ans après sa mort. Norwood retourna aux Bermudes avec sa famille et y devint un riche planteur consacrant ses loisirs à son premier amour, la trigonométrie. Il vécut là-bas une quarantaine d'années, que l'on aurait pu espérer heureuses et comblées d'honneurs. En fait, pas du tout. Pendant la traversée, ses deux jeunes fils partagèrent une cabine avec le révérend Nathaniel White, et parvinrent si bien à traumatiser le jeune vicaire qu'il consacra le reste de sa carrière à persécuter Norwood par tous les moyens.

Ses deux filles ajoutèrent à son calvaire en faisant de mauvais mariages. L'un des maris, poussé peut-être par le vicaire, lui fit procès sur procès, lui causant beaucoup d'exaspération et le contraignant à des aller et retour incessants à Londres pour se défendre devant les tribunaux. Pour finir, les procès en sorcellerie débarquèrent aux Bermudes vers 1650, et Norwood passa ses dernières années à redouter que ses notes sur la trigonométrie, avec leurs symboles étranges, ne soient prises pour des communications avec le diable et ne lui vaillent une exécution en bonne et due forme. On sait si peu de choses sur lui qu'il est toujours permis de penser qu'il méritait ces années douloureuses. En tout cas, il les a eues.

Entre-temps, la fièvre pour déterminer la circonférence de la Terre était passée en France. L'astronome Jean Picard mit au point une méthode de triangulation remarquablement complexe, avec des quadrants, des horloges à pendule, des secteurs du zénith et des télescopes pour observer le mouvement des lunes de Jupiter. Après avoir passé deux ans à cheminer et à trianguler à travers la France, il annonça en 1669 une mesure plus exacte de 110,46 km pour un degré d'arc. Ce fut une grande source de fierté pour les Français, mais cette mesure tenait sur le présupposé que la Terre était une sphère parfaite – alors que Newton affirmait le contraire.

Pour compliquer encore les choses, Giovanni et Jacques Cassini, père et fils, renouvelèrent l'expérience de Picard sur une plus grande distance et parvinrent à des résultats laissant entendre que la Terre était plus renflée non à l'équateur, mais aux pôles – en d'autres termes que Newton avait tout faux. Ce fut ce résultat qui poussa l'Académie des sciences à envoyer Bouguer et La Condamine en Amérique du Sud pour de nouvelles vérifications.

Ils choisirent les Andes parce qu'ils devaient effectuer leurs mesures près de l'équateur, afin de déterminer s'il y avait vraiment une différence de sphéricité à cet endroit, et parce qu'ils jugeaient que les montagnes leur offriraient de meilleurs points de vue. En fait, les montagnes du Pérou sont la plupart du temps perdues dans les nuages, et l'expédition dut souvent attendre des semaines une heure de temps clair. En outre, ils avaient choisi l'un des terrains les plus difficiles au monde. Les Péruviens qualifient leur paysage de *muy accidentado* – « très accidenté » –, ce qui est un pur euphémisme. L'expédition française dut non seulement gravir des montagnes si escarpées que même les mules y déclaraient forfait, mais aussi franchir des rapides, se frayer un chemin à coups de machette à travers la jungle et traverser des zones rocheuses désertiques, tout cela sans cartes et à peu près aucune source de ravitaillement. Mais Bouguer et La Condamine ne manquaient pas de ténacité et restèrent rivés à leur tâche pendant neuf sinistres années sous un soleil brûlant. Peu avant la fin de leur séjour, ils reçurent la nouvelle qu'une autre équipe française, qui effectuait des mesures au nord de la Scandinavie (et affrontait de son côté d'autres soucis, dont les marécages et les banquises), avait découvert qu'un degré était en fait plus long près des pôles, comme Newton l'avait prédit. Mesurée à l'équateur, la Terre faisait 43 km de plus que mesurée de haut en bas en partant des pôles[12].

Bouguer et La Condamine avaient donc passé près de dix ans à travailler pour un résultat qu'ils ne souhaitaient pas trouver et apprendre qu'ils n'étaient même pas les premiers à le trouver. Ils terminèrent mollement leurs relevés topographiques, qui confirmèrent que l'autre équipe avait raison. Puis, sans échanger un mot, ils retournèrent vers la côte et rentrèrent par deux bateaux différents.

Les *Principia* de Newton conjecturaient également que si l'on suspendait un fil à plomb près d'une montagne, il tendrait à s'incliner légèrement vers celle-ci, affecté par sa masse gravitationnelle, de la même façon qu'il tendait vers le bas attiré par la masse de la Terre. C'était un fait des plus curieux. Si l'on mesurait précisément la déviation et si l'on calculait la masse de la montagne, on pourrait calculer la constante gravitationnelle universelle – à savoir la valeur fondamentale de la gravité, notée G – et du même coup la masse de la Terre.

Bouguer et La Condamine avaient tenté l'expérience sur le mont Chimborazo, mais ils avaient échoué du fait de difficultés techniques et de leurs incessantes chamailleries, de sorte que cette notion resta négligée encore une bonne trentaine d'années, jusqu'à ce qu'elle soit déterrée par l'astronome royal Nevil Maskelyne. Dava Sobel, dans son célèbre ouvrage *Longitude*, présente Maskelyne comme un idiot parce qu'il n'avait pas perçu la brillance de l'horloger John Harrison, inventeur de la montre de marine ; c'est bien possible, mais nous lui devons beaucoup d'autres choses, dont son astucieux système de pesage de la Terre. Maskelyne comprit que le nœud du problème consistait à trouver une montagne ayant une forme assez régulière pour que l'on puisse jauger sa masse.

Sur ses instances, la Royal Society accepta d'engager quelqu'un d'assez fiable pour faire le tour des îles Britanniques en quête de la montagne adéquate. Maskelyne connaissait précisément un tel personnage : l'astronome et topographe Charles Mason. Maskelyne et Mason s'étaient connus onze ans plus tôt dans le cadre d'un projet visant à mesurer un événement astronomique de première importance : le passage de la planète Vénus devant le Soleil. L'infatigable Edmond Halley avait suggéré des années plus tôt qu'en mesurant l'un de ces passages à partir de points donnés sur la Terre on pourrait s'appuyer sur les principes de la triangulation pour calculer sa distance au Soleil, et à partir de là calibrer les distances de tous les autres corps du système solaire.

On sait hélas que les passages de Vénus sont fort irréguliers. Ils surviennent par paire à huit ans de distance, mais ne se renouvellent pas ensuite avant plus d'un siècle, et Halley n'en vit aucun de son vivant*. Mais l'idée mijotait à petit feu et lors du passage suivant de Vénus, prévu pour 1761, près de vingt ans après la mort de Halley, le monde scientifique était fin prêt – plus qu'il ne l'avait été à ce jour pour un événement astronomique.

* Le dernier passage date du 8 juin 2004 et sera suivi d'un second en 2012. Il n'y en a eu aucun au cours du XXe siècle.

Avec l'instinct du martyre qui caractérisait cet âge, les scientifiques se hâtèrent vers plus d'une centaine de destinations autour du globe – dont la Sibérie, la Chine, l'Afrique du Sud, l'Indonésie et les forêts du Wisconsin. La France dépêcha trente-deux observateurs, la Grande-Bretagne dix-huit de plus, et d'autres encore partirent de Suède, de Russie, d'Italie, d'Allemagne, d'Irlande et d'ailleurs.

Ce fut le premier projet scientifique international, et il rencontra des problèmes pratiquement partout. De nombreux observateurs furent arrêtés par la guerre, la maladie ou les naufrages. D'autres parvinrent à bon port, mais ouvrirent leurs caisses pour trouver leurs instruments cassés ou déformés par la chaleur tropicale. Cette fois encore, il était échu aux Français d'être les plus mal lotis. Jean Chappe mit des mois à atteindre la Sibérie en diligence, en bateau et en traîneau, veillant à protéger ses précieux instruments de tout choc périlleux, pour trouver la dernière partie du trajet bloquée par des rivières en crue à la suite de pluies de printemps d'une violence exceptionnelle, que les autochtones eurent tôt fait de lui mettre sur le dos quand ils l'eurent vu pointer d'étranges instruments vers le ciel. Chappe parvint à sauver sa vie, mais sans aucune mesure utile.

Guillaume Le Gentil, dont les expériences sont remarquablement résumées par Timothy Ferris dans *Coming of Age in the Milky Way*[13], fut plus malheureux encore. Il quitta la France un an à l'avance pour observer depuis l'Inde le passage de Vénus, mais les aléas les plus divers le laissèrent dansant en pleine mer au jour J – soit le pire endroit pour prendre des mesures exactes.

Nullement ébranlé, Le Gentil poursuivit son voyage vers l'Inde pour être à pied d'œuvre lors du passage suivant, en 1769. Ayant huit ans devant lui pour se préparer, il érigea une station d'observation de première classe, testa et retesta ses instruments, et se trouva fin prêt le jour venu. Le matin du 4 juin 1769, il s'éveilla par une belle et claire journée, mais juste avant le passage de Vénus, un nuage vint se placer devant le Soleil et y demeura pendant presque toute la durée du phénomène, soit trois heures, quatorze minutes et sept secondes.

Stoïquement, Le Gentil remballa ses instruments et se dirigea vers le port le plus proche, mais en route il contracta la dysenterie, ce qui le laissa sur le flanc pendant presque un an. Encore affaibli, il parvint enfin à mettre pied sur un vaisseau, qui faillit faire naufrage dans un ouragan près des côtes africaines. Quand il rentra enfin chez lui, onze ans et demi après son départ, sans avoir rien accompli, ce fut pour découvrir que sa famille l'avait déclaré mort en son absence et s'était joyeusement partagé ses biens.

En comparaison, les problèmes que durent affronter les dix-huit observateurs britanniques tenaient de la broutille. Mason se trouva flanqué d'un jeune topographe, Jeremiah Dixon, avec qui il eut toute apparence de s'entendre, puisqu'ils formèrent une équipe durable. Ils avaient pour instructions de se rendre à Sumatra afin d'observer le passage de la planète, mais ils furent attaqués par une frégate française dès leur deuxième jour en mer. (Si les scientifiques étaient d'humeur à la coopération internationale, les nations l'étaient beaucoup moins.) Mason et Dixon envoyèrent une note à la Royal Society pour lui faire observer qu'il semblait fort dangereux d'aller en haute mer et demander s'il ne faudrait pas songer à annuler toute l'opération[14]. Ils reçurent en réponse une prompte et froide réprimande leur signifiant qu'ils avaient déjà été payés, que la nation et la communauté scientifique comptaient sur eux, et que tout échec serait une tache irréparable sur leur réputation. Ils se le tinrent pour dit et poursuivirent leur route, mais la nouvelle leur parvint bientôt que Sumatra était tombée aux mains des Français. Ils menèrent donc leurs observations à partir du cap de Bonne-Espérance – sans aucun résultat. Sur la route du retour, ils firent halte sur la petite île solitaire de Sainte-Hélène, où ils rencontrèrent Maskelyne, dont les observations avaient été contrariées par la couverture nuageuse. Mason et Maskelyne nouèrent une solide amitié et passèrent là quelques semaines heureuses, voire d'une vague utilité, à établir la table des marées.

Peu après, Maskelyne rentra en Angleterre où il devint astronome royal, et Mason et Dixon, désormais plus aguerris, se lancèrent dans quatre longues et dangereuses années de topographie à travers 360 km de désert américain pour régler une dispute de frontières entre les colonies respectives de William Penn et de lord Baltimore : la Pennsylvanie et le Maryland. Le résultat en fut la célèbre ligne Mason et Dixon, qui allait prendre plus tard une importance symbolique en constituant la limite entre les États esclavagistes et les autres. (Bien que le tracé de cette ligne ait été leur tâche principale, ils se livrèrent aussi à plusieurs études astronomiques, obtenant l'une des mesures les plus précises du siècle d'un degré de méridien – réussite qui leur valut bien plus de gloire en Angleterre que le règlement d'une querelle de frontières entre deux aristocrates capricieux et gâtés.)

De retour en Europe, Maskelyne et ses homologues allemands et français furent contraints de reconnaître que les mesures du passage de 1761 étaient pour l'essentiel un échec. Paradoxalement, le problème était la surabondance d'observations qui, une fois comparées, se révélaient souvent contradictoires. La consignation d'un passage de Vénus échut pour finir à un capitaine de vaisseau issu d'une petite ville du Yorkshire, James Cook, qui enregistra celui de 1769 du haut d'une colline ensoleillée à Tahiti, et poursuivit son œuvre en portant l'Australie sur la carte et en la réclamant pour la Couronne d'Angleterre. À son retour, l'astronome français Joseph de Lalande disposait d'assez d'informations pour calculer que la distance de la Terre au Soleil était légèrement supérieure à 150 millions de kilomètres. (Deux autres passages de Vénus au XIXe siècle permirent aux astronomes de ramener ce chiffre à 149,59 millions de kilomètres, où il est resté depuis lors. Nous savons aujourd'hui que la distance exacte est de 149,597870691 km.) La Terre avait enfin une position dans l'espace.

Quant à Mason et Dixon, ils revinrent en Angleterre acclamés comme des héros scientifiques et, pour des raisons inconnues, mirent fin à leur association. Considérant leur importance dans les événements fondateurs de la science du XVIIIe siècle, on sait remarquablement peu de choses sur ces deux hommes. Nous n'avons aucun témoignage et peu de références écrites. De Dixon, le *Dictionary of National Biography* dit mystérieusement qu'« il était né, paraît-il, dans une mine de charbon[15] », mais laisse à l'imagination du lecteur le soin d'en fournir une explication plausible, tout en ajoutant qu'il mourut à Durham en 1777.

Mason est à peine moins fantomatique. Nous savons qu'en 1772, à la requête de Maskelyne, il accepta la tâche de trouver une montagne convenant à l'expérience de la déviation gravitationnelle, et qu'il revint de son expédition en déclarant que la montagne qu'ils cherchaient se trouvait dans les Highlands d'Écosse, juste au-dessus du loch Tay, et s'appelait Schiehallion. Mais rien ne put le convaincre de passer un été à la topographier et il ne retourna jamais sur le terrain. Son dernier déplacement connu date de 1786 quand il débarqua soudain à Philadelphie avec sa femme et ses huit enfants, apparemment au bord de la misère. Il n'était pas revenu en Amérique depuis dix-huit ans et n'avait aucune raison de le faire, n'ayant ni parents ni amis pour l'accueillir. Quelques semaines plus tard, il était mort.

Mason ayant refusé de topographier la montagne, ce fut Maskelyne qui s'y colla. C'est ainsi qu'à l'été de 1774 il passa quatre mois sous une tente, dans une gorge reculée, à diriger une équipe de topographes qui prit des centaines de mesures à partir de toutes les positions imaginables. Trouver la masse de la montagne sur la base de tous ces chiffres requérait des heures d'ennuyeux calculs, qui furent laissés aux soins d'un mathématicien nommé Charles Hutton. L'équipe avait recouvert une carte de chiffres indiquant chacun une élévation à un point donné sur la montagne ou alentour. Cela formait une masse des plus embrouillées, mais Hutton remarqua que s'il reliait d'un trait de crayon les points de même hauteur, tout devenait beaucoup plus clair. De fait, cela donnait aussitôt une idée de la forme et de l'inclinaison générale de la montagne. Il venait d'inventer la courbe hypsométrique, ou courbe de niveau.

En extrapolant à partir des mesures de Schiehallion, Hutton calcula la masse de la Terre à 5 milliards de millions de tonnes, d'où l'on pouvait raisonnablement déduire les masses de tous les corps majeurs du système solaire, y compris le Soleil. À partir de cette seule expérience, on apprit donc la masse de la Terre, du Soleil, de la Lune, des autres planètes et de leurs propres lunes, et l'on eut la courbe hypsométrique pour le même prix – pas si mal pour un été de travail.

Mais tout le monde n'était pas satisfait de ces résultats. Le point faible de l'expérience de Schiehallion tenait à l'impossibilité d'obtenir un chiffre vraiment exact sans connaître la densité réelle de la montagne. Par convention, Hutton avait supposé que la montagne avait la même densité que la pierre ordinaire, soit environ 2,5 fois celle de l'eau, mais ce n'était guère qu'une hypothèse[16].

Cette question attira enfin l'attention d'un personnage assez improbable, un pasteur de campagne nommé John Michell, installé dans un petit village isolé du Yorkshire. Malgré sa situation assez humble et retirée, Michell était l'un des grands penseurs scientifiques du XVIIIe siècle.

Entre autres choses, il reconnut la nature ondulatoire des tremblements de terre, mena des recherches très originales sur le magnétisme et la gravité, et, de façon extraordinaire, envisagea la possibilité des trous noirs deux cents ans avant tout le monde – un bond dans l'intuition que même Newton n'avait pu accomplir. Lorsque le musicien allemand William Herschel décida que ce qu'il aimait vraiment dans la vie était l'astronomie, ce fut Michell qu'il alla trouver pour lui enseigner l'art de fabriquer des télescopes[17], idée dont la science des planètes lui est encore redevable*.

Mais de tout ce qu'accomplit Michell, rien ne fut plus ingénieux ni n'eut un plus grand impact que la machine qu'il conçut et réalisa pour mesurer la masse de la Terre. Malheureusement, il mourut avant de pouvoir mener à bien ses expériences, et son idée comme ses instruments passèrent à un scientifique londonien brillant mais d'un superbe isolement, Henry Cavendish.

Cavendish mériterait un livre à lui tout seul. Né au sein des plus grands privilèges – ses grands-pères étaient ducs, respectivement du Devonshire et de Kent –, il fut sans doute le savant anglais le plus doué de son époque, mais aussi le plus bizarre. Il souffrait, selon les termes de l'un de ses biographes, d'une timidité « confinant à la pathologie[18] ». Tout contact humain était pour lui une source de profond malaise.

Il ouvrit un jour sa porte pour trouver sur son perron un admirateur autrichien fraîchement débarqué de Vienne. L'admirateur, surexcité, s'empressa de se répandre en louanges à son endroit. Pendant quelques instants, Cavendish reçut ces compliments comme autant de coups de marteau sur la tête, puis, incapable d'en supporter davantage, il s'enfuit littéralement de chez lui en laissant sa porte grande ouverte. Il fallut

* En 1781, Herschel fut le premier homme de l'ère moderne à découvrir une planète. Il voulait l'appeler George en l'honneur du monarque britannique, mais cette proposition fut rejetée. Ce fut donc Uranus.

plusieurs heures pour le persuader de rentrer à la maison. Même sa gouvernante ne communiquait avec lui que par de petits billets.

Bien qu'il s'aventurât parfois dans la société – il était fort assidu aux soirées scientifiques hebdomadaires du grand naturaliste sir Joseph Banks –, on faisait toujours comprendre aux autres invités qu'ils ne devaient en aucun cas aborder ou regarder Cavendish. On conseillait à ceux qui recherchaient son avis de traîner dans son voisinage comme par accident et de « lui parler d'un air absent[19] ». Si leurs remarques étaient intéressantes, ils pouvaient recevoir en réponse un vague grommellement, mais, le plus souvent, ils entendaient un couinement irrité (il semble qu'il avait la voix très aiguë) et se retournaient pour voir Cavendish s'enfuir vers un coin plus tranquille.

Sa fortune et son goût pour la solitude lui permirent de faire de sa maison de Clapham un vaste laboratoire où il put aborder en toute tranquillité les aspects les plus variés des sciences physiques – l'électricité, la chaleur, la gravité, les gaz, tout ce qui concerne la composition de la matière. Au cours de la seconde moitié du XVIIIe siècle, les gens s'intéressèrent de plus en plus aux propriétés physiques des choses fondamentales – les gaz et l'électricité notamment – et entreprirent de voir ce qu'ils pouvaient en faire, souvent avec plus d'enthousiasme que de bon sens. En Amérique, Benjamin Franklin manqua s'électrocuter en faisant voler un cerf-volant pendant un orage. En France, le chimiste Pilâtre de

Rozier testa l'inflammabilité de l'hydrogène en en avalant une gorgée et en la recrachant sur une flamme, démontrant du même coup que l'hydrogène est bien explosivement combustible et que les cils ne sont pas nécessairement un trait permanent sur un visage humain. Cavendish, pour sa part, se soumit à des chocs électriques de plus en plus puissants, notant diligemment les niveaux croissant de douleur jusqu'à être incapable de tenir sa plume ou sombrer dans l'inconscience.

Au cours de sa longue vie, Cavendish fit une série de remarquables découvertes – il fut notamment le premier à isoler l'hydrogène et à le combiner à l'oxygène pour obtenir de l'eau – sans jamais perdre de son caractère excentrique. Pour la persistante exaspération de ses collègues, il faisait souvent allusion dans ses publications aux résultats d'expériences dont il n'avait pas encore soufflé mot. Dans ce goût du secret, il dépassait Newton lui-même. Ses expériences sur la conductivité de l'électricité avaient un siècle d'avance sur son temps, mais ne furent hélas découvertes que lorsque le temps en question fut passé. L'essentiel de ses travaux resta inconnu jusqu'à la fin du XIXe siècle, quand le physicien James Clerk Maxwell entreprit de reprendre ses notes – la gloire des découvertes étant allée entre-temps à d'autres.

Sans rien dire à quiconque, Cavendish découvrit ou anticipa notamment la loi de conservation de l'énergie, la loi d'Ohm, la loi de Dalton sur la pression partielle, la loi de Richter des nombres proportionnels, les lois limites des gaz de Charles Law, et les principes de la conductivité électrique. Mais ce n'est pas tout. Selon l'historien des sciences J. G. Crowther, il annonça aussi « les travaux de Kelvin et G. H. Darwin sur l'effet de la friction des marées sur le ralentissement de la rotation terrestre, la découverte de Larmor, publiée en 1915, sur l'effet du refroidissement atmosphérique local [...] et certains des travaux de Rooseboom sur les équilibres hétérogènes[20] ». Enfin, il laissa des indices qui menèrent directement à la découverte du groupe d'éléments connus sous le nom de gaz nobles, dont certains sont si évanescents que le dernier d'entre eux n'a été isolé qu'en 1962. Mais ce qui nous intéresse ici, c'est la dernière expérience connue de Cavendish à la fin de l'été 1797, quand, à l'âge de soixante-sept ans, il s'intéressa aux caisses d'instruments que lui avait léguées John Michell.

Une fois assemblé, l'appareil de Michell ressemblait à une version XVIIIe siècle d'une machine de musculation à bord du *Nautilus*. Il comprenait des poids, des contrepoids, des pendules, des tiges et des fils de torsion. Au cœur de la machine se trouvaient deux boules de plomb de 350 livres, suspendues à côté de deux sphères plus petites[21]. Il s'agissait de mesurer la déviation gravitationnelle des sphères plus petites par les plus grosses, ce qui permettrait de mesurer pour la première fois cette force insaisissable connue sous le nom de « constante gravitationnelle » et, à partir de là, de déduire le poids (à strictement parler, la masse*) de la Terre.

Comme la gravité fait tenir les planètes en orbite et tomber lourdement les objets à terre, nous tendons à la considérer comme une force très puissante, ce qu'elle n'est pas en réalité. Elle n'est puissante que lorsqu'un objet massif comme le Soleil retient un autre objet massif comme la Terre. À un niveau élémentaire, la gravité est remarquablement faible. Chaque fois que vous prenez un livre sur une table ou que vous ramassez une pièce sur le sol, vous contrez sans effort la pression gravitationnelle combinée de toute une planète. Ce que Cavendish s'efforça de mesurer, c'était la gravité à ce niveau extrêmement faible.

La délicatesse était de rigueur. Pas l'ombre d'une perturbation n'était autorisée dans la pièce contenant l'appareil, de sorte que Cavendish s'installa dans une pièce adjacente et procéda à ses observations à travers un télescope fiché dans un trou du mur. Ce travail, d'une exactitude extraordinaire, impliquait dix-sept mesures fort complexes, qu'il lui fallut un an pour mener à

---

* Pour un physicien, la masse et le poids sont deux choses totalement différentes. Votre masse reste la même où que vous alliez, mais votre poids varie en fonction de votre éloignement du centre d'un objet massif comme une planète. Si vous allez sur la Lune, vous serez beaucoup plus léger, mais tout aussi massif. Sur terre, pour des raisons pratiques, la masse est égale au poids, de sorte que ces termes deviennent synonymes, du moins dans le langage courant.

bien. Lorsqu'il eut enfin terminé ses calculs, Cavendish annonça que la Terre pesait un peu plus de 13 000 000 000 000 000 000 000 livres, ou six mille milliards de milliards de tonnes métriques, pour utiliser la mesure moderne[22]. (Une tonne métrique équivaut à 1 000 kilogrammes.)

De nos jours, les scientifiques disposent de machines si précises qu'elles peuvent détecter le poids d'une simple bactérie, et si sensibles que leur lecture peut être perturbée par un bâillement à 25 mètres de là, mais ils n'ont pas amélioré de façon significative les mesures obtenues par Cavendish en 1797. La meilleure estimation actuelle du poids de la Terre est de 5,9725 mille milliards de milliards de tonnes métriques, soit une différence de l'ordre de 1 % par rapport au chiffre avancé par Cavendish. Il est à signaler que tout cela ne faisait que confirmer les estimations de Newton cent dix ans avant lui, en l'absence de toute preuve expérimentale.

À la fin du XVIIIe siècle, les scientifiques connaissaient donc avec précision la forme et les dimensions de la Terre, ainsi que sa distance par rapport au Soleil et aux planètes ; maintenant, Cavendish, sans quitter son fauteuil, venait de leur en donner le poids. On pourrait donc s'imaginer qu'il leur serait relativement simple de déterminer son âge : après tout, les matériaux nécessaires se trouvaient littéralement sous leurs pieds. Mais non. Les humains réaliseraient la fission de l'atome, ils inventeraient la télévision, le Nylon et le café instantané avant d'arriver à calculer l'âge de leur planète.

Pour comprendre pourquoi, nous devons nous rendre en Écosse et rencontrer un homme génial dont peu de gens ont entendu parler, mais qui venait tout juste d'inventer une nouvelle science appelée géologie.

V

Les casseurs de pierres

Au moment même où Henry Cavendish terminait ses expériences à Londres, un autre tournant se préparait à Édimbourg avec la mort de James Hutton. Un triste événement pour le malheureux, mais fort bienvenu pour la science, puisque sa disparition laissait le champ libre à un dénommé John Playfair pour réécrire ses travaux en toute tranquillité.

Hutton était un homme accompli en tout point, aux intuitions les plus vives et à la conversation la plus brillante[1], un aimable compagnon, sans rival lorsqu'il s'agissait de comprendre les mystérieux processus qui avaient lentement modelé la Terre. Hélas, il lui était impossible d'expliquer ses idées sous une forme intelligible à quiconque. Il était, selon les termes de l'un de ses biographes (et l'on croit entendre derrière le soupir du pauvre homme) « à peu près vierge de tout talent rhétorique[2] ». La moindre ligne de sa main était une invitation au sommeil. Le voici dans son chef-d'œuvre de 1795, *A Theory of the Earth with Proofs and Illustrations*, en train de disserter sur... quelque chose :

Le monde que nous habitons est composé des matériaux, non de la terre qui précéda immédiatement celle d'aujourd'hui, mais de la terre que, s'élevant de l'actuelle, nous considérons comme la troisième et qui avait précédé la terre située au-dessus de la surface de la mer alors que notre terre actuelle était encore sous les eaux de l'océan.

Pourtant, presque à lui tout seul et de façon fort brillante, il fonda la science de la géologie et bouleversa notre compréhension de la Terre. Hutton, né en 1726 dans une famille écossaise prospère, jouissait d'un confort matériel lui permettant de passer ses journées dans un aimable train-train de travail pas trop éreintant et d'amélioration intellectuelle. Il étudia la médecine, mais ne la trouva pas à son goût et se tourna vers l'agriculture, qu'il exerça de façon désinvolte mais scientifique sur sa propriété familiale du Berwickshire. Fatigué des veaux et des couvées, il partit en 1768 pour Édimbourg, où il fonda une entreprise prospère produisant du sel ammoniac à partir de suie de charbon, tout en occupant ses loisirs à quelques études scientifiques. Édimbourg était à l'époque une ville d'une grande vigueur intellectuelle où Hutton trouva à épanouir ses multiples talents. Il devint un membre actif d'une société savante baptisée l'Oyster Club[3], où il passa ses soirées en compagnie de gens tels que l'économiste Adam Smith, le chimiste Joseph Black et le philosophe David Hume, auxquels venaient parfois se joindre de grands noms comme Benjamin Franklin et James Watt.

Selon la tradition de l'époque, Hutton s'intéressa à peu près à tout, de la minéralogie à la métaphysique. Il mena des expériences de chimie, étudia des méthodes d'extraction du charbon et de construction de canaux, inspecta des mines de sel, se pencha sur les mécanismes de l'hérédité, collectionna les fossiles et proposa entre autres choses des théories sur la pluie, la composition de l'air et les lois du mouvement. Mais sa passion première restait la géologie.

Parmi les questions qui soulevaient l'intérêt de cet âge fanatiquement inquisiteur, il y en avait une qui laissait tout un chacun perplexe depuis fort longtemps : pourquoi trouvait-on si souvent d'anciens coquillages et d'autres fossiles marins au sommet des montagnes ? Qu'est-ce qui avait bien pu les amener là ? Les détenteurs d'une solution se partageaient en deux camps. D'un côté, les neptuniens, convaincus que toute chose sur terre, y compris les coquillages à des hauteurs improbables, s'expliquait par la montée et l'abaissement du niveau de la mer. Pour eux, les montagnes, les collines et tous les traits du relief étaient aussi anciens que la Terre elle-même et ne se modifiaient que lorsque l'eau les submergeait pendant les périodes de déluge.

Ils avaient pour adversaires les plutonistes, qui faisaient remarquer que les volcans et les tremblements de terre, entre autres agents actifs, ne cessaient de modifier la face de la planète sans rien devoir à des mers démontées. Les plutonistes posaient aussi l'embarrassante question de savoir où allait toute cette eau en dehors des périodes d'inondation. S'il y en avait assez pour recouvrir les Alpes, où donc passait-elle, je vous prie, dans les époques plus tranquilles comme la nôtre ? Ils étaient convaincus que la Terre était soumise à des forces profondes, internes et externes, mais ils n'avaient aucun moyen d'expliquer comment ces coquillages avaient atterri à de pareilles hauteurs.

C'est en réfléchissant à ces questions que Hutton eut une intuition géniale. En observant ses propres terres, il pouvait constater que le sol était issu de l'érosion de roches et que des particules de ce sol étaient sans cesse emportées par les eaux de ruissellement, les torrents et les rivières, qui les redéposaient ailleurs. Il comprit que si ce processus devait être mené à sa conclusion naturelle, la Terre finirait par être complètement lisse. Pourtant, il était entouré de collines : il devait donc y avoir un autre processus, une forme de renouveau et de poussée capable de créer de nouvelles collines pour que le cycle se poursuive. Il en conclut que les fossiles marins au sommet des montagnes n'avaicnt pas été déposés là par des déluges, mais étaient montés avec les montagnes elles-mêmes. Il en déduisit aussi que c'était la chaleur au sein de la Terre qui créait de nouvelles roches et de nouveaux continents et soulevait les chaînes de montagnes. Les géologues ne devaient saisir toutes les implications de sa pensée que deux siècles plus tard, lorsqu'ils adoptèrent la tectonique des plaques. Mais surtout, les théories de Hutton laissaient entendre que les processus qui modelaient la Terre prenaient d'énormes quantités de temps, bien plus qu'on ne l'avait jamais imaginé. Il y avait là-dedans assez de nouveauté pour transformer radicalement notre compréhension de la planète.

En 1785, Hutton exposa ses idées dans une longue communication qui occupa plusieurs réunions consécutives de la Royal Society d'Édimbourg. Elle ne souleva à peu près aucun intérêt, ce qui ne surprendra personne. Voici en effet comment il présenta la chose à son public :

> Dans un cas, la cause constituante se trouve dans le corps qui est séparé ; car, après que le corps a été poussé par la chaleur, c'est par une réaction de la matière propre du corps que se forme le gouffre qui constitue la veine. Dans l'autre cas encore, la cause est en relation extrinsèque au corps dans lequel se forme l'abîme. Il s'est produit la plus violente fracture et divulsion, mais il faut encore en chercher la cause ; et elle n'apparaît pas dans la veine ; car ce n'est pas dans chaque fracture et dislocation du corps solide de notre terre que se trouvent les minéraux, ni les substances propres des veines minérales.

Il va sans dire que personne dans le public n'avait la moindre idée de ce dont il parlait. Encouragé par ses amis à élargir sa théorie, dans le touchant espoir qu'un format supérieur lui inspire un peu de clarté, Hutton passa les dix années suivantes à peaufiner son *opus magnum*, qui fut publié en deux volumes en 1795.

Les deux livres comptaient près de mille pages et se révélèrent bien pires que ne l'avaient redouté ses amis les plus pessimistes. Près de la moitié du second volume consistait en citations de sources françaises, conservées dans la langue originale[4]. Un troisième volume était si peu alléchant qu'il ne fut publié qu'en 1899, plus d'un siècle après la mort de l'auteur ; quant au quatrième et dernier volume, il ne fut carrément jamais mis sous presse[5]. La *Théorie de la Terre* peut prétendre à la médaille de l'ouvrage le moins lu parmi les livres scientifiques d'importance (ou il le pourrait s'il n'y en avait quantité d'autres). Même Charles Lyell, le plus grand géologue du siècle suivant et un lecteur enragé, reconnut qu'il n'avait pu en venir à bout[6].

Grâce au ciel, Hutton avait un excellent ami dans la personne de John Playfair, professeur de mathématiques à l'université d'Édimbourg, qui non seulement pouvait écrire une prose ciselée, mais, grâce à une longue fréquentation de Hutton, comprenait la plupart du temps ce qu'il voulait dire. En 1802, cinq ans après la mort de Hutton, Playfair publia un exposé simplifié de ses principes, intitulé *Illustrations of the Huttonian Theory of the Earth* (« Illustrations de la théorie huttonienne de la Terre »). Le livre fut reçu avec reconnaissance par tous ceux qui manifestaient un intérêt actif pour la géologie, et ils n'étaient pas nombreux en 1802. Mais cela n'allait pas tarder à changer, et voici comment.

À l'hiver 1807, treize âmes sœurs se réunirent à Londres à l'Auberge du Franc-Maçon de Long Acre, située à Covent Garden, pour constituer un club qui devait prendre le nom de Société géologique[7]. Il s'agissait de se réunir une fois par mois pour échanger des idées sur la géologie autour de quelques verres de madère et d'un dîner convivial. Le prix du repas avait délibérément été fixé à la somme exorbitante de quinze shillings pour décourager ceux dont les talents se limitaient au cérébral. Mais le besoin se fit bien vite sentir d'un groupe plus institutionnel, doté d'un siège permanent, où les gens pourraient se réunir pour partager leurs trouvailles. En moins d'une décennie, la Société géologique comptait quatre cents membres – tous des gentlemen, bien sûr – et menaçait d'éclipser la Royal Society comme première société savante du pays.

Ses membres se réunissaient deux fois par mois de novembre à juin, date à laquelle ils étaient censés s'égailler pour l'été sur le terrain[8]. Précisons qu'il ne s'agissait pas de gens intéressés par la valeur pécuniaire des pierres, ni même d'érudits, mais simplement de gentlemen disposant d'assez de temps et d'argent pour s'offrir un hobby à un niveau plus ou moins professionnel. En 1830, ils étaient 745, et l'on ne devait plus jamais revoir un tel phénomène.

On a du mal à imaginer aujourd'hui la fièvre qui saisit le XIXe siècle pour la géologie – une passion qu'aucune science n'avait inspirée jusque-là ni n'a inspirée depuis. En 1839, quand Roderick Murchison publia *The Silurian System*, un pavé bien pesant sur un type de roche nommé grauwacke, ce fut aussitôt un best-seller qui allait connaître trois rééditions, bien qu'il coûtât la coquette somme de huit guinées et qu'il fût, dans la meilleure tradition huttonienne, proprement illisible. (Comme le concédait un fervent admirateur de Murchison, celui-ci était « absolument dépourvu de grâce littéraire[9] ».) Et quand, en 1841, le grand Charles Lyell alla donner une série de conférences à Boston, trois mille personnes s'entassèrent chaque soir dans l'Institut Lowell pour écouter ses apaisantes descriptions de zéolites marins et de troubles sismiques en Campanie.

Partout dans le monde moderne, mais surtout en Angleterre, des hommes instruits se répandirent dans les campagnes pour aller « casser quelques pierres », selon leurs propres termes. Ils prenaient cette quête très au sérieux et tendaient à s'habiller avec la gravité qui s'imposait, haut-de-forme et habit noir, à l'exception toutefois du révérend William Buckland d'Oxford, qui avait coquettement choisi la toge universitaire pour son travail de terrain.

Le terrain attirait bien des personnages hauts en couleur, à commencer par Murchison lui-même, qui avait passé les trente premières années de sa vie à chasser le renard, à transformer de petits oiseaux en boules de plumes sanglantes à coups de chevrotines, et à ne montrer aucune agilité mentale particulière au-delà de celle nécessaire à la lecture du *Times* et une occasionnelle partie de cartes. Là-dessus, s'étant découvert un goût pour les pierres, il devint presque sur-le-champ un titan de la pensée géologique.

Mentionnons encore le Dr James Parkinson, socialiste et auteur de nombreux pamphlets aux titres évocateurs, comme *La Révolution sans effusion de sang*. En 1794, il fut impliqué dans un complot un peu dingo dit « des pistolets à bouchon », qui visait à tuer le roi George III en lui tirant dans le cou une fléchette empoisonnée alors qu'il était dans sa loge au théâtre[10]. Parkinson fut traîné devant le Conseil privé et faillit bien être expédié en Australie fers aux pieds avant que les charges pesant contre lui ne fussent discrètement abandonnées. Adoptant désormais une approche plus conservatrice de l'existence, il se prit d'intérêt pour la géologie, devenant l'un des membres fondateurs de la Société géologique et l'auteur d'un texte fort important, *Organic Remains of a Former World* (« Restes organiques du monde précédent »), réédité pendant un demi-siècle. Il ne fomenta plus jamais de troubles et est resté célèbre pour son étude sur l'affection alors qualifiée de « paralysie trépidante », mais connue depuis sous le nom de maladie de Parkinson[11]. (Parkinson a encore un titre à la célébrité : en 1785, il fut sans doute la seule personne qui ait jamais gagné un musée d'histoire naturelle dans une tombola. Le musée, situé à Leicester Square à

Londres, avait été créé par sir Ashton Lever, que sa frénésie de collection des merveilles de la nature avait mené à la faillite. Parkinson conserva le musée jusqu'en 1805, date à laquelle il jeta l'éponge à son tour ; les collections furent alors dispersées et vendues.)

Charles Lyell était un personnage beaucoup moins fantasque, mais qui eut plus d'influence que tous les autres. Lyell était venu au monde l'année de la mort de Hutton, à une centaine de kilomètres de lui, dans le village de Kinnordy. Bien qu'Écossais de naissance, il grandit dans le sud de l'Angleterre parce que sa mère était convaincue que les Écossais n'étaient qu'une bande d'ivrognes irresponsables[12]. Comme il en allait souvent chez les scientifiques amateurs du XIXe siècle, Lyell était issu d'une famille fort aisée et d'un excellent niveau intellectuel. Son père avait la distinction rare de faire autorité à la fois sur Dante et sur les mousses (c'est de lui que l'*orthotricium lyelli*, sur laquelle les visiteurs de la campagne anglaise ont posé une fois au moins leur postérieur, tire son nom). De son père, Lyell hérita une passion pour l'histoire naturelle, mais ce fut à Oxford, où il tomba sous le charme de William Buckland – le « casseur de pierres » en toge –, que le jeune Lyell entama sa dévotion de toute une vie à la géologie.

Buckland était lui-même un charmant original. S'il fit de réelles découvertes, on se souvient surtout de lui pour ses excentricités. Il était connu notamment pour sa ménagerie d'animaux sauvages (dont certains fort gros et fort dangereux) qu'il laissait errer à leur guise dans sa maison et son jardin, et pour son désir de goûter à toutes les bêtes de la création. Selon son caprice et les arrivages du jour, ses invités pouvaient déguster du cobaye rôti, des beignets de souris, du hérisson au four ou de la limace de mer de l'océan Indien à l'étouffée. Buckland trouvait un mérite gustatif à chacun, sauf à la taupe commune des jardins, qu'il déclarait immangeable. Ce talent le mena fatalement à faire autorité en matière de coprolites – ou fèces fossilisées – et il exposait une table entièrement consacrée à sa collection de spécimens.

Même lorsqu'il se livrait à la science la plus sérieuse, ses façons restaient singulières. Mme Buckland fut une fois réveillée en pleine nuit par un mari absolument surexcité : « Ma chère, criait-il en la secouant comme un prunier, je crois que les empreintes de *Cheirotherium* sont indubitablement celles d'une tortue[13]. » Ils se hâtèrent en chemise de nuit vers la cuisine. Mme Buckland confectionna une pâte à tarte qu'elle étala sur la table et le révérend y déposa la tortue de la famille. Quand elle eut fait quelques pas, ils purent constater avec délice que ses empreintes étaient bien les mêmes que celles du fossile que Buckland était en train d'étudier. Charles Darwin appelait Buckland un bouffon – c'est son propre terme –, mais Lyell le trouvait inspirant et l'appréciait suffisamment pour s'en aller en 1824 explorer l'Écosse en sa compagnie. Ce fut peu après ce voyage que Lyell décida d'abandonner le droit pour se consacrer à la géologie.

Lyell était extrêmement myope et passa l'essentiel de sa vie à plisser péniblement les yeux, ce qui lui donnait un drôle d'air. (Il devait d'ailleurs finir par perdre complètement la vue.) Il avait en outre l'habitude, quand il était absorbé par une pensée, de prendre des positions improbables sur les meubles – s'allongeant sur deux chaises à la fois ou « posant sa tête sur une chaise tout en restant debout » d'après son ami Darwin[14]. Ou encore, il s'affalait si profondément dans son siège qu'il avait quasiment les fesses par terre[15]. Le seul vrai métier qu'il ait jamais exercé fut d'enseigner la géologie au King's College de Londres de 1831 à 1833. C'est à cette époque qu'il fit paraître ses *Principes de géologie*, publiés en trois volumes entre 1830 et 1833, qui reprenaient sur bien des plans les pensées émises par Hutton une génération plus tôt. (Même si Lyell n'avait jamais lu Hutton, il avait étudié avec soin la version retravaillée par Playfair.)

Entre l'époque de Hutton et celle de Lyell était née une nouvelle controverse géologique qui dépassait largement la dispute Neptune-Pluton, même si on la confond souvent avec elle. La nouvelle bataille opposait le catastrophisme au transformisme – des termes barbares pour une brûlante dispute. Les catastrophistes, on s'en doute, pensaient que la Terre était modelée par des événements de type cataclysmique – surtout des déluges –, ce qui explique que l'on ait souvent confondu catastrophisme et neptunisme. Ce point de vue était particulièrement précieux pour des membres du clergé comme Buckland, parce qu'il permettait d'intégrer le déluge biblique aux discussions scientifiques sérieuses. Les uniformistes en revanche estimaient que les changements sur terre étaient progressifs, suivant des processus se déroulant sur d'immenses périodes de temps. Cette notion doit davantage à Hutton qu'à Lyell, mais c'est ce dernier qui fut le plus lu et devint donc dans les esprits le père de la pensée géologique moderne[16].

Pour Lyell, les changements sur terre étaient uniformes et progressifs, et tout ce qui s'était produit dans le passé pouvait s'expliquer par des processus se poursuivant encore à l'époque moderne. Ses partisans et lui avaient plus que du dédain pour le catastrophisme : ils le haïssaient. Pour les catastrophistes, les animaux étaient régulièrement balayés et remplacés par d'autres au cours d'extinctions successives – croyance que le naturaliste T. H. Huxley décrivait avec humour comme « une série de parties de whist à la fin de laquelle les joueurs brouillent toutes les cartes et demandent un nouveau jeu[17] ». Il était un peu facile d'expliquer ainsi l'inconnu. « Jamais doctrine n'a aussi délibérément encouragé l'indolence ni émoussé le fil de la curiosité[18] », disait Lyell avec dédain.

Les erreurs de Lyell n'étaient pas minces. Il fut incapable d'expliquer la formation des chaînes de montagnes et négligea les glaciers comme agents du changement[19]. Il refusa d'accepter l'idée avancée par Louis Agassiz des âges glaciaires – « la réfrigération du globe[20] » comme il l'appelait dédaigneusement – et il était persuadé que l'on trouverait des mammifères « dans les couches fossilifères les plus anciennes ». Il rejetait l'idée que les animaux et les plantes subissaient de brutales extinctions[21] et croyait que tous les grands ordres du vivant – mammifères, reptiles, oiseaux, etc. – coexistaient depuis l'aube des temps. Sur tout cela, il allait se révéler qu'il avait tort.

Pourtant, il est impossible de négliger l'influence de Lyell. Ses *Principes* connurent douze rééditions au cours de sa vie et contenaient des notions qui ont modelé la pensée géologique jusque tard dans le XXe siècle. Darwin, qui en avait emporté la première édition sur le *Beagle*, devait écrire par la suite que lorsqu'il voyait une chose que Lyell n'avait jamais vue, il l'examinait en partie avec son regard[22]. En bref, il le considérait à l'égal d'un dieu, comme bien des gens de sa génération. Il faut d'ailleurs reconnaître à Lyell que dans les années 1980, quand les géologues durent abandonner une partie de ses idées pour laisser place à la théorie des extinctions, ils furent à deux doigts d'en mourir. Mais c'est une autre histoire.

Entre-temps, la géologie devait opérer un grand classement, ce qui n'alla pas tout seul. Dès le début, les géologues tentèrent de catégoriser les roches d'après leur période de dépôt, mais il y eut souvent d'âpres disputes sur l'endroit où faire passer la ligne de partage – la plus acharnée étant un long débat connu sous le nom de « grande controverse du Dévonien ». Tout commença quand le révérend Adam Sedgwick, de Cambridge, attribua au système du Cambrien une couche de roches que Roderick Murchison jugeait appartenir au Silurien. La dispute fit rage pendant des années et la lutte fut chaude. « De la Bèche est un chien galeux », écrivit par exemple Murchison à un ami – l'une de ses moindres amabilités[23].

On peut avoir une idée de l'atmosphère qui régnait grâce aux têtes de chapitre de Martin J. S. Rudwick, dans son excellent compte rendu de toute l'affaire, *The Great Devonian Controversy*. Cela commence de façon assez bénigne par « En lice pour un débat courtois » et « À la découverte du grauwacke », mais se poursuit par « Défense et illustration du grauwacke », « Reproches et récriminations », « De vilaines rumeurs se propagent », « Weaver abjure son hérésie », « Pour remettre un provincial à sa place », et enfin, s'il restait un doute sur le fait qu'il s'agissait d'une guerre, « Murchison ouvre la campagne de Rhénanie ». La dispute finit par se clore en 1879 par un expédient somme toute assez simple : l'introduction d'une nouvelle période, l'Ordovicien, que l'on intercala entre les deux premières.

Les Britanniques ayant été les plus actifs dans ces premières années, on en retrouve la trace dans le lexique géologique. Le Dévonien vient bien sûr du comté du Devon, le Cambrien vient du nom romain du pays de Galles, tandis que l'Ordovicien et le Silurien rappellent d'anciennes tribus galloises. Mais la prospection géologique s'étant développée un peu partout, on vit apparaître des noms issus d'autres lieux. Le Jurassique vient du Jura, le Permien de l'ancienne province russe de Perm dans la chaîne de l'Oural. Quant au Crétacé (du latin pour « craie »), nous le devons à un géologue belge du doux nom de J. J. d'Omalius d'Halloy[24].

À l'origine, l'histoire géologique fut divisée en quatre grandes périodes temporelles : le Primaire, le Secondaire, le Tertiaire et le Quaternaire. Ce système était trop simple pour durer, et les géologues ne tardèrent pas à proposer de nouvelles divisions tout en en éliminant d'autres. De nos jours, seul le Tertiaire reste une dénomination courante, même s'il ne représente plus la troisième phase de quoi que ce soit.

Les *Principes* de Lyell introduisent de nouvelles unités comme les époques ou les séries pour couvrir la période qui va de l'âge des dinosaures à nos jours, dont le Pléistocène (« le plus récent »), le Pliocène (« plus récent »), le Miocène (« modérément récent ») et le délicieusement vague Oligocène (« juste un peu récent »). À l'origine, Lyell voulait terminer ses dénominations par « synchronous », ce qui aurait donné des termes aussi croustillants que « Meisosynchronous » ou « Pleiosynchronous »[25]. Le révérend William Whewell, un homme d'influence, souleva des objections au nom de l'étymologie et proposa plutôt une désinence en « -eous » qui aurait donné « Meioneous », « Pleioneous », etc. Les désinences en « -cène » furent donc une sorte de compromis.

De nos jours, en règle générale, le temps géologique se divise d'abord en quatre gros morceaux appelés des ères : le Précambrien, le Paléozoïque (du grec, « vie ancienne »), le Mésozoïque (« vie moyenne ») et le Cénozoïque (« vie récente »). Ces quatre ères sont à leur tour subdivisées en douze à vingt sous-groupes, appelés périodes ou systèmes. La plupart sont assez familiers : le Crétacé, le Jurassique, le Trias, le Silurien, etc.*.

Puis viennent les époques de Lyell – le Pléistocène, le Miocène, etc. – qui ne s'appliquent qu'aux derniers soixante-cinq millions d'années (mais bien remplis sur le plan paléontologique), et enfin nous avons une masse de petites subdivisions, les étages ou les âges. Elles sont toujours tirées de noms de lieux, comme l'Illinoisien, le Desmoinesien, l'Oxfordien, le Kimmeridgien et d'autres de la même veine. D'après John McPhee, il y en a « treize à la douzaine[26] », mais grâce au ciel, à moins de vous lancer dans la carrière, il est peu probable que vous en entendiez jamais parler.

Histoire d'ajouter encore à la confusion, les étages ou âges d'Amérique du Nord n'ont pas les

* Il n'y aura pas d'interro écrite, mais si vous devez un jour les mémoriser, suivez donc le judicieux conseil de John Wilford : penser les ères comme les quatre saisons et les périodes comme les mois.

mêmes noms que ceux d'Europe et ne se croisent que rarement. Ainsi, l'étage Cincinnatien d'Amérique correspond plus ou moins à l'Ashgill d'Europe, avec un petit rien du Caradocien.

Il résulte de tout cela que certains auteurs décrivent sept époques récentes, alors que d'autres se contentent de quatre. Dans certains ouvrages, le Tertiaire et le Quaternaire sont remplacés par des périodes de différente longueur appelées le Paléogène et le Néogène. D'autres divisent le Précambrien en deux périodes, le très ancien Archéen et le Protérozoïque plus récent. Parfois encore, on trouvera le terme Phanérozoïque pour décrire l'ensemble des ères cénozoïque, mésozoïque et paléozoïque.

Mais tout cela ne s'applique qu'à des unités de temps. Les roches sont divisées en unités tout à fait distinctes : les systèmes, les séries et les étages[27]. On distingue aussi entre le début et la fin d'une ère ou d'une période (en termes temporels) et entre le supérieur et l'inférieur (en termes de couches rocheuses). Si les non-spécialistes trouvent l'affaire des plus embrouillées, elle peut susciter les passions les plus brûlantes chez les géologues. « J'ai vu des hommes adultes s'enflammer de rage sur telle milliseconde métaphorique dans l'histoire de la vie[28] », écrit le paléontologue Richard Fortey à propos d'une dispute qui a occupé tout le XXe siècle pour savoir où placer la limite entre le Cambrien et l'Ordovicien.

De nos jours, nous disposons du moins de quelques techniques de datation sophistiquées.

Au XIXe siècle, les géologues ne pouvaient guère s'appuyer que sur la divination. Leur problème, c'était qu'ils avaient beau ranger les roches et les fossiles par périodes, ils n'avaient aucune idée de la longueur de ces périodes. Quand Buckland spéculait sur l'âge d'un squelette d'ichthyosaure, il ne pouvait que suggérer qu'il avait vécu « dix mille, ou plus de dix mille fois dix mille » ans plus tôt[29].

À défaut d'une méthode fiable de datation, il ne manquait pas d'amateurs pour s'y risquer. La tentative la plus connue à cet égard fut celle de l'archevêque James Ussher, de l'Église d'Irlande, en 1650. À partir d'une étude attentive de la Bible et d'autres sources historiques, il conclut dans un pesant pensum intitulé *Annals of the Old Testament* que la Terre avait été créée à midi le 23 octobre 4004 av. J.-C.[30], affirmation qui n'a cessé depuis de divertir les historiens et les écoliers*.

Il y a à ce propos un mythe persistant – dont les livres les plus sérieux se font encore l'écho – selon lequel les vues de Ussher ont dominé les croyances scientifiques jusque tard dans le

---

* Bien qu'il soit mentionné à peu près partout, les détails sur Ussher varient de façon frappante. Selon certains, il fit cette déclaration en 1650, selon d'autres en 1654, et, pour d'autres encore, en 1664. La date de naissance de la Terre est souvent donnée un 26 octobre, et un livre au moins l'appelle « Usher ». La question est bien étudiée par Stephen Jay Gould dans *Eight Little Piggies : Reflections in Natural History*, Londres, Penguin, 1994. [*Comme les huit doigts de la main*, Paris, Le Seuil, 2000.]

XIXe siècle, et que ce fut Lyell qui remit les choses en place. Stephen Jay Gould, dans *La Flèche du temps*, en veut pour exemple cette phrase tirée d'un livre populaire des années 1980 : « Jusqu'à ce que Lyell ait publié son livre, la plupart des penseurs acceptaient l'idée que la Terre était jeune[31]. » En fait, c'est faux. Comme le dit Martin J. S. Rudwick, « aucun géologue d'aucune nationalité dont le travail était pris au sérieux par ses collègues n'en tenait pour une échelle de temps confinée aux limites d'une exégèse littérale de la Genèse[32] ». Le révérend Buckland lui-même, pourtant une âme pieuse comme pouvait en produire le XIXe siècle, notait que nulle part la Bible ne laisse entendre que Dieu a créé le Ciel et la Terre le premier jour, mais simplement « au commencement ». Ce commencement, raisonnait-il, avait pu durer « des millions et des millions d'années[33] ». Tout le monde tombait d'accord pour dire que la Terre était vieille. La question était de savoir jusqu'à quel point.

L'une des meilleures tentatives de datation de la planète fut suggérée en 1715 par l'indispensable Halley : si l'on divisait la quantité de sel présente dans les océans du monde par la quantité ajoutée chaque année, on obtiendrait l'âge des océans, et ainsi une idée grossière de celui de la Terre. Cette logique était bien tentante, mais, hélas, nul ne savait combien de sel contenait l'océan ni de combien il augmentait chaque année, ce qui rendait l'expérience impraticable.

La première tentative de mesure que l'on

pourrait qualifier de lointainement scientifique fut effectuée par Georges Louis Leclerc, comte de Buffon, vers 1770. On savait depuis longtemps que la Terre irradiait des quantités appréciables de chaleur – c'était manifeste pour quiconque était jamais descendu dans une mine de charbon –, mais on ne connaissait aucun moyen d'en estimer le taux de dissipation. L'expérience de Buffon consista à chauffer des sphères à blanc, puis à estimer le taux de perte de chaleur en les touchant (sans doute du bout des doigts au départ) pendant qu'elles refroidissaient. Il en inféra que l'âge de la Terre devait se situer entre 75 000 et 168 000 ans[34]. C'était bien sûr largement sous-estimé, mais néanmoins une notion radicale, et Buffon se retrouva menacé d'excommunication pour l'avoir exprimée. En homme pratique, il s'excusa aussitôt pour cette hérésie, avant de la reprendre gaiement dans tous ses écrits ultérieurs.

Vers le milieu du XIXe siècle, la plupart des gens éduqués pensaient que la Terre avait au moins quelques millions d'années, voire quelques dizaines de millions, mais sans doute guère plus. Ce fut donc une surprise quand, en 1859, dans *L'Origine des espèces*, Charles Darwin annonça que les processus géologiques qui avaient créé le Weald, une zone du sud de l'Angleterre comprenant le Kent, le Surrey et le Sussex, avaient exigé, d'après ses calculs, 306 662 400 années[35]. Cette affirmation était remarquable à deux titres : pour sa précision si définitive, et plus encore pour son art d'aller à l'encontre du consensus sur l'âge de la Terre*. Ce chiffre suscita une telle controverse que Darwin le retira dès la troisième édition. Le problème restait toutefois entier : Darwin et ses amis géologues avaient besoin que la Terre soit ancienne, mais personne ne trouvait le moyen de la rendre telle.

Malheureusement pour Darwin et pour le progrès, cette question attira l'attention du grand lord Kelvin (qui, si grand qu'il fût, n'était encore que William Thomson ; il ne sera élevé à la pairie qu'en 1892, à l'âge de soixante-huit ans et pratiquement à la fin de sa carrière, mais je suis ici la convention en lui attribuant son titre de façon rétroactive). Kelvin était l'une des figures les plus remarquables du XIXe siècle – voire de tous les siècles. Le savant allemand Hermann von Helmholtz, qui n'était pas maladroit non plus, écrivit que Kelvin avait de loin la plus grande « intelligence et mobilité de pensée » qu'il ait jamais rencontrée chez un homme. « Je me sentais parfois comme une bûche à côté de lui », ajoutait-il avec un brin de découragement[36].

Sentiment compréhensible, car Kelvin était une sorte de surhomme victorien. Né en 1824 à Belfast, il était le fils d'un professeur de mathématiques de la Royal Academical Institution qui

* Darwin avait du goût pour l'exactitude. Dans un ouvrage ultérieur, il annonça que le nombre de vers de terre que l'on trouvait en moyenne dans une acre de sol anglais s'élevait à 53 767.

fut bientôt muté à Glasgow. Là, Kelvin se révéla un tel prodige qu'il fut admis à l'université de Glasgow à l'âge extrêmement tendre de dix ans. À vingt ans, il avait étudié à Londres et à Paris, était diplômé de Cambridge (où il gagna le premier prix d'aviron et de mathématiques, et trouva encore le temps de lancer une société musicale), avait été élu membre de Peterhouse et rédigé en français et en anglais une douzaine d'articles sur les mathématiques pures et appliquées si remarquablement originaux qu'il dut les publier de façon anonyme de crainte d'embarrasser ses supérieurs[37]. À vingt-deux ans, il retourna à l'université de Glasgow pour y enseigner la philosophie de la nature, position qu'il allait conserver pendant vingt-trois ans[38].

Au cours de sa longue carrière (il mourut en 1907, à l'âge de quatre-vingt-trois ans), il écrivit 661 articles, accumula 29 patentes (qui lui amenèrent une coquette fortune) et s'illustra dans pratiquement chaque branche des sciences physiques. Il suggéra notamment la méthode qui mena directement à l'invention de la réfrigération, mit au point l'échelle de température absolue qui porte encore son nom, inventa des systèmes d'amplification permettant d'envoyer des télégrammes à travers l'océan, et apporta d'innombrables améliorations au transport maritime et à la navigation, de l'invention d'un compas de marine à celle de la première sonde océanique. Et il ne s'agissait là que de ses réalisations pratiques.

Son travail théorique sur l'électromagnétisme,

la thermodynamique et la théorie ondulatoire de la lumière fut non moins révolutionnaire*. En fait, son unique faiblesse était son incapacité à calculer correctement l'âge de la Terre. Cette question occupa une grande part de la fin de sa carrière, mais il ne parvint pas même à s'approcher de la solution. En 1862, dans un article pour le magazine populaire *Macmillan's*, il avança un chiffre de 98 millions d'années, tout en précisant qu'il pouvait se situer entre 20 millions et 400 millions. Il reconnut fort prudemment que ses calculs pouvaient être faussés s'il se trouvait « des sources inconnues de nous dans le vaste entrepôt de la création », mais à l'évidence il jugeait l'hypothèse fort improbable.

---

* Il élabora notamment le deuxième principe thermodynamique. Il faudrait un ouvrage entier pour discuter ces principes, mais je propose ici ce bref résumé du chimiste P. W. Atkins : « Il existe quatre principes. Le troisième, le deuxième principe, a été reconnu le premier ; le premier, le principe zéro, a été formulé le dernier ; le premier principe fut le deuxième ; le troisième n'est peut-être même pas un principe au même sens que les autres. » En bref, le deuxième principe affirme que l'on perd toujours un peu d'énergie. Il ne peut y avoir de machine à mouvement perpétuel parce que, si efficace soit-elle, elle perdra toujours de l'énergie et finira par s'arrêter. Le premier principe énonce que l'on ne peut pas créer de l'énergie et le troisième qu'on ne peut pas réduire la température au zéro absolu : il y aura toujours un peu de chaleur résiduelle. Comme le fait remarquer Dennis Overbye, on peut résumer les choses ainsi : 1. vous ne pouvez pas gagner ; 2. vous ne pouvez pas récupérer votre mise ; 3. vous ne pouvez pas sortir du jeu.

Avec le temps, Kelvin allait se montrer de plus en plus assuré et de moins en moins juste dans ses prédictions. Il ne cessa de réviser ses estimations à la baisse, tombant d'un maximum de 400 millions à 100 millions, puis à 50 millions d'années, et enfin, en 1897, à 24 millions. Ce n'était pas délibéré de sa part. C'était simplement qu'il n'y avait rien dans la physique susceptible d'expliquer comment un corps de la taille du Soleil pouvait brûler continuellement pendant plus de quelques dizaines de millions d'années sans épuiser son carburant. Il s'ensuivait donc que le Soleil et ses planètes devaient être relativement jeunes.

Le problème, c'était que tous les fossiles contredisaient ce point, et soudain, au XIXe siècle, il y eut *beaucoup* de fossiles.

VI

Dinosaures et compagnie

En 1787, quelqu'un dans le New Jersey – il semble qu'on ait oublié qui précisément – trouva un énorme fémur enfoui près d'une rivière dans un endroit appelé Woodbury Creek. À l'évidence, cet os n'appartenait à aucune espèce de créature encore vivante, en tout cas pas dans le New Jersey. Du peu que l'on en sait aujourd'hui, il avait dû être la propriété d'un hadrosaure – un gros dinosaure à bec de canard. À l'époque, on ignorait tout des dinosaures.

L'os fut envoyé au professeur Caspar Wistar, premier anatomiste du pays, qui en donna la description peu après lors d'une séance de la Société américaine de philosophie[1]. Hélas, Wistar échoua totalement à reconnaître son importance, se bornant à quelques remarques prudentes et mal inspirées sur le fait qu'il s'agissait d'un énorme bobard. Il laissa ainsi échapper la chance de découvrir les dinosaures un demi-siècle avant tout le monde. De fait, l'os suscita si peu d'intérêt qu'il fut déposé dans une réserve où il finit par disparaître corps et biens. Le premier os de dinosaure jamais découvert fut donc aussi le premier jamais perdu.

Il est pour le moins surprenant que cet os ait

été à ce point négligé, car il apparut à un moment où les vestiges des gros animaux anciens mettaient l'Amérique en ébullition, à la suite d'une curieuse affirmation du grand naturaliste Buffon : à l'entendre, les êtres vivants du Nouveau Monde étaient en tout point inférieurs à ceux de l'Ancien Monde[2]. L'Amérique, écrivait Buffon dans son immense *Histoire naturelle*, était une terre d'eaux stagnantes au sol improductif, où les animaux manquaient de charpente et de vigueur, leur constitution affaiblie par les « vapeurs toxiques » montant de ses marais pourrissants et de ses forêts sans soleil. Dans un tel environnement, même les Indiens manquaient de virilité, au point de n'avoir, d'après lui, ni barbe ni poils, et pas d'ardeur pour les femmes – leurs organes reproductifs étant d'ailleurs d'une taille inférieure à la moyenne.

Ces observations trouvèrent un soutien enthousiaste chez d'autres auteurs – surtout ceux dont les conclusions n'étaient pas troublées par une quelconque connaissance du pays. Un Hollandais, Corneille De Pauw, annonça dans un ouvrage populaire intitulé *Recherches philosophiques sur les Américains* que les Indiens étaient peu impressionnants sur le plan génital, et « manquaient à ce point de virilité qu'ils avaient du lait dans les seins[3] ». Ces points de vue bénéficièrent d'une déraisonnable longévité, repris dans les textes européens jusque vers la fin du XIXe siècle.

On s'en doute, de telles assertions furent accueillies avec indignation en Amérique. Thomas

Jefferson en donna une furieuse réfutation (fort déconcertante si l'on n'en comprend pas le contexte) dans ses *Notes sur l'État de Virginie*, et poussa son ami le général John Sullivan à envoyer une vingtaine de soldats dans les grandes forêts du Nord, en quête d'un élan à présenter à Buffon comme preuve de la stature et de la majesté des quadrupèdes américains. Il fallut deux semaines aux hommes pour traquer le sujet adéquat. Hélas, une fois abattu, l'élan se révéla dépourvu des bois imposants requis par Jefferson, et Sullivan lui adjoignit donc ceux d'un wapiti ou d'un cerf, en laissant entendre qu'il s'agissait des siens. Qui donc en France s'en apercevrait ?

Entre-temps, à Philadelphie, les naturalistes avaient commencé à assembler les os d'une créature géante proche de l'éléphant, désignée d'abord comme « le grand incognitum américain » et plus tard identifiée par erreur comme un mammouth. Le premier de ces ossements avait été découvert dans un lieu appelé Big Bone Lick, dans le Kentucky, mais on ne tarda pas à en trouver dans tous les coins. Il semblait bien que l'Amérique avait abrité autrefois une créature vraiment substantielle, capable de réfuter les stupides assertions gauloises d'un Buffon.

Dans leur désir de démontrer la carrure et la férocité de l'incognitum, il semble que les naturalistes américains se soient quelque peu égarés. Ils surestimèrent sa taille par un facteur de six et lui attribuèrent des griffes terrifiantes, propriété en fait d'un mégalonyx, ou paresseux géant, découvert non loin de là. Ils se persuadèrent que l'animal avait eu « l'agilité et la férocité du tigre », et le montrèrent dans des illustrations bondissant d'un rocher avec une grâce féline sur ses proies. Quand on découvrit des défenses, on voulut les insérer de force dans le crâne de l'animal, par les moyens les plus inventifs et les plus divers. Un restaurateur les planta à l'envers, comme les crocs d'un tigre à dents de cimeterre, lui donnant un air agressif du plus bel effet. Un autre disposa les défenses incurvées vers l'arrière, sur la base de cette intéressante théorie que la créature avait été aquatique et s'en servait pour s'ancrer aux arbres pendant son sommeil. La considération la plus pertinente sur l'incognitum restait toutefois qu'il semblait bien éteint – ce dont Buffon s'empara avec joie comme la preuve de son incontestable dégénérescence.

Buffon mourut en 1788 sans que cela mît fin à la controverse. En 1795, un choix d'ossements fut envoyé à Paris, où ils furent examinés par l'étoile montante de la paléontologie, le jeune aristocrate Georges Cuvier. Celui-ci étonnait déjà les foules par son art de prendre des tas d'os désarticulés et de les transformer en animaux complets. On disait qu'il pouvait décrire l'aspect et la nature d'un animal à partir d'une dent ou d'un fragment de mâchoire, et en donner l'espèce et le genre par-dessus le marché. Comprenant que personne en Amérique n'avait songé à rédiger une description complète de la bestiole, Cuvier s'y attela et devint ainsi son découvreur officiel. Il l'appela un mastodonte (ce qui signifie, assez étrangement, « mamelon-dents »).

Inspiré par la controverse, Cuvier rédigea en 1796 un mémoire historique intitulé *Les Espèces d'éléphants fossiles comparées aux espèces vivantes*, où il avançait pour la première fois une théorie formelle des extinctions[4]. Il croyait que la Terre connaissait de temps à autre des cataclysmes au cours desquels des groupes entiers de créatures étaient anéantis. Pour les gens religieux, dont Cuvier, l'idée avait des implications inconfortables, puisqu'elle suggérait une inexplicable désinvolture de la part de la Providence. À quelle fin Dieu créait-il des espèces pour les annihiler ensuite ? Cette idée s'opposait à la croyance en la grande chaîne des êtres, selon laquelle le monde est parfaitement ordonné, chaque chose vivante en son sein ayant sa place et sa raison d'être, depuis toujours et à jamais. Jefferson ne supportait pas l'idée que des espèces entières puissent un jour disparaître (ni d'ailleurs évoluer)[5]. Aussi, lorsqu'on lui souffla dans le creux de l'oreille qu'il pourrait y avoir un intérêt scientifique et politique à envoyer une expédition cxplorer l'Amérique au-delà du Mississippi, il sauta sur cette idée dans l'espoir que les intrépides aventuriers découvrent des hordes de mastodontes en parfaite santé et d'autres créatures tout aussi ingambes broutant les prairies généreuses. Le secrétaire personnel et ami de Jefferson, Merriwether Lewis, fut nommé codirecteur et chef naturaliste de l'expédition. La personne choisie pour le conseiller et chercher les animaux tant morts que vivants n'était autre que Caspar Wistar.

L'année même où le célèbre Cuvier proposait à Paris sa théorie des extinctions, de l'autre côté de la Manche, un Anglais nettement plus obscur avait une intuition sur les fossiles qui allait avoir d'immenses conséquences. William Smith était un jeune contremaître de la *Somerset coal canal company*. Le soir du 5 janvier 1796, il était assis dans une auberge du Somerset quand il griffonna l'idée qui allait faire sa réputation[6]. Pour interpréter les roches, il faut un moyen de corrélation, une base permettant d'affirmer que les roches carbonifères du Devon sont plus jeunes que les roches cambriennes du pays de Galles. Smith comprit soudain que la réponse tenait dans les fossiles. À chaque nouvelle strate de roches, certaines espèces de fossiles disparaissaient, alors que d'autres restaient présentes dans les couches supérieures. En notant quelles espèces apparaissaient dans quelle strate, on pourrait trouver l'âge respectif des roches partout où elles étaient présentes. S'appuyant sur ses connaissances pratiques, Smith entreprit aussitôt de dessiner une carte des strates rocheuses de l'Angleterre qui allait paraître après de nombreux essais en 1815 et devenir une pierre angulaire de la géologie moderne. (Cette histoire est racontée *in extenso* dans l'ouvrage de Simon Winchester *The Map That Changed the World* [*La Carte qui a changé le monde*].)

Hélas, après ce brillant début, Smith se

montra fort peu intéressé à comprendre pourquoi les roches étaient disposées de telle ou telle façon. « J'ai cessé de m'interroger sur l'origine des strates et je me borne à savoir que c'est ainsi, déclarait-il. Les *pourquoi* et les *comment* ne peuvent être du ressort d'un ingénieur en minerai[7]. »

L'illumination de Smith sur les strates ne fit qu'aggraver l'embarras moral sur les extinctions. Tout d'abord, cela confirmait que Dieu avait anéanti des créatures non pas une fois ou deux, mais à maintes reprises, montrant ainsi un caractère non plus désinvolte, mais carrément hostile. En outre, il devenait urgent d'expliquer comment certaines espèces avaient été annihilées alors que d'autres continuaient leur petit bonhomme de chemin pendant des millions d'années. À l'évidence, il y avait plus à apprendre sur les extinctions que n'en laissait deviner le seul déluge biblique. Pour sa part, Cuvier résolut la question en suggérant que la Genèse ne parlait que du déluge le plus récent[8]. Dieu, semblait-il, n'avait pas jugé bon d'importuner ou d'alarmer Moïse en mentionnant des extinctions plus anciennes et de peu de conséquences.

Au début du XIXe siècle, les fossiles avaient donc pris une importance incontournable, ce qui rendait d'autant plus malheureux l'échec de Wistar à percevoir l'importance de son os de dinosaure. Quoi qu'il en soit, on trouva soudain des ossements absolument partout. Les Américains eurent d'autres occasions de revendiquer la découverte des dinosaures, mais ils les gâchèrent toutes. En 1806, l'expédition Lewis et Clark traversa la formation de Hell Creek dans le Montana[9], un secteur où les chasseurs de fossiles marchaient littéralement sur les os de dinosaures ; elle en découvrit même un dans une strate rocheuse, mais sans en tirer aucune conclusion. D'autres ossements et empreintes fossilisées furent découverts dans la vallée du Connecticut, après qu'un garçon de ferme du nom de Plinius Moody eut détecté des vestiges sur la corniche de South Hadley, dans le Massachusetts. Certains nous sont parvenus – notamment les fragments d'un anchisaurus, aujourd'hui conservé au musée Peabody de Yale. Découverts en 1818, ils furent les premiers os de dinosaure à être étudiés et préservés, mais ne furent pas reconnus pour tels avant 1855. La même année, Caspar Wistar mourut, gagnant une immortalité inattendue quand un botaniste donna son nom à un charmant arbuste grimpant que certains puristes s'obstinent encore à appeler *wistaria*.

Mais, dès lors, la fièvre paléontologique avait gagné l'Angleterre. En 1812, à Lyme Regis, sur la côte du Dorset, une enfant remarquable nommée Mary Anning – âgée de onze, douze ou treize ans selon les récits – trouva un étrange monstre marin fossilisé de plus de 5 mètres de long, connu depuis sous le nom d'*Ichthyosaurus*, dans les abruptes et dangereuses falaises surplombant la Manche.

Ce fut le début d'une remarquable carrière. Mary Anning allait passer les trente-cinq années suivantes à collecter des fossiles qu'elle vendait aux visiteurs. Elle trouva également le premier plésiosaure, un autre monstre marin, et l'un des premiers ptérodactyles dans un remarquable état de conservation. Aucun d'eux n'était techniquement un dinosaure, mais cela n'avait guère d'importance à une époque où personne ne savait ce qu'était un dinosaure. Il suffisait de réaliser que le monde avait autrefois abrité des créatures incroyablement différentes de ce que l'on connaissait alors.

La jeune Anning n'était pas seulement douée pour repérer les fossiles : elle savait aussi les extraire avec la plus grande délicatesse. Si vous avez un jour l'occasion de visiter la section des anciens reptiles marins du Muséum d'histoire naturelle de Londres, n'hésitez pas : c'est le seul moyen d'apprécier le travail réalisé par cette jeune femme, à peu près sans aide, avec des outils élémentaires et dans des conditions impossibles. Le plésiosaure à lui seul lui demanda dix ans de patientes excavations[10]. Bien que dépourvue d'éducation, elle était aussi capable de réaliser des croquis et de fournir des descriptions compétentes aux chercheurs. Il reste que les trouvailles importantes sont rares, et elle passa l'essentiel de sa vie dans la pauvreté.

Il semble difficile de trouver quelqu'un de plus négligé dans l'histoire de la paléontologie que Mary Anning, et pourtant un autre personnage la talonne de près. Il s'appelait Gideon Algernon Mantell et pratiquait la médecine au fond du Sussex.

Mantell était un grand dégingandé bourré de défauts – il était vaniteux, égocentrique, pédant et négligeait sa famille –, mais il n'y eut jamais sous le soleil de paléontologue amateur plus passionné. Il avait en outre la chance d'avoir une épouse dévouée et obéissante. En 1822, alors qu'elle se promenait sur un sentier proche de chez elle, Mme Mantell trouva dans un tas de cailloux destiné à remplir les nids-de-poule un objet curieux : une pierre brune incurvée de la taille d'une petite noix. Connaissant l'intérêt de son mari pour les fossiles, et jugeant que ce pouvait en être un, elle le lui rapporta. Mantell vit aussitôt qu'il s'agissait d'une dent fossile et acquit bientôt la conviction qu'elle provenait d'un reptile herbivore long de plusieurs mètres et appartenant au Crétacé[11]. Il avait raison sur tous les points, mais c'étaient là des conclusions hardies, puisque l'on n'avait jamais vu ni même imaginé un animal de ce genre.

Conscient que cette trouvaille allait révolutionner tout ce que l'on connaissait du passé, et invité à la prudence par son ami le révérend William Buckland – celui à la toge et à l'appétit tous azimuts –, Mantell consacra trois laborieuses années à collationner des preuves pour appuyer ses conclusions. Il envoya la dent à Cuvier, mais le grand Français l'écarta d'un revers de main comme une dent d'hippopotame. (Cuvier devait s'excuser plus tard de cette erreur inhabituelle de sa part.) Un jour qu'il effectuait des recherches au musée Hunter de Londres, Mantell engagea la conversation avec un autre chercheur qui l'informa que sa dent ressemblait étonnamment à celles des iguanes d'Amérique du Sud. Une comparaison hâtive ayant confirmé la ressemblance, la créature de Mantell devint un iguanodon, d'après un gros lézard tropical avec lequel elle n'avait rien en commun.

Alors que Mantell préparait un article pour la Royal Society, le bruit se répandit qu'un autre dinosaure avait été découvert dans une carrière de l'Oxfordshire et venait d'être formellement décrit – précisément par le même révérend Buckland qui l'avait invité à se hâter avec lenteur. Il s'agissait du mégalosaure, nom qui avait été suggéré à Buckland par son ami le Dr Parkinson, le révolutionnaire qui devait laisser son nom à la maladie[12]. Rappelons que Buckland était avant tout un géologue, ce qu'il démontra illico dans son travail sur le mégalosaure. Son rapport pour les *Transactions of the Geological Society of London* soulignait que les dents de la créature n'étaient pas directement implantées dans sa mâchoire comme chez le lézard, mais placées dans des alvéoles à la manière des crocodiles. Mais ce qui échappa complètement à Buckland, ce fut la signification de sa remarque : le mégalosaure était un type de créature entièrement nouveau. Il reste qu'il s'agissait de la première description publiée d'un dinosaure, et ce fut donc lui, et non le plus méritoire Mantell, qui recueillit les lauriers pour cette découverte.

Ignorant encore que la déception allait l'accompagner sa vie durant, Mantell continua à chasser les fossiles (il trouva un autre géant,

Hylaesaurus, en 1833) et à en acheter à des carriers et des fermiers, jusqu'à posséder sans doute la plus grande collection de fossiles de Grande-Bretagne. Mais il avait beau être un excellent médecin et un chasseur de fossiles qualifié, il était incapable de financer ses deux talents. Plus sa manie pour la collection grandissait, plus il négligeait sa clientèle. Les fossiles ne tardèrent pas à remplir toute sa maison de Brighton et à faire de sérieuses brèches dans son revenu – le reste servant à financer la publication de livres que peu de gens se souciaient de lire. *Illustrations of the Geology of Sussex*, publié en 1827, se vendit à cinquante exemplaires et lui coûta 300 livres – une coquette somme pour l'époque.

Dans son désespoir, Mantell eut l'idée de transformer sa maison en musée et d'en faire payer l'entrée, avant de réaliser qu'un acte aussi mercenaire ruinerait sa position de gentleman et de scientifique, de sorte qu'il laissa les gens la visiter gratuitement. Il en vint de véritables hordes qui perturbaient jour après jour sa clientèle et sa vie familiale. Il fut finalement contraint de vendre l'essentiel de ses collections pour payer ses dettes[13]. Peu après, sa femme le quitta en emmenant avec elle leurs quatre enfants.

Mais ses soucis ne faisaient que commencer.

Dans le district de Sydenham, dans le sud de Londres, le Crystal Palace Park offre un spectacle étrange et presque oublié : les premières maquettes grandeur nature de dinosaures jamais réalisées. Peu de gens s'y rendent de nos jours, mais ce fut autrefois l'une des attractions les plus populaires de Londres – le premier parc à thème, selon les termes de Richard Fortey[14]. Beaucoup de ces grosses bêtes comportent des erreurs. Le pouce de l'iguanodon a atterri sur son museau, comme une sorte de corne, et il est posé sur quatre pattes trapues, ce qui lui donne l'air d'un chien obèse (en réalité, l'iguanodon était bipède). En les regardant aujourd'hui, on imagine mal que ces paisibles animaux aient pu faire naître d'aussi farouches rancunes – mais c'est pourtant le cas. Rien peut-être dans l'histoire naturelle n'a suscité de haines plus féroces et plus durables que la lignée des anciens animaux connus sous le nom de dinosaures.

À l'époque de la construction de ces maquettes, Sydenham se trouvait aux portes de Londres et son vaste parc semblait l'endroit idéal pour reconstruire le fameux Palais de cristal, la structure de verre et d'acier qui avait été le clou de l'Exposition de 1851. Le 31 décembre 1853, un grand dîner en l'honneur de vingt et un savants de renom fut donné à l'intérieur de l'iguanodon en cours de construction. Gideon Mantell, qui avait trouvé et identifié l'iguanodon, n'était pas des convives, mais l'homme qui présidait le banquet était l'étoile montante de la jeune science de la paléontologie. Il s'appelait Richard Owen et s'appliquait avec succès depuis quelques années déjà à transformer la vie de Gideon Mantell en enfer.

Owen avait grandi à Lancaster, dans le nord de l'Angleterre, où il avait fait des études de médecine. C'était un anatomiste-né, si dévoué à ses études qu'il empruntait parfois illicitement des membres ou des organes de cadavres pour les disséquer tout à son aise chez lui[15]. Un jour, alors qu'il transportait dans un sac la tête d'un marin africain qu'il venait tout juste de subtiliser, Owen glissa sur un pavé mouillé et vit avec horreur la précieuse tête rebondir sur la chaussée et franchir la porte ouverte d'un cottage, où elle finit sa course dans le vestibule. On ne peut que se livrer à d'oiseuses spéculations sur les réflexions qu'inspira aux occupants cette tête sans corps à leurs pieds. Sans doute n'étaient-ils pas encore parvenus à des conclusions définitives quand un jeune homme à l'air penaud se précipita derrière la tête, la ramassa prestement et détala sans autre forme de procès.

En 1825, à l'âge de vingt et un ans, Owen partit pour Londres où il fut bientôt engagé par le Collège royal de chirurgie pour mettre de l'ordre dans ses riches mais brouillonnes collections de spécimens médicaux et anatomiques. La plupart avaient été légués à l'institution par John Hunter, chirurgien distingué et inlassable collectionneur de curiosités médicales, mais n'avaient jamais été catalogués ni classés, les documents qui expliquaient la signification de chacun ayant disparu peu après la mort de Hunter.

Owen ne tarda pas à se distinguer par ses talents d'organisation et de déduction. Il se révéla un anatomiste hors pair, à l'instinct de reconstruction presque égal à celui du grand Cuvier. Expert en anatomie animale, il s'assura la priorité pour hériter de la dépouille de tout animal passé de vie à trépas au jardin zoologique de Londres, qu'il se faisait livrer chez lui pour plus ample examen. (Sa femme rentra un jour à la maison pour trouver un rhinocéros fraîchement décédé encombrant son vestibule[16].) Il fit rapidement autorité sur toutes sortes d'animaux vivants et disparus – des ornithorynques, echnidés et autres marsupiaux récemment découverts, jusqu'à l'infortuné dodo et aux moas, ces oiseaux géants qui peuplaient toute la Nouvelle-Zélande avant de finir jusqu'au dernier dans l'estomac des Maoris. Il fut le premier à décrire l'archaéoptéryx après sa découverte en Bavière en 1861, et le premier à écrire l'épitaphe officielle du dodo. Il rédigea au total six cents articles anatomiques, ce qui constitue un apport assez prodigieux.

Mais c'est son travail sur les dinosaures qui devait faire passer Owen à la postérité. Il forgea en 1841 le terme *dinosauria*, qui signifie « terrible lézard » – un nom remarquablement peu adapté. Nous savons aujourd'hui que les dinosaures n'étaient pas tous terribles – certains n'étaient guère plus gros que des lapins et sans doute tout aussi discrets[17] – et qu'ils n'étaient pas à coup sûr des lézards, issus d'une lignée plus ancienne d'une trentaine de millions d'années[18]. Owen avait conscience que ces créatures étaient des reptiliens et il disposait d'un excellent mot grec, *herpeton*, qu'il repoussa pour une raison inconnue. Il ne reconnut pas non plus – ce qui est plus excusable, étant donné la rareté des spécimens à l'époque – que les dinosaures constituent non pas un, mais deux ordres de reptiles : les ornithischiens à bassin d'oiseaux, et les saurischiens à bassin de reptiles[19].

Owen n'avait rien de séduisant, ni dans son apparence ni dans son tempérament. Une photographie le montre décharné et sinistre, tel le vilain dans un mélodrame victorien, avec de longs cheveux rares et des yeux de crapaud – une tête à faire peur aux petits enfants. Il était froid et impérieux dans ses manières, d'une ambition démesurée et parfaitement dépourvu de scrupules. Il fut dit-on la seule personne que Darwin haïssait[20]. Même son fils (qui finit par se suicider) parlait de la « lamentable dureté de cœur de son père[21] ».

Ses dons incontestables d'anatomiste lui permirent de commettre en toute impunité les pires malhonnêtetés. En 1857, le naturaliste T. H. Huxley feuilletait une nouvelle édition du *Churchill's Medical Directory* quand il remarqua qu'Owen y était cité comme professeur d'anatomie et de physiologie comparées à l'École des mines, ce qui ne manqua pas de le surprendre, puisqu'il s'agissait de son propre poste[22]. Lorsqu'il enquêta sur la source d'une erreur aussi manifeste, on lui répondit que le renseignement avait été fourni par Owen en personne. Entre-temps, un naturaliste du nom de Hugh Falconer avait surpris Owen à s'attribuer le crédit de l'une de ses découvertes. D'autres l'accusaient d'emprunter des spécimens, et il réussit même à se disputer violemment avec le dentiste de la reine sur la paternité d'une théorie sur la physiologie dentaire.

Il n'hésitait pas à persécuter ceux qui lui déplaisaient. Dès le début de sa carrière, il usa de son influence auprès de la Société de zoologie pour en écarter Robert Grant, un jeune homme dont le seul crime consistait à montrer un talent d'anatomiste prometteur. Grant eut la stupéfaction de constater qu'on lui refusait soudain l'accès aux spécimens nécessaires à ses recherches. Incapable de poursuivre son travail, il sombra dans le découragement et une compréhensible obscurité.

Mais nul n'eut à souffrir davantage des cruelles attentions d'Owen que le malheureux Gideon Mantell. Après avoir perdu sa femme, ses enfants, sa clientèle et presque tous ses fossiles, Mantell partit pour Londres. Là, en 1841 – l'année tragique où Owen allait connaître la gloire pour avoir identifié les dinosaures –, il eut un terrible accident. En traversant Clapham dans un attelage, il glissa de son siège, fut pris dans les rênes et traîné au galop par les chevaux emballés. L'aventure le laissa bossu, boiteux et souffrant de douleurs chroniques.

Profitant de cet état de faiblesse, Owen entreprit d'expurger les textes de toute contribution de Mantell, rebaptisant des espèces qu'il avait nommées des années plus tôt et réclamant le crédit de leur découverte. Mantell s'efforça de poursuivre ses recherches, mais Owen usa de son influence auprès de la Royal Society pour faire rejeter ses articles. En 1852, épuisé par ces persécutions, Mantell se suicida. Sa colonne vertébrale déformée fut envoyée au Collège royal de chirurgie où, suprême ironie, elle fut confiée aux bons soins de Richard Owen, directeur du musée Hunter de l'université[23].

Mais il lui restait à subir d'autres outrages. Peu après sa mort, une charitable notice nécrologique parut dans la *Literary Gazette*. Mantell y était qualifié d'anatomiste médiocre dont les modestes contributions à la paléontologie étaient limitées par « un défaut de connaissances exactes ». La notice le dépouillait même de la découverte de l'iguanodon pour l'attribuer entre autres à Cuvier et Owen. Le style était bien celui d'Owen et nul dans le monde des sciences naturelles ne douta qu'il était l'auteur de la nécrologie.

Mais, dès lors, le vent se mit à tourner pour Owen. Sa chute commença lorsqu'un comité de la Royal Society – dont il se trouvait être le président – décida de lui octroyer le plus grand honneur, la Médaille royale, pour son article sur un mollusque disparu, la bélemnite. Toutefois, comme le note Deborah Cadbury dans son excellente histoire de cette période, *Terrible Lizard*, « ce travail n'était pas aussi original qu'il y paraissait[24] ». Il se révéla que la bélemnite avait été découverte quatre ans plus tôt par un naturaliste amateur nommé Channing Pearce, qui en avait donné communication lors d'une séance de la Société géologique. Owen était présent à cette séance, ce qu'il se garda bien de mentionner quand il présenta son propre rapport, dans lequel il rebaptisait la créature *Belemnites owenii* en son propre honneur. Bien qu'Owen eût été autorisé à conserver sa médaille, l'épisode laissa une tache indélébile sur sa réputation.

Pour finir, Huxley parvint à lui infliger ce qu'il avait fait à bien d'autres : le blackbouler du conseil de la Société zoologique et de la Royal Society. Pour comble d'injure, ce fut à Huxley que revint la chaire de Hunter au Collège royal de chirurgie.

Owen ne devait plus jamais mener de recherches importantes, mais il allait consacrer la seconde moitié de sa carrière à une œuvre irréprochable qui mérite toute notre gratitude. En 1856, il fut nommé directeur de la section d'histoire naturelle du British Museum, où il devint le principal créateur du Muséum d'histoire naturelle de Londres[25]. Le grand édifice gothique de South Kensington, ouvert en 1880, reste un hommage à sa vision.

Avant lui, les musées étaient exclusivement conçus pour l'usage et l'édification de l'élite, et d'un accès difficile même pour celle-ci[26]. Les aspirants visiteurs du British Museum devaient rédiger une demande écrite et passer un bref entretien pour déterminer s'ils pouvaient être admis. En cas de succès, ils devaient revenir chercher leur billet, et revenir une troisième fois pour admirer les trésors du musée. Même alors, ils étaient enfournés par groupes et n'avaient pas le droit de s'attarder. Owen avait pour projet d'accueillir tout le monde, au point d'encourager les ouvriers à venir faire un tour le soir, et de consacrer l'essentiel du musée à des expositions publiques. Il proposa même, de façon très radicale, de placer une notice informative sur chaque objet exposé, pour que les gens puissent comprendre ce qu'ils voyaient[27]. En cela, il se heurta curieusement à l'opposition de T. H. Huxley, pour qui les musées devaient être avant tout des instituts de recherche. En rendant le Muséum d'histoire naturelle accessible à tous, Owen a transformé notre vision même du musée.

Mais cet altruisme général envers ses frères humains ne l'empêcha pas de se lancer dans de nouvelles disputes. L'un de ses derniers actes officiels fut de comploter contre une proposition d'élever une statue à la mémoire de Charles Darwin. Sur ce point, il échoua – bien qu'il ait fini par triompher à sa manière. De nos jours, sa statue domine l'escalier de la grande salle du Muséum d'histoire naturelle, alors que Darwin et Huxley sont consignés dans la cafétéria du musée, où ils regardent gravement les visiteurs prendre leur thé.

On pourrait raisonnablement penser que les misérables rivalités entretenues par Richard Owen avaient marqué le point le plus bas de la paléontologie du XIXe siècle. Mais le pire restait à venir, cette fois d'outre-Atlantique. L'Amérique de la fin du siècle devait connaître une rivalité encore plus venimeuse, bien que moins destructrice, entre deux hommes étranges et sans pitié, Edward Drinker Cope et Othniel Charles Marsh.

Ils avaient beaucoup de choses en commun.

Ils étaient gâtés, passionnés, égocentriques, querelleurs, jaloux, méfiants et jamais contents. Mais à eux deux, ils allaient changer le monde de la paléontologie.

Ils furent d'abord des amis s'admirant mutuellement, baptisant leurs fossiles de leurs noms, qui passèrent ensemble une dernière semaine agréable en 1868. Mais là, il dut se passer quelque chose entre eux, car l'année suivante ils avaient développé une inimitié qui allait devenir une haine farouche pour les trente années suivantes. Il n'y a sans doute pas deux hommes dans les sciences naturelles qui se soient méprisés à ce point.

Marsh, l'aîné des deux de huit ans, était du genre rat de bibliothèque, à la barbe bien nette et aux manières soignées, qui passait peu de temps sur le terrain et ne fut jamais très doué pour y faire des découvertes quand il s'y trouvait. Lors d'une visite au fameux site de Como Bluff, dans le Wyoming, il ne remarqua pas les os qui, selon les termes d'un historien, « jonchaient littéralement le sol[28] ». Mais il avait les moyens d'acheter à peu près tout ce qu'il voulait. Bien qu'il fût issu d'un milieu modeste – son père était fermier dans l'État de New York –, son oncle était le très riche financier George Peabody. Marsh ayant manifesté de l'intérêt pour l'histoire naturelle, Peabody lui fit construire un musée à Yale et lui fournit assez de fonds pour le remplir à sa guise.

Cope venait d'une famille plus directement privilégiée – son père était un riche homme d'affaires de Philadelphie – et était de loin le plus aventurier des deux. À l'été de 1876, alors que Custer et ses troupes se faisaient écrabouiller à Little Big Horn, Cope était en quête d'ossements non loin de là. Lorsqu'on lui fit remarquer que ce n'était pas le moment le plus propice pour piller des terres indiennes, Cope réfléchit une minute et résolut de continuer : la moisson était trop bonne. À un moment, il tomba bien nez à nez avec une troupe d'Indiens Crows suspicieux, mais il parvint à les amadouer en ôtant et remettant plusieurs fois son dentier[29].

Pendant une décennie, le dédain mutuel de Marsh et Cope ne s'exprima guère que par de petites piques, mais en 1877, il explosa en dimensions grandioses. Cette année-là, un maître d'école du Colorado nommé Arthur Lakes trouva des ossements près de Morrison. Reconnaissant qu'ils appartenaient à un « gigantesque saurien », Lakes eut la bonne idée d'en expédier des échantillons à Marsh et à Cope. Cope, ravi, envoya cent dollars à Lakes pour sa peine, en lui demandant de ne souffler mot à personne de sa découverte – et surtout pas à Marsh. Troublé, Lakes pria Marsh de renvoyer les os à Cope ; il s'exécuta, mais il ne devait jamais oublier cet affront[30].

Ce fut entre eux le début d'une guerre de plus en plus âpre, sournoise, et souvent ridicule. Ils allèrent jusqu'à se bombarder de pierres entre équipes de chercheurs. Cope fut surpris un jour à forcer des caisses qui appartenaient à Marsh. Ils s'insultaient mutuellement par voie d'articles et tournaient systématiquement en ridicule les découvertes de l'autre. Mais jamais sans doute l'animosité n'allait faire progresser la science aussi rapidement. En quelques années, ils firent passer à eux deux le nombre d'espèces de dinosaures connues en Amérique de 9 à 150[31]. Pratiquement tous ceux que peut citer l'homme de la rue – le stégosaure, le brontosaure, le diplodocus, le tricératops[32] – ont été découverts par l'un ou par l'autre*. Mais ils travaillaient dans une hâte si forcenée qu'il leur échappait souvent qu'une nouvelle découverte n'en était plus une : à eux deux, ils réussirent ainsi à « découvrir » une espèce appelée *Uintatheres anceps* pas moins de vingt-deux fois[33]. Il fallut des années pour réparer le désordre qu'ils avaient ainsi introduit dans la classification – et le travail n'est pas encore fini.

Le legs scientifique de Cope est de loin le plus substantiel. Au cours d'une carrière remarquablement laborieuse, il rédigea 1 400 articles documentés et décrivit presque 1 300 nouvelles espèces de fossiles (et pas seulement des dinosaures) – soit plus du double de Marsh dans les deux cas. Cope aurait sans doute pu faire encore mieux, mais ses dernières années furent marquées par une assez rude dégringolade. Ayant hérité d'une coquette fortune en 1875, il l'investit peu sagement dans les mines d'argent et perdit tout. Il termina sa vie dans une petite chambre d'une pension de Philadelphie, entouré

---

* À la notable exception de *Tyrannosaurus Rex*, découvert par Barnum Brown en 1902.

de livres et d'ossements. Marsh en revanche finit ses jours dans une magnifique maison de maître de New Haven. Cope mourut en 1897 et Marsh deux ans plus tard.

À la fin de sa vie, Cope développa une assez intéressante obsession. Son vœu le plus cher était désormais d'être déclaré le spécimen type d'*Homo sapiens* – c'est-à-dire que son squelette servirait de modèle officiel pour l'espèce humaine. Normalement, le spécimen type d'une espèce est le premier ensemble d'ossements découvert, mais puisqu'il n'en existe pas pour *Homo sapiens*, il y avait là un poste à pourvoir. Si vain et si bizarre que fût ce vœu, on ne trouva rien à lui opposer. Cope légua donc ses os au Wistar Institute, une société savante de Philadelphie financée par les descendants de l'incontournable Caspar Wistar. Malheureusement, une fois le squelette préparé et assemblé, il se révéla qu'il portait les signes d'un début de syphilis – un trait que nul ne souhaitait voir préserver dans le type de l'espèce. La demande de Cope fut donc discrètement garée sur une étagère avec ses os. Il n'y a toujours pas de spécimen pour l'homme moderne.

Quant aux autres acteurs de ce drame, Owen mourut en 1892, quelques années avant Cope et Marsh. Buckland perdit l'esprit et termina ses jours comme une pauvre loque dans un asile de fous de Clapham, non loin de l'endroit où Mantell avait eu son accident. La colonne vertébrale déformée de Mantell resta exposée au musée Hunter pendant presque un siècle avant d'être enfin pulvérisée par une bombe allemande au cours du Blitz[34]. Ce qui restait de la collection de Mantell passa à ses enfants, et l'essentiel fut emporté en Nouvelle-Zélande par son fils Walter, qui partit s'y installer en 1840 et finit ministre des Affaires indigènes[35]. En 1865, il fit don des plus beaux spécimens de la collection paternelle, dont la fameuse dent d'iguanodon, au Musée colonial (aujourd'hui Musée de Nouvelle-Zélande) de Wellington, où ils sont encore de nos jours. La dent d'iguanodon par laquelle tout commença – la plus importante en somme de l'histoire de la paléontologie – n'est plus exposée.

Bien sûr, la chasse aux dinosaures ne prit pas fin avec la mort des grands chasseurs de fossiles du XIXe siècle. En fait, elle commençait à peine. En 1898, pile entre la mort de Cope et celle de Marsh, on découvrit (on remarqua, en fait) une mine d'ossements bien plus importante que toutes les précédentes dans un lieu appelé Bone Cabin Quarry (« la carrière de la cabane en os ») à quelques kilomètres seulement du premier terrain de chasse de Marsh de Como Bluff. Là, on trouva des centaines et des centaines d'ossements fossiles qui s'érodaient paisiblement dans les collines. Ils étaient si nombreux que quelqu'un s'en était même fabriqué une cabane – d'où le nom de l'endroit[36]. En deux saisons de recherches, on excava cinquante tonnes d'ossements, suivies de dizaines d'autres au cours des quelques années suivantes.

Le résultat, c'est qu'à l'aube du XXe siècle les

paléontologues se retrouvaient avec des tombereaux d'ossements et toujours le même problème : ils n'avaient aucune idée de leur ancienneté. Pis encore, les âges admis de la Terre ne pouvaient cadrer avec les dizaines d'ères et d'époques que contenait à l'évidence le passé. Si la Terre n'avait vraiment qu'une vingtaine de millions d'années, comme continuait à le soutenir lord Kelvin, des ordres entiers de créatures auraient dû voir le jour et s'éteindre pratiquement dans le même instant géologique. Cela ne faisait aucun sens.

D'autres scientifiques s'intéressèrent au problème, aboutissant à des résultats qui ne faisaient qu'accroître l'incertitude. Samuel Haughton, un géologue respecté du Trinity College de Dublin, annonça un âge estimé de la Terre de 2 300 millions d'années – bien au-delà de tout ce que l'on avait pu suggérer jusque-là. Quand on le lui fit remarquer, il refit ses calculs à l'aide des mêmes données, et sortit le chiffre de 153 millions d'années. John Joly, de la même université, résolut d'essayer l'idée de la salinité des océans d'Edmond Halley, mais sa méthode s'appuyait sur tant d'hypothèses fausses qu'il manqua son but de très loin. Il accorda à la Terre 89 millions d'années[37] – un âge qui cadrait parfaitement avec les hypothèses de Kelvin, mais malheureusement pas avec la réalité.

La confusion était telle qu'à la toute fin du XIXe siècle[38], selon le texte consulté, on pouvait apprendre que le nombre d'années nous séparant du début de la vie complexe à la période cambrienne s'élevait à 3 millions, 18 millions, 600 millions, 794 millions, 2,4 milliards ou n'importe quel chiffre entre tous ceux-ci. En 1910, l'une des estimations les plus respectées, celle de l'Américain George Becker, situait encore l'âge de la Terre à guère plus de 55 millions d'années.

Au moment même où les choses semblaient dans une confusion inextricable, un nouveau personnage débarqua avec une nouvelle approche. C'était un garçon de ferme de Nouvelle-Zélande, un type carré et brillant nommé Ernest Rutherford, qui allait produire la preuve irréfutable que la Terre avait au bas mot des centaines de millions d'années, et sans doute beaucoup plus.

Il est remarquable que cette preuve ait été basée sur l'alchimie – naturelle, spontanée, scientifiquement crédible et pas occulte pour un sou –, mais alchimie tout de même. Au fond, Newton n'avait peut-être pas tout à fait tort. Quant à savoir comment cela s'est exactement passé, c'est bien sûr une autre histoire.

VII

Questions élémentaires

On dit souvent que la chimie en tant que science sérieuse et respectable remonte à 1661, date à laquelle Robert Boyle publia à Oxford *The Sceptical Chymist*, le premier ouvrage à établir la distinction entre chimistes et alchimistes. Mais ce fut une lente et souvent erratique transition. Jusque tard dans le XVIIIe siècle, les savants pouvaient se sentir curieusement à l'aise dans les deux camps, comme l'Allemand Johann Becher qui rédigea un ouvrage irréprochable sur la minéralogie intitulé *Physica subterranea*, tout en restant intimement persuadé que s'il disposait des matériaux adéquats, il pourrait se rendre invisible[1].

Rien peut-être ne caractérise mieux la nature étrange et souvent accidentelle de la chimie à ses débuts que la découverte d'un Allemand, Hennig Brand, en 1675. Brand se convainquit qu'il pouvait distiller de l'or à partir de l'urine humaine (la couleur semble avoir joué un rôle dans ses conclusions). Il rassembla cinquante seaux d'urine qu'il conserva pendant des mois dans sa cave. Par des processus aussi divers qu'abstrus, il convertit cette urine d'abord en une pâte délétère, puis en une substance cireuse et translucide.

Ni l'une ni l'autre ne contenait d'or, on s'en doute, mais il se passa une chose curieuse et non dénuée d'intérêt : au bout d'un moment, la susbtance se mit à luire. En outre, une fois exposée à l'air, elle tendait à s'enflammer spontanément.

Le potentiel commercial de la chose, bientôt baptisée phosphore (« porteur de lumière »), ne passa pas inaperçu de certains entrepreneurs à l'esprit affûté, mais les problèmes de fabrication en rendaient l'exploitation trop coûteuse. Une once de phosphore revenait à six guinées (de l'ordre de cinq cents euros d'aujourd'hui), ce qui la rendait plus chère que l'or[2].

Au début, on fit appel à des soldats pour fournir la matière première, mais ce genre d'arrangement n'était guère envisageable pour une production à l'échelle industrielle. Vers 1750, un chimiste suédois nommé Carl Scheele trouva un moyen de fabriquer du phosphore sans en passer par les odorants inconvénients de l'urine. C'est notamment à cette maîtrise du phosphore que la Suède doit d'être encore à ce jour le premier producteur d'allumettes.

Scheele fut à la fois un homme comblé et maudit du destin. Pauvre apothicaire sans appareils sophistiqués à sa disposition, il découvrit huit éléments – le chlore, le fluor, le manganèse, le baryum, le mobdylène, le tungstène, l'azote et l'oxygène – sans en recueillir aucun bénéfice[3]. Ses travaux furent systématiquement négligés, ou publiés après qu'un autre eut fait la même découverte de façon indépendante. Il découvrit quantité d'autres éléments utiles, dont l'ammoniac, la glycérine et l'acide tannique, et fut le premier à percevoir le potentiel commercial du chlore en tant qu'agent blanchissant – autant d'exploits qui allaient faire la fortune d'autres que lui.

Scheele avait pour péché mignon de goûter toutes les matières sur lesquelles il œuvrait, dont des substances aussi notoirement indigestes que le mercure ou l'acide cyanhydrique. Ce dernier (également découvert par Scheele) était si connu pour sa dangerosité qu'un siècle et demi plus tard Erwin Schrödinger en fit sa toxine de choix pour sa célèbre expérience (voir p. 231). Le malheureux Scheele finit par payer ses inconséquences. En 1786, à l'âge de quarante-trois ans, on le trouva mort devant sa paillasse, entouré d'une noria de produits dangereux, dont chacun pouvait être tenu responsable de l'air de stupeur figée peint sur sa figure.

Si le monde était juste et s'il parlait suédois, Scheele aurait été mondialement acclamé. Mais le mérite de ses découvertes revint à des chimistes plus connus, appartenant souvent au monde anglophone. Il découvrit l'oxygène en 1772, mais, pour diverses raisons, ne put faire publier son article à temps. Le crédit en alla donc à Joseph Priestley, qui avait bien fait la même découverte, mais à l'été 1774. Il est plus remarquable encore que Scheele ait été incapable de faire reconnaître sa découverte du chlore. La plupart des manuels en attribuent encore la paternité à Humphry Davy, qui le découvrit en effet, mais trente-six ans après lui.

La chimie avait certes évolué au cours du

siècle séparant Newton et Boyle de Scheele, Priestley et Henry Cavendish, mais il lui restait du chemin à faire. Jusqu'aux toutes dernières années du XVIIIe siècle (voire plus tard encore pour Priestley), les savants cherchaient dans tous les coins, et croyaient parfois trouver des choses qui n'existaient pas : les airs viciés, les acides marins déphlogistiqués, le kermès minéral, les pierres de lune, les exhalaisons terraqueuses, et surtout le phlogistique, considéré comme l'agent actif de la combustion. Quelque part là-dedans résidait aussi le mystérieux *élan vital**, la force qui amenait les objets inanimés à la vie. Nul ne savait où se logeait cette essence éthérée, mais deux choses semblaient probables : on pouvait la mettre en branle par une décharge électrique (idée que Mary Shelley exploita avec succès dans son roman *Frankenstein*), et elle existait dans certaines substances et pas dans d'autres, ce qui explique l'origine de nos deux branches de la chimie : organique (pour les substances qui étaient censées l'avoir) et inorganique (pour celles qui en étaient dépourvues)[4].

Il fallait un homme perspicace pour faire entrer la chimie dans l'ère moderne, et ce fut la France qui le fournit au monde : il s'appelait Antoine Laurent Lavoisier. Né en 1743, Lavoisier appartenait à la petite noblesse (son père ayant acheté une charge). En 1768, il acquit une part dans une institution fort décriée, la Ferme générale, qui collectait les taxes et les impôts au nom

* En français dans le texte.

du roi. Si Lavoisier lui-même était un homme paisible et doux, la Ferme n'était ni l'une ni l'autre. Elle épargnait les riches en n'imposant que les pauvres, et souvent de façon arbitraire. Mais le statut de fermier général était pour Lavoisier un moyen de financer sa véritable passion, la science. Dans sa période la plus faste, ses revenus s'élevaient à 150 000 livres par an – soit une vingtaine de millions d'euros[5].

Trois ans après s'être lancé dans cette carrière lucrative, il épousa la fille de l'un de ses patrons, alors âgée de quatorze ans[6]. Ce fut un mariage de cœur et de raison. Mme Lavoisier, douée d'un esprit fort pénétrant, ne tarda pas à travailler avec son mari. Malgré les devoirs de sa charge et une vie sociale animée, ils parvinrent à consacrer cinq heures par jour à la science – deux à l'aube et trois le soir, ainsi que le dimanche complet, qu'ils appelaient leur *jour de bonheur**[7]. Lavoisier trouva aussi le temps d'être commissaire de la Régie des poudres et des salpêtres, de superviser la construction du mur d'octroi autour de Paris, de contribuer à fonder le système métrique, et de coécrire la *Méthode de nomenclature chimique*, qui allait devenir la bible de la taxinomie des éléments.

En tant que membre éminent de l'Académie royale des sciences, il fut aussi prié de prendre un intérêt actif à tout ce qui était dans l'air du temps – l'hypnotisme, la réforme des prisons, la respiration des insectes, l'approvisionnement de

* En français dans le texte.

Paris en eau. C'est dans ce cadre qu'en 1780 Lavoisier écarta une nouvelle théorie de la combustion, soumise à l'Académie par un jeune savant plein de fougue[8]. La théorie était fausse en effet, mais le jeune savant ne le lui pardonna jamais : il s'appelait Jean-Paul Marat.

S'il y a une chose que Lavoisier ne découvrit pas, c'est un élément. À une époque où il semblait que quiconque armé d'un vase à bec, d'une flamme et de quelques poudres intéressantes pouvait trouver quelque chose de nouveau – et alors qu'il restait encore les deux tiers des éléments à découvrir –, Lavoisier fut incapable d'en trouver un seul[9]. Ce n'était certes pas par pénurie de vases à bec, car Lavoisier en possédait treize mille dans son laboratoire privé, suréquipé à un point frisant parfois le ridicule.

En revanche, il sut prendre les découvertes des autres et leur donner un sens. Il balança pardessus bord le phlogistique et les vapeurs méphitiques. Il identifia la nature réelle de l'oxygène et de l'hydrogène et leur attribua leur nom moderne. En bref, il apporta la rigueur et la clarté qui manquaient à la chimie.

À cet égard, son parfait équipement fit merveille : sa femme et lui consacrèrent des années à des études extrêmement astreignantes exigeant les mesures les plus subtiles. Ils firent par exemple cette découverte extraordinaire qu'un objet rouillé ne perd pas de poids, comme on le croyait depuis toujours, mais en gagne au contraire. D'une manière ou d'une autre, l'objet, en rouillant, attire des particules élémentaires présentes dans l'air. On comprit alors pour la première fois que la matière peut se transformer, mais non se perdre. Si vous brûliez ce livre, là, tout de suite, il se transformerait en cendres et en fumée, mais la quantité nette de matière dans l'Univers resterait la même. Ce phénomène prit le nom de conservation de la masse, un concept révolutionnaire. Hélas, il coïncidait avec une autre révolution, politique celle-là, où Lavoisier se trouvait franchement du mauvais côté.

Il était non seulement l'un de ces fermiers généraux haïs de la population, mais il avait construit avec enthousiasme le mur d'octroi, ce « mur murant Paris » si détesté des Parisiens qu'il fut le premier édifice attaqué par les sans-culottes. Marat, devenu l'un des chefs de la Convention, dénonça Lavoisier en 1791, suggérant qu'il était temps de s'occuper de son sort. Peu après, la Ferme générale fut supprimée ; Marat pour sa part fut assassiné dans sa baignoire par la jeune royaliste Charlotte Corday, mais il était trop tard pour Lavoisier.

1793 fut le sommet du règne de la Terreur. En octobre, Marie-Antoinette fut envoyée à la guillotine ; en novembre, Lavoisier fut arrêté alors qu'il faisait des plans tardifs pour s'enfuir en Écosse avec sa femme. En mai 1794, il fut amené devant le Tribunal révolutionnaire avec une trentaine d'autres fermiers généraux (dans une salle présidée par le buste de Marat). Huit furent acquittés, mais Lavoisier était de ceux que l'on mena place de la Révolution (aujourd'hui de la Concorde) où se trouvait la guillotine la plus active de France. Lavoisier regarda la tête de son beau-père tomber dans le panier avant de monter sur l'échafaud et d'accepter son sort. À peine trois mois plus tard, le 27 juillet, c'était au tour de Robespierre d'être traîné au même endroit : la Terreur était terminée.

Un siècle après sa mort, une statue de Lavoisier fut érigée à Paris et fort admirée, jusqu'à ce que quelqu'un s'avise qu'elle ne lui ressemblait pas du tout. Interrogé, le sculpteur reconnut qu'il avait pris une tête du mathématicien et philosophe Condorcet (il en avait en réserve, faut-il croire) en priant pour que personne ne s'en aperçoive. La statue de Lavoisier/Condorcet resta en place encore un demi-siècle, jusqu'à la Deuxième Guerre mondiale, où elle fut déboulonnée un beau matin et envoyée à la ferraille[10].

Au début du XIXe siècle, la mode se répandit en Angleterre d'inhaler du protoxyde d'azote ou gaz hilarant, quand on eut découvert que « son usage offrait des sensations extrêmement agréables[11] ». Il allait rester la drogue de choix des jeunes gens pendant un demi-siècle, et une société savante, l'Askesian Society, ne se consacra guère à autre chose pendant un bon moment. Les théâtres organisaient des « soirées gaz hilarant », où des volontaires venaient en inhaler un bon coup avant de divertir le public des blagues les plus désopilantes[12].

Il fallut attendre 1846 pour s'aviser que le protoxyde d'azote pouvait avoir un usage pratique en tant qu'anesthésique. Dieu sait combien de malheureux ont inutilement souffert mille morts sous le scalpel du chirurgien parce que personne n'avait pensé à l'application la plus évidente de ce gaz.

Je mentionne ce fait pour souligner que la chimie, après de telles avancées au milieu du XVIIIe siècle, allait connaître dans la première moitié du XIXe une traversée du désert comparable à celle de la géologie au début du XXe siècle. Cette éclipse tenait pour partie au manque d'équipement – les centrifugeuses, par exemple, ne firent leur apparition que dans la seconde moitié du siècle – et pour partie à un problème social. La chimie était la science des industriels et des négociants, des gens qui travaillaient avec le charbon, la potasse et les teintures, et non des gentlemen, qui se consacraient plus volontiers à la géologie, à l'histoire naturelle et à la physique. (C'était un peu moins vrai dans le reste de l'Europe qu'en Angleterre, mais à peine.) Il est d'ailleurs frappant que l'une des plus importantes observations du siècle, celle du mouvement brownien, qui établissait la nature active des molécules, ait été réalisée non par un chimiste, mais par un botaniste écossais, Robert Brown. (En 1827, Brown remarqua que de minuscules grains de pollen en suspension dans l'eau restaient indéfiniment en mouvement, si longtemps qu'il les laissa reposer. La cause de ce mouvement perpétuel – à savoir l'action d'invisibles molécules – resta longtemps un profond mystère[13].)

Les choses auraient pu être pires encore

en l'absence d'un personnage splendidement improbable, le comte von Rumford, qui malgré ce titre pompeux avait vu le jour dans le Massachusetts en 1753 sous le nom plus ordinaire de Benjamin Thompson. Il était fringant et ambitieux, « joli de corps et de traits », parfois courageux et extrêmement brillant, mais il ne fut jamais troublé par l'ombre d'un scrupule. À l'âge de dix-neuf ans, il épousa une veuve de quatorze ans son aînée, mais quand la Révolution américaine éclata, il eut le malheur de se mettre du côté des loyalistes à l'Angleterre, dont il se fit même l'espion pendant un temps. Arrêté au cours de la turbulente année 1776 pour « tiédeur envers la cause de liberté[14] », il abandonna femme et enfant et s'enfuit, talonné de près par une bande de patriotes armés de seaux de goudron et de sacs de plumes, et brûlant d'un ardent désir de l'en décorer.

Il décampa en Angleterre avant de passer en Allemagne, où il devint conseiller militaire du gouvernement de Bavière ; il y fut si apprécié des autorités qu'il fut nommé en 1791 comte von Rumford du Saint Empire romain germanique. À Munich, il dessina aussi un parc célèbre, le Jardin anglais.

Dans ce tourbillon d'activités, il trouva le temps de mener à bien un peu de belle et bonne science. Il devint une autorité mondiale sur la thermodynamique et fut le premier à élucider le principe de la convection des fluides et la circulation des courants océaniques. Il inventa également quelques objets utiles, comme une cafetière goutte-à-goutte, des sous-vêtements thermiques et un type de fourneau qui porte encore son nom. En 1805, au cours d'un séjour en France, il courtisa et épousa Mme Lavoisier, veuve d'Antoine Laurent. Le mariage ne fut pas heureux et les époux ne tardèrent pas à se séparer. Rumford resta en France, où il mourut entouré de l'estime générale – sauf de celle de ses ex-épouses.

Mais s'il a sa place ici, c'est qu'en 1799, au cours d'un interlude assez bref à Londres, il fonda la Royal Institution, l'une de ces innombrables sociétés savantes qui à l'époque poussaient en Angleterre comme des champignons. Ce fut un temps la seule institution sérieuse à promouvoir la jeune science de la chimie, grâce notamment à Humphry Davy, jeune et brillant professeur recruté par l'institution, qui ne tarda pas à révéler de remarquables talents de conférencier et d'expérimentateur.

Davy sortit bientôt une rafale de nouveaux éléments – le potassium, le sodium, le magnésium, le calcium, le strontium et l'aluminium. S'il put en découvrir autant, c'est qu'il avait mis au point une technique ingénieuse pour appliquer l'électricité aux substances chimiques : l'électrolyse. Il a à son actif une douzaine d'éléments, soit un cinquième du total connu à son époque. Davy aurait sans doute pu faire davantage, s'il n'avait développé dans sa jeunesse un attachement durable aux plaisirs revigorants du gaz hilarant. Il en vint à téter sa bouteille trois ou quatre fois par jour, et l'on pense qu'il finit par en mourir en 1829.

Heureusement, des types plus sobres étaient également à l'œuvre. En 1808, un austère quaker du nom de John Dalton comprit pour la première fois la nature d'un atome (progrès que nous discuterons plus loin) et en 1811, un Italien doté d'un magnifique nom d'opéra – Lorenzo Romano Amadeo Carlo Avogadro, comte de Quarega et Cerreto – fit une découverte qui allait se révéler lourde de conséquences à long terme : deux volumes égaux de gaz de n'importe quel type, conservés à la même pression et à la même température, devaient contenir un nombre égal de molécules.

Il y a deux choses remarquables au sujet du principe d'Avogadro. D'abord, il offre une base pour mesurer de façon plus précise la taille et le poids des atomes. Grâce à lui, les chimistes purent déterminer par exemple qu'un atome typique a un diamètre de 0,00000008 cm, ce qui est remarquablement peu[15]. Ensuite, ce principe aussi simple qu'ingénieux devait rester à peu près inconnu pendant près d'un demi-siècle*.

---

* Ce principe mena bien plus tard à l'adoption du nombre d'Avogadro, une unité fondamentale de mesure en chimie, qui reçut son nom bien après sa mort. Il désigne le nombre de molécules contenues dans 2,016 grammes d'hydrogène (ou un volume égal de n'importe quel gaz). Sa valeur se situe à $6{,}0221367 \times 10^{23}$, un nombre énorme. Les étudiants en chimie s'amusent régulièrement à calculer des équivalents de ce nombre, et je peux donc vous informer qu'il équivaut au nombre de grains de pop-corn nécessaires pour enfouir les États-Unis sous une couche épaisse de 12 km, du nombre de verres d'eau que contient l'océan Pacifique, ou du nombre de

Certes, Avogadro était un type assez discret – travaillant seul, correspondant peu avec ses collègues, publiant peu d'articles et se rendant à peu de réunions –, mais le fait est qu'il y avait peu de réunions auxquelles assister et peu de journaux de chimie dans lesquels publier. C'est là un fait assez remarquable. La révolution industrielle avait été en grande partie réalisée grâce aux progrès de la chimie, mais celle-ci mettrait encore des décennies à devenir une science organisée.

La Chemical Society de Londres ne fut pas fondée avant 1841 et ne commença à publier un journal régulier qu'en 1848, alors que la plupart des sociétés savantes d'Angleterre – géologique, géographique, zoologique, horticole et linnéenne (pour les naturalistes et les botanistes) – avaient déjà une vingtaine d'années ou plus. Son rival, l'Institut de chimie, n'allait voir le jour qu'en 1877, un an après la fondation de l'American Chemical Society. Vu la lenteur de la chimie à s'organiser, la nouvelle des travaux d'Avogadro, réalisés en 1811, ne se répandit vraiment qu'à partir de son premier congrès international, qui se tint à Karlsruhe en 1860.

Ce long isolement des chimistes explique que les conventions aient été lentes à émerger. Dans les années 1880 encore, la formule H_2O_2 pouvait

boîtes de boissons gazeuses nécessaires pour recouvrir la Terre sur une hauteur de 300 km. Un nombre équivalent en centimes d'euro ferait de chaque personne sur terre un billionnaire. C'est un grand nombre.

signifier l'eau pour un chimiste, mais l'eau oxygénée pour un autre. C_2H_4 pouvait désigner l'éthylène ou le « gaz des marais »[16]. Il n'y avait guère de molécule qui fût uniformément représentée partout.

Les chimistes utilisaient aussi une stupéfiante variété de symboles et d'abréviations, souvent de leur cru. Le Suédois J. J. Berzelius apporta un peu d'ordre dans tout ce bazar en décrétant que les abréviations des éléments s'appuieraient sur leurs noms grecs et latins, ce qui explique que le fer soit noté Fe et l'argent Ag (*ferrum* et *argentum*). Pour indiquer le nombre d'atomes dans une molécule, Berzelius utilisa une notation en exposant, comme H^2O. Plus tard, sans raison définie, la mode passa à la notation en indice : H_2O[17].

Malgré ces occasionnels dépoussiérages, la chimie de la seconde moitié du XIXe était encore un assez beau capharnaüm, de sorte que ce fut un soulagement pour tout le monde de voir débarquer en 1869 un professeur de l'université de Saint-Pétersbourg à l'allure et aux manières bizarres, Dmitri Ivanovich Mendeleïev.

Il était né en 1834 à Tobolsk, en Sibérie, dans une famille bien éduquée, raisonnablement prospère et surtout très vaste, au point que l'Histoire a perdu le compte du nombre exact de Mendeleïev : ils étaient quatorze enfants selon certaines sources, dix-sept selon d'autres, mais toutes s'accordent à dire que Dmitri était le plus jeune. Les Mendeleïev ne furent pas toujours favorisés par le sort[18]. Quand Dmitri était enfant, son père, un directeur d'école, perdit la vue et sa mère dut aller chercher du travail. Cette femme remarquable finit par devenir directrice d'une verrerie prospère. Tout alla bien jusqu'en 1848, date à laquelle un incendie détruisit la fabrique, réduisant la famille à la pénurie. Déterminée à offrir une éducation à son petit dernier, elle parcourut avec le jeune Dmitri les 6 500 km qui les séparaient de Saint-Pétersbourg et le déposa à l'Institut de pédagogie. Sans doute épuisée par ce dernier effort, elle mourut peu après.

Mendeleïev termina ses études et obtint un poste dans son université. Il s'y montra un chimiste compétent mais pas remarquable, plus connu pour ses cheveux et sa barbe, qu'il ne faisait couper qu'une fois par an, que pour ses exploits de laboratoire[19].

Mais en 1869, à l'âge de trente-cinq ans, il se mit à réfléchir à un mode de classification des éléments. Ceux-ci étaient alors classiquement regroupés de deux façons : par leur poids atomique (à l'aide du principe d'Avogadro), ou par leurs propriétés communes (s'il s'agissait de métaux ou de gaz, par exemple). L'exploit de Mendeleïev fut de voir que l'on pouvait combiner ces deux catégories en une seule classification.

Comme c'est souvent le cas en science, ce principe avait été anticipé trois ans plus tôt par un chimiste amateur anglais, John Newlands. Il avait constaté que lorsque les éléments étaient rangés par poids, ils semblaient répéter certaines propriétés – s'harmoniser, en somme – toutes les huit places le long de l'échelle. Assez étourdiment, car les temps n'étaient pas mûrs pour ce genre d'idées, Newlands appela ce principe la loi des Octaves, par analogie avec les intervalles de l'échelle musicale[20]. Peut-être cela tenait-il à sa façon de présenter les choses, mais son idée fut jugée grotesque et lui valut bien des quolibets. Lors de ses conférences, de joyeux drilles le priaient régulièrement de faire jouer un petit air à ses éléments. Découragé, Newlands abandonna son idée et sombra dans une obscurité complète.

Mendeleïev adopta une approche légèrement différente, disposant ses éléments par groupes de sept, mais à l'aide du même principe. Soudain, l'idée parut brillante et d'une admirable perspicacité. Les propriétés se répétant périodiquement, son invention prit le nom de tableau périodique.

On a dit que Mendeleïev avait été inspiré par le jeu de cartes appelé patience partout dans le monde et solitaire chez les Anglo-Saxons, où les cartes sont rangées horizontalement par couleur et verticalement par valeur. À l'aide d'un concept fort proche, il disposa les éléments en rangées horizontales – les périodes – et en colonnes verticales – les groupes. Une série de relations devenait aussitôt perceptibles en lisant le tableau de haut en bas, et une autre en le lisant de gauche à droite. Les colonnes rassemblaient les produits chimiques dotés de propriétés comparables. Ainsi, le cuivre est au-dessus de l'argent, et l'argent au-dessus de l'or du fait de leurs affinités chimiques en tant que métaux, alors que l'hélium, le néon et l'argon se trouvent dans la colonne des gaz. (Le déterminant actuel de la table est une chose appelée « valence des atomes », mais il vous faudrait prendre des cours du soir pour y comprendre quelque chose.) Bornons-nous à dire que les lignes horizontales disposent les produits chimiques en ordre ascendant selon le nombre de protons que contient leur noyau – ce que l'on appelle leur nombre atomique.

La structure des atomes et l'importance des protons feront l'objet d'un autre chapitre, de sorte qu'il nous suffit pour le moment d'apprécier le principe organisateur : l'hydrogène a un seul proton, ce qui lui donne un nombre atomique de un et le situe en haut du tableau ; l'uranium, avec ses quatre-vingt-douze protons, se situe tout en bas, avec un nombre atomique de quatre-vingt-douze. En ce sens, comme l'a souligné Philip Ball, la chimie est une simple affaire de comptage[21]. (À ce propos, il convient de ne pas confondre le nombre atomique et le poids atomique, qui est le nombre de protons *plus* le nombre de neutrons que contient un élément donné.) Il restait quantité de choses qui n'étaient ni connues ni comprises. L'hydrogène est l'élément le plus abondant dans l'Univers, mais nul ne s'en aviserait avant trente ans encore. L'hélium, le deuxième élément le plus abondant, venait tout juste d'être découvert (sans qu'on eût jamais soupçonné son existence auparavant) non pas sur terre, mais dans le Soleil, à l'aide d'un spectroscope au cours d'une éclipse, ce qui explique qu'il honore le dieu grec Hélios. Il ne serait pas isolé avant 1895. Mais quoi qu'il en soit, grâce à l'invention de Mendeleïev, la chimie avait désormais une base solide.

Pour la plupart d'entre nous, le tableau périodique des éléments est d'une beauté tout abstraite, mais pour les chimistes, il était synonyme d'ordre et de clarté. « Le Tableau périodique des éléments chimiques est sans conteste la classification la plus élégante jamais conçue[22] », écrivait Robert E. Krebs dans *The History and Use of Our Earth's Chemical Elements,* et l'on trouve l'écho de ce sentiment dans n'importe quel manuel de chimie.

De nos jours, nous avons « à peu près 120 éléments » – dont quatre-vingt-douze entièrement naturels et une trentaine créés en laboratoire[23]. Le chiffre actuel est quelque peu contesté, parce que les éléments lourds synthétisés n'existent que pendant quelques millionièmes de seconde et que les chimistes se disputent parfois pour savoir s'ils ont vraiment été détectés ou non. Mais à l'époque de Mendeleïev, on ne connaissait que soixante-trois éléments, et il eut l'intelligence de comprendre que sa table était loin d'être complète. Ellc prédisait, avec une précision déconcertante, l'endroit où se glisseraient les nouveaux éléments lorsqu'ils seraient découverts.

Soit dit en passant, nul ne sait combien nous pourrions obtenir d'éléments au total, bien que tout objet doté d'un poids atomique supérieur à 168 soit jugé « purement spéculatif[24] » ; ce qui est certain, c'est que tout ce que l'on découvrira trouvera aussitôt sa place dans la grande classification de Mendeleïev.

Le XIXe siècle réservait une dernière grande surprise aux chimistes. Tout commença à Paris en 1896, quand Henri Becquerel laissa dans un tiroir un morceau de sel d'uranium posé sur une plaque photographique pourtant entourée de son emballage. Quand il sortit la plaque un peu plus tard, il eut la surprise de découvrir que l'uranium l'avait impressionnée, comme si elle avait été exposée à la lumière. L'uranium émettait donc des rayons d'une certaine nature.

Considérant l'importance de cette découverte, Becquerel fit une chose fort étrange : il confia le problème à l'une de ses étudiantes. Grâce au ciel, l'étudiante était une récente émigrée de Pologne nommée Marie Curie. Avec son mari, Pierre Curie, elle découvrit que certains types de roches émettent des quantités constantes et remarquables d'énergie, sans perdre de leur poids ni se modifier d'une façon détectable. Ce que ni elle ni son mari ne pouvaient savoir – on ne l'apprendrait grâce à Einstein que dix ans plus tard –, c'est que ces roches convertissent leur masse en énergie d'une façon extraordinairement efficace. Marie Curie baptisa cet effet « radioactivité[25] ». Au cours de leurs travaux, les Curie isolèrent aussi deux nouveaux éléments, le polonium – ainsi baptisé en l'honneur du pays natal de Marie – et le radium. En 1903, les deux Curie et Becquerel reçurent conjointement le prix Nobel de physique. (Marie Curie allait l'obtenir une seconde fois en 1911, en chimie cette fois, et elle reste la seule à avoir ainsi été honorée dans ces deux matières.)

À l'université McGill de Montréal, le jeune Néo-Zélandais Ernest Rutherford s'intéressa à ces nouveaux matériaux radioactifs. Avec son collègue Frederick Soddy, il découvrit que ces petites quantités de matière contiennent d'immenses réserves d'énergie, et que la Terre doit sans doute l'essentiel de sa chaleur à la désintégration radioactive de ces réserves. Ils découvrirent aussi que les éléments radioactifs se désintégraient en d'autres éléments – un jour vous aviez un atome d'uranium, et le lendemain un atome de plomb. C'était de l'alchimie pure et simple. Nul n'aurait pu imaginer qu'une telle chose puisse se produire spontanément. Rutherford, homme terre à terre, fut le premier à imaginer les applications pratiques de ce phénomène. Il remarqua qu'il fallait toujours le même laps de temps à un échantillon de matériau radioactif pour que la moitié s'en désintègre – la fameuse demi-vie – et que cette vitesse de désintégration régulière et fiable pouvait servir comme une sorte d'horloge. En calculant à rebours la quantité de radiation émise par un matériau et sa vitesse de désintégration, on pouvait obtenir son âge. Il testa un fragment de pechblende, le principal minerai de l'uranium, et le trouva vieux de 700 millions d'années – bien plus que l'âge que la plupart des gens étaient disposés à accorder à la Terre.

Au printemps de 1904, Rutherford partit à

Londres pour donner une conférence à la Royal Institution, l'auguste société fondée par von Rumford seulement un siècle plus tôt – bien que cet âge de perruques poudrées parût désormais à des lustres de l'esprit aventureux des derniers victoriens. Rutherford, muni de son morceau de pechblende, venait parler de sa nouvelle théorie de la désintégration de la radioactivité. Avec tact – le vieux Kelvin étant présent, bien que pas forcément réveillé –, il signala que Kelvin avait lui-même suggéré que la découverte d'une autre source de chaleur ruinerait tous ses calculs. Rutherford avait découvert cette autre source. Grâce à la radioactivité, la Terre pouvait être – était même à l'évidence – bien plus vieille que les 24 millions d'années que Kelvin lui avait alloués.

Kelvin accueillit d'un sourire rayonnant le témoignage de respect de Rutherford, mais resta de marbre. Il n'accepta jamais de réviser ses chiffres et crut jusqu'à son dernier souffle que son travail sur l'âge de la Terre était sa plus grande contribution à la science – bien plus que ses travaux sur la thermodynamique[26].

Comme il arrive souvent dans les révolutions scientifiques, les conclusions de Rutherford ne firent pas l'unanimité. John Joly, de Dublin, persista jusqu'à la fin des années 1930 à dire que la Terre n'avait que 89 millions d'années, ne se laissant contredire sur ce point que par la mort. D'autres commencèrent à craindre que Rutherford ne leur eût désormais accordé trop de temps. Mais même avec une datation radiométrique, il nous faudrait encore des décennies avant d'approcher, même à un milliard d'années près, l'âge réel de notre planète. La science était sur la bonne voie, mais la route restait longue.

Kelvin mourut en 1907, la même année que Mendeleïev. Comme Kelvin, son grand œuvre était loin derrière lui, mais ses dernières années furent beaucoup moins sereines. En vieillissant, Mendeleïev devint de plus en plus excentrique et ombrageux – refusant de reconnaître l'existence de la radiation, de l'électron ou de quoi que ce soit de nouveau, sortant comme un ouragan de tous les labos et de toutes les salles de conférences d'Europe. En 1955, l'élément 101 fut baptisé mendelevium en son honneur. « De façon fort appropriée, note Paul Strathern, il s'agit d'un élément instable[27]. »

La radiation pendant ce temps poursuivait imperturbablement sa route, avec des détours auxquels nul ne s'attendait. Peu après 1900, Pierre Curie commença à ressentir des symptômes d'irradiation (la « maladie des rayons ») – notamment des douleurs dans les os et des sensations chroniques de malaise qui auraient sans doute évolué de façon négative. Nous n'en aurons jamais la certitude, car, en 1906, il fut renversé par une voiture en traversant la rue.

Marie Curie passa le reste de sa vie à travailler dans le même domaine et contribua à fonder le célèbre Institut du radium de Paris en 1914. Malgré ses deux prix Nobel, elle ne fut jamais élue à l'Académie des sciences, surtout parce que après la mort de Pierre elle eut avec un physicien marié une liaison assez affichée pour scandaliser même les Français – ou du moins les vieilles barbes qui tenaient l'Académie.

On crut longtemps qu'une chose aussi miraculeusement énergétique que la radioactivité ne pouvait être que bénéfique. Pendant des années, les fabricants de pâte dentifrice et de laxatifs mirent du thorium radioactif dans leurs produits, et à la fin des années 1920, l'hôtel Glen Springs, dans l'État de New York, vantait encore les effets thérapeutiques de ses « sources minérales radioactives[28] ». La radioactivité ne fut bannie des produits qu'en 1938[29]. C'était trop tard pour Marie Curie, morte de leucémie en 1934. La radiation est si pernicieuse et si durable qu'aujourd'hui encore ses papiers datant de 1890 – et jusqu'à ses livres de cuisine – sont jugés trop dangereux pour être manipulés. Ses livres sont conservés dans des boîtes tapissées de plomb, et ceux qui désirent les consulter doivent porter des tenues de protection[30].

Grâce au travail dévoué et aux prises de risques involontaires des premiers savants atomistes, il était clair au début du XXe siècle que la Terre avait un âge vénérable, même s'il allait falloir encore un demi-siècle pour établir précisément à quel point. La science, entre-temps, s'apprêtait à entrer dans un nouvel âge – celui de l'atome.

Troisième partie

À L'AUBE D'UN NOUVEL ÂGE

« Un physicien est la façon qu'ont des atomes de penser les atomes. »

Anonyme.

VIII

L'univers d'Einstein

Au moment où le XIXe siècle allait se refermer, les scientifiques pouvaient se dire avec satisfaction qu'ils avaient percé la plupart des mystères du monde physique : l'électricité, le magnétisme, les gaz, l'optique, l'acoustique, la cinétique, la mécanique statistique, pour n'en nommer que quelques-uns, tous s'étaient alignés en bon ordre devant eux. Ils avaient découvert les rayons X, le rayon cathodique, l'électron et la radioactivité, inventé l'ohm, le watt, le kelvin, le joule, l'ampère et le minuscule erg.

Si une chose pouvait être accélérée, oscillée, troublée, distillée, combinée, pesée ou rendue gazeuse, ils l'avaient fait, offrant du même coup au monde un corpus de lois universelles si majestueuses qu'elles nous inspirent encore un respect solennel : la théorie du champ électromagnétique de la lumière, la loi de Richter des proportions réciproques, la loi des gaz de Charles, la loi de combinaison des volumes, la loi zéro de la thermodynamique, le concept de valence, la loi d'action de masse, pour n'en citer que quelques-unes. Le monde entier retentissait des machines et des instruments que leur ingéniosité avait produits, et bien des gens avisés estimaient qu'il ne restait pas grand-chose à faire à la science.

En 1875, un jeune Allemand de Kiel nommé Max Planck se demandait s'il allait consacrer sa vie aux mathématiques ou à la physique ; on lui conseilla vivement d'oublier la physique, où tout était découvert. Le siècle à venir, lui assurait-on, serait une époque de consolidation et d'affinement, pas de révolution. Planck n'écouta rien. Il étudia la physique théorique et se lança à corps perdu dans la recherche sur l'entropie, ce processus au cœur de la thermodynamique, qui lui semblait fort prometteuse pour un jeune homme ambitieux*. En 1891, il publia ses résultats et apprit à sa grande consternation que le sujet avait déjà été traité, en l'occurrence par un chercheur discret de l'université Yale nommé J. Willard Gibbs.

Gibbs est peut-être le plus brillant de ces hommes dont personne n'a jamais entendu parler. Modeste jusqu'à l'invisibilité, il passa sa

---

* À précisément parler, il s'agit de la mesure du désordre dans un système. Darrell Ebbing, dans son manuel de chimie générale, propose une comparaison avec un paquet de cartes. Un paquet neuf, rangé par couleur et par valeur, peut être dit dans un état ordonné. Battez les cartes et elles se trouveront dans un état désordonné. L'entropie est une façon de mesurer le degré de désordre de cet état et de déterminer l'éventualité de résultats spécifiques d'autres mélanges de cartes. Bien sûr, si vous voulez voir vos observations publiées dans un journal respectable, vous devrez aussi vous familiariser avec les concepts de non-uniformité thermique et de relations stœchiométriques, mais c'est l'idée générale.

vie, à part une brève parenthèse en Europe pendant ses études, dans un quadrilatère bordé d'un côté par son foyer et de l'autre par le campus de l'université Yale. Pendant ses dix premières années à Yale, il ne se soucia même pas de réclamer un salaire (il est vrai qu'il disposait d'une fortune personnelle). De 1871, date de son intégration au corps enseignant, jusqu'à sa mort en 1903, ses cours attirèrent une moyenne légèrement supérieure à un étudiant par semestre[1]. Ses écrits étaient difficiles à suivre et utilisaient une forme personnelle de notation que beaucoup jugeaient incompréhensible, mais ces formulations ésotériques dissimulaient les aperçus les plus brillants.

Entre 1875 et 1878, Gibbs rédigea une série d'articles réunis sous le titre *On the Equilibrium of Heterogenous Substances*, qui élucidaient de façon éblouissante les principes thermodynamiques de… disons, à peu près tout : « gaz, mélanges, surfaces, solides, changements de phases […] réactions chimiques, cellules électrochimiques, sédimentation et osmose », pour citer William H. Cropper[2]. Gibbs montra que la thermodynamique ne s'appliquait pas seulement à la chaleur et à l'énergie à des échelles aussi vastes et bruyantes que la machine à vapeur, mais qu'elle était également présente et avait une influence au niveau atomique des réactions chimiques[3]. On a surnommé son ouvrage « les *Principia* de la thermodynamique[4] », mais, pour des raisons défiant la raison, Gibbs choisit de publier ces observations fondamentales dans les

Transactions of the Connecticut Academy of Art and Sciences, un journal obscur même dans le Connecticut, ce qui explique que Planck en ait entendu parler un peu tard.

Inébranlable (bon, peut-être un peu ébranlé), Planck se tourna vers d'autres questions*. Nous allons voir lesquelles dans un instant, mais faisons d'abord un bref détour par Cleveland, dans l'Ohio, et une institution alors appelée la Case School of Applied Science. Là, dans les années 1880, un physicien du nom d'Albert Michelson, assisté de son ami le chimiste Edward Morley, s'embarqua dans une série d'expériences dont les troublants résultats allaient avoir d'immenses répercussions sur la suite des événements.

Ce que firent Michelson et Morley sans le vouloir, ce fut de saper une antique croyance en une chose appelée l'éther lumineux, un support stable, invisible, sans poids et sans friction mais hélas totalement imaginaire, dont on croyait l'Univers imprégné. Conçu par Descartes, adopté par Newton et universellement vénéré depuis lors, l'éther occupait une fonction centrale dans

* Planck fut souvent malheureux dans sa vie. Sa femme bien-aimée mourut en 1909 et son plus jeune fils fut tué au cours la Première Guerre mondiale. Il avait aussi des jumelles qu'il adorait. L'une d'elles mourut en couches. L'autre jumelle vint s'occuper du bébé, épousa le mari de sa sœur et mourut en couches à son tour deux ans plus tard. En 1944, alors que Planck avait quatre-vingt-cinq ans, une bombe alliée tomba sur sa maison et il perdit tous ses documents et ses carnets. L'année suivante, son fils survivant, impliqué dans une conspiration pour assassiner Hitler, fut arrêté et exécuté.

la physique du XIXe siècle, puisqu'il servait à expliquer comment la lumière voyageait à travers le vide spatial. Il était d'autant plus nécessaire que la lumière et l'électromagnétisme étaient désormais perçus comme des ondes, c'est-à-dire des vibrations. Or les vibrations doivent se produire *dans* quelque chose – d'où l'absolue nécessité de la notion d'éther. En 1909 encore, le grand physicien britannique J. J. Thomson martelait : « L'éther n'est pas une création fantastique du philosophe spéculatif ; il est aussi essentiel pour nous que l'air que nous respirons » – et cela plus de quatre ans après qu'on eut établi de façon assez incontestable qu'il n'existait pas. En bref, les gens étaient vraiment attachés à l'éther.

La vie d'Albert Michelson est une parfaite illustration de la vision de l'Amérique du XIXe siècle comme une terre d'opportunités. Né en 1852 à la frontière germano-polonaise dans une famille de pauvres marchands juifs, il émigra aux États-Unis avec sa famille et grandit en Californie au cours de la ruée vers l'or, dans un camp de mineurs où son père tenait une petite épicerie[5]. Trop pauvre pour pouvoir se payer des études, il partit pour Washington où il traîna près de l'entrée de la Maison-Blanche afin de rencontrer le président Ulysses Grant chaque fois que celui-ci sortait pour sa promenade quotidienne (c'étaient à l'évidence des temps plus innocents). Au cours de ces balades, Michelson sut si bien s'attirer les bonnes grâces de Grant que celui-ci lui assura une place gratuite à l'académie navale. C'est là que Michelson allait apprendre sa physique.

Dix ans plus tard, devenu professeur à la Case School de Cleveland, Michelson s'efforça de mesurer ce que l'on appelait le « vent d'éther » – une sorte de vent suscité par la course des objets mouvants dans l'espace. D'après les prédictions de la physique newtonienne, la vitesse de la lumière se frayant un chemin à travers l'éther devait varier par rapport à un observateur selon que celui-ci se dirigeait vers la source de lumière ou s'en éloignait, mais personne n'avait trouvé le moyen de mesurer cette variation. Michelson raisonna que la Terre s'approche du Soleil pendant la moitié de l'année et s'en éloigne pendant l'autre moitié, de sorte qu'en prenant des mesures assez précises à des saisons opposées et en comparant le temps de voyage de la lumière entre les deux on pourrait obtenir la réponse.

Michelson pria Graham Bell, enrichi depuis peu par l'invention du téléphone, de lui fournir les fonds pour construire un ingénieux instrument de sa propre conception, l'interféromètre, capable de mesurer avec une grande précision la vitesse de la lumière. Puis, assisté du génial mais fantomatique Morley, il se lança dans des années de fastidieuses mesures. C'était un travail délicat et épuisant, qu'il fallut même suspendre pendant un moment pour laisser à Michelson le temps de s'offrir une brève mais compréhensible dépression nerveuse, mais en 1887, nos deux scientifiques avaient leurs résultats. Ils étaient fort éloignés de ce qu'ils s'attendaient à trouver.

Kip S. Thorne, astrophysicien à Caltech, a résumé la situation en ces termes : « La vitesse de la lumière se révéla la même dans *toutes* les directions et en *toutes* saisons[6]. » C'était le premier indice en deux siècles exactement que les lois de Newton pouvaient ne pas s'appliquer en tous temps et en tous lieux. Cette constatation devint, pour reprendre Cropper, « le résultat négatif sans doute le plus célèbre de l'histoire de la physique[7] ». Il valut à Michelson (premier Américain à être ainsi honoré) un prix Nobel de physique, mais vingt ans plus tard. Entre-temps, l'expérience plana désagréablement, comme une mauvaise odeur, dans les arrière-fonds des laboratoires.

En dépit de ses découvertes, à l'aube du XXe siècle Michelson était de ceux qui pensaient que le travail de la science était quasiment achevé, et qu'il ne restait à y ajouter que « deux ou trois tourelles et quelques tuiles faîtières[8] », selon les termes d'un auteur de la revue *Nature*.

En fait, le monde s'apprêtait à pousser la porte d'une science à laquelle la plupart ne comprendraient rien et dont personne ne comprendrait tout. Les scientifiques allaient bientôt se trouver entraînés dans un domaine stupéfiant de particules et d'antiparticules, où les choses naissent à l'existence et s'éteignent en des laps de temps qui font une éternité d'une nanoseconde, où tout est étrange. La science allait quitter le monde de la macrophysique, où l'on peut voir, tenir et mesurer les objets, pour celui de la microphysique, où les événements se produisent à une vitesse inimaginable et à des échelles que nous sommes incapables de nous représenter. Nous allions entrer dans l'âge des quanta, et la première personne à en franchir le seuil serait l'infortuné Max Planck.

En 1900, Planck, déjà âgé de quarante-deux ans et désormais chercheur en physique à l'université de Berlin, dévoila une nouvelle « théorie quantique » qui posait que l'énergie n'est pas une chose continue comme de l'eau qui s'écoule, mais vient en petits paquets individuels qu'il appela les quanta. C'était là un concept vraiment nouveau, et un bon. À court terme, il allait servir à résoudre le problème des expériences de Michelson et Morley en démontrant que la lumière n'est pas nécessairement une onde. À plus long terme, il allait fonder toute la physique moderne. Ce fut en tout cas le premier indice que le monde s'apprêtait à basculer.

Mais l'aube du nouvel âge surgit en 1905, quand la revue de physique allemande *Annalen der Physik* fit paraître une série d'articles d'un jeune bureaucrate suisse qui n'était pas un universitaire, n'avait pas ses entrées dans un laboratoire ni accès à une autre bibliothèque que celle du Bureau fédéral de la propriété intellectuelle de Berne, où il occupait un poste d'expert technique de troisième classe (sa demande pour passer expert de deuxième classe ayant été récemment rejetée).

Il s'appelait Albert Einstein et, en cette seule année, il soumit aux *Annalen der Physik* cinq articles, dont trois, selon C. P. Snow, « étaient parmi les plus grands de l'histoire de la physique[9] ». L'un étudiait l'effet photoélectrique à l'aide de la nouvelle théorie des quanta de Planck, un autre portait sur le comportement des petites particules en suspension (le mouvement brownien) et le troisième était une esquisse d'une théorie de la relativité restreinte.

Le premier, qui valut à son auteur un prix Nobel, expliquait la nature de la lumière (contribuant entre autres choses à rendre la télévision possible)*. Le deuxième apportait la preuve de l'existence des atomes – un fait curieusement contesté. Le troisième allait tout simplement changer le monde.

Einstein était né en 1879 à Ulm, dans le sud de l'Allemagne, mais il grandit à Munich. Rien dans son enfance ne signalait sa future grandeur. On sait qu'il ne parla pas avant l'âge de trois ans. Vers 1890, la petite usine électrochimique de son père ayant fait faillite, la famille déménagea à Milan, mais Albert alla poursuivre son éducation en Suisse – après avoir échoué une première fois

* Einstein fut honoré, de façon assez vague, « pour services rendus en physique théorique ». Il dut attendre seize ans, jusqu'en 1921, pour recevoir le prix – un temps assez long, mais rien de comparable à Frederick Reines, qui détecta le neutrino en 1957 mais dut attendre le Nobel pendant trente-huit ans, ou l'Allemand Ernst Ruska, qui inventa le microscope électronique en 1932 et reçut le Nobel en 1986, plus d'un demi-siècle plus tard. Les prix Nobel n'étant pas attribués à titre posthume, la longévité peut être pour les chercheurs un facteur aussi important que l'ingéniosité.

à ses examens d'entrée à l'université. En 1896, il abandonna la nationalité allemande pour éviter le service militaire et entra à l'Institut polytechnique de Zurich, dans un cursus de quatre ans prévu pour former à la chaîne des professeurs de sciences pour le secondaire. Il s'y montra un étudiant brillant, mais pas extraordinaire.

Il obtint son diplôme en 1900 et commença au bout de quelques mois à publier des articles dans les *Annalen der Physik*. Le tout premier, sur la physique des fluides dans les pailles, parut dans le même numéro que la théorie des quanta de Planck[10]. Entre 1902 et 1904, il rédigea une série d'articles sur la mécanique statistique avant de s'apercevoir que le discret mais productif J. Willard Gibbs, du fond de son Connecticut, avait déjà effectué le travail en 1901 dans ses *Elementary Principles of Statistical Mechanics*[11].

Entre-temps, il était tombé amoureux d'une jeune étudiante hongroise nommée Mileva Maric. En 1901, ils eurent un enfant hors mariage, une fille que l'on fit discrètement adopter. Einstein ne vit jamais cet enfant. Deux ans plus tard, il épousait Mileva. En 1902, il avait pris un emploi au Bureau des brevets suisse, où il allait rester sept ans. Son travail ne lui déplaisait pas : il était assez intéressant pour le faire réfléchir, mais pas assez pour le distraire de sa physique. C'est dans ce contexte qu'il proposa sa théorie de la relativité restreinte en 1905.

Intitulé « À propos de l'électrodynamique des corps en mouvement », c'est l'un des plus extraordinaires articles scientifiques jamais publiés, tant dans sa présentation que dans son contenu[12]. Il ne comportait ni notes ni citations, ne contenait quasiment aucune formule mathématique, ne faisait mention d'aucun travail qui l'aurait influencé ou précédé, et ne reconnaissait l'apport que d'une seule personne, Michele Besso, son collègue au Bureau des brevets. C'était, écrit C. P. Snow, comme si Einstein « était parvenu à ces conclusions par la pensée pure, sans aide, sans écouter les opinions des autres. Et dans une large mesure, c'est exactement ce qu'il avait fait[13] ».

Sa fameuse équation, $E = mc^2$, était absente de cet article : elle fit son apparition dans un court supplément qui suivit quelques mois plus tard. Comme on vous l'a sans doute appris à l'école, *E* dans cette équation représente l'énergie, *m* la masse et c^2 la vitesse de la lumière au carré.

En termes simples, cette équation dit que la masse et l'énergie ont une équivalence. Ce sont deux formes de la même chose : l'énergie est de la matière libérée ; la matière est de l'énergie en attente d'être libérée. Puisque c^2 (la vitesse de la lumière multipliée par elle-même) est un chiffre absolument énorme, ce que dit l'équation, c'est qu'il y a une énorme quantité d'énergie enfermée dans chaque chose matérielle*.

---

* Comment *c* en est venu à être le symbole de la lumière reste assez mystérieux, mais David Bodanis suggère que cela vient sans doute du latin *celeritas*, « rapidité ». Le volume correspondant de l'*Oxford English Dictionary*, compilé une décennie avant la théorie d'Einstein, indique *c* comme symbole de bien des choses, du carbone au cricket, mais ne pipe mot de la lumière ni de sa vitesse.

Sans être extrêmement robuste, si vous êtes un adulte de taille moyenne, vous contenez dans votre modeste enveloppe pas moins de 7×10^{18} joules d'énergie potentielle[14], assez pour exploser avec la force de trente grosses bombes à hydrogène – à supposer que vous sachiez comment vous y prendre et que vous teniez vraiment à tenter l'expérience. Tout objet a ce type d'énergie enfermée en lui. Le truc, c'est que nous ne sommes pas très doués pour l'en faire sortir. Même une bombe à uranium – l'objet le plus énergétique que nous sachions produire – libère à peine 1 % de l'énergie qu'elle pourrait libérer si nous étions plus malins[15].

Parmi bien d'autres choses, la théorie d'Einstein expliquait la radiation. Comment un morceau d'uranium peut-il diffuser des torrents d'énergie de forte puissance sans fondre comme un cube de glace ? En convertissant la masse en énergie de façon extrêmement efficace, façon $E = mc^2$. Cela expliquait du même coup que les étoiles puissent brûler pendant des milliards d'années sans épuiser leur carburant. À l'aide d'une simple formule, Einstein offrait soudain aux géologues et aux astronomes le luxe de milliards d'années. Mais, surtout, la théorie restreinte montrait que la vitesse de la lumière est constante et suprême. Rien ne peut la dépasser. Cela jetait une lumière crue (au sens strict) sur notre compréhension de la nature même de l'Univers. Au passage, cela résolvait aussi le problème de l'éther lumineux en démontrant qu'il n'existe pas. Einstein nous offrait un univers qui n'en avait pas besoin.

Les physiciens n'ont pas coutume de s'intéresser aux affirmations des employés du Bureau des brevets de Berne, de sorte que les articles d'Einstein passèrent à peu près inaperçus. Ayant simplement résolu quelques-uns des plus profonds mystères de l'Univers, il fit une demande pour être assistant à l'université qui fut rejetée, et pour être professeur du secondaire, également rejetée. Il poursuivit donc son boulot d'expert de troisième classe, mais continua à penser. Et il était loin d'avoir fini.

Quand le poète Paul Valéry demanda à Einstein s'il avait un carnet où il notait ses idées, celui-ci le regarda légèrement surpris : « Oh, je n'en ai pas besoin, répondit-il, j'en ai si rarement[16]. » Il va sans dire que lorsqu'il en avait une, c'était en général la bonne. La suivante fut l'une des plus grandes qu'on ait jamais eue – la plus grande selon Boorse, Motz et Weaver, trois historiens de la science atomique. « En tant que création d'un esprit unique, écrivent-ils, c'est sans doute la plus grande réussite intellectuelle de l'humanité[17] » : on ne saurait être plus élogieux.

On a souvent dit qu'en 1907 Einstein vit un ouvrier tomber d'un toit et se mit à réfléchir à la gravité. Hélas, comme quantité de bonnes histoires, celle-ci semble parfaitement apocryphe. Selon Einstein lui-même, il était tranquillement assis sur une chaise quand le problème de la gravité s'imposa à lui[18].

Ce qui s'imposa d'ailleurs fut plutôt le début d'une solution que le problème lui-même, puisque pour Einstein il tombait sous le sens dès le départ que la grande absente dans sa théorie restreinte était précisément la gravité. Ce qu'elle avait de « restreint », c'est qu'elle ne s'appliquait qu'à des objets à l'état libre. Mais que se passait-il quand un objet en mouvement – la lumière, surtout – rencontrait un obstacle tel que la gravité ? Cette question allait occuper les pensées d'Einstein pendant les dix années suivantes et aboutir à la publication en 1917 d'un article intitulé « Considérations cosmologiques sur la théorie générale de la relativité[19] ». La théorie restreinte de 1905 était certes un travail profond et important, mais comme l'a fait observer C. P. Snow, si Einstein ne l'avait pas pensée, quelqu'un d'autre l'aurait sans doute fait dans les cinq ans : l'idée était dans l'air. La théorie générale était une tout autre paire de manches. « Sans Einstein, écrivait Snow en 1979, nous serions sans doute encore en train d'attendre la théorie à l'heure qu'il est[20]. »

Avec sa pipe, son air de cordialité effacée et ses cheveux en bataille, Einstein était une figure trop magnifique pour rester éternellement dans l'ombre ; en 1919, une fois la guerre terminée, le monde le découvrit subitement. Presque aussitôt, ses théories de la relativité acquirent la réputation d'être impossibles à comprendre pour les gens ordinaires. Et les choses ne s'arrangèrent pas, note David Bodanis dans son excellent livre $E = mc^2$, quand le *New York Times*, ayant résolu d'y voir un peu plus clair, envoya, pour des raisons qui défient l'imagination, son spécialiste du golf, Henry Crouch, réaliser un entretien avec Einstein.

Crouch, totalement dépassé, comprit à peu près tout de travers[21]. Entre autres erreurs qui se sont révélées avoir la peau dure, il soutenait qu'Einstein avait trouvé un éditeur assez bon pour publier un livre que « douze personnes au monde tout au plus pouvaient comprendre ». Il n'y avait pas de livre, pas d'éditeur, et pas un seul de ces douze génies, mais l'idée prit dans le public. Le nombre de gens susceptibles de comprendre la relativité ne tarda pas à se réduire encore dans l'imagination populaire – et la communauté scientifique ne fit rien, faut-il le préciser, pour dissiper ce mythe.

Quand un journaliste demanda à l'astronome anglais sir Arthur Eddington s'il était vrai qu'il était l'une des trois personnes au monde capables de comprendre les théories d'Einstein, il réfléchit longuement avant de répondre : « J'essaie d'imaginer qui peut bien être la troisième[22]. » En fait, le problème de la relativité n'était pas qu'elle impliquait de nombreuses équations différentielles, des transformations de Lorentz et d'autres mathématiques complexes – même si c'est vrai, au point qu'Einstein lui-même dut se faire aider dans ses calculs ; le vrai problème, c'est qu'elle était trop contraire au bon sens.

En essence, la relativité affirme que l'espace et le temps ne sont pas absolus, mais relatifs, tant pour l'observateur que pour la chose observée, et que plus vite on se déplace, plus ces effets s'accentuent[23]. Nous ne pouvons jamais nous accélérer à la vitesse de la lumière ; plus nous essayons (et plus nous allons vite), plus nous nous déformons par rapport à un observateur extérieur.

Aussitôt, tous les vulgarisateurs scientifiques s'efforcèrent de trouver un moyen de rendre ces concepts accessibles au commun des mortels. L'une des tentatives les plus réussies – du moins sur le plan commercial – fut l'*ABC de la relativité* par le mathématicien et philosophe Bertrand Russell. Il avait recours à l'image du train, maintes fois reprise depuis. Il demandait au lecteur d'imaginer un train de 100 mètres de long se déplaçant à 60 % de la vitesse de la lumière. Pour un observateur qui le regarderait passer debout sur le quai, le train semblerait avoir 8 mètres de long et tout ce qu'il contient paraîtrait tout aussi comprimé. Si nous pouvions entendre ses passagers, leurs voix nous parviendraient lentes et inarticulées, comme un disque passant à la mauvaise vitesse, et leurs mouvements nous sembleraient non moins ralentis. Même les pendules du train auraient l'air d'avancer à 4/5 de leur vitesse normale.

Mais le point important, c'est qu'à l'intérieur du train les gens n'auraient aucune sensation de distortion. Pour eux, tout semblerait parfaitement normal. C'est nous, sur le quai, qui leur apparaîtrions étrangement comprimés et ralentis. Tout cela, voyez-vous, tient à votre position par rapport à l'objet en mouvement.

Cet effet se fait sentir chaque fois que vous vous déplacez. Survolez les États-Unis, et vous sortirez de l'avion 1/15 millionième de seconde plus jeune que ceux qui sont restés derrière vous. Même en marchant à travers la pièce, vous allez modifier très légèrement votre rapport à l'espace et au temps. On a calculé qu'une balle de base-ball lancée à 160 km/h gagnera 0,000000000002 grammes de masse avant d'arriver à sa base[24]. Les effets de la relativité sont donc réels et ont bien été mesurés. Le problème, c'est que ces modifications sont trop minimes pour que nous puissions les détecter. Mais pour d'autres objets dans l'Univers – la lumière, la gravité et l'Univers lui-même –, il s'agit de différences de taille.

Si les idées de la relativité nous semblent à ce point bizarres, c'est donc parce que nous ne pouvons en ressentir les effets dans la vie courante. Pourtant, nous dit encore Bodanis, nous sommes tous couramment confrontés à d'autres types de relativité – par exemple avec le son[25]. Si vous êtes dans un parc et que quelqu'un écoute une musique qui vous gêne, vous savez qu'en vous éloignant la musique vous semblera moins forte – non pas bien sûr parce qu'elle l'est réellement, mais parce que votre position par rapport à elle a changé. Un animal trop petit ou trop lent pour faire la même expérience – un escargot, disons – pourrait trouver invraisemblable qu'un lecteur de CD semble émettre simultanément deux volumes différents pour deux observateurs éloignés.

De tous les concepts de la théorie générale de

la relativité, le plus difficile à saisir pour nous est celui que le temps fait partie de l'espace. Notre instinct nous dit que le temps est éternel, absolu, immuable – que rien ne peut troubler son écoulement régulier. Or, selon Einstein, le temps est variable et toujours changeant. Il a même une forme. Il est lié – « dans une trame inextricable », selon l'expression de Hawking – aux trois dimensions de l'espace dans une dimension bizarre appelée l'espace-temps.

On explique en général l'espace-temps en vous demandant d'imaginer quelque chose de plat et de mou – un matelas, par exemple, ou une mince feuille de caoutchouc – sur lequel repose un objet rond et lourd comme une bille de fer. Le poids de la bille fait légèrement s'étirer et s'affaisser le matériau. Cet effet est à peu près analogue à celui qu'a un objet massif comme le Soleil (la bille de fer) sur l'espace-temps (le matériau) : il l'étire, le courbe et le déforme. Maintenant, si vous faites rouler une bille plus petite le long de la feuille, elle cherche à aller en droite ligne comme l'exigent les lois du mouvement de Newton, mais à mesure qu'elle s'approche de l'objet massif et de l'inclinaison qu'il impose à la feuille, elle roule vers le bas, inéluctablement attirée vers l'objet plus massif. Voilà donc ce qu'est la gravité : le résultat de la courbure de l'espace-temps.

Tout objet doté d'une masse crée une petite dépression dans le tissu du cosmos. L'Univers, dit Dennis Overbye, est en somme « le meilleur des matelas mous[26] ». De ce point de vue, la gravité n'est plus tant une chose qu'un résultat – « non une "force", mais un produit de l'affaissement de l'espace-temps », explique le physicien Michio Kaku, qui poursuit ainsi : « En un certain sens, la gravité n'existe pas ; ce qui fait bouger les planètes et les étoiles est la distortion de l'espace et du temps[27]. »

Certes, l'analogie du matelas mou ne peut pas nous mener plus loin, parce qu'elle n'intègre pas l'effet du temps. Mais notre cerveau lui-même a bien du mal à nous emmener plus loin, parce qu'il lui est à peu près impossible de se représenter une dimension comprenant trois portions d'espace et une portion de temps, entrecroisées comme les fils d'un tissu. Quoi qu'il en soit, chacun s'accorde à reconnaître qu'il s'agissait d'une pensée immense pour un jeune homme regardant par la fenêtre d'un bureau des brevets dans la capitale suisse.

Entre autres choses, la théorie générale de la relativité d'Einstein suggérait que l'Univers devait être soit en expansion, soit en contraction. Mais Einstein n'était pas cosmologue et il acceptait l'idée convenue d'un univers fixe et éternel. De façon plus ou moins réfléchie, il introduisit dans ses équations ce qu'il appela la « constante cosmologique », destinée à contrebalancer arbitrairement les effets de la gravité, une sorte de bouton « pause » mathématique. Les manuels d'histoire des sciences ne lui ont toujours pas pardonné ce faux pas, mais Einstein était le premier à savoir qu'il faisait là de la très mauvaise science. Il l'appela plus tard « la plus grosse bourde de toute ma vie ».

Au moment où Einstein ajoutait une constante cosmologique à sa théorie, à l'observatoire Lowell en Arizona, un astronome au nom joyeusement intergalactique, Vesto Slipher, effectuait des lectures spectographiques d'étoiles lointaines et découvrait qu'elles semblaient s'éloigner de nous. L'Univers n'était pas statique. Les étoiles qu'observait Slipher montraient des signes indéniables d'un effet Doppler* – ce mécanisme responsable du bruit caractéristique que font les voitures en passant à toute allure devant nous. Ce phénomène s'applique aussi à la lumière et, dans le cas des galaxies, on l'appelle le décalage vers le rouge. En effet, en s'éloignant de nous, la lumière se déplace vers la partie rouge du spectre ; en s'approchant, elle se déplace vers le bleu.

Slipher fut le premier à remarquer cet effet sur la lumière et à saisir son importance pour notre compréhension des mouvements au sein du

* Du nom de Johann Christian Doppler, physicien autrichien, qui fut le premier à remarquer cet effet en 1842. En bref, à mesure qu'un objet en mouvement s'approche d'un objet immobile, ses ondes sonores viennent s'entasser contre tout dispositif qui les reçoit (nos oreilles, par exemple), comme on peut l'attendre de tout objet propulsé par l'arrière en direction d'un objet stationnaire. Cet entassement est perçu par l'auditeur comme une sorte de son aigu *(nnyiiii)*. À mesure que la source sonore s'éloigne, les ondes sonores se relâchent et s'allongent, provoquant une brusque chute de niveau *(niooouuum)*.

cosmos. Hélas, personne ne s'intéressa à lui. Comme vous vous le rappelez peut-être, l'observatoire Lowell n'était pas en odeur de sainteté du fait de l'obsession de Percival Lowell pour les canaux des Martiens, ce qui faisait de lui en 1910 un lointain avant-poste de l'astronomie. Slipher ne connaissait pas la théorie de la relativité d'Einstein, et le monde ne connaissait pas Slipher, de sorte que sa découverte n'eut aucun impact.

La gloire allait passer en revanche à un gros tas d'ego nommé Edwin Hubble. Né en 1889, dix ans après Einstein, dans une petite ville du Missouri, il grandit à Wheaton, une banlieue de Chicago. Son père, cadre supérieur d'une société d'assurances, assurait à sa famille une vie confortable, et Edwin fut en outre comblé d'une abondance de dons physiques[28]. C'était un athlète accompli, charmant, vif d'esprit et extrêmement beau – « presque jusqu'à la faute », dit William Cropper, « un Adonis » selon un autre admirateur. À l'en croire, il s'était illustré dans divers exploits – sauvant des nageurs en détresse, ramenant des hommes terrifiés à travers les champs de bataille en France, embarrassant des champions de boxe en les laissant sur le carreau au cours de rencontres amicales. Cela semblait trop beau pour être vrai – et ça l'était en effet. Car, avec tous ses dons, Hubble était un incorrigible menteur.

C'était d'ailleurs assez curieux, car Hubble était vraiment né avec une cuiller en argent dans la bouche. En 1906, au cours d'une seule rencontre sportive interuniversitaire, il rafla la médaille du saut à la perche, du lancer du poids, du disque et du marteau, et du saut en hauteur ; il fit partie de l'équipe de relais victorieuse et arriva troisième au saut en longueur[29]. La même année, il établit le record de saut en hauteur de l'Illinois.

Il se montra tout aussi brillant dans ses études et n'eut aucun mal à être admis en physique et astronomie à l'université de Chicago (dont le chef du département se trouvait être Albert Michelson). Il fut aussi choisi pour être l'un des premiers étudiants envoyés à Oxford. Trois années de vie britannique lui tournèrent visiblement la tête, car il revint à Wheaton en 1913 vêtu d'une cape à la Sherlock Holmes, fumant la pipe, et doté d'un curieux accent d'inspiration britannique qu'il devait conserver toute sa vie. Bien qu'il prétendît ensuite avoir passé dix ans à pratiquer le droit dans le Kentucky, il fut en fait professeur de collège et entraîneur de basket-ball à New Albany, dans l'Indiana, avant de passer sur le tard son doctorat et de faire un bref passage dans l'armée. (Ayant débarqué en France un mois avant l'armistice, il est probable qu'il n'entendit jamais un coup de feu.)

En 1919, à l'âge de trente ans, il partit prendre un poste à l'observatoire du Mont Wilson, près de Los Angeles. Très vite, de façon fort inattendue, il devint l'un des premiers astronomes du XXe siècle.

Arrêtons-nous un instant sur ce que l'on savait du cosmos à l'époque. Les astronomes estiment aujourd'hui qu'il y a peut-être 140 milliards de galaxies dans l'Univers visible. C'est un nombre énorme, bien plus grand encore qu'il n'en donne l'impression. Si les galaxies étaient des petits pois congelés, il y en aurait suffisamment pour remplir une vaste salle de concerts – le vieux Boston Garden, ou le Royal Albert Hall (un astrophysicien, Bruce Gregory, a fait le calcul). En 1919, quand Hubble posa son œil pour la première fois sur l'oculaire, le nombre de galaxies connues se montait exactement à un : la Voie lactée. On pensait que tout le reste était soit une partie de la Voie lactée, soit l'un des nuages de gaz de sa lointaine périphérie. Hubble ne tarda pas à démontrer toute la fausseté de cette croyance.

Au cours des dix années suivantes, Hubble s'attaqua à deux des questions les plus fondamentales de l'Univers : son âge et sa dimension. Pour y répondre, il faut connaître deux choses : la distance à laquelle se trouvent certaines galaxies et la vitesse à laquelle elles s'éloignent de nous (ce que l'on appelle leur vitesse de récession). Le décalage vers le rouge nous donne la vitesse d'éloignement des galaxies, mais ne nous dit pas à quelle distance elles se trouvent au départ. Pour cela, il faut ce que l'on appelle des « bougies standards » – des étoiles dont on peut calculer la brillance de façon fiable et qui servent ainsi de points de référence pour mesurer la brillance (et donc les distances relatives) des autres étoiles.

La chance de Hubble fut d'arriver peu après qu'une femme ingénieuse nommée Henrietta

Swan Leavitt eut trouvé ces « bougies standards ». Leavitt occupait à l'observatoire de Harvard un poste de calculatrice, comme on les nommait à l'époque. Les calculatrices passaient leur temps à étudier des photographies d'étoiles et à accomplir des calculs. Ce n'était guère qu'une parfaite corvée sous un autre nom, mais c'était toute l'astronomie accessible aux femmes à Harvard – comme partout ailleurs à cette époque. Ce système, si injuste fût-il, offrait des avantages inattendus : la moitié des esprits les plus fins étant occupés à un travail qui aurait autrement attiré peu d'attention, les femmes finissaient par avoir une appréciation de la structure fine du cosmos qui échappait souvent à leurs homologues masculins.

Une autre calculatrice d'Harvard, Annie Jump Cannon, profita de sa fréquentation assidue des étoiles pour mettre au point un système de classification stellaire si pratique qu'il est encore en usage aujourd'hui[30]. Mais sa contribution fut plus profonde encore. Elle remarqua qu'un type d'étoile appelé une céphéide pulsante (de la constellation de Céphée, où elle a été identifiée pour la première fois) palpitait à un rythme régulier – une sorte de battement de cœur stellaire. Les céphéides sont fort rares, mais il en est au moins une que nous connaissons fort bien. L'étoile Polaire, Polaris, est une céphéide.

Nous savons maintenant que les céphéides palpitent ainsi parce que ce sont de vieilles étoiles qui ont dépassé leur « phase de séquence principale », selon les termes des astronomes, et sont devenues des géantes rouges[31]. La chimie des géantes rouges est un peu pesante pour nous (elle exige entre autres de connaître les propriétés des atomes d'hélium au coefficient d'ionisation de un), mais pour le dire simplement, elles brûlent le carburant qui leur reste en clignotant à un rythme visible et très fiable. Le génie de Leavitt fut de comprendre qu'en comparant les magnitudes relatives des céphéides en des points différents du ciel on pouvait trouver leurs distances respectives. Elles pouvaient servir de « bougies standards » – terme inventé par elle et encore d'un usage universel[32]. La méthode n'offrait que des distances relatives, pas absolues, mais même ainsi, c'était la première fois que l'on disposait d'une façon fiable de mesurer l'immensité de l'Univers.

(À titre de comparaison, notons au passage qu'au moment où Leavitt et Cannon inféraient des propriétés fondamentales du cosmos à partir de faibles traces sur des plaques photographiques l'astronome d'Harvard William H. Pickering, qui avait accès à un télescope de première classe chaque fois qu'il le désirait, développait sa propre théorie fondatrice selon laquelle les taches sombres de la Lune étaient dues à des essaims d'insectes migrateurs[33].)

En combinant le point de référence cosmique avec les décalages vers le rouge de Vesto Slipher, Edwin Hubble put commencer à mesurer des points donnés de l'espace avec un œil neuf. En 1923, il montra qu'un nuage arachnéen éloigné de la constellation d'Andromède, notée M31, n'était nullement un nuage gazeux mais un flamboiement d'étoiles, une galaxie de plein droit, d'une dimension de 100 000 années-lumière et située à 900 000 années-lumières de nous[34]. L'Univers était infiniment plus vaste qu'on ne l'avait jamais supposé. En 1924, il publia un article historique, « Cepheids in Spiral Nebulae » (*nebulae*, du latin pour « nuages », était son mot pour les galaxies), montrant que l'Univers n'était pas constitué de la seule Voie lactée mais de nombreuses galaxies indépendantes – des « univers-îles » – dont beaucoup étaient plus vastes que la Voie lactée.

Cette découverte à elle seule aurait assuré la réputation de Hubble, mais il s'attaqua ensuite au problème de la dimension exacte de l'Univers, et fit une découverte plus frappante encore. Il entreprit de mesurer les spectres des galaxies éloignées – le travail qu'avait entamé Slipher en Arizona. À l'aide du nouveau télescope Hooker de 25 mètres du Mont Wilson, et de quelques inférences astucieuses, il découvrit que toutes les galaxies (sauf la nôtre) s'éloignent de nous. En outre, leur vitesse et leur distance étaient nettement proportionnelles : plus la galaxie était lointaine, plus vite elle s'éloignait.

C'était proprement stupéfiant. L'Univers était en expansion rapide dans toutes les directions. Il ne fallait pas beaucoup d'imagination pour lire les choses à rebours et comprendre qu'il avait dû démarrer d'un point central. Loin d'être le vide stable, fixe et éternel que chacun avait toujours supposé, cet univers avait un commencement. Il pouvait donc en conséquence avoir aussi une fin.

L'extraordinaire, comme l'a noté Stephen Hawking, c'est que personne n'ait eu auparavant l'idée d'un univers en expansion[35]. Un univers statique, comme il aurait dû apparaître évident à Newton et à tout astronome intelligent depuis, se serait effondré sur lui-même. En outre, si les étoiles avaient brûlé indéfiniment dans un univers statique, elles l'auraient rendu intolérablement chaud – du moins pour des gens comme nous. Un univers en expansion résolvait ces deux problèmes d'un seul coup.

Hubble étant bien meilleur observateur que penseur, il ne prit pas tout de suite la pleine mesure de ses découvertes – notamment parce qu'il ignorait tout de la théorie générale de la relativité d'Einstein. C'est là un fait assez remarquable, car Einstein et sa théorie étaient désormais mondialement connus. En outre, en 1929, Albert Michelson – qui, malgré son âge, gardait toute sa vivacité d'esprit – avait accepté un poste au Mont Wilson pour y mesurer la vitesse de la lumière avec son interféromètre. Il est donc permis de penser qu'il avait mentionné à son ancien élève les applications de la théorie d'Einstein à ses propres travaux.

En tout cas, Einstein laissa échapper l'occasion théorique quand elle se présenta. Il revint donc au prêtre belge Georges Lemaître (qui avait passé une thèse du MIT) de rassembler les deux tendances dans sa propre « théorie du feu d'artifice », qui suggérait que l'Univers avait débuté comme un point géométrique, un « atome primitif » qui avait glorieusement explosé et n'avait cessé de s'amplifier depuis. Cette idée anticipait la conception moderne du big bang, mais elle était si en avance sur son temps que les manuels ne consacrent guère à Lemaître que les deux lignes qui lui sont accordées ici. Le monde devrait attendre quelques décennies, et la découverte accidentelle du rayonnement cosmique fossile par Penzias et Wilson avec leur antenne sifflante du New Jersey, pour que le big bang passe du statut de théorie intéressante à celui de théorie établie.

Ni Hubble ni Einstein n'allait jouer un rôle important dans cette grande histoire. Nul ne l'aurait deviné à l'époque, mais les deux hommes avaient réalisé tout ce qu'ils produiraient jamais.

En 1936, Hubble publia un livre de vulgarisation intitulé *The Realm of the Nebulae*, expliquant de façon flatteuse ses remarquables découvertes[36]. Il y démontrait qu'il s'était enfin familiarisé avec la théorie d'Einstein – du moins jusqu'à un certain point : il lui accordait quatre pages sur un total de deux cents.

Hubble mourut d'une crise cardiaque en 1953. Une dernière bizarrerie l'attendait. Pour des raisons entourées de mystère, sa veuve refusa de lui organiser des funérailles et ne révéla jamais ce qu'elle avait fait du corps. Un demi-siècle plus tard, on ignore toujours le domicile posthume du plus grand astronome du siècle[37]. Pour lui rendre hommage, le mieux est encore de contempler le ciel, où voyage le télescope spatial Hubble, lancé en 1990.

IX

L'atome tout-puissant

Pendant que Einstein et Hubble s'activaient à démêler la structure du cosmos, d'autres se démenaient pour comprendre quelque chose de plus proche mais, à sa façon, de tout aussi éloigné : le minuscule et mystérieux atome.

Richard Feynman, le grand physicien de Caltech, fit observer un jour que si l'on devait réduire l'histoire scientifique à une seule affirmation fondamentale, ce serait : « Tout est formé d'atomes[1]. » Ils sont partout et constituent toute chose. Regardez autour de vous : tout n'est qu'atomes. Pas seulement les choses solides comme les murs, les tables ou les canapés, mais l'air qui les sépare. Et ce en une quantité que vous ne pouvez absolument pas vous représenter.

Les atomes sont organisés en molécules (du latin « petite masse »). Une molécule est constituée de deux atomes ou plus qui fonctionnent ensemble dans un arrangement plus ou moins stable : ajoutez deux atomes d'hydrogène à un atome d'oxygène et vous obtiendrez une molécule d'eau. Les chimistes tendent à penser en molécules plutôt qu'en éléments, de même que les écrivains pensent en mots et non en lettres. Ce sont donc les molécules qui comptent, et le moins qu'on puisse dire, c'est qu'elles sont nombreuses. Au niveau de la mer, à une température de 2 degrés, un centimètre cube d'air (soit l'espace occupé par un demi-morceau de sucre) en contient 45 milliards de milliards[2]. Et chaque bout de sucre que vous rencontrez en contient le même nombre. Pensez au nombre de centimètres cubes que contient le paysage qui s'offre à vos yeux depuis votre fenêtre, et imaginez combien il faudrait de morceaux de sucre pour le remplir. Maintenant, imaginez la quantité qu'il en faudrait pour construire un univers. Les atomes, en bref, sont innombrables.

Ils sont aussi remarquablement durables, et cette longévité leur permet de se faufiler absolument partout. Chacun de vos atomes est probablement passé par plusieurs étoiles et a fait partie de millions d'organismes avant d'arriver jusqu'à vous. Nous sommes si chargés atomiquement et si vigoureusement recyclés à notre mort qu'un nombre significatif de nos atomes – jusqu'à un milliard pour chacun de nous, selon certains – a sans doute appartenu un jour à Shakespeare[3]. Un autre milliard nous est venu respectivement de Bouddha, Gengis Khan et Beethoven, ou toute autre figure historique de votre choix. (Il faut, semble-t-il, des personnages assez éloignés dans l'Histoire, car les atomes mettent quelques décennies à se redistribuer ; si fort que vous le désiriez, vous n'êtes pas encore recyclé en Elvis Presley.)

Nous sommes donc tous des réincarnations, mais très brèves. À notre mort, nos atomes vont se désassembler et chercher ailleurs de nouveaux usages – faire partie d'un autre être humain ou d'une goutte de rosée. Car les atomes, eux, sont pratiquement éternels[4]. Nul ne sait combien de temps peut survivre un atome, mais Martin Reeves avance une estimation de l'ordre de 10^{35} années – un si grand nombre que, même moi, j'apprécie de pouvoir l'écrire en exposant.

Enfin et surtout, les atomes sont minuscules – plus que minuscules. Une rangée d'un demi-million d'entre eux pourrait se dissimuler derrière un cheveu humain. Percevoir une telle échelle est hors de nos capacités, mais nous ne risquons rien à essayer.

Commençons par un millimètre, qui est une ligne de cette longueur : -. À présent, imaginons cette ligne divisée en mille sections égales. Chacune de ces sections est un micron. C'est l'échelle des micro-organismes. Une paramécie typique, par exemple, mesure à peu près 2 microns, soit 0,002 millimètre, ce qui est fort petit. Si vous vouliez voir à l'œil nu une paramécie nageant dans une goutte d'eau, il vous faudrait agrandir la goutte à un diamètre d'une dizaine de mètres[5]. Mais si vous voulicz voir les atomes de cette même goutte, il vous faudrait l'élargir à un diamètre de 25 km.

En clair, l'échelle atomique est d'un tout autre ordre que le monde macrophysique. Pour y atteindre, il faut prendre une de nos tranches de micron et la diviser en dix mille sections. Telle est l'échelle de l'atome : un dix-millionième de millimètre. Si ce degré de petitesse dépasse notre capacité d'imagination, nous pouvons avoir une idée des proportions en nous disant qu'un atome est à la ligne d'un millimètre ce que l'épaisseur d'une feuille de papier est à la hauteur de l'Empire State Building.

C'est donc l'abondance et l'extrême durabilité des atomes qui les rendent si utiles, et leur petitesse qui les rend si difficiles à détecter et à comprendre. Le premier à saisir que les atomes sont à la fois petits, nombreux, à peu près indestructibles et qu'ils constituent toute chose ne fut pas Antoine Laurent Lavoisier, comme on pourrait le croire, ni même Henry Cavendish ou Humphry Davy, mais un quaker anglais discret et peu éduqué nommé John Dalton, que nous avons déjà rencontré dans le chapitre sur la chimie.

Dalton était né en 1766 à la limite du Lake District, près de Cockermouth, dans une famille de pauvres tisserands très religieux (quatre ans plus tard, le poète William Wordsworth viendrait à son tour au monde à Cockermouth). Il se montra un élève si brillant qu'à l'âge improbable de douze ans il fut chargé de l'école locale des quakers. À ceux qui soupçonneraient que cela en dit plus long sur le niveau de l'école que sur la précocité du jeune Dalton, précisons que, d'après son journal, il lisait à l'époque les *Principia* de Newton dans le latin original, ainsi que d'autres ouvrages tout aussi déconcertants. À quinze ans, il alla travailler dans la ville de Kendal, et dix ans plus tard partit pour Manchester, dont il ne bougea plus pendant un demi-siècle. Il y vécut dans une fièvre intellectuelle constante, écrivant des livres et des articles sur une gamme de sujets allant de la météorologie à la grammaire. L'incapacité à distinguer les couleurs fut longtemps nommée daltonisme à cause de lui. Mais ce fut un gros bouquin intitulé *A New System of Chemical Philosophy*, publié en 1808, qui établit sa réputation.

Là, dans un court chapitre de cinq pages (sur un livre qui en comptait neuf cents), les gens éduqués rencontrèrent pour la première fois les atomes sous une forme proche de leur conception moderne. Dalton y exprimait cette idée simple que le fondement de toute la matière consiste en particules irréductibles et extrêmement petites. « Il nous serait plus facile d'introduire une nouvelle planète dans le système solaire ou d'en annihiler une que de créer ou de détruire une particule d'hydrogène[6] », écrivait-il.

Ni l'idée des atomes ni le terme lui-même n'étaient exactement nouveaux, puisque les Grecs les avaient inventés des siècles auparavant. La contribution de Dalton porta sur la taille et le caractère relatif de ces atomes, et sur leur façon de s'agglutiner. Sachant, par exemple, que l'hydrogène est l'élément le plus léger, il lui attribua un poids atomique de 1. Il croyait que l'eau consistait en sept parts d'oxygène pour une part d'hydrogène, et il attribua donc à l'oxygène un poids atomique de 7. Il parvint ainsi à déterminer les poids relatifs des éléments connus. Il n'était pas toujours extrêmement précis – l'oxygène a en fait un poids atomique de 16, pas de 7 –, mais le principe était solide, et il allait former la base de toute la chimie moderne et d'une grande part du reste de la science moderne.

Cet ouvrage rendit Dalton célèbre, mais dans la discrétion, comme il convient à un quaker anglais. En 1826, le chimiste français P.-J. Pelletier fit le voyage à Manchester pour rencontrer le héros de l'atome[7]. Pelletier, qui s'attendait à rencontrer un homme attaché à une grande institution, fut stupéfait de le trouver en train d'enseigner l'arithmétique élémentaire aux garçons d'une petite école de quartier. D'après l'historien des sciences E. J. Holmyard, un Pelletier confus balbutia en s'adressant au grand homme : « Est-ce que j'ai l'honneur de m'adresser à monsieur Dalton* ? », sidéré de voir un chimiste de réputation mondiale enseigner à des gamins leur table de multiplication. « Oui, répondit le quaker sans se démonter. Voudriez-vous vous asseoir une minute, le temps que je corrige l'arithmétique de ce jeune homme[8] ? »

Dalton eut beau veiller à éviter les honneurs, il fut élu à la Royal Society contre son gré, couvert de médailles et doté d'une jolie pension du gouvernement. À sa mort en 1844, ses funérailles furent suivies par 40 000 personnes, formant un cortège qui s'étendit sur 3 km[9]. L'article que lui consacre le *Dictionary of National Biography* est l'un des plus longs, ne rivalisant qu'avec ceux de Darwin et Lyell parmi les savants du XIXe siècle.

* En français dans le texte.

Pendant un siècle encore, la proposition de Dalton demeura entièrement hypothétique, et quelques éminents scientifiques – dont le physicien viennois Ernst Mach, qui a donné son nom à la vitesse du son – persistèrent à douter de l'existence même des atomes[10]. « Les atomes ne peuvent être perçus par les sens [...] ce sont des choses de la pensée », écrivait-il. On a dit que ce rejet des atomes, dans le monde germanophone notamment, aurait joué un rôle dans le suicide en 1906 du grand physicien et partisan enthousiaste de l'atome Ludwig Boltzmann[11].

Ce fut Einstein qui allait fournir la première preuve irréfutable de l'existence des atomes avec son article sur le mouvement brownien en 1905 ; mais l'article n'attira guère l'attention, et son auteur allait bientôt s'absorber entièrement dans ses travaux sur la relativité générale. Le premier véritable héros de l'âge atomique, malgré son entrée tardive sur la scène, fut donc Ernest Rutherford.

Rutherford était né en 1871 au fin fond de la Nouvelle-Zélande, de parents qui avaient émigré d'Écosse pour faire pousser un peu de lin et beaucoup d'enfants (pour paraphraser Steven Weinberg)[12]. Élevé dans une région reculée d'un pays reculé, il était aussi loin qu'on peut l'être de la chaleur des débats scientifiques, mais, en 1895, il obtint une bourse qui le mena au laboratoire Cavendish de Cambridge, qui s'apprêtait à devenir *le* point chaud du monde de la physique.

Les physiciens affichent un dédain notoire pour les scientifiques des autres domaines. Quand l'épouse du grand physicien autrichien Wolfgang Pauli le quitta pour un chimiste, il en resta comme deux ronds de flan. « Elle aurait pris un toréador, j'aurais compris, confia-t-il à un ami. Mais un *chimiste*[13]... »

C'était un sentiment qu'aurait partagé Rutherford. « Toute science qui n'est pas de la physique ressortit à une collection de timbres[14] », déclara-t-il un jour dans une phrase restée célèbre. Aussi n'est-ce pas une mince ironie qu'il ait obtenu le prix Nobel en 1908 non en physique, mais précisément en chimie.

Rutherford était un homme chanceux – d'être un génie, certes, mais plus encore de vivre à une époque où la physique et la chimie étaient à la fois si enthousiasmantes et si compatibles (quoi qu'il pût en penser). Jamais plus elles n'entretiendraient de rapports aussi intimes.

Malgré tous ses succès, Rutherford n'était pas particulièrement brillant, et il était même assez mauvais en mathématiques. Souvent, au cours de ses conférences, il s'embrouillait si bien dans ses équations qu'il les laissait tomber en plein milieu en disant à ses étudiants de terminer le travail eux-mêmes[15]. À en croire son collègue James Chadwick, qui découvrit le neutron, il n'était même pas vraiment doué pour l'expérimentation. Il était simplement tenace et avait l'esprit ouvert. À la brillance il substituait l'astuce et l'audace. Son esprit, selon l'un de ses biographes, « était toujours tourné vers les limites, aussi loin qu'il pouvait voir, et il voyait plus loin que la plupart des gens[16] ». Confronté à un problème insoluble, il était prêt à s'y atteler avec plus d'obstination que les autres, tout en se montrant plus réceptif aux explications hétérodoxes. Il dut son plus grand succès aux heures d'un ennui mortel qu'il avait passées assis devant un écran, à compter les scintillations des particules alpha – le genre de travail que l'on confiait normalement à des subalternes. Il fut sans doute le premier à voir que la puissance inhérente à l'atome, une fois maîtrisée, pouvait donner des bombes assez puissantes pour « faire partir ce vieux monde en fumée[17] ».

Rutherford était grand et tonitruant, avec une voix qui faisait trembler les timides. L'un de ses collègues, apprenant qu'il allait participer à une émission de radio outre-Atlantique, demanda sèchement : « Mais pourquoi utiliser la radio[18] ? » Il avait aussi beaucoup d'assurance. À un admirateur lui disant qu'il semblait toujours à la crête de la vague, il répondit : « Eh bien, c'est moi qui ai fait la vague, pas vrai ? » C. P. Snow raconte qu'un jour à Cambridge, dans la boutique d'un tailleur, il entendit Rutherford déclarer : « Je m'élargis tous les jours – en tour de taille comme en esprit[19]. »

Mais tant son tour de taille que sa renommée étaient encore fort minces en 1895 quand il débarqua au laboratoire Cavendish*, dans une

---

* Ce nom vient des mêmes Cavendish qui ont donné Henry. Le Cavendish en question était William Cavendish,

période particulièrement riche en événements scientifiques. Cette année-là, Wilhelm Roentgen découvrait les rayons X à l'université de Würzburg en Allemagne, et l'année suivante, Henri Becquerel découvrait la radioactivité. Le labo Cavendish lui-même entrait dans son époque de grandeur. En 1897, J. J. Thomson et ses collègues allaient y découvrir l'électron, en 1911, C. T. R. Wilson allait y inventer le premier détecteur de particules (comme nous le verrons) et, en 1932, James Chadwick y découvrirait le neutron. C'est là encore que James Watson et Francis Crick devaient découvrir la structure de l'ADN en 1953.

Au début, Rutherford travailla sur les ondes radio, non sans succès. Il parvint à transmettre un signal clair sur 1,5 km, résultat fort honorable pour l'époque, avant de laisser tomber quand un collègue plus âgé l'eut convaincu que la radio n'avait pas d'avenir[20]. Mais dans l'ensemble, il ne réussit guère au labo Cavendish. Au bout de trois ans, estimant qu'il n'allait nulle part, il prit un poste à l'université McGill de Montréal, où il entama cette fois une longue et régulière ascension. À l'époque où il reçut le prix Nobel (pour « des recherches sur la désintégration des éléments, et la chimie des substances radioactives », selon la citation officielle), il était

septième duc du Devonshire, mathématicien brillant et baron de l'acier dans l'Angleterre victorienne. En 1870, il fit don de 6 300 livres à l'université pour construire un laboratoire expérimental.

parti à l'université de Manchester, où il allait accomplir son grand œuvre en déterminant la structure et la nature de l'atome.

Au début du XXe siècle, on savait que les atomes étaient constitués de particules – ce qu'avait établi Thomson en découvrant l'électron –, mais on ignorait combien il y en avait, comment elles tenaient ensemble et quelle forme elles prenaient. Certains physiciens pensaient que les atomes étaient cubiques, parce que les cubes peuvent s'empiler bien nettement sans perte d'espace[21]. Mais la vision la plus générale présentait plutôt l'atome comme un pain aux raisins : un objet dense et solide doté d'une charge positive, mais constellé d'électrons chargés négativement, comme les raisins sur le petit pain.

En 1910, Rutherford (aidé de son étudiant Hans Geiger, qui allait inventer le compteur de radiation qui porte son nom) bombarda une feuille d'or d'atomes d'hélium ionisés, ou particules alpha*. À sa grande stupéfaction, certaines particules rebondirent. C'était, disait-il, comme s'il avait pilonné d'obus une feuille de papier et que ceux-ci aient rebondi sur elle : ce n'était pas censé se produire. Après d'intenses réflexions, il comprit qu'il n'y avait qu'une seule explication possible : les particules qui rebondissaient frappaient quelque chose de petit et de dense au cœur de l'atome, alors que les autres le traversaient

* Geiger allait devenir plus tard un loyal nazi, n'hésitant pas à trahir ses collègues juifs, y compris ceux qui l'avaient aidé.

sans rencontrer d'obstacle. Un atome, comprit Rutherford, était essentiellement de l'espace vide, avec un noyau très dense au milieu. C'était une découverte extraordinaire, mais qui posait un léger problème : selon toutes les lois de la physique conventionnelle, les atomes n'auraient pas dû exister.

Arrêtons-nous un instant pour considérer la structure de l'atome telle que nous la connaissons aujourd'hui. Chaque atome est constitué de trois types de particules élémentaires : les protons, qui ont une charge électrique positive ; les électrons, qui ont une charge électrique négative ; et les neutrons, qui ont une masse nulle. Les protons et les neutrons sont entassés dans le noyau, alors que les électrons tournent autour. C'est le nombre de protons qui donne à un atome son identité chimique[22]. Un atome d'hydrogène porte un proton, un atome d'hélium en a deux, le lithium en a trois, etc. Chaque fois que l'on ajoute un proton, on obtient un nouvel élément. Le nombre de protons dans un atome étant toujours contrebalancé par un nombre égal d'électrons, vous trouverez parfois que c'est le nombre d'électrons qui définit un élément – cela revient au même. (Je me suis laissé dire que les protons donnent à l'atome son identité, et les électrons sa personnalité.)

Les neutrons n'influencent pas l'identité d'un atome, mais ils ajoutent à sa masse. Le nombre de neutrons est en général le même que celui des protons, mais il peut varier légèrement. Ajoutez un neutron ou deux et vous obtenez un isotope[23]. Les techniques de datation en archéologie comptent en isotopes : le carbone 14, par exemple, est un atome de carbone portant 6 protons et 8 neutrons (14 étant la somme des deux).

Les neutrons et les protons occupent le noyau de l'atome. Ce noyau est minuscule – un millionième d'un milliardième du volume total de l'atome –, mais il est fantastiquement dense, puisqu'il contient pratiquement toute la masse de l'atome[24]. Comme l'a dit Cropper, si l'on agrandissait un atome à la dimension d'une cathédrale, son noyau ne serait pas plus gros qu'une mouche – mais une mouche des milliers de fois plus lourde que la cathédrale[25]. C'est l'ampleur inattendue de ce vide qui faisait se gratter la tête à Rutherford en 1910.

Nous avons encore bien du mal à penser que les atomes sont essentiellement de l'espace vide, et que la sensation de solidité que nous inspire le monde autour de nous est pure illusion. Quand deux objets se rencontrent dans le monde réel – on prend en général l'image des boules de billard –, ils ne se frappent pas vraiment. En fait, explique Timothy Ferris, « les champs négatifs des deux boules se repoussent [...] sans leurs charges électriques, elles pourraient, comme des galaxies, se traverser sans dommage[26] ». Quand vous vous posez sur une chaise, vous n'êtes pas réellement assis, vous lévitez au-dessus à la hauteur d'un angström (un cent-millionième de centimètre), vos électrons et les siens s'opposant formellement à toute tentative d'intimité plus rapprochée.

L'image que se fait d'un atome le citoyen lambda est celle d'un électron ou deux orbitant autour d'un noyau, comme des planètes autour d'un soleil. Cette image a été créée en 1904, à partir d'une hypothèse du physicien japonais Hantaro Nagaoka, et sa fausseté n'a d'égale que sa durabilité. Elle a inspiré à des générations d'auteurs de science-fiction – Isaac Asimov, notamment – des histoires de mondes à l'intérieur de mondes, où les atomes deviennent de minuscules systèmes solaires habités, où notre propre système solaire n'est qu'un atome d'un corps infiniment plus vaste. Aujourd'hui encore, le CERN (Centre européen de recherches nucléaires) a pour logo l'image de Nagaoka. En fait, les physiciens n'allaient pas tarder à comprendre que les électrons ne sont pas du tout comme des planètes en orbite, mais plutôt comme les pales d'un ventilateur, remplissant simultanément chaque point de l'espace dans leurs orbites (avec cette différence cruciale que les pales d'un ventilateur *semblent* être partout à la fois, alors que les électrons le *sont*).

Il va sans dire que l'on ne comprenait à peu près rien à tout cela en 1910, et l'on n'en comprit guère plus au cours des années suivantes. La découverte de Rutherford posait des problèmes apparemment insurmontables, dont le moindre n'était pas qu'un électron ne devrait pas pouvoir tourner autour d'un noyau sans s'écraser. Selon la théorie thermodynamique conventionnelle, un électron volant épuise son énergie en un instant et tombe en vrille dans le noyau, avec des conséquences désastreuses pour l'un comme pour l'autre. Il restait aussi à comprendre comment les protons, avec leur charge positive, pouvaient s'assembler au cœur du noyau sans se faire exploser, et le reste de l'atome avec eux. À l'évidence, les phénomènes du monde de l'infiniment petit n'étaient pas gouvernés par les lois qui s'appliquent au monde de notre expérience sensible.

À mesure que les physiciens creusaient le domaine subatomique, ils comprenaient qu'il n'était pas seulement différent de tout ce qu'ils connaissaient, mais de tout ce qu'ils étaient capables d'imaginer. « Le comportement de l'atome est si contraire à l'expérience ordinaire, fit un jour observer Richard Feynman, qu'il est très difficile de s'y habituer, et qu'il paraît aussi mystérieux au novice qu'au physicien expérimenté[27]. » Quand Feynman fit ce commentaire, les physiciens avaient déjà eu un demi-siècle pour s'accoutumer au comportement de l'atome. On imagine donc la perplexité de Rutherford et de ses collègues au début du XXe siècle, quand tout cela était entièrement nouveau.

L'un des collaborateurs de Rutherford était un jeune Danois doux et affable nommé Niels Bohr. En 1913, alors qu'il s'interrogeait sur la structure de l'atome, Bohr eut une idée si excitante qu'il repoussa sa lune de miel pour rédiger ce qui allait devenir un article historique. Puisque les physiciens ne pouvaient pas voir une chose aussi petite qu'un atome, ils devaient élucider sa structure à partir de son comportement quand ils agissaient sur lui – comme Rutherford en bombardant sa feuille d'or de particules alpha. Parfois, on s'en doute, ces expériences donnaient des résultats surprenants. Ainsi, les lectures du spectre des longueurs d'onde de l'hydrogène arrêtèrent longtemps les physiciens : elles révélaient que les atomes d'hydrogène émettaient de l'énergie à certaines longueurs d'onde mais pas à d'autres. C'était comme si quelqu'un sous surveillance constante était repéré en différents points, mais n'était jamais observé en train de se déplacer de l'un à l'autre. Ce phénomène restait totalement incompréhensible.

Alors qu'il se creusait la tête sur ce problème, Bohr eut une illumination qui aboutit à son fameux article intitulé « Sur la constitution des atomes et des molécules ». Il suggérait que les électrons ne tombent pas dans le noyau parce qu'ils n'occupent que certaines orbites bien définies. Ainsi, un électron se déplaçant entre des orbites disparaissait de l'une pour réapparaître instantanément sur une autre, *sans avoir traversé l'espace qui les séparait*. Cette idée – le fameux « saut quantique » – est bien sûr fort étrange, mais elle était trop bonne pour ne pas être vraie. Outre qu'elle évitait aux électrons une chute catastrophique dans le noyau, elle expliquait les stupéfiantes longueurs d'onde de l'hydrogène. Les électrons n'apparaissaient que sur certaines orbites parce qu'ils n'existaient que sur certaines orbites. Cette découverte valut à Bohr le prix

Nobel de physique en 1922, un an après Einstein.

Entre-temps, l'infatigable Rutherford, revenu à Cambridge pour succéder à J. J. Thomson à la tête du laboratoire Cavendish, proposa un modèle expliquant pourquoi les noyaux n'explosent pas. Il avait compris qu'ils devaient contenir un type quelconque de particules neutralisantes, qu'il appela les neutrons. L'idée était simple et attrayante, mais difficile à démontrer. L'associé de Rutherford, James Chadwick, consacra onze années de recherches intensives à chasser le neutron, avant de le débusquer enfin en 1932, ce qui lui valut le Nobel de physique en 1935. Comme le soulignent Boorse et ses collègues dans leur histoire de l'atome, cette découverte tardive fut sans doute une très bonne chose, puisque la maîtrise du neutron était essentielle à la mise au point de la bombe atomique. (Les neutrons n'ayant pas de charge, ils ne sont pas repoussés par les champs électriques au cœur de l'atome et peuvent donc être tirés comme de minuscules torpilles dans le noyau atomique, déclenchant le processus de destruction appelé fission nucléaire.) Si le neutron avait été isolé dans les années 1920, « il est probable que la bombe atomique aurait d'abord été inventée en Europe, sans doute par les Allemands[28] ».

Mais les Européens avaient déjà fort à faire avec l'étrange comportement de l'électron. Le principal problème, c'est qu'il se comportait parfois comme une particule et parfois comme une onde. Cette impossible dualité rendit les physiciens à moitié fous. Au cours des dix années suivantes, les scientifiques cherchèrent furieusement dans toute l'Europe, proposant les hypothèses les plus variées. En France, le prince Louis Victor de Broglie, rejeton d'une famille ducale, découvrit que certaines anomalies du comportement des électrons disparaissaient quand on les considérait comme des ondes. Cette observation fut reprise par l'Autrichien Erwin Schrödinger, qui y apporta quelques raffinements et mit au point un système pratique appelé la mécanique ondulatoire. De son côté, le physicien allemand Werner Heisenberg sortit une théorie concurrente, la mécanique matricielle – si complexe sur le plan mathématique qu'à peu près personne ne la comprit, à commencer par son propre auteur (« Je ne sais même pas ce qu'est une matrice[29] », se plaignait-il à un ami), mais elle semblait résoudre certains problèmes que les ondes de Schrödinger n'arrivaient pas à expliquer.

Le résultat, c'est que la physique avait deux théories, fondées sur des prémisses contradictoires et produisant les mêmes résultats. C'était une situation impossible.

Enfin, en 1926, Heisenberg proposa un compromis fort bienvenu, donnant naissance à une nouvelle discipline qui allait prendre le nom de mécanique quantique. Elle reposait sur le principe d'incertitude de Heisenberg, qui affirme que l'électron est une particule, mais une particule qui peut être décrite en termes d'ondes. L'incertitude sur laquelle la théorie est bâtie, c'est que nous pouvons connaître la trajectoire d'un électron quand il se meut dans l'espace, ou savoir où il se trouve à un instant précis, mais nous ne pouvons jamais connaître les deux*. Toute tentative de mesurer l'un va inévitablement perturber l'autre. Il ne s'agit pas d'un problème d'instruments : il s'agit d'une propriété immuable de l'Univers[30].

En pratique, cela revient à dire que l'on ne peut jamais prédire où se trouvera un électron à un moment donné. On peut seulement calculer la probabilité qu'il soit là. En un sens, comme l'a dit Overbye, tant qu'il n'a pas été observé, un électron doit être considéré comme « à la fois partout et nulle part[31] ».

Si tout cela vous paraît confus, vous pouvez toujours vous consoler en vous disant que ça ne l'était pas moins pour les physiciens. Selon Overbye, « Bohr déclara un jour que quiconque n'était pas saisi de vertige en entendant parler pour la première fois de la théorie des quanta montrait simplement qu'il n'en avait pas compris le premier mot[32] ». Interrogé sur la façon dont on pourrait visualiser un atome, Heisenberg se borna à répondre : « N'essayez pas[33]. »

L'atome se révélait donc totalement différent de l'image que les gens s'en étaient faite. L'électron ne tourne pas autour du noyau comme une planète autour de son soleil, mais a plutôt

* L'usage du mot « incertitude » pour ce principe suscite un peu d'incertitude. On a fait remarquer qu'il ne rend pas le sens exact des termes allemands. « Indétermination » vaudrait mieux, et « indéterminabilité » bien mieux encore.

l'aspect informe d'un nuage. La « coque » d'un atome n'est pas une enveloppe dure et brillante, comme les illustrations nous invitent parfois à le croire, mais simplement la limite externe de ces nuages cotonneux d'électrons. Ce nuage lui-même n'est guère plus qu'un secteur de probabilité statistique marquant la zone au-delà de laquelle l'électron ne se hasarde que très rarement[34]. Un atome, donc, si l'on pouvait le voir, ressemblerait bien plus à une balle de tennis très duveteuse qu'à une sphère métallique à l'enveloppe dure (et bien plus encore, en fait, à une chose que vous n'avez jamais vue ; après tout, nous avons ici affaire à un monde très différent de celui qui est accessible à nos sens).

C'était comme s'il n'y avait plus de fin à l'étrangeté. Pour la première fois, a écrit James Trefil, les scientifiques avaient rencontré « un domaine de l'Univers que notre cerveau n'est simplement pas équipé pour comprendre[35] ». Ou encore, comme l'a dit Feynman : « Les choses à petite échelle ne se comportent *en rien* comme les choses à grande échelle[36]. » À mesure que les physiciens s'aventuraient plus loin, ils comprenaient qu'ils avaient trouvé un monde où non seulement les électrons pouvaient sauter d'une orbite à l'autre sans traverser aucun espace, mais où la matière pouvait naître à partir de rien – « à condition, précisait Alan Lightman du MIT, qu'elle retourne au néant avec assez de prestesse[37] ».

La plus déconcertante des improbabilités quantiques est peut-être l'idée, issue du principe d'exclusion de Wolfgang Pauli de 1925, que les particules subatomiques de certaines paires, même lorsqu'elles sont séparées par des distances considérables, « savent » instantanément ce que fait l'autre. Les particules ont une qualité appelée leur *spin* [pour « rotation », N.D.T.] ; selon la théorie des quanta, au moment où l'on détermine le spin d'une particule, sa sœur, si éloignée soit-elle, va aussitôt se mettre à tourner dans la direction opposée et à la même vitesse.

C'est comme si vous aviez deux boules de billard identiques, l'une dans l'Ohio et l'autre aux îles Fidji, et qu'au moment où vous faites rouler l'une l'autre se mette instantanément à rouler à la même vitesse dans la direction inverse[38]. Ce phénomène n'a pu être démontré qu'en 1997, quand des physiciens de l'université de Genève ont envoyé des photons à 10 km de distance dans des directions opposées et ont montré qu'en interférant avec l'un on provoquait une réaction instantanée chez l'autre[39].

Les choses ont atteint un point tel que lors d'une conférence Bohr, parlant d'une nouvelle théorie, déclara que la question n'était pas de savoir si elle était folle, mais si elle l'était suffisamment. Pour illustrer combien le monde quantique est contraire au sens commun, Schrödinger proposa une expérience célèbre où un chat hypothétique est placé dans une boîte avec un atome d'une substance radioactive attachée à une fiole d'acide cyanhydrique. Si la particule se désintègre en une heure, elle déclenche un mécanisme qui casse la fiole et empoisonne le chat. Sinon, le chat reste vivant. Mais comme nous n'avons aucun moyen de savoir ce qui se passe, il n'y a scientifiquement pas d'autre choix que de dire que le chat est à la fois 100 % mort et 100 % vivant. En clair, comme l'a fait observer Stephen Hawking, il est fort difficile de « prédire exactement les événements futurs si l'on ne peut même pas mesurer précisément l'état actuel de l'Univers[40] ! ».

Du fait de ces bizarreries, beaucoup de physiciens n'aimaient pas la théorie des quanta, à commencer par Einstein. Cela ne manquait pas d'ironie, dans la mesure où c'était lui, dans sa triomphale année 1905, qui avait montré que les photons peuvent parfois se comporter comme des particules et parfois comme des ondes – la notion située au cœur même de la nouvelle physique. « La théorie des quanta est fort respectable », disait-il poliment, mais il ne l'aimait pas. « Dieu ne joue pas aux dés*. »

Einstein ne pouvait supporter l'idée que Dieu ait pu créer un univers dont certains éléments resteraient éternellement inconnaissables. En outre, l'idée d'action à distance – le fait qu'une particule puisse instantanément en influencer une autre à des milliards de kilomètres de là – était une violation flagrante de la théorie de la relativité restreinte. Celle-ci décrétait que rien ne

* C'est du moins la formule qu'a retenue la postérité. La citation exacte est la suivante : « Il semble difficile de jeter un coup d'œil sur les cartes de Dieu. Qu'il joue aux dés et utilise des méthodes "télépathiques" [...] c'est ce que je ne peux pas croire un seul instant. »

pouvait dépasser la vitesse de la lumière ; pourtant, des physiciens insistaient pour dire que d'une façon ou d'une autre, au niveau subatomique, l'information était capable de le faire. (Personne, soit dit en passant, n'a jamais expliqué comment les particules accomplissent cet exploit. Selon le physicien Yakir Aharanov, les scientifiques ont abordé cette question « sans vraiment y penser[41] ».)

Mais le gros problème restait que la physique quantique introduisait un degré de désordre qui n'existait pas auparavant. Soudain, il vous fallait deux ensembles de lois pour expliquer le comportement de l'Univers – la théorie des quanta pour le monde de l'infiniment petit et la relativité pour l'immensité du cosmos. Si la gravité de la relativité expliquait brillamment pourquoi les planètes orbitent autour des soleils, ou pourquoi les galaxies tendent à se mettre en amas, elle n'avait aucune influence au niveau des particules. Pour expliquer ce qui maintient les atomes ensemble, il fallait d'autres forces, et on en découvrit deux en 1930 : l'interaction nucléaire forte et l'interaction nucléaire faible. L'interaction forte lie les atomes ensemble ; c'est elle qui permet aux protons de s'unir dans le noyau. L'interaction faible remplit des tâches plus diverses, contrôlant notamment la vitesse de certains types de désintégration radioactive.

L'interaction faible, malgré son nom, est dix milliards de milliards de milliards de fois plus forte que la gravité, et l'interaction forte est bien plus puissante encore – mais leur influence ne s'étend que sur des distances infimes[42]. L'influence de l'interaction forte ne touche qu'un cent-millième du diamètre d'un atome[43]. C'est pourquoi les noyaux des atomes sont si compacts et si denses, et pourquoi les éléments dotés de gros noyaux très peuplés tendent à être si instables : l'interaction forte n'arrive pas à maintenir tous les protons ensemble.

Le résultat final, c'est que la physique s'est retrouvée avec deux corps de lois – l'un pour le monde de l'infiniment petit et l'autre pour l'Univers – qui mènent des vies fort séparées. Cela non plus ne plaisait pas à Einstein. Il consacra le reste de sa vie à chercher un moyen de relier les deux bouts de cette chaîne à l'aide d'une grande théorie unifiée, et échoua toujours. Il crut parfois l'avoir trouvée, mais elle lui glissa toujours entre les doigts. Avec le temps, il fut de plus en plus marginalisé et devint presque un objet de pitié. La plupart de ses collègues, dit Snow, « pensaient, et pensent encore, qu'il avait gâché la deuxième moitié de sa vie[44] ».

Mais ailleurs, de réels progrès étaient accomplis. Vers le milieu des années 1940, les scientifiques avaient déjà compris l'atome à un niveau extrêmement profond – ce qu'ils ne démontrèrent que trop bien en août 1945 en faisant exploser les deux bombes d'Hiroshima et de Nagasaki.

À l'époque, les physiciens étaient assez excusables de s'imaginer qu'ils venaient enfin de conquérir l'atome. En fait, tout dans la physique des particules allait encore se compliquer. Mais avant de reprendre cette histoire légèrement épuisante, ajoutons une nouvelle pierre à notre récit en contant une triste affaire d'avarice, de tromperies, de mauvaise science et de morts inutiles qui allait donner enfin à la Terre un âge exact.

X

L'art de plomber l'atmosphère

À la fin des années 1940, un diplômé de l'université de Chicago nommé Clair Patterson (à l'origine un garçon de ferme de l'Iowa) s'efforçait d'établir l'âge définitif de la Terre à l'aide d'une nouvelle méthode de mesure à l'isotope de plomb. Hélas, tous ses échantillons étaient régulièrement contaminés, et fortement : ils contenaient deux cents fois les niveaux de plomb qu'il s'attendait à trouver. Il allait se passer de nombreuses années avant que Patterson ne comprenne que la raison en était un regrettable inventeur de l'Ohio nommé Thomas Midgley.

Midgley était ingénieur de formation, et le monde aurait sans doute été un endroit plus sûr s'il l'était resté. Mais le malheur voulut qu'il s'intéressât aux applications industrielles de la chimie. En 1921, alors qu'il travaillait pour General Motors à Dayton, dans l'Ohio, il découvrit en étudiant le plomb tétraéthyle (aussi appelé tétraéthylplomb) qu'il réduisait considérablement les détonations des moteurs à explosion.

Bien que la dangerosité du plomb ait été établie de longue date, on en trouvait au début du XXe siècle dans tous les produits de consommation courante. Les boîtes de conserve étaient scellées au plomb. L'eau était souvent stockée dans des citernes en plomb. Il était vaporisé sur les fruits en tant que pesticide sous forme d'arsenic de plomb. On en retrouvait jusque dans les tubes de dentifrice. En bref, il n'y avait quasiment pas de produit qui n'en apportât son lot dans la vie du consommateur. Mais rien ne le fit entrer de façon plus durable dans notre intimité que son adjonction à l'essence.

Le plomb est une neurotoxine. Prenez-en trop et vous risquez des dommages irréversibles au cerveau et au système nerveux central. Parmi les symptômes associés à l'exposition au plomb, on compte la cécité, l'insomnie, le bloquage des reins, la surdité, le cancer, la paralysie et les convulsions[1]. Sous sa forme la plus aiguë, il provoque de soudaines et violentes hallucinations, aussi éprouvantes pour les victimes que pour leur entourage, entraînant en général le coma et la mort. Le plomb, en somme, n'est pas une chose que l'on souhaite avoir en excès dans son organisme.

En revanche, le plomb était facile à extraire et à transformer, sa production à l'échelle industrielle suscitait des profits presque gênants – et le plomb tétraéthyle avait un incontestable pouvoir antidétonant sur les moteurs à essence. En 1923, trois des plus grandes compagnies américaines, General Motors, Du Pont et Standard Oil, formèrent donc une société, l'Ethyl Gasoline Corporation, en vue de fabriquer autant de plomb tétraéthyle que le monde était disposé à en consommer – c'est-à-dire beaucoup. Ils baptisèrent leur additif

« éthyle », qui rendait un son moins nocif que « plomb », et l'offrirent à la consommation publique (dans bien plus de produits que les gens n'en avaient conscience) le 1er février 1923.

En fort peu de temps, les ouvriers des usines de production commencèrent à montrer la démarche hésitante et la confusion d'esprit typiques d'un début d'empoisonnement. Ethyl Corporation se lança aussitôt dans une politique de déni calme mais ferme dont elle ne se départira pas pendant des décennies. Comme le note Sharon Bertsch McGrayne dans son histoire de la chimie industrielle, *Prometheans in the Lab*, lorsque des employés d'une usine avaient des hallucinations, un porte-parole déclarait mollement aux reporters : « Ces hommes sont sans doute devenus fous d'avoir trop travaillé[2]. » Une quinzaine d'ouvriers succombèrent dans les débuts de la production d'essence au plomb, et beaucoup d'autres souffrirent de symptômes souvent violents. Le nombre exact en reste inconnu, la compagnie s'étant toujours débrouillée pour passer sous silence les incidents gênants tels que fuites, déversements accidentels et empoisonnements. Parfois, cela lui fut impossible, notamment en 1924, quand en moins d'une semaine, dans une seule usine mal ventilée, cinq ouvriers moururent et trente-cinq autres se transformèrent en loques trébuchantes.

Devant la montée des rumeurs sur les dangers du nouveau produit, Thomas Midgley, bouillonnant inventeur de l'éthyle, résolut de faire une démonstration aux journalistes pour dissiper leurs inquiétudes. Tout en pérorant sur le souci de sécurité de la compagnie, il se versa du plomb tétraéthyle sur les mains, se passa sous le nez un vase à bec pendant une minute, et conclut en disant qu'il pourrait répéter la procédure chaque jour sans danger. En fait, Midgley connaissait fort bien les périls de l'empoisonnement au plomb : lui-même avait gravement souffert d'une surexposition quelques mois plus tôt et veillait désormais, quand il ne rassurait pas les journalistes, à se tenir à distance respectable de son produit[3].

Encouragé par le succès de l'essence au plomb, Midgley se tourna vers un autre problème technologique de l'époque. Les réfrigérateurs des années 1920 étaient souvent fort dangereux parce qu'ils contenaient des gaz toxiques qui s'en échappaient à l'occasion. Une fuite dans un réfrigérateur à l'hôpital de Cleveland tua à elle seule cent personnes en 1929[4]. Midgley entreprit de créer un gaz stable, non inflammable, non corrosif et non dangereux à respirer. Avec un instinct très sûr pour le désastre, il inventa les chlorofluorocarbures, ou CFC.

On a rarement vu un produit industriel être adopté aussi vite et faire une telle unanimité. La production des CFC commença au début des années 1930 et ils trouvèrent aussitôt des centaines d'applications dans tous les domaines – de l'air conditionné dans les voitures jusqu'aux déodorants en spray – avant que l'on s'avise, un demi-siècle plus tard, qu'ils dévoraient l'ozone de la stratosphère. Comme vous le savez sans doute, ce n'est pas une bonne chose.

L'ozone est une forme d'oxygène dans laquelle chaque molécule porte trois atomes d'oxygène au lieu de deux. C'est une sorte de bizarrerie chimique : polluant au niveau du sol, mais bénéfique tout là-haut dans la stratosphère, où il absorbe les dangereux rayons ultraviolets. Or, l'ozone bénéfique n'est pas très abondant : s'il était distribué de façon égale dans toute la stratosphère, il y formerait une couche d'environ 0,3 cm. Cela explique qu'il soit si facilement perturbé, et que ces perturbations prennent rapidement un caractère critique.

Les chlorofluorocarbures ne sont pas non plus très abondants – un milliardième de toute l'atmosphère –, mais ils sont destructeurs jusqu'à l'extravagance. Cinq cents grammes de CFC peuvent capturer et annihiler plusieurs tonnes d'ozone atmosphérique[5]. En outre, les CFC restent dans l'atmosphère très longtemps (un siècle en moyenne) sans jamais cesser leurs ravages. Ce sont aussi de grandes éponges à chaleur. Une seule molécule de CFC est dix mille fois plus efficace pour exacerber l'effet de serre qu'une molécule de gaz carbonique[6] – qui lui-même n'est pas un maladroit pour l'effet de serre. En bref, les chlorofluorocarbures se sont révélés la pire invention du XXe siècle.

Midgley l'ignora toujours parce qu'il mourut longtemps avant que l'on ait compris les capacités de nuisance des CFC. Sa mort elle-même fut mémorable. Atteint de polio, il avait inventé un dispositif compliqué de poulies motorisées qui le soulevaient ou le tournaient automatiquement dans son lit. En 1944, il s'empêtra dans les cordes de sa machine et s'étrangla[7].

En 1940, l'université de Chicago était l'endroit de choix pour les gens qui s'intéressaient à l'âge des choses terrestres. Willard Libby était sur le point d'y inventer la datation au carbone 14, qui allait enfin permettre aux scientifiques une lecture précise de l'âge des ossements et autres vestiges organiques. À cette époque, les datations fiables ne remontaient guère plus loin que la première dynastie égyptienne, soit environ 3 000 ans av. J.-C.[8] Nul ne pouvait dire de façon sûre, par exemple, à quelle époque les derniers glaciers avaient reculé, ni à quel moment du passé les hommes de Cro-Magnon avaient décoré les grottes de Lascaux.

L'idée de Libby se révéla si utile qu'elle allait lui valoir le Nobel en 1960. Elle partait du fait que toutes les choses vivantes possèdent un isotope de carbone, appelé carbone 14, qui commence à se désintégrer à une vitesse constante à l'instant de leur mort. Le carbone 14 a une demi-vie – soit le temps qu'il faut à une moitié de l'échantillon pour disparaître* – d'environ 5 600 ans, de sorte

* Si vous vous êtes jamais demandé comment les atomes déterminent quelle moitié d'entre eux va mourir et quelle moitié va survivre pour la prochaine session, la réponse est

qu'en trouvant le degré de désintégration d'un échantillon quelconque de carbone Libby pouvait obtenir une bonne idée de l'âge de son propriétaire. Le système a toutefois des limites. Au bout de huit demi-vies, il ne reste que 1/256 du carbone radioactif originel[9], ce qui est insuffisant pour réaliser une mesure fiable, de sorte que la datation au radiocarbone ne marche que pour des objets qui n'ont pas plus de 40 000 ans.

À mesure que cette technique se répandait, certaines de ses faiblesses apparurent. D'abord, on découvrit que l'une des bases de la formule de Libby, dite « constante de désintégration », était fausse d'environ 3 %. Mais à cette époque, des milliers de mesures avaient déjà été effectuées partout dans le monde. Au lieu de tout recommencer, les scientifiques résolurent de conserver cette constante inexacte. « Ainsi, note Tim Flannery,

---

que la demi-vie n'est qu'une statistique pratique – une sorte de tableau actuariel des choses élémentaires. Imaginez que vous ayez un échantillon ayant une demi-vie de 30 secondes. Cela ne veut pas dire que chacun de ses atomes existera pendant exactement 30, 60 ou 90 secondes, ou une quelconque période soigneusement préordonnée. Chaque atome survivra pendant un temps totalement aléatoire qui n'a rien à voir avec les multiples de 30 ; il peut disparaître dans les deux secondes, ou continuer pendant les années, les décennies ou les siècles à venir. Nul ne peut le dire. Mais ce que l'on peut dire, c'est que pour l'échantillon tout entier la vitesse de désintégration sera telle que la moitié de ses atomes disparaîtra toutes les 30 secondes. C'est une vitesse moyenne, en d'autres termes, qui peut s'appliquer à tout prélèvement un peu important. Quelqu'un a par exemple calculé un jour que les pièces de 10 cents ont une demi-vie d'environ trente ans.

chaque datation au carbone 14 dont nous disposons aujourd'hui est trop jeune d'environ 3 %[10]. »

Mais les problèmes ne s'arrêtaient pas là. On ne tarda pas à découvrir que les échantillons de carbone 14 pouvaient être aisément contaminés par du carbone issu d'autres sources – un minuscule fragment végétal, par exemple, collecté par inadvertance avec l'échantillon. Pour les prélèvements les plus récents – moins de 20 000 ans –, une légère contamination n'a pas de grosses conséquences, mais pour des échantillons plus anciens, ce peut être un grave problème parce qu'il reste fort peu d'atomes à compter. Dans le premier exemple, toujours selon Flannery, c'est comme se tromper d'un dollar quand on en compte mille ; dans le second, c'est comme se tromper d'un dollar quand on en a deux à compter[11].

La méthode de Libby s'appuyait aussi sur le présupposé que la quantité de carbone 14 dans l'atmosphère et le taux auquel il a été absorbé par les choses vivantes sont restés constants au cours de l'Histoire. En fait, c'est faux. Nous savons maintenant que le volume de carbone 14 varie en fonction du degré de déviation des rayons cosmiques par le magnétisme de la Terre, et que ces variations peuvent être significatives avec le temps. En clair, certaines datations au carbone 14 sont plus douteuses que d'autres. C'est particulièrement vrai de l'époque où l'homme est arrivé aux Amériques, ce qui rend la dispute d'autant plus violente[12].

Enfin, les lectures peuvent être faussées par des facteurs externes apparemment aussi lointains que le régime alimentaire des animaux concernés. On a assisté récemment à un âpre débat pour savoir si la syphilis a commencé dans le Nouveau Monde ou dans l'Ancien[13]. Des archéologues de Hull, dans le nord de l'Angleterre, ont retrouvé dans le cimetière d'un monastère des ossements de moines atteints de la syphilis ; leur conclusion première, à savoir qu'ils l'avaient attrapée avant le voyage de Christophe Colomb, fut mise en doute par le fait qu'ils avaient mangé beaucoup de poisson, de sorte que leurs os pouvaient paraître plus anciens qu'ils n'étaient en réalité. Ces moines ont fort bien pu avoir la syphilis, mais on ne sait toujours pas comment et quand ils l'ont attrapée.

Devant les indéniables faiblesses du carbone 14, les scientifiques mirent au point d'autres méthodes pour dater les matériaux anciens, dont l'électroluminescence, qui mesure les électrons captifs dans des argiles, et la résonance de spin de l'électron, que l'on obtient en bombardant un échantillon d'ondes électromagnétiques et en mesurant les vibrations des électrons. Mais aucune de ces méthodes ne pouvait remonter au-delà de 200 000 ans, ni dater des matériaux inorganiques comme les roches, ce qui est évidemment indispensable pour déterminer l'âge de notre planète.

Les problèmes de datation des roches paraissaient si insurmontables qu'à une époque tout le monde semblait les avoir abandonnés. Sans un professeur anglais déterminé du nom de Arthur Holmes, cette recherche aurait pu sombrer longtemps dans l'oubli.

Holmes accomplit un travail héroïque – tant par les obstacles qu'il eut à surmonter que par les résultats qu'il obtint. Quand il entama sa carrière dans les années 1920, la géologie était passée de mode (la nouvelle coqueluche étant désormais la physique) et manquait donc cruellement de fonds, notamment en Angleterre, son lieu de naissance. À l'université de Durham, Holmes fut pendant des années le département de géologie à lui tout seul. Il devait souvent emprunter ou bricoler son équipement pour poursuivre ses datations de roches. Il dut une fois interrompre ses calculs pendant un an, dans l'attente que l'université daigne lui offrir une simple machine à calculer. Il fut parfois contraint d'abandonner complètement la vie universitaire pour pouvoir nourrir sa famille – il tint pendant un temps une boutique de curiosités à Newcastle – et il n'avait pas toujours les cinq livres nécessaires à son inscription annuelle à la Société géologique.

Holmes recourut à une technique théoriquement simple, issue en droite ligne du processus, observé par Rutherford en 1904, de désintégration des atomes d'un élément en un autre à une vitesse assez prévisible pour servir d'horloge. Si vous savez combien de temps met le potassium 40 à devenir de l'argon 40, et si vous mesurez les quantités de chacun dans un échantillon, vous obtiendrez l'âge du matériau. La contribution de Holmes fut de mesurer la vitesse de désintégration de l'uranium en plomb pour calculer l'âge des roches et donc, espérait-il, celui de la Terre.

Mais il restait de nombreuses difficultés techniques à surmonter. Holmes aurait eu grand besoin de gadgets sophistiqués pour prendre des mesures d'une précision extrême sur des échantillons minuscules, alors qu'il n'arrivait pas à obtenir une calculatrice. Ce fut donc un véritable exploit de sa part de pouvoir annoncer avec assurance, en 1946, que la Terre avait au moins trois milliards d'années, et sans doute beaucoup plus. Mais cette fois, il rencontra un dernier obstacle non moins formidable : le conservatisme de ses collègues[14]. S'ils louaient volontiers sa méthodologie, beaucoup soutenaient qu'il n'avait pas trouvé l'âge de la Terre, mais simplement celui des matériaux qui la constituent.

Ce fut à cette époque que Harrison Brown, de l'université de Chicago, mit au point une nouvelle méthode pour compter les isotopes de plomb dans les roches ignées (créées par la chaleur, contrairement aux couches de sédiments). Comprenant que ce travail serait extrêmement ennuyeux, il le confia au jeune Clair Patterson comme sujet de thèse, en lui promettant qu'avec cette méthode ce serait « du gâteau » de déterminer l'âge de la Terre. En fait, cela allait prendre des années.

Patterson commença à travailler sur ce projet en 1948. À côté des contributions tapageuses de Thomas Midgley à la marche du progrès, la quête de l'âge de la Terre semblait assez peu excitante. Pendant sept ans, d'abord à l'université de Chicago, puis, à partir de 1952, à l'Institut de technologie de Californie, Patterson travailla dans un laboratoire stérile, prenant des mesures très précises des taux de plomb et d'uranium contenus dans des échantillons de roches soigneusement sélectionnés.

Le problème pour mesurer l'âge de la Terre, c'est qu'il vous faut des roches contenant du plomb et des cristaux uranifères qui soient aussi vieilles que la planète elle-même – mais on ne trouve que rarement des roches anciennes sur la Terre. À la fin des années 1940, personne ne comprenait pourquoi, et nous serions déjà bien avancés dans l'ère spatiale avant que quelqu'un puisse expliquer de façon plausible où étaient passées les roches anciennes de la planète. (La réponse était la tectonique des plaques, que nous verrons en son temps.) En attendant, Patterson continuait à tenter d'extraire des données d'échantillons de roches très limités. De façon fort ingénieuse, il finit par se dire qu'il pourrait contourner le problème en allant chercher des roches extérieures à la Terre, et il s'intéressa donc aux météorites.

Selon son hypothèse – assez risquée, mais qui allait se révéler exacte –, celles-ci étaient composées des résidus des matériaux de construction des premiers jours du système solaire, susceptibles donc d'avoir conservé une chimie interne plus ou moins pure. Mesurez l'âge de ces roches errantes et vous aurez (à peu près) celui de la Terre.

Mais rien n'est jamais aussi simple qu'une paisible description ne le laisse présager. Les météorites ne sont pas très nombreuses et les échantillons pas précisément faciles à obtenir. En outre, la technique de mesure de Brown était minutieuse à l'extrême et exigeait d'être affinée. Enfin, il restait le problème de la contamination des échantillons par de fortes doses de plomb atmosphérique chaque fois qu'ils étaient exposés à l'air libre. C'est ce qui poussa Patterson à créer un laboratoire stérile – le premier au monde, selon une source au moins[15].

Il lui fallut sept années de patient travail simplement pour rassembler des échantillons convenant à ses tests. Au printemps de 1953, il se rendit à l'Argonne National Laboratory de l'Illinois, où on lui laissa la disposition d'un spectographe de masse dernier modèle, une machine capable de détecter et de mesurer les infimes quantités d'uranium et de plomb emprisonnées dans les cristaux anciens. Quand il eut enfin ses résultats, Patterson en fut si excité qu'il fonça droit dans son Iowa natal et pria sa mère de le conduire à l'hôpital, parce qu'il se pensait au bord de la crise cardiaque.

Peu après, lors d'une réunion dans le Wisconsin, Patterson annonça un âge définitif pour la Terre de 4,55 milliards d'années (à 70 millions près) – « un chiffre resté inchangé cinquante ans plus tard[16] », comme le note McGrayne avec admiration. Au bout de deux siècles d'efforts, la Terre avait enfin un âge.

Une fois accompli son grand œuvre, Patterson se tourna vers le lancinant problème de tout ce plomb dans l'atmosphère. Il fut stupéfait de découvrir que le peu que l'on savait des effets du plomb sur l'homme était presque toujours faux ou mensonger – ce qui s'expliquait fort bien, toutes les études depuis quarante ans ayant été exclusivement financées par les fabricants d'additifs au plomb.

L'une d'elles, dirigée par un médecin sans aucune formation en pathologie chimique, consistait en un programme de cinq ans au cours duquel on invitait des volontaires à respirer ou à avaler du plomb en grandes quantités[17]. On examinait ensuite leurs urines et leurs fèces. Malheureusement, comme le bon docteur ne semble pas l'avoir su, le plomb n'est pas excrété comme un déchet. Il s'accumule dans les os et dans le sang – ce qui le rend précisément si dangereux – et il ne testa ni les uns ni l'autre, à la suite de quoi le plomb reçut un certificat d'innocuité.

Patterson établit rapidement que nous avions beaucoup de plomb dans l'atmosphère (nous l'avons encore, puisque le plomb ne s'évacue jamais) et qu'environ 90 % semblaient venir des pots d'échappement des automobiles, mais il fut incapable de le démontrer[18]. Ce qu'il lui fallait, c'était un moyen de comparer les niveaux de plomb actuels avec ceux de l'atmosphère avant l'introduction du plomb tétraéthyle en 1923. Il lui apparut que les carottes de glace pouvaient être ce moyen.

On savait que la neige, au Groenland par exemple, s'accumule par couches annuelles (de légères différences de température provoquent en effet des nuances de coloration entre l'hiver et l'été). En comptant ces couches et en mesurant la quantité de plomb dans chacune, on pourrait trouver les concentrations globales de plomb à n'importe quel moment depuis des centaines, voire des milliers d'années. Cette hypothèse devint le fondement des carottages glaciaires, sur quoi s'appuient la plupart des études climatologiques actuelles[19].

Patterson découvrit qu'il n'y avait presque pas de plomb dans l'atmosphère avant 1923, mais que son niveau n'avait cessé de s'accroître depuis dans de dangereuses proportions. Dès lors, il allait consacrer sa vie à faire disparaître le plomb de l'essence, se faisant un critique inlassable et souvent bruyant de l'industrie du plomb et de ses intérêts.

Cette campagne se révéla un véritable enfer. Ethyl était une puissante corporation mondiale avec de bons amis très haut placés. (Parmi ses directeurs, on comptait Lewis Powell, juge à la Cour suprême, et Gilbert Grosvenor, de la National Geographic Society.) Patterson put bientôt constater que les fonds pour sa recherche s'évaporaient ou devenaient difficiles à obtenir. L'American Petroleum Institute annula un contrat de recherche avec lui, de même que le Service de la santé publique, une institution d'État pourtant censée être neutre.

Patterson devint une gêne pour son institution, et les caciques de l'industrie du plomb multiplièrent les pressions sur ses responsables pour qu'ils le fassent taire ou qu'ils s'en débarrassent.

D'après un article de *The Nation* paru en 2000, les responsables d'Ethyl auraient offert de financer une chaire à Caltech « pourvu qu'on y expédie Patterson[20] ». De façon absurde, il fut exclu d'une commission d'enquête du National Research Council nommée en 1971 pour étudier les dangers de la pollution atmosphérique au plomb, alors qu'il était sans aucun doute le meilleur expert en la matière.

Ce fut le grand mérite de Patterson de ne jamais reculer d'un pouce. Ses efforts aboutirent à l'introduction du Clean Air Act de 1970 et enfin à l'interdiction de l'essence au plomb aux États-Unis en 1986. Presque aussitôt, le niveau de plomb dans le sang des Américains chuta de 80 %[21]. Mais comme le plomb est éternel, nos contemporains en ont toujours 625 fois plus dans le sang que n'en avaient leurs ancêtres un siècle plus tôt[22]. En outre, la quantité de plomb dans l'atmosphère continue à s'accroître, en toute légalité, d'environ cent mille tonnes par an, essentiellement du fait des activités d'extraction, de fusion et de transformation industrielle[23]. Les États-Unis ont également interdit la peinture d'intérieur au plomb – « quarante-quatre ans après la plupart des pays d'Europe », comme le fait remarquer McGrayne[24]. Vu son extraordinaire toxicité, il semble stupéfiant que la soudure au plomb n'ait pas été bannie des conserves américaines avant 1993.

Quant à Ethyl Corporation, elle est toujours florissante, bien que GM, Standard Oil et Du Pont en aient vendu leurs parts en 1962 à une compagnie appelée Albemarle Paper. Selon McGrayne, en février 2001 Ethyl soutenait encore que « la recherche n'a pu établir que l'essence au plomb présente un danger pour la santé ou pour l'environnement[25] ». Le site Internet de la compagnie ne fait aucune mention du plomb (ni d'ailleurs de Thomas Midgley), se bornant à définir le produit originel comme « une certaine combinaison de produits chimiques ».

Ethyl ne fabrique plus d'essence au plomb, mais dans les comptes de la société pour 2001, le plomb tétraéthyle (TEL) représentait encore 25,1 millions de dollars en 2000 (sur un chiffre d'affaires de 795 millions) et 24,1 millions en 1999 – à comparer toutefois aux 117 millions de 1998. Dans son rapport annuel, la société affirmait sa détermination à « maximiser les bénéfices générés par le TEL alors que sa consommation continue à baisser dans le monde ». Ethyl commercialise le TEL par le biais de l'Associated Octel of England.

Quant à l'autre fléau que nous a laissé Thomas Midgley, les chlorofluorocarbures, ils ont été bannis en 1974 aux États-Unis, mais ce sont de petits diables tenaces : tous ceux que vous avez répandus dans l'atmosphère (dans vos laques et vos déodorants, par exemple) continueront sans doute à dévorer l'ozone longtemps après que vous aurez passé l'arme à gauche[26]. Pis, nous introduisons d'immenses quantités de CFC dans l'atmosphère chaque année[27]. Selon Wayne Biddle, il circule encore annuellement sur le marché 30 000 tonnes de ce truc, pour une valeur de 1,5 milliard de dollars. Mais alors, qui donc le fabrique ? Nous – enfin, nos grandes compagnies, qui continuent à en produire dans des usines du tiers-monde, où il ne sera pas interdit avant 2010.

Clair Patterson est mort en 1995. Il n'a pas obtenu de prix Nobel pour son œuvre – les géologues n'en ont jamais. De façon plus surprenante, cinquante ans d'efforts désintéressés ne lui ont pas non plus apporté la célébrité, ni même la notoriété. Alors qu'il fut peut-être le géologue le plus influent du XXe siècle, qui a jamais entendu parler de Clair Patterson ? La plupart des manuels de géologie ne le mentionnent pas, et des ouvrages récents sur l'histoire de la datation de la Terre vont jusqu'à orthographier son nom de travers. Début 2001, un critique de l'un de ces livres dans la revue *Nature* a même été jusqu'à prendre Patterson pour une femme[28].

En tout cas, grâce au travail qu'il avait accompli, la Terre avait en 1953 un âge sur lequel tout le monde pouvait s'accorder. Il restait toutefois un léger problème : elle était désormais plus vieille que l'Univers qui la contenait.

XI

Les quarks de Môssieu Mark

En 1911, un scientifique britannique nommé C. T. R. Wilson, qui étudiait la formation des nuages en escaladant régulièrement le Ben Nevis, une montagne écossaise notoirement humide, finit par se dire qu'il devait exister une manière plus simple d'étudier les nuages[1]. De retour au laboratoire Cavendish de Cambridge, il construisit une chambre à brouillard – un dispositif assez simple de refroidissement et d'humidification de l'air permettant de créer un modèle raisonnable de nuage dans les conditions du laboratoire.

Outre qu'il fonctionnait parfaitement, ce dispositif avait un avantage inattendu. Quand Wilson accélérait une particule alpha à travers la chambre pour ensemencer ses pseudo-nuages, elle laissait une trace visible de son passage – un peu comme un avion dans le ciel. Il venait d'inventer le détecteur de particules, démontrant du même coup que les particules subatomiques existaient bien.

Deux autres scientifiques du même labo inventèrent ensuite un faisceau de particules plus puissant, tandis qu'en Californie Ernest Lawrence présentait à l'université de Berkeley son célèbre cyclotron, ou collisionneur d'atomes, comme on a longtemps appelé ce genre de machine. Toutes ces inventions fonctionnaient – et fonctionnent encore – sur le même principe : accélerer un proton ou une autre particule chargée à une très grande vitesse le long d'une piste ou d'un anneau, le faire entrer en collision avec une autre particule et voir ce qui en sort. Ce n'était pas une science très subtile, mais, en gros, l'affaire fonctionnait.

À mesure que leurs machines se faisaient plus grandes et plus ambitieuses, les physiciens se mirent à trouver ou à postuler des particules ou des familles de particules apparemment innombrables : muons, pions, hypérons, mésons, mésons K, bosons de Higgs, bosons de jauge, baryons, tachyons – au point de peiner eux-mêmes à s'y retrouver. « Jeune homme, répliqua Enrico Fermi à un étudiant qui l'interrogeait, si je pouvais me rappeler les noms de toutes ces particules, je serais botaniste[2]. »

De nos jours, les accélérateurs ont des noms que Flash Gordon ou Superman n'auraient pas désavoués : le super synchrotron à protons, le collisionneur électron-positron (LED), le grand collisionneur d'hadrons (LHC), le collisionneur d'ions lourds relativistes. À l'aide d'énormes quantités d'énergie (certains ne fonctionnent que la nuit pour éviter que les gens des villes voisines ne voient leurs lumières baisser quand l'appareil est en marche), ils savent rendre les particules si vivaces qu'un électron peut faire en une seconde quarante-sept mille fois le tour d'un tunnel de six km de long[3]. On a craint que dans leur enthousiasme les scientifiques ne créent par inadvertance un trou noir, voire des choses appelées « quarks étranges », théoriquement susceptibles d'interagir avec d'autres particules subatomiques et de se propager de façon incontrôlable. Si vous lisez ces lignes, c'est que ce n'est pas arrivé.

Trouver des particules exige un certain degré de concentration. Elles ne sont pas seulement minuscules et rapides, mais souvent cruellement évanescentes. Elles peuvent apparaître et disparaître en un temps aussi court que 0,000000000000000000000001 seconde (10^{-24}). Même la plus lambine des particules instables ne reste dans le secteur que 0,0000001 seconde (10^{-7})[4].

Certaines vous glissent littéralement entre les doigts. À chaque seconde, la Terre est visitée par 10 000 billions de billions de minuscules neutrinos quasiment dépourvus de masse (issus pour l'essentiel de l'activité nucléaire du Soleil) qui traversent la planète et tout ce qui s'y trouve – y compris vous et moi – comme s'il n'y avait rien. Pour en capturer ne serait-ce que quelques-uns, les scientifiques installent des réservoirs pouvant contenir jusqu'à 50 millions de litres d'eau lourde (contenant une certaine quantité de deutérium) dans des chambres souterraines (en général des mines désaffectées) où ils ne peuvent être altérés par d'autres types de radiations.

Très occasionnellement, un neutrino de passage va entrer en collision avec l'un des noyaux atomiques de l'eau et produire une petite bouffée d'énergie. Les scientifiques comptent ces bouffées, dont chacune nous fait faire un pas infime dans la compréhension des propriétés fondamentales de l'Univers. En 1998, des observateurs japonais ont détecté une masse pour les neutrinos, mais elle est vraiment très faible : environ un dix-millionième de celle d'un électron[5].

Ce qu'il faut surtout de nos jours pour trouver des particules, c'est de l'argent – et beaucoup. Il y a dans la physique moderne une relation curieusement inverse entre la taille de l'objet recherché et celle des installations requises pour le trouver. Le CERN, le Centre européen pour la recherche nucléaire, ressemble à une petite ville. À cheval sur la frontière entre la France et la Suisse, il emploie trois mille personnes et occupe un site qui se mesure en kilomètres carrés. Le CERN peut se vanter de posséder un anneau d'aimants plus lourd que la tour Eiffel et un tunnel long de plus de 25 km.

Casser des atomes, comme l'a noté James Trefil, n'est pas une grande affaire ; c'est ce que vous faites chaque fois que vous allumez une lumière fluorescente[6]. Mais casser les noyaux atomiques exige énormément d'argent et des quantités astronomiques d'électricité. Pour descendre au niveau des quarks, les particules qui constituent les particules, il faut des milliards de volts et le budget d'une petite nation d'Amérique centrale. Le nouveau collisionneur d'hadrons du CERN, entré en service en 2005, dispose de quatorze mille milliards de volts d'énergie et a coûté 1,5 milliard de dollars*[7].

Mais tout cela n'est rien par rapport à ce qu'aurait coûté le Superconducting Supercollider, désormais abandonné, qui faillit voir le jour au Texas dans les années 1980, avant de connaître sa propre supercollision avec le Congrès des États-Unis. Il devait permettre aux scientifiques d'explorer « la nature ultime de la matière », selon l'expression consacrée, en recréant au plus près l'état de l'Univers à son premier dix-millionième de milliard de seconde. Pour cela, on envisageait de projeter des particules dans un tunnel de 85 km de long en les soumettant à une énergie de 99 billions de volts. C'était un grand projet, mais qui aurait coûté huit milliards de dollars (dix selon des estimations ultérieures), sans compter des centaines de millions de dollars de frais de fonctionnement annuels.

Avec un art de jeter l'argent par les fenêtres à peu près inégalé dans l'Histoire, le Congrès consacra deux milliards à ce projet avant de l'annuler en 1993, alors qu'une vingtaine de kilomètres de tunnel étaient déjà creusés. Le Texas peut donc s'enorgueillir aujourd'hui d'avoir le trou le plus cher de l'Univers. D'après mon ami Jeff Guinn du *Fort Worth Star-Telegram*, « le site

* Ce coûteux effort a des effets secondaires pratiques. L'Internet est un rejeton du CERN ; il a été inventé par l'un de ses scientifiques, Tim Berners-Lee, en 1989.

n'est plus qu'une vaste étendue déserte, entourée d'une série de petites villes désappointées[8] ».

Depuis la débâcle du supercollisionneur, les physiciens des particules ont un peu rabaissé leurs prétentions, mais même des projets relativement modestes sont incroyablement coûteux par rapport à... Eh bien, à à peu près n'importe quoi. Un projet d'observatoire de neutrinos dans la vieille Homestake Mine de Lead, dans le Dakota du Sud, coûterait 500 millions de dollars – dans une mine déjà creusée – avant même que l'on envisage ses coûts de fonctionnement, sans compter les 281 millions de dollars de « coûts généraux de conversion[9] ». Il faut déjà 260 millions de dollars simplement pour faire repartir un accélérateur de particules du Fermilab de l'Illinois[10].

La physique des particules, en bref, est une entreprise fort coûteuse – mais aussi fort productive. De nos jours, le nombre de particules connues s'élève à plus de 150, et l'on en soupçonne une centaine de plus[11]. Hélas, comme le dit Richard Feynman, « il est très difficile de comprendre les relations de toutes ces particules, à quoi la nature les destine, et quels liens elles entretiennent entre elles ». Chaque fois que nous parvenons à ouvrir une boîte, nous y trouvons immanquablement une autre boîte fermée à clé. Certains pensent qu'il existe des particules appelées tachyons qui peuvent voyager plus vite que la lumière[12]. D'autres rêvent de trouver les gravitons – le siège de la gravité. Il est difficile de dire si nous pouvons arriver à un point irréductible. Dans *Cosmos*, Carl Sagan émettait l'hypothèse que si l'on pouvait voyager au cœur d'un électron, on s'apercevrait qu'il contient lui-même un univers – comme dans les histoires de science-fiction des années 1950. « L'intérieur, organisé en un équivalent local de galaxies et de structures plus petites, contient un nombre immense d'autres particules élémentaires encore plus minuscules qui sont elles-mêmes des univers au niveau suivant et ainsi de suite dans une régression sans fin, des univers au sein d'autres univers, à l'infini. Et idem vers le haut[13]. »

Pour la plupart d'entre nous, c'est un monde qui dépasse l'entendement. De nos jours, même un guide élémentaire sur la physique des particules peut vous réserver des chausse-trapes de ce genre : « Le pion chargé et l'antipion se désintègrent respectivement en un muon plus un antineutrino, et un antimuon plus un neutrino dotés d'un temps de vie moyen de $2{,}603 \times 10^{-8}$ secondes ; le muon et l'antimuon se désintègrent respectivement en[14]... » Et il y en a des pages du même tonneau – dans un ouvrage pourtant destiné au profane et dû à la plume de Steven Weinberg, en temps normal le plus lucide des interprètes.

Dans les années 1960, le physicien de Caltech Murray Gell-Mann, soucieux d'introduire un brin de simplicité dans la question, inventa une nouvelle classe de particules en vue de « restaurer un certain ordre dans la multitude des hadrons[15] » – un terme collectif qui sert à désigner les protons, les neutrons et les autres particules gouvernées par l'interaction nucléaire forte. Selon la théorie de Gell-Mann, tous les hadrons étaient constitués de particules plus petites et plus fondamentales encore. Son collègue Richard Feynman voulait appeler ces nouvelles particules élémentaires des partons (comme Dolly), mais sa proposition fut rejetée[16]. Gell-Mann leur donna le nom de *quarks*, tiré d'une phrase de *Finnegans Wake* (*three quarks for Muster Mark*, « trois hourras pour Môssieur Mark »), le roman de James Joyce.

La simplicité fondamentale des quarks n'allait pas le rester longtemps. À mesure qu'ils étaient mieux compris, il devint nécessaire d'introduire entre eux des subdivisions. Bien que les quarks soient trop petits pour avoir une couleur, un goût ou un quelconque caractère physique que nous puissions percevoir, ils ont été rangés en six catégories – *up* (« haut »), *down* (« bas »), *strange*, *charm*, *top* et *bottom* – que les physiciens appellent curieusement leurs « saveurs », lesquelles sont divisées à leur tour en couleurs : rouge, vert et bleu. (On soupçonne l'ère psychédélique, qui vit naître ces termes en Californie, de n'être pas étrangère à l'affaire.)

Enfin, il a émergé de tout cela ce que l'on appelle le « Modèle standard », sorte de kit élémentaire du monde subatomique. Le Modèle standard consiste en dix quarks, six leptons, cinq bosons connus et un sixième entièrement postulé, le boson de Higgs (du nom d'un scientifique écossais, Peter Higgs), plus trois des quatre forces physiques : les interactions nucléaires forte et faible et l'électromagnétisme[17].

Selon ce modèle, les quarks sont des briques fondamentales de la matière ; ils sont liés par des particules appelées gluons ; les quarks et les gluons forment les protons et les neutrons, qui constituent le noyau de l'atome (nucléon). Les leptons abritent les électrons et les neutrinos. Les quarks et les leptons sont désignés sous le nom générique de fermions. Les bosons (du nom du physicien indien S. N. Bose) sont des particules qui produisent et véhiculent les forces, et ils incluent les photons et les gluons[18]. Le boson de Higgs peut exister ou non : il a été inventé uniquement pour doter les particules d'une masse.

Tout cela, on le voit, est assez peu maniable, mais c'est le modèle le plus simple dont nous disposions pour expliquer les mouvements dans le monde des particules. Comme le faisait remarquer Leon Lederman dans un documentaire de 1985, les physiciens des particules jugent le Modèle standard dépourvu d'élégance et de simplicité. « C'est trop compliqué. Il a trop de paramètres arbitraires. On voit mal le Créateur tripoter une vingtaine de boutons et obtenir vingt paramètres pour créer l'Univers tel que nous le connaissons[19]. » La physique n'est rien d'autre que la quête de la simplicité ultime, mais, à ce jour, nous n'avons encore qu'un capharnaüm relativement ordonné ; pour reprendre les termes de Lederman, « on a le profond sentiment que le tableau manque d'harmonie ».

Le Modèle standard n'est pas seulement maladroit, il est aussi incomplet. D'une part, il n'a rien à dire sur la gravité. Vous aurez beau chercher, vous n'y trouverez rien qui explique pourquoi, lorsqu'on pose un chapeau sur une table, il ne s'envole pas au plafond. Et, comme nous venons de le voir, il ne peut expliquer la masse. Pour donner aux particules une masse quelconque, il nous faut introduire l'hypothétique boson de Higgs – en laissant à la physique du XXIe siècle le soin de déterminer s'il existe ou non[20]. Comme le faisait gaiement observer Feynman : « Nous voilà donc coincés avec une théorie dont nous ne savons pas si elle est juste ou fausse, mais dont nous sommes sûrs au moins qu'elle est *un peu* fausse, ou du moins incomplète[21]. »

Pour essayer de tout rassembler, les physiciens ont imaginé ce que l'on appelle la théorie des supercordes. Elle postule que les petites choses comme les quarks et les leptons, que nous pensions jusqu'ici comme des particules, sont en fait des « cordes », des fils d'énergie qui oscillent sur onze dimensions, soit les trois que nous connaissons, plus le temps, plus sept autres dimensions qui nous sont, dirons-nous, inconnaissables[22]. Les cordes sont si minuscules qu'elles peuvent passer pour des points[23].

En introduisant des dimensions supplémentaires, la théorie des supercordes permet aux physiciens d'unifier les théories des quanta et celles de la gravitation en un seul bloc relativement ordonné ; le problème, c'est que toutes ces théories commencent à ressembler bigrement au genre d'élucubrations qui vous feraient vous lever discrètement si elles vous étaient glissées à l'oreille par un inconnu rencontré sur un banc de square. Voici par exemple le physicien Michio Kaku expliquant la structure de l'Univers du point de vue des supercordes : « La corde hétérotique consiste en une corde fermée qui a deux types de vibrations, l'une tournant dans le sens des aiguilles d'une montre et l'autre à l'inverse, qui font l'objet d'un traitement différent. Les premières se situent dans un espace à dix dimensions. Les vibrations qui tournent à l'inverse des aiguilles d'une montre existent dans un espace à vingt-six dimensions, dont seize ont été compactifiées[24]. » (Rappelons que dans le modèle original à cinq dimensions de Kaluza la cinquième dimension était compactifiée en étant repliée en un cercle.) Et il continue comme ça pendant 350 pages.

La théorie des cordes a ensuite engendré une chose appelée la « théorie M », qui intègre des surfaces appelées membranes – ou « branes » tout court pour les plus branchés en physique[25]. Je crains de voir se profiler pour nous la bretelle de sortie de l'autoroute de la connaissance. Voici une phrase tirée du *New York Times*, expliquant la chose aussi simplement que possible au grand public : « Le processus ekpyrotique commence loin dans un passé indéfini par une paire de branes plates et vides, parallèles l'une à l'autre, dans un espace replié à cinq dimensions. [...] Les deux branes, qui constituent les parois de la cinquième dimension, ont pu surgir du néant comme une fluctuation quantique dans un passé extrêmement lointain, avant de dériver loin l'une de l'autre[26]. » Cela ne se discute pas. Cela ne se comprend pas non plus. Au passage, notons que ekpyrotique vient du grec et signifie « conflagration ».

Les théories physiques ont atteint un point tel, note Paul Davies dans *Nature*, qu'« il est devenu impossible au profane de distinguer entre le légitimement bizarre et le complètement cinglé[27] ». La question s'est posée notamment à l'automne 2002, quand les jumeaux Igor et Grichka Bogdanov ont proposé une ambitieuse théorie faisant intervenir des concepts tels que « le temps imaginaire » et « la condition de Kubo-Schwinger-Martin », et prétendant décrire le néant qu'était l'Univers avant le big bang[28] – une période censée être inconnaissable, puisqu'elle précède la naissance de la physique et de ses propriétés.

L'article des Bogdanov suscita aussitôt le débat chez les physiciens pour savoir s'il s'agissait de balivernes, d'un travail de génie ou d'une vaste blague. « Sur le plan scientifique, c'est à l'évidence du n'importe quoi, déclara au *New York Times* le physicien de l'université Columbia Peter Woit, mais de nos jours, cela ne distingue pas l'article d'une bonne part du reste de la littérature. »

Karl Popper, que Steven Weinberg a appelé « le doyen moderne des philosophes des sciences », a suggéré un jour qu'il n'y a peut-être pas de théorie ultime pour la physique : chaque explication requiert une nouvelle explication, produisant « une chaîne infinie de principes de plus en plus fondamentaux[29] ». L'autre possibilité est que cette connaissance soit simplement hors de notre portée. « Jusqu'ici, heureusement, écrit Weinberg dans *Dreams of a Final Theory*, nous ne semblons pas encore au bout de nos ressources intellectuelles[30]. » Il est certain que ce domaine va connaître de nouveaux développements, qui paraîtront sans doute aussi abscons à la plupart d'entre nous.

Pendant que les physiciens du milieu du XXe siècle se penchaient avec perplexité sur le monde de l'infiniment petit, les astronomes découvraient de nouvelles questions apparemment insolubles dans celui de l'infiniment grand.

Lors de notre dernière rencontre avec Edwin Hubble, il venait de déterminer que les galaxies situées dans notre champ de vision s'éloignent de nous dans une fuite où la vitesse et la distance sont clairement proportionnelles : plus la galaxie est lointaine, plus vite elle s'éloigne. Hubble comprit que l'on pouvait exprimer cela à l'aide d'une équation simple, Ho = v/d (où *Ho* est la constante, *v* la vitesse de récession de la galaxie, et *d* sa distance par rapport à nous). *Ho* a pris depuis le nom de constante de Hubble, et l'ensemble celui de principe de Hubble. Cette formule l'amena à évaluer l'âge de l'Univers à deux milliards d'années, un chiffre assez déconcertant : en effet, dès la fin des années 1920, on se doutait que bien des choses dans l'Univers (à commencer par la Terre elle-même) devaient être plus âgées[31]. La cosmologie n'a cessé depuis de chercher à affiner ce chiffre.

À ce jour, le plus constant dans la constante de Hubble, c'est le désaccord sur la valeur qu'il convient de lui attribuer. En 1956, les astronomes découvrirent que les céphéides variables l'étaient plus encore qu'ils ne l'avaient cru jusque-là : elles existaient en deux variétés, et non une seule. Cela leur permit de revoir leurs calculs, d'où sortit un univers oscillant entre 7 et 20 milliards d'années – pas terrible pour la précision, mais au moins assez vieux pour inclure la formation de la Terre[32].

Les années suivantes allaient voir se développer une longue controverse entre Allan Sandage, héritier de Hubble au Mont Wilson, et Gérard de Vaucouleurs, astronome français travaillant à l'université du Texas[33]. Sandage, après des années de calculs, était parvenu à une valeur de 50 pour la constante de Hubble, donnant à l'Univers un âge de 20 milliards d'années. Vaucouleurs, de son côté, était non moins certain que la constante de Hubble était de 100* – ne laissant à

* Vous devez bien sûr vous demander ce que l'on entend exactement par « constante de 50 » ou « constante de 100 ». La réponse tient aux unités astronomiques de mesure. Les astronomes n'utilisent pas les années-lumière, sauf dans la conversation. Ils utilisent le parsec (contraction de parallaxe et seconde), basé sur une mesure universelle appelée la parallaxe stellaire qui équivaut à 3,26 années-lumière. Les distances vraiment énormes, comme la taille d'un univers, se

l'Univers que la moitié de l'âge et de la dimension proposés par Sandage, soit pas plus de 10 milliards d'années. Nous avons fait une nouvelle embardée dans l'incertitude en 1994, quand des chercheurs des Observatoires Carnegie en Californie, à l'aide de mesures fournies par le télescope spatial Hubble, ont suggéré que l'Univers pouvait être une jeunesse de 8 milliards d'années – plus récent, concédaient-ils, que certaines de ses étoiles. En février 2003, à l'aide d'un nouveau type de satellite, le Wilkinson Microwave Anistropy Probe, une équipe de la NASA associée au Goddard Space Flight Center du Maryland a annoncé avec une certaine assurance 13,7 milliards d'années pour l'Univers, à une centaine de millions d'années près. Les choses en sont là pour le moment.

La difficulté dans tout cela, c'est le vaste champ laissé à l'interprétation. Imaginez-vous debout dans un champ la nuit, essayant de décider à quelle distance se trouvent deux lumières éloignées. En vous aidant d'outils assez simples de l'astronomie, vous pouvez déterminer que les ampoules sont d'une luminosité égale et que l'une est par exemple moitié plus proche que l'autre. Mais ce que vous ne pouvez pas établir

---

mesurent en mégaparsecs (un million de parsecs). La constante est exprimée en kilomètres par seconde par mégaparsec. Ainsi, quand les astronomes parlent d'une constante de Hubble de 50, ils veulent dire « 50 km par seconde par mégaparsec ». Pour la plupart d'entre nous, c'est bien sûr une mesure dépourvue de sens, mais en astronomie, les distances sont si énormes qu'elles sont souvent dépourvues de sens.

avec certitude, c'est si la lumière la plus proche est une ampoule de 58 watts située à 4,002 km, ou une ampoule de 61 watts brillant à 4,1 km. De surcroît, vous devez prendre en compte les distortions dues aux variations de l'atmosphère terrestre, à la poussière intergalactique qui contamine la lumière des étoiles situées au premier plan, et à bien d'autres facteurs. Vos calculs s'appuient donc fatalement sur une cascade d'hypothèses dont chacune peut être source de différend. En outre, l'accès aux télescopes vaut toujours de l'or, et mesurer le décalage vers le rouge a coûté au cours de l'Histoire une petite fortune : en effet, il faut parfois toute une nuit pour obtenir une seule observation. Les astronomes sont donc souvent tentés de fonder leurs conclusions sur des preuves qui brillent surtout par leur rareté. La cosmologie, comme l'a dit le journaliste Geoffrey Carr, est « une montagne de théories bâtie sur une taupinière de preuves[34] ». Ou comme l'a dit Martin Reeves : « Notre satisfaction actuelle [sur l'état de notre compréhension] tient peut-être plus à la rareté des données qu'à l'excellence de la théorie[35]. »

Soit dit en passant, cette incertitude s'applique autant à des choses relativement proches qu'aux confins de l'Univers. Comme le fait remarquer Donald Goldsmith, quand les astronomes disent que la galaxie M87 se trouve à 60 millions d'années-lumière, ce qu'ils veulent dire en réalité (« mais se gardent en général de préciser au grand public[36] ») c'est qu'elle est située quelque part entre 40 millions et 90 millions d'années-lumière – ce qui n'est pas exactement la même chose. Naturellement, le problème s'amplifie encore quand on s'attaque à l'Univers dans son ensemble. Pour conclure, les meilleurs paris pour l'âge de l'Univers semblent stabilisés entre 12 milliards et 13,5 milliards, mais nous sommes encore loin de l'unanimité[37].

Une théorie récente suggère que l'Univers est loin d'être aussi grand que nous l'avions cru, et que certaines des galaxies que nous percevons au loin ne sont peut-être que de simples reflets, des images fantômes nées du rebond de la lumière.

Le fait est que nous ignorons encore beaucoup de choses, même à un niveau fondamental – à commencer par le matériau dont est constitué l'Univers. Quand les scientifiques calculent la quantité de matière nécessaire pour tout maintenir ensemble, ils sont toujours désespérément à court. Il semble qu'au moins 90 % de l'Univers, et peut-être 99 %, soient composés de la « matière noire » de Fritz Zwicky – par sa nature même invisible à nos yeux. Il est légèrement vexant de penser que nous vivons dans un univers que nous ne voyons même pas, mais nous en sommes là. Les noms des deux coupables présumés ont au moins le mérite d'être divertissants : les WIMP (*Weakly Interacting Massive Particles*, « particules massives interagissant faiblement », c'est-à-dire des grains de matière invisible laissés par le big bang), et les MACHO (*Massive Compact Halo Objects*, un autre nom pour désigner les trous noirs, les naines brunes et autres étoiles très faibles).

Les physiciens des particules ont plutôt favorisé l'explication particulaire des WIMP, les astrophysiciens l'explication stellaire des MACHO. Pendant un temps, les MACHO l'ont emporté, mais on n'en a pas découvert suffisamment, ce qui a relevé la cote des WIMP, bien qu'on n'en ait toujours pas découvert l'ombre d'un seul. Vu leur faible interaction, ils sont très difficiles à détecter (à supposer qu'ils existent). Les rayons cosmiques provoqueraient trop d'interférences, aussi les scientifiques doivent-ils aller creuser sous terre. Des bombardements cosmiques à un kilomètre de profondeur représenteraient un millionième de ce qu'ils sont en surface. Mais même en ajoutant ceux-ci, « il manque encore deux tiers de l'Univers sur le plateau de la balance », comme l'a dit un commentateur[38]. Pour le moment, on peut tout au plus qualifier les WIMP d'objets hypothétiques, compacts et sombres, susceptibles d'errer dans le halo galactique.

Des observations récentes suggèrent que les galaxies de l'Univers, non contentes de s'éloigner de nous à toute allure, sont en accélération constante. Cela va à l'encontre de toutes les attentes. Il semble que l'Univers ne soit pas rempli seulement de matière noire, mais aussi d'une énergie que les scientifiques appellent parfois énergie du vide, ou, de façon plus exotique, quintessence. Quoi qu'elle puisse être, elle semble pousser à une expansion que personne n'est en mesure d'expliquer. En fait, l'espace vide ne serait pas vide du tout : des particules de matière et d'antimatière naissent et meurent sans cesse, poussant l'Univers à s'étendre à une vitesse croissante[39]. De façon assez improbable, la seule chose qui résout tout cela est la constante cosmologique d'Einstein – ce petit bout de mauvaises mathématiques qu'il introduisit dans sa théorie de la relativité générale pour arrêter l'expansion présumée de l'Univers, et qu'il appela « la plus grande bourde de ma vie[40] ». C'est à se demander aujourd'hui s'il avait tout à fait tort.

Résumons-nous : nous vivons dans un univers dont nous sommes incapables de calculer l'âge, constellé d'étoiles dont nous ignorons l'éloignement, rempli d'une matière que nous n'arrivons pas à identifier, opérant en conformité avec des lois physiques dont nous ne connaissons pas vraiment les propriétés.

Et sur cette note quelque peu déstabilisante, revenons à la planète Terre pour examiner enfin quelque chose que nous comprenons – même si vous ne serez pas surpris, au point où nous en sommes, d'apprendre que nous ne le comprenons pas totalement, et qu'il nous a fallu des années pour comprendre le peu que nous savons.

XII

La Terre bouge

L'un des derniers actes professionnels d'Albert Einstein, peu avant sa mort en 1955, fut de rédiger une brève mais brillante préface au livre d'un géologue nommé Charles Hapgood, intitulé *Earth's Shifting Crust : A Key to Some Basic Problems of Earth Science*. L'ouvrage de Hapgood était une démolition en règle de l'idée que les continents bougent. Sur un ton qui n'invitait pas le lecteur à la tolérance, Hapgood rappelait que quelques âmes crédules avaient cru observer « une apparente correspondance de forme entre certains continents ». Il semble, poursuivait-il, « que l'Amérique du Sud pourrait s'ajuster avec l'Afrique, et ainsi de suite. [...] On prétend même que les formations rocheuses de part et d'autre de l'Atlantique se correspondent[1] ».

Mister Hapgood balayait d'un revers de main de telles balivernes, rappelant que les géologues K. E. Caster et J. C. Mendes, à la suite d'un énorme travail de terrain de part et d'autre de l'Atlantique, avaient établi sans l'ombre d'un doute que ces ressemblances étaient pure fiction. Dieu seul sait où ces MM. Caster et Mendes avaient effectué leurs prélèvements, car nombre de formations rocheuses des deux côtés de l'Atlantique, non contentes de se ressembler, *sont* les mêmes.

Mais cette idée ne convenait pas plus à M. Hapgood qu'à d'autres géologues de son temps. La théorie qu'il fustigeait ainsi avait été proposée pour la première fois par un géologue amateur américain nommé Frank Bursley Taylor. Issu d'une famille fort aisée, Taylor disposait des moyens et de la liberté de poursuivre des recherches peu conventionnelles hors de toute contrainte académique. Étant de ceux qui jugeaient frappante la correspondance physique entre les côtes d'Afrique et d'Amérique du Sud, il émit l'hypothèse que les continents avaient pu autrefois dériver, et (avec une remarquable prescience) que leurs rencontres brutales avaient pu soulever les chaînes de montagnes. Il fut toutefois incapable d'en apporter la preuve, et sa théorie fut jugée trop folle pour qu'on s'y arrête.

Mais en Allemagne, l'idée de Taylor fut efficacement reprise par Alfred Wegener, météorologue à l'université de Marbourg. Wegener étudia dans les plantes et les fossiles les nombreuses anomalies qui ne cadraient pas avec l'histoire classique de la Terre, et comprit qu'on ne s'en sortirait jamais avec les outils conventionnels. Des fossiles d'animaux ne cessaient d'apparaître de part et d'autre d'océans visiblement trop vastes pour être traversés à la nage. Comment donc les marsupiaux étaient-ils passés d'Amérique du Sud en Australie ? Pourquoi retrouvait-on des escargots identiques en Scandinavie et en Nouvelle-Angleterre ? Et comment rendre compte de l'existence de veines de charbon et d'autres vestiges semi-tropicaux dans des endroits glacés comme Spitsbergen, à 600 km au nord de la Norvège, s'ils n'avaient pas migré d'une façon ou d'une autre à partir de climats plus chauds ?

Pour Wegener, les continents actuels avaient constitué autrefois une unique masse de terre qu'il appela la Pangée, où la flore et la faune s'étaient mêlées avant que les continents ne se séparent et ne s'en aillent flotter jusqu'à leurs positions actuelles. Il récapitula le tout dans un ouvrage appelé *Die Entstehung der Kontinente und Ozeane*, « L'Origine des continents et des océans », qui fut publié en Allemagne en 1912 et (bien que la Première Guerre mondiale ait éclaté entre-temps) en Angleterre trois ans plus tard.

La guerre empêcha la diffusion de la théorie de Wegener, mais en 1920, quand parut une nouvelle édition revue et augmentée, elle devint rapidement un objet de débat. Tout le monde s'accordait à dire que les continents bougeaient – mais de bas en haut, pas sur le côté. Ce mouvement vertical, appelé isostasie, resta un fondement des croyances géologiques pendant des générations, bien que nul n'ait jamais proposé de théorie expliquant le comment et le pourquoi de ce phénomène. On avait aussi la théorie de la pomme cuite (encore reprise par les manuels scolaires quand j'étais écolier), avancée par l'Autrichien Edouard Suess dans les dernières années du XIXe siècle : en se refroidissant, la Terre se serait ridée à la façon d'une pomme cuite, donnant naissance à des cuvettes océaniques et à des chaînes de montagnes. Peu importait que James Hutton eût démontré depuis longtemps qu'une disposition aussi statique n'aurait pu aboutir qu'à une sphère lisse, l'érosion aplanissant les bosses et comblant les creux. En outre, Rutherford et Soddy avaient montré dès le début du XXe siècle que la Terre contient d'énormes réserves de chaleur – bien trop pour permettre le processus de refroidissement et de contraction avancé par Suess. De toute façon, si sa théorie avait été juste, les montagnes auraient été distribuées de façon égale sur toute la surface de la Terre (ce qu'elles n'étaient pas à l'évidence) et auraient eu plus ou moins le même âge ; or, on savait déjà que certaines chaînes, comme l'Oural et les Appalaches, étaient plus vieilles de centaines de millions d'années que les Alpes ou les Rocheuses. Les temps étaient mûrs pour une nouvelle théorie, mais, hélas, Alfred Wegener n'était pas l'homme choisi par les géologues pour la diffuser.

D'abord, ses hypothèses radicales bousculaient les fondements mêmes de leur discipline, ce qui est rarement une façon de se faire des amis. Une telle remise en cause aurait déjà été douloureuse venant d'un géologue, or Wegener n'avait pas de formation en géologie. Ce n'était qu'un météorologue, sacré bon sang. Un type de la météo, et allemand de surcroît : autant de tares insurmontables.

Les géologues s'escrimèrent donc à écarter ses preuves et à déprécier ses propositions. Pour résoudre le problème de la distribution des fossiles, ils bâtirent des « ponts de terre » partout où le besoin s'en faisait sentir[2]. Quand on découvrit que l'hipparion, un cheval archaïque, avait vécu en France et en Floride à la même époque, on jeta un pont de terre à travers l'Atlantique. Quand on comprit que d'anciens tapirs avaient existé simultanément en Amérique du Sud et dans le Sud-Est asiatique, on traça entre eux un nouveau pont. Bientôt, les mers préhistoriques revinrent quasiment à l'état solide avec tous ces ponts hypothétiques reliant l'Amérique du Nord à l'Europe, le Brésil à l'Afrique, le Sud-Est asiatique à l'Australie, l'Australie à l'Antarctique. Non seulement ces tiges de haricot magique avaient obligeamment poussé partout où il fallait déplacer un organisme vivant d'un continent à un autre, mais elles avaient eu le bon goût de s'évanouir sans laisser de trace. Certes, rien de ce fatras n'était étayé par l'ombre d'une preuve – rien d'aussi faux n'aurait pu l'être –, mais cela n'en resta pas moins l'orthodoxie géologique pendant un demi-siècle.

Pourtant, même les ponts de terre ne pouvaient expliquer certaines choses[3]. On découvrit qu'une espèce de trilobite bien connue en Europe avait aussi vécu à Terre-Neuve – mais d'un seul côté de l'île. Nul ne pouvait expliquer comment elles avaient victorieusement traversé 3 000 km d'un océan hostile sans parvenir ensuite à conquérir une île de 300 km de large. Plus gênant encore, on trouvait une autre espèce de trilobite en Europe et dans le Pacifique Nord, mais nulle part entre les deux, ce qui aurait exigé cette fois non plus un pont terrestre, mais un pont aérien. Pourtant, en 1964 encore, l'*Encyclopaedia britannica* présentait la théorie de Wegener comme truffée de « graves difficultés théoriques[4] ».

Certes, Wegener se trompa parfois. Il soutint que le Groenland dérive vers l'ouest d'un kilomètre et demi par an, ce qui est à l'évidence une absurdité (c'est plutôt de l'ordre du centimètre). Mais surtout, il ne put jamais produire une théorie capable d'expliquer comment ces masses de terre se déplaçaient. Il fallait accepter que d'énormes continents aient glissé sur une croûte solide, comme un soc dans un sol meuble, sans laisser aucune trace dans leur sillage. Rien de ce que l'on connaissait alors ne pouvait offrir une explication plausible de mouvements aussi massifs.

Il revint à Arthur Holmes, le géologue anglais qui avait déjà tant fait pour déterminer l'âge de la Terre, de proposer un début de solution. Il fut le premier à comprendre que la chaleur radioactive pouvait provoquer dans les entrailles de la Terre des courants de convection assez puissants pour faire glisser les continents à sa surface. Dans son célèbre manuel intitulé *Principles of Physical Geology*, publié en 1944, Holmes esquissait une théorie de la dérive des continents qui était dans ses principes celle qui prévaut aujourd'hui. Cela restait une proposition radicale pour l'époque et elle fut extrêmement critiquée, surtout aux États-Unis, où la résistance à la dérive des continents persista plus longtemps qu'ailleurs. Un critique se plaignit, le plus sérieusement du monde, qu'avec des arguments aussi clairs et aussi convaincants Holmes puisse induire les étudiants à les croire[5].

Mais ailleurs, la nouvelle théorie trouva un soutien immédiat, bien que prudent. En 1950, un vote de la British Association for the Advancement of Science montra que la moitié des présents adoptaient désormais l'idée de la dérive des continents[6]. (Hapgood ne manqua pas de citer ce chiffre comme une preuve que la géologie britannique était décidément tombée bien bas.) Curieusement, Holmes lui-même vacillait parfois dans ses convictions. En 1953, il confessait : « Je n'ai jamais pu me délivrer d'un lancinant préjugé contre la dérive des continents ; dans ma moelle géologique, pour ainsi dire, je continue à trouver cette hypothèse des plus fantaisistes[7]. »

La dérive des continents ne manquait pas totalement d'adeptes aux États-Unis. Reginald Daly, de Harvard, penchait en sa faveur, mais vous vous rappelez peut-être qu'il avait déjà suggéré que la Lune s'était formée à la suite d'un impact cosmique : on jugeait ses idées intéressantes, mais un brin trop excentriques pour les prendre au sérieux. La plupart des chercheurs américains continuèrent donc à penser que les continents occupaient depuis toujours leurs positions actuelles et qu'il fallait attribuer leurs particularités physiques à autre chose qu'à des mouvements latéraux.

L'ironie de l'affaire, c'est que les géologues des

compagnies pétrolières savaient depuis des années que pour trouver du pétrole, il fallait supposer précisément le type de mouvements qu'impliquait la tectonique des plaques[8]. Mais ces géologues-là n'écrivent pas d'articles scientifiques ; ils se contentent de trouver du pétrole.

Il restait un problème d'importance qu'aucune théorie de la Terre n'avait résolu, ni même approché : savoir où pouvaient bien passer les sédiments. Chaque année, les fleuves charrient vers la mer des tonnes de matériaux issus de l'érosion – 500 millions de tonnes de calcium, par exemple. En multipliant la vitesse de dépôt par le nombre d'années de ce processus, on obtenait un chiffre assez troublant : il aurait dû y avoir une couche de sédiments épaisse d'environ 20 000 mètres dans les fonds marins, ce qui revient à dire que le fond des océans aurait dû se trouver bien au-dessus de leur surface. Les scientifiques résolurent ce paradoxe de la façon la plus simple – en l'ignorant purement et simplement. Mais il vint un moment où il ne fut plus possible de l'ignorer.

Au cours de la Deuxième Guerre mondiale, un minéralogiste de l'université Princeton, Harry Hess, se vit confier le commandement d'un vaisseau de transport de troupes, le *Cape Johnson*, à bord duquel était embarquée une sonde océanique flambant neuve. Elle était destinée à faciliter les manœuvres côtières au cours des débarquements sur les plages, mais Hess comprit qu'elle pouvait aussi servir à des fins scientifiques et ne la désactiva jamais, même en pleine mer, même dans le feu des combats[9]. Ce qu'il découvrit était complètement inattendu. Si les fonds océaniques étaient anciens, comme tout le monde le supposait, ils auraient dû être recouverts de sédiments, comme la boue au fond d'un fleuve ou d'un lac. Or, les lectures de Hess montraient qu'ils n'avaient en rien l'aspect lisse et gluant des anciens limons, mais qu'ils étaient parsemés de canyons, de fosses, de crevasses et de monts volcaniques qu'il baptisa guyots, en l'honneur d'un ancien géologue de Princeton, Arnold Guyot[10]. Tout cela avait de quoi laisser perplexe, mais Hess avait une guerre sur les bras et il remit ses réflexions à plus tard.

Après la guerre, il retourna à Princeton et aux soucis de l'enseignement, mais les mystères des abysses continuèrent à hanter ses pensées. Dans les années 1950, les océanographes menèrent de leur côté des études de plus en plus sophistiquées des fonds marins. Une nouvelle surprise de taille les attendait : la plus haute chaîne de montagnes de la planète se trouvait essentiellement sous l'eau, dessinant une ligne continue au fond des océans du monde. Partant d'Islande, elle formait une crête dorsale au centre de l'océan Atlantique, contournait le bas de l'Afrique et poursuivait sa route à travers l'océan Indien et le Pacifique Sud, au-dessous de l'Australie ; là, elle bifurquait à travers le Pacifique comme pour rejoindre le sud de la Californie, avant de remonter la côte ouest des États-Unis jusqu'à l'Alaska. Ici et là, ses plus hauts sommets pointant à la surface formaient une île ou un archipel – les Açores et les Canaries dans l'Atlantique, les îles Hawaii dans le Pacifique –, mais l'essentiel était immergé sous des milliers de mètres cubes d'eau salée, inconnu et insoupçonné. Quand on parvint à dresser le tableau de toutes ses branches, on constata que son réseau s'étendait sur 75 000 km.

On avait une vague idée de ces choses depuis un petit moment. Les ouvriers qui posaient les câbles transocéaniques avaient constaté dès le XIXe siècle, en observant la façon dont ils se positionnaient, une sorte d'excroissance montagneuse au milieu de l'Atlantique, mais la dimension et la nature continue de cette chaîne stupéfièrent tout le monde. Elle présentait en outre des anomalies physiques que l'on ne parvenait pas à expliquer. La crête dorsale de l'Atlantique montrait en son milieu un canyon – une faille – d'une vingtaine de kilomètres de large tout le long de ses 19 000 km. Cela semblait suggérer que la Terre craquait aux coutures, comme une noix devenue trop grosse pour sa coque. L'idée était aussi absurde qu'irritante, mais on ne pouvait nier l'évidence.

Puis, en 1960, des carottes issues de forages montrèrent que le plancher océanique était très jeune au niveau du sillon axial de l'Atlantique, mais vieillissait à mesure qu'on s'en écartait en direction des rivages. Harry Hess se pencha sur la question et comprit que cela ne pouvait signifier qu'une chose : la nouvelle croûte océanique se formait de part et d'autre de la faille centrale, avant d'être repoussée par la croûte suivante. Le fond de l'Atlantique était constitué de deux grands tapis roulants, l'un qui poussait la croûte vers l'Amérique du Nord et l'autre vers l'Europe. Ce processus prit le nom d'extension du plancher océanique.

Quand la croûte parvenait au bout de son voyage sur les rives des continents, elle replongeait sous terre selon un processus appelé subduction. Ce processus expliquait où passaient tous les sédiments : ils retournaient aux entrailles de la Terre. Il expliquait aussi que les fonds océaniques fussent partout relativement jeunes. On n'en avait trouvé aucun qui eût plus de 175 millions d'années, ce qui laissait perplexe, puisque les roches continentales étaient souvent vieilles de milliards d'années. Désormais, Hess comprenait pourquoi : les roches océaniques ne duraient que le temps qu'il leur fallait pour parvenir aux rivages. C'était une splendide théorie qui expliquait bien des choses, et Hess l'exposa en détail dans un article qui fut à peu près ignoré. Parfois, le monde n'est tout simplement pas prêt pour une grande idée.

Pendant ce temps, deux chercheurs faisaient chacun de leur côté de stupéfiantes découvertes en s'appuyant sur une bizarrerie de l'histoire de la Terre mise au jour quelques dizaines d'années plus tôt. En 1906, Bernard Brunhes, un physicien français, s'était aperçu que le champ magnétique de la planète s'inverse de temps à autre, et que ces inversions restent inscrites dans certaines roches depuis l'époque de leur apparition. De minuscules grains de minerai de fer emprisonnés dans la roche pointent vers l'endroit où se trouvaient les pôles magnétiques à l'époque de leur formation, et restent pointés dans cette direction tandis que les roches se solidifient en refroidissant. Ces roches « se souviennent » donc de l'emplacement des pôles magnétiques. Pendant longtemps, cela resta une sorte de curiosité, mais dans les années 1950, Patrick Blackett, de l'université de Londres, et S. K. Runcorn, de l'université de Newcastle, furent pour le moins stupéfaits de constater que les « boussoles » magnétiques prises dans leur échantillon de roches britanniques indiquaient que, dans un passé lointain, l'Angleterre avait tourné sur son axe et s'était éloignée d'une certaine distance vers le nord, comme si elle avait largué les amarres. Ils s'aperçurent en outre que si l'on plaçait une carte des modèles magnétiques de l'Europe à côté d'une carte de l'Amérique de la même période, elles s'ajustaient aussi nettement que les deux fragments d'une lettre déchirée. C'était troublant.

Leur découverte fut tout aussi ignorée.

Il revint finalement à deux chercheurs de Cambridge – Drummond Matthews, un géophysicien, et Fred Vine, l'un de ses doctorants – d'additionner un et un. En 1963, à l'aide d'études magnétiques du plancher océanique de l'Atlantique, ils démontrèrent que les fonds marins s'écartaient de la même façon que l'avait suggéré Hess à propos des continents. Un géologue canadien peu chanceux, Lawrence Morley, parvint à la même conclusion au même moment, mais ne put jamais faire publier son article. Dans ce qui est devenu une rebuffade célèbre, le rédacteur du *Journal of Geophysical Research* lui déclara : « Des spéculations de ce genre font merveille dans les dîners en ville, mais ce ne sont pas des choses que l'on peut publier sous une égide scientifique sérieuse. » Ce fut sans doute, écrivit plus tard un géologue, « l'article le plus important des sciences de la Terre auquel on ait jamais refusé la publication[11] ».

En tout cas, l'idée d'une croûte mobile était désormais établie. Une conférence réunissant les plus importants personnages de la discipline, organisée à Londres sous les auspices de la Royal Society en 1964, fut l'occasion de conversions en masse. La Terre était bien une mosaïque de segments interconnectés dont les massives bousculades expliquaient l'essentiel du comportement en surface de la planète.

Le terme de « dérive des continents » fut assez rapidement écarté quand on comprit que c'était toute l'écorce qui bougeait, et pas seulement les continents, mais il fallut un moment pour trouver un nom à ces grands segments individuels. On les appela d'abord « blocs » ou « pavés ». Ce n'est qu'en 1968, avec la publication d'un article de trois sismologues américains dans le *Journal of Geophysical Research*, qu'ils reçurent le nom sous lequel on les connaît aujourd'hui : les plaques. Le même article baptisait la nouvelle science la tectonique des plaques.

Les vieilles idées ont la peau dure, et ce ne fut pas exactement la ruée pour adopter cette excitante théorie. Jusqu'à la fin des années 1970, l'un des manuels de géologie les plus lus – *The Earth*, du vénérable Harold Jeffreys – persistait à dire que la tectonique des plaques était une impossibilité physique, ce qu'il soutenait déjà dans sa première édition de 1924[12]. Il refusait également la convection et l'extension des fonds marins. Dans *Basin and Range*, qui date pourtant de 1980, John McPhee notait qu'un géologue américain sur huit continuait à ne pas croire à la tectonique des plaques[13].

Nous savons aujourd'hui que la surface de la Terre est constituée de huit à douze grandes plaques (selon ce qu'on appelle « grand ») et d'une vingtaine d'autres plus petites, qui se déplacent dans des directions diverses à des vitesses différentes[14]. Certaines plaques sont grandes et relativement inactives, d'autres petites mais pleines d'énergie. Elles n'ont qu'une relation incidente aux continents qui reposent sur elles. La plaque nord-américaine est beaucoup plus grande que le continent auquel elle est associée. Elle suit à peu près la côte ouest du continent (ce qui explique que cette région ait une telle activité sismique, située à l'endroit où vient cogner le bord de la plaque), mais elle ignore complètement la côte est pour s'étendre jusqu'à la dorsale centrale de l'Atlantique. L'Islande est coupée en deux par le milieu, ce qui la rend, sur le plan tectonique, mi-américaine et mi-européenne. La Nouvelle-Zélande fait partie de l'immense plaque de l'océan Indien, bien qu'elle soit fort éloignée de cet océan. Et il en va de même pour la plupart des plaques.

Les liens entre les masses continentales modernes et celles du passé se sont révélés infiniment plus complexes qu'on ne l'imaginait[15]. Le Kazakhstan, par exemple, était autrefois rattaché à la Norvège et à la Nouvelle-Angleterre. Un coin de Staten Island, mais un coin seulement, est européen. Il en va de même de Terre-Neuve. Ramassez un caillou sur une plage du Massachusetts, et son parent le plus proche se trouvera en Afrique. Les Highlands d'Écosse et l'essentiel de la Scandinavie sont américains. On estime qu'une partie de la chaîne Shackleton de l'Antarctique a pu appartenir autrefois aux Appalaches de l'est des États-Unis. En bref, les roches se baladent.

Cette agitation constante empêche les plaques de fusionner en une seule plaque immobile. En supposant que les choses continuent au même rythme qu'aujourd'hui, l'océan Atlantique va finir par devenir bien plus vaste que le Pacifique. Un gros morceau de la Californie va se détacher du continent pour devenir une sorte de Madagascar du Pacifique. L'Afrique va se pousser vers le nord en direction de l'Europe, faisant disparaître la Méditerranée et donnant naissance à une chaîne de montagnes d'une majesté himalayenne s'étendant de Paris à Calcutta. L'Australie colonisera les îles situées au nord et se reliera par une sorte d'isthme ombilical à l'Asie. Ce sont là des résultats futurs, pas des événements futurs. Les événements se produisent en ce moment même.

Pendant que nous sommes tranquillement assis, les continents dérivent, comme des feuilles sur une mare. Grâce aux GPS (Global Positioning Systems), nous voyons l'Europe et l'Amérique du Nord s'éloigner à peu près à la vitesse où nos ongles poussent – soit d'environ 2 mètres au cours d'une vie humaine[16]. Si vous étiez en mesure d'attendre assez longtemps, vous pourriez vous offrir une petite balade à pied de Los Angeles à San Francisco. Seule la brièveté de nos vies nous empêche d'apprécier l'ampleur de ces changements. Quand vous regardez un globe terrestre, vous ne voyez jamais qu'un cliché de la position des continents telle qu'elle est depuis 0,1 % de l'histoire de notre planète[17].

La Terre est la seule planète rocheuse à posséder une tectonique des plaques, ce qui est une sorte de mystère. Ce n'est pas une simple question de taille ou de densité : Vénus est pratiquement jumelle de la Terre à cet égard, et elle n'a pas d'activité tectonique. On pense – même si ce n'est guère qu'une hypothèse – que la tectonique joue un rôle important dans le bien-être organique de notre planète[18]. Comme l'a dit le physicien James Trefil, « il serait difficile de croire que le mouvement continu de la tectonique des plaques n'ait aucune conséquence sur le développement de la vie sur terre ». Il suggère que les défis induits par la tectonique – les changements de climat, par exemple – ont été une puissante incitation au développement de l'intelligence. D'autres pensent que les mouvements des continents sont responsables d'une partie au moins des extinctions qu'a connues la planète. En novembre 2002, Tony Dickson, de Cambridge, suggérait dans un rapport publié par la revue *Science* qu'il pourrait y avoir un lien étroit entre l'histoire des roches et celle de la vie[19]. Ayant établi que la composition chimique des océans s'est brutalement et vigoureusement modifiée au cours du dernier demi-milliard d'années, il pensait que ces changements étaient corrélés à d'importants événements de l'histoire biologique : la soudaine profusion de minuscules organismes qui ont formé les falaises crayeuses du sud de l'Angleterre, la mode des coquilles chez les organismes marins au cours du Cambrien, etc. Nul ne peut dire ce qui modifie de temps à autre de façon si spectaculaire la chimie des océans, mais l'ouverture et la fermeture des failles océaniques semble un coupable tout désigné.

Quoi qu'il en soit, la tectonique des plaques expliquait non seulement la dynamique en surface de la Terre – comment l'hipparion était passé de France en Floride par exemple –, mais aussi beaucoup de ses mouvements internes. Les tremblements de terre, la formation d'archipels, le cycle du carbone, l'emplacement des montagnes, la périodicité des âges glaciaires, les origines de la vie elle-même – tout cela était soumis à l'influence directe de cette remarquable théorie. Les géologues, a écrit John McPhee, se trouvèrent dans l'enivrante position de voir « la Terre entière prendre soudain un sens[20] ».

Mais jusqu'à un certain point seulement. La

distribution des continents dans des temps anciens est loin d'être aussi bien résolue que ne l'imaginent les profanes. Les belles images de masses continentales répondant aux doux noms de Laurasia, Gondwana, Rodinia et Pangée, s'appuient sur des hypothèses qui ne tiennent pas toujours bien la route. Comme le fait observer George Gaylord Simpson dans *Fossils and the History of Life*, les espèces de plantes et d'animaux issues de l'ancien monde ont la fâcheuse habitude d'apparaître là où elles ne devraient pas, et d'être absentes là où on les attendrait[21].

Les contours du Gondwana, l'énorme continent qui reliait autrefois l'Australie, l'Afrique, l'Antarctique et l'Amérique du Sud, ont été tracés notamment sur la base de la distribution d'une fougère appelée *Glossopteris*, présente dans tous les endroits requis. Mais bien plus tard, on découvrit aussi *Glossopteris* dans des parties du monde sans aucun lien connu avec le Gondwana. Cette contradiction troublante fut – et est toujours – largement ignorée. De même, on a trouvé un reptile du Trias, *Lystrosaurus*, de l'Antarctique à l'Asie, ce qui soutient l'idée d'un lien ancien entre ces continents, mais on n'en a jamais découvert en Amérique du Sud ou en Australie, censées appartenir à la même masse continentale.

Il y a aussi de nombreux caractères de surface que la tectonique ne peut expliquer[22]. Prenons le cas de Denver. La ville se trouve à 1 500 mètres au-dessus du niveau de la mer, mais cette situation est relativement récente. Quand les dinosaures peuplaient la Terre, l'endroit était au fond de l'eau, des milliers de mètres plus bas. Pourtant, les roches sur lesquelles Denver est bâtie ne sont ni fracturées ni déformées, comme elles devraient l'être si cette section avait été soulevée par la collision de deux plaques – et de toute façon, elle est trop loin des frontières des plaques pour être affectée par leurs mouvements. Autant pousser le bord d'un tapis dans l'espoir de faire un pli à l'autre bout. Denver semble être montée mystérieusement sur des millions d'années, comme un pain qui lève. On retrouve le même phénomène en Afrique du Sud ; une portion de terre de 1 600 km s'est élevée de plus d'un kilomètre en 100 millions d'années, en l'absence de toute activité tectonique visible. L'Australie, pendant ce temps, n'a cessé de donner de la bande et de s'enfoncer. Au cours de la même période, elle a dérivé vers le nord en direction de l'Asie, tandis que sa côte nord s'enfonçait d'environ 200 mètres. L'Indonésie se noie tout doucement, entraînant l'Australie avec elle. Rien dans la tectonique des plaques ne permet de rendre compte de ce phénomène.

Alfred Wegener ne vécut pas assez longtemps pour voir le triomphe de ses idées[23]. Lors d'une expédition au Groenland en 1930, il s'en alla seul, le jour de son cinquantième anniversaire, surveiller un lancer de ravitaillement, et ne revint jamais. On le retrouva congelé quelques jours plus tard. Il fut enterré sur place et il s'y trouve encore, mais environ un mètre plus près de l'Amérique du Nord que le jour de sa mort.

Einstein n'eut pas non plus le temps de constater qu'il avait choisi le mauvais cheval. Il mourut à Princeton en 1955, avant même que la descente en flammes de la dérive des continents par Charles Hapgood n'ait été publiée.

L'autre acteur principal de cette aventure, Harry Hess, se trouvait aussi à Princeton à l'époque, et il allait y passer le reste de sa carrière. Il avait pour étudiant un brillant jeune homme nommé Walter Alvarez, qui devait à son tour révolutionner le monde de la science[24].

Quant à la géologie, ses cataclysmes ne faisaient que commencer, et ce fut le jeune Alvarez qui entama le processus.

Quatrième partie

DANGEREUSE PLANÈTE

« L'histoire de chaque partie de la Terre,
comme la vie d'un soldat,
consiste en longues périodes d'ennui
traversées de brèves périodes de terreur. »

Derek V. Ager, géologue britannique.

XIII

Boum !

Les gens savaient depuis longtemps qu'il se passait quelque chose de bizarre sous la petite ville de Manson, dans l'Iowa. En 1912, un homme qui forait un puits destiné à approvisionner la ville en eau rapporta qu'il avait remonté des roches étrangement déformées – « des agrégats cristallins à la matrice fondue » et des « ejecta inversés » selon les termes du rapport officiel[1]. L'eau était bizarre elle aussi, douce comme de l'eau de pluie. On n'avait encore jamais trouvé d'eau de ce type dans l'Iowa.

Bien que ces roches aient été des objets de curiosité, il allait se passer plus de quarante ans avant qu'une équipe de l'université de l'Iowa ne vienne faire un tour à Manson, devenue entretemps une ville de 2 000 habitants. En 1953, après une série de forages expérimentaux, les géologues tombèrent d'accord pour dire que le site présentait une anomalie, et ils attribuèrent la déformation des roches à une action volcanique ancienne non spécifiée. C'était en accord avec les connaissances de l'époque – et aussi faux qu'une conclusion géologique peut l'être.

Le traumatisme géologique de Manson ne venait pas de l'intérieur de la Terre, mais d'au moins 150 millions de kilomètres de là. À un moment quelconque d'un passé très ancien, quand l'endroit où se trouve Manson aujourd'hui bordait une mer peu profonde, un rocher de 2 000 mètres de diamètre, pesant 10 milliards de tonnes et voyageant à une vitesse deux cents fois supérieure à celle du son, avait déchiré l'atmosphère et heurté notre planète avec une violence que l'on peine à imaginer. L'emplacement actuel de Manson se transforma aussitôt en un trou de près de 5 000 mètres de profondeur et d'une trentaine de kilomètres de diamètre. Le calcaire qui donne à l'Iowa son eau minérale fut pulvérisé et remplacé par les roches déformées qui devaient tant surprendre le puisatier de 1912.

L'impact de Manson est le plus grand événement qui se soit jamais produit aux États-Unis. Le cratère qu'il laissa derrière lui était colossal : en vous tenant sur son bord, vous n'auriez pu en apercevoir l'autre rive que par beau temps. Il aurait relégué le Grand Canyon au rayon des charmantes curiosités. Malheureusement pour les amateurs de spectacle, 2,5 millions d'années ont rempli le cratère à ras bord de till glaciaire avant de le niveler, de sorte que sur des kilomètres autour de Manson le paysage est plat comme la main. Voilà pourquoi nul n'a jamais entendu parler de ce cratère.

À la bibliothèque de Manson, on est ravi de vous montrer une collection d'articles de journaux et une boîte pleine de carottes issues du programme de forage de 1991-1992. En fait, on brûle littéralement de vous les montrer, mais il faut demander à les voir. Il n'y a ni exposition permanente ni panneau historique dans la ville.

Pour les habitants de Manson, le plus grand désastre qu'ait jamais subi la ville fut une tornade qui balaya Main Street en 1979, réduisant tout le quartier en miettes. L'un des avantages de ce plat pays, c'est qu'on voit le danger de loin. Les habitants se regroupèrent à une extrémité de Main Street et regardèrent pendant une demi-heure la tornade arriver sur eux en espérant qu'elle allait dévier de sa route, avant de décamper prudemment quand il ne fit plus de doute qu'elle entendait bien aller tout droit[2]. Hélas, quatre d'entre eux ne s'enfuirent pas assez vite et furent tués. Chaque année en juin, Manson organise une fête d'une semaine appelée Crater Days, inventée pour aider les gens à oublier ce malheureux anniversaire. La fête n'a pas grand-chose à voir avec le cratère. Personne n'a encore trouvé le moyen de tirer profit d'un impact invisible.

« Très occasionnellement, nous avons des gens qui viennent demander où se trouve le cratère, et nous sommes obligés de leur dire qu'il n'y a rien à voir, m'a raconté Anna Schlapkohl, l'aimable bibliothécaire de la ville. Alors ils s'en vont, un peu déçus[3]. » Il faut dire que la plupart des habitants de l'Iowa n'ont jamais entendu parler du cratère de Manson, et que les géologues lui accordent à peine une note en bas de page. Mais pendant un bref moment dans les années 1980, Manson fut le site géologique le plus excitant sur terre.

L'histoire commence au début des années 1950, quand un jeune et brillant géologue nommé Eugene Shoemaker s'en alla visiter Meteor Crater en Arizona. Le site d'impact de Meteor Crater est aujourd'hui une célèbre attraction touristique, mais à l'époque il ne recevait guère de visiteurs ; il était mieux connu sous le nom de Barringer Crater, du nom d'un riche ingénieur des Mines qui en avait revendiqué la propriété en 1903. Daniel Barringer croyait que le cratère s'était formé sous l'impact d'une météorite de 10 milliards de tonnes chargée de fer et de nickel, et il comptait fermement faire une fortune en creusant le sol. Sans comprendre que la météorite et tous ses composants s'étaient littéralement volatilisés sous l'impact, il dépensa une fortune à creuser pendant vingt-six ans des tunnels qui ne recélaient rien.

La recherche des cratères au début du XXe siècle était pour le moins rustique. L'un des pionniers en la matière, G. K. Gilbert, de l'université Columbia, établit ses premiers modèles d'impact en lançant des billes dans des casseroles de porridge[4]. (Pour des raisons que je suis incapable de vous fournir, Gilbert menait ces expériences non dans un labo de Columbia, mais dans une chambre d'hôtel[5].) Tout ce porridge le mena à la conclusion que les cratères de la Lune étaient bien le résultat d'impacts – une hypothèse déjà fort radicale pour l'époque –, mais que ceux de la Terre ne l'étaient pas. La plupart des scientifiques refusaient même d'aller si loin. Pour eux, les cratères lunaires étaient la preuve d'une ancienne activité volcanique – point final. Les quelques cratères encore visibles sur terre (la plupart ayant été érodés) étaient attribués à d'autres causes, ou traités comme des curiosités.

À l'époque où Shoemaker apparut, il était admis que Meteor Crater était dû à une explosion de vapeur souterraine. Shoemaker ne savait rien de ce genre d'explosion – pour la bonne raison qu'elles n'existent pas –, mais il savait tout sur les impacts, ayant travaillé sur le site d'essais nucléaires de Yucca Flats, dans le Nevada. Il en conclut, comme Barringer avant lui, qu'il n'y avait pas trace d'activité volcanique à Meteor Crater, mais qu'il y avait d'énormes quantités d'autres choses – surtout des silices et des magnétites anormalement fines – suggérant un impact spatial. Intrigué, il se mit à étudier la question à ses moments perdus.

D'abord avec sa collègue Eleanor Helin, puis avec sa femme Carolyn et son associé David Levy, Shoemaker entreprit une étude systématique du système solaire interne. Ils vinrent passer une semaine par mois à l'observatoire de Palomar en Californie, en quête d'objets célestes (surtout des astéroïdes) dont les trajectoires croisaient l'orbite de la Terre.

« À l'époque où nous avons commencé, les observations astronomiques n'avaient guère décelé plus d'une douzaine de ces objets, rappelait Shoemaker quelques années plus tard dans un entretien télévisé. Les astronomes du XXe siècle avaient quasiment abandonné le système solaire au profit des étoiles et des galaxies[6]. »

Ce que découvrirent Shoemaker et ses collègues, c'est qu'il rôdait là-haut bien plus de dangers qu'on ne l'aurait pensé.

Les astéroïdes, comme chacun sait, sont des objets rocheux orbitant en une formation lâche dans une ceinture située entre Mars et Jupiter. Les illustrations les montrent toujours naviguant en masse, mais le système solaire est un endroit très vaste où l'astéroïde moyen se situe environ à un million et demi de kilomètres de son voisin le plus proche. Nul ne sait combien d'astéroïdes errent dans l'espace, mais il semble qu'il y en ait au bas mot un milliard. On pense que ce sont des planètes avortées que la force gravitationnelle de Jupiter a empêchées, et empêche encore, de fusionner.

Quand on détecta les astéroïdes au début du XIXe siècle – le premier fut découvert le premier jour du siècle par un Sicilien nommé Giuseppe Piazzi –, on crut d'abord que c'étaient des planètes, et l'on baptisa les deux premiers Cérès et Pallas. Il fallut les déductions très inspirées de l'astronome William Herschel pour comprendre qu'ils étaient infiniment plus petits que la plus minuscule des planètes. Il les baptisa astéroïdes (du latin pour « étoiles »), un terme assez malheureux, car ils n'ont rien à voir avec des étoiles[7]. De nos jours, on les appelle parfois, de façon plus appropriée, des planétoïdes.

Découvrir des astéroïdes devint une activité en vogue au XIXe siècle et, à la fin du siècle, on en avait identifié un millier. Le problème, c'est que personne n'en tenait un décompte systématique.

Au début du XXe siècle, il était souvent impossible de savoir si l'astéroïde repéré était une nouveauté, ou s'il avait déjà été remarqué et perdu de vue. En outre, l'astrophysique avait fait de tels progrès que peu d'astronomes avaient envie de consacrer leur vie à une chose aussi terre à terre (sans jeu de mots) que des fragments de roches. Seuls quelques-uns d'entre eux – dont Gerard Kuiper, l'astronome néerlandais qui a donné son nom à la ceinture – s'intéressèrent au système solaire proprement dit. Grâce à son travail à l'observatoire McDonald du Texas, suivi de travaux réalisés au Minor Planet Center de Cincinnati et du projet Spacewatch en Arizona, la longue liste des astéroïdes perdus se réduisit peu à peu, au point qu'à la fin du XXe siècle il n'en manquait plus qu'un à l'appel – un objet dénommé 719 Albert. Aperçu pour la dernière fois en octobre 1911, il fut finalement retrouvé en l'an 2000 après avoir été porté manquant pendant quatre-vingt-neuf ans[8].

En matière d'astéroïdes, le XXe siècle se résuma donc à un long exercice de comptabilité. Mais ces dernières années, les astronomes ont commencé à compter et à surveiller le reste de la communauté. En juillet 2001, ils en avaient identifié et nommé 26 000 – dont la moitié au cours des deux années précédentes[9]. Avec un milliard à identifier, nous ne sommes pas sortis de l'auberge.

En un sens, ce n'est pas très grave. Un astéroïde identifié n'en est pas moins dangereux pour autant. Même si chaque astéroïde du système solaire avait un nom et une orbite connus, nul ne peut prédire quelles perturbations sont susceptibles d'en envoyer un foncer sur nous. Nous sommes incapables de prévoir les mouvements des roches sur notre propre planète. Faites-les flotter dans l'espace, et ce qu'elles peuvent fabriquer là-haut dépasse notre art de la divination. Tout astéroïde qui a déjà notre nom inscrit sur lui n'en aura sans doute jamais d'autre.

Imaginez l'orbite de la Terre comme une sorte d'autoroute sur laquelle nous sommes l'unique véhicule, mais qui est régulièrement traversée par des piétons qui ignorent l'usage des trottoirs. Au moins 90 % de ces piétons nous sont totalement inconnus. Nous ne savons pas où ils habitent, quels sont leurs horaires, ni à quelle fréquence ils croisent notre route. Nous savons seulement qu'à des intervalles incertains ils s'avancent sur la chaussée où nous sommes lancés à 100 000 km à l'heure[10]. Comme le disait Steven Ostro, du Jet Propulsion Laboratory : « Supposez que vous puissiez pousser un bouton pour allumer chaque astéroïde de plus de 10 mètres de large croisant l'orbite de la Terre : il y aurait plus de 100 millions de ces objets dans le ciel. » En bref, vous ne verriez pas quelques milliers d'étoiles scintillantes, mais des millions d'objets plus proches, « tous capables d'entrer en collision avec la Terre et se déplaçant dans le ciel selon des courbes légèrement différentes à des vitesses différentes. Ce serait profondément énervant[11] ». Eh bien, vous pouvez vous énerver, parce que c'est là, au-dessus de nos têtes. Simplement, vous ne le voyez pas.

On estime – simple hypothèse fondée sur une extrapolation du nombre de cratères sur la Lune – qu'environ 2 000 astéroïdes assez gros pour mettre en péril l'existence civilisée croisent régulièrement notre orbite. Mais même un tout petit astéroïde – de la taille d'une maison, disons – pourrait détruire une ville. Ce menu fretin croisant l'orbite de la Terre se compte probablement en centaines de milliers, voire en millions, et il est à peu près impossible de suivre ses déplacements.

Le premier, baptisé 1991 BA, ne fut repéré qu'en 1991 alors qu'il s'était déjà éloigné de nous de 170 000 km – en termes cosmiques, l'équivalent d'une balle qui traverserait votre manche sans vous toucher le bras. Deux ans plus tard, un autre astéroïde plus gros nous a manqué de 145 000 km – le passage le plus proche jamais enregistré. Lui aussi ne fut repéré qu'une fois passé, et il aurait donc pu nous tomber dessus sans crier gare. D'après Timothy Ferris, ces tirs rapprochés se produisent sans doute deux ou trois fois par semaine sans qu'on les remarque[12].

Un télescope terrestre ne pourrait repérer un objet d'une centaine de mètres de large avant qu'il ne soit à quelques journées de nous ; encore faudrait-il qu'il soit précisément pointé dans cette direction, ce qui est fort improbable, car ce type d'objet céleste reste très peu surveillé. On dit toujours qu'il y a moins de gens dans le monde cherchant activement des astéroïdes que de personnel dans un fast-food ordinaire. (Ils sont un peu plus nombreux aujourd'hui, mais à peine.)

Alors que Gene Shoemaker s'efforçait de galvaniser les populations sur les dangers potentiels du système solaire interne, une découverte sans aucun lien apparent avait lieu en toute discrétion en Italie. Au début des années 1970, Walter Alvarez, un jeune géologue de l'université Columbia, effectuait un travail de terrain dans des gorges proches de Gubbio, en Ombrie, quand il fut intrigué par une mince bande d'argile rougeâtre coincée entre deux couches de calcaire datant respectivement du Crétacé et du Tertiaire. Ce point, appelé en géologie limite K/T*, marque le moment, voici 65 millions d'années, où les dinosaures et à peu près la moitié des autres espèces animales disparaissent brusquement des couches fossilifères. Alvarez se demanda si cette couche d'argile d'une soixantaine de millimètres pouvait avoir un lien avec cet épisode spectaculaire de l'histoire de la Terre.

La croyance la plus répandue sur l'extinction des dinosaures était alors la même qu'à l'époque de Charles Lyell un siècle plus tôt – à savoir qu'ils s'étaient éteints sur des millions d'années. Mais la minceur de la couche d'argile suggérait

---

* KT et non CT, parce que C était déjà pris pour Cambrien. Selon les sources, le K vient soit du grec *kreta*, soit de l'allemand *Kreide* – qui veulent dire « craie » –, tout comme le Crétacé.

nettement qu'en Ombrie, du moins, il s'était produit un événement plus brutal. Malheureusement, il n'existait pas encore de tests pour déterminer le temps qu'avait pu mettre un tel dépôt à s'accumuler.

Alvarez en aurait sans doute été réduit à laisser les choses en l'état, s'il n'avait eu une connexion impeccable en dehors de sa discipline : son propre père, Luis Alvarez, un éminent physicien nucléaire qui avait obtenu le prix Nobel dix ans plus tôt. Bien qu'il se fût toujours doucement moqué de l'intérêt de son fils pour les cailloux, cette fois le problème l'intrigua. Il se dit que la réponse gisait peut-être dans la poussière venue de l'espace.

Chaque année, la Terre accumule environ 30 000 tonnes de « sphérules cosmiques[13] » – en langage commun, des poussières de l'espace. Elles formeraient un tas imposant si on les rassemblait en un point unique, mais elles se réduisent à une couche infinitésimale une fois répandues sur toute la surface du globe. Elles contiennent des éléments exotiques normalement inconnus sur la Terre – dont l'iridium, mille fois plus abondant dans l'espace que dans l'écorce terrestre (l'essentiel de l'iridium de la Terre s'étant enfoncé dans le noyau quand la planète était jeune).

Alvarez savait que Frank Asaro, l'un de ses collègues du laboratoire Lawrence à Berkeley, avait mis au point une technique très précise pour mesurer la composition chimique des argiles : elle consistait à bombarder des neutrons dans un petit réacteur nucléaire et à compter les rayons gamma qu'ils émettaient – un travail d'une minutie extrême. Asaro l'avait utilisée jusque-là pour analyser des fragments de poterie, mais Alvarez raisonna qu'en mesurant la quantité de l'un des éléments étrangers présents dans les prélèvements de son fils et en la comparant à son taux annuel de dépôt ils obtiendraient le temps qu'avaient mis les échantillons à se former. Par un après-midi d'octobre 1977, Luis et Walter Alvarez débarquèrent chez Asaro en le priant de pratiquer pour eux les tests nécessaires.

C'était une requête fort présomptueuse. Ils lui demandaient de consacrer des mois à des mesures minutieuses pour confirmer simplement ce qui semblait aller de soi – que la couche d'argile s'était constituée aussi vite que le laissait penser sa finesse. Nul n'imaginait que cette étude aurait des résultats aussi spectaculaires.

« Eh bien, ils étaient charmants et très persuasifs, se rappelait Asaro lors d'un entretien en 2002. Et le défi semblait intéressant, alors j'ai accepté. Seulement, j'avais moi-même une montagne de travail, de sorte que je n'ai pas commencé avant huit mois. Le 21 juin 1978 à 13 h 45, a-t-il poursuivi en consultant ses notes, j'ai placé un échantillon dans le détecteur. L'expérience a duré 224 minutes, et comme elle semblait donner des résultats intéressants, nous l'avons interrompue pour jeter un coup d'œil[14]. »

Les résultats étaient si inattendus que les trois scientifiques crurent d'abord qu'ils s'étaient trompés. La quantité d'iridium dans l'échantillon d'Alvarez était plus de trois cents fois supérieure à la normale – un chiffre qui dépassait toutes leurs attentes. Au cours des mois suivants, Asaro et sa collègue Helen Michel travaillèrent jusqu'à trente heures d'affilée (« Une fois que vous êtes parti, il n'y a plus moyen de s'arrêter », m'expliqua-t-il), toujours avec les mêmes résultats. Des tests sur d'autres échantillons issus du Danemark, d'Espagne, de France, de Nouvelle-Zélande et de l'Antarctique montrèrent que le dépôt d'iridium était présent partout à des taux comparables – parfois cinq cents fois supérieurs à la normale. En clair, il s'était produit un événement soudain et sans doute cataclysmique.

Après y avoir beaucoup réfléchi, les Alvarez conclurent que l'explication la plus plausible – à leurs yeux du moins – était une collision avec une comète ou un astéroïde.

L'idée que la Terre pouvait subir des impacts dévastateurs de temps à autre n'était pas aussi nouvelle qu'on l'a parfois présentée. Dès 1942, Ralph B. Baldwin, un astrophysicien de Northwestern University, avait avancé cette hypothèse dans un article publié par le *Popular Astronomy Magazine* (aucune publication universitaire n'en ayant voulu)[15], soutenue au moins par deux astronomes de grande réputation, Ernst Öpik et le Prix Nobel de chimie Harold Urey. Les paléontologues ne l'ignoraient pas non plus. En 1956, M. W. de Laubenfels, professeur à l'université de l'Oregon, avait anticipé la théorie des Alvarez dans le *Journal of Paleontology* en suggérant que les dinosaures avaient pu disparaître à la suite d'un impact spatial[16]. En 1970, le président de l'American Paleontological Society, Dewey J. McLaren, évoqua lors de la conférence annuelle la possibilité qu'un événement plus ancien, connu sous le nom d'extinction du Frasnien, ait été provoqué par un impact cosmique[17].

Comme pour confirmer que l'idée était déjà dans l'air à cette époque, un film hollywoodien intitulé *Meteor* sortit en 1979 (« Il fait 10 km de large… Il arrive sur nous à 50 000 km/heure… Et il n'y a pas d'endroit où fuir ! »). À l'affiche, Henry Fonda, Natalie Wood, Karl Malden et un énorme rocher.

Aussi, lorsque dans les premiers jours de 1980, les Alvarez soutinrent devant l'American Association for the Advancement of Science que l'extinction des dinosaures ne s'était pas effectuée sur des millions d'années, selon un lent processus inexorable, mais de façon brutale, ce n'aurait pas dû être un choc.

Pourtant, ce fut un choc. Cette théorie fut accueillie partout, mais surtout chez les paléontologues, comme une scandaleuse hérésie.

« Bon, m'a expliqué Asaro, vous devez vous souvenir que nous étions des amateurs dans ce domaine. Walter était un géologue spécialiste du paléomagnétisme, Luis un physicien, et moi un chimiste nucléaire. Et voilà que nous venions dire aux paléontologues que nous avions résolu un problème qui les tenait en échec depuis plus d'un siècle. On comprend qu'ils n'aient pas sauté de joie. »

« En fait, a ajouté Luis Alvarez en riant, nous étions pris en flagrant délit de pratique illégale de la géologie. »

Mais il y avait quelque chose d'encore plus intolérable dans la théorie de l'impact. La croyance dans le caractère progressif des processus terrestres s'était imposée en sciences naturelles depuis l'époque de Lyell. Dans les années 1980, le catastrophisme était passé de mode depuis si longtemps qu'il était devenu littéralement impensable. Comme le dit Eugene Shoemaker en parlant des géologues, l'idée d'un impact dévastateur était « contraire à leur religion scientifique ».

Le mépris affiché de Luis Alvarez pour les paléontologues et leur contribution au savoir scientifique n'arrangeait pas les choses. « Ce ne sont vraiment pas de bons scientifiques. Ils tiennent plutôt du collectionneur de timbres[18] », écrivait-il dans un article du *New York Times* resté cuisant.

Les opposants à la théorie des Alvarez fournirent des dizaines d'autres explications aux dépôts d'iridium – soutenant par exemple qu'ils étaient dus à des éruptions volcaniques prolongées des Ghats du Deccan en Inde, et faisant remarquer qu'il n'existait pas de preuves d'une brusque disparition des dinosaures dans les fossiles au-dessus de la barrière d'iridium. Charles Officer, de Dartmouth College, fut parmi les plus virulents. Il soutenait que l'iridium avait été déposé par une activité volcanique, tout en concédant dans une interview qu'il n'en avait aucune preuve[19]. Jusqu'en 1988, plus de la moitié des paléontologues américains continuèrent à croire que l'extinction des dinosaures n'avait rien à voir avec un impact spatial[20].

La seule chose susceptible d'étayer résolument la théorie des Alvarez était précisément celle qui leur manquait – un site d'impact. C'est là qu'Eugene Shoemaker fait son entrée sur scène, armé d'une belle-fille enseignante à l'université de l'Iowa et d'une parfaite connaissance du cratère de Manson. Grâce à lui, tous les yeux se tournèrent vers l'Iowa.

La géologie est une profession fort variable d'un endroit à l'autre. En Iowa, un État plat et d'un calme stratigraphique absolu, elle tend à être assez sereine. On n'y trouve ni pics alpins ni glaciers broyeurs, pas de grands gisements de pétrole ni de métaux précieux, pas l'ombre d'une coulée pyroclastique. Si vous êtes un géologue appointé par l'État, votre travail consiste surtout à évaluer les plans de gestion du fumier que sont tenus de remplir les « opérateurs de confinement animal » – les éleveurs de porcs pour le commun des mortels[21]. Il y a quinze millions de porcs en Iowa, ce qui fait beaucoup de fumier. Je ne me moque pas : il s'agit d'un travail vital et complexe, qui permet de préserver la salubrité des eaux de l'Iowa, mais avec la meilleure volonté du monde, ce n'est pas exactement comme esquiver des bombes de lave sur le mont Pinatubo ou gratter des crevasses glaciaires au Groenland en quête d'anciens quartz porteurs de vie. On imagine donc sans peine le vent d'excitation qui souffla sur le département des Ressources naturelles quand, au milieu des années 1980, l'attention géologique du monde se concentra sur Manson et son cratère.

Trowbridge Hall, à Iowa City, est un gros tas de briques rouges du début du XXe qui abrite le département des sciences de la Terre de l'université d'État et, tout en haut, dans une sorte de grenier, les géologues du département des Ressources naturelles. Nul ne peut se rappeler quand, et encore moins pourquoi, on a casé les géologues dans des locaux de l'université, mais on a l'impression qu'ils leur ont été cédés à contrecœur, car l'endroit est exigu, bas de plafond et peu accessible. Quand on vous y amène, on s'attend presque à faire de l'équilibre sur une corniche avant de se faufiler par une lucarne.

Ray Anderson et Brian Witzke ont passé leur carrière ici, parmi des piles de papiers, de journaux, de rouleaux de graphiques et de lourds échantillons de roches. (À défaut d'autre chose, les géologues ne sont jamais à court de presse-papiers.) En clair, c'est le genre d'endroit où pour trouver une chaise, une tasse de café ou un téléphone qui sonne, il faut plonger sous des masses de documents.

« Soudain, nous étions au centre du monde, m'a expliqué Anderson, rayonnant à ce souvenir, quand je lui ai rendu visite par un pluvieux matin de juin. Ce fut une époque merveilleuse[22]. »

Je l'ai interrogé sur Gene Shoemaker, un homme qui semble universellement révéré.

« C'était un type bien, a répondu Witzke sans hésitation. Sans lui, toute cette affaire n'aurait jamais décollé. Même avec son soutien, il a fallu deux ans pour tout mettre en route. Le forage est une affaire coûteuse – une centaine de dollars du mètre déjà à l'époque –, et il nous fallait descendre à peu près à mille mètres.

« – Et parfois plus, a ajouté Anderson.

« – En effet, a acquiescé Witzke. Et en plus d'un endroit. Nous parlons donc de beaucoup d'argent, bien plus que notre budget ne le permettait. »

Il s'établit donc une collaboration entre le Geological Survey fédéral et celui de l'Iowa.

« Du moins, nous pensions qu'il s'agissait d'une collaboration, a ajouté Anderson avec un petit sourire peiné.

« – Ce fut une vraie mise à l'épreuve pour nous, a poursuivi Witzke. On voyait des gens débouler de tous les côtés avec des résultats qui ne résistaient pas toujours à l'examen. »

Ce fut le cas lors de la réunion annuelle de l'American Geophysical Union en 1985, où Glenn Izett et C. L. Pillmore, des autorités fédérales, annoncèrent que l'impact de Manson avait l'âge requis pour être celui qui avait provoqué l'extinction des dinosaures[23]. Cette déclaration fut reprise aussitôt dans toute la presse, mais elle était hélas prématurée. Un examen plus précis des données révéla que Manson était non seulement trop petit, mais aussi trop vieux de neuf millions d'années.

Anderson et Witzke ne furent informés de cet arrêt brutal de leur carrière qu'en arrivant à une conférence dans le Dakota du Sud, où des gens vinrent leur exprimer leur sympathie en disant : « Nous avons appris, pour votre cratère. » C'est ainsi qu'ils prirent connaissance des chiffres affinés de l'USGS révélant que le cratère de Manson ne pouvait être celui de l'extinction.

« C'était assez stupéfiant, se rappelle Anderson. Nous avions cette chose de toute première importance, et soudain, on nous l'enlevait. Mais le pire fut de comprendre que les gens avec qui nous avions cru collaborer n'avaient même pas jugé bon de nous faire part de leurs calculs.

« – Et pourquoi ?

« – Je n'en sais rien, dit-il en haussant les épaules. En tout cas, c'est une bonne illustration de ce que peut être la pratique de la science quand on arrive à un certain niveau. »

Les recherches se poursuivirent ailleurs. En 1990, Alan Hildebrand, de l'université de l'Arizona, rencontra par hasard un reporter du *Houston Chronicle* qui connaissait au Mexique une vaste formation en anneau inexpliquée. Elle faisait 180 km de large et 50 km de profondeur, et se situait sous la péninsule du Yucatan, à Chicxulub, près de la ville de Progreso, à environ 1 000 km au sud de La Nouvelle-Orléans. La formation avait été découverte en 1952 par Pemex, la compagnie pétrolière du Mexique, mais les géologues avaient conclu qu'elle était d'origine volcanique, en accord avec les croyances de l'époque[24]. Hildebrand se rendit sur le site et décida assez rapidement qu'ils avaient trouvé leur cratère. En 1991, il était établi à la satisfaction de tous que Chicxulub était le site d'impact.

Pourtant, on avait encore du mal à se représenter ce que peut faire un impact. Comme le dit Stephen Jay Gould dans l'un de ses essais : « Je me rappelle avoir d'abord éprouvé de sérieux doutes sur l'efficacité d'un tel événement. [...] Pourquoi un objet d'une dizaine de kilomètres de large aurait-il dû dévaster une planète de 13 000 km de diamètre[25] ? »

La théorie put bénéficier d'un test grandeur nature quand les Shoemaker et Levy découvrirent la comète qui porte leur nom, et virent qu'elle n'allait pas tarder à s'écraser sur Jupiter. L'homme allait enfin pouvoir assister à une collision cosmique – et aux premières loges, grâce au télescope spatial Hubble. Les astronomes, rappelle Curtis Peebles, n'en attendaient pas grand-chose, notamment parce que la comète n'était pas une sphère compacte, mais un alignement de vingt et un fragments. « Mon sentiment, écrivit l'un d'eux, c'est que Jupiter va avaler ces comètes sans même un hoquet[26]. » Une semaine avant l'impact, *Nature* publia un article, « The Big Fizzle Is Coming » [Le grand fiasco est en route], prédisant qu'il ne donnerait rien de plus qu'une pluie de météorites.

Les impacts commencèrent le 16 juillet 1994, durèrent une semaine et se révélèrent bien plus puissants que quiconque – sauf peut-être

Shoemaker – ne l'aurait pensé. Un fragment, baptisé Nucleus G, frappa avec une force d'environ 10 millions de mégatonnes – 75 fois plus que toutes les armes nucléaires existantes[27]. Nucleus G n'était guère plus gros qu'une petite montagne, mais il provoqua à la surface de Jupiter des impacts de la taille de la Terre. Ce fut le coup de grâce pour les détracteurs de la théorie d'Alvarez.

Luis Alvarez n'entendit jamais parler du cratère de Chicxulub ni de la comète Shoemaker-Levy, puisqu'il mourut en 1988. Shoemaker lui aussi eut une fin prématurée. Trois ans après que sa comète eut rencontré Jupiter, il se trouvait avec sa femme dans le bush australien, où ils se rendaient chaque année en quête de sites d'impact. Sur une piste du désert du Tanami – l'un des endroits les plus vides de la planète –, ils entrèrent en collision avec un autre véhicule. Shoemaker fut tué sur le coup, sa femme gravement blessée[28]. Une partie de ses cendres fut envoyée sur la Lune à bord du vaisseau spatial Lunar Prospector. Le reste fut dispersé autour de Meteor Crater.

Anderson et Witzke n'avaient plus le cratère qui avait tué les dinosaures, « mais nous avions encore le cratère le plus vaste et le mieux préservé des États-Unis », dit Anderson. (Il faut un peu de dextérité verbale pour appliquer ces superlatifs au cratère de Manson. Il en existe de plus grands – notamment Chesapeake Bay, reconnu comme un site d'impact en 1994 –, mais il est vrai qu'ils sont en mer ou déformés.) « Chicxulub est enseveli sous deux à trois kilomètres de calcaire et se situe pour l'essentiel en mer, ce qui le rend difficile à étudier, a poursuivi Anderson, alors que Manson est très accessible. C'est le fait qu'il soit enterré qui l'a gardé relativement pur. »

Je lui ai demandé quel serait le délai de préavis si un fragment de roche arrivait sur nous aujourd'hui.

« Oh ! aucun, sans nul doute, a répondu Anderson avec sérénité. Il ne serait pas visible à l'œil nu avant de s'échauffer en entrant au contact de l'atmosphère, soit une seconde avant qu'il touche la Terre. Nous parlons d'une chose qui se déplace des dizaines de fois plus vite que la balle la plus rapide. À moins qu'il n'ait été repéré par un télescope, ce qui n'a rien de certain, il nous prendrait complètement par surprise. »

La puissance d'un impact dépend de nombreuses variables – la masse et la densité de l'objet céleste, son angle de pénétration, sa vitesse et sa trajectoire, si la collision est frontale ou déviée de côté – qu'il nous est impossible d'identifier après tant de millions d'années. Mais ce que peuvent faire les scientifiques – et ce qu'ont fait Anderson et Witzke –, c'est mesurer le site d'impact et calculer la quantité d'énergie libérée. À partir de là, ils peuvent extrapoler les scénarios plausibles de ce qui s'est passé, ou, de façon plus inquiétante, de ce qui se passerait si cela arrivait aujourd'hui.

Un astéroïde ou une comète lancé à une

vitesse cosmique pénétrerait dans l'atmosphère terrestre à une telle vitesse que l'air en dessous se trouverait piégé et comprimé comme dans une pompe à vélo. Quiconque s'est jamais servi de ce type d'engin sait que l'air comprimé se réchauffe rapidement, et sa température pourrait atteindre 60 000 degrés Kelvin, soit dix fois celle de la surface du Soleil. À l'instant de son entrée dans notre atmosphère, tout ce qui se trouverait sur le chemin de la météorite – les gens, les maisons, les usines, les voitures – se recroquevillerait et s'évanouirait comme du Cellophane dans une flamme.

Une seconde après, la météorite heurterait la surface de la Terre, où les habitants de Manson vaquaient un instant plus tôt à leurs affaires. L'objet lui-même se vaporiserait aussitôt, mais le souffle de l'explosion soulèverait 1 000 km cubiques de roches, de terre et de gaz surchauffés. Tout être vivant à 200 km à la ronde qui n'aurait pas été tué par la chaleur le serait par les ondes de choc. La première se diffuserait à une vitesse proche de celle de la lumière, dévastant tout devant elle.

Pour ceux situés en dehors de la zone immédiate de dévastation, le premier signe de la catastrophe serait un flash de lumière aveuglante – la plus brillante jamais perçue par un œil humain – suivi un instant plus tard par une vision d'apocalypse d'une inimaginable grandeur : un mur roulant de ténèbres s'élevant jusqu'aux cieux, emplissant tout l'horizon et se déplaçant à des milliers de kilomètres à l'heure. Son approche se déroulerait dans un silence d'outre-tombe, puisqu'il irait bien plus vite que le son. Tout occupant d'un grand building d'Omaha ou de Des Moines qui se trouverait regarder dans la bonne direction aurait le temps de distinguer une nuée tourbillonnante avant de sombrer dans le néant.

En quelques minutes, sur une zone s'étendant de Denver à Detroit et englobant Chicago, Saint Louis, Kansas City – en bref, la totalité du Middle West –, tout ce qui était debout serait aplati ou en feu, et tout ce qui était vivant serait mort[29]. Dans un rayon de 1 500 km, les gens seraient renversés et hachés menu par un blizzard de projectiles volants. Au-delà de cette zone, la dévastation diminuerait progressivement.

Mais il ne s'agit là que de la première onde de choc. On peut seulement imaginer l'étendue des dommages collatéraux, mais il ne fait pas de doute qu'ils seraient énormes. L'impact déclencherait des tremblements de terre en chaîne. Les volcans se mettraient à gronder et à cracher partout sur la planète. Il se formerait des raz de marée qui dévasteraient de lointains rivages. En l'espace d'une heure, un nuage de ténèbres recouvrirait la planète, et une pluie de roches brûlantes et de débris en fusion enflammerait une grande partie du globe. On a estimé qu'au moins un milliard et demi de gens seraient tués avant la fin du premier jour. Les perturbations massives dans la ionosphère interrompraient tous les systèmes de communication, de sorte que les survivants n'auraient aucune idée de ce qui se passe ailleurs, ni de l'endroit où aller. Cela n'aurait d'ailleurs guère d'importance. Comme l'a dit un commentateur, fuir signifierait « choisir une mort lente plutôt qu'une mort rapide. Le taux de mortalité serait très peu affecté par toute tentative de fuite, puisque la capacité de la Terre à abriter la vie serait universellement réduite[30] ».

Les tonnes de suie et de cendres flottant dans l'air à la suite de l'impact et des incendies obscurciraient le soleil pendant des mois, voire des années, perturbant les cycles de croissance. En 2001, des chercheurs de l'Institut de technologie de Californie, analysant des isotopes d'hélium à partir de sédiments laissés par l'impact KT, en ont conclu qu'il avait affecté le climat pendant une dizaine de milliers d'années[31]. Ce fait est venu étayer l'hypothèse d'une extinction des dinosaures rapide et spectaculaire – ce qu'elle a été en effet en termes géologiques. Nous pouvons seulement deviner comment l'humanité affronterait un tel événement. N'oubliez pas que selon toute probabilité il arriverait sans prévenir, dans un beau ciel serein.

Mais supposons que nous voyions l'objet s'approcher. Que ferions-nous ? On imagine que nous enverrions un missile nucléaire le réduire en miettes, mais ce n'est pas si simple. D'abord, comme le fait remarquer John S. Lewis, nos missiles ne sont pas conçus pour fonctionner dans l'espace[32]. Ils n'ont pas assez de puissance pour échapper à la gravité, et de toute façon, il n'existe aucun mécanisme susceptible de les guider sur des dizaines de millions de kilomètres. Nous pourrions encore moins expédier un vaisseau spatial rempli de cow-boys pour faire le boulot, comme dans le film *Armageddon* : nous n'avons même plus de fusée assez puissante pour envoyer des hommes sur la Lune. La dernière, *Saturn 5*, a pris sa retraite voici des années et n'a jamais été remplacée. Nous n'aurions même pas l'option d'en construire une autre à toute allure, les plans des lanceurs vers Saturne ayant été détruits par erreur au cours d'un exercice de grand nettoyage de printemps de la NASA.

Même si nous arrivions à lancer un missile sur l'astéroïde et à le réduire en bouillie, nous risquerions de le transformer en une pluie de roches qui retomberaient sur nous comme la comète Shoemaker-Levy sur Jupiter – avec cette différence que les roches seraient cette fois intensément radioactives. Pour Tom Gehrels, un chasseur d'astéroïdes de l'université de l'Arizona, même un préavis d'un an serait insuffisant pour prendre des mesures appropriées[33]. Mais le plus probable reste que nous ne verrions aucun objet – même une comète – avant qu'il soit à six mois de nous tomber dessus, ce qui serait bien trop tard. Shoemaker-Levy 9 était en orbite autour de Jupiter d'une façon bien visible depuis 1929, mais il a fallu plus de cinquante ans pour que quelqu'un s'en aperçoive[34].

En fait, ces choses sont si difficiles à calculer et elles laissent place à une marge d'erreur si significative que, même en sachant qu'un tel objet est en chemin vers nous, nous ne saurions pas jusqu'à la dernière seconde – ou plutôt les deux dernières semaines – si la collision est certaine. Pendant tout le temps de l'approche de l'objet, nous serions pris dans une sorte de cône d'incertitude. Ces quelques mois seraient sans doute les plus intéressants de l'histoire du monde. Et imaginez la fiesta s'il passait son chemin sans dommages.

« Alors, quelle est la fréquence des événements comme l'impact de Manson ? ai-je demandé à Anderson et Witzke avant de prendre congé.

« – Oh, en moyenne, un par million d'années, a répondu Witzke.

« – Et n'oubliez pas, a ajouté Anderson, qu'il ne s'agissait que d'un événement relativement mineur. Savez-vous combien d'extinctions sont associées à l'impact de Manson ?

« – Aucune idée.

« – Zéro, a-t-il dit avec un air curieusement satisfait. Pas l'ombre d'une. »

Bien sûr, nos deux géologues se sont hâtés d'ajouter que le globe avait sans doute subi une terrible dévastation, et une annihilation totale sur des centaines de kilomètres autour du point zéro. Mais la vie a la peau dure, et quand la fumée se dissipa, il restait assez de survivants de chaque espèce pour qu'aucune ne périsse totalement.

La bonne nouvelle, semble-t-il, c'est qu'il en faut beaucoup pour venir à bout d'une espèce. La mauvaise, c'est qu'on ne peut jamais compter sur la bonne. Pis encore, il n'est même pas besoin de scruter l'espace pour trouver des dangers redoutables. Comme nous allons le voir, la Terre en a des dizaines à notre disposition.

XIV

Le feu sous nos pieds

À l'été de 1971, un jeune géologue nommé Mike Voorhies prospectait des prairies dans le Nebraska, non loin de la petite ville d'Orchard où il avait grandi. Alors qu'il se trouvait au fond d'un ravin escarpé, il repéra une petite tache claire un peu plus haut dans les broussailles et escalada la pente pour y jeter un coup d'œil. Il découvrit le crâne parfaitement préservé d'un jeune rhinocéros excavé par des pluies récentes.

Quelques mètres plus loin, il tomba sur le lit fossilifère le plus extraordinaire jamais découvert en Amérique du Nord, un trou d'eau asséché qui avait servi de fosse commune à des quantités d'animaux – rhinocéros, chevaux proches du zèbre, cerfs, chameaux, tortues. Tous avaient péri dans un mystérieux cataclysme survenu douze millions d'années auparavant, à une époque géologique appelée le Miocène. Le Nebraska était alors une grande plaine chaude comparable au Serengeti d'Afrique aujourd'hui. Les animaux avaient été ensevelis sous une couche de cendres volcaniques de 3 mètres d'épaisseur. Le problème, c'est qu'il n'y a jamais eu de volcan dans le Nebraska.

De nos jours, le site de la découverte de Voorhies

est un parc national, Ashfall Fossil Beds State Park, doté d'un splendide musée qui retrace l'histoire de la géologie et des lits fossilifères. Un labo vitré permet aux visiteurs de regarder les paléontologues nettoyer les os. Le matin de ma visite, un aimable grizzly y travaillait seul, en qui je reconnus Mike Voorhies, que j'avais vu présenter un documentaire sur la BBC. Ashfall Fossil Beds, qui se trouve un peu au milieu de nulle part, n'attire guère de visiteurs, et il parut content de me voir. Il m'emmena au-dessus du ravin où il avait fait ses découvertes.

« C'était un endroit idiot où chercher des os, me dit-il en rigolant. Sauf que je n'en cherchais pas. À l'époque, j'avais le projet d'établir une carte géologique du Nebraska et je fouinais un peu. Si je n'avais pas escaladé ce ravin, et si les pluies n'avaient pas remonté ce crâne en surface, je serais tout simplement passé à côté[1]. » Il me désigna un enclos protégé, devenu le site principal d'excavation. On y avait retrouvé environ deux cents animaux gisant pêle-mêle.

Je lui demandai en quoi ce n'était pas un bon coin pour les ossements.

« Eh bien, pour en trouver, il faut un endroit où les roches affleurent. C'est pour ça que la plupart des fouilles se pratiquent dans des endroits chauds et secs. Ce n'est pas qu'il y en ait plus qu'ailleurs, mais on a plus de chance de les voir. Dans ce genre d'environnement, poursuivit-il en embrassant d'un geste la grande prairie, vous ne sauriez pas où commencer. Il peut y avoir des choses magnifiques là-dessous, mais aucun indice en surface pour vous dire où entamer vos recherches. »

On crut d'abord que les animaux avaient été ensevelis vivants – thèse soutenue par Voorhies lui-même dans un article du *National Geographic* en 1981[2]. « J'y qualifiais le site de "Pompéi des animaux préhistoriques" ; une formulation malheureuse, car nous avons compris peu après qu'ils n'avaient pas péri d'une mort brutale. Ils souffraient tous d'une chose appelée ostéodystrophie pulmonaire hypertrophique – ce qui vous arrive quand vous respirez de grandes quantités de cendres abrasives – et ils ont dû en inhaler beaucoup, parce que la couche de cendres avait plusieurs mètres d'épaisseur sur des centaines de kilomètres. »

Il ramassa une poignée de poussière grisâtre et argileuse qu'il émietta dans ma main. Elle était légèrement granuleuse.

« Un sale truc à respirer, parce qu'il est très fin et surtout très abrasif. Les animaux ont convergé vers ce point d'eau, sans doute en quête d'un peu de fraîcheur, et ils sont morts dans des douleurs terribles. La cendre avait dû recouvrir toutes les feuilles et tous les pâturages, et transformer l'eau en une boue grisâtre et imbuvable. Ils ont dû passer un très mauvais moment. »

Le documentaire de la BBC présentait la découverte de ce type de cendres dans le Nebraska comme une surprise, mais les énormes dépôts de la région étaient connus depuis belle lurette : on les avait exploités pendant près d'un siècle pour les adjoindre aux poudres ménagères abrasives du type Ajax. Mais curieusement, nul ne s'était jamais inquiété de savoir d'où venait toute cette cendre.

« J'ai un peu honte de vous avouer, me dit Voorhies avec un petit sourire, que j'y ai réfléchi pour la première fois quand un rédacteur du *National Geographic* m'a demandé l'origine de ces cendres et que j'ai dû lui répondre que je n'en savais rien. Et je n'étais pas le seul. »

Voorhies expédia des échantillons à ses collègues dans tout l'ouest des États-Unis en leur demandant s'ils contenaient quelque chose qu'ils reconnaissaient. Quelques mois plus tard, un géologue nommé Bill Bonnichsen, du Geological Survey de l'Idaho, l'appela pour lui dire que cette cendre correspondait à celle du dépôt volcanique de Bruneau-Jarbidge, dans l'Idaho. L'événement qui avait tué les animaux des plaines du Nebraska était une explosion volcanique d'une violence inconnue jusque-là – assez forte pour répandre une couche de cendres de 3 mètres de profondeur à 1 500 km de là, jusque dans l'est du Nebraska. Il se révéla que le sous-sol de l'ouest des États-Unis abritait une énorme chambre magmatique, un colossal point chaud volcanique qui entrait en éruption environ tous les 600 000 ans. C'est précisément à cette date que remonte la dernière éruption. Le point chaud n'a pas bougé. Aujourd'hui, on l'appelle le parc national de Yellowstone.

Nous savons remarquablement peu de choses sur ce qui se passe sous nos pieds. Ford fabriquait déjà des voitures et le base-ball se jouait en World Series avant que nous ne sachions que la Terre possède un noyau. Quant à l'idée que les continents se déplacent à sa surface comme des nénuphars sur un bassin, elle est établie depuis moins d'une génération. « Si curieux que cela puisse paraître, remarquait Richard Feynman, nous comprenons bien mieux la distribution de la matière à l'intérieur du Soleil qu'à l'intérieur de la Terre[3]. »

La distance entre la surface de la Terre et son milieu est de 6 374 km, ce qui est assez peu[4]. On a calculé que si l'on creusait un puits jusqu'au centre et si l'on y faisait tomber une brique, il ne lui faudrait que quarante-cinq minutes pour arriver au fond (bien qu'à ce moment elle ne pèserait plus rien, puisque toute la gravité terrestre se trouverait au-dessus et autour d'elle, et non dessous). Nos propres tentatives de pénétrer l'intérieur restent à ce jour des plus modestes. Une ou deux mines d'or d'Afrique du Sud atteignent une profondeur de 3 000 mètres, mais la plupart ne descendent pas en dessous de 400 mètres. Si la planète était une pomme, nous n'en aurions même pas percé la peau.

Voici un peu moins d'un siècle, les scientifiques les mieux informés n'en savaient guère plus sur les entrailles de la Terre qu'un mineur de charbon – à savoir que l'on pouvait creuser jusqu'à un certain point, puis on heurtait le rocher et point final. En 1906 enfin, R. D. Oldham, un géologue irlandais qui étudiait sur un sismographe le tracé d'un tremblement de terre au

Guatemala, remarqua que certaines ondes de choc avaient pénétré profondément dans la Terre avant de rebondir, comme si elles avaient rencontré une sorte de barrière. Il en déduisit que la Terre avait un noyau. Trois ans plus tard, un sismologue croate, Andrija Mohorovicic, étudiait des tracés d'un tremblement de terre à Zagreb quand il remarqua une déviation comparable, mais à un niveau plus superficiel. Il avait découvert la limite entre l'écorce et la couche située juste en dessous, le manteau ; cette zone est connue depuis sous le nom de surface de Mohorovicic, ou Moho pour faire court.

Nous commencions à avoir une idée des couches qui constituent l'intérieur de la Terre, même si tout cela restait fort vague. Il fallut attendre 1936 pour qu'un scientifique danois, Inge Lehmann, découvre en étudiant des sismogrammes de tremblements de terre en Nouvelle-Zélande qu'il y avait deux noyaux – un noyau interne que l'on croit solide, et un noyau externe liquide (celui détecté par Oldham), que l'on pense être le siège du magnétisme.

Au moment où Lehmann affinait notre compréhension de l'intérieur de la Terre en étudiant les ondes sismiques des tremblements de terre, deux géologues de Caltech mettaient au point un système pour les comparer entre eux. Ils s'appelaient Charles Richter et Beno Gutenberg, mais pour des raisons sans doute injustes, l'échelle prit presque aussitôt le nom du premier. (Ce n'est en rien le fait de Richter. Fort modeste, il ne désignait jamais l'échelle par son propre nom, mais l'appelait toujours « l'échelle de magnitude[5] ».)

L'échelle de Richter a été fort mal comprise par les non-spécialistes – surtout au début, quand les visiteurs demandaient à voir la célèbre échelle, comme s'il s'agissait d'une sorte de machine. C'est bien sûr une idée, une mesure arbitraire des mouvements sismiques issue de mesures en surface. Elle est exponentielle, de sorte qu'un tremblement de terre de magnitude 7,3 est cinquante fois plus puissant qu'un séisme de 6,3, et 2 500 fois plus puissant qu'un séisme de magnitude 5,3[6].

Théoriquement du moins, il n'y a pas de limite à la puissance d'un tremblement de terre – ni dans un sens ni dans l'autre. L'échelle de Richter est une simple mesure de force qui n'indique rien sur les dégâts éventuels. Une secousse de magnitude 7 qui intervient dans les profondeurs du manteau, à 600 km sous nos pieds, peut n'en provoquer aucun, alors qu'une autre, beaucoup plus faible, qui se produit à 6 km sous la surface peut dévaster une région entière. Tout cela dépend en outre de la nature du sous-sol, de la durée de la secousse, de la fréquence et de la gravité des répliques et de la géographie physique de la zone affectée. En clair, les secousses les plus redoutables ne sont pas forcément les plus puissantes, même si la magnitude intervient fatalement.

Le plus grand tremblement de terre depuis l'invention de l'échelle a été (selon les sources) celui de Prince William Sound en Alaska en mars 1964, d'une magnitude de 9,2 sur l'échelle de Richter, ou celui qui secoua l'océan Pacifique le long des côtes du Chili en 1960 ; estimé d'abord à une magnitude de 8,6, il fut ensuite revu à la hausse par certaines autorités pour atteindre le chiffre énorme de 9,5. Comme vous le déduirez de ce qui précède, mesurer les tremblements de terre n'est pas toujours une science exacte, surtout quand ils surviennent loin des régions habitées. Quoi qu'il en soit, ces deux-là étaient de vrais monstres. Celui de 1960, non content de ravager les côtes d'Amérique du Sud, provoqua un raz de marée géant qui déferla sur 10 000 km à travers le Pacifique pour aller frapper Hawaii, où il détruisit cinq cents maisons de la ville de Hilo et tua soixante personnes. Des vagues comparables firent des victimes jusqu'au Japon et aux Philippines.

Mais le tremblement de terre le plus dévastateur jamais enregistré dans l'Histoire fut celui qui détruisit Lisbonne le jour de la Toussaint 1755. Peu avant dix heures du matin, la ville fut saisie d'un mouvement de tangage, aujourd'hui estimé d'une magnitude 9, qui la secoua férocement pendant sept bonnes minutes. La force convulsive était telle que l'eau se retira brutalement du port de la ville et revint sous forme d'une vague de 15 mètres de haut. Quand le séisme cessa, les survivants eurent trois minutes pour récupérer avant le second choc, une réplique à peine moins puissante que la première secousse. Une troisième et dernière réplique survint deux heures plus tard. À la fin de la journée, il y avait soixante mille morts et la ville était réduite à un tas de pierres[7]. À titre de comparaison, le tremblement de terre de San Francisco de 1906 faisait 7,8 sur l'échelle de Richter et il dura moins de trente secondes.

Les tremblements de terre sont assez courants. Chaque jour, il s'en produit en moyenne deux dans le monde d'une magnitude de 2 ou plus – ce qui suffit à flanquer une bonne secousse à quiconque se trouve dans le voisinage. Bien qu'ils tendent à se regrouper dans certains lieux – notamment autour de la ceinture de feu du Pacifique –, ils peuvent se produire à peu près n'importe où. Aux États-Unis, seuls la Floride, l'est du Texas et le nord du Middle West semblent totalement à l'abri. La Nouvelle-Angleterre a subi deux séismes d'une magnitude de 6 ou plus aux cours des deux derniers siècles. En avril 2002, la région a subi une secousse de 5,1 près du lac Champlain, à la limite entre l'État de New York et le Vermont, qui a provoqué des dégâts considérables et (je peux en attester) a décroché les tableaux des murs et propulsé les enfants hors de leur lit jusque dans le New Hampshire.

Les tremblements de terre les plus courants sont ceux qui se produisent à la limite de deux plaques, comme en Californie le long de la faille de San Andreas. Les plaques poussant l'une contre l'autre, la pression s'accroît jusqu'à ce que l'une des deux cède la place. En général, plus l'intervalle est long entre deux séismes, plus la pression monte, et avec elle la possibilité d'une secousse vraiment forte. C'est ce qui risque de se produire à Tokyo, que Bill McGuire, spécialiste des risques à l'University College de Londres, appelle « la ville qui attend la mort[8] » (un slogan que vous avez peu de chances de trouver dans les dépliants touristiques). Tokyo est située à la limite de trois plaques tectoniques dans un pays bien connu pour son instabilité sismique. Vous vous rappelez sans doute qu'en 1995 la ville de Kobe, située à près de 500 km à l'ouest, a subi un séisme d'une magnitude de 7,2 qui a fait 6 394 victimes. Les dégâts furent estimés à 99 milliards de dollars. Mais ce n'était rien – ou du moins pas grand-chose – à côté de ce qui attend Tokyo.

Tokyo a déjà connu l'un des tremblements de terre les plus meurtriers des temps modernes. Le 1er septembre 1923, juste avant midi, la ville fut frappée par ce qu'on a appelé le grand séisme de Kantô, dix fois plus puissant que celui de Kobe. Il y eut 200 000 morts. Depuis, Tokyo est d'un calme inquiétant, ce qui signifie que la tension monte sous la surface depuis quatre-vingts ans. Cela ne peut que mal finir. Si en 1923 Tokyo avait une population de trois millions d'habitants, elle approche aujourd'hui les trente millions. Nul ne se soucie d'évaluer le nombre potentiel de morts, mais le coût économique a déjà été estimé à plus de 7 000 milliards de dollars[9].

Plus énervants encore, parce qu'ils sont moins compris et susceptibles de survenir n'importe où et n'importe quand, les tremblements de terre plus rares dits séismes intraplaques. Ils se produisent loin des frontières des plaques, ce qui les rend totalement imprévisibles, et comme ils viennent de grandes profondeurs, ils tendent à se propager sur des zones très vastes. Le plus connu aux États-Unis est celui de l'hiver 1811-1812, qui frappa New Madrid, dans le Missouri, de trois secousses successives. L'aventure commença le 16 décembre juste après minuit, quand les habitants furent réveillés par le bétail pris de panique (l'agitation des animaux avant un tremblement de terre n'est pas un conte de bonne femme, mais un fait bien établi, même s'il reste totalement incompris), puis par un puissant bruit de rupture venant des profondeurs de la Terre. En sortant de chez eux, les gens virent le sol se gondoler en ondulations d'un mètre de haut, et se fissurer sur plusieurs mètres de profondeur. Une puissante odeur de soufre se répandit dans l'air. La secousse dura quatre minutes, accompagnée des dégâts matériels classiques. Parmi les témoins, on compte le peintre John James Audubon, qui se trouvait dans le coin. Le séisme irradia alentour avec une force qui fit tomber des cheminées à Cincinnati, à 650 km de là, et, d'après un récit au moins, « réduisit en miettes les bateaux à l'ancre dans les ports de la côte est, [...] faisant même s'écrouler des échafaudages érigés autour du Capitole à Washington[10] ». Le 23 janvier et le 4 février connurent des répliques d'une magnitude comparable. New Madrid n'a plus donné de nouvelles depuis – ce qui n'est pas surprenant, puisque l'on n'a jamais vu d'épisode de ce type se produire deux fois au même endroit. Ils sont pour nous aussi imprévisibles que les éclairs. Le prochain pourrait survenir à Chicago, à Paris ou à Kinshasa. Et qu'est-ce donc qui provoque ces ruptures intraplaques ? Quelque chose tout au fond de la Terre. On n'en sait pas plus.

Dans les années 1960, les scientifiques se trouvèrent assez frustrés d'en savoir si peu sur l'intérieur de la Terre pour se résoudre à faire quelque chose. Ils eurent l'idée de forer le plancher océanique (l'écorce continentale étant trop épaisse) au niveau de la surface Moho et d'extraire un fragment du manteau pour l'examiner à leur aise. S'ils parvenaient à connaître la nature des roches internes de la Terre, ils auraient une meilleure idée de leurs interactions et seraient peut-être en mesure de prédire les tremblements de terre et autres séismes malvenus.

Le projet prit fatalement le nom de Mohole [*hole*, « trou »] et il se révéla assez désastreux[11]. On espérait descendre une mèche sous 4 600 mètres d'eau au large des côtes du Mexique et forer à travers 5 600 mètres de roches relativement fines de l'écorce. Comme l'a dit un océanographe, forer à partir d'un bateau en pleine mer revient à « essayer de percer un trou dans un trottoir de New York du haut de l'Empire State Building avec une mèche en spaghetti[12] ». Chaque tentative se solda par un échec. La plus profonde ne dépassa pas 200 mètres. Le Mohole devint le *No Hole* (« pas de trou du tout »). En

1966, exaspéré par des coûts en augmentation constante et par l'absence de résultats, le Congrès mit fin au projet.

Quatre ans plus tard, les Soviétiques décidèrent de tenter leur chance sur la terre ferme. Ils choisirent pour ce faire la péninsule de Kola, près de la frontière finnoise, et se mirent au travail avec l'espoir d'atteindre une profondeur de 15 000 mètres. Le travail se révéla plus dur que prévu, mais les Soviétiques firent preuve d'une louable obstination. Quand ils finirent par abandonner, dix-neuf ans plus tard, ils avaient foré une profondeur de 12 262 mètres. Si l'on considère que l'écorce terreste ne représente que 0,3 % du volume de la planète et que le forage de Kola n'en avait même pas percé le tiers, nous pouvons difficilement nous poser en maîtres des profondeurs[13].

Mais si modeste que fût ce trou, tout en lui était surprenant. L'étude des ondes sismiques avait poussé les scientifiques à prédire en confiance qu'ils trouveraient des roches sédimentaires à une profondeur de 4 700 mètres, puis du granit sur les 2 300 mètres suivants, et enfin du basalte. Or, la couche sédimentaire se révéla moitié plus profonde qu'on ne le croyait, et l'on ne put jamais trouver la couche basaltique. En outre, le monde là-dessous était bien plus chaud qu'on ne l'imaginait, avec une température de 180 degrés à 10 000 mètres – soit presque le double du niveau attendu. Le plus surprenant, c'est que les roches à cette profondeur étaient saturées d'eau – un phénomène que l'on n'aurait pas cru possible.

Puisque nous ne pouvons pas voir l'intérieur de la Terre, il nous faut d'autres techniques, notamment pour lire la propagation souterraine des ondes. Nous avons aussi une petite connaissance du manteau grâce aux cheminées de kimberlite, qui produisent les diamants[14]. Elles se forment à de grandes profondeurs, quand une explosion fait remonter un boulet de magma vers la surface à une vitesse supersonique. Cela se produit complètement au hasard. Une cheminée de kimberlite pourrait faire éruption dans votre jardin au moment où vous lisez ceci. Elles viennent d'une telle profondeur (jusqu'à 200 km) qu'elles remontent toutes sortes de choses que l'on ne trouve pas d'ordinaire en surface : une roche appelée péridotite, des cristaux d'olivine et parfois, dans une cheminée sur cent, des diamants. Les ejecta de kimberlite remontent aussi de grandes quantités de carbone, dont l'essentiel se vaporise ou se transforme en graphite. Il arrive de temps à autre qu'un ejectum, projeté à la vitesse idoine, se refroidisse assez vite pour devenir un diamant. C'est une cheminée de ce type qui a fait de l'Afrique du Sud le plus grand producteur de diamants au monde, mais il peut en exister de plus grosses dont nous ignorons tout. Les géologues savent que le nord-est de l'Indiana recèle les traces d'une cheminée, ou d'un groupe de cheminées, qui serait vraiment colossal. On a trouvé des diamants de vingt carats ou plus dans divers endroits de la région, mais sans jamais en découvrir la source. Comme le note John McPhee, elle peut fort bien être ensevelie sous des dépôts glaciaires, comme le cratère de Manson, ou sous les Grands Lacs.

Pour nous résumer, que savons-nous de l'intérieur de la Terre ? Fort peu de choses. Les scientifiques s'accordent en général à dire que le monde sous nos pieds se compose de quatre couches[15] : une croûte de roches dures, un manteau de roches visqueuses, un noyau externe liquide et un noyau interne solide*. La surface est dominée par les silicates, trop légers pour compter dans la densité générale de la planète. Il doit donc y avoir des choses plus lourdes à l'intérieur. Nous savons que pour générer notre champ magnétique, il faut qu'il y ait quelque part une ceinture concentrée d'éléments métalliques à l'état liquide. Ce fait du moins est universellement reconnu. À peu près tout le reste – les interactions entre ces couches, ce qui les pousse à se comporter ainsi, ce qu'elles feront dans un avenir proche ou lointain – baigne encore dans un flou total.

Même la partie visible à nos yeux, la croûte, est l'objet d'âpres débats. Les manuels de géologie

---

* Pour les amateurs de chiffres, voici les dimensions moyennes des diverses couches : de 0 à 40 km pour l'écorce. De 40 à 400 km pour le manteau. De 400 à 600 km pour la zone de transition entre le manteau supérieur et inférieur. De 650 à 2 700 km pour le manteau inférieur. De 2 700 à 2 890 km pour la couche « D ». De 2 890 à 5 150 km pour le noyau externe, et de 5 150 à 6 378 km pour le noyau interne.

vous disent que la croûte continentale est épaisse de 5 à 10 km sous les océans, de 40 km sous les continents, et de 65 à 90 km sous les grandes chaînes de montagnes, mais ces généralisations masquent des variations surprenantes. Sous la Sierra Nevada par exemple, la croûte n'est épaisse que de 15 à 40 km, sans que l'on sache pourquoi. Selon toutes les lois de la géophysique, la Sierra Nevada devrait s'enfoncer comme dans des sables mouvants. (Certains pensent d'ailleurs qu'elle le fait[16].)

L'âge et le mode de formation de la croûte terrestre divisent les géologues en deux camps : ceux qui pensent qu'elle s'est formée tôt et brusquement dans l'histoire de la planète, et ceux qui pensent qu'elle s'est formée tard et progressivement. Chacun campe farouchement sur sa position. Richard Armstrong, de Yale, qui avait proposé une théorie « tôt-et-vite » dans les années 1960, a passé le reste de sa carrière à combattre ses détracteurs. Peu avant sa mort en 1991, selon le magazine *Earth*, « il accusait encore ses critiques, dans une polémique publiée par un journal de géologie australien, de continuer à propager de vieux mythes ». « Il est mort dans l'amertume », déclarait l'un de ses collègues.

L'écorce et une partie du manteau supérieur constituent la lithosphère (du grec *lithos*, « pierre »), qui flotte sur une couche de roches plus tendres appelée l'asthénosphère (du grec « sans force »), mais ces termes ne sont jamais totalement satisfaisants. Dire que la lithosphère flotte sur l'asthénosphère suggère un degré de fermeté trompeur, de même qu'il est trompeur de penser l'écoulement des roches comme un liquide s'écoulant sur une surface. Elles sont visqueuses, certes, mais à la façon du verre[17]. Cela ne se voit pas, mais tout le verre sur terre s'écoule vers le bas sous la poussée inexorable de la gravité. Enlevez un ancien vitrail d'une cathédrale, et il sera notablement plus épais en bas qu'en haut*. Voilà le genre d'« écoulement » dont nous parlons. La grande aiguille d'une montre bouge dix mille fois plus vite que les roches qui « s'écoulent » dans le manteau.

Les plaques ne se déplacent pas seulement de façon latérale, mais aussi verticale, à mesure que les roches s'élèvent et retombent sous l'effet d'un processus tourbillonnant appelé convection[18]. La convection a été déduite pour la première fois par l'excentrique comte von Rumford à la fin du XVIIIe siècle. Soixante ans plus tard, un vicaire anglais, Osmond Fisher, suggéra que l'intérieur de la Terre pouvait être assez fluide pour que son contenu bouge, mais cette idée mit des années à faire son chemin[19].

Dans les années 1970, quand les géophysiciens réalisèrent quel tumulte régnait sous nos pieds,

---

* C'est du moins ce que l'on a souvent écrit. Mais à l'été 2003, *Science News* a publié une étude du Brésilien E. D. Zanotto suggérant que l'écoulement du verre, si vénérable que soit le vitrail, est en fait bien trop lent pour être visible à l'œil nu.

ce fut un choc énorme. « C'était comme si les scientifiques avaient passé des années à comprendre les couches de l'atmosphère de la Terre – troposphère, stratosphère, etc. – et avaient soudain découvert le vent[20] », explique Shawna Vogel.

La profondeur de ce processus de convection reste depuis très controversée. Selon certains, il commence à 650 km sous nos pieds, selon d'autres à 3 200 km. Le problème, comme l'a fait observer Donald Trefil, c'est que nous avons « deux ensembles de données, issus de deux disciplines différentes, qui ne peuvent être réconciliés[21] ». Les géochimistes soutiennent que certains éléments de la surface de la Terre ne viennent pas du manteau supérieur, mais d'un endroit plus profond. Les matériaux du manteau supérieur et inférieur doivent donc se mêler, au moins par moments. Les sismologues persistent à dire qu'aucune preuve ne vient étayer cette thèse.

Donc, tout ce qu'on peut dire, c'est qu'en un point mal déterminé de notre progression vers le centre de la Terre nous quittons l'asthénosphère pour plonger dans le manteau proprement dit. Considérant qu'il forme 82 % du volume de la Terre et 65 % de sa masse[22], le manteau n'attire guère d'attention, surtout parce que les événements qui intéressent les spécialistes comme les profanes se situent à un niveau plus profond (le magnétisme) ou plus superficiel (les tremblements de terre). Jusqu'à une profondeur d'environ 150 km, le manteau est constitué pour l'essentiel d'un type de roche appelé péridotite, mais ce qui remplit l'espace au-delà reste incertain. À en croire un article de *Nature*, ce ne serait pas de la péridotite. On n'en sait pas plus.

Sous le manteau se trouvent les deux noyaux – le noyau interne solide, et le noyau externe liquide. Nous n'en avons bien sûr qu'une connaissance indirecte, mais nous pouvons faire des conjectures raisonnables. On sait que la pression au centre de la Terre est assez puissante (plus de trois millions de fois celle de la surface) pour solidifier toutes les roches qui s'y trouvent[23]. On sait aussi par l'histoire de la Terre (entre autres indices) que le noyau interne conserve parfaitement sa chaleur. Ce n'est guère qu'une hypothèse, mais on pense qu'en quatre milliards d'années la température n'a pas chuté de plus d'une centaine de degrés. Nul ne connaît exactement le degré de chaleur du noyau, mais les estimations vont de 4 000 à 7 200 degrés – autant que la surface du Soleil.

Le noyau externe est bien moins compris encore, même si chacun s'accorde à dire qu'il est fluide et qu'il est le siège du magnétisme. E. C. Bullard, de Cambridge, a avancé en 1949 l'hypothèse que cette partie fluide du noyau tournoie lentement, ce qui en fait une sorte de moteur électrique qui crée le champ magnétique de la Terre. On suppose que les fluides de convection agissent un peu comme le courant dans les fils électriques. Quoi qu'il se passe exactement, il semble assez certain que c'est lié au fait que le noyau tournoie et qu'il est liquide. Les corps dépourvus d'un noyau liquide – la Lune et Mars, par exemple – n'ont pas de magnétisme.

Nous savons en outre que le champ magnétique de la Terre se modifie de temps à autre : à l'époque des dinosaures, il était trois fois plus puissant qu'aujourd'hui[24]. Nous savons aussi qu'il s'inverse environ tous les 500 000 ans, même si cette moyenne masque un fort degré d'imprévisibilité : la dernière inversion a eu lieu par exemple il y a 750 000 ans. Elle dure parfois des millions d'années – 37 millions semble le maximum enregistré à ce jour – mais survient parfois au bout de 20 000 ans. Au cours des cent derniers millions d'années, le champ magnétique s'est inversé environ deux cents fois, sans que l'on sache vraiment pourquoi. Cela reste « l'une des grandes énigmes de la géologie[25] ».

Nous subissons peut-être une inversion en ce moment même. Le champ magnétique de la Terre a diminué d'environ 6 % au cours du XXe siècle. Tout affaiblissement du magnétisme est plutôt une mauvaise nouvelle : outre qu'il fait tenir les aimants sur nos frigos et garde nos boussoles pointées vers le nord, il joue un rôle vital dans notre survie. L'espace est rempli de dangereux rayons cosmiques qui, en l'absence de protection magnétique, réduiraient notre ADN en lambeaux. Le champ magnétique rassemble ces rayons loin de la surface de la Terre, dans deux zones de l'espace proche appelées ceintures de Van Allen. Ils interagissent aussi avec des particules de la haute atmosphère pour former les stupéfiants voiles de lumière que sont les aurores boréales.

Notre ignorance tient en partie à l'absence d'efforts pour coordonner nos connaissances. Selon Shawna Vogel, « les géologues et les géophysiciens vont rarement aux mêmes conférences et ne collaborent guère sur les mêmes problèmes[26] ».

L'une des meilleures preuves de notre incompréhension de la dynamique interne de la Terre, c'est notre désarroi devant ses manifestations soudaines, et l'on ne saurait trouver rappel plus salutaire de nos limites que l'éruption du mont Saint Helens, dans l'État de Washington, en 1980.

À cette époque, les États-Unis n'avaient pas vu une éruption depuis plus de soixante-cinq ans. Les vulcanologues fédéraux venus surveiller et tenter de prévoir le comportement du Saint Helens ne connaissaient donc que des volcans hawaiiens, qui se révélèrent fort différents.

Saint Helens émit ses premiers grondements le 20 mars. Au bout d'une semaine, il crachait du magma, mais en quantité modeste, jusqu'à cent fois par jour. Les gens furent alors évacués à une distance de sécurité d'une quinzaine de kilomètres. À mesure que les secousses s'amplifiaient, Saint Helens devint une véritable attraction touristique. Des équipes de télévision se relayaient en hélicoptère, et il y eut même des gens pour escalader la montagne. En une journée, on vit plus de soixante-dix hélicoptères et petits avions survoler le sommet. Mais les jours passaient, il ne se passait rien de spectaculaire, et l'on finit par penser que le volcan n'allait pas entrer en éruption.

Le 19 avril, le flanc nord de la montagne se mit à bouger de façon manifeste. Curieusement, nul ne vit que c'était le signal d'une explosion latérale. Les sismologues appuyaient toutes leurs conclusions sur le modèle des volcans hawaiiens, qui n'explosent pas sur le flanc[27]. Le seul à penser qu'il risquait vraiment d'y avoir du vilain fut Jack Hyde, professeur de géologie de l'université de Tacoma. Il souligna que Saint Helens n'avait pas de cheminée ouverte, comme les volcans d'Hawaii, de sorte que la pression qui s'accumulait à l'intérieur devait se libérer de façon spectaculaire et sans doute dramatique. Mais Hyde ne faisait pas partie de l'équipe officielle, et l'on ignora ses observations.

La suite est connue. À 8 h 32, le matin du 18 mai, le flanc nord du volcan s'effondra, envoyant une énorme avalanche de poussière et de roches qui dévala ses pentes à 250 km/h. Ce fut le plus grand glissement de terrain de l'histoire humaine : il charriait assez de matériaux pour enfouir tout Manhattan sous une profondeur de 130 mètres[28]. Une minute plus tard, Saint Helens explosait avec la puissance de cinq cents bombes d'Hiroshima, projetant une nuée ardente qui progressait à la vitesse de 1 000 km/h – bien trop rapide pour y échapper[29]. Des gens que l'on croyait dans des zones sûres, souvent hors de vue du volcan, furent littéralement balayés. Il y eut 57 victimes, dont 23 ne furent jamais retrouvées[30]. Les pertes humaines auraient été plus importantes encore si l'on n'avait pas été un dimanche : en semaine, de nombreux bûcherons auraient été présents dans la zone fatale. Mais même ainsi, on déplora des morts sur une trentaine de kilomètres.

L'homme le plus chanceux ce jour-là fut un doctorant nommé Harry Glicken. Il avait installé un poste d'observation à 10 km de la montagne, mais ayant dû se rendre en Californie pour un entretien d'embauche, il avait quitté le site la veille de l'éruption. Il y fut remplacé par David Johnston, qui fut le premier à rapporter l'explosion du volcan ; quelques instants plus tard, il était mort. On ne retrouva jamais son corps. Mais la chance de Glicken finit par l'abandonner. Onze ans plus tard, il faisait partie des 43 scientifiques et journalistes pris dans un jet de cendres, de gaz et de roches en fusion – ce que l'on appelle une coulée pyroclastique – au mont Unzen au Japon, du fait d'une autre tragique erreur d'interprétation du comportement d'un volcan.

Si les vulcanologues ne sont pas très bons pour les prédictions, ils sont encore plus mauvais à reconnaître leurs erreurs. Moins de deux ans après la catastrophe d'Unzen, un autre groupe de vulcanologues, conduit par Stanley Williams de l'université de l'Arizona, descendit dans le cratère d'un volcan actif de Colombie, le Galeras. Malgré les morts des années précédentes, seuls deux des seize membres de l'équipe portaient des casques ou des vêtements de protection. Le volcan entra en éruption, tuant six scientifiques et trois touristes qui les avaient suivis ; d'autres furent gravement blessés, dont Williams lui-même.

Dans un livre remarquable par son absence d'autocritique, intitulé *Surviving Galeras*, Williams déclara qu'il « avait été abasourdi » d'apprendre que certains de ses collègues lui reprochaient d'avoir négligé d'importants signaux sismiques et de s'être montré imprudent. « Qu'il est facile de tirer des conclusions après coup, d'appliquer nos connaissances actuelles aux événements de 1993 », écrivait-il. Il n'était coupable selon lui que de malchance, puisque le Galeras « s'est comporté capricieusement, comme il est de coutume avec les forces de la nature. J'ai été pris par surprise, et j'en assume la responsabilité. Mais je ne me sens pas coupable de la mort de mes collègues. Il n'y a pas de culpabilité. Il y a eu tout simplement une éruption[31] ».

Pour en revenir à l'État de Washington, le mont Saint Helens perdit 400 mètres de hauteur dans l'affaire, et 370 km^2 de forêt furent dévastés – assez d'arbres pour construire 150 000 maisons (300 000 selon certains). Les dégâts furent estimés à 2,7 milliards de dollars. Une colonne géante de fumée et de cendres s'éleva à une hauteur de 2 000 mètres en moins de dix minutes. L'équipage d'un avion qui survolait la zone à une cinquantaine de kilomètres de distance affirma avoir été bombardé de fragments de roches[32].

Une heure trente après l'explosion, la cendre commença à pleuvoir sur Yakima, une communauté de 50 000 habitants située à 130 km de là.

Elle tomba nuit et jour, se glissant partout, bouchant les moteurs, les générateurs et tous les équipements électriques, étouffant les passants, bloquant les systèmes de filtre, arrêtant toute activité. L'aéroport fut fermé et les routes bloquées.

Tout cela se passait, vous le noterez, au pied d'un volcan qui émettait des grondements menaçants depuis deux mois. Pourtant, Yakima n'avait pas de procédures d'urgence en cas de séisme[33]. Le système d'alerte de la ville, censé entrer en action en cas de crise, ne fonctionna pas parce que « le personnel du dimanche matin ne savait pas s'en servir ». Pendant trois jours, Yakima fut paralysée et coupée du reste du monde. La ville reçut en tout une couche de 1,5 cm de cendres après l'éruption du Saint Helens. Imaginez maintenant ce que pourrait provoquer une explosion du Yellowstone.

XV

Une beauté fatale

Dans les années 1960, alors qu'il étudiait l'histoire volcanique du parc national de Yellowstone, Bob Christiansen, de l'U.S. Geological Survey, s'étonna d'une chose qui semblait curieusement n'avoir troublé personne avant lui : il n'arrivait pas à trouver le volcan du parc. On savait depuis fort longtemps que Yellowstone était de nature volcanique – ce qui expliquait ses innombrables geysers et autres émissions de vapeur – et le truc avec les volcans, c'est qu'en général on ne peut pas les manquer. Mais outre que Christiansen ne trouvait pas trace de celui de Yellowstone, ce qui lui manquait surtout, c'était une structure appelée une caldera.

Quand on évoque un volcan, la plupart d'entre nous voient le cône tronqué du Fuji ou du Kilimandjaro – résultat d'une accumulation symétrique du magma en éruption. Un volcan peut se former remarquablement vite. En 1943, à Paricutin au Mexique, un fermier fut stupéfait de voir monter une fumée de l'une de ses parcelles[1]. Une semaine plus tard, il était le propriétaire perplexe d'un cône de 150 mètres de haut. Au bout de deux ans, le cône faisait un kilomètre de large et frôlait les 420 mètres de hauteur. Il y a une dizaine de milliers de ces volcans bien visibles disséminés sur terre, dont seules quelques centaines sont encore en activité. Mais il existe un second type de volcan moins connu qui ne forme pas de montagne. Ceux-là sont si explosifs qu'ils s'ouvrent en une seule éruption d'une violence extrême, laissant derrière eux une vaste fosse un peu déprimée – la caldera (du mot latin pour « chaudron »). Yellowstone appartenait à l'évidence au second type, mais sa caldera n'en restait pas moins introuvable.

Ce fut à cette époque que la NASA décida de tester de nouvelles caméras de haute altitude en prenant des clichés de Yellowstone, dont elle remit des copies à la direction du parc en vue d'une exposition au musée du site. Dès que Christiansen vit ces photos, il comprit pourquoi il n'avait pu trouver trace de la caldera : le parc tout entier (1 million d'hectares) était une caldera. L'explosion avait laissé un cratère de plus de 60 km de large – bien trop énorme pour que quiconque le repère au niveau du sol. À un moment quelconque du passé, Yellowstone avait dû exploser avec une violence inconnue dans l'histoire humaine.

En fait, Yellowstone est un supervolcan. Il est assis sur un énorme point chaud – un réservoir de roches en fusion qui plonge au moins à 200 km dans les profondeurs. C'est cette chaleur qui alimente les cheminées, les geysers, les sources hydrothermales et les boues chaudes de Yellowstone. Sous la surface se trouve une chambre magmatique de 70 km de large (soit la dimension du parc) et d'une épaisseur pouvant atteindre 12 000 mètres. Imaginez une pile de TNT de la taille de Rhode Island et haute de 12 km – l'endroit où se promènent les cirrus dans le ciel – et vous aurez une idée de ce qui sert de but d'excursion aux visiteurs de Yellowstone. La pression qu'exerce une telle masse de magma sur l'écorce a surélevé Yellowstone et ses alentours d'environ 520 mètres sur une distance de 450 km. En cas d'explosion, le cataclysme serait inimaginable. Selon Bill McGuire, de l'University College de Londres, « rien ne survivrait sur mille kilomètres » au cours de l'éruption[2]. Les suites seraient bien pires encore.

Des superpanaches comme celui sur lequel est assis Yellowstone ont la forme des verres à cocktail – fins à la base, mais s'évasant vers la surface pour créer de vastes bols de magma instable, dont certains peuvent atteindre 2 000 km de diamètre. Ils n'explosent pas toujours, mais rejettent parfois un déversement continu de roches en fusion, comme dans les Traps du Deccan en Inde, voici 65 millions d'années. (Traps ici vient d'un mot suédois désignant un certain type de lave ; Deccan désigne l'endroit.) Ils ont recouvert une zone de 500 000 km² et ont sans doute contribué à la disparition des dinosaures par leurs émissions de gaz toxiques. Ils peuvent aussi donner naissance à des failles qui font casser les continents.

Ces superpanaches ne sont pas si rares. Il y en a une trentaine en activité sur terre à l'heure actuelle, et ils ont formé la plupart des îles et des archipels connus – l'Islande, Hawaii, les Açores, les Canaries et les Galapagos, ou le minuscule Pitcairn au milieu du Pacifique Sud. Mais ils sont tous océaniques, sauf Yellowstone. Nul ne sait pourquoi ni comment Yellowstone a fini sous une plaque continentale, mais deux choses sont certaines : à cet endroit, l'écorce est très fine et le monde au-dessous est très chaud. Le plus brûlant dans l'affaire reste le débat pour savoir si l'écorce est fine à cause de la présence de ce point chaud, ou si le point chaud est là parce que l'écorce est fine. La nature continentale de la croûte fait une énorme différence dans les éruptions. Là où les autres volcans tendent à s'évanouir dans une vaste mer de bulles relativement bénigne, Yellowstone explose brutalement. Cela n'arrive pas souvent, mais le jour où ça arrive, vous avez franchement envie d'être ailleurs.

Depuis sa première éruption connue voici 16,5 millions d'années, Yellowstone en a connu une centaine d'autres, mais nous ne possédons la trace que des trois dernières. La plus récente était mille fois plus puissante que celle de Saint Helens ; la précédente était 280 fois plus forte, et celle d'avant était si puissante que nul ne sait exactement à quel point. On avance le chiffre de 2 500 fois, mais ce pouvait être un monstre 8 000 fois plus puissant.

Nous n'avons strictement rien à quoi la comparer. La plus forte éruption des temps modernes fut celle du Krakatau en Indonésie en août 1883, dont l'ébranlement se répercuta autour de la Terre pendant neuf jours, soulevant de grosses vagues jusque dans la Manche[3]. Mais si l'on réduisait le volume des matériaux éjectés par le Krakatau à la dimension d'une balle de golf, alors ce que peut projeter Yellowstone aurait la taille d'une sphère assez grosse pour vous dissimuler derrière. À cette échelle, les rejets du mont Saint Helens seraient de l'ordre du petit pois.

Voici deux millions d'années, l'éruption de Yellowstone a rejeté une quantité de cendres qui aurait suffi à ensevelir l'État de New York sous une couche d'une vingtaine de mètres, ou toute la Californie sous une profondeur de 6,5 mètres. C'est à elle que l'on doit les couches fossilifères de l'est du Nebraska. L'explosion a eu lieu dans l'Idaho actuel, mais entre-temps, la croûte terrestre s'est déplacée à une vitesse de 2 cm par an, de sorte qu'il se trouve aujourd'hui sous le nord-ouest du Wyoming. (Le point chaud lui-même est resté fixe, comme le rayon d'une torche dirigé vers le plafond.) La croûte en mouvement a laissé dans son sillage de riches plaines volcaniques qui sont parfaites pour faire pousser des pommes de terre, comme les agriculteurs de l'Idaho l'ont constaté depuis longtemps. Dans deux millions d'années, plaisantent les géologues, Yellowstone produira des frites pour MacDonald et les gens du Montana feront du slalom entre des geysers.

La pluie de cendres issue de la dernière éruption de Yellowstone recouvrit toute la partie des États-Unis située à l'ouest du Mississippi (plus une partie du Canada et du Mexique). Cette vaste région, appelée le grenier de l'Amérique, produit près de la moitié des céréales de la planète. Or, la cendre n'est pas comme une grosse chute de neige qui fond au printemps : si vous vouliez de nouvelles récoltes, il faudrait mettre toute cette cendre quelque part. Il a fallu des milliers d'ouvriers pendant huit mois pour déblayer 1,8 milliard de tonnes de débris des tours jumelles de New York. Imaginez qu'il vous faille déblayer le Kansas.

Et nous n'avons pas encore parlé des conséquences climatiques. La dernière éruption d'un supervolcan sur terre a eu lieu à Toba, au nord-ouest de Sumatra, il y a 74 000 ans[4]. On ne connaît pas sa puissance exacte, sinon qu'elle fut considérable. Les carottes de glace tirées du Groenland montrent que l'explosion de Toba a été suivie au bas mot de six ans d'hiver nucléaire – et d'on ne sait combien d'années de mauvaises récoltes ensuite. Il n'est pas exclu que cet événement ait amené l'espèce humaine au bord de l'extinction en réduisant la population mondiale à quelques milliers d'individus. Dans ce cas, tous les hommes modernes seraient issus de la même population, ce qui expliquerait notre faible diversité génétique. Quoi qu'il en soit, des indices suggèrent qu'au cours des vingt mille ans qui ont suivi la population sur terre n'a jamais dépassé ces quelques milliers d'individus[5]. C'est un temps fort long pour récupérer d'une seule éruption volcanique.

Tout cela resta d'un intérêt hypothétique jusqu'en 1973, quand un curieux événement lui donna soudain tout son sens : l'eau du lac de Yellowstone se mit à déborder ses rives au sud, se déversant dans une prairie, tandis qu'elle disparaissait mystérieusement de l'autre rive du lac. Les géologues accourus découvrirent qu'une vaste portion du parc montrait un renflement menaçant. Il soulevait un côté du lac, de sorte que l'eau se déversait par l'autre bord, comme quand on vide la pataugeoire des enfants. En 1984, toute la partie centrale du parc s'était élevée d'un mètre par rapport à la dernière inspection officielle de 1924. Puis, en 1985, cette même portion du parc s'affaissa d'une vingtaine de centimètres. Elle semble actuellement avoir recommencé à gonfler.

Les géologues comprirent qu'une seule chose pouvait provoquer ce phénomène : un réservoir de magma instable. Yellowstone n'était pas un ancien supervolcan : c'était un supervolcan en activité. Ce fut aussi vers cette époque qu'ils purent calculer que le cycle des éruptions de Yellowstone tournait autour d'une explosion massive tous les 600 000 ans. Il se trouve que la dernière a eu lieu voici 630 000 ans. Nous avons failli attendre.

« Vous ne vous en rendez peut-être pas compte, mais vous vous tenez sur le plus grand volcan en activité du monde[6] », m'a déclaré Paul Doss, géologue du parc national de Yellowstone, en me serrant la main après être descendu d'une énorme Harley-Davidson. Nous étions à Mammoth Hot Springs, quartier général du parc, par une magnifique matinée de juin. Natif de l'Indiana, Doss est un homme aimable, pensif, à la voix douce. Avec sa barbe grisonnante, sa longue queue-de-cheval et son petit saphir à l'oreille, il n'a pas du tout la tête d'un employé de parc national. Une petite bedaine tend son uniforme impeccable. Il ressemble plus à un musicien de blues qu'à un fonctionnaire, et, de fait, il joue du blues (à l'harmonica). Mais ce qui est certain, c'est qu'il aime la géologie. « Et j'ai trouvé le meilleur endroit pour la pratiquer », me dit-il en faisant démarrer un 4x4 qui en a vu d'autres en direction du geyser Old Faithful. Il avait accepté de me laisser l'accompagner dans sa tournée quotidienne. Ce matin-là, sa journée commençait par un topo de présentation à une nouvelle fournée de guides.

Yellowstone, est-il besoin de le préciser, est d'une beauté à couper le souffle, avec ses montagnes imposantes, ses prairies où paissent des bisons, ses torrents tombant en cascade, son lac d'un bleu profond et sa profusion de vie sauvage. « Vous ne pouvez pas mieux trouver si vous êtes géologue, me dit Doss. Vous avez des roches à Beartooth Gap qui ont presque trois milliards d'années, et des sources minérales (il désigne les sources chaudes sulfureuses d'où Mammoth Hot Springs tire son nom) où l'on peut voir des roches en formation. Et entre les deux, il y a tout ce que l'on peut imaginer. Je ne connais pas d'endroit où la géologie soit plus évidente – ni plus agréable.

« – Ça vous plaît, hein ?

« – Oh, j'adore ça, dit-il, profondément sincère. Vraiment. Les hivers sont rudes et la paie n'est pas formidable, mais à la belle saison, c'est tellement… »

Il s'interrompt pour désigner un trou lointain dans une chaîne montagneuse située à l'ouest, les Gallatins.

« Ce trou fait une centaine de kilomètres de large. Pendant longtemps, on s'est demandé ce qu'il faisait là, et puis Bob Christiansen a compris qu'à cet endroit la montagne avait été littéralement soufflée. Quand vous avez 100 km de montagnes qui s'évaporent, vous comprenez que vous avez affaire à forte partie. Christiansen a mis six ans à tout comprendre. »

Je lui demande ce qui a provoqué l'explosion de Yellowstone.

« – On ne sait pas. Les volcans sont de drôles de zèbres, et nous n'y comprenons pas grand-chose. Le Vésuve a été actif pendant trois cents ans avant d'entrer en éruption en 1944, puis il s'est arrêté. On ne l'a plus entendu depuis. Certains vulcanologues pensent qu'il est en train de recharger ses batteries, ce qui est un peu inquiétant, parce qu'il y a deux millions de gens qui vivent autour. Mais on n'en sait rien.

« – Et quel serait le temps de préavis si Yellowstone explosait ?

« – Il n'y avait personne pour le voir la dernière fois, dit-il en haussant les épaules, alors on ignore quels peuvent être les signes d'alerte. Vous auriez sans doute des tas de secousses et un soulèvement en surface, ainsi que des modifications de comportement des geysers et des évents, mais on ne sait pas vraiment.

« – Il pourrait juste exploser sans crier gare ? »

Il hoche la tête pensivement. Le problème, c'est que tout ce que l'on peut considérer comme des signes d'alerte s'est déjà vu à Yellowstone. « Les tremblements de terre sont en général un signe précurseur d'éruptions volcaniques, mais le parc en a déjà subi beaucoup – 1 260 l'an dernier. La plupart sont trop faibles pour être perçus, mais ce sont quand même des séismes. »

Une modification des éruptions des geysers pourrait aussi être un indice, mais elles varient déjà de façon trop imprévisible. L'Excelsior était autrefois le geyser le plus célèbre du parc. Il entrait en éruption à intervalles réguliers, s'élevant à la hauteur spectaculaire d'une centaine de mètres, mais en 1888 il s'est arrêté. En 1985, il a soudain repris ses éruptions, mais sans monter plus haut qu'une trentaine de mètres. Steamboat Geyser est le plus haut du monde quand il entre en éruption, avec son jet qui peut atteindre 130 mètres, mais les intervalles entre ses éruptions vont de quatre jours à une cinquantaine d'années. « S'il entrait en éruption aujourd'hui et de nouveau la semaine prochaine, nous n'en saurions pas plus sur la suite des événements : ce pourrait être la semaine suivante ou dans vingt ans d'ici, me dit Doss. Le parc tout entier est si volatil qu'il est à peu près impossible de tirer des conclusions de ce qui se passe ici. »

Évacuer Yellowstone ne serait pas une mince affaire. Le parc reçoit trois millions de visiteurs par an, surtout au cours des trois mois d'été. Il a peu de routes et l'on se garde de les agrandir, tant pour préserver le pittoresque que du fait de contraintes topographiques. Au pic de l'été, il faut parfois une demi-journée pour traverser le parc, et des heures pour en atteindre un point donné. « Chaque fois que les gens voient des animaux, ils s'arrêtent net. Nous avons des embouteillages d'ours ; des embouteillages de bisons ; des embouteillages de loups. »

L'automne 2000 a vu se constituer le Yellowstone Volcanic Observatory (YVO), un conseil qui compte des représentants de l'U.S. Geological Survey, du National Park Service, et quelques chercheurs. Il existait déjà quatre agences de ce type – à Hawaii, en Californie, en Alaska et à Washington –, mais, curieusement, aucune dans la plus grande zone volcanique du monde. Le YVO est censé coordonner les études et les analyses géologiques du parc. L'une de ses premières tâches, selon Doss, a été de dresser « un tableau des risques sismiques et volcaniques » – pour élaborer un plan d'action en cas de crise.

« Il n'y en a pas déjà un ?

« – Je crains que non. Mais ça ne va plus tarder.

« – Ce n'est pas un peu tard ?

« – Eh bien… (un sourire) disons que ce n'est pas trop tôt. »

Il revient à trois personnes – Christiansen du Menlo Park en Californie, Robert B. Smith de l'université de l'Utah, et Doss à Yellowstone –

d'évaluer le degré de risque d'un éventuel cataclysme et d'en aviser le directeur du parc. C'est à lui que reviendra la décision d'évacuer ou non les lieux. Quant aux zones environnantes, elles n'entrent pas dans ce plan. Si Yellowstone devait connaître une énorme éruption, vous seriez livré à vous-même une fois franchies les portes du parc.

Il peut certes se passer des dizaines de milliers d'années avant que ce jour n'arrive. Doss estime même qu'il peut ne jamais arriver. « La présence d'un modèle donné dans le passé ne signifie pas qu'il soit encore vrai. Selon certains indices, ce modèle consisterait en une série d'explosions catastrophiques suivies d'une longue période de calme. Nous sommes peut-être dans celle-ci en ce moment. La chambre magmatique semble se refroidir et se cristalliser. Elle libère ses gaz volatils ; or, il faut qu'ils restent emprisonnés pour qu'il y ait une éruption. »

En attendant, Yellowstone et ses alentours sont truffés d'autres dangers, comme l'a prouvé la nuit du 17 août 1959, à Hebgen Lake, situé juste en dehors du parc[7]. Ce jour-là, à minuit moins vingt, Hebgen Lake connut une secousse catastrophique d'une magnitude de 7,5, bien plus circonscrite qu'un tremblement de terre, mais assez violente pour faire effondrer un pan entier de montagne. La saison battait son plein, mais heureusement, peu de gens visitaient Yellowstone à l'époque. Quatre-vingts millions de tonnes de roches, lancées à plus de 150 km/h, dévalèrent la montagne avec un tel élan que la coulée remonta la pente sur plus de 120 mètres de l'autre côté de la vallée. Sur son chemin se trouvait le camping de Rock Creek : 28 campeurs furent tués, dont 19 enfouis trop profondément pour qu'on les retrouve. La dévastation fut brève mais tragiquement capricieuse. Trois frères, qui dormaient sous une tente, furent épargnés. Leurs parents, qui dormaient sous la tente voisine, furent emportés à jamais.

« Un gros tremblement de terre – un vrai de vrai – se produira un jour, me dit Doss. Vous pouvez y compter. Nous sommes ici sur une importante zone de faille. »

Malgré Hebgen Lake et les autres risques connus, Yellowstone n'a pas eu de sismographes permanents avant les années 1970.

Pour apprécier la magnitude et la nature inexorable des processus géologiques, prenez les Tetons, la chaîne somptueusement déchiquetée située juste au sud du parc national de Yellowstone. Voici neuf millions d'années, les Tetons n'existaient pas. Le territoire entourant Jackson Hole n'était qu'une haute plaine. Mais ensuite, une faille de 60 km de long s'ouvrit dans la Terre, et depuis, tous les neuf cents ans environ, les Tetons connaissent un tremblement de terre assez violent pour les faire monter de 2 mètres. Ce sont ces secousses répétées sur des milliers d'années qui les ont soulevées à leur hauteur majestueuse de 2 300 mètres.

Ces neuf cents ans sont une moyenne assez trompeuse. Selon Robert B. Smith et Lee J. Siegel dans leur histoire géologique de la région, *Windows into the Earth*, la dernière secousse majeure des Tetons remonte à quelque part entre cinq et sept mille ans en arrière. En clair, les Tetons sont la zone sismique qui se fait le plus attendre de toute la planète.

Les explosions hydrothermales sont aussi un risque non négligeable. Elles peuvent se produire à tout moment, à peu près n'importe où, de façon totalement imprévisible.

« Ici, nous menons toujours les visiteurs aux bassins thermaux, me dit Doss après avoir regardé Old Faithful lancer son jet. C'est cela qu'ils viennent voir. Saviez-vous qu'il y a plus de geysers et de sources chaudes à Yellowstone que dans tout le reste du monde ?

« – Je l'ignorais.

« – Il y en a dix mille, et personne ne sait quand une nouvelle bouche peut s'ouvrir. »

Il m'a emmené dans un endroit appelé Duck Lake, un trou d'eau d'une centaine de mètres de large.

« Il a l'air complètement inoffensif, me dit-il. Ce n'est guère qu'une grande mare. Mais avant, il n'existait pas. À un moment quelconque au cours des derniers 15 000 ans, il y a eu ici une explosion vraiment violente : des millions de tonnes de terre, de roches et d'eau surchauffée jaillissant à des vitesses supersoniques. Imaginez les conséquences si cela se produisait sous le parking d'Old Faithful ou l'un des centres d'exposition, a-t-il ajouté avec une petite moue.

« – Il y aurait un signe avant-coureur ?

« – Sans doute pas. La dernière explosion significative dans le parc s'est produite à un endroit appelé Pork Chop Geyser en 1989. Elle y a laissé un cratère de 5 mètres de diamètre – pas énorme, mais déjà trop si vous étiez là juste à ce moment. Heureusement, l'endroit était désert, de sorte qu'il n'y a pas eu de blessés, mais cela s'est produit sans aucun préavis. Dans un passé très ancien, des explosions ont formé des dépressions de plus d'un kilomètre de large. Nul ne peut vous dire où et quand cela risque de se reproduire. Contentez-vous d'espérer que vous serez loin la prochaine fois. »

Les chutes de pierres sont aussi un danger. Il y en a eu une à Gardiner Canyon en 1999, mais là encore, personne n'a été touché. Tard dans l'après-midi, nous nous sommes arrêtés devant un rocher suspendu au-dessus d'une route très passante. Des fissures étaient nettement visibles.

« Il peut tomber à tout instant, a dit Doss pensivement.

« – Vous plaisantez, ai-je dit. (Il n'y avait pas un moment où il ne passait pas de voitures remplies de joyeux campeurs.)

« – Oh, c'est peu probable, s'est-il empressé d'ajouter. J'ai bien dit *il peut*. Mais il peut aussi rester là pendant des décennies. C'est impossible à dire. Les gens doivent accepter de prendre des risques en venant ici. C'est tout. »

Comme nous revenions à son 4x4, il a ajouté :

« Mais le truc, c'est que la plupart des choses terribles n'arrivent pas. Les rochers ne tombent pas. La terre ne tremble pas. De nouvelles cheminées ne s'ouvrent pas brusquement. Avec toute cette instabilité, l'ensemble est remarquablement tranquille.

« – Comme la Terre elle-même, ai-je fait remarquer.

« – Exactement. »

Les risques à Yellowstone concernent autant les employés que les visiteurs. Doss en a fait la terrible expérience dès son arrivée ici, voici cinq ans. Trois jeunes employés saisonniers allèrent se livrer une nuit à une activité illicite appelée « hot-potting » qui consiste à aller s'ébattre dans les bassins d'eau tiède. Bien que le parc ne s'en vante pas pour d'évidentes raisons, tous les bassins de Yellowstone ne sont pas brûlants. Certains sont à une température fort agréable, et ces jeunes avaient l'habitude d'aller faire trempette la nuit malgré l'interdiction. Ils n'avaient pas emporté de torche – une grave erreur, car le sol autour des bassins est constitué d'une croûte très fine qui peut facilement céder sous les pieds et vous précipiter dans une cheminée brûlante. En retournant à leur dortoir, ils trouvèrent un cours d'eau qu'ils avaient dû sauter en venant. Ils reculèrent de quelques pas, se prirent par le bras et après avoir compté jusqu'à trois, prirent leur élan et sautèrent. Mais ce n'était pas le cours d'eau. C'était un bassin d'eau bouillante. Dans l'obscurité, ils s'étaient trompés de chemin. Aucun d'eux ne survécut.

Je pensais à cela le lendemain matin en faisant une brève halte vers la sortie du parc, à un endroit appelé Emerald Pool. Doss n'avait pas eu le temps de m'y mener la veille, mais je tenais à y jeter un coup d'œil, car Emerald Pool est un site historique.

En 1965, un couple de biologistes, Thomas et Louise Brock, avaient fait une chose assez folle au cours d'une étude de terrain. Ils avaient recueilli un peu de l'écume jaune brunâtre qui borde le bassin et l'avaient placée sous un microscope. À leur grande surprise – et celle du reste du monde –, elle grouillait de microbes. Ils avaient trouvé les premiers extrémophiles du monde – des organismes capables de vivre dans une eau jugée jusque-là trop chaude, ou trop acide, ou trop sulfurée pour contenir de la vie. Esmerald Pool avait toutes ces qualités, et elle abritait pourtant deux types au moins d'organismes vivants – *Sulpholobus acidocaldarius* et *Thermophilus aquaticus*. On avait toujours cru que rien ne pouvait survivre à des températures supérieures à 50 degrés, mais il y avait là des organismes qui se prélassaient dans des eaux fétides et quasiment deux fois plus chaudes.

Pendant une vingtaine d'années, le *Thermophilus aquaticus* resta une curiosité de laboratoire, jusqu'à ce qu'un scientifique californien, Kary B. Mullis, comprenne qu'il contenait des enzymes résistants à la chaleur capables de créer un peu de cette magie chimique appelée une réaction en chaîne de polymérases, qui permet de générer beaucoup d'ADN à partir de minuscules quantités – une seule molécule dans des conditions idéales[8]. Cette espèce de photocopie génétique est devenue la base de tous les travaux récents, de la médecine à la police scientifique. Elle a valu un prix Nobel de chimie à Mullis en 1993.

Depuis, les scientifiques ont trouvé des microbes plus résistants encore, connus sous le nom d'hyperthermophiles, qui exigent des températures de 80 degrés et plus[9]. Selon Frances Ashcroft dans *Life at the Extremes*, l'organisme le plus chaud trouvé à ce jour est le *Pyrobolus fumarii*, qui s'installe dans les parois d'évents océaniques où la température peut atteindre 113 degrés. La limite pour la vie est estimée à environ 120 degrés, mais ce chiffre reste hypothétique. En tout cas, la découverte des Brock a complètement modifié notre perception du monde vivant. Comme l'a dit le scientifique de la NASA Jay Berg : « Partout où nous allons sur terre – même dans les environnements en apparence les plus hostiles – tant qu'il y a de l'eau liquide et une source d'énergie chimique, nous trouvons de la vie[10]. »

La vie se révèle donc infiniment plus maligne et plus adaptable qu'on ne l'avait supposé. C'est une fort bonne chose, car comme nous allons le voir, nous vivons dans un monde qui ne semble pas toujours enchanté de nous voir ici.

Cinquième partie

LA VIE ELLE-MÊME

« Plus j'examine l'Univers et plus j'étudie
les détails de son architecture,
plus je découvre de preuves que l'Univers
en un sens devait savoir que nous arrivions. »

Freeman Dyson.

XVI

Une planète solitaire

Il n'est pas facile d'être un organisme. À notre connaissance, il n'y a dans tout l'Univers qu'un seul endroit, un petit coin discret de la Voie lactée appelé la Terre, qui consente à nous laisser vivre – et encore peut-il se montrer souvent avare de ses bienfaits.

Des abysses de la fosse océanique la plus profonde jusqu'au sommet de la plus haute montagne, le secteur qui abrite la totalité de la vie connue ne dépasse guère une vingtaine de kilomètres de hauteur – ce qui est peu comparé à l'immensité du cosmos.

Pour l'homme, c'est pire encore, puisqu'il fait partie de ces êtres vivants qui ont pris l'aventureuse décision, voici 400 millions d'années, de gagner la terre ferme et de se mettre à respirer de l'oxygène. En conséquence, pas moins de 99,5 % du volume de l'espace habitable lui est devenu inaccessible[1].

Non seulement nous ne pouvons pas respirer sous l'eau, mais nous sommes incapables d'en supporter la pression. L'eau étant 1 300 fois plus lourde que l'air, la pression s'élève brutalement quand on descend – l'équivalent d'une atmosphère tous les 10 mètres de profondeur[2]. Sur terre, si vous montez au sommet d'une éminence de 150 mètres – la cathédrale de Cologne ou le Monument à Washington, par exemple –, le changement de pression est si infime qu'il est imperceptible. Mais sous l'eau, à la même profondeur, vos veines se rompent et vos poumons sont comprimés à la dimension approximative d'une canette de Coca[3].

Curieusement, il se trouve des gens pour plonger de leur propre gré à de telles profondeurs, sans aucun équipement, pour l'amour d'un sport appelé le *free diving*. La brutale déformation de leurs organes internes semble leur procurer une sensation grisante (pas autant toutefois que lorsqu'ils reprennent leurs dimensions normales en refaisant surface). Pour atteindre de telles profondeurs, les plongeurs doivent être entraînés vers le fond à vive allure par des poids. L'homme qui est descendu le plus loin et a vécu assez longtemps pour le raconter était un Italien du nom d'Umberto Pelizzari qui a plongé en 1992 à une profondeur de 72 mètres, où il est resté une nanoseconde avant de se ruer vers la surface. Sur terre, 72 mètres représentent à peine plus que la longueur d'un bloc de rues de New York : même dans nos numéros les plus fous, nous aurions donc du mal à nous prétendre les maîtres des abysses.

Certes, d'autres organismes parviennent à supporter la pression des grands fonds, mais leur mode de survie reste en général un mystère. L'endroit le plus profond de l'océan est la fosse des Mariannes, dans le Pacifique. Là, à quelque

9 500 mètres de profondeur, la pression est de plus d'une tonne par centimètre carré. Nous n'avons réussi qu'une seule fois à envoyer des hommes à cette profondeur – pour un temps très bref et dans un batyscaphe très robuste – alors qu'il y grouille des colonies entières d'amphipodes, un type de crustacé comparable à la crevette mais transparent, qui survit sans aucune protection. Certes, le plancher océanique est en général moins profond, mais en dessous de 4 000 mètres, la pression pèse déjà l'équivalent de quatorze camions chargés de ciment[4].

À peu près tout le monde (y compris les auteurs d'ouvrages de vulgarisation sur l'océanographie) s'imagine que le corps humain doit être aplati comme une crêpe par l'énorme pression de l'océan. Il semble en fait que ce ne soit pas le cas. En effet, nous sommes nous-mêmes en grande partie composés d'eau. Or, écrit Frances Ashcroft, de l'université d'Oxford, « l'eau étant à peu près incompressible, le corps reste à la même pression que l'eau qui l'entoure, et n'est donc pas écrasé dans les profondeurs[5] ». Ce sont les gaz dans notre corps, notamment l'air des poumons, qui posent problème. Eux se compriment, bien qu'on ignore leur point de compression fatal. On a longtemps cru que quiconque plongeait à une profondeur de 100 mètres était condamné à une mort douloureuse, due à l'implosion de ses poumons ou à l'enfoncement de sa cage thoracique, mais le *free diving* a démontré le contraire à maintes reprises. Il semble, d'après

Ashcroft, que « l'homme soit plus proche des baleines et des dauphins qu'on ne l'imaginait[6] ».

Mais bien d'autres choses peuvent mal se passer. À l'époque des scaphandres – ceux qui étaient reliés à la surface par de longs tuyaux –, les plongeurs souffraient parfois d'un phénomène redoutable quand les pompes en surface avaient une défaillance, entraînant une perte catastrophique de pression dans le scaphandre. L'air s'en échappait alors avec une telle violence que l'infortuné plongeur était littéralement aspiré dans le casque et le tuyau. Quand on le remonte à la surface, « il ne reste dans le scaphandre que ses os et des fragments de chair », écrivait le biologiste J. B. S. Haldane en 1947, ajoutant à l'intention des sceptiques : « Cela s'est vu[7]. »

(Soit dit en passant, le premier casque de plongée, inventé en 1823 par un Anglais nommé Charles Deane, s'appelait un « casque à fumée » et avait été conçu non pour les plongeurs, mais pour les pompiers. Mais, étant en métal, il était chaud et encombrant ; comme Deane ne tarda pas à le découvrir, si les pompiers ne tenaient pas à entrer dans des bâtiments en feu dans quelque tenue que ce soit, ils étaient encore moins tentés de s'y risquer coiffés d'un truc qui chauffait comme une bouilloire et les gênait dans leurs mouvements. Dans l'espoir de sauver son investissement, Deane l'essaya sous l'eau et le jugea idéal pour le travail de sauvetage.)

Mais la vraie terreur des profondeurs, c'est la « maladie des caissons » – non seulement désagréable, mais bien plus fréquente. L'air que nous respirons est composé à 80 % d'azote. Mettez un corps humain sous pression, et cet azote se transforme en bulles minuscules qui migrent dans le sang et les tissus. Si le changement de pression est trop brutal – dans le cas par exemple d'une remontée trop rapide –, les bulles emprisonnées dans le corps vont se mettre à pétiller exactement comme une bouteille de champagne fraîchement ouverte, obturant les petits vaisseaux sanguins, privant les cellules d'oxygène et provoquant des douleurs épouvantables.

Cette « maladie des caissons », redoutée par les pêcheurs de perles et d'éponges depuis des temps immémoriaux, n'a guère attiré l'attention du monde occidental avant le XIXe siècle, chez des gens qui se trempaient rarement dans l'eau, et jamais au-dessus des chevilles : les ouvriers des caissons. Les caissons étaient des chambres closes remplies d'air comprimé, construites sur les rives pour faciliter la construction des piles de pont. Quand les ouvriers en sortaient après de longues heures de travail sous pression artificielle, ils souffraient souvent de picotements ou de légères démangeaisons. Mais quelques-uns ressentaient des douleurs plus persistantes aux articulations, et certains s'effondraient pour ne plus se relever.

C'était un phénomène curieux. Parfois, les ouvriers allaient se coucher en pleine forme, mais se réveillaient paralysés – quand ils se réveillaient. Ashcroft relate l'aventure des directeurs d'un nouveau tunnel sous la Tamise qui avaient organisé un banquet pour célébrer la fin prochaine des travaux[8]. Ils se trouvèrent fort marris de voir que leur champagne ne pétillait pas dans l'air pressurisé du tunnel, mais quand ils émergèrent à la fraîcheur d'une soirée londonienne, ses bulles se mirent aussitôt à éclater, ce qui leur valut sans doute une digestion mémorable.

À part garder résolument les pieds sur le plancher des vaches, il n'y a que deux stratégies pour éviter la maladie des caissons. La première consiste à ne s'exposer que très brièvement aux changements de pression – ce qui permet aux plongeurs de descendre jusqu'à 72 mètres sans dommage. Ils ne restent pas assez longtemps pour que l'azote de leur organisme se dissolve dans leurs tissus. L'autre solution consiste à remonter par paliers, ce qui laisse le temps aux petites bulles d'azote de se dissiper sans dommage.

Nous devons une grande part de nos connaissances actuelles sur la survie dans des conditions extrêmes à une extraordinaire équipe composée du père et du fils, John Scott et J. B. S. Haldane. Même selon les critères assez lâches des intellectuels britanniques, les Haldane étaient d'une remarquable excentricité. Le père était né en 1860 dans une famille aristocrate écossaise (il était le frère du vicomte Haldane), mais il occupa toute sa vie le poste assez modeste de professeur de physiologie à Oxford. Il était célèbre pour sa distraction. Un jour que sa femme l'avait envoyé se changer pour une réception, on le retrouva endormi en pyjama dans sa chambre. Une fois réveillé, il expliqua que, s'étant soudain trouvé en train de se déshabiller, il en avait conclu qu'il était l'heure d'aller au lit[9]. Pour lui, les vacances consistaient à se rendre en Cornouailles pour étudier l'ankylostome chez les mineurs. Aldous Huxley, petit-fils de T. H. Huxley, qui vécut un temps avec les Haldane, l'a caricaturé assez cruellement sous les traits du savant Edward Tantamount dans son roman *Contrepoint*.

Le don que fit Haldane à la plongée fut de déterminer les temps de pause requis pour remonter des profondeurs sans éprouver de symptômes douloureux[10], mais ses sujets d'intérêt allaient de la physiologie en général au mal des montagnes chez les alpinistes en passant par les problèmes d'insolation dans les régions désertiques. Il s'intéressait notamment aux effets des gaz toxiques sur le corps humain. Pour mieux comprendre comment les fuites de monoxyde de carbone tuaient les mineurs, il s'empoisonna méthodiquement en analysant son propre sang. Il ne s'arrêta que lorsqu'il fut sur le point de perdre tout contrôle musculairc, alors que son niveau de saturation sanguin avait atteint 56 % – soit, comme le note Trevor Norton dans son amusante histoire de la plongée, *Stars Beneath the Sea*, à un doigt d'une mort certaine[11].

Le fils Haldane, Jack, passé à la postérité sous le nom de J. B. S., était un prodige qui s'intéressa très tôt aux travaux de son père. À l'âge de trois ans, on l'entendit demander d'un air grognon à propos de son père : « Mais il est en oxyhémoglobine ou en carboxyhémoglobine[12] ? » Dès l'enfance, le fils aida son père dans ses expériences. Quand il fut adolescent, alors qu'ils testaient ensemble des masques à gaz, ils firent un concours pour voir lequel s'évanouissait le premier.

Bien que le jeune Haldane n'ait jamais obtenu de diplôme scientifique (il étudia la littérature classique à Oxford), il devint de lui-même un brillant scientifique, surtout à Cambridge. Le biologiste Peter Medawar, qui avait passé sa vie à fréquenter des génies, l'appelait « l'homme le plus intelligent que j'aie jamais rencontré[13] ». Huxley le parodia lui aussi dans son roman *Cercle vicieux (Antic Hay)*, tout en reprenant ses idées sur la manipulation génétique humaine pour l'intrigue du *Meilleur des mondes*. Entre autres exploits, Haldane sut allier les principes darwiniens de l'évolution à ceux de la génétique de Gregor Mendel, contribuant à ce que les généticiens actuels appellent la synthèse moderne.

Il fut sans doute le seul à voir dans la Première Guerre mondiale « une expérience des plus divertissantes », et reconnut sans complexes qu'il « avait joui de cette occasion de tuer des gens[14] ». Lui-même fut blessé deux fois. Après la guerre, il devint un vulgarisateur scientifique à succès avec ses 23 livres et 400 articles scientifiques qui restent fort instructifs, même s'ils ne sont pas faciles à trouver. Il devint aussi un marxiste enthousiaste. Certains ont suggéré que c'était par pur esprit de contradiction, et que s'il était né en Union soviétique il aurait été un monarchiste passionné. En tout cas, la plupart de ses articles furent publiés pour la première fois dans un journal communiste, le *Daily Worker*.

Alors que son père s'intéressait avant tout aux mineurs et à l'empoisonnement, le jeune Haldane s'appliqua à sauver les sous-mariniers et les plongeurs des conséquences de leur rude travail. Avec des crédits de l'Amirauté, il se rendit acquéreur d'une chambre de décompression – un gros cylindre de métal où l'on pouvait enfermer trois personnes à la fois pour les soumettre à une batterie de tests plus dangereux et plus douloureux les uns que les autres. Les volontaires étaient priés de s'asseoir dans l'eau glacée tout en respirant une « atmosphère aberrante », ou de se soumettre à de rapides changements de pressurisation. Haldane simula une fois une remontée à une vitesse dangereuse pour voir ce qui se passerait, et il se passa que les plombages de ses dents explosèrent. « À peu près chaque expérience, écrit Norton, se soldait par une crise cardiaque, une hémorragie ou des vomissements[15]. » La chambre étant insonorisée, ses occupants ne pouvaient signaler leur détresse qu'en martelant de leurs poings la paroi de la chambre, ou en montrant des notes par une petite fenêtre.

Alors qu'il s'empoisonnait scrupuleusement à l'oxygène, Haldane eut un jour une crise d'épilepsie si violente qu'il s'écrasa plusieurs vertèbres. Le collapsus des poumons était un accident de pure routine ; la perforation des tympans était plus courante encore, mais, comme le soulignait Haldane dans une note rassurante, « le tympan en général se soigne ; et s'il y reste un trou, bien que l'on en reste un peu sourd, on peut souffler de la fumée de cigarette par l'oreille concernée, ce qui est un véritable talent de société[16] ».

L'extraordinaire là-dedans, ce n'était pas que Haldane fût disposé à prendre tous les risques dans son amour immodéré de la science, mais qu'il eût si peu de mal à convaincre ses collègues et ses proches d'en faire autant. Envoyée simuler une descente dans la fameuse chambre, sa femme eut un jour une crise d'épilepsie qui dura presque un quart d'heure. Quand elle eut enfin cessé de rebondir sur le sol, on la remit sur ses pieds et on la pria d'aller préparer le dîner. Haldane embauchait joyeusement tous ceux qui lui tombaient sous la main, et même, lors d'une mémorable occasion, l'ancien Premier ministre d'Espagne Juan Negrin. Celui-ci se plaignit ensuite d'un léger picotement et d'une « curieuse sensation de velours sur les lèvres », mais parut s'en sortir sans autre dommage – en quoi il put s'estimer chanceux. Une expérience comparable de privation d'oxygène laissa à Haldane une insensibilité du postérieur et des lombaires qui dura six ans[17].

Entre autres choses, Haldane s'intéressait à l'empoisonnement à l'azote. Pour des raisons encore mal comprises, en dessous d'une trentaine de mètres, l'azote devient un puissant toxique. Sous son influence, on a vu des plongeurs offrir leurs tubes à oxygène à des poissons qui passaient ou décider de se griller une petite cigarette. Il induit aussi de fortes variations de l'humeur[18]. Dans un test, notait Haldane, le sujet « alternait entre dépression et allégresse, suppliant un moment qu'on le décompresse parce qu'il se sentait “foutrement mal”, et l'instant d'après éclatant de rire et cherchant à interférer avec le test de dextérité de son collègue ». Pour mesurer le degré de détérioration du sujet, il fallut qu'un scientifique descende dans la chambre avec le volontaire afin de le soumettre à des tests mathématiques simples. Mais au bout de quelques minutes, rappelait Haldane plus tard, « l'expérimentateur était aussi ivre que le sujet testé, et il oubliait souvent d'appuyer sur le bouton de son chronomètre ou de prendre les notes requises[19] ». La cause de cette ivresse des profondeurs reste à ce jour un mystère[20]. On pense que c'est la même chose qui provoque l'ivresse alcoolique, mais comme nul ne sait précisément à quoi elle tient, nous n'en sommes pas plus avancés. En tout cas, sans de grandes précautions, les ennuis ne se font pas attendre dès que l'on quitte le monde de la surface.

Voilà qui nous ramène (quasiment) à notre première observation que notre planète n'est pas un endroit facile pour être un organisme, même si c'est le seul. Sur la petite portion de la Terre assez sèche pour se tenir dessus, une étonnante quantité est trop chaude, trop froide, trop sèche, trop abrupte ou trop haute pour nous être d'un grand usage. Reconnaissons-le, c'est en partie notre faute. En matière d'adaptabilité, l'homme n'est pas un phénix. La plupart des animaux n'apprécient guère les endroits vraiment brûlants, mais nous, qui suons beaucoup et sommes sujets à la congestion cérébrale, sommes particulièrement vulnérables. Dans les pires conditions – à pied et sans eau dans un désert brûlant –, les gens vont se mettre à délirer avant de s'écrouler en l'espace de six à sept heures. Nous ne sommes pas moins démunis face au froid. Comme tous les mammifères, l'homme est un bon générateur de chaleur mais, étant dépourvu de poils, il est incapable de la conserver. Même sous un climat très tempéré, la moitié des calories que nous brûlons sert à maintenir notre température corporelle[21]. Certes, nous compensons cette fragilité par l'habillement et l'habitat, mais la fraction de la Terre habitable pour nous reste malgré tout modeste : 12 % de la surface émergée et 4 % seulement de la surface totale en comptant les océans[22].

Pourtant, vu les conditions qui règnent ailleurs dans l'Univers connu, le plus surprenant n'est pas le maigre usage que nous faisons de notre planète, mais plutôt que nous en ayons trouvé une dont nous puissions nous servir un peu. Il suffit de regarder notre système solaire, voire la Terre à certaines périodes de son histoire, pour comprendre que tout le reste est encore plus rude et moins adapté à la vie que notre globe bleu tempéré et humide.

Jusqu'ici, les astronomes ont découvert environ

soixante-dix planètes en dehors de notre système solaire, sur les dix mille milliards de milliards dont ils soupçonnent l'existence. L'homme ne saurait donc faire autorité en ces matières, mais il semble tout de même qu'il faille une chance insolente pour avoir une planète qui convienne à la vie – et plus votre forme de vie est avancée, plus il vous en faut. Certains observateurs ont identifié jusqu'à deux douzaines de conditions sur terre qui nous ont bien aidés, mais nous survolons le sujet et nous nous bornerons ici aux quatre principales.

1° Un excellent emplacement. Nous sommes, à un point presque étrange, à la bonne distance du bon type d'étoile : assez grosse pour irradier de grandes quantités d'énergie, mais pas assez pour se consumer trop rapidement. C'est une curiosité de la physique que plus une étoile est grosse, plus elle se consume vite. Si notre soleil avait été dix fois plus massif, il se serait épuisé en dix millions d'années au lieu des dix milliards prévus, et nous ne serions pas ici[23]. Nous avons aussi la chance d'orbiter comme nous le faisons. Trop près, et tout sur la Terre aurait bouilli. Trop loin, et tout aurait gelé.

En 1978, un astrophysicien nommé Michael Hart a calculé qu'il aurait suffi, pour que la Terre soit inhabitable, qu'elle soit 1 % plus éloignée ou 5 % plus proche du Soleil. C'était peu, et d'ailleurs ce n'était pas assez. Ces chiffres ont été affinés depuis dans un sens plus généreux : 5 % plus près et 15 % plus loin semblent des évaluations plus correctes de notre zone d'habitabilité – qui n'en reste pas moins fort étroite*.

Pour apprécier notre faible marge de manœuvre, il suffit de regarder Vénus. Elle n'est plus proche du Soleil que de 40 millions de kilomètres, et sa chaleur lui parvient pile deux minutes après nous[24]. Par sa taille et sa composition, Vénus ressemble fort à la Terre, mais ce petit écart orbital a fait toute la différence. On pense que dans les premières années du système solaire Vénus était à peine plus chaude que la Terre et avait des océans[25], mais ces quelques degrés supplémentaires l'ont empêchée de retenir ses eaux en surface, avec des conséquences désastreuses sur son climat. À mesure que l'eau s'évaporait, les atomes d'hydrogène s'échappèrent dans l'espace, laissant les atomes d'oxygène se combiner au carbone pour former une dense atmosphère de CO_2, le gaz à effet de serre. Vénus devint étouffante. Les gens de mon âge se rappellent un temps où les astronomes espéraient qu'elle puisse abriter de la vie sous ses épais nuages, voire une sorte de verdure tropicale. Nous savons aujourd'hui que son environnement est bien trop rude pour abriter une vie que nous puissions raisonnablement concevoir. Sa

* La découverte d'extrémophiles dans les boues brûlantes de Yellowstone et d'ailleurs a induit les scientifiques à penser que certaines formes de vie pourraient supporter bien pire – voire survivre sous la couche de glace de Pluton. Nous parlons ici de conditions susceptibles de produire des créatures terrestres raisonnablement complexes.

température en surface affiche un four de 470 degrés (assez chaud pour faire fondre le plomb), et sa pression atmosphérique est 90 fois celle de la Terre – bien plus que n'en pourrait supporter un corps humain[26]. Nous n'avons pas la technologie pour fabriquer des combinaisons, ni même des engins spatiaux qui nous permettraient d'aller y faire un tour. Notre connaissance de la surface de Vénus s'appuie sur l'imagerie radar à distance et sur quelques couinements d'une sonde soviétique qui fut lancée dans ses nuages en 1972 et fonctionna à peine une heure avant de sombrer dans un silence définitif.

Voilà donc ce qui arrive quand on s'approche de deux petites minutes du Soleil. Mais il suffit de s'en éloigner un peu pour que le problème ne soit plus la chaleur mais le froid, comme en atteste la frigorifiante Mars. Elle aussi était autrefois relativement accueillante, mais elle ne put retenir une atmosphère utile et devint un désert glacé.

Cela dit, il ne suffit pas d'être à la bonne distance du Soleil, sinon la Lune serait couverte de forêts – ce qu'à l'évidence elle n'est pas. Pour cela, il vous faut :

2° Le bon type de planète. Les géophysiciens qui voudraient dresser la liste des bonnes fortunes de notre planète ne penseraient sans doute pas à y inclure un intérieur en fusion, mais il est à peu près certain qu'en l'absence de ce magma cahotant sous nos pieds nous ne serions pas ici à l'heure qu'il est. Entre autres choses, cette agitation a laissé s'échapper les gaz qui ont contribué à doter notre atmosphère d'un champ magnétique qui nous protège des radiations cosmiques. Elle nous a aussi donné la tectonique des plaques, qui renouvelle et froisse constamment notre surface. Si la Terre était parfaitement lisse, elle serait partout recouverte d'eau jusqu'à une profondeur de 4 000 mètres. Il pourrait y avoir de la vie dans cet océan solitaire, mais il n'y aurait sûrement pas de matchs de foot.

Outre cet intérieur bénéfique, nous avons aussi les bons éléments dans des bonnes proportions. Au sens le plus strict, nous sommes faits de la bonne étoffe. C'est un point si crucial pour notre bien-être que nous allons y revenir dans un instant, mais voyons d'abord les deux facteurs restants, à commencer par celui que l'on néglige le plus souvent :

3° Nous sommes une planète double. Nous n'avons pas coutume de penser la Lune comme une compagne – ce qu'elle est pourtant. La plupart des lunes sont minuscules par rapport à leur planète. Phobos et Deimos, les satellites de Mars, n'ont par exemple que 10 km de diamètre. Mais le diamètre de notre lune représente plus du quart de celui de la Terre, ce qui fait de celle-ci la seule planète du système solaire dotée d'une lune de taille comparable à la sienne (à part Pluton, qui ne compte pas vraiment parce qu'elle est elle-même si petite). Et pour nous, ça change tout.

Sans l'influence stabilisante de la Lune, la Terre oscillerait comme un bouchon sur l'eau, avec des conséquences inimaginables pour le climat. C'est sous l'influence gravitationnelle de la Lune que la Terre continue de tourner à la bonne vitesse et selon la bonne inclinaison, ce qui lui donne la stabilité nécessaire au développement continu de la vie. Cela ne durera pas éternellement. La Lune s'éloigne de nous à la vitesse d'environ 3,75 cm par an[27]. Encore deux milliards d'années, et elle sera trop loin pour assurer notre stabilité ; il sera temps pour nous de trouver une autre solution, mais en attendant, il serait bon de voir en elle autre chose qu'une simple décoration dans le ciel nocturne.

Longtemps, les astronomes ont pensé que la Lune et la Terre s'étaient formées en même temps, ou que la Terre avait fini par capturer la Lune qui dérivait près d'elle. Nous pensons aujourd'hui, comme vous vous le rappelez d'un précédent chapitre, que voici 4,5 milliards d'années un objet de la taille de Mars est venu heurter la Terre, soulevant assez de débris pour créer la Lune. C'était une excellente chose pour nous – et plus encore que cela soit arrivé il y a si longtemps. Si cela s'était produit en 1896 ou mercredi dernier, il est clair que nous en serions moins ravis. Cela nous amène à notre quatrième condition, qui est aussi la plus cruciale à bien des égards :

4° Un bon calendrier. L'Univers est un endroit capricieux et mouvementé, et notre existence en son sein est un prodige. Si une longue séquence d'événements incroyablement complexe remontant à 4,6 milliards d'années ne s'était pas déroulée d'une façon spécifique à des dates spécifiques

– si, pour prendre un exemple évident, les dinosaures n'avaient pas été rayés de la carte à une époque précise –, vous pourriez avoir 10 cm de long, des moustaches et une queue, et lire ce livre au fond d'un terrier.

Nous n'en avons aucune certitude parce que nous n'avons rien à quoi comparer notre existence, mais il semble évident que pour aboutir à une société pensante et modérément avancée il faut se trouver au bout d'une très longue chaîne d'événements incluant des périodes raisonnables de stabilité, entrecoupées de la bonne quantité de stress et de mise à l'épreuve (les âges glaciaires semblent particulièrement utiles à cet égard) et marquées par une absence totale de grands cataclysmes. Nous verrons plus loin que nous avons une chance folle de nous trouver précisément dans cette position.

Et là-dessus, revenons brièvement aux éléments qui nous ont créés.

Il y a quatre-vingt-douze éléments naturels sur terre, plus une vingtaine qui ont été créés en laboratoire, mais, à l'instar des chimistes, nous pouvons écarter tout de suite certains d'entre eux. Un bon nombre de nos éléments chimiques sont remarquablement peu connus. L'astate, par exemple, n'est pratiquement pas étudiée. Elle a un nom et une place dans la classification périodique (voisine de palier du polonium de Marie Curie), mais c'est à peu près tout. Le problème n'est pas une indifférence scientifique à son égard, mais sa rareté. Il n'y a tout simplement pas assez d'astate dans les environs. Mais l'élément le plus rare reste semble-t-il le francium, au point que la planète entière n'en contient sans doute guère plus de vingt atomes à la fois[28]. Au total, il n'y a que trente éléments naturels très répandus sur terre, et à peine une demi-douzaine qui sont d'une importance cruciale pour la vie.

Comme on peut s'y attendre, l'oxygène est l'élément le plus abondant, formant presque 50 % de la croûte terrestre, mais, après lui, les abondances relatives sont souvent surprenantes. Qui pourrait deviner, par exemple, que le silicium est le deuxième élément le plus commun sur terre, et le titane le dixième ? L'abondance n'est pas liée à la familiarité ou à l'utilité pour nous. Certains des éléments les plus obscurs sont en fait bien plus répandus que les plus connus. Il y a plus de cérium sur terre que de cuivre, plus de néodyme et de lanthane que de cobalt ou d'azote. L'étain arrive à peine dans le Top 50, éclipsé par des choses aussi obscures que le praséodyme, le samarium, le gadolinium et le dysprosium.

L'abondance n'est pas liée non plus à la facilité de détection. L'aluminium est le quatrième élément le plus courant sur terre, constituant presque un dixième de tout ce qui se trouve sous nos pieds, mais l'on n'a pas soupçonné son existence avant Humphry Davy, qui le découvrit au XIXe siècle, et il a longtemps été perçu comme rare et précieux. Le Congrès faillit couronner le Monument à Washington d'une feuille d'aluminium pour montrer quelle nation élégante et prospère étaient devenus les États-Unis. En France, à la même époque, la famille impériale écarta l'argenterie pour la remplacer par des couverts en alu[29]. La mode avait tranché – à défaut des couteaux.

L'abondance n'est pas liée non plus à l'importance. Le carbone, qui vient au quinzième rang des éléments, constitue un très modeste 0,048 % de la croûte terrestre, mais nous serions perdus sans lui[30]. Le carbone se distingue surtout par l'effrontée légèreté de ses mœurs. C'est le joyeux drille du monde atomique, qui s'accroche à une quantité d'autres atomes (y compris lui-même) et ne lâche plus sa prise, formant ainsi des chaînes moléculaires extrêmement robustes – l'astuce de la nature pour fabriquer des protéines et de l'ADN. Comme l'écrit Paul Davies : « Sans le carbone, la vie telle que nous la connaissons serait impossible. Il est d'ailleurs probable qu'aucune sorte de vie ne serait possible[31]. » Pourtant, le carbone n'est pas si abondant, même chez l'homme, qui en dépend si étroitement. Sur 200 atomes, votre corps contient 126 atomes d'hydrogène, 51 atomes d'oxygène et seulement 19 atomes de carbone*[32].

D'autres éléments ont un rôle crucial non pour la formation de la vie, mais pour son maintien. Il nous faut du fer pour fabriquer l'hémoglobine qui nous est indispensable. Le cobalt sert à former la vitamine B12. Le potassium et un

* Sur les quatre restants, trois sont de l'azote et le dernier se répartit entre tous les autres éléments.

soupçon de sodium sont bons pour vos nerfs. Le mobdylène, le manganèse et le vanadium font ronronner vos enzymes. Le zinc – béni soit-il – oxyde l'alcool.

Nous avons évolué pour utiliser ou tolérer ces choses – nous ne serions pas là autrement –, mais même ainsi, nous vivons sur des seuils étroits de tolérance. Le sélénium est vital pour nous tous, mais prenez-en un peu trop et ce sera la dernière chose que vous ferez jamais. Le degré auquel les organismes exigent ou tolèrent certains éléments est un reliquat de leur évolution[33]. Les moutons et les bovins paissent aujourd'hui côte à côte, alors que leurs besoins en minéraux sont très différents. Les bovins modernes demandent beaucoup de cuivre parce qu'ils ont évolué dans des régions d'Europe et d'Afrique où le cuivre abondait, alors que les moutons ont évolué dans les régions pauvres en cuivre d'Asie Mineure. En règle générale, comme il semble logique, notre tolérance aux éléments est en proportion directe de leur abondance dans l'écorce terrestre. Nous avons évolué pour atteindre, voire pour exiger, les minuscules quantités d'éléments rares qui s'accumulent dans la chair ou les fibres que nous mangeons. Mais augmentez les doses, parfois d'une simple fraction, et notre seuil de tolérance est franchi illico. Tout cela reste assez mal compris. Nul ne sait, par exemple, si une petite quantité d'arsenic est ou non nécessaire à notre bien-être. Certaines autorités l'affirment ; d'autres soutiennent le contraire. La seule certitude, c'est que si vous forcez la dose, il vous tuera.

Les propriétés de ces éléments peuvent devenir plus curieuses encore quand ils sont combinés. L'oxygène et l'hydrogène, par exemple, sont deux des éléments les plus combustibles, mais assemblez-les et vous obtenez de l'eau, qui est incombustible*. Plus curieuse encore, la combinaison du sodium, l'un des éléments les plus instables, et du chlore, l'un des plus toxiques. Faites tomber un peu de sodium pur dans de l'eau ordinaire et il explosera avec une force suffisante pour vous tuer[34]. Le chlore est encore plus dangereux. S'il est utile à de faibles concentrations pour tuer les micro-organismes (c'est le chlore que l'on sent dans l'eau de Javel), en grands volumes, il est mortel. Le chlore était l'élément de choix des gaz asphyxiants de la Première Guerre mondiale – le gaz moutarde, notamment. Et comme en attestent les yeux rouges des nageurs, le corps humain ne l'apprécie guère, même sous une forme extrêmement diluée. Mais assemblez ces deux dangers publics, et qu'obtenez-vous ? Du chlorure de sodium – le sel de table ordinaire.

* L'oxygène en soi n'est pas combustible ; il facilite simplement la combustion d'autres éléments. C'est aussi bien ainsi, car si l'oxygène était combustible, chaque fois que vous grattez une allumette, tout l'air qui vous entoure s'enflammerait. L'hydrogène, en revanche, est extrêmement combustible, comme l'a démontré l'explosion du dirigeable *Hindenburg* le 6 mai 1937 dans le New Jersey, qui fit trente-six victimes.

En gros, si un élément ne se fraie pas naturellement une voie dans notre organisme – s'il n'est pas soluble dans l'eau, disons –, nous avons du mal à le supporter. Le plomb nous empoisonne parce que nous n'y avons jamais été exposés avant qu'il soit de mode d'en remplir les boîtes de conserve et les tuyaux d'arrivée d'eau (d'où le terme de « plomberie »). Les Romains aimaient aussi en aromatiser leur vin – ce qui peut expliquer en partie qu'ils ne soient plus ce qu'ils étaient[35]. Nous avons vu que notre propre intolérance au plomb (sans parler du mercure, du cadmium, et de tous les polluants industriels dont nous nous gavons tous les jours) ne nous laisse guère de latitude pour faire les idiots. Quant aux éléments qui n'existent pas naturellement sur terre, nous n'avons développé aucune tolérance pour eux, et ils tendent donc à être extrêmement toxiques pour nous, comme le plutonium. Notre tolérance à ce dernier est égale à zéro : il n'y a pas de niveau d'exposition au plutonium qui ne finisse par nous donner envie d'aller faire un somme un peu prolongé.

Je nous ai beaucoup baladés pour en arriver à ceci : si la Terre semble miraculeusement nous convenir, c'est en grande partie parce que nous avons évolué pour remplir ses conditions. L'extraordinaire, ce n'est pas qu'elle soit bonne pour la vie, mais pour *notre* vie – mais ce n'est pas au fond si surprenant. Il est possible que tous ses avantages – un soleil à la bonne distance, une lune, un carbone des plus sociables, plus de magma qu'il ne nous en faut, etc. – ne le soient que parce que nous sommes nés pour les espérer. Nul ne peut vraiment le dire.

D'autres mondes abritent peut-être des organismes qui se félicitent de leurs lacs argentés de mercure et de leurs nuages d'ammoniac. Ils sont peut-être enchantés que leur planète ne les secoue pas comme des pruniers avec ses plaques chaotiques et ne les bombarde pas un peu partout de ses rejets volcaniques, mais garde un calme olympien et non tectonique. Des visiteurs sur la Terre seraient sans doute passablement surpris de nous voir vivre dans une atmosphère composée d'azote, un gaz si peu enclin à réagir avec quoi que ce soit, et d'oxygène, qui est si enclin à la combustion qu'il nous faut des casernes de pompiers à tous les coins de rue pour nous en protéger. Mais même si nos visiteurs étaient des bipèdes respirant de l'oxygène, dotés de centres commerciaux et d'un goût immodéré pour les films d'action, il est peu probable qu'ils jugeraient la Terre idéale. Nous ne pourrions même pas les inviter à déjeuner, parce que notre nourriture contient des traces de manganèse, de sélénium, de zinc et d'autres particules élémentaires dont certaines seraient sans doute des poisons pour eux. La Terre pourrait leur sembler un endroit fort peu accueillant.

Le physicien Richard Feynman avait une plaisanterie sur les conclusions *a posteriori*. « Vous savez, il m'est arrivé une chose extraordinaire, ce soir, disait-il. J'ai vu une voiture dont le numéro d'immatriculation était ARW 357. Vous imaginez un peu ? Sur les millions de plaques qui existent en Amérique, combien de chances avais-je de voir celle-ci ce soir ? Stupéfiant, non[36] ? » Ce qu'il voulait dire, bien sûr, c'est qu'il est aisé de présenter une situation banale comme extraordinaire si vous la traitez comme un signe du destin.

Il est donc possible que les événements et les circonstances qui ont mené à l'éclosion de la vie sur terre ne soient pas aussi extraordinaires que nous le pensons. Ils l'ont pourtant été pas mal, et une chose au moins est sûre : il faudra s'en contenter tant qu'on n'aura pas trouvé mieux.

XVII

Dans la troposphère

Béni soit le ciel pour l'atmosphère. Elle nous garde au chaud. Sans elle, la Terre serait une boule de glace sans vie dotée d'une température moyenne de moins cinquante degrés centigrades[1]. En outre, l'atmosphère absorbe ou dévie des essaims de rayons cosmiques, de particules chargées, de rayons ultraviolets, etc. En tout, le capitonnage gazeux de l'atmosphère équivaut à une épaisseur de 5 mètres de béton et, sans lui, ces visiteurs invisibles de l'espace nous transperceraient comme de petits poignards. Même les gouttes de pluie nous assommeraient si elle n'agissait pas comme un frein.

Le plus frappant dans notre atmosphère, c'est sa finesse. Elle s'étend sur environ 180 km, ce qui paraît assez généreux vu du niveau du sol, mais si l'on réduit la Terre à la taille d'un globe de bureau, elle n'est guère plus épaisse que deux ou trois couches de vernis.

Par convention, on divise l'atmosphère en quatre couches inégales : la troposphère, la stratosphère, la mésosphère et l'ionosphère (souvent appelée la thermosphère). La troposphère est la partie qui nous est chère. Elle seule contient assez de chaleur et d'oxygène pour nous permettre de fonctionner, bien qu'elle se fasse de moins en moins accueillante à mesure que l'on monte. Du niveau du sol jusqu'à son sommet, la troposphère fait environ 17 km d'épaisseur à l'équateur et pas plus d'une dizaine de kilomètres sous les latitudes tempérées, là où vit la majeure partie de la population. Quatre-vingts pour cent de la masse de l'atmosphère, la quasi-totalité de l'eau et donc à peu près toute la météorologie sont contenus dans cette couche fine et légère. Il y a vraiment peu de chose entre nous et le néant.

Au-delà de la troposphère se trouve la stratosphère. Quand vous voyez le sommet d'un nuage d'orage s'aplatir en une forme classique d'enclume, vous regardez la limite entre la troposphère et la stratosphère. Ce plafond invisible, appelé tropopause, a été découvert en 1902 par les ballons-sondes d'un Français, Léon Philippe Teisserenc de Bort[2]. Ici, *pause* n'a pas le sens d'un arrêt momentané, mais d'une fin définitive, de la même racine grecque que dans ménopause[3]. Même à son point le plus haut, la tropopause n'est pas très éloignée. Un ascenseur rapide, du type de ceux des gratte-ciel modernes, vous y amènerait en une vingtaine de minutes, mais vous seriez bien inspirés de ne pas tenter l'aventure. Une montée aussi rapide sans pressurisation provoquerait de graves œdèmes cérébraux et pulmonaires, un dangereux excès de fluides dans les tissus corporels[4]. Quand les portes s'ouvriraient au dernier étage, tout le monde à l'intérieur de la cabine serait mort ou à l'agonie. Même une montée plus mesurée n'irait pas sans de graves inconvénients. La température à 10 km de hauteur peut atteindre moins 60 degrés et vous apprécieriez sûrement un petit supplément d'oxygène[5].

Après avoir quitté la troposphère, la température ne tarde pas à remonter, entre 0 et 20 degrés, grâce aux effets absorbants de l'ozone (une autre chose que Teisserenc de Bort découvrit lors de son ascension de 1902). Elle retombe ensuite à moins 80 degrés dans la mésosphère, avant de remonter à 1 500 degrés ou plus dans la thermosphère, bien nommée mais très erratique, où les températures peuvent varier de 530 degrés entre le jour et la nuit – bien qu'il faille préciser qu'à cette hauteur la « température » devient un concept pour le moins hypothétique. La température n'est en fait qu'une mesure de l'activité des molécules. Au niveau de la mer, les molécules d'air sont si nombreuses qu'une molécule se déplace sur une minuscule distance – 1,2 millionième d'un centimètre, pour être précis – avant de se cogner dans une autre[6]. Des milliards de molécules étant en collision constante, il s'échange de grandes quantités de chaleur. Mais dans la thermosphère, à 100 km de hauteur, l'air est si rare que chaque molécule sera à des kilomètres de l'autre et elles n'entreront que rarement en contact. Bien que chaque molécule soit très chaude, il y a peu d'interactions entre elles et donc peu de transfert de chaleur. C'est une bonne nouvelle pour les satellites et les engins spatiaux, parce que si l'échange de chaleur était plus efficace, tout objet orbitant à ce niveau s'enflammerait aussitôt.

Même ainsi, l'entrée dans l'atmosphère de ces engins est souvent un moment critique, comme la navette *Columbia* en a fait la triste démonstration en février 2003. Bien que l'atmosphère soit très fine, si un vaisseau y pénètre trop vite ou à un angle environ supérieur à 6 degrés, il peut briser assez de molécules pour générer une traînée d'une nature extrêmement combustible. À l'inverse, si une navette frappe l'atmosphère selon un angle trop rasant, elle risque de rebondir dans l'espace comme un caillou fait des ricochets sur l'eau[7].

Mais il n'est pas besoin de s'aventurer au bord de l'atmosphère pour se voir rappeler que nous sommes désespérément cloués au sol. Comme le sait quiconque a jamais passé du temps dans une ville de montagne, il suffit de s'élever un peu au-dessus du niveau de la mer pour sentir son corps protester. Même des alpinistes expérimentés, bien entraînés, et dotés de bouteilles d'oxygène, ne tardent pas à souffrir des maux les plus divers : confusion mentale, nausées, épuisement, engelures, hypothermie, migraines, perte d'appétit, et autres dysfonctionnements. Le corps humain a mille façons spectaculaires de montrer à son propriétaire qu'il n'a pas été conçu pour fonctionner à une telle distance du niveau de la mer.

« Même dans les circonstances les plus favorables, a écrit l'alpiniste Peter Habeler à propos de l'escalade de l'Everest, chaque pas à cette altitude exige un colossal effort de volonté. Il faut s'obliger à accomplir chaque geste, à assurer chaque prise. On est sans cesse menacé par une fatigue de plomb, une fatigue mortelle. » Dans *The Other Side of Everest*, l'alpiniste et cinéaste britannique Matt Dickinson rappelle comment Howard Somervell, lors d'une expédition en 1924, « faillit s'étouffer quand un fragment de chair infectée se coinça dans sa trachée-artère[8] ». Dans un suprême effort, Somervell parvint à cracher la matière obstruante, qui était en fait « la totalité du mucus tapissant son larynx ».

La détresse respiratoire est notoire au-dessus de 8 000 mètres – la « Zone de la mort », disent les alpinistes –, mais beaucoup se trouvent affaiblis, voire dangereusement malades, à des hauteurs n'excédant pas 3 000 mètres. La sensibilité n'est pas liée à la forme physique. On voit parfois des grand-mères gambader dans les hauteurs, alors que leur progéniture en est réduite à se traîner jusqu'à ce qu'on la ramène à une altitude plus confortable.

La limite absolue de la tolérance humaine au quotidien semble se situer autour de 5 500 mètres, mais même les gens habitués à vivre en altitude ne pourraient tolérer longtemps cette limite[9]. Frances Ashcroft, dans *Life at the Extremes*, note que certaines mines de soufre des Andes sont situées à 5 800 mètres, mais que les mineurs préfèrent redescendre 460 mètres chaque soir et remonter le lendemain plutôt que de vivre en permanence à cette altitude. Les gens qui vivent à de hautes altitudes ont souvent développé sur des milliers d'années une poitrine et des poumons disproportionnés, accroissant ainsi d'environ un tiers leur densité de globules rouges porteurs d'oxygène, bien qu'il y ait des limites à la multiplication de ces globules que peut supporter le corps. En outre, au-dessus de 5 500 mètres, même les femmes les mieux adaptées ne peuvent fournir assez d'oxygène à un fœtus pour l'amener à terme[10].

Dans les années 1780, lors des premières ascensions en ballon en Europe, les gens furent surpris de voir que la température baissait à mesure qu'ils montaient – d'environ 6,5 degrés tous les 1 000 mètres. La logique voudrait que plus l'on se rapproche d'une source de chaleur, plus l'on a chaud. Mais ce phénomène s'explique en partie par le fait que l'on ne se rapproche pas du Soleil d'une façon significative. Le Soleil se trouve à 150 millions de kilomètres. S'en rapprocher de quelques centaines de mètres revient à faire un pas en direction d'un feu de brousse en Australie quand on se trouve en Europe et s'attendre à sentir la fumée. Cela nous ramène une fois encore à la question de la densité des molécules dans l'atmosphère. La lumière solaire stimule les atomes : elle les fait se trémousser avec une ardeur accrue et cet état d'agitation les pousse à entrer en collision, libérant ainsi de la chaleur. Quand vous sentez le soleil vous chauffer le dos un jour d'été, vous sentez en fait des atomes excités. Plus vous montez, plus les molécules se raréfient, et donc les collisions entre elles.

L'air est un élément trompeur. Même au niveau de la mer, nous tendons à le penser comme une chose éthérée et sans poids. En fait, il a une masse, et celle-ci se fait souvent sentir. Comme l'écrivait l'océanologue Wyville Thomson voici un siècle : « Nous trouvons souvent quand nous nous levons le matin, quand le baromètre a monté de deux centimètres, que près d'une demi-tonne s'est tranquillement empilée sur nous pendant la nuit, mais nous n'en éprouvons aucune gêne, plutôt une impression de légèreté et de joie, puisqu'il nous faut moins de force pour bouger notre corps dans ce milieu plus dense[11]. » Nous ne sommes pas écrasés par cette demi-tonne supplémentaire de pression pour la même raison que notre corps n'est pas écrasé sous la mer : il est constitué pour l'essentiel de fluides incompressibles qui exercent une pression inverse, égalisant les pressions externe et interne.

Mais faites bouger de l'air, comme dans un ouragan ou même un vent violent, et vous vous verrez bientôt rappeler qu'il a une masse considérable. Il y a en tout 5 milliards de millions de tonnes d'air autour de nous – un volume non négligeable. Quand vous avez des millions de tonnes d'atmosphère se ruant à 50 ou 60 km/h, il n'est guère surprenant que les branches craquent et que les tuiles s'envolent. Comme le note Anthony Smith, un front typique consiste en 750 millions de tonnes d'air froid coincées sous un milliard de tonnes d'air chaud[12]. Il n'est pas étonnant que le résultat soit parfois excitant.

Il n'y a certes pas de crise d'énergie dans le monde au-dessus de nos têtes. On a calculé qu'un seul orage peut contenir une quantité d'énergie équivalente à quatre jours de consommation d'électricité de tous les États-Unis[13]. Dans de bonnes conditions, les nuages d'orage peuvent monter à des hauteurs de 9 à 16 km et contenir des courants ascendants et descendants de 160 km/h. Ils se trouvent souvent côte à côte, ce qui explique que les pilotes ne veulent pas les traverser. Les particules tournoyant dans le nuage se chargent en électricité. Pour des raisons mal comprises, les particules les plus légères tendent à se charger positivement et à être entraînées par les courants vers le haut du nuage. Les particules plus lourdes restent à sa base, accumulant des charges négatives. Elles éprouvent le puissant désir de se ruer vers la Terre chargée positivement, et bonne chance à tout ce qui se trouve sur leur passage. La foudre se déplace à 430 000 km/h et peut faire monter l'air environnant à 28 000 degrés, plusieurs fois la température de la surface du Soleil. À tout moment, il se produit 1 800 orages sur la planète – soit environ 40 000 par jour[14]. Nuit et jour à travers la planète, à chaque seconde, une centaine d'éclairs frappent le sol. Le ciel est un endroit très animé.

Notre connaissance de ce qui se passe au-dessus de nos têtes est étonnamment récente pour l'essentiel[15]. Les courants-jets, en général situés à plus de 6 km de hauteur, peuvent filer jusqu'à 250 km/h et fortement influencer des systèmes météo sur des continents entiers, pourtant, leur existence n'a pas été soupçonnée avant que les pilotes ne commencent à voler dedans lors de la Deuxième Guerre mondiale. Aujourd'hui encore, de nombreux phénomènes atmosphériques restent très mal compris. Un mouvement d'air appelé turbulence met parfois de l'animation dans les voyages aériens. Une vingtaine de ces incidents par an sont assez graves pour faire l'objet d'un rapport. Ils ne sont pas associés à des structures nuageuses ou rien qui puisse être détecté par la vue ou les radars. Ce sont juste des poches de turbulence au milieu d'un ciel tranquille. Dans un incident typique, un avion parti de Sydney en route pour Singapour survolait l'Australie par temps calme quand il chuta soudain de 100 mètres – assez pour envoyer au plafond les passagers qui n'avaient pas leur ceinture. Douze passagers furent blessés, dont un gravement. Nul ne sait ce qui provoque des cellules d'air si perturbatrices.

Ce qui fait bouger l'air dans l'atmosphère est la même chose qui fait tourner le moteur interne de la planète, à savoir la convection. L'air chaud et humide venu des régions tropicales s'élève jusqu'à heurter la barrière de la tropopause où il s'étale. En s'éloignant de l'équateur et en se refroidissant, il descend. Quand il touche le bas, cet air descendant cherche une aire de basse pression à remplir et se dirige à nouveau vers l'équateur, complétant ainsi son circuit.

À l'équateur, le processus de convection est

généralement stable et le temps clair, mais dans les zones tempérées les modèles sont bien plus saisonniers, localisés et hasardeux, d'où une bataille sans fin entre les systèmes de hautes et basses pressions. Les basses pressions sont dues à l'élévation de l'air, qui convoie les molécules d'eau dans le ciel, formant ainsi des nuages et enfin de la pluie. L'air chaud conserve mieux l'humidité que l'air froid, ce qui explique que les orages tropicaux ou les orages d'été soient les plus violents. Ainsi, les zones de basses pressions tendent à être associées aux nuages et à la pluie, les hautes pressions en général au grand soleil et au beau temps. Quand deux systèmes se rencontrent, cela se voit en général dans les nuages. Par exemple, les stratus – ces étendues informes qui nous donnent notre temps couvert – se forment quand les courants ascendants porteurs d'humidité manquent de punch pour percer la couche d'air plus stable au-dessus d'eux et s'étalent comme de la fumée montant au plafond. En fait, si vous regardez un fumeur, vous avez une très bonne idée de ce fonctionnement en regardant la fumée monter de sa cigarette dans une pièce. D'abord, elle monte tout droit (on appelle ça un flux laminaire, si vous devez impressionner quelqu'un), puis elle s'étale en une couche ondulante et diffuse. La plus grosse calculatrice du monde, prenant des mesures dans l'environnement le plus soigneusement contrôlé, ne peut prédire la forme que vont prendre ces ondulations ; on peut donc imaginer les difficultés qu'affrontent les météorologues quand ils essaient de prédire de tels mouvements dans un monde immense, tourbillonnant et venteux.

En revanche, nous savons que c'est la distribution inégale de la chaleur du Soleil qui crée les différences de pression sur la planète. L'air ne peut supporter ces différences, et se rue donc tout autour du globe en s'efforçant de les égaliser. Le vent est simplement le moyen adopté par l'air pour tout tenir en équilibre. L'air s'échappe toujours des zones de hautes pressions vers les zones de basses pressions (comme il est logique : pensez à quelque chose de gonflé sous pression – un ballon ou une bouteille d'oxygène – et pensez à l'insistance avec laquelle cet air pressurisé cherche à sortir), et plus l'écart des pressions est grand, plus le vent souffle fort.

Soit dit en passant, la vitesse du vent, comme la plupart des choses qui s'accumulent, s'accroît de façon exponentielle, de sorte qu'un vent soufflant à 300 km/h n'est pas dix fois, mais cent fois plus fort qu'un vent soufflant à 30 km/h, et donc bien plus destructeur[16]. Introduisez plusieurs millions de tonnes d'air dans cet accélérateur et le résultat peut être d'une énergie folle. Un ouragan tropical peut libérer assez d'énergie en vingt-quatre heures pour couvrir les besoins annuels de nations comme la Grande-Bretagne ou la France[17].

La pulsion de l'atmosphère à chercher l'équilibre a d'abord été soupçonnée par l'omniprésent Edmond Halley, et élaborée ensuite au XVIIIe siècle par son compatriote George Hadley, qui constata que les colonnes d'air montant et retombant tendaient à produire des « cellules » (appelées depuis « cellules de Hadley »)[18]. Bien qu'avocat de profession, Hadley s'intéressait beaucoup à la météo (il était anglais, après tout) et il suggéra un lien entre ces cellules, la rotation terrestre et les apparentes déviations d'air qui nous donnent nos alizés. Mais ce fut un professeur de l'École polytechnique de Paris, Gustave-Gaspard de Coriolis, qui comprit les détails de ces interactions en 1835, de sorte que le tout s'appelle la force de Coriolis. (L'autre raison qui le fit passer à la postérité à Polytechnique fut l'introduction dans l'école de distributeurs d'eau réfrigérée, apparemment encore appelés les Corios[19].) La Terre tourne à une vitesse de 1 676 km/h à l'équateur, même si cela se ralentit considérablement à mesure qu'on se rapproche des pôles, pour atteindre environ 1 000 km/h à Paris ou à Londres par exemple. La raison en est évidente, quand on y pense. Si vous êtes à l'équateur, la Terre en tournant vous fait franchir une grande distance – environ 40 000 km – pour vous ramener au même endroit. Si vous vous tenez à proximité du Pôle, il peut vous suffire de faire quelques pas pour opérer une révolution complète, même si dans les deux cas il vous faut vingt-quatre heures pour l'accomplir. Il s'ensuit donc que, plus près vous êtes de l'équateur, plus vite il vous faut tourner.

La force de Coriolis explique pourquoi tout ce qui se déplace dans l'air en ligne droite latéralement à la rotation de la Terre semblera s'incurver sur la droite dans l'hémisphère Nord et sur la gauche dans l'hémisphère Sud tandis que la Terre tourne en dessous. Le moyen classique de le visualiser est d'imaginer que l'on se trouve au centre d'un vaste manège et qu'on lance une balle à quelqu'un placé sur le bord extérieur. Le temps que la balle atteigne le périmètre du manège, le destinataire a bougé et la balle passe derrière lui. De son point de vue, c'est comme si la balle s'était détournée de lui. Telle est la force de Coriolis, et c'est ce qui donne aux masses d'air leur forme de tourbillon et envoie les ouragans tourner comme des toupies[20]. Elle explique aussi que les torpilleurs doivent viser à droite ou à gauche : sinon, une torpille tirée à une vingtaine de kilomètres dévierait d'une centaine de mètres et irait se perdre dans la mer.

Considérant l'importance pratique et psychologique du temps sur tout le monde, il est surprenant que la météorologie ne soit pas devenue une science avant le XIXe siècle (bien que le terme lui-même ait été là depuis 1626, forgé par un certain T. Granger dans un livre de logique).

Une partie du problème était qu'une bonne météo exige des mesures précises de la température, et les thermomètres se révélèrent longtemps plus difficiles à fabriquer qu'on ne se l'imagine en général. Pour obtenir une lecture précise, il fallait stabiliser un niveau dans un tube de verre, ce qui n'a rien de commode. Le premier à résoudre le problème fut Daniel Gabriel Fahrenheit, fabricant d'instruments hollandais, qui obtint un thermomètre fiable en 1717. Mais pour des raisons inconnues, il le calibra de façon telle que le point de gel fût à 32 degrés et l'ébullition à 212 degrés. Dès le départ, cette excentricité numérique en dérangea certains, et en 1742, Anders Celsius, astronome suédois, inventa une autre échelle. Comme preuve que les inventeurs font rarement les choses correctement, Celsius plaça son point d'ébullition à zéro et son point de gel à 100, mais ils ne tardèrent pas à être inversés[21].

L'homme le plus souvent désigné comme le père de la météo moderne était un pharmacien anglais nommé Luke Howard, qui fit son entrée sur scène au début du XIXe siècle. Il est surtout resté célèbre pour avoir donné leurs noms aux différents nuages en 1803[22]. Bien qu'il fût un membre actif et respecté de la Linnaean Society et qu'il utilisât les principes de Linné pour sa classification, Howard choisit la très obscure Askesian Society pour annoncer son nouveau système. (Vous vous rappelez sans doute que l'Askesian Society se consacrait essentiellement aux plaisirs du gaz hilarant, de sorte que l'on peut espérer que la présentation de Howard reçut toute l'attention qu'elle méritait. Les chercheurs restent étrangement discrets sur ce point.)

Howard divisait les nuages en trois groupes : les stratus pour les nuages en couche, les cumulus pour les duveteux rondouillards (du mot « entassé » en latin), et les cirrus (« boucle ») pour les hautes et fines formations qui annoncent en général du temps froid. Il leur adjoignit pour finir un quatrième terme, le nimbus (du latin « nuage »), pour désigner un nuage de pluie. La beauté du système de Howard consistait en ceci que ses composants de base pouvaient être recombinés pour décrire des nuages de toutes tailles et de toutes formes – stratocumulus, cirrostratus, cumulo-nimbus, etc. Ce fut un succès immédiat, et pas seulement en Angleterre. En Allemagne, Goethe fut si saisi par le système qu'il dédia quatre poèmes à Howard.

Le système a été complété avec le temps, au point que l'encyclopédique *International Cloud Atlas* remplit aujourd'hui deux volumes[23], mais aucun des types de nuages post-Howard – mammatus, pileus, nebulosis, spissatus, floccus, mediocris et j'en passe – n'a jamais pris ni chez les météorologues ni ailleurs. Soit dit en passant, la première édition de cet atlas des nuages, qui date de 1896, divisait les nuages en dix types de base, dont le plus rondouillard et le plus duveteux était le numéro neuf, le cumulonimbus*.

---

* Si vous avez jamais été frappé par la beauté des lisières bien nettes des cumulus, alors que d'autres nuages sont plus flous, vous saurez que le cumulus présente une frontière marquée entre son intérieur humide et l'air sec qui l'entoure. Toute molécule d'eau située aux marges du nuage est aussitôt détruite par l'air sec, ce qui donne ce contour aussi marqué. Les cirrus, bien plus élevés, sont composés de glace, de sorte que le bord du nuage et l'air au-delà ne sont pas aussi nettement découpés, ce qui explique qu'ils tendent à être flous sur les bords.

Quelle que soit la furie des nuages d'orage en forme d'enclume, le nuage moyen est en fait une chose bénigne et assez peu substantielle. Un cumulus d'été bien duveteux de plusieurs centaines de mètres peut ne contenir qu'une centaine de litres d'eau – « de quoi remplir une baignoire », comme l'a dit James Trefil[24]. On peut avoir une idée de la qualité immatérielle des nuages en fendant le brouillard, qui n'est au fond rien d'autre qu'un nuage dénué de l'envie de voler. Pour citer encore Trefil : « Si vous marchez sur une centaine de mètres à travers un brouillard typique, vous ne serez en contact qu'avec un peu plus de 9 cm cubes d'eau – pas assez pour remplir un bon verre. » Les nuages ne sont donc pas des réservoirs très importants : ils ne font flotter autour de nous que 0,035 % de l'eau douce de la Terre[25].

Selon l'endroit où elle tombe, le destin d'une molécule d'eau varie considérablement[26]. Si elle atterrit sur un sol fertile, elle sera absorbée par les plantes ou se réévaporera dans les heures ou les jours qui suivent. Si elle parvient jusqu'au sous-sol, elle peut ne pas revoir le soleil pendant des années – des milliers si elle tombe vraiment profond. Quand vous regardez un lac, vous voyez une collection de molécules qui sont là depuis dix ans en moyenne. Dans l'océan, le temps de résidence est plutôt de l'ordre de la centaine d'années. En tout, 60 % des molécules d'eau d'une averse retournent à l'atmosphère en un jour ou deux. Une fois évaporées, elles ne passent pas plus d'une semaine dans le ciel

– douze jours selon Drury – avant de retomber sous forme de pluie.

L'évaporation est un processus rapide, comme on peut aisément s'en convaincre en observant une mare en période d'été. Même une mer de la taille de la Méditerranée s'assécherait en un millier d'années si elle n'était pas continuellement remplie[27]. Un événement de ce type s'est produit il y a un peu moins de six millions d'années et a provoqué ce que l'on appelle la crise de salinité du Messinien[28]. Le mouvement des continents ayant fermé le détroit de Gibraltar, la Méditerranée s'assécha peu à peu ; son contenu évaporé retomba sous forme d'eau douce dans d'autres mers, diluant légèrement leur salinité – juste assez pour les faire geler sur une étendue plus vaste que la normale. Cette mégabanquise refléta davantage de chaleur solaire et fit entrer la Terre dans un âge glaciaire. C'est du moins ce que dit la théorie.

Ce qui est sans doute vrai, pour autant qu'on puisse le dire, c'est qu'un petit changement dans la dynamique de la Terre peut avoir des répercussions inimaginables. Nous verrons plus loin qu'un événement de ce type peut même nous avoir créés.

Les océans sont le véritable moteur du comportement en surface de la planète, et les météorologues traitent de plus en plus les océans et l'atmosphère comme un système unique. L'eau est excellente pour conserver et transporter la chaleur. Chaque jour, le Gulf Stream apporte à l'Europe une quantité de chaleur équivalente à dix ans de production de charbon dans le monde ; c'est pourquoi la Grande-Bretagne et l'Irlande ont un climat si tempéré par rapport au Canada et à la Russie[29].

Mais l'eau se réchauffe lentement, ce qui explique que les lacs et les piscines restent froids, même aux jours les plus chauds. Cela explique aussi l'écart fréquent entre le début officiel, astronomique d'une saison et le sentiment que cette saison a vraiment commencé[30]. Ainsi, le printemps démarre officiellement en mars dans l'hémisphère Nord, mais on ne le ressent souvent qu'en avril – au plus tôt.

Les océans ne sont pas une masse d'eau uniforme. Leurs différences de température, de salinité, de profondeur et de densité ont des effets impressionnants sur leur capacité à déplacer la chaleur, ce qui en retour affecte le climat. L'Atlantique, par exemple, est plus salé que le Pacifique, ce qui est une bonne chose. L'eau plus salée est plus dense, et l'eau dense coule. Sans cette charge supplémentaire de sel, les courants atlantiques remonteraient jusqu'à l'Arctique, réchauffant le pôle Nord mais privant l'Europe de toute sa bonne chaleur. Le principal agent de transfert de chaleur sur terre est ce que l'on appelle la circulation thermoaline, qui prend sa source dans les courants lents et profonds bien loin sous la surface – un processus détecté d'abord par l'aventurier scientifique von Rumford en 1797*. Ce qui se passe, c'est qu'en s'approchant de l'Europe les eaux de surface se font plus denses, plongent à de grandes profondeurs et entament un lent voyage de retour vers l'hémisphère Sud. Quand elles atteignent l'Antarctique, elles sont prises dans le courant antarctique circumpolaire, qui les pousse dans le Pacifique. Le processus est très lent – l'eau peut mettre 1 500 ans à passer de l'Atlantique Nord au Pacifique, mais les volumes de chaleur et d'eau qu'il déplace sont considérables, et l'influence sur le climat est énorme.

(Quant à savoir comment on a pu calculer le temps que met une goutte d'eau pour passer d'un océan à l'autre, la réponse est que les scientifiques peuvent mesurer des composants présents dans l'eau, les chlorofluorocarbures par exemple, et calculer le temps écoulé depuis qu'ils étaient dans l'atmosphère. En recoupant diverses mesures en des lieux et des profondeurs différents, ils peuvent raisonnablement retracer les mouvements de l'eau[31].)

Outre qu'elle déplace la chaleur, la circulation thermoaline contribue aussi à mélanger les

* Il semble que ce terme signifie des choses différentes selon les gens. En novembre 2002, Carl Wunsch du MIT publia dans *Science* un rapport, « What Is the Thermoaline Circulation ? », où il notait que l'expression a servi à désigner au moins sept phénomènes différents (circulation au niveau abyssal, circulation due aux différences de densité ou de flottabilité, « circulation de masse méridionale tournante », etc.), même si tous concernent la circulation océanique et le transfert de chaleur.

nutriments grâce aux mouvements des courants, rendant de plus grands volumes de l'océan habitables pour les poissons et autres créatures marines. Il semble malheureusement que cette circulation soit elle aussi très sensible au changement. Des simulations informatiques montrent qu'une dilution même modeste du sel de l'océan – due à la fonte accélérée de la banquise, par exemple – pourrait perturber le cycle de façon désastreuse.

Les mers nous font encore une autre grande faveur. Elles absorbent d'énormes quantités de carbone et nous offrent le moyen de le séquestrer en toute sécurité. L'une des curiosités de notre système solaire est que le Soleil brille environ 25 % plus fort que lorsqu'il était jeune, ce qui aurait dû avoir pour conséquence de réchauffer considérablement la planète. En fait, comme l'a dit la météorologue anglaise Aubrey Manning, « ce changement colossal aurait dû avoir un effet absolument catastrophique sur la Terre, et il semble pourtant que notre monde en ait été à peine affecté ».

Alors, qu'est-ce qui garde le monde stable et frais ?

C'est la vie. Des milliards et des milliards de minuscules organismes marins dont la plupart d'entre nous n'ont jamais entendu parler – foraminifères, coccolithes et algues calcaires – capturent le carbone de l'atmosphère sous forme de dioxyde de carbone quand il tombe en pluie, et s'en servent (combiné à d'autres éléments) pour fabriquer leurs coquilles. En enfermant ainsi le carbone dans leurs coquilles, ils l'empêchent de s'évaporer dans l'atmosphère, où il pourrait s'accumuler dangereusement en tant que gaz à effet de serre. Enfin, tous les foraminifères, coccolithes, etc., meurent et tombent au fond de la mer, où ils sont compressés sous forme de calcaire. Quand vous regardez les falaises de Douvres, songez qu'elles sont exclusivement constituées d'organismes marins, et songez aussi à la quantité de carbone qu'elles séquestrent à elles seules. Un centimètre cube de craie de Douvres peut contenir des centaines de litres de dioxyde de carbone compressé qui ne nous ferait aucun bien s'il se trouvait à l'air libre. Au total, il y a environ vingt mille fois plus de carbone dans les roches terrestres que dans l'atmosphère[32]. Une grande partie de ce calcaire finira par aller nourrir les volcans, et le carbone retournera dans l'atmosphère avant de retomber sur terre sous forme de pluie : c'est ce qu'on appelle le long cycle du carbone. Ce processus prend en effet très longtemps – environ un demi-million d'années pour un atome de carbone typique – mais en l'absence de toute autre perturbation il est remarquablement efficace pour assurer la stabilité du climat.

Malheureusement, l'homme a une prédilection pour perturber ce cycle en expédiant des tonnes de carbone supplémentaire dans l'atmosphère, que les foraminifères soient disposés ou non à l'absorber. Depuis 1850, on estime que nous avons envoyé environ 100 milliards de tonnes de carbone dans l'air, chiffre qui augmente de

7 milliards de tonnes chaque année. En tout, cela ne fait pas beaucoup. La nature – surtout par les hoquets des volcans et la pourriture des plantes – envoie environ 200 milliards de tonnes de gaz carbonique dans l'atmosphère chaque année, près de trente fois autant que nous avec nos voitures et nos usines. Mais il suffit de regarder le nuage suspendu au-dessus de nos villes pour voir la différence que fait notre contribution.

Nous savons par des carottes de glace très ancienne que le niveau « naturel » de dioxyde de carbone dans l'atmosphère – avant que nous ne commencions à le gonfler par nos activités industrielles – est d'environ 280 parts par million[33]. En 1958, quand les gens des labos commencèrent à s'y intéresser, ce taux était monté à 315 par million. De nos jours, il est de l'ordre de 360 parts par million et il s'accroît d'environ 0,25 % par an. À la fin du XXIe siècle, on prévoit qu'il s'élèvera à 560 parts par million.

Jusqu'ici, les océans et les forêts de la Terre (qui séquestrent eux aussi beaucoup de carbone) ont réussi à nous sauver de nous-mêmes, mais comme le dit Peter Cox, de l'Office britannique de météorologie : « Il y a un seuil critique où la biosphère naturelle cesse de faire tampon à nos émissions et se met à les amplifier. » On craint donc un réchauffement rapide de la Terre. Incapables de s'adapter, beaucoup d'arbres et de plantes mourraient, libérant leurs stocks de carbone et ajoutant au problème. De tels cycles se sont parfois produits dans un lointain passé, même sans contribution humaine. La bonne nouvelle, c'est que même ici la nature est merveilleuse. Il est à peu près certain que le cycle du carbone finira par reprendre et ramener la Terre à une situation stable et heureuse. La dernière fois, il ne lui a guère fallu que soixante mille ans.

XVIII

Le réseau de liaison

Imaginez-vous vivre dans un monde dominé par l'oxyde dihydrogène, un élément dépourvu de goût et d'odeur, aux propriétés si variables qu'il est généralement bénin mais peut à l'occasion se révéler mortel[1]. Selon son état, il peut vous ébouillanter ou vous frigorifier. En présence de certaines molécules organiques, il peut former des acides carboniques assez nocifs pour faire tomber les feuilles des arbres et ronger le visage des statues. Agité en grands volumes, il peut frapper avec une fureur capable de balayer n'importe quel édifice humain. Même pour ceux qui ont appris à vivre avec elle, c'est souvent une substance meurtrière. On l'appelle l'eau.

L'eau est partout. Une pomme de terre est constituée à 80 % d'eau, une vache à 74 %, une bactérie à 75 %. La tomate, avec ses 95 %, n'est guère *que* de l'eau[2]. Même l'homme est formé à 65 % d'eau, ce qui nous rend plus liquides que solides dans une proportion proche des deux tiers. L'eau est une chose étrange. Elle est informe et transparente, et pourtant nous aimons en être proches. Elle n'a pas de goût, et pourtant nous adorons en boire. Nous sommes prêts à parcourir des kilomètres et à payer des fortunes pour la voir miroiter au soleil. Et nous avons beau savoir qu'elle est dangereuse et qu'elle noie des dizaines de milliers de gens chaque année, nous mourons d'envie de barboter dedans.

L'eau est si omniprésente que nous tendons à oublier combien elle est extraordinaire. Elle n'a quasiment aucune propriété qui permette d'appréhender celles des autres liquides, et vice versa[3]. Si vous ne saviez rien de l'eau et fondiez vos hypothèses à son propos sur le comportement des substances chimiques les plus proches – le séléniure d'hydrogène ou le sulfure d'hydrogène notamment –, vous vous attendriez à la voir bouillir à moins 74 degrés et à se transformer en gaz à température ambiante.

La plupart des liquides se contractent d'environ 10 % en refroidissant. L'eau fait la même chose, mais jusqu'à un certain point. Quand elle n'est plus qu'à un cheveu de geler, elle se met – d'une façon perverse, trompeuse, et totalement improbable – à se dilater. Une fois à l'état solide, elle a gagné presque 10 % de son volume[4]. Parce qu'elle se dilate, la glace flotte sur l'eau – « une propriété des plus bizarres[5] » selon John Gribbin. En l'absence de ce comportement splendidement déviant, la glace coulerait et les lacs et les océans gèleraient à partir du fond. Sans la couche de glace qui lui conserve sa chaleur, l'eau irradierait celle-ci, se refroidissant encore et formant davantage de glace. Bientôt, même les océans gèleraient et resteraient sans doute gelés longtemps, voire éternellement – une situation fort peu favorable à la vie. Heureusement pour nous, l'eau semble ignorer royalement les lois élémentaires de la physique et de la chimie.

Chacun connaît la formule chimique de l'eau – H_2O –, ce qui signifie qu'elle consiste en un assez gros atome d'oxygène auquel s'attachent deux petits atomes d'hydrogène. Les atomes d'hydrogène se cramponnent férocement à leur hôte, tout en formant des liens temporaires avec d'autres molécules d'eau. La nature des molécules d'eau les pousse à se lancer dans une sorte de danse avec les autres, auxquelles elles s'accouplent brièvement avant de poursuivre leur route, comme les partenaires changeants d'un éternel quadrille, selon la jolie expression de Robert Kunzig[6]. À première vue, un verre d'eau n'a rien d'un boute-en-train, mais chaque molécule qu'il contient change de partenaire des milliards de fois par seconde. Les molécules d'eau s'assemblent ainsi pour former des flaques ou des lacs, mais ce lien n'est pas si fort qu'il ne puisse être aisément brisé lorsque l'on plonge dedans, par exemple. À tout moment, seules 15 % d'entre elles se trouvent en contact[7].

En un sens, ce lien est très puissant – il explique que les molécules d'eau puissent s'écouler vers le haut sous l'action d'un siphon et que les gouttelettes de pluie sur un capot de voiture montrent une si singulière détermination à s'assembler avec leurs partenaires. Il explique aussi que l'eau ait une tension superficielle. Les molécules en surface sont plus attirées par leurs molécules sœurs, situées sous elles et à côté d'elles, que par les molécules d'air situées au-dessus d'elles. Il en résulte une sorte de membrane assez forte pour soutenir les insectes et faire rebondir de petites pierres. C'est elle aussi qui rend les « plats » si douloureux quand on plonge.

Il va sans dire que nous serions perdus sans elle. Privé d'eau, le corps humain se délite rapidement. En quelques jours, les lèvres disparaissent « comme si on les avait amputées, les gencives noircissent, le nez perd la moitié de sa longueur, et la peau se contracte tellement autour des yeux qu'il devient impossible de ciller[8] ». L'eau est si vitale pour nous que nous tendons à oublier qu'elle nous est fatale le plus souvent à cause des sels qu'elle contient.

Nous avons besoin de sel pour vivre, mais en très petites quantités, et l'eau de mer contient 70 fois plus de sel que nous ne pouvons en métaboliser. Un litre d'eau de mer contient en moyenne 2,5 cuillers à café de sel ordinaire – celui dont nous saupoudrons notre nourriture –, mais aussi des dissolutions bien plus grandes d'autres solides que l'on appelle collectivement des sels[9]. La proportion de ces sels et de ces minéraux dans nos tissus est étrangement proche de celle de l'eau de mer – nous suons et nous pleurons de l'eau de mer, comme l'ont dit Margulis et Sagan –, mais, curieusement, nous ne tolérons pas d'en absorber[10]. Donnez trop de sel à votre corps et votre métabolisme ne va pas tarder à entrer en crise. Des molécules d'eau vont accourir de partout comme autant de pompiers volontaires pour diluer et éliminer ce soudain apport en sel, laissant les cellules dangereusement dépourvues de l'eau dont elles ont besoin pour accomplir leurs fonctions normales. En un mot, elles se déshydratent. Dans les situations extrêmes, la déshydratation entraîne des attaques, des évanouissements et des lésions cérébrales. Pendant ce temps, les globules surchargés portent le sel aux reins, qui sont bientôt débordés et affichent complet. Si vos reins ne fonctionnent pas, vous êtes mort. Voilà pourquoi nous ne buvons pas d'eau de mer.

Il y a environ 1 385 millions de kilomètres cubes d'eau sur terre, et nous n'en aurons jamais une goutte de plus[11]. C'est un système fermé : on ne peut rien y ajouter ni rien en soustraire. L'eau que vous buvez s'est baladée en vaquant à ses affaires depuis que la Terre était jeune. Voici 3,8 milliards d'années, les océans avaient déjà (plus ou moins) leur volume actuel[12].

Le domaine de l'eau s'appelle l'hydrosphère et il est essentiellement océanique. Quatre-vingt-dix-sept pour cent de toute l'eau sur terre se trouve dans les océans, notamment dans le Pacifique, qui couvre la moitié de la planète et est plus vaste que tous les continents réunis. Le Pacifique contient plus de la moitié de toute l'eau des océans (51,6 % pour être précis) ; l'Atlantique en contient 23,6 % et l'océan Indien 21,2 %, ce qui laisse 3,6 % pour toutes les autres mers réunies[13]. En tout, 60 % de la surface de la planète est constituée de masses océaniques d'environ 2 000 mètres de profondeur. Comme l'a dit Philip Ball, nous ferions mieux d'appeler notre planète Eau plutôt que Terre[14].

L'essentiel des 3 % d'eau douce qu'elle contient existe sous forme de banquise[15]. On n'en trouve qu'une quantité minuscule (0,036 %) dans les lacs, les rivières et les nappes phréatiques, et une part encore plus mince (0,001 %) sous forme de nuages ou de vapeur. Près de 90 % de la glace se trouve dans l'Antarctique et le reste au Groenland. Au pôle Sud, vous êtes debout sur 3 km de glace, mais sur 5 mètres seulement au pôle Nord[16]. L'Antarctique à lui seul contient 4,5 millions de kilomètres cubes de glace – assez pour faire monter les océans d'une hauteur de 7 mètres si tout cela fondait[17]. Mais si toute l'eau de l'atmosphère tombait partout de façon égale sous forme de pluie, le niveau des océans ne s'élèverait que de 2 à 3 cm.

Soit dit en passant, le niveau de la mer est une idée fort abstraite. En réalité, les marées, les vents, la force de Coriolis et d'autres événements altèrent considérablement les niveaux d'un océan à l'autre et au sein de chaque océan. Le Pacifique est plus élevé d'une cinquantaine de centimètres sur son bord occidental – une conséquence de la force centrifuge provoquée par la rotation de la Terre. De même que lorsque vous soulevez une bassine pleine, l'eau tend à s'écouler de l'autre côté, comme si elle refusait de venir vers vous, de même la rotation terrestre vers l'est pousse l'eau contre les rives océaniques occidentales.

Considérant l'importance qu'ont les mers pour nous, il est frappant de voir le temps qu'il a fallu pour que le monde s'y intéresse d'un point de vue scientifique. Jusque tard dans le XIXe siècle, notre connaissance des océans se limitait en gros à ce qui venait s'échouer sur les côtes ou ce que l'on trouvait dans les filets des pêcheurs, et nos écrits sur la question s'appuyaient plus sur des anecdotes et des suppositions que sur des preuves physiques. Vers 1830, le naturaliste anglais Edward Forbes mena une étude sur les fonds océaniques de l'Atlantique et de la Méditerranée, d'où il conclut qu'il n'y avait pas de vie sous la mer au-dessous de 650 mètres, ce qui semblait une hypothèse raisonnable. Il n'y a pas de lumière à cette profondeur, donc pas de vie végétale, et l'on sait en outre que la pression de l'eau y est extrême. Mais en 1860, quand on remonta d'une profondeur de plus de 3 000 mètres l'un des premiers câbles télégraphiques transatlantiques, on eut la stupéfaction de le trouver lourdement incrusté de coraux, de palourdes et d'autres organismes vivants.

La première investigation des mers vraiment organisée dut attendre 1872, quand une expédition lancée conjointement par le British Museum, la Royal Society et le gouvernement britannique partit de Portsmouth sur un ancien vaisseau de guerre, le *Challenger*. Elle courut les mers pendant trois ans et demi, recueillant des échantillons d'eau, prenant des poissons au filet et draguant les sédiments. C'était à l'évidence un travail monotone. Sur un effectif de 240 scientifiques et hommes d'équipage, un sur quatre fit défection et huit moururent ou perdirent l'esprit – « rendus fous par la routine abrutissante d'années de draguage », selon les termes de l'historienne Samantha Weinberg[18]. Mais ils parcoururent 70 000 miles nautiques, collectèrent plus de 4 700 nouvelles espèces d'organismes marins et assez d'informations pour compiler un rapport de cinquante volumes (il fallut dix-neuf ans pour en venir à bout) ; enfin, ils donnèrent au monde le nom d'une nouvelle discipline scientifique : l'océanographie[19]. Ils découvrirent aussi qu'il y avait des montagnes immergées au milieu de l'Atlantique, ce qui poussa des observateurs un peu exaltés à conclure qu'ils avaient découvert le continent perdu de l'Atlantide.

Le monde institutionnel se désintéressant des mers, il revint à des amateurs dévoués – et fort peu nombreux – de nous dire ce qu'il y avait là-dessous. L'exploration sous-marine moderne commence avec Charles William Beebe et Otis Barton en 1930. Bien qu'ils aient été partenaires à égalité, ce fut à Beebe, la personnalité plus haute en couleur, que revint toute la reconnaissance. Né en 1877 dans une famille aisée de New York, il étudia la zoologie à l'université Columbia avant de prendre un poste d'ornithologue à la Société zoologique de New York. Quand il en eut assez, il choisit la vie d'aventurier et pendant un quart de siècle parcourut l'Asie et l'Amérique du Sud avec une succession de jolies assistantes baptisées, selon l'humeur, « historienne et technicienne », ou « assistante en ichtyologie[20] ». Il finança ces expéditions par une série de livres de vulgarisation, tels *Edge of the Jungle* et *Jungle Days*, bien qu'il ait aussi écrit des livres fort respectables sur la vie sauvage et l'ornithologie.

Au milieu des années 1920, il découvrit au cours d'un voyage sur l'archipel des Galapagos « les délices du flageolement », comme il décrivait la plongée en eaux profondes. Peu après, il s'associa à Barton, issu d'une famille plus riche encore, qui avait lui aussi étudié à Columbia et était en quête d'aventures[21]. Ce fut lui en fait qui conçut la première bathysphère (du grec « profond ») et trouva les 12 000 dollars nécessaires à sa construction. C'était une petite chambre en acier de près de 4 cm d'épaisseur, dotée de deux hublots en quartz de 7,5 cm d'épaisseur. Elle pouvait abriter deux hommes, mais qui devaient être disposés à faire étroitement connaissance. Même d'après les critères de l'époque, sa technologie manquait de sophistication. La sphère avait une manœuvrabilité nulle (étant simplement suspendue au bout d'un long câble) et un système respiratoire des plus primitifs : pour neutraliser leur propre gaz carbonique, ses occupants ouvraient des boîtes de chaux de soude et, pour absorber l'humidité, ils ouvraient un petit pot de chlorure de calcium qu'ils éventaient souvent avec des feuilles de palmier pour encourager les réactions chimiques[22].

Il reste que la petite bathysphère sans nom effectua le travail qu'on attendait d'elle. Lors de sa première plongée, en juin 1930 aux Bahamas, Barton et Beebe établirent un record mondial en descendant à 180 mètres. En 1934, ils avaient poussé ce record à 923 mètres, où il allait rester jusqu'après la guerre. Barton était persuadé que son appareil pouvait descendre à 1 500 mètres, bien que la pression sur chaque boulon et chaque rivet fût audible à chaque brasse supplémentaire. Quelle que soit la profondeur, c'était un travail fort courageux et fort risqué. À 1 000 mètres, leurs petits hublots étaient soumis à 7,5 tonnes de pression par centimètre carré. La mort à une telle profondeur aurait été instantanée, comme Beebe ne cessa de le faire observer dans ses livres, ses articles et ses émissions de radio. Mais leur plus grande crainte restait que le treuil, qui retenait une boule de métal et deux tonnes de câble d'acier, ne lâche et n'envoie les deux hommes par le fond. Dans ce cas, rien n'aurait pu les sauver.

Mais ce qu'ils furent incapables de tirer de leurs descentes, c'est de la science utile et intéressante. Bien qu'ils aient croisé de nombreuses créatures que l'on n'avait jamais vues auparavant, les limites de la visibilité et l'absence de formation en océanographie empêchèrent souvent nos intrépides aquanautes de décrire leurs découvertes en détail. La sphère n'avait pas d'éclairage extérieur, seulement une ampoule de 250 watts qu'ils pouvaient approcher du hublot pour scruter les fonds à travers 7,5 cm de quartz, de sorte qu'ils devaient intéresser au moins autant les éventuelles créatures sous-marines que l'inverse. Tout ce qu'ils purent rapporter aux scientifiques impatients, c'est qu'il y avait là-dessous beaucoup de choses curieuses. Lors d'une descente en 1934, Beebe aperçut un serpent géant « de plus de sept mètres de long et très large », qui passa trop vite pour être davantage qu'une ombre. Quoi que ce fût, personne n'a jamais rien revu de ce genre[23]. Leurs rapports étaient si vagues qu'ils furent généralement ignorés des chercheurs.

Après leur record de 1934, Beebe avait perdu tout intérêt pour la plongée et s'était lancé dans de nouvelles aventures, mais Barton persévéra. Il faut reconnaître à Beebe qu'il déclara toujours à quiconque l'interrogeait que Barton était le vrai cerveau de l'entreprise, mais celui-ci semblait incapable de sortir de l'ombre. Lui aussi rédigea des récits de leurs aventures sous-marines et joua même dans un film hollywoodien, *Titans of the Deep* ; en vedette, la bathysphère et ses rencontres captivantes (et largement imaginaires) avec la pieuvre géante et compagnie. Il fit même la publicité pour les Camel. (« Elles ne me mettent pas les nerfs en pelote. ») En 1948, il améliora considérablement son record de plongée en descendant à 1 290 mètres sous le Pacifique au large de la Californie, mais le monde semblait déterminé à l'ignorer. Un critique du film croyait d'ailleurs que la star en était Beebe, et non Barton. De nos jours, Barton a de la chance quand on mentionne simplement son nom.

En tout cas, il allait bientôt être éclipsé avec quelque raison par deux Suisses, Auguste et Jacques Piccard, le père et le fils, occupés à concevoir une nouvelle sonde, le bathyscaphe

(« bateau des profondeurs »). Baptisé *Trieste* en l'honneur de la ville où il fut construit, le nouvel appareil avait une autonomie de manœuvre – même s'il ne faisait guère que monter et descendre. Une fois mis à l'eau, il ne tarda pas à descendre au-dessous de 3 818 mètres, soit près de trois fois le record établi par Barton six ans plus tôt. Mais la plongée en eau profonde exigeait des fonds importants, et les Piccard commençaient à être sérieusement fauchés.

En 1958, ils passèrent un accord avec la Marine américaine qui donnait la propriété de l'engin à la Navy mais leur conservait le contrôle des opérations[24]. Désormais renfloués financièrement, les Piccard redessinèrent leur bathyscaphe, lui donnant des parois de 13 cm d'épaisseur et rétrécissant les hublots à 5,8 cm de diamètre – guère plus que des trous de serrure. Mais il était désormais assez résistant pour supporter d'énormes pressions et, en janvier 1960, Jacques Piccard et le lieutenant de vaisseau Don Walsh se laissèrent lentement tomber tout au fond de la fosse océanique la plus profonde, celle des Mariannes, à environ 400 km de Guam, dans le Pacifique Ouest (découverte par Harry Hess avec sa sonde). Il leur fallut un peu moins de quatre heures pour atteindre 10 293 mètres. Bien que la pression à cette profondeur fût de l'ordre de 3 tonnes par centimètre carré, ils remarquèrent avec surprise qu'ils dérangeaient un poisson plat à l'atterrissage. Ils n'avaient rien pour prendre des photos, de sorte que nous n'avons pas de trace visuelle de l'événement.

Au bout de vingt minutes à l'endroit le plus profond du monde, ils remontèrent à la surface. Aucun être humain n'y est redescendu depuis.

Quarante ans plus tard, la question qui se pose naturellement est la suivante : pourquoi n'y est-on jamais retourné ? D'abord, un homme s'opposa vigoureusement à de nouvelles descentes : le vice-amiral Hyman G. Rickover, doté d'un fort tempérament, de points de vue bien arrêtés et surtout de la maîtrise du carnet de chèques. Il jugeait que l'exploration sous-marine était un pur gaspillage et soulignait que la Navy n'est pas un institut de recherches. En outre, la nation se passionnait désormais pour les voyages dans le cosmos et s'apprêtait à envoyer des hommes sur la Lune – au regard de quoi l'exploration des grands fonds semblait accessoire ou passée de mode. Comme l'expliquait des années plus tard un officier de la Navy : « Nous n'avons pas appris grand-chose de tout ça, sinon que nous étions capables de le faire. À quoi bon recommencer[25] ? » En clair, ça faisait loin pour trouver un poisson plat, et pas bon marché, en plus. On a estimé qu'il en coûterait au bas mot 100 millions de dollars pour répéter l'exercice aujourd'hui.

Quand les océanographes comprirent que la Navy n'avait pas l'intention de poursuivre le programme d'exploration prévu, ce fut un tollé général. Pour apaiser les critiques, la Navy débloqua des crédits pour un nouveau submersible qui devait être manœuvré par l'Institut d'océanographie de Woods Hole, dans le Massachusetts. Baptisé *Alvin,* en l'honneur (un peu contracté) de l'océanographe Allyn C. Vine, ce devait être un mini-sous-marin totalement manœuvrable, bien qu'il fût loin de pouvoir descendre aussi profond que le *Trieste*. Il ne restait qu'un seul problème : les concepteurs ne trouvaient personne qui voulût le construire[26]. D'après William J. Broad dans *The Universe Below* : « Aucune grande compagnie comme General Dynamics, qui construisait des sous-marins pour la Navy, ne voulait se charger d'un projet dénigré par le Bureau of Ships et l'amiral Rickover, les dieux du financement naval. » *Alvin* fut finalement construit par General Mills, la compagnie alimentaire, dans une usine qui fabriquait des machines à corn-flakes.

Quant au reste de ce qu'il pouvait y avoir là-dessous, on n'en avait à peu près aucune idée. Jusqu'à la fin des années 1950, les meilleures cartes dont disposaient les océanographes s'appuyaient sur des études remontant à 1929, et ils trimaient avec acharnement en voguant essentiellement sur un océan d'hypothèses. La Navy avait d'excellentes cartes pour guider les sous-marins entre les fosses et autour des guyots, mais comme elle craignait que ces informations ne tombent aux mains des Soviétiques, elle continuait à les classer secret-défense. Les chercheurs devaient donc se débrouiller avec des études approximatives et dépassées, ou s'appuyer sur d'heureuses conjectures. Aujourd'hui encore, notre connaissance des grands fonds reste remarquablement floue. Si l'on regarde la Lune avec un télescope ordinaire, on voit de vastes cratères – Frascator, Blancanus, Zach, Planck, et bien d'autres – qui seraient inconnus s'ils se trouvaient dans nos propres abysses. Nous avons de meilleures cartes de Mars que de nos fonds marins.

En surface, les techniques d'investigation sont souvent tout aussi fantaisistes. En 1994, 34 000 gants de hockey transportés par un cargo coréen passèrent par-dessus bord au cours d'une tempête dans le Pacifique. Les gants allèrent s'échouer un peu partout, de Vancouver au Vietnam, aidant les océanographes à tracer les courants avec une précision encore inégalée[27].

Aujourd'hui, *Alvin* a presque quarante ans, mais il reste le premier vaisseau de recherche américain. Il n'y a toujours pas de submersibles capables d'approcher les profondeurs de la fosse des Mariannes, et cinq seulement, dont *Alvin*, sont capables de descendre dans la « plaine abyssale » – le plancher océanique profond – qui constitue environ la moitié de la surface de la planète. Les frais de fonctionnement d'un submersible classique s'élèvent à 25 000 dollars par jour, de sorte qu'on ne les lâche pas dans l'eau sur un coup de tête, ni dans le simple espoir de tomber par hasard sur quelque chose d'intéressant. C'est un peu comme si notre expérience du monde émergé s'appuyait sur le travail de cinq types montés sur des tondeuses à gazon à la nuit tombée. Selon Robert Kunzig, l'homme a exploré « peut-être un millionième ou un milliardième de l'obscurité des mers. Peut-être moins. Peut-être beaucoup moins[28] ».

Mais les océanographes ont cette qualité d'être industrieux, et ils ont largement mis à profit leurs ressources limitées – en faisant notamment en 1977 l'une des plus stupéfiantes découvertes de la biologie moderne. Cette année-là, *Alvin* découvrit des colonies pullulantes de grands organismes vivants autour des évents sous-marins au large des Galapagos – des vers géants de plus de 3 mètres de long, des bivalves de 30 cm de diamètre, des crevettes et des moules à profusion[29]. Tous devaient leur existence à de vastes colonies de bactéries qui tiraient leur énergie et leur nourriture des sulfures d'hydrogène – qui sont puissamment toxiques pour les créatures terrestres – se déversant à jet continu de ces cheminées. C'était un monde qui ne dépendait ni de la lumière solaire, ni de l'oxygène, ni de rien de ce que l'on associe en général à la vie, tout un écosystème basé non sur la photosynthèse, mais sur la chimiosynthèse – un arrangement que les biologistes auraient qualifié de grotesque si quelqu'un avait eu assez d'imagination pour en faire l'hypothèse.

D'énormes quantités de chaleur et d'énergie émanent de ces cheminées. Deux douzaines d'entre elles produiraient autant d'énergie qu'une grande centrale électrique, et elles amènent l'eau qui les entoure à des températures extrêmement élevées. Elle peut s'élever au point de sortie jusqu'à 400 degrés, pour retomber quelques mètres plus loin à un ou deux degrés au-dessus de zéro. On a découvert un type de ver, baptisé l'alvinellide, qui vit en partie dans la cheminée et en partie sur son bord, dans une eau 60 degrés plus chaude à sa tête qu'à sa queue. On avait cru jusque-là qu'aucun organisme marin complexe ne pouvait vivre au-dessus de 55 degrés, et on en avait un qui avait la tête dans des eaux plus chaudes encore, et les pieds dans l'eau glacée par-dessus le marché[30]. Cette découverte a transformé notre compréhension des prérequis à l'existence de la vie.

Elle a également résolu l'une des grandes questions de l'océanographie – dont les profanes ignoraient même qu'il s'agît d'une question : pourquoi les océans ne deviennent-ils pas plus salés avec le temps ? Au risque de proclamer l'évidence, il y a beaucoup de sel dans la mer – assez pour ensevelir chaque coin de terre de la planète sous une couche d'environ 150 mètres[31]. Des millions de litres d'eau douce s'évaporent des océans chaque jour, laissant tous les sels derrière eux, de sorte qu'en toute logique les mers devraient devenir chaque jour plus salées – mais ce n'est pas le cas. Quelque chose fait qu'il sort de l'eau une quantité de sel équivalente à celle qui y entre. On s'est longtemps demandé ce que ça pouvait être.

La découverte des sources hydrothermales en mer profonde fournit la réponse. Les géophysiciens comprirent que les évents marins agissent en fait comme les filtres d'un aquarium. À mesure que l'eau tombe dans la croûte, les sels en sont extraits, et c'est de l'eau douce que recrachent les cheminées sous-marines. C'est un processus assez long – il faut jusqu'à dix millions d'années pour nettoyer un océan –, mais il est remarquablement efficace tant que vous n'êtes pas trop pressé[32].

Rien n'exprime mieux notre éloignement psychologique des profondeurs océanes que l'objectif affiché par les océanographes au cours de l'année internationale de Géophysique 1957-1958 : il s'agissait d'étudier « l'usage des océans profonds pour le déversement des déchets radioactifs[33] ». Il ne s'agissait pas d'une mission secrète, comprenons-nous, mais d'un objectif fièrement affiché. Bien qu'on ne l'ait pas crié sur les toits, le déversement de déchets radioactifs se pratiquait déjà, avec une vigueur assez révoltante, depuis une dizaine d'années. Les États-Unis avaient commencé dès 1946 à transporter des bidons de 200 litres de déchets aux îles Farallon, à une cinquantaine de kilomètres au large de San Francisco, où on les jetait tout simplement par-dessus bord.

Ces bidons étaient de ceux que l'on voit rouiller derrière les stations d'essence ou devant les usines, sans aucune paroi de protection. Quand ils ne sombraient pas assez vite, ce qui arrivait fréquemment, la Navy les criblait de balles pour y faire pénétrer l'eau (et en faire sortir du même coup le plutonium, l'uranium et le strontium)[34]. Avant que l'on mette fin à ces pratiques dans les années 1990, les États-Unis avaient eu le temps de déverser des centaines de milliers de ces bidons sur une cinquantaine de sites océaniques – dont presque 50 000 aux seules îles Farallon. Ils n'étaient d'ailleurs pas les seuls. Parmi d'autres enthousiastes déverseurs, on comptait la Russie, la Chine, le Japon, la Nouvelle-Zélande et à peu près toutes les nations d'Europe.

Et quel impact a pu avoir tout cela sur la faune et la flore sous-marines ? Eh bien, assez faible, espérons-le, mais en fait nous n'en savons rien. Nous sommes d'une ignorance stupéfiante, somptueuse, absolue de la vie sous-marine. Même les créatures marines les plus substantielles nous restent remarquablement peu connues, dont la plus puissante de toutes, la grande baleine bleue, un tel léviathan que (pour citer David Attenborough) « sa langue pèse le poids d'un éléphant, son cœur a la taille d'une voiture et certaines de ses artères sont si larges que vous pourriez nager dedans ». C'est l'animal le plus gargantuesque que la Terre ait produit à ce jour, plus gros que le plus gros des dinosaures. Pourtant, la vie des baleines bleues reste pour nous nimbée de mystère. La plupart du temps, nous ignorons totalement où elles se trouvent – où elles se reproduisent, par exemple, et quelles routes elles empruntent pour s'y rendre. Le peu que nous savons sur elles, nous l'avons appris en écoutant aux portes : nous captons leurs chants, mais ils restent eux-mêmes un mystère. Les baleines bleues vont parfois interrompre un chant, puis le reprendre au même endroit six mois plus tard[35]. Parfois, elles lancent un nouveau chant qu'aucun membre de la troupe ne peut avoir entendu avant, mais que chacun connaît déjà. On ne comprend absolument pas comment elles font. Et encore s'agit-il d'animaux qui doivent remonter régulièrement en surface pour respirer.

Pour les animaux qui n'ont jamais besoin de refaire surface, l'obscurité est parfois totale. Considérons la mythique pieuvre géante. Bien qu'elle ne puisse rivaliser en taille avec la baleine bleue, c'est un gros animal, avec ses yeux de la taille d'un ballon de football et ses tentacules qui peuvent atteindre 20 mètres[36]. Elle pèse environ une tonne et c'est le plus gros invertébré de la Terre. Si vous en plongiez une dans une piscine individuelle, il ne resterait guère de place pour autre chose. Pourtant, aucun scientifique (ni personne à notre connaissance) n'a jamais vu de pieuvre géante vivante. Des zoologues ont consacré leur carrière à tenter de capturer, ou même d'entrevoir une pieuvre vivante et n'ont jamais réussi. On ne les connaît que par celles qui viennent s'échouer sur les plages – surtout, sans que l'on sache pourquoi, celles de l'île du Sud en Nouvelle-Zélande. Elles doivent être nombreuses, car elles forment une part importante du régime des cachalots, et un cachalot, ça mange énormément*.

* Les parties non digestibles de la pieuvre géante, notamment le bec, s'accumulent dans l'estomac des cachalots où elles se transforment en ambre gris, utilisé comme fixatif dans les parfums. La prochaine fois que vous vous aspergerez de Chanel n° 5, vous pourrez vous dire que vous portez un distillat de monstre marin jamais vu par l'homme.

Selon une estimation, il pourrait y avoir jusqu'à 30 millions d'espèces d'animaux vivant dans la mer, pour la plupart inconnues de nous[37]. Nous n'avons eu un premier indice de l'abondance de la vie en mer profonde qu'à partir des années 1960, avec l'invention de la drague épibenthique, un dispositif de dragage qui capture non seulement les organismes vivant sur les fonds marins, mais aussi ceux qui s'enfouissent sous les sédiments. En une heure de dragage le long du talus continental, à une profondeur n'excédant pas 1 500 mètres, les océanographes de Woods, Hole Howard Sandler et Robert Hessler, ramenèrent plus de 25 000 créatures – vers, étoiles de mer, concombres de mer, etc. – représentant 365 espèces. Même à une profondeur de 5 000 mètres, ils trouvèrent 3 700 créatures représentant presque 200 espèces[38]. Mais la drague ne pouvait capturer que des animaux trop lents ou trop stupides pour ne pas s'écarter. À la fin des années 1960, un biologiste nommé John Isaacs eut l'idée d'immerger une caméra où étaient accrochés des appâts, et trouva encore d'autres espèces, notamment des bancs entiers de myxines, ou hagfish, une créature primitive ressemblant à l'anguille, et des populations entières de grenadiers. Aux endroits où apparaît soudain une source de nourriture – par exemple quand une baleine meurt et tombe au fond –, on a trouvé jusqu'à 390 espèces de créatures marines occupées à festoyer. Beaucoup d'entre elles venaient de cheminées situées à 1 500 km de là. On comptait parmi elles des espèces comme les moules et les palourdes, que l'on n'a pas coutume de classer parmi les grands voyageurs. On pense aujourd'hui que les larves de certains organismes dérivent jusqu'à ce que, à l'aide de moyens chimiques inconnus, elles détectent la présence d'un festin et se jettent dessus.

Pourquoi, donc, puisque les mers sont si vastes, pouvons-nous si facilement surpêcher ? Eh bien, pour commencer, toutes les mers du monde ne sont pas uniformément abondantes. On estime qu'au total moins d'un dixième de l'océan est naturellement productif[39]. La plupart des espèces aquatiques aiment les eaux peu profondes où il y a de la chaleur, de la lumière, et une abondance de matières organiques pour assurer la chaîne alimentaire. Les récifs de corail, par exemple, constituent moins de 1 % de l'espace océanique, mais abritent environ 25 % de ses poissons.

Ailleurs, les océans sont loin d'être aussi riches. Prenez l'Australie. Avec plus de 32 000 km de côtes et 23 millions de kilomètres carrés d'eaux territoriales, elle a plus de mer bordant ses rivages que n'importe quel autre pays, et pourtant, comme le note Tim Flannery, elle n'arrive même pas dans le Top 50 des nations pêcheuses[40]. De fait, c'est un grand importateur de crustacés, parce que ses eaux, comme l'Australie elle-même, sont pour l'essentiel un désert. (À l'exception notable de la Grande Barrière de corail au large du Queensland, qui est d'une somptueuse fécondité.) Le sol étant pauvre, il produit peu de ruissellements riches en sédiments.

Même là où la vie s'épanouit, elle est souvent extrêmement sensible aux perturbations. Dans les années 1970, des pêcheurs d'Australie et, à un moindre degré, de Nouvelle-Zélande ont découvert des bancs d'un poisson peu connu vivant à une profondeur de 800 mètres sur leur talus continental. C'étaient des hoplostètes, ou roughy, oranges, ils étaient délicieux et très nombreux. En un rien de temps, des flottilles de pêche en remontaient 40 000 tonnes par an. Puis les spécialistes de la faune sous-marine firent des découvertes alarmantes. Les hoplostètes vivent très longtemps et ont une maturation très lente. Certains avaient peut-être cent cinquante ans ; chaque poisson mangé avait pu naître au temps de la reine Victoria. Les hoplostètes ont adopté un mode de développement très lent parce que les eaux où ils vivent sont très pauvres en ressources. Dans ces conditions, certains ne fraient qu'une fois dans leur vie. Ce sont donc des populations qui ne peuvent soutenir de forts niveaux de prélèvement. Hélas, le temps qu'on le comprenne, les effectifs s'étaient déjà notablement réduits. Même avec une gestion prudente, il faudra des décennies pour que cette population récupère, à supposer qu'elle y parvienne.

Mais ailleurs, le pillage des océans a été plus délibéré qu'accidentel. Beaucoup de pêcheurs coupent les ailerons des requins avant de les rejeter à la mer où ils meurent[41]. En 1998, les ailerons de requins se vendaient en Extrême-Orient plus de 250 dollars la livre. Un bol de soupe d'ailerons de requin se vendait 100 dollars à Tokyo. Le World Wildlife Fund (WWF) a estimé en 1994 que le nombre de requins tués chaque année oscillait entre 40 et 70 millions.

En 1995, une flotte de 3 700 bateaux de pêche industriels, à quoi il faut ajouter un million de bateaux plus modestes, prenait deux fois plus de poisson que vingt-cinq ans plus tôt. Les chalutiers ont parfois la taille de bateaux de croisière et traînent des filets assez gros pour contenir une douzaine d'avions gros-porteurs[42]. Certains ont même recours à des avions pour localiser les bancs de poisson.

On a estimé qu'un quart environ de chaque filet de pêche consiste en prises indésirables – du poisson inutile parce qu'il est trop petit, ou pas du bon type, ou pris à la mauvaise saison. Comme le disait un observateur à l'*Economist* : « Nous sommes encore au Moyen Âge. Nous jetons un filet et nous voyons ce qu'il nous ramène[43]. » Il y a peut-être 22 millions de tonnes de poisson rejetés à la mer chaque année, essentiellement sous forme de cadavres[44]. Pour chaque kilo de crevettes pêché, on détruit environ 4 kilos de poisson et d'autres créatures marines.

Certains secteurs de la mer du Nord sont ratissés par des super-chalutiers jusqu'à sept fois par an, un niveau de prélèvement qu'aucun écosystème ne peut tolérer[45]. On estime que deux tiers des espèces de la mer du Nord sont surpêchées. La situation n'est pas plus brillante dans l'Atlantique. Au large de la Nouvelle-Angleterre, le flétan abondait autrefois au point que chaque bateau pouvait en rapporter 20 000 livres par jour. De nos jours, il est pratiquement éteint sur la côte est de l'Amérique du Nord.

Mais rien ne peut se comparer au sort de la morue. À la fin du XVe siècle, l'explorateur John Cabot en découvrit d'incroyables quantités sur des bancs de la côte est américaine – dans une mer peu profonde peuplée de poissons qui se nourrissent sur les fonds, comme la morue. Ces bancs sont parfois très vastes : ainsi Georges Banks, au large du Massachusetts, est plus grand que l'État auquel il est associé. Le grand banc de Terre-Neuve est encore plus vaste, et pendant des siècles les morues y pullulèrent. On les croyait inépuisables. Bien sûr, ils ne l'étaient pas.

En 1960, la quantité de morue en Atlantique Nord était déjà tombée à environ 1,6 million de tonnes. En 1990, ce chiffre s'était abaissé à 22 000 tonnes[46]. En termes commerciaux, la morue était éteinte. « Les pêcheurs, écrit Mark Kurlansky dans *Cod*, les avaient toutes prises[47]. » Il est possible que la morue ne réapparaisse jamais dans l'Atlantique Ouest. Sa pêche est totalement interdite sur le Grand Banks depuis 1992, mais, selon *Nature*, les stocks ne se sont pas encore reconstitués[48]. Kurlansky note que le poisson des filets et des bâtonnets de poisson était autrefois de la morue, avant d'être remplacé par du haddock, puis par de l'ombrine tropicale, et dernièrement par du lieu du Pacifique. De nos jours, note-t-il sèchement, ce qu'on appelle « poisson » est simplement « ce qui reste[49] ».

On peut en dire autant de bien des crustacés. Dans les pêcheries de Rhode Island, il était courant autrefois de remonter des homards de 20 livres – parfois de 30. Si on les laisse tranquilles, les homards peuvent vivre des dizaines d'années – jusqu'à soixante-dix ans, croit-on – sans jamais cesser de grossir. De nos jours, peu d'entre eux pèsent plus de 2 livres à la capture. « Les biologistes, selon le *New York Times*, estiment que 90 % des homards sont capturés dans l'année où ils atteignent la taille minimum légale, vers l'âge de six ans[50]. » Malgré le déclin des prises, les pêcheurs de Nouvelle-Angleterre continuent à recevoir des primes pour les encourager – parfois presque les contraindre – à acheter des bateaux plus gros pour moissonner les mers de façon plus intensive. Dans le Massachusetts, ils en sont réduits à pêcher l'affreuse myxine, qui a un petit marché en Asie, mais qui tend elle aussi à décliner.

Nous sommes remarquablement ignorants de la dynamique qui régule la vie des mers. Alors que la faune sous-marine est plus pauvre qu'elle ne devrait dans les zones surpêchées, certaines eaux naturellement appauvries abritent bien plus de vie qu'il ne devrait y en avoir. Les océans autour de l'Antarctique ne produisent que 3 % du phytoplancton du monde – bien insuffisant, croirait-on, pour soutenir un écosystème complexe, ce qui est pourtant le cas. Les phoques mangeurs de crabes ne sont pas une espèce très connue de nous, mais ils sont peut-être la deuxième espèce après l'homme en termes de population. Ils ne sont pas moins de 15 millions à vivre sur la banquise de l'Antarctique. Il y a aussi 2 millions de phoques de Weddel, au moins 500 000 pingouins empereurs, et peut-être jusqu'à 4 millions de pingouins Adélie[51]. La chaîne alimentaire est donc très déséquilibrée au sommet, mais elle fonctionne. Nul ne sait comment.

C'est là un très long détour pour dire que nous savons très peu de choses sur le plus gros système terrestre. Mais comme nous allons le voir, dès que l'on commence à parler de la vie, on s'aperçoit que nous en ignorons bien des choses, à commencer par la façon dont elle est apparue.

XIX

La naissance de la vie

En 1953, Stanley Miller, un postdoctorant de l'université de Chicago, prit deux flacons – l'un contenant un peu d'eau pour figurer un océan primordial, l'autre rempli d'une mixture de méthane, d'ammoniac et d'hydrogène sulfuré représentant l'atmosphère primitive de la Terre ; il les relia par deux tubes de caoutchouc et y introduisit quelques étincelles électriques figurant un éclair. Au bout de quelques jours, l'eau des flacons avait tourné au vert et au jaune et s'était transformée en un bouillon costaud d'acides aminés, d'acides gras, de sucres et d'autres composés organiques[1]. « Si Dieu ne s'y est pas pris de cette façon, fit observer son professeur ravi, le Prix Nobel Harold Urey, il est passé à côté d'un fameux truc. »

Les articles de presse de l'époque présentèrent la chose comme s'il suffisait désormais de venir secouer tout ça un bon coup pour que la vie en jaillisse. Le temps a montré que les choses ne sont pas si simples. Un demi-siècle plus tard, nous ne sommes pas plus près de synthétiser la vie que nous ne l'étions en 1953, mais bien plus loin de penser que nous en sommes capables. Les scientifiques ont désormais acquis la certitude que l'atmosphère primitive, loin d'être aussi propice au développement que la mixture gazeuse de Miller et d'Urey, présentait un mélange bien moins réactif d'azote et de dioxyde de carbone. La répétition des expériences de Miller avec ces deux substances plus rétives n'a donné à ce jour qu'un acide aminé des plus primitifs[2]. Quoi qu'il en soit, le problème n'est pas tant de créer des acides aminés ; le problème, ce sont les protéines.

Les protéines sont ce que l'on obtient quand on forme des chaînes d'acides aminés, et il nous en faut des quantités. On ignore le chiffre exact, mais on soupçonne que le corps humain peut contenir jusqu'à un million de types différents de protéines, chacune étant en soi un petit miracle[3]. Selon toutes les lois de probabilité, les protéines ne devraient pas exister. Pour en fabriquer une, il vous faut assembler les acides aminés (qu'une longue tradition m'oblige à qualifier ici de « briques de construction de la vie ») dans un ordre spécifique, un peu comme on assemble des lettres dans un ordre spécifique pour former un mot. Le problème, c'est que les mots de l'alphabet des acides aminés sont souvent excessivement longs. Pour épeler *collagène*, le nom d'un type commun de protéine, il vous suffit de disposer neuf lettres dans le bon ordre. Mais pour *fabriquer* du collagène, il vous faudrait disposer 1 055 acides aminés selon une séquence précise. À ceci près – et c'est là le point crucial – que nous ne le fabriquons pas. Il se fabrique tout seul, spontanément, sans aucune indication, et c'est là que les choses se corsent vraiment.

Les chances qu'une séquence de 1 055 molécules comme le collagène s'assemble spontanément sont franchement nulles. Cela ne peut simplement pas se produire. Pour saisir la difficulté, imaginez une machine à sous classique de Las Vegas, puis élargissez-la – jusqu'à 27 mètres, pour être précis – pour y faire tenir 1 055 roues au lieu des trois ou quatre classiques, en inscrivant vingt symboles sur chaque roue (un pour chaque acide aminé commun)*. Combien de fois vous faudra-t-il abaisser le bras du bandit manchot avant d'obtenir les 1 055 symboles dans le bon ordre ? Éternellement. Même en réduisant le nombre de roues à deux cents – soit un nombre plus classique d'acides aminés pour une protéine –, les chances que vos symboles tombent selon la séquence prescrite sont de 1 sur 10^{260} (soit 1 suivi de 260 zéros)[4]. C'est plus que tous les atomes que contient l'Univers.

En bref, les protéines sont des entités complexes. L'hémoglobine ne compte que 146 acides aminés, un avorton pour une protéine, et pourtant elle en offre 10^{190} combinaisons possibles, ce qui

* Il y a de nos jours 22 acides aminés naturels connus sur terre, et d'autres attendent peut-être d'être découverts, mais une vingtaine seulement sont nécessaires pour produire l'homme et la plupart des autres êtres vivants. Le 22e, appelé pyrrolysine, a été découvert en 2002 par des chercheurs de l'université de l'Ohio, et n'est présent que dans un seul type d'archaébactérie (une forme de vie élémentaire dont nous reparlerons un peu plus loin), le *Methanosarcina barkeri*.

explique qu'il ait fallu vingt-trois ans à Max Perutz pour en démêler les mystères[5]. Que le hasard puisse produire même une seule protéine semble franchement improbable – comme si une tornade traversant une décharge laissait derrière elle un long-courrier parfaitement assemblé, selon l'amusante comparaison de l'astronome Fred Hoyle.

Nous parlons pourtant de plusieurs centaines de milliers de types de protéines, peut-être d'un million, chacun unique et chacun vital, semble-t-il, pour vous garder vivant et content. Mais ce n'est pas tout. Pour avoir un usage quelconque, une protéine doit non seulement assembler des acides aminés selon la bonne séquence, mais se lancer ensuite dans une sorte d'origami chimique en se repliant selon une forme très spécifique. Même parvenue à ce stade de complexité structurelle, une protéine ne vous sert à rien si elle ne peut pas se reproduire – et les protéines en sont incapables. Pour cela, il vous faut de l'ADN. L'ADN est un as de la réplication – il peut se recopier en quelques secondes –, mais il ne sait à peu près rien faire d'autre[6]. Nous voici donc en plein paradoxe. Les protéines ne peuvent pas exister sans l'ADN, et l'ADN ne sert à rien sans les protéines. Devons-nous supposer qu'ils ont surgi simultanément à seule fin de s'épauler mutuellement ? Dans ce cas : la vache !

Mais il y a plus. L'ADN, les protéines et les autres composants de la vie ne pourraient prospérer en l'absence d'une sorte de membrane pour les contenir. Aucun atome, aucune molécule n'est jamais parvenu à la vie de façon indépendante. Extrayez un atome quelconque de votre corps, il ne sera pas plus vivant qu'un grain de sable. C'est seulement lorsqu'ils s'assemblent dans le refuge nutritif d'une cellule que tous ces matériaux peuvent entrer dans la danse improbable que nous appelons la vie. Sans la cellule, ils ne sont rien d'autre que d'intéressants éléments chimiques. Mais sans eux, la cellule n'a aucun sens. Comme le souligne le physicien Paul Davies, « si tout a besoin de tout, comment la communauté des molécules a-t-elle jamais pu commencer[7] ? ». C'est un peu comme si tous les ingrédients de votre garde-manger s'assemblaient et se cuisaient d'eux-mêmes pour faire un gâteau – mais un gâteau capable en outre de se diviser au besoin pour produire d'autres gâteaux. Pas étonnant qu'on appelle ça le miracle de la vie. Pas étonnant non plus que nous commencions à peine à y comprendre quelque chose.

Alors, qu'est-ce qui rend compte de toute cette merveilleuse complexité ? Eh bien, il est possible tout d'abord qu'elle ne soit pas aussi extraordinaire qu'elle nous apparaît à première vue. Prenons ces improbables protéines. Ce qui nous stupéfie dans leur assemblage, c'est l'hypothèse qu'elles sont entrées sur scène complètement formées. Mais imaginons que les chaînes de protéines ne se constituent pas d'un seul coup ? Que, dans la grande machine à sous de la création, on puisse ralentir certaines roues, comme le joueur aimerait ralentir une poignée de cerises ou un citron prometteur ? Si, en d'autres termes, les protéines, au lieu de jaillir brusquement à la vie, avaient *évolué* ?

Imaginez que l'on prenne tous les éléments qui composent un être humain – carbone, hydrogène, oxygène, etc. –, qu'on les place dans un conteneur rempli d'eau, qu'on secoue bien fort et qu'il en sorte une personne complète. Vous seriez stupéfait. Eh bien, c'est en gros ce que prétendent Hoyle et certains ardents créationnistes quand ils suggèrent que les protéines se sont toutes formées spontanément en une seule fois. Elles ne l'ont pas fait – c'est impossible. Comme le soutient Richard Dawkins dans *L'Horloger aveugle*, il a dû y avoir une sorte de sélection cumulative qui a permis aux acides aminés de s'agglomérer en mottes compactes[8]. Deux ou trois d'entre eux ont pu former une chaîne pour un objectif simple, puis se cogner au bout d'un certain temps dans un autre petit assemblage similaire et « découvrir » ainsi une nouvelle amélioration.

Les réactions chimiques du type de celles qui sont associées à la vie sont en fait assez courantes. Nous ne pouvons peut-être pas les fricasser dans un labo, à la mode de Miller et d'Urey, mais l'Univers s'en charge assez communément. Quantité de molécules s'assemblent dans la nature pour former de longues chaînes appelées des polymères. Les sucres s'assemblent en permanence pour former des amidons[9]. Les cristaux peuvent faire diverses choses qui ressemblent à la vie – se répliquer, réagir aux stimuli de l'environnement, prendre une forme complexe. Certes, ils ne sont jamais parvenus au stade de la vie, mais ils démontrent en permanence que la complexité est un événement naturel, spontané et commun. Qu'il y ait ou non beaucoup de vie dans la totalité de l'Univers, il n'y a pas pénurie d'auto-assemblage ordonné, depuis la stupéfiante symétrie des flocons de neige jusqu'aux splendides anneaux de Saturne.

Cette pulsion naturelle à s'assembler est si puissante que de nombreux scientifiques pensent désormais que la vie pourrait être plus inévitable que nous ne l'avions cru ; elle serait, selon les termes de Christian De Duve, biochimiste belge et lauréat du Nobel, « une manifestation obligatoire de la matière, destinée à naître à chaque fois que les conditions sont favorables[10] ». Selon lui, ces conditions se rencontreraient un million de fois dans chaque galaxie.

Certes, il n'y a rien de bien exotique dans les éléments chimiques qui nous animent. Si vous vouliez créer un autre objet vivant – un poisson rouge, une laitue ou un être humain –, il ne vous faudrait guère que quatre éléments principaux, le carbone, l'hydrogène, l'oxygène et l'azote, plus de petites quantités de soufre, de phosphore, de calcium et de fer[11]. Assemblez tout cela en trois douzaines de combinaisons pour former des sucres, des acides et quelques autres éléments de base, et vous pouvez fabriquer tout ce qui vit. Comme le remarque Dawkins : « Il n'y a rien de particulier dans les substances qui constituent les êtres vivants. Les choses vivantes sont des collections de molécules, comme tout le reste[12]. »

Le vrai problème, c'est que la vie est stupéfiante et gratifiante, voire miraculeuse, mais qu'elle est pratiquement impossible – comme en atteste notre modeste existence. Les détails sur les commencements de la vie restent passablement flous. Tous les scénarios que vous avez pu lire sur les conditions nécessaires à la vie impliquent de l'eau – depuis « la petite mare tiède » où Darwin supposait qu'elle était apparue jusqu'aux évents sous-marins qui sont désormais les candidats les plus en vogue pour cette fonction. Mais tout cela néglige le fait que pour transformer des monomères en polymères (c'est-à-dire pour commencer à créer des protéines), il faut ce que l'on appelle en biologie des « liaisons par déshydratation ». Comme le dit un manuel de biologie avec une pointe d'embarras, « les chercheurs s'accordent à dire que de telles réactions n'auraient pas été énergétiquement favorables dans l'océan primitif, ou tout autre milieu aqueux, à cause de la loi d'action de masse[13] ». C'est un peu comme verser du sucre dans un verre d'eau et s'attendre à ce qu'il prenne la forme d'un cube. Cela ne devrait pas se produire, mais dans la nature, cela arrive. La chimie de ces phénomènes est un peu complexe pour nous, mais il suffit de savoir que si vous mouillez des monomères, ils ne se transformeront pas en polymères – sauf lors de la création de la vie sur terre.

Comment et pourquoi cela s'est produit alors et pas dans d'autres cas reste la grande énigme de la biologie.

L'une des plus grandes surprises que nous ont réservées les sciences de la Terre ces dernières décennies fut de découvrir combien la vie est apparue tôt. Dans les années 1950, on pensait que la vie avait moins de 600 millions d'années[14]. Dans les années 1970, quelques âmes aventureuses pensaient qu'elle pouvait remonter à 2,5 milliards d'années. Mais la date actuelle de 3,85 milliards d'années est extrêmement ancienne, si l'on considère que la surface de la planète ne s'est solidifiée que voici environ 3,9 milliards d'années.

« Nous pouvons simplement inférer de cette rapidité qu'il n'est pas "difficile" à la vie au niveau bactérien d'évoluer sur des planètes offrant des conditions favorables[15] », faisait observer Stephen Jay Gould dans le *New York Times* en 1996. Il précisait ailleurs qu'il est difficile d'éviter la conclusion que « la vie, naissant aussi tôt qu'elle le pouvait, était chimiquement destinée à être[16] ».

En fait, la vie a émergé si rapidement que certains pensent qu'elle a dû bénéficier d'un sérieux coup de main. L'idée que la vie sur terre puisse venir de l'espace a une histoire longue et parfois étonnamment distinguée. Le grand lord Kelvin lui-même avança cette possibilité dès 1871, lors d'une réunion de la British Association for the Advancement of Science, en suggérant que « les germes de la vie ont pu être apportés sur terre par une météorite quelconque ». Cela ne resta guère qu'une hypothèse marginale jusqu'à ce dimanche de septembre 1969 où des dizaines de milliers d'Australiens furent saisis par une série de détonations et la vue d'une boule de feu traversant le ciel d'est en ouest[17]. Elle faisait un curieux bruit de craquement et laissait dans son sillage une odeur où certains crurent reconnaître celle de l'alcool à brûler, et que d'autres qualifièrent simplement de pestilentielle.

La boule explosa au-dessus de Murchinson, un village de 600 habitants de Goulburn Valley, au nord de Melbourne, et retomba en fragments dont certains pesaient jusqu'à 6 kilos. Heureusement, il n'y eut aucun blessé. La météorite appartenait à un type rare, appelé chondrite carbonée, et les gens du cru en ramassèrent une centaine de kilos. Elle n'aurait pas pu mieux tomber. Deux mois plus tôt, les astronautes d'*Apollo 11* étaient revenus sur terre avec un plein sac de roches lunaires, de sorte que tous les labos du monde entier étaient fin prêts pour les roches d'origine extraterrestre – qu'ils réclamaient même à cor et à cri.

La météorite de Murchinson se révéla vieille de 4,5 milliards d'années, et elle était constellée d'acides aminés – 74 types en tout, dont 8 entrent dans la formation des protéines primitives[18]. Fin 2001, plus de trente ans après l'impact, une équipe du Ames Research Center de Californie annonça qu'elle contenait aussi des chaînes complexes de sucres, appelés polyols, que l'on n'avait jamais trouvés sur terre auparavant.

Quelques autres chondrites carbonées ont croisé depuis la route de la Terre – dont l'une a atterri en janvier 2000 près du lac Tagish, dans le Yukon, après avoir été vue en divers endroits d'Amérique du Nord – et toutes ont confirmé la richesse de l'Univers en éléments organiques[19]. On pense aujourd'hui que la comète de Halley est constituée pour un quart de molécules organiques. Faites s'écraser l'une de ces chondrites dans un endroit approprié – la Terre par exemple – et vous aurez les éléments de base nécessaires pour faire naître la vie.

L'idée de la panspermie, comme on appelle la théorie extraterrestre, pose deux problèmes. Le premier, c'est qu'elle ne répond à aucune question sur la façon dont la vie est apparue, se bornant à en transférer la responsabilité ailleurs. L'autre est que la panspermie pousse parfois ses plus respectables adhérents à des niveaux de spéculation que l'on peut qualifier pour le moins d'imprudents. Francis Crick, codécouvreur de la structure de l'ADN, et sa collègue Leslie Orgel ont suggéré que « des extraterrestres intelligents avaient délibérément semé la vie » sur terre, une idée que Gribbin juge « à l'extrême limite de la respectabilité scientifique[20] » – en d'autres termes, qui serait qualifiée de complètement folle si elle n'était pas émise par un Prix Nobel. Fred Hoyle et Chandra Wickramasinghe ont encore érodé l'enthousiasme pour la panspermie en suggérant que nous devions à l'espace non seulement la vie, mais aussi des maladies comme la grippe ou la peste bubonique – autant d'idées aisément mises à mal par les biochimistes. Hoyle – dont il convient de rappeler ici qu'il fut l'un des plus grands esprits scientifiques du XXe siècle – avança aussi, comme on l'a vu, que nos nez avaient évolué avec les narines vers le bas pour empêcher les bactéries cosmiques de tomber dedans[21].

Quel que soit ce qui a fait naître la vie, ce n'est arrivé qu'une seule fois. C'est le fait le plus extraordinaire de la biologie, voire de toutes nos connaissances. Tout ce qui a jamais vécu, plante ou animal, vient du même soubresaut primordial. À un moment donné d'un passé incroyablement lointain, un petit sac de produits chimiques s'est mis à gigoter. Il a absorbé quelques éléments nutritifs, a pulsé discrètement le temps de sa brève existence. Cela s'était peut-être déjà produit, et peut-être des tas de fois. Mais cette poche ancestrale a fait une chose supplémentaire : elle s'est divisée et a produit un héritier. Un minuscule paquet de matériel génétique est passé d'une entité vivante à une autre, et ce processus n'a plus jamais cessé. Ce fut le moment de la création pour nous tous. Les biologistes l'appellent parfois *Big Birth*, la « grande naissance ».

« Où que vous alliez dans le monde, quelque plante, animal, insecte ou chose informe que vous regardiez, s'il est vivant, il utilisera le même dictionnaire et possédera le même code. La vie est une[22] », dit Matt Ridley. Nous sommes tous le résultat d'un unique tour de magie transmis de génération en génération pendant près de 4 milliards d'années, au point que l'on peut prendre un fragment de code génétique humain, le rapiécer sur une cellule de levure défectueuse, et la cellule de levure le mettra au travail comme si c'était le sien. Et, à strictement parler, *c'est* le sien.

L'aube de la vie – ou ce qui y ressemble fort – se trouve sur une étagère du bureau d'une aimable géochimiste spécialiste des isotopes nommée Victoria Bennett, dans le département des sciences de la Terre de l'Australian National University de Canberra. Cette Américaine arrivée de Californie pour un contrat de deux ans en 1989 n'est plus jamais repartie. Quand je lui ai rendu visite, fin 2001, elle m'a tendu un fragment de roche assez imposant composé de fines couches alternées de quartz blanc et d'un matériau gris-vert qu'on appelle du clinopyroxène. La roche était issue de l'île d'Akilia, au Groenland, où l'on a trouvé des roches particulièrement anciennes en 1997. Elles ont 3,85 milliards d'années et constituent les plus anciens sédiments marins jamais découverts.

« Nous ne pouvons pas vous garantir que la roche que vous avez dans les mains a autrefois contenu des organismes vivants, parce qu'il faudrait la pulvériser pour le savoir, m'a dit Victoria. Mais elle vient du même dépôt d'où l'on a extrait les plus anciennes traces de vie, de sorte que c'est *probable*[23]. » On aurait beau chercher, on n'y trouverait pas trace non plus de microbes fossilisés. Tous les organismes simples, hélas, ont été recuits par les processus qui ont pétrifié les boues océaniques. Mais ce que l'on verrait en émiettant cette roche et en passant sa poussière au microscope, ce sont les résidus chimiques laissés par ces organismes – des isotopes de carbone et un type de phosphate appelé apatite, qui à eux deux laissent fortement penser que la roche a contenu autrefois des colonies d'êtres vivants. « Nous ne pouvons que deviner à quoi ils pouvaient bien ressembler, soupire Victoria. Ils étaient sans doute aussi élémentaires que la vie peut l'être, mais c'était de la vie. Ça a vécu. Ça s'est propagé. »

Et ça a mené jusqu'à nous.

Si vous êtes porté sur les roches très anciennes, comme Victoria Bennett, l'ANU est l'endroit qu'il vous faut. Cela grâce à l'ingéniosité d'un homme nommé Bill Compston, aujourd'hui à la retraite, qui a construit dans les années 1970 le premier Sensitive High Resolution Ion Micro Probe – ou SHRIMP. C'est une machine qui mesure le taux de désintégration de l'uranium en minuscules minéraux appelés des zircons. Les zircons sont présents dans la plupart des roches à part le basalte, et ils sont extrêmement durables, capables de survivre à tous les processus naturels sauf la subduction. L'essentiel de la croûte terrestre est redescendu dans le grand four intérieur à un moment quelconque, mais parfois – en Australie et au Groenland par exemple – les géologues ont trouvé des moissons de roches qui sont toujours restées en surface. La machine de Compston a permis de dater ce type de roches avec une précision inégalée. Le prototype du SHRIMP fut construit et assemblé dans les propres ateliers du département des sciences de la Terre, et malgré son air de truc bricolé avec des bouts de ficelle grattés sur le budget, il marchait du feu de Dieu. Lors de son premier test officiel, en 1982, il data la plus vieille chose jamais découverte – une roche de 4,3 milliards d'années ramassée en Australie occidentale.

« Ça a fait un fameux foin à l'époque, me dit Victoria, de trouver aussi vite un truc aussi important avec une technologie toute récente. »

Elle m'a emmené voir le modèle actuel, SHRIMP II, une grosse machine en acier inoxydable de 3,5 mètres de long et de 15 mètres de haut, et d'apparence aussi solide qu'un bathyscaphe. Assis à une console devant lui, un œil sur les chiffres changeants d'un écran, un dénommé Bob, de la Canterbury University de Nouvelle-Zélande. Il était là depuis 4 heures du matin, m'informa-t-il. SHRIMP II fonctionne 24 heures sur 24 – il y a tant de roches à dater. Il était 9 heures à peine, et Bob avait la machine jusqu'à midi. Demandez à un géochimiste comment fonctionne ce genre d'engin, et il se lancera dans des histoires d'abondance isotopique et de niveaux d'ionisation avec un enthousiasme plus sympathique que compréhensible. Pour nous résumer, la machine, en bombardant un échantillon de roche de jets d'atomes chargés, parvient à détecter de subtiles différences dans les niveaux de plomb et d'uranium des zircons, d'où l'on peut déduire avec précision l'âge de la roche. Bob m'expliqua qu'il faut dix-sept minutes pour lire un zircon, et qu'il faut en lire des douzaines par fragment de roche pour obtenir des données fiables. En pratique, toute l'affaire semble aussi répétitive et aussi excitante qu'une expédition au lavomatic, mais Bob avait l'air très heureux – ce qui est souvent le cas des gens de Nouvelle-Zélande.

Le département des sciences de la Terre est une étrange combinaison de bureaux, de labos et de remises à engins agricoles. « Avant, nous construisions tout ici, me dit Victoria. Nous avions même notre propre souffleur de verre, mais il est parti en retraite. Il nous reste toutefois deux pulvérisateurs de roches à plein temps. (Elle a surpris une lueur de surprise dans mon regard.) Nous devons traiter *des tas* de roches, qui doivent être minutieusement préparées. Il faut s'assurer qu'il n'y a pas de contamination d'autres échantillons – pas de poussière ni rien. C'est un travail très méticuleux. » Elle m'a montré les pulvérisatrices de roches, qui avaient en effet un air pimpant, mais les deux pulvérisateurs étaient apparemment partis boire un café. À côté des machines étaient posées de grandes caisses contenant des roches de toutes formes et de toutes tailles. Pas de doute, ils ont un sacré paquet de roches à traiter, à l'ANU.

De retour à son bureau, j'ai remarqué au mur une affiche bariolée, une interprétation artistique de la Terre telle qu'elle pouvait apparaître voici 3,5 milliards d'années, quand la vie se mettait en route, au cours de l'ère géologique connue sous le nom d'Archéen. C'était un étrange paysage d'énormes volcans très actifs et de mers fumantes, couleur de cuivre sous un ciel rouge. Des stromatolites, sortes de roches bactériennes, remplissaient les trous d'eau au premier plan. Cela ne semblait guère un endroit prometteur pour la naissance et la poursuite de la vie. Je lui ai demandé si le dessin était exact.

« Eh bien, une école de pensée soutient qu'il faisait plutôt frais parce que le soleil était beaucoup plus faible. En l'absence d'atmosphère, les rayons ultraviolets du soleil, même d'un soleil voilé, auraient eu tendance à briser les chaînes moléculaires naissantes. Et pourtant, ici même, dit-elle en tapotant les stromatolites, vous avez des organismes qui affleurent en surface. C'est un mystère.

« – Nous ne savons donc pas à quoi ressemblait le monde à cette époque ?

« – Humm, a-t-elle acquiescé pensivement.

« – Quoi qu'il en soit, ça n'a pas l'air très encourageant pour la vie. »

Elle a eu un sourire serein.

« Mais il devait y avoir quelque chose qui lui convenait. Sinon, nous ne serions pas là. »

Ce qui est sûr, c'est que ça ne *nous* aurait pas convenu. Si vous sortiez d'une machine à remonter le temps dans cet antique monde archéen, vous auriez vite fait de remonter dedans, car il n'y avait alors pas plus d'oxygène à respirer sur terre qu'il n'y en a aujourd'hui sur Mars. L'air était rempli de vapeurs toxiques d'acides sulfurés et d'acides hydrochlorés assez puissants pour dévorer n'importe quel tissu et entamer la peau[24]. Vous n'auriez pas pu voir non plus les paysages de l'affiche de Victoria. La soupe chimique qu'était alors l'atmosphère ne laissait passer que fort peu de lumière solaire, et ce que vous auriez réussi à distinguer aurait été brièvement illuminé par de fréquents éclairs. En un mot, c'était la Terre, mais pas celle que nous connaissons.

Les anniversaires étaient peu nombreux et très espacés dans le monde archéen. Pendant 2 milliards d'années, les bactéries y furent l'unique forme de vie. Elles vivaient, se reproduisaient, pullulaient, mais semblaient ne montrer aucune inclination à passer à un niveau d'existence plus complexe. À un certain point du premier milliard d'années de la vie, les cyanobactéries, ou algues bleues, apprirent à exploiter une ressource disponible à gogo – l'hydrogène omniprésent dans l'eau. Elles absorbèrent des molécules d'eau, firent bombance avec l'hydrogène et rejetèrent l'oxygène comme un déchet, inventant du même coup la photosynthèse. Comme le notent Margulis et Sagan, la photosynthèse est « sans doute l'innovation métabolique la plus importante de l'histoire de la vie sur notre planète[25] » – et elle fut inventée non par les plantes, mais par les bactéries.

À mesure que les cyanobactéries proliféraient,

le monde commença à se remplir d'O_2, à la consternation des organismes pour lesquels il était toxique – soit, à l'époque, tous. Dans un monde anaérobie (qui fonctionne sans oxygène), ce gaz est un poison violent. C'est d'ailleurs avec lui que nos globules blancs luttent contre les invasions bactériennes[26]. Que l'oxygène soit fondamentalement toxique est souvent une surprise pour nous, qui le trouvons si nécessaire à notre bien-être, mais c'est simplement que nous avons évolué pour l'exploiter. Pour d'autres, c'est une vraie terreur. C'est lui qui fait rancir le beurre et rouiller le fer. Même nous, nous ne le tolérons que jusqu'à un certain point : le taux d'oxygène dans nos cellules n'est qu'un dixième de celui que l'on trouve dans l'atmosphère.

Les nouveaux organismes qui marchaient à l'oxygène avaient deux avantages. L'oxygène était un moyen plus efficace de produire de l'énergie, et ils purent ainsi l'emporter sur d'autres organismes. Certains se retirèrent dans le monde anaérobie des marais et des fonds des lacs. D'autres firent de même, puis, bien plus tard, migrèrent dans l'appareil digestif d'êtres comme vous et moi. Un grand nombre de ces entités primitives sont vivantes dans votre propre corps aujourd'hui même, vous aidant à digérer, mais continuant à abhorrer la moindre trace de O_2. Des dizaines d'autres furent incapables de s'adapter et moururent.

Les cyanobactéries furent un succès retentissant. Le surplus d'oxygène qu'elles produisaient ne s'accumula pas tout de suite dans l'atmosphère, mais se combina avec le fer pour former les oxydes de fer qui sombrèrent au fond des océans primitifs. Pendant des millions d'années, le monde rouilla littéralement – phénomène dont témoignent les couches de dépôts ferreux dont nous tirons notre minerai de fer aujourd'hui. Pendant des dizaines de millions d'années, il ne se passa guère autre chose. Si vous retourniez dans ce début du Protérozoïque, vous ne trouveriez guère de signes de la future vie sur terre. Peut-être ici et là, dans des mares bien abritées, verriez-vous un film d'écume vivante ou un manteau vernissé de vert et de brun tapissant des roches marines, mais c'est à peu près tout : la vie restait invisible.

Mais voici 3,5 milliards d'années, il se passa quelque chose de plus spectaculaire[27]. Partout où les eaux étaient peu profondes, des structures visibles commencèrent à apparaître. À force de modifications chimiques, les cyanobactéries devinrent très légèrement collantes, ce qui leur permit d'emprisonner des microparticules de poussière et de sable, qui se lièrent pour former des structures un peu étranges mais solides : les stromatolites des trous d'eau de l'affiche de Victoria. Les stromatolites avaient des formes et des dimensions diverses. Ils ressemblaient parfois à d'énormes choux-fleurs et parfois à des matelas bien gonflés (stromatolite vient du mot grec « matelas ») ; ils pouvaient aussi prendre la forme de colonnes s'élevant à des dizaines de mètres au-dessus de la surface de l'eau – parfois jusqu'à une centaine de mètres. Ils étaient une sorte de roche vivante, représentant la première entreprise coopérative au monde, certaines variétés d'organismes primitifs vivant juste à la surface et d'autres juste en dessous, chacune profitant des conditions créées par les autres. Le monde avait son premier écosystème.

Pendant des années, les scientifiques n'ont connu les stromatolites que sous forme de fossiles, mais en 1961 ils eurent une surprise de taille en découvrant une communauté de stromatolites vivants à Shark Bay, à l'extrême nord-ouest de l'Australie. C'était si inattendu qu'il leur fallut plusieurs années pour prendre la pleine mesure de ce qu'ils avaient trouvé. De nos jours, Shark Bay est une attraction touristique – autant que peut l'être un endroit situé au milieu de nulle part, et à peine plus près d'un quelconque quelque part. On a construit des pontons dans la baie pour permettre aux visiteurs de marcher au-dessus des eaux et de contempler à leur aise les stromatolites qui respirent paisiblement juste au-dessous de la surface. Ils sont tout ternes, tout gris, et ressemblent à de grosses bouses de vaches. Mais c'est un moment assez vertigineux que celui où l'on contemple les vestiges vivants de la Terre telle qu'elle était voici 3,5 milliards d'années. Comme l'a dit Richard Fortey : « C'est un véritable voyage dans le temps, et si le monde connaissait ses vraies merveilles, ce spectacle serait aussi connu que les pyramides de Gizeh[28]. » On ne devinerait jamais que ces roches inertes grouillent en fait de vie, estimée (forcément estimée) à 3 milliards d'organismes par mètre carré. Parfois, si l'on regarde attentivement, on voit de minuscules filets de bulles remonter à la surface quand ils libèrent leur oxygène. En deux milliards d'années, ces infimes rejets ont accru de 20 % le niveau d'oxygène dans l'atmosphère terrestre, préparant la voie au chapitre suivant, plus complexe, de l'histoire de la vie.

On pense que les cyanobactéries de Shark Bay sont les organismes terrestres qui évoluent le plus lentement ; ils sont en tout cas désormais parmi les plus rares[29]. Ayant préparé la voie à des formes de vie plus complexe, ils ont été à peu près rayés de la carte par les organismes mêmes dont ils avaient permis l'existence. (Si l'on en trouve encore à Shark Bay, c'est que les eaux sont trop salines pour les créatures qui devraient normalement y vivre.)

Si la vie a mis si longtemps à se complexifier, c'est qu'elle a dû attendre que les organismes simples aient suffisamment oxygéné l'atmosphère. « Les animaux ne pouvaient accumuler assez d'énergie pour fonctionner[30] », comme l'a écrit Fortey. Il a fallu 2 milliards d'années, soit environ 40 % de l'histoire de la Terre, pour que l'oxygène atteigne plus ou moins ses niveaux actuels de concentration dans l'atmosphère. Mais une fois cette étape franchie, on vit surgir, de façon apparemment fort soudaine, un type de cellule entièrement nouveau, doté d'un noyau et d'autres petits éléments appelés *organelles* (du grec, « petits outils »), ou organites. On pense que ce processus a commencé quand une bactérie balourde ou aventureuse envahit une autre bactérie ou fut capturée par elle, et qu'il se révéla qu'elles se convenaient mutuellement. La bactérie captive devint une mitochondrie. Cette invasion mitochondriale (ou endosymbiose, pour les biologistes) rendit possible une vie complexe. (Chez les plantes, une invasion comparable produisit les chloroplastes, qui permettent la photosynthèse.)

Les mitochondries manipulent l'oxygène d'une façon qui libère l'énergie des nutriments. Sans ce tour habile, la vie sur terre se limiterait aujourd'hui à de simples microbes[31]. Les mitochondries sont minuscules – on pourrait en fourrer un milliard dans l'espace occupé par un grain de sable – mais très voraces[32]. Presque tous les aliments que vous absorbez servent à les nourrir.

Nous ne pourrions pas vivre deux minutes sans elles, et pourtant, un milliard d'années plus tard, les mitochondries se comportent encore comme si elles pensaient que ça ne va pas marcher entre nous. Elles conservent leur propre ADN ; elles se reproduisent à un autre moment que leur cellule hôte ; elles ressemblent à des bactéries, se divisent comme des bactéries, et réagissent parfois aux antibiotiques comme le font les bactéries. En bref, elles gardent leur quant-à-soi. Elles ne partagent même pas le langage génétique de la cellule dans laquelle elles vivent. C'est comme avoir un étranger chez soi, sauf qu'il est là depuis un milliard d'années.

Ce nouveau type de cellule s'appelle un eucaryote (« doté d'un véritable noyau »), opposé à l'ancien type, les procaryotes (« prénoyau »), et il semble apparaître soudainement dans les fossiles. Les plus anciens eucaryotes connus, les Grypania, ont été découverts dans des sédiments ferreux du Michigan en 1992. Ils apparaissent une fois dans les couches fossilifères, puis semblent s'évanouir pendant 500 millions d'années[33].

Comparés aux eucaryotes, les vieux procaryotes n'étaient guère plus que des « sacs de produits chimiques[34] », selon les termes du géologue Stephen Drury. Les eucaryotes sont plus gros – jusqu'à dix mille fois plus – que leurs cousins, et portent jusqu'à mille fois plus d'ADN. Peu à peu, un système a évolué, dominé par deux types d'organismes – ceux qui rejettent de l'oxygène (comme les plantes) et ceux qui en absorbent (comme vous et moi).

Les eucaryotes unicellulaires s'appelaient autrefois des protozoaires (« préanimaux »), mais ce terme est désormais tombé en désuétude, au profit de protiste. Par rapport aux bactéries précédentes, ces nouveaux protistes étaient des modèles de sophistication. La simple amibe, qui n'est qu'une grosse cellule sans autre ambition que celle d'exister, contient 400 millions de fragments d'information génétique dans son ADN – assez, comme le note Carl Sagan, pour remplir 80 livres de cinq cents pages[35].

Enfin, les eucaryotes ont appris un truc encore plus singulier. Cela leur a pris longtemps – un milliard d'années en gros –, mais il valait vraiment le coup quand ils ont réussi à le maîtriser. Ils ont appris à s'assembler en êtres pluricellulaires complexes. Grâce à cette innovation, de grosses entités visibles et complexes comme nous sont devenues possibles. La planète Terre était fin prête pour une nouvelle étape.

Mais avant de trop nous exciter là-dessus, rappelons-nous que le monde que nous nous apprêtons à visiter appartient encore à l'infiniment petit.

XX

Un petit monde

Ce n'est sans doute pas une bonne idée de s'intéresser de trop près à ses microbes. Louis Pasteur en était à ce point obsédé qu'il en vint à examiner à la loupe chaque plat que l'on posait devant lui – habitude qui ne dut pas lui valoir d'être souvent réinvité à dîner[1].

En fait, il ne sert à rien de chercher à tout prix à vous garer de vos bactéries, car elles sont en permanence sur vous et autour de vous, en quantités à peine concevables. Si vous êtes en bonne santé et raisonnablement soucieux de votre hygiène, vous aurez en permanence une horde de 1 000 milliards de bactéries paissant sur vos plaines charnues – soit une centaine de milliers par centimètre carré de peau[2]. Elles sont occupées à festoyer de la dizaine de milliards de fragments de peau que vous perdez chaque jour, sans compter les fluides appétissants et les minéraux fortifiants qui suintent de chacun de vos pores. Vous êtes pour elles le meilleur des hypermarchés, avec l'avantage d'une chaleur et d'une mobilité constantes. En guise de remerciement, elles vous donnent vos odeurs corporelles.

Et encore ne s'agit-il que des bactéries installées sur votre peau. Il y en a des milliards d'autres dissimulées dans vos fosses nasales, accrochées à vos cheveux et à vos cils, nageant à la surface de vos yeux, perçant l'émail de vos dents. Votre système digestif à lui seul abrite plus de 100 000 milliards de microbes, appartenant à 400 types différents[3]. Il y a celles qui s'occupent des sucres, celles qui traitent avec les amidons, celles qui attaquent d'autres bactéries. Un nombre surprenant, comme les omniprésents spirochètes intestinaux, n'ont aucune fonction détectable[4]. Il semble que les bactéries se plaisent simplement avec vous. Chaque corps humain consiste en 10 quatrillions (millions de trillions) de cellules, mais il abrite 100 quatrillions de cellules bactériennes[5]. En bref, elles sont une grande partie de nous. Du point de vue des bactéries, bien sûr, nous ne sommes qu'une assez petite partie d'elles.

Comme nous sommes assez gros et assez intelligents pour produire et utiliser des antibiotiques et des désinfectants, nous tendons à penser que nous avons banni les bactéries aux marges de notre existence. Ne croyez pas cela. Les bactéries ne construisent pas de villes et elles n'ont peut-être pas une vie sociale très passionnante, mais elles seront encore là quand le Soleil explosera. C'est *leur* planète, et nous n'y sommes que parce qu'elles le veulent bien.

N'oublions jamais que les bactéries ont vécu des milliards d'années sans nous, mais que nous ne pourrions pas survivre un seul jour sans elles[6]. Elles traitent nos déchets et les rendent réutilisables ; sans leur diligent mâchonnement, rien ne pourrirait. Elles purifient notre eau et gardent nos sols productifs. Les bactéries synthétisent les vitamines dans nos intestins, convertissent ce que nous mangeons en sucres et en polysaccharides utiles, partent en guerre contre les microbes étrangers qui se glissent dans notre gosier.

Nous dépendons totalement des bactéries pour recueillir l'azote de l'air et le convertir en ces nucléotides et acides aminés qui nous sont indispensables. C'est un exploit tout simplement prodigieux. Pour faire la même chose au plan industriel (dans la production d'engrais, par exemple), les fabricants doivent porter les matériaux de base à 500 degrés et les soumettre à des pressions trois cents fois supérieures à la normale. Les bactéries font ça tous les jours sans histoires, et heureusement, car aucun gros organisme ne pourrait survivre sans l'azote qu'elles lui fournissent. Par-dessus tout, les microbes nous fournissent l'air que nous respirons et conservent sa stabilité à l'atmosphère. Les microbes, y compris les versions modernes de cyanobactéries, fournissent l'essentiel de l'oxygène respirable de la planète. Les algues et autres minuscules organismes qui font des bulles dans la mer en libèrent environ 150 millions de tonnes chaque année[7].

Et ils sont remarquablement prolifiques. Les plus frénétiques d'entre eux peuvent produire une nouvelle génération en moins de dix minutes ; *Clostridium perfringens*, le déplaisant petit organisme qui provoque la gangrène, peut se reproduire en neuf minutes[8]. À cette vitesse, une seule bactérie pourrait théoriquement produire plus de descendants en deux jours qu'il n'y a de protons dans l'Univers[9]. « Si on lui fournit un apport adéquat de nourriture, une seule cellule bactérienne peut générer 280 000 milliards d'individus en un seul jour[10] », rappelle le biochimiste Christian De Duve. Dans le même laps de temps, une cellule humaine ne parvient à accomplir qu'une seule division.

À chaque million de divisions environ, elles produisent un mutant. En général, c'est tant pis pour le mutant – le changement est toujours un risque pour un organisme –, mais, de temps à autre, la nouvelle bactérie est dotée d'un avantage accidentel, comme celui de résister aux antibiotiques. Cette capacité à évoluer rapidement s'accompagne d'un autre avantage encore plus redoutable : les bactéries partagent l'information. Toute bactérie peut prendre des fragments de codes génétiques de n'importe quelle autre. En gros, toutes les bactéries partagent un unique patrimoine génétique[11]. Tout changement adaptatif survenant dans un secteur de l'univers bactérien peut se répandre à un autre. C'est comme si l'homme pouvait aller prendre chez un insecte le code génétique nécessaire pour se voir pousser des ailes ou pouvoir marcher au plafond. Cela signifie que d'un point de vue génétique les bactéries sont devenues un seul superorganisme – minuscule, éparpillé, mais invincible.

Elles vivent et prospèrent sur tout ce que vous

répandez, laissez dégouliner, ou secouez loin de vous. Donnez-leur un soupçon d'humidité – en passant un chiffon mouillé sur une table – et elles pulluleront comme issues brusquement du néant. Elles mangent le bois, la colle du papier peint, les métaux de la peinture durcie. Les scientifiques australiens ont trouvé des microbes appelés des *Thiobacillus concretivorans* qui vivent dans – et ne pourraient pas vivre sans – des concentrations d'acide sulfurique assez fortes pour dissoudre le métal[12]. On a découvert une espèce appelée *Micrococcus radiophilus* confortablement installée dans les réservoirs des réacteurs nucléaires, se gorgeant littéralement de plutonium. Certaines bactéries dissolvent des produits chimiques dont, pour ce que l'on en sait, elles ne tirent aucun bénéfice[13].

On en a trouvé dans les boues brûlantes et dans les lacs de soude caustique, profondément inscrites dans les roches, tout au fond des mers, dans des mares cachées d'eau glacée des vallées de McMurdo en Antarctique, et à une dizaine de kilomètres de profondeur sous le Pacifique, à une pression mille fois plus forte qu'en surface – sous un poids équivalent à cinquante avions gros-porteurs. Certaines semblent pratiquement indestructibles. Selon l'*Economist*, *Deinococcus radiodurans* est « pratiquement insensible à la radioactivité ». Faites exploser son ADN à coups de radiations, et les fragments se reformeront aussitôt « comme les membres coupés d'un mort-vivant dans un film d'horreur[14] ».

La plus résistante qu'on ait jamais trouvée est

peut-être une bactérie du genre streptocoque récupérée sur la lentille d'une caméra qui avait passé deux ans sur la Lune[15]. En bref, il y a peu d'environnements où les bactéries ne soient pas disposées à vivre. « On découvre aujourd'hui que lorsque l'on immerge des sondes dans des évents océaniques si chauds que les sondes commencent à fondre, on trouve encore des bactéries », m'a dit Victoria Bennett.

Dans les années 1920, deux chercheurs de l'université de Chicago, Edson Bastin et Frank Greer, annoncèrent qu'ils avaient isolé au fond des puits de pétrole des souches de bactéries vivant à 600 mètres de profondeur. L'idée fut écartée comme totalement ridicule – il n'y avait aucune source de nourriture à de telles profondeurs – et pendant un demi-siècle, on supposa que leurs échantillons avaient été contaminés par des microbes de surface. Nous savons aujourd'hui que beaucoup de microbes vivent profondément enfouis sous terre, dont beaucoup n'ont strictement rien à voir avec le monde organique. Ils mangent des roches, ou plus exactement les matériaux qu'elles contiennent – le fer, le soufre, le manganèse, etc. Ils respirent aussi des choses étranges – du fer, du chrome, du cobalt, et même de l'uranium. Ces processus ne sont peut-être pas étrangers à la concentration de l'or, du cuivre et d'autres métaux précieux, ni aux dépôts de pétrole et de gaz naturel. On a même suggéré que les grignotages incessants des bactéries ont créé la croûte terrestre[16].

Certains scientifiques pensent aujourd'hui

qu'il pourrait y avoir jusqu'à 100 000 milliards de tonnes de bactéries vivant sous nos pieds, dans ce que l'on appelle des écosystèmes microbiens lithoautotrophiques souterrains. Thomas Gold, de Cornell University, a estimé que si l'on sortait toutes les bactéries de la Terre et si on les déversait à la surface, elles recouvriraient la planète sous une couche de 1,5 mètre[17]. Si ces estimations sont justes, il pourrait y avoir plus de vie sous terre qu'en surface.

En profondeur, les microbes rétrécissent et deviennent extrêmement léthargiques. Les plus agités d'entre eux peuvent se diviser une seule fois par siècle, et d'autres pas plus d'une fois tous les cinq cents ans[18]. « La clé de la longévité, résume l'*Economist*, semble être de ne pas trop en faire[19]. » Quand les temps deviennent vraiment durs, les bactéries ferment les écoutilles et attendent des jours meilleurs. En 1997, des scientifiques ont activé des spores d'anthrax restés quatre-vingts ans sur une étagère du musée de Trondheim, en Norvège. D'autres micro-organismes sont revenus à la vie une fois sortis d'une boîte de viande en conserve vieille de cent dix-huit ans, et d'une bouteille de bière vieille de cent soixante-six ans[20]. En 1996, des chercheurs de l'Académie des sciences de Russie ont affirmé avoir ranimé des bactéries prises dans le permafrost sibérien depuis 3 millions d'années[21]. Mais le record de durabilité à ce jour aurait été établi par Russell Vreeland et son équipe de la West Chester University de Pennsylvanie : ils ont annoncé avoir ressuscité une bactérie vieille de 250 millions d'années, *Bacillus permians*, piégée dans des dépôts de sel à 600 mètres sous terre à Carlsbad, au Nouveau-Mexique[22]. Si c'est vrai, ce microbe serait plus vieux que les continents.

Ce rapport s'est heurté à un scepticisme compréhensible. De nombreux biochimistes soutiennent qu'après un tel laps de temps les composants du microbe se seraient totalement dégradés, à moins que la bactérie ne soit réveillée de temps en temps. Mais dans ce cas, elle n'avait pas de source d'énergie interne susceptible de durer si longtemps. Les plus sceptiques suggérèrent que l'échantillon avait été contaminé sinon lors de son extraction, du moins lors de son séjour sous terre[23]. En 2001, une équipe de l'université de Tel-Aviv a soutenu que *B. permians* était presque identique à une souche de bactéries modernes, *Bacillus marismortui*, trouvée dans la mer Morte, dont il ne diffère que légèrement sur deux séquences génétiques.

« Devons-nous croire, écrivaient les chercheurs israéliens, qu'en 250 millions d'années *B. permians* a accumulé le même nombre de différences génétiques qu'en 3 à 7 jours en laboratoire ? » En réponse, Vreeland a suggéré que « les bactéries évoluent plus vite dans le labo que dans des conditions naturelles ».

Allez savoir.

Alors que nous étions déjà bien avancés dans l'ère spatiale, la plupart des manuels divisaient encore le monde du vivant en deux catégories – les plantes et les animaux. Les micro-organismes étaient à peine mentionnés. Les amibes et autres unicellulaires étaient traités comme des proto-animaux, et les algues comme des proto-plantes. Les bactéries étaient en général assimilées aux plantes, alors que chacun savait qu'elles n'avaient rien à faire là[24]. Dès la fin du XIXe siècle, le naturaliste allemand Ernst Haeckel avait suggéré que les bactéries méritaient un règne à part, qu'il appela Monera, mais l'idée ne commença à prendre chez les biologistes que dans les années 1960 – et encore, chez quelques-uns. (Je note que mon fidèle dictionnaire *American Heritage* de 1969 ne reconnaît pas le terme.)

De nombreux organismes du monde visible étaient aussi fort mal servis par la division traditionnelle. Les champignons, ou *Fungi*, le groupe qui inclut les champignons, les moisissures, les levures et les vesses-de-loup, étaient presque toujours traités comme des objets botaniques, alors que ni leur mode de reproduction ou de respiration ni leur structure ne correspondent au monde des plantes. Structurellement, ils sont proches des animaux en ceci qu'ils bâtissent leurs cellules à partir de la chitine, qui leur donne leur texture distincte. C'est la même substance qui sert à fabriquer les carapaces des insectes et les griffes des mammifères, bien qu'elle soit moins goûteuse dans un scarabée que dans un cèpe. Surtout, contrairement aux plantes, les Champignons ne pratiquent pas la photosynthèse : ils n'ont donc pas de chlorophylle et ne sont pas verts. Ils poussent directement sur leur source de nourriture, qui peut être à peu près n'importe quoi. Ils vont manger le soufre sur un mur de ciment, ou la substance noire entre vos orteils – deux choses que les plantes ne font pas. La seule qualité qui les rapproche de celles-ci est d'avoir une racine.

Il existe un groupe d'organismes encore moins faciles à catégoriser, dont le nom savant est les Myxomycètes, mais que l'on appelle plus couramment les moisissures gluantes. Leur nom n'est pas étranger à leur obscurité. Une appellation un peu plus dynamique – « protoplasme auto-activant ambulant » par exemple, évoquant un peu moins les trucs qu'on trouve en farfouillant dans un égout bouché – vaudrait sans doute à ces extraordinaires entités un peu plus de l'attention qu'elles méritent, car les Myxomycètes, ne vous y trompez pas, sont parmi les organismes les plus intéressants de la nature. Dans les périodes fastes, ils existent sous forme d'individus unicellulaires, comme les amibes. Mais si les conditions deviennent difficiles, ils rampent pour se regrouper et se transforment en un plasmopode, qui laisse derrière lui une trace brillante, un peu comme une limace. Le plasmopode n'a rien d'une beauté et son trajet se limite en général du bas d'une couche de feuilles à son sommet, où il est légèrement plus exposé – mais pendant des millions d'années, cela a peut-être été le tour de passe-passe le plus habile de l'Univers.

Et ce n'est pas tout. Le plasmopode, s'étant traîné dans un endroit plus favorable, se transforme une fois encore, prenant la forme d'une plante. Par un curieux processus, ses cellules se réorganisent comme les membres d'une minuscule fanfare pour former un pied surmonté d'un bulbe, le sporocyste, où vont s'opérer les « fructifications » : il contient des millions de spores, qui, le moment venu, s'envolent au vent pour devenir des unicellulaires qui recommencent le processus du début.

Pendant des années, ces moisissures ont été classées dans les Protozoaires par les zoologues et dans les Champignons par les mycologues, même s'ils avaient bien conscience qu'elles n'entraient en fait nulle part. Quand on disposa de tests génétiques, les gens des labos eurent la surprise de constater qu'elles étaient si particulières qu'elles n'avaient de lien direct avec rien dans la nature, et parfois même pas entre elles.

En 1969, pour tenter de remédier à cette inadéquation croissante, un écologiste de Cornell University, R. H. Whittaker, proposa dans le journal *Science* une division de la vie en cinq branches principales – ce que l'on appelle les Règnes : Animalia, Plantae, Fungi, Protista et Monera[25]. « Protista » était une modification d'un terme plus ancien, *Protoctista*, proposé un siècle plus tôt par un biologiste écossais nommé John Hogg et visant à décrire tous les organismes qui n'étaient ni des plantes ni des animaux.

Si la classification de Whittaker était une nette amélioration, les protistes restaient mal définis. Certains réservaient ce terme aux grands organismes unicellulaires – les eucaryotes – mais d'autres le traitaient comme le tiroir à chaussettes orphelines de la biologie, y fourrant tout ce qui n'entrait pas ailleurs. Il incluait notamment (selon les textes consultés) les plasmodes, les amibes et même les algues. On a calculé que ce terme recouvrait jusqu'à 200 000 espèces différentes d'organismes[26]. Cela fait beaucoup de chaussettes orphelines pour un même tiroir.

L'ironie de l'histoire a voulu qu'au moment précis où la classification de Whittaker faisait son apparition dans les manuels un ancien chercheur de l'université de l'Illinois fasse une découverte qui allait tout remettre en cause. Il s'appelait Carl Woese et étudiait discrètement, depuis les années 1960, les séquences génétiques des bactéries. Au début, ce fut un processus extrêmement compliqué. Une seule bactérie pouvait vous occuper une année entière. À l'époque, selon Woese, on ne connaissait que 500 espèces de bactéries, moins que le nombre que vous avez dans la bouche[27]. Aujourd'hui, ce chiffre a été multiplié par dix, ce qui nous laisse encore loin des 26 900 espèces d'algues, 70 000 espèces de Champignons et 30 800 espèces d'amibes et d'organismes proches dont les biographies remplissent les annales de la biologie.

Cette faiblesse ne tient pas à une simple indifférence. Les bactéries peuvent être d'une exaspérante difficulté à isoler et à étudier. Seulement 1 % d'entre elles acceptent d'être mises en culture[28]. Vu leur remarquable adaptabilité dans la nature, il est curieux que l'endroit où elles refusent de vivre soit précisément une boîte de Pétri. Posez-les sur un lit d'agar et dorlotez-les tant que voudrez, elles resteront là, sourdes aux encouragements à s'épanouir. Toute bactérie qui fructifie en laboratoire est par définition exceptionnelle, et pourtant ce sont presque exclusivement ces organismes qu'étudient les microbiologistes. Autant, comme le dit Woese, « étudier les animaux en visitant des zoos[29] ».

Mais les gènes permirent à Woese d'aborder les micro-organismes sous un autre angle. Il comprit qu'il y avait dans le monde microbien des divisions plus fondamentales qu'on ne l'avait cru. Beaucoup de petits organismes qui ressemblaient à des bactéries et se comportaient comme elles étaient en fait des entités radicalement différentes qui avaient constitué une branche distincte depuis longtemps. Woese les baptisa archéobactéries – ou *Archaea*.

On a dit que les attributs qui distinguent les archéobactéries des bactéries ne sont pas du genre qui ferait battre le cœur d'un biologiste. Il s'agit surtout de différences dans leurs lipides et de l'absence d'une chose appelée peptidoglycane. Mais, en pratique, cela fait une grande différence. Les archéobactéries sont plus éloignées des bactéries que vous et moi ne le sommes d'un crabe ou d'une araignée. À lui tout seul, Woese avait découvert une division insoupçonnée de la vie, si fondamentale qu'elle se trouvait au-dessus du Règne, la classification située au faîte de l'arbre de la vie, comme on l'appelle avec révérence.

En 1976, il stupéfia le monde – du moins la petite partie du monde qui s'y intéressait – en redessinant l'arbre de la vie pour y introduire non plus cinq divisions principales, mais vingt-trois. Il les regroupa en trois nouvelles catégories – bactéries, archéobactéries et eucaryotes – qu'il appela des domaines.

Les nouvelles divisions de Woese ne bouleversèrent pas le monde de la biologie. Certains les écartèrent en les jugeant trop chargées vers le microbien. D'autres les ignorèrent purement et simplement. Woese, selon Frances Ashcroft, « en fut amèrement déçu[30] ». Mais peu à peu, ce nouveau modèle commença à prendre chez les microbiologistes. Les botanistes et les zoologues furent bien plus lents à admirer ses vertus, et l'on comprend aisément pourquoi. Selon le modèle de Woese, toute la botanique et la zoologie se trouvaient réduites au statut de rameaux sur la branche la plus éloignée des eucaryotes. Tout le reste appartenait aux unicellulaires.

« Ces types ont été formés à la classification en termes de similarités et de différences morphologiques grossières, disait Woese lors d'un entretien en 1996. L'idée de procéder en termes de séquence moléculaire est un peu dure à avaler pour la plupart d'entre eux. » En bref, s'ils ne pouvaient pas voir la différence de leurs propres yeux, elle ne leur plaisait pas. Ils s'accrochaient donc à leurs cinq royaumes – disposition que Woese qualifiait de « guère utile » dans ses meilleurs moments et de « carrément erronée » le reste du temps. « La biologie, comme la physique avant elle, écrivait-il, a atteint un niveau où elle s'intéresse à des objets et à des interactions qui ne peuvent se percevoir à l'œil nu[31]. »

En 1998, le grand zoologue et ancien professeur de Harvard Ernst Mayr (qui avait alors quatre-vingt-quatorze ans et allait gaillardement sur ses cent ans quand j'écrivais ces lignes) proclama qu'il ne devrait y avoir que deux divisions fondamentales, qu'il appelait des empires. Dans un article publié dans les *Proceedings of the National Academy of Sciences*, il déclarait les recherches de Woese intéressantes mais fort peu judicieuses. « Woese n'a pas de formation de biologiste, déclarait-il, et, de façon fort naturelle, il n'est guère familiarisé avec les principes de classification[32] » – une façon polie pour un scientifique distingué de dire à un autre qu'il ne sait pas de quoi il parle.

Les détails des critiques de Mayr sont trop techniques pour avoir leur place ici – il est question notamment de sexualité méiotique, de cladisme de Hennig et d'interprétations controversées du génome de *Methanobacterium thermoautrophicum* –, mais, sur le fond, il soutient que la disposition de Woese déséquilibre l'arbre de la vie. Le domaine bactérien, selon lui, ne comporte que quelques milliers d'espèces, et celui des *Archaea* n'a que 175 spécimens reconnus, avec peut-être quelques milliers d'autres à découvrir, « mais guère plus ». En revanche, le domaine des eucaryotes – soit les organismes complexes aux cellules dotées d'un noyau, comme nous – en compte déjà des millions. Au nom du « principe d'équilibre », Mayr en tient pour combiner les organismes bactériens simples en une seule catégorie, les procaryotes, en plaçant le reste, plus complexe et « hautement évolué », dans l'empire des eucaryotes qui lui serait un pendant égal. En d'autres termes, il plaide pour garder les choses en l'état. C'est dans cette division entre cellules simples et complexes que « réside la grande division du monde vivant ».

La distinction entre archéobactéries halophiles et *Methanosarcina*, ou entre flavobactéries et bactéries à Gram positif, ne sera jamais une affaire cruciale pour la plupart d'entre nous, mais il est bon de se rappeler que chacune est aussi différente de ses voisines que les animaux le sont des plantes. Si la nouvelle organisation de Woese nous apprend une chose, c'est que la vie est vraiment variée et que l'essentiel de cette variété est minuscule, unicellulaire et peu familier. C'est une tendance naturelle de l'homme de penser l'évolution comme une longue chaîne d'améliorations, une avancée permanente vers la grandeur et la complexité – en un mot, vers nous. Mais nous nous flattons. Au cours de l'évolution, la vraie diversité s'est réalisée pour l'essentiel à une petite échelle. Nous, les grosses entités, sommes de simples coups de chance – une branche latérale non dépourvue d'intérêt. Sur les 23 divisions principales de la vie, trois seulement – les plantes, les animaux et les Champignons – sont assez grosses pour être vues par l'œil humain, et encore, elles comportent des espèces microscopiques[33]. De fait, selon Woese, si l'on totalisait toute la biomasse de la planète – chaque chose vivante, plantes incluses –, les microbes formeraient 80 % du tout, peut-être plus[34]. Le monde appartient à l'extrêmement petit – et cela depuis très longtemps.

Pourquoi, sommes-nous amenés à nous demander un jour ou l'autre, les microbes cherchent-ils si souvent à nous faire du mal ? Quelle satisfaction peuvent-ils éprouver à nous rendre fiévreux et frissonnants, défigurés par des pustules ou sur le point d'expirer ? Après tout, un hôte mort a peu de chances de leur offrir une longue hospitalité.

Tout d'abord, il faut rappeler que la plupart des micro-organismes sont neutres, voire bénéfiques à notre bien-être. L'organisme le plus contagieux sur terre, une bactérie appelée *Wolbachia*, est inoffensive pour l'homme – et d'ailleurs pour tous les vertébrés –, mais si vous êtes une crevette, un ver ou une mouche du fruit, elle peut vous faire regretter d'être né[35]. Seul un microbe sur mille est pathogène pour l'homme selon le *National Geographic*[36] ; sachant ce que certains peuvent nous faire, on nous excusera d'estimer que c'est encore trop. Si la plupart sont bénins, les microbes restent malgré tout la troisième cause de mortalité dans le monde occidental, et ceux qui ne sont pas mortels nous font souvent maudire leur existence[37].

Rendre son hôte malade a certains avantages pour le microbe. Les symptômes d'une maladie aident souvent à répandre l'infection. Les vomissements, les éternuements et la diarrhée sont d'excellents moyens de sortir d'un hôte pour aller en attaquer un autre. La stratégie la plus efficace consiste à s'assurer l'aide d'une tierce partie mobile. Les organismes infectieux adorent les moustiques parce que leur piqûre les délivre directement dans le système sanguin, où ils peuvent entamer leur travail avant que les mécanismes de défense aient eu le temps de comprendre ce qui leur arrive. C'est pourquoi tant de maladies de catégorie A – la malaria, la fièvre jaune, la dengue, l'encéphalite et une centaine d'autres moins connues – commencent par une piqûre de moustique. C'est une chance pour nous que le VIH, l'agent du sida, n'en fasse pas partie – du moins pas encore. Tout VIH que le moustique absorbe lors de ses voyages est dissous par son métabolisme. Le jour où le virus mutera, nous pourrions vraiment être en mauvaise posture.

Ce serait toutefois une erreur de trop considérer la question d'un point de vue logique, car les micro-organismes ne sont visiblement pas des entités calculatrices. Ils ne s'inquiètent pas plus de la détresse qu'ils vous causent que vous ne vous souciez d'en massacrer des millions par une douche savonneuse ou un jet de déodorant. La seule fois où votre bien-être est de conséquence pour un élément pathogène, c'est quand il vous tue trop bien. S'il vous élimine avant de vous avoir quitté, il peut fort bien mourir lui-même. C'est d'ailleurs ce qui arrive parfois.

L'Histoire, note Jared Diamond, est remplie de maladies « qui ont causé de terrifiantes épidémies avant de disparaître aussi mystérieusement qu'elles étaient venues[38] ». Il cite la robuste mais éphémère « suette anglaise », qui fit rage entre 1485 et 1552 et tua des dizaines de milliers de gens, avant de s'éteindre faute de carburant. L'excès d'efficacité n'est pas une bonne chose pour un organisme infectieux.

La maladie tient pour une grande part non à ce que l'organisme fait à votre corps, mais à ce que votre corps s'efforce de lui faire. En cherchant à se débarrasser de l'agent pathogène, le système immunitaire détruit ou endommage parfois des cellules ou des tissus cruciaux, de sorte que ce que vous ressentez n'est pas l'agent étranger, mais vos propres réactions immunitaires. Quoi qu'il en soit, tomber malade est une bonne réaction à l'infection. Les malades gardent le lit et sont donc moins une menace pour les autres. Le repos libère aussi plus de ressources corporelles pour s'occuper de l'infection.

Vu le nombre de choses susceptibles de vous agresser, votre corps contient une immense variété de globules blancs – environ 10 millions de types différents, conçus chacun pour identifier et détruire un type particulier d'envahisseur. Il serait impossible et inefficace de conserver 10 millions d'armées en armes, de sorte que chaque variété de globule blanc ne conserve que quelques éclaireurs en activité. Quand un agent infectieux – ce qu'on appelle un antigène – se présente, les éclaireurs adéquats l'identifient et appellent le bon type de globule blanc à se multiplier. Pendant que notre corps fabrique ces forces, on se sent en général assez mal fichu. La guérison commence quand les troupes entrent en action.

Les globules blancs sont sans merci ; ils vont pourchasser et tuer les agents pathogènes jusqu'au dernier. Pour éviter l'extinction, les attaquants ont développé deux stratégies élémentaires. Soit ils frappent rapidement pour se déplacer aussitôt vers un nouvel hôte – c'est le cas dans les maladies infectieuses communes comme la grippe –, soit ils se déguisent pour éviter d'être identifiés par les globules blancs, comme dans le VIH, qui peut rester pendant des années inoffensif et ignoré dans le noyau des cellules avant de passer à l'action.

Un caractère curieux de l'infection, c'est que des microbes normalement inoffensifs peuvent parfois pénétrer dans d'autres parties du corps où « ils deviennent carrément dingues », comme dit le Dr Bryan Marsh, spécialiste des maladies infectieuses au Dartmouth-Hitchcock Medical Center de Lebanon, New Hampshire. « Cela arrive régulièrement avec les accidents de voiture, quand les gens ont des lésions internes. Des microbes normalement bénins dans les intestins passent dans d'autres parties du corps – le système sanguin, notamment – où ils font des ravages. »

La maladie bactérienne la plus effrayante et la moins contrôlée du moment s'appelle *Necrotizing fascitis* : elle dévore littéralement la victime de l'intérieur, mangeant les tissus internes et ne laissant derrière elle qu'un résidu pulpeux[39]. Les patients arrivent avec des plaintes relativement légères – une démangeaison accompagnée de fièvre – mais se détériorent très rapidement. Quand on les ouvre, on constate qu'ils se sont tout simplement consumés. Le seul traitement connu est une « chirurgie excisante radicale » qui consiste à couper chaque fragment de zone infectée. Soixante-dix pour cent des victimes en meurent, et les autres restent terriblement défigurées. La source de l'infection est une famille de bactéries très quelconque, le streptocoque de groupe A, qui se borne d'ordinaire à vous irriter la gorge. Très exceptionnellement, pour des raisons inconnues, certaines de ces bactéries traversent la paroi du larynx et pénètrent dans le corps, où elles font de véritables ravages. Elles sont totalement résistantes aux antibiotiques. On enregistre un millier de cas par an aux États-Unis, et nul ne peut dire si ça ne va pas empirer.

Il se produit exactement la même chose avec la méningite. Au moins 10 % des jeunes adultes, et peut-être 30 % des adolescents, sont porteurs du méningocoque, une bactérie qui peut être mortelle, mais qui vit de façon inoffensive dans la gorge. De façon très exceptionnelle – chez environ un jeune adulte sur cent mille –, elle passe dans le système sanguin et devient vraiment redoutable. Dans le pire des cas, la mort peut survenir en l'espace de douze heures. « Quelqu'un en parfaite santé au petit déjeuner peut être mort le soir même », dit Marsh.

Nous aurions bien plus de succès contre nos bactéries si nous n'étions pas aussi prodigues de notre meilleure arme contre elles : les antibiotiques. On estime que 70 % des antibiotiques utilisés dans le monde développé sont systématiquement distribués au bétail dans le fourrage, juste comme accélérateur de croissance et à titre de précaution contre les infections. Ce type d'usage donne aux bactéries toutes les occasions de développer une résistance – et elles s'en sont emparées avec enthousiasme.

En 1952, la pénicilline était pleinement efficace contre toutes les souches de staphylocoques, au point qu'au début des années 1960 le ministre de la Santé des États-Unis, William Stewart, se crut autorisé à affirmer : « L'heure est venue de refermer le livre des maladies infectieuses. Nous avons pratiquement banni l'infection des États-Unis[40]. » Il ignorait qu'au moment même où il parlait 90 % de ces souches étaient en train de développer une immunité à la pénicilline[41]. Bientôt, l'une d'entre elles, le staphylocoque doré résistant à la méthicilline, fit son apparition dans les hôpitaux. Un seul type d'antibiotique, la vancomycine, restait efficace contre lui, mais en 1997, un hôpital de Tokyo rapporta l'apparition d'une souche résistant même à celui-ci[42]. En quelques mois, elle s'était répandue à six autres hôpitaux japonais. Partout, les microbes sont en train de regagner du terrain : dans les seuls hôpitaux américains, 14 000 patients meurent chaque année d'infections nosocomiales. Comme l'a noté James

Surowiecki, entre mettre au point des antibiotiques que les gens doivent prendre pendant quinze jours et des antidépresseurs que les gens prendront chaque jour toute leur vie, les compagnies pharmaceutiques ont opté sans surprise pour les seconds. Bien que quelques antibiotiques aient été légèrement renforcés, l'industrie pharmaceutique ne nous a pas donné d'antibiotique entièrement nouveau depuis les années 1970.

Notre insouciance est encore plus alarmante depuis la découverte que bien d'autres maladies peuvent être d'origine bactérienne. Dès 1983, Barry Marshall, médecin à Perth, en Australie, découvrit que de nombreux cancers de l'estomac et la plupart des ulcères étaient dus à une bactérie appelée *Helicobacter pylori*. Bien qu'il n'ait eu aucun mal à tester son idée, elle était si radicale qu'il fallut plus d'une décennie avant qu'elle soit acceptée. Les National Institutes of Health des États-Unis, par exemple, ne la reprirent qu'en 1994[43]. « Des centaines, voire des milliers de patients sont morts d'ulcères alors qu'on aurait pu l'éviter[44] », déclarait Marshall au magazine *Forbes* en 1999.

Depuis, de nouvelles recherches ont montré qu'il pourrait y avoir un facteur bactérien dans toutes sortes d'autres maladies – troubles cardiaques, de nombreux cancers, voire (selon la revue *Science* elle-même) l'obésité[45]. Le jour est peut-être proche où nous aurons désespérément besoin d'un antibiotique efficace sans en avoir un seul vers lequel nous tourner.

Il est un peu réconfortant de songer que les bactéries elles-mêmes peuvent tomber malades. Elles sont parfois infectées par des macrophages (ou phages tout court), un type de virus. Un virus est une étrange et peu plaisante entité – « un bout d'acide nucléique entouré de mauvaises nouvelles[46] », selon la célèbre formule du Prix Nobel Peter Medawar. Plus petits et plus simples que les bactéries, ils ne sont pas eux-mêmes des entités vivantes. Une fois isolés, ils sont inertes et inoffensifs. Mais introduisez-les dans un hôte adéquat et ils reviennent aussitôt aux affaires. On a identifié environ 5 000 types de virus qui nous affligent de nombreuses maladies, depuis la grippe et le rhume commun jusqu'à des affections plus dangereuses : la variole, la rage, la fièvre jaune, la fièvre Ebola, la polio, et le virus d'immunodéficience humaine, le VIH[47].

Les virus prospèrent en détournant le matériel génétique d'une cellule vivante et en l'utilisant pour produire de nouveaux virus. Ils s'y reproduisent avec frénésie, puis se mettent en quête de nouvelles cellules à envahir. N'étant pas vivants eux-mêmes, ils peuvent se permettre d'être très simples. Beaucoup, dont le VIH, ont dix gènes ou moins, alors que même les bactéries les plus simples en ont plusieurs milliers. Ils sont en outre trop petits pour être visibles au microscope ordinaire. Il a fallu attendre 1943 et l'invention du microscope électronique pour que la science puisse en avoir un premier aperçu. Mais avec tout cela, ils peuvent faire des ravages.

On estime que la variole à elle seule a tué 300 millions de gens au XXe siècle[48].

Ils ont aussi une exaspérante capacité à tomber sur le monde sous une nouvelle forme avant de s'évanouir aussi vite qu'ils étaient venus. En 1916, des gens en Europe et en Amérique furent frappés d'une étrange maladie du sommeil qui prit le nom d'*Encephalitis lethargica*. Les patients allaient se coucher et ne se réveillaient pas. On pouvait les réveiller sans grande difficulté pour les faire manger ou aller aux toilettes ; ils répondaient correctement aux questions – ils savaient qui ils étaient et où ils se trouvaient – sans rien perdre de leur apathie.

Mais dès l'instant où on leur permettait de se reposer, ils sombraient à nouveau dans un profond sommeil et restaient dans cet état aussi longtemps qu'on les y laissait. Certains restèrent ainsi des mois avant de mourir. Quelques-uns survécurent et reprirent conscience, mais sans retrouver leur vivacité. Ils vécurent dans un état de profonde apathie, « comme des volcans éteints », selon les termes d'un médecin. En dix ans, la maladie tua 5 millions de gens avant de disparaître discrètement[49]. Elle ne suscita pas grande attention parce que entre-temps une épidémie encore pire – l'une des pires de l'Histoire – avait frappé le monde.

On l'appelle parfois la grande épidémie de grippe porcine, mais on la connaît surtout sous le nom de grippe espagnole, et elle fut féroce. La Première Guerre mondiale fit 21 millions de victimes en quatre ans ; la grippe espagnole en tua autant en quatre mois[50]. Les pertes américaines à la guerre ne furent pas pour l'essentiel le fait des combats, mais de la grippe. Dans certaines unités, le taux de mortalité atteignit 80 %.

La grippe espagnole commença comme une grippe normale au printemps de 1918, mais en l'espace de quelques mois – sans que l'on sache comment ni où – elle muta en une pathologie plus sévère. Un cinquième des victimes ne souffraient que de légers symptômes, mais les autres tombaient malades et mouraient. Certaines succombaient en quelques heures ; d'autres tenaient bon plusieurs jours.

Aux États-Unis, les premiers décès furent enregistrés chez des marins de Boston à la fin août 1918, mais très vite l'épidémie se répandit partout dans le pays. Les écoles fermèrent, les lieux de distraction publics aussi, les gens se mirent à porter des masques. Cela ne servit pas à grand-chose. Entre l'automne 1918 et le printemps de l'année suivante, 548 452 personnes moururent de la grippe en Amérique. En Grande-Bretagne, on déplora 20 000 morts, comme en France et en Allemagne. On ignore toujours le nombre exact de victimes, les données pour le tiers-monde étant souvent incomplètes, mais il n'est pas inférieur à 20 millions et sans doute supérieur à 50 millions. Certaines estimations donnent jusqu'à 100 millions de morts.

Dans le but de mettre au point un vaccin, les autorités médicales menèrent des tests sur des volontaires d'une prison militaire de Deer Island, dans le port de Boston[51]. On promettait aux prisonniers des remises de peine s'ils survivaient à une batterie de tests pour le moins rigoureux. Tout d'abord, on injectait aux sujets du tissu pulmonaire infecté pris sur les victimes, puis on leur aspergeait les yeux, le nez et la bouche d'aérosols infectés. S'ils n'étaient toujours pas morts, on leur tamponnait la gorge de sécrétions des malades et des mourants. Si tout cela échouait, on leur demandait de s'asseoir bouche ouverte près d'un malade qu'on faisait tousser.

Sur le chiffre assez surprenant de 300 volontaires, les médecins en avaient sélectionné 62. Aucun d'eux ne contracta la grippe. Le seul à tomber malade fut le médecin, qui passa rapidement de vie à trépas. L'explication probable est que l'épidémie était passée sur la prison quelques semaines plus tôt, et les volontaires, qui avaient tous survécu à cette intrusion, bénéficiaient d'une immunité naturelle.

La grippe espagnole reste très mal comprise – voire pas du tout. On se demande encore comment elle a pu apparaître aussi soudainement partout à la fois, dans des lieux séparés par des océans, des chaînes de montagnes et d'autres obstacles bien physiques. Un virus ne peut survivre que quelques heures en dehors de son hôte : comment celui-ci put-il surgir à Madrid, à Bombay et à Philadelphie au cours de la même semaine ?

La réponse probable est que la maladie avait été incubée et répandue par des gens qui n'avaient que de légers symptômes ou pas de symptômes du tout. Même lors d'épidémies normales, environ 10 % des gens ont la grippe sans s'en apercevoir parce qu'ils ne ressentent pas de malaises. Et comme ils restent en circulation, ils deviennent les meilleurs facteurs de diffusion de la maladie.

Cela pourrait rendre compte de la large diffusion de l'épidémie de 1918, mais cela ne suffit pas à expliquer comment elle put demeurer latente pendant plusieurs mois avant d'exploser si soudainement à peu près en même temps partout. L'autre point bizarre, c'est qu'elle fut surtout dévastatrice pour les jeunes gens. La grippe normale est surtout dangereuse pour les nourrissons et les vieillards, mais les morts de 1918 étaient pour la plupart de jeunes adultes entre vingt et trente ans. Les gens plus âgés pouvaient bénéficier d'une résistance gagnée lors d'une exposition précédente à la même souche, mais on ne sait toujours pas pourquoi les très jeunes furent également épargnés. Le plus grand mystère reste pourquoi cette grippe fut si férocement mortelle alors que la plupart ne le sont pas. On n'en a toujours pas la moindre idée.

De temps à autre, certaines souches de virus reviennent. Un virus russe, le H1N1, suscita de graves épidémies sur de vastes secteurs en 1933, puis de nouveau dans les années 1950, et une fois encore dans les années 1970. On ignore encore où il était passé entre-temps. On a suggéré que les virus se dissimulent dans des populations d'animaux sauvages avant de se risquer sur une nouvelle génération d'humains. On ne peut écarter l'éventualité que la grippe espagnole ne relève un jour la tête.

Et si ce n'est pas elle, ce sera sa sœur. De nouveaux et redoutables virus apparaissent tout le temps. Les fièvres Ebola, de Lhassa et de Marburg ont toutes flambé avant de s'éteindre à nouveau, mais nul ne peut dire qu'elles ne sont pas en train de muter discrètement quelque part, ou de guetter l'occasion d'un nouvel éclat catastrophique. Il est désormais établi que le sida est parmi nous depuis plus longtemps qu'on ne le soupçonnait à l'origine. Les chercheurs de la Royal Infirmary de Manchester ont découvert qu'un marin mort d'une maladie mystérieuse et non traitable en 1959 avait en fait le sida[52]. Mais, pour des raisons inconnues, la maladie resta quiescente pendant une vingtaine d'années encore.

Le miracle, c'est que d'autres maladies ne soient pas devenues endémiques. La fièvre de Lhassa, qui n'a été détectée qu'en 1969 en Afrique de l'Ouest, est aussi virulente que mal connue. En 1969, un médecin de l'université Yale qui l'étudiait en fut infecté[53]. Il survécut, mais, de façon plus alarmante, un technicien d'un laboratoire proche, qui n'avait pas été directement exposé, contracta la maladie et en mourut.

Heureusement, l'épidémie s'arrêta là, mais nous ne pourrons pas toujours compter sur notre chance. Notre style de vie invite aux épidémies. Les voyages par avion permettent de répandre des agents infectieux sur toute la planète avec une aisance déconcertante. Un virus Ebola pourrait entamer sa journée au Bénin, par exemple, et la terminer à New York, Hambourg ou Nairobi, ou les trois à la fois. Cela veut dire aussi que les autorités médicales doivent désormais connaître plus ou moins toutes les maladies qui existent partout – ce qui est bien sûr impossible. En 1990, un Nigérien vivant à Chicago fut exposé à la fièvre de Lhassa lors d'une visite dans son pays d'origine, mais il ne développa aucun symptôme avant d'être rentré aux États-Unis[54]. Il mourut sans être diagnostiqué dans un hôpital de Chicago, en l'absence de toute précaution particulière lors de son traitement, puisque l'on ignorait qu'il était atteint d'une des maladies les plus mortelles de la planète. Miraculeusement, personne d'autre ne fut infecté. Nous n'aurons peut-être pas autant de chance la prochaine fois.

Et en vous laissant méditer sur ce point, revenons au monde du visiblement vivant.

XXI

La vie continue

Dur, dur, de devenir un fossile. À 99,9 %, la destinée des organismes vivants est de s'anéantir sous forme de compost[1]. Quand votre étincelle de vie vous quitte, chacune de vos molécules vous est arrachée, grignotée, extraite, pour être recyclée dans un autre système. C'est comme ça. Même si vous arrivez à entrer dans le club très fermé (moins de 0,1 %) des organismes qui ne sont pas dévorés, vos chances d'être fossilisé restent très faibles.

Pour cela, en effet, plusieurs conditions sont requises. D'abord, il faut savoir mourir au bon endroit. Quinze pour cent seulement des roches peuvent conserver des fossiles, il n'est donc pas de mise de s'effondrer sur un futur site de granite[2]. En pratique, le corps doit être enseveli dans des sédiments où il peut s'imprimer, comme une feuille dans la boue, ou se décomposer à l'abri de l'oxygène, de sorte que les molécules de son squelette (voire, exceptionnellement, de ses parties molles) soient remplacées par des minéraux dissous qui vont créer une copie pétrifiée de l'original. Puis, tandis que les sédiments où gît le fossile sont comprimés, pliés et bousculés sans ménagements par les mouvements terrestres, il doit conserver une forme à peu près identifiable. Enfin et surtout, après des dizaines, voire des centaines de millions d'années, il doit être découvert et reconnu comme un objet digne d'être conservé.

On estime qu'environ un os sur un milliard se fossilise. Dans ce cas, cela signifie que le legs fossile total de tous les Américains vivant aujourd'hui – 270 millions d'habitants dotés de 206 os chacun – se montera en tout et pour tout à 50 ossements, soit le quart d'un squelette complet. Il ne s'ensuit pas bien sûr qu'aucun de ces os sera découvert. Si l'on garde à l'esprit qu'ils peuvent être enfouis n'importe où sur une surface de plus de 9,6 millions de kilomètres carrés, dont fort peu seront jamais retournés, ce sera une sorte de miracle si un seul l'est jamais. Les fossiles sont rarissimes. L'essentiel de ce qui a vécu sur terre n'a laissé aucune trace derrière lui. On estime que moins d'une espèce sur dix mille est représentée dans les documents fossiles, ce qui est déjà une proportion assez minime[3]. Mais si l'on accepte l'estimation courante que la Terre a produit 30 milliards d'espèces de créatures, et si l'on suit le chiffre donné par Richard Leakey et Roger Lewin (dans *La Sixième Extinction*) de 250 000 espèces fossiles connues à ce jour, cela réduit la proportion à une espèce sur 120 000[4]. Dans tous les cas, nous ne possédons qu'un échantillon dérisoire de toute la vie à laquelle la Terre a donné naissance.

En outre, notre collection est irrémédiablement faussée. La plupart des animaux terrestres ne meurent pas dans les sédiments. Ils tombent en surface où ils pourrissent, sont dévorés ou réduits à néant par les intempéries. Les fossiles dont nous disposons sont donc biaisés jusqu'à l'absurde en faveur des créatures marines. Environ 95 % des fossiles en notre possession sont ceux d'animaux ayant vécu sous l'eau, la plupart dans des mers peu profondes[5].

Tout ce préambule vise à expliquer pourquoi, par un jour gris de février, je me suis rendu au Muséum d'histoire naturelle de Londres pour y rencontrer un heureux paléontologue, un rien ébouriffé mais fort aimable, nommé Richard Fortey.

Fortey connaît des tas de choses sur des tas de choses. Il est l'auteur d'un livre plein d'humour intitulé *Life : An Unauthorised Biography*, qui retrace toute l'histoire de la création animée. Mais son premier amour est un type de créature marine appelé trilobite, qui pullulait autrefois dans les mers ordoviciennes, mais n'existe plus depuis longtemps que sous forme fossile. Les trilobites avaient tous en commun un schéma corporel en trois parties, ou lobes – tête, thorax et queue –, d'où leur nom. Fortey trouva son premier trilobite quand il était gamin en escaladant des rochers à Saint David's Bay, dans le pays de Galles, et ils devinrent la passion de sa vie.

Il m'a emmené dans une galerie où s'alignaient de grandes armoires métalliques. Chacune contenait des dizaines de tiroirs, et chaque tiroir était rempli de trilobites fossiles – 20 000 spécimens en tout.

« Un chiffre énorme en apparence, a-t-il convenu, mais il faut garder en tête que des millions et des millions de trilobites ont vécu pendant des millions et des millions d'années dans les mers anciennes, de sorte que 20 000 n'est pas un chiffre si élevé. Et la plupart d'entre eux ne sont que des fragments. Trouver un fossile complet de trilobite reste un grand moment pour un paléontologue[6]. »

Les trilobites sont apparus pour la première fois – complètement formés, apparemment surgis de nulle part – voici 540 millions d'années, peu après le début de la grande éruption de vie complexe dite « explosion du Cambrien », et se sont évanouis, avec bien d'autres espèces, dans la grande et toujours mystérieuse extinction du Permien, 300 000 siècles plus tard. Comme pour toute créature disparue, on est tenté de les considérer comme des échecs, mais ils sont en fait l'une des créations les plus abouties qui aient jamais vécu. Leur règne dura 300 millions d'années – deux fois celui des dinosaures, qui comptent eux-mêmes parmi les grands survivants de l'Histoire. L'homme, souligne Fortey, n'a survécu jusqu'ici que 0,005 fois aussi longtemps[7].

Donc, avec tout ce temps à leur disposition, les trilobites proliférèrent à loisir. La plupart restèrent petits, de la taille d'une coccinelle moderne, mais certains avaient la dimension d'une assiette. En tout, ils constituèrent au moins 5 000 genres et 60 000 espèces – et l'on ne cesse d'en trouver de nouveaux. Fortey s'est récemment rendu en Amérique du Sud où il a rencontré une chercheuse d'une petite université d'Argentine.

« Elle avait une boîte remplie de choses intéressantes – des trilobites que l'on n'avait jamais vus auparavant en Amérique du Sud ni ailleurs, et bien d'autres choses. Elle n'avait pas de labo de recherche pour les étudier, et pas de crédits pour en chercher d'autres. D'énormes parties du monde demeurent inexplorées.

« – Du point de vue des trilobites ?

« – Non, à tous les points de vue. »

Tout au long du XIXe siècle, les trilobites furent à peu près les seules formes connues de vie complexe primitive, de sorte qu'ils furent assidûment collectés et étudiés. Le grand mystère à leur propos est leur apparition subite. Aujourd'hui encore, dit Fortey, on peut s'en aller explorer une formation rocheuse et remonter le temps sans trouver aucune trace de vie, jusqu'à ce que soudain « un *Profallotaspis* ou un *Elenellus* complet de la taille d'un crabe vous tombe entre les mains[8] ». Ces créatures étaient dotées d'appendices, de branchies, d'un système nerveux, d'antennes, « d'une sorte de cerveau » selon Fortey, et des yeux les plus étranges que l'on connaisse. Constitués de bâtonnets rétiniens de calcite, ils sont le premier système visuel connu. En outre, les premiers trilobites ne forment pas une unique espèce aventureuse, mais des dizaines, et ils n'apparurent pas en un ou deux endroits, mais absolument partout. Beaucoup de gens au XIXe siècle y virent la main de Dieu et une réfutation des idées évolutionnistes de Darwin. Si l'évolution procédait lentement, comment donc expliquait-il l'apparition soudaine de créatures complexes et pleinement formées ? Eh bien, il ne l'expliquait pas.

Les choses en étaient là lorsqu'un beau jour de 1909, trois mois avant le cinquantième anniversaire de la publication du livre de Darwin *L'Origine des espèces*, un paléontologue nommé Charles Doolittle Walcott fit une extraordinaire découverte dans les Rocheuses canadiennes.

Walcott était né en 1850 et avait grandi près d'Utica, dans l'État de New York, au sein d'une famille modeste qui le devint plus encore après la mort de son père, lorsqu'il était encore enfant. Walcott découvrit dès son plus jeune âge qu'il avait le coup pour trouver des fossiles, notamment des trilobites, et il rassembla une collection assez importante pour que Louis Agassiz la lui rachète une petite fortune – 70 000 dollars actuels – pour son musée d'Harvard[9]. Bien qu'il ait eu une éducation limitée et qu'il fût autodidacte en sciences, Walcott devint une autorité en matière de trilobites ; il fut notamment le premier à établir qu'ils étaient des arthropodes – ce groupe qui inclut les insectes et les crustacés modernes.

En 1879, il fut embauché pour travailler sur le terrain par le tout nouveau U.S. Geological Survey, où il sut si bien se distinguer qu'il en prit la direction quinze ans plus tard[10]. En 1907, il fut nommé secrétaire de la Smithsonian Institution, où il devait rester jusqu'à sa mort en 1927. Malgré sa charge administrative, il poursuivit son travail de terrain sans jamais cesser d'écrire. « Ses livres remplissent tout un rayon de bibliothèque[11] », selon Fortey. Il fut aussi l'un des fondateurs du National Advisory Committee of Aeronautics, qui allait devenir la National Aeronautics and Space Agency, ou NASA, de sorte qu'on peut le considérer comme le grand-père de l'ère spatiale.

Mais l'on se souvient de lui aujourd'hui pour sa trouvaille accidentelle en Colombie britannique, au-dessus de la petite ville de Field, à la fin de l'été 1909. Selon la version classique de l'histoire, Walcott se promenait à cheval avec sa femme au-dessous d'un endroit appelé Burgess Ridge, quand le cheval de celle-ci dérapa sur des cailloux. En mettant pied à terre pour l'aider, Walcott découvrit que l'animal avait retourné une plaque de schiste, une roche sédimentaire qui contenait des crustacés fossiles d'un type particulièrement ancien et inhabituel. Il neigeait – l'hiver vient tôt dans les Rocheuses canadiennes – et ils ne s'attardèrent pas, mais l'année suivante, Walcott revint sur les lieux dès qu'il le put. Retraçant la route présumée du glissement de terrain, il monta à proximité du sommet. Là, à 2 500 mètres au-dessus du niveau de la mer, il trouva un énorme affleurement de schiste présentant une gamme inégalée de fossiles qui dataient de l'époque où la vie complexe était apparue en une stupéfiante profusion – la fameuse explosion du Cambrien. Walcott venait de découvrir le Graal de la paléontologie. L'affleurement prit le nom de schiste de Burgess, et fut pendant longtemps « notre unique fenêtre sur le moment où naît la vie moderne dans toute son ampleur[12] », comme le rappelait Stephen Jay Gould dans son livre *La vie est belle*.

Gould, toujours scrupuleux, découvrit en lisant les carnets intimes de Walcott que l'histoire de sa découverte avait été quelque peu embellie – il n'était question ni de promenade à cheval ni de neige –, mais il reste qu'il s'agissait d'une découverte extraordinaire[13].

Il nous est à peu près impossible, à nous dont le passage sur terre se limite à quelques misérables décennies, d'apprécier combien l'explosion du Cambrien est éloignée de nous. Si vous pouviez remonter le temps à la vitesse d'une année par seconde, il vous faudrait une demi-heure pour atteindre l'époque du Christ, un peu plus de trois semaines pour remonter aux commencements de la vie humaine, mais vingt ans pour atteindre l'aube du Cambrien. C'était donc il y a extrêmement longtemps, et le monde était un endroit très différent.

Avant tout, quand les schistes de Burgess se sont formés, voici plus de 500 millions d'années, ce ne fut pas en haut d'une montagne, mais à son pied : plus précisément, dans un bassin océanique peu profond situé au bas d'une falaise abrupte. Les mers de l'époque grouillaient de vie, mais ces animaux n'ont laissé aucune trace parce qu'ils avaient un corps mou qui se désagrégeait après leur mort. Mais à Burgess, la falaise s'effondra : les créatures qui se trouvaient dessous, emprisonnées sous l'éboulement, furent comprimées comme des fleurs dans un livre, leurs caractères préservés dans le moindre détail.

Walcott revint chaque été, de 1910 à 1925 (l'année de ses soixante-quinze ans), ce qui lui permit d'extraire des dizaines de milliers de spécimens (Gould dit 80 000 ; les irréprochables rédacteurs du *National Geographic* disent 60 000), qu'il rapporta à Washington pour un examen plus poussé. En quantité comme en diversité, cette collection n'avait pas d'équivalent. Certains fossiles de Burgess avaient des coquilles et d'autres non ; certains étaient aveugles, d'autres avaient des yeux. Ils constituaient en tout 140 espèces différentes[14]. « Le schiste de Burgess présente une gamme de disparité anatomique qui n'a jamais été égalée depuis, et que n'approche pas la totalité des animaux actuels vivant dans les océans du monde entier[15] », écrit Gould.

Mais à l'en croire, Walcott fut incapable de discerner la signification de ce qu'il avait trouvé. « Arrachant la défaite à la gorge de la victoire, écrit Gould dans *Eight Little Piggies*, Walcott entreprit d'interpréter ces magnifiques fossiles de façon aussi erronée que possible. » Il les plaça dans des groupes modernes, en faisant les ancêtres des vers, des méduses et d'autres créatures actuelles, et passant ainsi à côté de leur spécificité. « Selon cette interprétation, soupire Gould, la vie a commencé dans une simplicité primordiale et s'est avancée de façon aussi prévisible qu'inexorable vers le plus et mieux[16]. »

Walcott mourut en 1927 et les fossiles de Burgess furent largement oubliés. Pendant près d'un demi-siècle, ils restèrent enfermés dans les tiroirs du Muséum d'histoire naturelle de Washington, rarement consultés et jamais questionnés. Puis en 1973, un doctorant de Cambridge nommé Simon Conway Morris alla visiter les collections et fut stupéfait de ce qu'il y trouva[17]. Les fossiles étaient bien plus magnifiques et plus variés que Walcott ne l'avait indiqué dans ses écrits. En taxinomie, la catégorie qui décrit le schéma corporel fondamental de tous les organismes est le phylum, et Morris comprit qu'il y avait là des tiroirs entiers de ces singularités anatomiques – toutes splendidement ignorées par l'homme qui les avait découvertes.

Avec son directeur de thèse, Harry Whittington, et un autre doctorant, Derek Briggs, Conway Morris consacra plusieurs années à une révision systématique de toute la collection, publiant une monographie après l'autre tandis que les découvertes s'ajoutaient aux découvertes. Le schéma corporel de nombre de ces créatures n'était pas seulement différent de ce que l'on avait vu jusque-là, il était *bizarrement* différent. L'*Opabinia*, par exemple, avait cinq yeux et un museau en forme de bec terminé par une griffe. Une autre, en forme de disque, le *Peytoia*, ressemblait d'une façon presque comique à une tranche d'ananas. Une troisième avait à l'évidence trottiné sur des rangées de pattes semblables à des échasses, et son aspect était si étrange qu'elle fut baptisée *Hallucigenia*. La collection contenait tant de nouveautés qu'au moment d'ouvrir un tiroir on entendit Conway Morris marmonner : « Oh, merde, encore un autre phylum[18]. »

Les révisions de l'équipe anglaise montrèrent que le Cambrien avait été une époque inégalée d'innovation et d'expérimentation des schémas corporels. Pendant presque 4 milliards d'années, la vie s'était traînée sans ambition perceptible pour la complexité, et soudain, en l'espace de 5 à 10 millions d'années, elle avait créé tous les modèles corporels encore en usage aujourd'hui. Prenez une créature quelconque, du ver nématode à Cameron Diaz, et son architecture remonte à la grande fiesta du Cambrien[19].

Mais le plus surprenant, c'était le nombre de schémas qui n'avaient pas réussi à percer et n'avaient pas laissé de descendance. D'après Gould, une quinzaine, voire une vingtaine des animaux de Burgess appartenaient à des phyla inconnus[20]. (Ce chiffre ne tarda pas à s'élever jusqu'à la centaine dans les articles de vulgarisation, bien plus que les scientifiques de Harvard n'en avaient jamais compté.) « L'histoire de la vie, écrit Gould, ressemble à un gigantesque élagage ne laissant survivre qu'un petit nombre de lignées [...] ; mais elle ne ressemble pas à cette montée régulière de l'excellence, de la complexité et de la diversité, comme on le raconte traditionnellement. » La réussite évolutionnaire semblait bien être une loterie.

L'une des créatures qui avaient réussi à s'en sortir, un petit être ressemblant à un ver appelé *Pikaia gracilens*, révéla une colonne vertébrale primitive, ce qui fait de lui le premier ancêtre connu de tous les vertébrés, y compris nous. *Pikaia* n'est nullement abondant parmi les fossiles de Burgess, et il est permis de penser qu'il a frôlé l'extinction de près. Gould a résumé le rôle du hasard dans la réussite de notre lignée par une formule célèbre : « Si l'on pouvait rembobiner le film de l'évolution de la vie jusqu'à ses débuts à l'époque du schiste de Burgess, et recommencer son déroulement à partir d'un même point de départ, il y aurait bien peu de chances pour que quelque chose de semblable à l'intelligence humaine vienne agrémenter la nouvelle version de l'histoire[21]. »

Le livre de Gould fut publié en 1989 et fut un grand succès commercial. Ce qu'on ignore le plus souvent, c'est que de nombreux scientifiques étaient en total désaccord avec ses conclusions, et que l'affaire n'allait pas tarder à tourner à l'aigre. En matière de Cambrien, le terme d'« explosion » s'applique davantage aux tempéraments modernes qu'à d'anciens faits physiologiques.

En fait, nous le savons maintenant, les organismes complexes existaient au moins 100 millions d'années avant le Cambrien. Nous aurions dû nous en aviser beaucoup plus tôt. Une quarantaine d'années après la découverte de Walcott, un jeune géologue australien nommé Reginald Sprigg trouva de l'autre côté de la planète quelque chose d'encore plus ancien et, à sa manière, de tout aussi remarquable.

En 1946, Sprigg, un jeune assistant géologue appointé par l'État australien, fut envoyé prospecter des mines abandonnées dans les collines d'Ediacara, dans la chaîne des Flinders, une étendue de bush brûlant à 450 km au nord d'Adélaïde[22]. Il s'agissait de voir si l'on pouvait reprendre l'exploitation de certaines mines à l'aide de nouvelles technologies, de sorte que Sprigg n'étudiait nullement les roches en surface, et moins encore les fossiles. Mais un jour, tout en déjeunant, il retourna par hasard un morceau de grès et fut pour le moins surpris de voir que sa surface était couverte de délicats fossiles, un peu comme l'impression que laissent les feuilles dans la boue. Ces roches étaient antérieures à l'explosion du Cambrien : il regardait l'aube de la vie visible.

Sprigg soumit à la revue *Nature* un article qui fut refusé. Il en fit donc lecture à la séance suivante de l'Australian and New Zealand Association for the Advancement of Science, mais ne parvint pas à obtenir la faveur de son président, qui déclara que ces empreintes n'étaient que « des marques inorganiques fortuites » – des dessins gravés par le vent, la pluie ou les marées, mais pas par des êtres vivants[23]. Gardant encore espoir, Sprigg se rendit à Londres pour présenter ses découvertes au Congrès international de géologie de 1948, mais sans parvenir à susciter l'intérêt. Enfin, à défaut, il publia ses découvertes dans les *Transactions of the Royal Society of South Australia* avant de démissionner de son poste pour se lancer dans la recherche pétrolière.

Neuf ans plus tard, en 1957, un écolier nommé John Mason qui se promenait dans la forêt de Charnwood, dans les Midlands, trouva une roche contenant un étrange fossile comparable à un corail moderne et exactement semblable à certains des spécimens que Sprigg avait découverts et tenté en vain de présenter au monde[24]. L'écolier le confia à un paléontologue de l'université de Leicester, qui l'identifia aussitôt comme du Précambrien. Le jeune Mason eut sa photo dans les journaux et fut traité en héros précoce ; le spécimen fut nommé *Chamia masoni* en son honneur.

De nos jours, on peut voir les spécimens originaux de Sprigg, et une partie des 1 500 autres découverts depuis dans la chaîne des Flinders, dans une vitrine du joli South Australian Museum d'Adélaïde, mais ils n'attirent guère de visiteurs. Leurs formes délicatement ciselées sont peu visibles et guère excitantes pour un œil non averti. La plupart sont petits, en forme de disque, avec parfois une vague traîne de rubans. Fortey les a décrits comme « des curiosités à corps mou ».

On ne s'accorde toujours pas sur ce qu'ils étaient ni sur la façon dont ils vivaient. Il semble qu'ils n'avaient ni bouche ni anus pour absorber et éliminer les matériaux digérés, et pas d'organes internes pour les traiter. « Dans la vie, dit Fortey, la plupart se bornaient sans doute à se tenir à la surface de sédiments sableux, comme des poissons plats sans squelette, sans structure et inanimés. » Ils n'étaient guère plus complexes que la méduse. Toutes les créatures de l'Ediacara étaient diploblastiques, ce qui veut dire qu'elles étaient constituées de deux couches de tissus. À l'exception de la méduse, tous les animaux d'aujourd'hui sont triploblastiques.

Certains experts pensent qu'il ne s'agit pas du tout d'animaux, mais plutôt de plantes ou de champignons. De nos jours encore, les distinctions entre plantes et animaux ne sont pas toujours claires. L'éponge actuelle passe sa vie fixée sur le même rocher, elle n'a pas d'yeux, pas de cerveau et pas de cœur, et pourtant c'est un animal. Selon Fortey, « si l'on remonte au Précambrien, les différences entre plantes et animaux étaient sans doute encore moins claires. Il n'y a aucune règle disant que vous devez absolument être l'un ou l'autre ».

On ne s'accorde pas non plus à dire que les organismes de l'Ediacara sont les ancêtres d'un quelconque être vivant actuel (sauf peut-être de la méduse). Beaucoup y voient une sorte d'expérience ratée, une tentative de complexité qui n'a pas pris, peut-être parce que ces créatures léthargiques ont été dévorées ou dépassées par les animaux plus vifs et plus sophistiqués de la période cambrienne.

« On ne connaît rien qui leur soit proche et qui

vive de nos jours[25] », a écrit Fortey. « Ils sont difficiles à interpréter en tant qu'ancêtres de quoi que ce soit[26]. »

On finit par juger qu'ils n'étaient pas si importants pour le développement de la vie sur terre. Beaucoup d'autorités pensent qu'il y a eu une extinction de masse à la limite du Précambrien et du Cambrien, et que toutes les créatures de l'Ediacara (sauf l'incertaine méduse) ont échoué à passer à l'étape suivante. En clair, la vie complexe commençait réellement avec l'explosion du Cambrien. C'est en tout cas ce que pensait Gould.

Quant aux révisions des fossiles de Burgess Shale, elles furent presque aussitôt remises en cause, et notamment l'interprétation donnée par Stephen Jay Gould de ces révisions. « Dès le début, plusieurs scientifiques ont mis en doute la présentation qu'en avait donnée Steve Gould, même s'ils appréciaient la façon dont il l'avait présentée », écrivit Fortey dans *Life*. Et il restait poli.

« Si seulement Stephen Gould pensait aussi clairement qu'il écrit ! » aboya Richard Dawkins, d'Oxford, dans un article du *Sunday Telegraph* sur *La vie est belle*[27]. Tout en reconnaissant que le livre était « incontournable » et « un tour de force littéraire », Dawkins accusait Gould de se lancer dans une présentation des faits « grandiloquente et trompeuse » en laissant entendre que les révisions du schiste de Burgess avaient stupéfié les paléontologues. « La vision qu'il attaque

– que l'évolution marche inexorablement vers un pinacle qui serait l'Homme – n'est plus en service depuis cinquante ans », fulminait Dawkins.

Pourtant, ce fut exactement la conclusion à laquelle aboutirent les critiques. L'un d'eux affirma gaiement dans la *New York Times Book Review* qu'à la suite du livre de Gould les scientifiques « ont jeté par-dessus bord quelques idées reçues qu'ils n'avaient pas révisées depuis des générations. Ils sont en train d'accepter l'idée – avec réticence ou avec enthousiasme – que l'homme est autant un accident de la nature que le produit d'un développement ordonné[28] ».

Mais ce qui suscita véritablement la fureur contre Gould fut l'idée que ses conclusions étaient simplement erronées ou gonflées à l'excès. Dans la revue *Evolution*, Dawkins lui reprocha d'avoir déclaré que « l'évolution au Cambrien fut un *type* de processus différent de l'actuel », et exprima son exaspération d'entendre Gould répéter que « le Cambrien a été une période "d'expérimentation" évolutionnaire, "d'essai et erreur" évolutionnaire, "de faux départs" évolutionnaires. [...] C'était cette époque fertile où furent inventés tous les "schémas corporels" fondamentaux. De nos jours, l'évolution se contente de bricoler d'anciens schémas. Au Cambrien, de nouveaux phyla et de nouvelles classes apparurent. De nos jours, nous n'avons que de nouvelles espèces[29] ! »

Notant combien de fois réapparaît cette idée qu'il n'y a pas de nouveaux schémas corporels, Dawkins rétorque : « C'est comme si un jardinier regardait un chêne et se demandait : “N'est-il pas curieux qu'aucune branche majeure ne soit apparue sur cet arbre depuis tant d'années ? Ces derniers temps, il n'a l'air de pousser qu'au niveau des rameaux.” »

« Ce fut une étrange période, dit Fortey aujourd'hui, surtout si l'on pense que tout cela concernait des événements qui s'étaient produits 500 millions d'années plus tôt, mais les esprits étaient très échauffés. J'ai dit en plaisantant dans l'un de mes livres que j'avais l'impression de devoir mettre un casque avant d'écrire sur la période du Cambrien, mais cela reflète bien l'atmosphère de l'époque. »

Le plus curieux fut la réaction de l'un des héros de *La vie est belle*, Simon Conway Morris, qui surprit la communauté des paléontologues en attaquant brutalement Gould dans son propre ouvrage, *The Crucible of Creation*[30]. Le livre traitait Gould « avec mépris, voire avec répugnance », selon les termes de Fortey. « Je n'ai jamais vu déverser autant de bile dans le livre d'un professionnel, écrivit-il plus tard. Le lecteur non averti, ignorant cette histoire, ne devinerait jamais que les vues de l'auteur ont été autrefois si proches de celles de Gould – même s'il ne les partageait pas complètement[31]. »

Quand j'ai interrogé Fortey sur ce point, il m'a répondu : « Eh bien, c'était très étrange et vraiment choquant, parce que Gould avait fait de lui un portrait si flatteur. Je crois simplement que Simon était embarrassé. Vous savez, la science change mais les livres demeurent, et je crois qu'il regrettait d'être si puissamment associé à des vues qu'il ne partageait plus du tout. Il y avait toute cette histoire autour du "Oh, merde, encore un autre phylum" et je pense qu'il regrettait d'être célèbre pour ça. »

Les fossiles du Cambrien passèrent par une nouvelle période de réexamen critique. Fortey et Derek Briggs – un autre héros du livre de Gould – utilisèrent la méthode dite cladistique pour comparer les différents fossiles de Burgess. En termes simples, la cladistique consiste à organiser les organismes en fonction des caractères qu'ils partagent. Fortey donne pour exemple l'idée de comparer une musaraigne et un éléphant[32]. Si vous considérez la taille de l'éléphant et sa trompe si frappante, vous pouvez en conclure qu'il n'a pas grand-chose à voir avec une minuscule musaraigne. Mais si vous les comparez à un lézard, vous verrez que l'éléphant et la musaraigne sont en fait bâtis selon un plan très semblable. En essence, dit Fortey, Gould voyait des éléphants et des musaraignes là où les autres voyaient des mammifères. Les créatures du schiste de Burgess, pensaient-ils, n'étaient pas aussi étranges et variées qu'elles le paraissaient à première vue. « Elles n'étaient souvent pas plus curieuses que des trilobites, dit aujourd'hui Fortey. Simplement, nous avions eu près d'un siècle pour nous familiariser avec les trilobites. La familiarité, comme vous savez, nourrit la familiarité. »

Ce n'était pas, précisons-le, de la négligence ou de l'inattention de leur part. Interpréter les formes d'anciens animaux et leurs relations entre eux à partir de données souvent déformées et fragmentaires n'est pas une mince affaire. Selon Edward O. Wilson, si l'on prenait certaines espèces d'insectes modernes et si on les présentait comme des fossiles du type Burgess, personne ne devinerait qu'ils sont tous issus du même phylum, tant leurs schémas corporels diffèrent. En outre, la découverte de deux autres sites du Cambrien, l'un au Groenland et l'autre en Chine, plus d'autres trouvailles éparses, révélant de nouveaux spécimens souvent de meilleure qualité, contribuèrent à ces révisions.

Tout bien pesé, les fossiles de Burgess n'étaient pas si différents. *Hallucigenia*, par exemple, avait été reconstituée à l'envers. Ses pattes en échasses étaient en fait un alignement de pointes sur son dos. Il se révéla que *Peytoia*, l'étrange créature qui ressemblait à une tranche d'ananas, n'était pas un animal en soi, mais un simple fragment d'un autre, l'*Anomalocaris*. Beaucoup des spécimens de Burgess ont aujourd'hui été réassignés à des phyla vivants – exactement là où Walcott les avait placés dès le départ. *Hallucigenia* et quelques autres semblent liés aux onychophores, un groupe d'animaux ressemblant à des chenilles. D'autres ont été reclassés comme des précurseurs des annélidés modernes. En fait, dit Fortey, « il y a assez peu de modèles du Cambrien qui soient complètement nouveaux. Le plus souvent, ils se révèlent d'intéressantes élaborations de modèles déjà bien établis ». Comme il l'écrit dans son livre *Life* :

« Aucun n'était plus étrange qu'une bernacle actuelle, ni plus grotesque qu'une reine des termites[33]. »

Les spécimens du schiste de Burgess étaient donc moins spectaculaires qu'on ne l'avait cru. Selon Fortey, cela ne les rendait « pas moins intéressants ni bizarres, simplement plus explicables[34] ». Leurs curieux schémas corporels n'étaient qu'une sorte d'exubérance juvénile – l'équivalent évolutionnaire, en somme, des coiffures d'Iroquois et des piercings sur la langue. Toutes ces formes finirent par s'assagir en atteignant un âge adulte plus guindé et plus stable.

Mais cela laissait entière la lancinante question de savoir d'où pouvaient bien venir tous ces animaux – comment ils avaient soudain surgi de nulle part.

Hélas, il s'est révélé que l'explosion du Cambrien n'avait pas été si explosive que ça. On pense aujourd'hui que les animaux du Cambrien étaient sans doute là depuis toujours, mais qu'ils étaient simplement trop petits pour être vus. Une fois encore, ce furent les trilobites qui nous fournirent l'indice, notamment cette apparition mystérieuse de divers types de trilobites dans des endroits très dispersés du globe, tous plus au moins au même moment.

Au premier abord, l'apparition soudaine d'une quantité de créatures pleinement formées mais diverses semble renforcer l'aspect miraculeux de l'explosion du Cambrien, mais en fait, c'est le contraire. C'est une chose de voir une créature bien formée comme un trilobite apparaître de façon isolée – ça, c'est une vraie surprise –, mais en avoir beaucoup, toutes différentes mais toutes parentes, surgissant simultanément en Chine comme à New York, suggère surtout qu'il nous manque une grande part de leur histoire[35]. Cela peut être la preuve qu'ils ont simplement un ancêtre commun – quelque espèce aïeule ayant entamé la lignée dans un passé bien plus ancien.

Et si nous n'avons pas trouvé ces espèces plus anciennes, c'est qu'elles étaient trop minuscules pour être préservées. « Il n'est pas besoin d'être gros pour être un organisme complexe fonctionnant parfaitement, dit Fortey. La mer grouille littéralement de petits arthropodes qui n'apparaissent nulle part dans les fossiles. » Il cite le petit copépode, qui pullule par milliards dans les mers modernes, formant des bancs assez gros pour noircir de grandes zones de l'océan, et dont nous ne connaissons pourtant les ancêtres que par un unique spécimen retrouvé dans le corps d'un poisson fossilisé.

« L'explosion du Cambrien, si c'est bien le terme qui lui convient, était sans doute plus un accroissement de taille qu'une soudaine apparition de nouveaux types corporels. Cela a pu se produire très rapidement, de sorte qu'en ce sens on peut le qualifier d'explosion », dit Fortey. Il est permis de penser qu'à l'instar des mammifères, qui attendirent leur temps pendant 100 millions d'années jusqu'à ce que les dinosaures disparaissent avant de surgir à profusion sur toute la planète, les arthropodes et autres triploblastes attendirent dans un anonymat semi-microscopique la fin des organismes dominants de l'Ediacara. « Nous savons que les mammifères ont eu une spectaculaire poussée de croissance après la fin des dinosaures – mais quand je dis spectaculaire, je l'entends bien sûr à l'échelle géologique. Nous parlons toujours en millions d'années. »

Soit dit en passant, Reginald Sprigg finit par obtenir un peu du crédit qui lui était dû depuis longtemps. L'un des principaux genres, *Spriggina*, fut nommé en son honneur, ainsi que plusieurs espèces, et le tout fut appelé faune de l'Ediacara, du nom des collines où il les avait cherchées. Mais à ce moment, ses jours de chasse aux fossiles étaient loin. Après avoir abandonné la géologie, il fonda une compagnie pétrolière, et prit sa retraite dans ses montagnes bien-aimées où il créa une réserve naturelle. Il est mort riche en 1994.

XXII

Ce n'est qu'un au revoir

Quand on la considère d'un point de vue humain (et nous aurions du mal à faire autrement), la vie est une chose étrange. Elle semblait impatiente de commencer, mais une fois partie, elle a paru fort peu pressée d'avancer.

Prenons les lichens. Ce sont les organismes les moins visibles de la planète, mais aussi les moins ambitieux. Ils pousseront avec bonheur dans un jardin ensoleillé, mais ils s'épanouissent surtout dans des environnements où ne résisterait aucun autre organisme : sur des crêtes montagneuses glaciales, dans les étendues arctiques, partout où il n'y a guère que de la roche, de la pluie, du froid et à peu près aucun concurrent[1]. Dans des zones de l'Antarctique où rien d'autre ne peut pousser, vous trouverez de grandes étendues de lichen de 400 types différents, adhérant avec dévotion à chaque bout de rocher battu des vents.

Pendant longtemps, on n'a pas su comment ils faisaient. Les lichens poussant sur la roche nue, sans nourriture visible ni production de graines, beaucoup de gens – de gens éduqués – ont cru qu'il s'agissait de roches en train de se transformer en plantes. « Spontanément, la roche inorganique devient une plante vivante ! », se réjouissait ainsi en 1819 un certain Dr Homschuch[2].

Une inspection plus attentive montra que les lichens étaient plus intéressants que magiques. Ils sont en fait le résultat d'un partenariat entre les champignons et les algues. Les champignons excrètent des acides qui dissolvent la surface de la roche, libérant des minéraux que les algues convertissent en nutriments qui suffisent à les nourrir tous. Ce n'est pas un arrangement des plus excitants, mais à l'évidence c'est un vrai succès : le monde compte plus de 20 000 espèces de lichens[3].

Comme la plupart des choses qui s'épanouissent dans des environnements difficiles, les lichens ont une croissance lente. Ils peuvent mettre un demi-siècle à atteindre la taille d'un bouton de chemise. Ceux qui ont la taille d'une assiette, écrit David Attenborough, peuvent donc « être âgés de centaines, voire de millions d'années[4] ». On imagine mal une vie moins intéressante. « Ils existent, c'est tout, ajoute l'auteur, attestant de ce fait émouvant que la vie à son niveau le plus simple surgit apparemment pour le simple fait de vivre. »

On oublie souvent que la vie *est*, tout simplement. Nous, les humains, tendons à penser que la vie doit avoir un but. Nous avons des projets, des aspirations et des désirs. Nous voulons profiter à fond de l'enivrante existence dont nous avons été dotés. Mais qu'est-ce que la vie pour un lichen ? Pourtant, sa pulsion à exister, à être, est aussi puissante que la nôtre – voire plus. Si l'on venait me dire que je vais passer des décennies sous forme d'excroissance touffue sur un rocher au fond des bois, je crois que je laisserais tomber. Mais pas les lichens. Comme toutes les choses vivantes, ils sont prêts à endurer toutes les privations, à souffrir mille morts pour un instant supplémentaire d'existence. La vie, en bref, veut simplement être. Mais – et c'est là le point intéressant –, pour l'essentiel, elle ne le veut pas tant que ça.

C'est d'ailleurs un peu bizarre, car la vie a eu tout le temps nécessaire pour développer ses ambitions. Si l'on imagine les 4,5 milliards d'années de l'histoire de la Terre comprimés en une journée, la vie commence très tôt, vers 4 heures du matin, avec l'apparition des premiers organismes unicellulaires, mais elle ne bouge plus pendant les seize heures suivantes[5]. Ce n'est pas avant 20 h 30, quand les 5/6 de la journée sont déjà consumés, que la Terre a quelque chose à montrer à l'Univers : un simple revêtement grouillant de microbes. Puis apparaissent les premières plantes aquatiques, suivies vingt minutes plus tard par la première méduse et l'énigmatique faune australe de l'Ediacara. À 21 h 04, les trilobites font leur entrée en scène, suivis de près par les créatures des schistes de Burgess. Juste avant 22 heures, les plantes commencent à s'épanouir à terre – suivies peu après, deux heures avant minuit, des premières créatures terrestres.

Grâce à une dizaine de minutes de douce température, à 22 h 24 la Terre est recouverte des grandes forêts carbonifères dont les résidus nous donnent notre charbon, et l'on distingue les premiers insectes ailés. Les dinosaures s'avancent lourdement sur la scène juste avant 23 heures, et ils la tiennent pendant environ trois quarts d'heure. Ils la quittent à minuit moins vingt et une et le règne des mammifères commence. L'homme émerge une minute et dix-sept secondes avant minuit. À cette échelle, la totalité de notre histoire connue tiendrait en quelques secondes, une vie humaine en moins d'un instant. Tout au long de cette journée chargée, les continents dérivent à tombeau ouvert et s'entrechoquent. Les montagnes s'élèvent et s'érodent, les bassins océaniques vont et viennent, les glaciers avancent et reculent. Et environ trois fois par minute, un grand éclair lumineux indique qu'il est tombé quelque part sur la planète une météorite de la taille de celle de Manson, voire plus grosse. Il paraît impensable que quelque chose puisse survivre dans un environnement aussi chahuté. Et, de fait, la plupart des espèces n'y survivent pas longtemps.

Une autre façon de percevoir combien nous sommes récents dans ce tableau vieux de 4,5 milliards d'années consiste à étendre les bras à l'horizontale et à imaginer que cette largeur contient toute l'histoire de la Terre[6]. À cette échelle, écrit John McPhee dans *Basin and Range*, la distance du bout des doigts d'une main au poignet de l'autre représente le Précambrien. Toute la vie complexe tient dans la longueur d'une main, « et un coup de lime à ongles d'un grain moyen suffirait à éradiquer toute l'histoire humaine ».

Certes, ce moment n'est pas encore venu, mais il a de bonnes chances d'arriver. Sans vouloir introduire ici une note de déprime, il faut reconnaître que la vie sur terre a une autre qualité des plus pertinentes : elle tend à s'éteindre à intervalles très réguliers. Avec tout le mal qu'elles se donnent pour naître et se préserver, les espèces s'effondrent et meurent avec une remarquable régularité. Et plus elles sont complexes, plus vite elles semblent disparaître. Ce peut être l'une des raisons pour lesquelles la vie n'est pas d'une folle ambition en général.

C'est donc franchement un événement chaque fois que la vie opère un saut important, et peu de périodes ont été plus mouvementées qu'au chapitre suivant de notre histoire – quand elle est sortie des eaux.

La Terre était alors un environnement difficile : chaude, sèche, baignée d'intenses rayons ultraviolets, dépourvue de la flottabilité qui facilite tant les mouvements dans l'eau. Pour survivre hors de l'eau, les créatures marines durent subir de sérieuses révisions dans leur anatomie. Tenez un poisson à chaque bout : son milieu s'affaisse, car son arête centrale est trop faible pour le soutenir. Il fallait donc aux créatures une nouvelle architecture interne pour soutenir leur poids – le genre d'ajustement qui ne s'opère pas en un jour. Surtout, les créatures terrestres devaient trouver un moyen d'absorber directement l'oxygène de l'air, au lieu de le filtrer dans l'eau. Ce n'étaient pas de minces obstacles à surmonter. Il reste qu'une puissante raison les poussait à sortir de l'eau : ça devenait dangereux là-dessous. La lente fusion des continents en une masse unique, la Pangée, avait considérablement réduit les régions côtières et donc les habitats possibles. La compétition se faisait féroce. Il y avait aussi ce nouveau type de prédateur qui dévorait tout sur son passage, et qui était si parfaitement conçu pour l'attaque qu'il n'a pratiquement pas changé au cours de sa longue existence : le requin. Il n'y avait jamais eu de moment plus propice pour se trouver un autre environnement.

Les plantes entamèrent le processus de colonisation des terres voici environ 450 millions d'années, accompagnées de minuscules insectes et d'autres organismes qui dissolvaient et recyclaient pour elles les déchets organiques. Les gros animaux mirent un peu plus de temps à émerger, mais voici 400 millions d'années, ils s'aventurèrent à leur tour. Les illustrations classiques nous invitent à voir en eux des sortes de poissons ambitieux – un peu comme le périophtalmodon qui peut sauter d'une mare à l'autre en temps de sécheresse –, voire des amphibiens pleinement formés. Or, les premiers résidents visibles sur terre ressemblaient sans doute bien plus à ces petits insectes (qui sont en fait des crustacés) qui sont pris de panique quand on retourne un gros caillou ou une bûche.

Pour ceux qui apprirent à respirer l'oxygène de l'air, ce fut une période faste. Les niveaux d'oxygène du Dévonien et du Carbonifère, époque de l'explosion de la vie sur terre, étaient de l'ordre de 35 % (à comparer aux 20 % d'aujourd'hui)[7]. Cela permit aux animaux de grandir à une vitesse remarquable.

Et comment, peut-on raisonnablement se demander, les scientifiques savent-ils quels étaient les niveaux d'oxygène voici des centaines de millions d'années ? La réponse tient dans un domaine un peu obscur, mais très ingénieux : la géochimie des isotopes. Les mers du Carbonifère et du Dévonien grouillaient d'un minuscule plancton qui s'enveloppait de petites coquilles protectrices. Aujourd'hui comme alors, le plancton fabrique ces coquilles en combinant l'oxygène de l'atmosphère à d'autres éléments (notamment le carbone), pour former des composés durables comme la calcite (carbonate de calcium). C'est le même truc chimique que l'on retrouve dans le cycle du carbone – un processus peu excitant à raconter mais vital pour créer une planète vivable.

À la fin de ce processus, tous les petits organismes meurent et coulent au fond de la mer, où ils sont lentement comprimés et deviennent du calcaire. Parmi les minuscules structures atomiques que le plancton emporte dans la tombe se trouvent deux isotopes très stables : l'oxygène 16 et l'oxygène 18. (Si vous avez oublié ce qu'est un isotope, ce n'est pas grave, mais rappelons ici que c'est un atome comportant un nombre anormal de neutrons.) C'est là qu'entrent en scène les géochimistes, car ces isotopes s'accumulent à des taux différents selon la quantité d'oxygène ou de gaz carbonique présente dans l'atmosphère au moment de leur création[8]. En comparant ces taux, les géochimistes peuvent lire l'environnement où baignait le monde à l'époque – niveaux d'oxygène, température de l'air et des océans, étendue et durée des périodes glaciaires, etc. En combinant les isotopes qu'ils trouvent à d'autres vestiges fossiles – niveaux de pollen et autres –, ils peuvent avec une certaine assurance recréer des paysages entiers qu'aucun œil humain n'a jamais vus.

Si les niveaux d'oxygène ont pu monter de façon si considérable dans les premiers temps de la vie sur terre, ce fut essentiellement parce qu'une grande partie du monde était dominée par des fougères géantes et d'immenses marécages, qui perturbaient par leur nature bourbeuse le processus normal de recyclage du carbone. Au lieu de pourrir complètement, les feuilles mortes et les autres matières végétales s'accumulèrent en riches sédiments humides qui furent finalement compressés dans les vastes filons carbonifères qui contribuent aujourd'hui encore à notre activité économique.

Il est clair qu'un niveau élevé d'oxygène encourage la croissance. La trace la plus ancienne que nous ayons à ce jour d'un animal terrestre a été laissée voici 350 millions d'années sur un rocher d'Écosse par une créature de l'ordre du mille-pattes qui faisait plus d'un mètre de long. Avant la fin de cette période, certains mille-pattes allaient atteindre 2 mètres.

Avec de telles créatures rôdant dans le secteur, il n'est au fond pas surprenant que les insectes de l'époque aient développé un caractère qui les mettait hors de portée d'un coup de langue : ils apprirent à voler. Certains adoptèrent ce nouveau moyen de locomotion avec une telle facilité qu'ils n'ont jamais modifié leur technique. Aujourd'hui comme alors, les libellules pouvaient voler à 55 km/h, s'arrêter instantanément, voler à reculons, et porter des poids proportionnellement bien plus lourds que toute machine humaine. « L'U.S. Air Force, a écrit un jour un commentateur, les a placées dans des tunnels dotés de souffleries, et s'est arraché les cheveux[9]. » Elles aussi se gorgeaient d'oxygène. Dans les forêts du Carbonifère, les libellules avaient la taille de corbeaux[10]. Les arbres et la végétation en général prenaient aussi des proportions énormes. Les prêles et les fougères atteignaient des hauteurs de 15 mètres, les mousses, de 40 mètres.

Les premiers vertébrés terrestres – soit nos premiers ancêtres – tiennent du mystère. Cela tient en partie au manque de documents fossiles, mais aussi à un Suédois, Erik Jarvik, dont les curieuses interprétations et la manie du secret firent piétiner les progrès sur la question pendant presque un demi-siècle. Jarvik appartenait à une équipe de scientifiques scandinaves qui, dans les années 1930 et 1940, partit en quête de poissons fossiles au Groenland. Ils cherchaient en particulier des poissons aux ailerons en forme de lobe, censés être nos ancêtres et ceux de toutes les créatures à pattes, les tétrapodes.

La plupart des animaux sont tétrapodes, et tous les tétrapodes vivants ont une chose en commun : quatre membres, terminés par un maximum de cinq doigts. Les dinosaures, les baleines, les oiseaux, l'homme, et même les poissons sont tous des tétrapodes, ce qui suggère clairement qu'ils ont un ancêtre commun. On supposait que l'on trouverait la trace de cet ancêtre à l'ère du Dévonien, soit à environ 400 millions d'années d'ici. Avant cette époque, rien ne marchait sur la Terre. Après, des tas d'animaux s'y sont promenés. L'équipe eut la chance de trouver précisément une créature de ce type, un animal d'un mètre de long nommé *Ichthyostega*[11]. L'analyse du fossile revint à Jarvik, qui en entama l'étude en 1948 et le garda pendant quarante-huit ans. Hélas, il refusa de laisser quiconque étudier son tétrapode. Les paléontologues du monde entier durent se contenter de deux esquisses d'articles où il notait que la créature avait bien au bout de ses quatre membres les cinq doigts requis, confirmant ainsi sa fonction d'ancêtre.

Jarvik mourut en 1998. Les paléontologues se ruèrent pour étudier le spécimen et s'aperçurent qu'il avait fort mal compté les doigts – il en avait en fait huit à chaque membre – et omis d'observer que ce poisson n'aurait jamais pu marcher : ses nageoires auraient ployé sous son propre poids. Il va sans dire que cela n'avança guère notre compréhension des premiers animaux terrestres. De nos jours, on connaît trois anciens tétrapodes, dont aucun n'est doté des fameux cinq doigts. En bref, nous ne savons toujours pas d'où nous sortons.

Quoi qu'il en soit, nous sommes là et bien là, même si la route n'a pas toujours été facile. Depuis que la vie terrestre a commencé, elle s'est répartie en quatre mégadynasties, comme on les appelle parfois. La première était constituée d'amphibiens et de reptiles primitifs, lourdauds, mais en général assez costauds. Le plus connu est le dimétrodon, un reptile mammalien portant une sorte de voile sur le dos, souvent confondu avec les dinosaures (y compris dans une légende du livre de Carl Sagan *Comet*). Le dimétrodon était en fait un synapside. C'est ce que nous étions nous aussi autrefois. Les synapsides étaient l'une des quatre grandes divisions des premiers reptiliens, les autres étant les anapsides, les euryapsides et les diapsides. Ces noms désignent simplement le nombre et l'emplacement des fentes situées sur les côtés du crâne de leurs propriétaires[12]. Les synapsides avaient une fenêtre osseuse en bas des tempes ; les diapsides en avaient deux ; les euryapsides n'en avaient qu'une, située plus haut sur le crâne.

Avec le temps, chacun de ces quatre groupes s'est scindé en d'autres subdivisions, dont certaines ont prospéré et d'autres non. Les anapsides ont donné naissance aux tortues, qui pendant un temps (de façon assez improbable) ont paru prêtes à dominer la planète au titre de l'espèce la plus avancée et la plus obstinée, jusqu'à ce qu'un séisme évolutionnaire les pousse à la durabilité plutôt qu'à la domination. Les synapsides se divisèrent en quatre grands courants, dont un seul survécut au-delà du Permien. Par chance, ce fut celui auquel nous appartenons, et il a évolué en une famille de proto-mammifères appelés les thérapsides, qui allaient constituer la deuxième mégadynastie.

Malheureusement pour eux, leurs cousins les diapsides avaient eux aussi une évolution fort productive : ils donnèrent les dinosaures (entre autres), qui se révélèrent peu à peu trop lourds pour les thérapsides. Incapables de concurrencer directement ces agressives créatures, ils disparurent à peu près de la circulation. Mais quelques-uns d'entre eux évoluèrent sous forme de petites créatures à fourrure, tapies dans des terriers, qui attendirent leur heure fort longtemps en tant que petits mammifères. Les plus gros d'entre eux atteignaient la taille d'un chat domestique, mais la plupart tenaient plutôt de la souris. Ce fut finalement leur salut, mais il leur faudrait attendre 150 millions d'années avant que la mégadynastie 3, l'âge des dinosaures, se termine brutalement pour laisser la place au numéro 4 – l'âge des mammifères où nous sommes encore.

Chacune de ces massives transformations, ainsi que bien d'autres plus minces, dépendait d'un moteur de progrès paradoxal : l'extinction. C'est un fait curieux que sur terre la mort des espèces soit, au sens le plus strict, un mode de vie. Nul ne sait combien d'espèces d'organismes ont existé depuis la naissance de la vie. On cite souvent le chiffre de 30 milliards, mais il peut monter jusqu'à 4 000 milliards[13]. Quel que soit le chiffre exact, 99,9 % de ces espèces nous ont quittés. « D'après une première estimation, se plaît à dire David Raup, de l'université de Chicago, toutes les espèces sont éteintes[14]. » Pour les organismes complexes, le temps de vie moyen d'une espèce ne dépasse guère 4 millions d'années – en gros le point où nous en sommes aujourd'hui[15].

Si l'extinction est toujours une mauvaise nouvelle pour ses victimes, elle semble en revanche être une bonne chose pour une planète dynamique. « L'alternative à l'extinction est la stagnation, dit Ian Tatterson, de l'American Museum of Natural History, et la stagnation est rarement bénéfique dans quelque domaine que ce soit[16]. » (Il faut préciser que nous parlons ici d'extinction en tant que processus naturel à long terme. L'extinction due à la mauvaise gestion humaine est une tout autre question.)

Les crises dans l'histoire de la Terre sont invariablement suivies de bonds spectaculaires[17]. La fin de la faune de l'Ediacarien fut suivie de l'explosion créative du Cambrien. L'extinction de l'Ordovicien, voici 440 millions d'années, a débarrassé les océans de nombreux animaux immobiles qui filtraient l'oxygène de l'eau, créant en somme les conditions qui favorisèrent les poissons plus vifs et les reptiles marins géants. Ceux-ci à leur tour se trouvaient dans une position idéale pour envoyer des colons sur la terre ferme, quand un nouveau court-circuit, à la fin du Dévonien, donna une fois encore un bon coup de jus à la vie. Et cela s'est reproduit à intervalles réguliers tout au long de l'Histoire. Si ces événements ne s'étaient pas produits exactement de cette façon, et à une époque précise, nous ne serions pas ici aujourd'hui.

La Terre a déjà connu cinq extinctions majeures – l'Ordovicien, le Dévonien, le Permien, le Trias et le Crétacé – et bien d'autres plus petites. L'Ordovicien (voici 440 millions d'années) et le Dévonien (365 millions) ont balayé chacun 80 à 85 % des espèces. Le Trias (voici 210 millions d'années) et le Crétacé (65 millions) en ont fait disparaître 70 à 75 %. Mais le vrai monstre fut l'extinction du Permien, voici 245 millions d'années, qui leva le rideau sur le long règne des dinosaures. Au cours du Permien, au moins 95 % des animaux présents dans les documents fossiles s'en vont sans espoir de retour[18]. Même un tiers des insectes disparaissent – c'est la seule fois où on les perd en masse[19]. Nous ne sommes jamais passés plus près de l'anéantissement total.

« Ce fut vraiment une extinction massive, un carnage d'une ampleur inégalée sur terre[20] », dit Richard Fortey. Le Permien fut particulièrement dévastateur pour les créatures marines. Les trilobites disparurent totalement. Les oursins et les bivalves furent à deux doigts d'en faire autant. À peu près tous les autres organismes marins furent touchés. En tout, sur terre comme dans la mer, on pense que la Terre perdit 52 % de ses familles – soit le niveau au-dessus du genre et au-dessous de l'ordre sur la grande échelle de la vie (et le sujet du chapitre suivant) – et peut-être 96 % de toutes ses espèces. Il allait falloir attendre longtemps – jusqu'à 80 millions d'années, selon une estimation – avant que chaque espèce récupère le même nombre d'individus.

Il faut garder deux choses en tête. D'abord, il ne s'agit que d'hypothèses. Les estimations du nombre d'espèces animales vivantes à la fin du Permien vont de 45 000 à 240 000[21]. Si l'on ignore le nombre d'espèces vivantes, il est difficile d'établir la proportion qui a péri. En outre, nous parlons de la mort des espèces, non des individus. Pour ces derniers, la mortalité pourrait être plus élevée – dans bien des cas, à peu près totale[22]. Les espèces qui ont survécu à l'étape suivante de la grande loterie de la vie doivent sans doute leur existence à quelques survivants un tant soit peu cabossés.

Entre deux grandes tueries, il y a eu aussi des épisodes d'extinction moins complets et moins connus – l'Hemphillien, le Frasnien, le Famménien et une bonne douzaine d'autres – qui touchèrent moins d'espèces mais furent critiques pour certaines populations. Les ongulés herbivores, dont les chevaux, faillirent bien disparaître lors de l'extinction hemphillienne, voici environ 5 millions d'années[23]. Les chevaux se réduisirent à une seule espèce, qui apparaît de façon si sporadique dans les fossiles que l'on peut penser qu'elle oscilla longtemps au bord de l'extinction. Imaginez l'histoire humaine sans chevaux et sans pâturages.

Mais qu'il s'agisse d'extinctions grandes ou petites, nous n'avons qu'une très faible idée de ce qui les a provoquées. Même une fois écartées les hypothèses les plus farfelues, il nous reste plus de théories sur la cause des extinctions que d'extinctions elles-mêmes. On a désigné au moins deux douzaines de suspects : le réchauffement de la planète, le refroidissement de la planète, la modification du niveau des mers, la pénurie d'oxygène dans les mers (ce que l'on appelle l'anoxie), les épidémies, des fuites géantes de méthane du plancher océanique, les impacts de météorites et de comètes, de furieux ouragans d'un type appelé hypercanes, d'énormes éruptions volcaniques, de catastrophiques éruptions solaires[24].

Cette dernière hypothèse mérite qu'on s'y arrête un instant. Nous ignorons quelle puissance peuvent atteindre les éruptions solaires parce que nous ne les observons que depuis le début de l'ère spatiale, mais le Soleil est une puissante machine et ses tempêtes sont redoutables. Une éruption solaire typique – une chose que nous ne remarquons même pas sur terre – libère une énergie équivalente à 1 milliard de bombes à hydrogène et envoie dans l'espace une centaine de milliards de tonnes de redoutables particules de forte énergie. Normalement, la magnétosphère et l'atmosphère se chargent de les broyer dans l'espace ou de les diriger vers les pôles (où elles produisent les aurores boréales), mais on pense qu'une explosion plus forte, disons une centaine de fois plus puissante qu'une éruption classique, pourrait venir à bout de nos défenses naturelles. Le spectacle serait pharaonique, mais il tuerait sans doute la plupart de ceux qui auraient pu en jouir. En outre, d'après Bruce Tsurutani, du Jet Propulsion Laboratory de la NASA, « il ne laisserait aucune trace dans l'Histoire ».

Nous voici donc, selon les termes d'un chercheur, avec « des tonnes de conjectures et fort peu de preuves[25] ». Le refroidissement semble associé à au moins trois des grandes extinctions – l'Ordovicien, le Dévonien et le Permien –, mais c'est à peu près le seul point d'accord. On ne sait même pas sur quelle durée se sont déroulés ces épisodes. Les scientifiques se demandent encore par exemple si l'extinction de la fin du Dévonien – qui fut suivie de la conquête des terres par les vertébrés – a pris des millions d'années, un millier d'années, ou une seule journée agitée.

Si l'on a tant de mal à expliquer les extinctions, c'est d'abord parce qu'il est très difficile d'exterminer la vie à une grande échelle. Comme nous l'avons vu avec l'impact de Manson, la Terre peut prendre des coups redoutables et parvenir à s'en remettre. Pourquoi, donc, sur les milliers d'impacts qu'a subis la Terre, celui du KT fut-il à ce point dévastateur ? Eh bien d'abord, il fut positivement énorme. Il frappa la Terre avec une force de 100 millions de mégatonnes. On a du mal à imaginer pareille collision, mais, comme l'a souligné Lawrence Powell, si vous faisiez exploser une bombe de la taille de celle d'Hiroshima pour chaque habitant de la Terre aujourd'hui, il vous manquerait encore un milliard de bombes pour obtenir la force de l'impact KT[26]. Mais même cela n'aurait pas suffi pour balayer 70 % de la vie sur terre, y compris les dinosaures.

La météorite KT eut en plus cet avantage – du point de vue des mammifères, s'entend – d'atterrir dans une mer d'une profondeur d'une dizaine de mètres, sans doute selon l'angle le plus efficace, à une époque où le niveau d'oxygène était 10 % plus élevé qu'aujourd'hui, ce qui veut dire que le monde était plus combustible[27]. Surtout, les fonds marins à cet endroit étaient constitués de roches riches en soufre. Le résultat fut un impact qui transforma une zone de la taille de la Belgique en aérosols d'acide sulfurique. Pendant des mois, la Terre subit des pluies assez acides pour brûler la peau.

Si 70 % des espèces disparurent, la vraie question est la suivante : comment les 30 % restantes réussirent-elles à survivre ? Pourquoi le choc fut-il aussi irrémédiable pour les dinosaures jusqu'au dernier, alors que d'autres reptiles, comme les serpents et les crocodiles, y survécurent sans encombre ? À ce que nous savons, aucune espèce de crapaud, de triton, de salamandre ou d'autres amphibiens ne disparut en Amérique du Nord. « Pourquoi ces délicates créatures seraient-elles sorties indemnes d'un pareil désastre[28] ? », demande Tim Flannery dans sa fascinante préhistoire de l'Amérique, *Eternal Frontier.*

Dans les océans, ce fut à peu près la même histoire[29]. Toutes les ammonites disparurent, mais leurs cousins les nautiloïdes, qui vivaient la même vie, continuèrent à nager tranquillement. Certaines espèces de plancton furent à peu près balayées – 92 % des foraminifères, par exemple –, alors que d'autres organismes, comme les diatomées, conçus selon un plan comparable et vivant à leurs côtés, furent à peu près indemnes.

Ce sont là de difficiles contradictions. Comme l'observe Richard Fortey : « Il ne semble guère satisfaisant de les déclarer tout bonnement "chanceux" et d'en rester là[30]. » Si, comme cela semble fort probable, l'impact laissa pendant des mois une fumée sombre et étouffante, on peine à expliquer que tant d'insectes aient survécu. « Certains, comme les scarabées, note Fortey, pouvaient vivre du bois ou d'autres déchets végétaux. Mais qu'en est-il des abeilles qui volent au soleil et ont besoin de pollen ? Il n'est pas si facile d'expliquer leur survie. »

Et surtout, il y a les coraux. Les coraux ont besoin des algues pour vivre, les algues ont besoin de soleil, et les uns comme les autres exigent une température minimale assez stable. On a beaucoup parlé ces dernières années de la mort du corail à la suite de changements de température de l'ordre de un degré. S'ils sont à ce point vulnérables au changement, comment ont-ils pu survivre au long hiver nucléaire ?

Il y a aussi beaucoup de variations régionales difficiles à expliquer. Les extinctions semblent avoir été bien moins graves dans l'hémisphère

Sud. La Nouvelle-Zélande, notamment, a bien l'air d'être passée à travers les gouttes, alors qu'elle n'a pratiquement pas de créatures vivant en terrier. Même sa végétation semble avoir été épargnée, bien que la puissance de la conflagration laisse supposer une dévastation mondiale. En bref, il y a beaucoup de choses que nous ignorons.

Certains animaux prospérèrent – dont, une fois encore, les tortues. Selon Flannery, on pourrait appeler la période suivant immédiatement l'extinction des dinosaures l'Âge des tortues[31]. Seize espèces survécurent en Amérique du Nord et trois autres apparurent peu après.

À l'évidence, il valait mieux vivre dans l'eau. L'impact KT balaya presque 90 % des espèces terrestres, mais seulement 10 % de celles qui vivaient en eau douce. L'eau leur offrit une protection évidente contre la chaleur et les flammes, et sans doute aussi plus de nourriture au cours de la période de vaches maigres qui suivit. Tous les animaux terrestres survivants avaient coutume de se retirer dans des endroits plus sûrs en cas de danger – que ce soit dans l'eau ou sous la terre. Les lézards étaient et sont encore à peu près imperméables aux bactéries des carcasses en décomposition ; en fait, elles les attirent irrésistiblement, et il est clair qu'il y eut beaucoup de carcasses pendant longtemps.

On prétend souvent que seuls les petits animaux ont survécu à l'impact KT, alors que l'on compte parmi eux les crocodiles, qui étaient en outre trois fois plus gros qu'aujourd'hui. Mais dans l'ensemble, c'est vrai, la plupart des survivants étaient petits et furtifs. À vrai dire, dans ce monde sombre et hostile, c'était une époque parfaite pour être petit, à sang chaud, nocturne, plus ou moins omnivore et prudent de nature – les qualités mêmes qui caractérisaient nos ancêtres mammaliens. Si notre évolution avait été plus avancée, nous aurions sans doute été balayés. Au contraire, les mammifères se retrouvèrent dans un monde pour lequel ils étaient aussi bien adaptés que les autres.

On ne peut pas dire toutefois que les mammifères se soient précipités en masse pour remplir chaque niche. « L'évolution abhorre peut-être le vide, écrit le paléontologue Steven M. Stanley, mais il lui faut souvent du temps pour le remplir[32]. » Pendant environ 10 millions d'années, les mammifères restèrent prudemment petits. Au début du Tertiaire, si vous aviez la taille d'un lynx, vous étiez le roi[33].

Mais une fois partis, les mammifères eurent une poussée de croissance prodigieuse – et parfois inimaginable. Pendant un temps, il y eut des cochons d'Inde de la taille de rhinocéros, et des rhinos de la taille d'une maison[34]. Partout où il y avait un vide dans la chaîne des prédateurs, les mammifères l'occupèrent. Les premiers membres de la famille du raton laveur migrèrent en Amérique du Sud, découvrirent une niche et évoluèrent en créatures de la taille et de la férocité des ours. Les oiseaux eux aussi prirent des proportions importantes. Pendant des millions d'années, le Titanis, un oiseau gigantesque, carnivore et incapable de voler, fut peut-être la créature la plus féroce d'Amérique du Nord[35]. C'était sans doute l'oiseau le plus intimidant qui ait jamais vécu. Il mesurait 2,5 mètres de haut, pesait plus de 400 kilos et possédait un bec capable d'arracher la tête à quiconque lui marchait sur les pattes. Sa famille prospéra pendant 50 millions d'années, mais jusqu'à ce que l'on en découvre un squelette en Floride en 1963, nous ignorions tout de son existence.

Cela nous amène à une autre cause de nos incertitudes en matière d'extinctions : la pénurie de vestiges fossiles. Nous avons déjà vu que bien peu d'os ont une chance de se fossiliser, mais c'est pire encore que vous ne pourriez le croire. Considérons les dinosaures. Les musées donnent l'impression que nous avons une abondance de leurs fossiles. En fait, les expos des musées sont pour la plupart artificielles. Le diplodocus géant qui domine le grand hall du Muséum d'histoire naturelle de Londres, instruisant des générations de visiteurs, est un moulage en plâtre construit en 1903 à Pittsburgh et offert au musée par Andrew Carnegie[36]. Le hall du Muséum à New York est dominé par un tableau plus impressionnant encore : le squelette d'un mère barosaure défendant son petit de l'attaque d'un allosaure plein de dents et de vivacité. Le barosaure se dresse à une dizaine de mètres vers les hauteurs, mais il est aussi faux qu'on peut l'être. Chacun des centaines d'os qui le constituent est un moulage. Faites le tour des grands musées d'histoire naturelle du monde – à Paris, Vienne, Francfort,

Buenos Aires, Mexico – et vous y serez accueillis par d'antiques maquettes, pas par des ossements.

En réalité, nous ne savons pas grand-chose des dinosaures. Nous n'en avons identifié qu'un millier d'espèces en tout (dont la moitié à partir d'un unique spécimen), soit un quart du nombre d'espèces de mammifères vivant aujourd'hui. Rappelez-vous que les dinosaures ont dominé la Terre trois fois plus longtemps que les mammifères à ce jour : soit ils étaient une espèce remarquablement peu productive, soit nous en avons à peine effleuré la surface.

Sur des millions d'années de l'âge des dinosaures, nous ne disposons pas d'un seul fossile. Même pour la période de la fin du Crétacé – la période préhistorique la plus étudiée grâce à notre intérêt pour les dinosaures et leur disparition –, les trois quarts des espèces semblent être encore à découvrir. Des animaux plus volumineux que le diplodocus et plus intimidants que le tyrannosaure ont pu peupler la Terre par milliers sans que nous le sachions jamais. Très récemment encore, tout ce que l'on connaissait des dinosaures de cette période nous venait de 300 spécimens représentant 16 espèces[37]. La rareté des fossiles nous a parfois menés à penser que les dinosaures étaient sur un siège éjectable lors de l'impact KT.

À la fin des années 1980, un paléontologue du musée de Milwaukee, Peter Sheehan, décida de mener une expérience. Avec deux cents volontaires, il entreprit un recensement complet d'une région bien définie, mais aussi déjà bien fouillée, la célèbre formation de Hell Creek dans le

Montana. Les volontaires collectèrent méticuleusement chaque vestige de dent, de vertèbre et de fragment osseux – tout ce qu'avaient négligé les fouilles précédentes. Le travail dura trois ans. À la fin, ils découvrirent qu'ils avaient plus que triplé la quantité de fossiles de dinosaures de la fin du Crétacé. L'étude avait établi que la population des dinosaures n'avait pas fléchi à l'époque de l'impact KT. « Il n'y a pas de raison de croire que les dinosaures aient disparu progressivement au cours des trois derniers millions d'années du Crétacé[38] », conclut Sheehan.

Nous sommes si certains de notre nécessaire domination qu'il nous est difficile de saisir que nous sommes ici grâce à une série de hasards, dont des impacts cosmiques survenus en temps voulu. Nous avons une chose en commun avec tous les autres êtres vivants : pendant près de 4 milliards d'années, nos ancêtres ont réussi à se glisser à temps dans une série de portes en train de se refermer. Stephen Jay Gould l'a exprimé succinctement dans une formule bien connue : « L'homme est ici aujourd'hui parce que notre lignée n'a jamais connu de fracture – pas une fois sur les milliards d'endroits qui auraient pu nous rayer de l'Histoire[39]. »

Nous avons ouvert ce chapitre sur trois affirmations : la vie veut être ; la vie ne veut pas toujours être tant que ça ; la vie connaît des extinctions de temps à autre. Nous pouvons y ajouter celle-ci : la vie continue. Et nous allons voir qu'elle a souvent des façons de s'y prendre assez déconcertantes.

XXIII

La richesse de l'être

Au Muséum d'histoire naturelle de Londres, dans des recoins mal éclairés, entre deux vitrines de minéraux, d'œufs d'autruche ou d'autres produits d'une laborieuse collecte, se dissimulent des portes secrètes – en ceci du moins qu'elles n'ont rien pour attirer l'attention du visiteur. De temps à autre, on voit en émerger un personnage à l'air distrait et aux cheveux en bataille qui sont la marque du chercheur, se hâtant le long du couloir pour disparaître sans doute derrière une autre de ces mystérieuses portes, mais c'est un événement relativement rare. En temps normal, elles restent hermétiquement closes, ne laissant rien deviner de ce qu'elles dissimulent : un musée parallèle, aussi vaste et à bien des égards plus merveilleux encore que celui que connaît le public.

Le Muséum contient environ 70 millions d'objets, issus de chaque domaine de la vie et de tous les coins de la planète ; il enrichit chaque année ses collections d'environ 100 000 nouvelles acquisitions, mais il faut passer en coulisses pour mesurer toute la richesse de ses trésors. Des pièces entières remplies des placards, de vitrines et d'étagères recèlent des dizaines de milliers d'animaux conservés dans le formol, des millions d'insectes piqués sur des plaques de carton, des mollusques scintillants, des os de dinosaure, des crânes d'hommes préhistoriques, des herbiers débordants de plantes. C'est un peu comme se promener dans le cerveau de Darwin. Les flacons de formol occupent à eux seuls 20 km d'étagères[1].

On retrouve ici des spécimens collectés par Joseph Banks en Australie, par Alexandre von Humboldt en Amazonie, par Darwin lors du voyage du *Beagle*, et plein d'autres choses rares, ou d'une importance historique, ou les deux. Bien des gens aimeraient mettre la main sur ces objets – et quelques-uns l'ont fait. En 1954, le Muséum fit l'acquisition d'une remarquable collection ornithologique appartenant à un collectionneur passionné, Richard Meinertzhagen, digne auteur, entre autres travaux, de *Birds of Arabia*. Il avait passé sa vie au Muséum, où il venait quasiment tous les jours prendre des notes pour ses monographies. Quand les caisses arrivèrent, les conservateurs furent pour le moins surpris de découvrir en les ouvrant qu'une grande partie des spécimens portaient les étiquettes du Muséum. Il se révéla que M. Meinertzhagen s'était servi dans leurs collections pendant des années – ce qui expliquait du même coup son habitude de toujours porter un vaste manteau, même en plein été.

Quelques années plus tard, un charmant habitué du département des mollusques (« un gentleman très distingué », m'a-t-on dit) fut surpris en train d'enfourner des crustacés de grande valeur dans les jambes creuses de son déambulateur.

« À mon sens, il n'y a pas une seule chose ici que quelqu'un ne convoite pas quelque part », m'a dit Richard Fortey d'un air pensif en me guidant à travers le captivant labyrinthe des coulisses du Muséum. Nous errions dans une confusion de départements où des gens assis à de grandes tables s'activaient avec zèle sur des arthropodes, des feuilles de palmier et des boîtes d'ossements jaunis. Il régnait partout une atmosphère de méticulosité tranquille, de gens engagés dans une entreprise gigantesque et sans fin qu'il ne fallait pas bousculer. J'avais lu qu'en 1967 le Muséum avait sorti son rapport sur l'expédition de John Murray dans l'océan Pacifique, quarante-quatre ans après le retour de ladite expédition[2]. C'est un monde où les choses avancent à leur rythme, y compris un minuscule ascenseur que Fortey et moi avons partagé avec un personnage qui lui fit amicalement la conversation tandis que nous nous élevions à une vitesse comparable à celle des dépôts de sédiments.

Quand il fut sorti, Fortey me dit : « C'est un type très sympathique nommé Norman, qui a passé quarante-deux ans à étudier une espèce de plante, le millepertuis, ou herbe de Saint-Jean. Il est à la retraite depuis 1989, mais il continue à venir chaque semaine.

« – Comment peut-on passer quarante-deux ans sur une seule plante ?

« – Remarquable, n'est-ce pas ? a acquiescé

Fortey. (Il est resté songeur un moment.) Il est apparemment très méticuleux. »

La porte s'est ouverte, révélant un mur de briques. Fortey a paru stupéfait. « C'est très étrange, autrefois c'était la Botanique, ici. » Il a appuyé sur le bouton d'un autre étage, et nous avons fini par dénicher la Botanique en empruntant des escaliers dérobés et en traversant discrètement d'autres départements où des chercheurs se penchaient avec amour sur des objets autrefois vivants. C'est ainsi que je fus enfin présenté à Len Ellis et au monde tranquille des bryophytes – les mousses, pour les gens ordinaires.

Quand Emerson disait que la mousse préfère le côté nord des arbres (« La mousse sur l'écorce dans la forêt/ servait d'étoile polaire quand la nuit était noire »), il parlait en fait du lichen, car au XIXe siècle ils n'étaient pas distingués. Les véritables mousses se moquent de l'endroit où elles poussent, de sorte qu'elles ne peuvent pas servir de boussoles naturelles. D'ailleurs, elles ne servent à peu près à rien. « Aucun groupe de plantes ne semble avoir aussi peu d'usages, économiques ou commerciaux, que la mousse », écrivait Henry S. Conard, peut-être avec une pointe de tristesse, dans *How to Know the Mosses and Liverworts* [Connaître les mousses et les hépatiques]. Publié en 1956, cet ouvrage est encore présent dans de nombreuses bibliothèques, témoignage de l'unique tentative connue pour populariser le sujet[3].

Elles sont pourtant prolifiques. Même quand on en retranche les lichens, les bryophytes forment un groupe fort peuplé, avec plus de 10 000 espèces réparties en à peu près 700 genres. Le gros et sévère *Moss Flora of Britain and Ireland,* d'A. J. E. Smith, compte sept cents pages, alors que ni la Grande-Bretagne ni l'Irlande ne sont des endroits de choix pour les mousses. « C'est sous les tropiques que l'on trouve la vraie diversité », m'a dit Len Ellis, un homme calme et discret qui travaille au Muséum depuis vingt-sept ans et est devenu conservateur de son département en 1990.

« Si vous allez dans les forêts tropicales de Malaisie, vous trouverez assez facilement de nouvelles variétés. Cela m'est arrivé il n'y a pas si longtemps. J'ai baissé les yeux, et j'ai vu à mes pieds une espèce jamais enregistrée[4].

« – Nous ne savons donc pas combien d'espèces il reste à découvrir ?

« – Nous n'en avons aucune idée. »

On peine à imaginer qu'il se trouve des gens dans le monde prêts à consacrer leur vie à l'étude d'une chose aussi discrète ; il en existe pourtant des centaines, qui sont passionnés par leur sujet. « Oh, oui, m'a dit Ellis, les conférences peuvent parfois donner lieu à des échanges très vifs. »

Je lui ai demandé un exemple de controverse.

« Eh bien, en voici une qui nous a été infligée par l'un de vos compatriotes », m'a-t-il répondu avec un petit sourire en ouvrant un énorme ouvrage de références rempli d'illustrations de mousses, dont la caractéristique la plus notable à des yeux profanes était leur stupéfiante ressemblance.

« Ceci, a-t-il dit en tapotant une image, était autrefois un seul genre, *Drepanocladus*. Récemment, il a été réorganisé en trois : *Drepanocladus*, *Warnstorfia* et *Hamatacoulis*.

« – Et ils en sont venus aux mains ? ai-je demandé avec une pointe d'espoir.

« – Eh bien, cette révision était justifiée. Parfaitement. Mais elle supposait de réordonner toutes les collections, et elle a rendu tous nos livres obsolètes pendant un moment, de sorte qu'il y a eu, hum, disons, un peu de grogne. »

Les mousses aussi ont leurs mystères, m'a-t-il appris. Une affaire célèbre – du moins chez les amateurs – tourna autour d'une espèce assez discrète, *Hyophila stanfordensis*, découverte sur le campus de l'université de Stanford en Californie, et retrouvée plus tard dans une allée des Cornouailles, mais nulle part entre les deux. Comment elle a pu arriver dans deux endroits aussi éloignés reste un parfait casse-tête. « On l'appelle désormais *Hennediella stanfordensis*, a conclu Hellis. Une révision de plus. »

Nous avons hoché la tête de concert.

Quand on découvre une nouvelle mousse, il faut la comparer à toutes les autres pour s'assurer qu'elle n'a pas déjà été décrite. Puis il faut en rédiger une description minutieuse, fournir des illustrations et publier le tout dans une revue respectable. Le processus prend rarement moins de six mois. Le XXe siècle n'a pas été un âge très glorieux pour la classification des mousses.

L'essentiel du travail a consisté à démêler les confusions et les doublons laissés par le XIXe siècle.

Celui-ci fut l'âge d'or de la collecte de mousses. (On peut rappeler ici que le père de Charles Lyell en était un collectionneur avisé.) Un Anglais du nom de George Hunt mit tant d'assiduité à les prélever qu'il contribua sans doute à l'extinction de plusieurs espèces. Mais c'est grâce à ces efforts soutenus que la collection de Len Ellis est aujourd'hui l'une des plus complètes au monde. Ses 780 000 spécimens sont pressés dans de grandes feuilles cartonnées, dont les plus anciennes sont couvertes de vénérables pattes de mouche victoriennes. Il est possible qu'elles soient de la main de Robert Brown, le grand botaniste qui découvrit le mouvement brownien et le noyau des cellules, avant de fonder le département de Botanique du Muséum, qu'il allait diriger pendant trente et un ans jusqu'à sa mort en 1858. Tous les spécimens sont conservés dans de grands placards d'acajou d'une facture si fine que je l'ai fait remarquer à Ellis.

« Oh, ce sont ceux de sir Joseph Banks, de sa maison de Soho, m'a-t-il répondu d'un ton désinvolte, comme s'il regardait une armoire achetée la veille chez Ikea. Il les avait fait construire pour y loger ses spécimens rapportés du voyage de l'*Endeavour*. (Il les a contemplés pensivement, comme s'il les voyait pour la première fois.) Je me demande comment ils ont atterri chez nous, en bryologie », a-t-il conclu.

C'était une stupéfiante révélation. Joseph

Banks fut le plus grand botaniste anglais, et le voyage de l'*Endeavour* – au cours duquel le capitaine Cook enregistra notamment le passage de Vénus et revendiqua la possession de l'Australie pour la Couronne – fut la plus grande expédition botanique de l'Histoire. Banks déboursa 10 000 livres sterling (environ un million d'euros actuels) pour emmener une équipe de dix personnes – lui-même, un naturaliste, un secrétaire, trois dessinateurs et quatre domestiques – dans une aventure de trois ans autour du monde. Dieu seul sait ce que ce bon capitaine Cook put raconter à une assemblée si bien pomponnée, mais il semble qu'il aimait bien Banks et ne pouvait s'empêcher d'admirer ses talents de botaniste – sentiment largement partagé par la postérité.

Jamais une expédition botanique ne connut de pareils triomphes. Cela tenait notamment à tous les endroits nouveaux ou peu connus où elle aborda – la Terre de Feu, Tahiti, la Nouvelle-Zélande, l'Australie, la Nouvelle-Guinée –, mais surtout au fait que Banks était un collectionneur astucieux et plein d'invention. Même quand il fut cantonné à bord à Rio de Janeiro à cause d'une quarantaine, il parvint à se glisser entre les balles de foin envoyées pour nourrir les animaux du bord et s'en aller faire de nouvelles découvertes[5]. Rien ne semblait lui échapper. En tout, il rapporta 30 000 spécimens de plantes, dont 1 400 totalement inconnues – assez pour augmenter d'un quart le nombre de plantes connues dans le monde.

Mais le trésor de Banks n'était qu'une partie de la récolte de cet âge féru d'acquisitions presque jusqu'à l'absurde. Herboriser devint au XVIIIe siècle une sorte de manie internationale. La gloire et la richesse attendaient ceux qui parviendraient à trouver de nouvelles espèces, et les botanistes et les aventuriers poussaient le bouchon incroyablement loin pour satisfaire cette fureur de nouveauté horticole. Quand Thomas Nuttall (qui devait nommer la wisteria en l'honneur de Caspar Wistar) débarqua en Amérique, il était un simple ouvrier imprimeur sans éducation, mais il se découvrit une passion pour la botanique et parcourut la moitié du pays en collectant des centaines de plantes jamais vues encore. John Fraser, qui a donné son nom au sapin, passa des années dans des étendues sauvages à herboriser pour la Grande Catherine, et revint pour découvrir que la Russie avait un nouveau tsar qui le crut fou et refusa d'honorer son contrat. Fraser embarqua tous ses spécimens pour Chelsea, où il ouvrit une pépinière et gagna fort bien sa vie en vendant des rhododendrons, des azalées, des magnolias, des vignes vierges, des asters et bien d'autres choses exotiques à une gentry anglaise enchantée.

Il y avait des fortunes à faire en découvrant les bonnes espèces. John Lyon, un botaniste amateur, passa deux dures et dangereuses années à collecter des spécimens, mais retira de ses efforts l'équivalent de 200 000 dollars actuels. Beaucoup toutefois œuvraient pour le simple amour de la botanique. Nuttall donna l'essentiel de ses découvertes au Jardin botanique de Liverpool. Il finit directeur du Jardin botanique de Harvard, où il publia son encyclopédique *Genera of North American Plants* (qu'il rédigea et imprima en partie lui-même).

Voilà pour les plantes. Mais il y avait aussi toute la faune de ces nouveaux mondes – kangourous, kiwis, ratons laveurs, lynx, moustiques et autres bestioles des plus curieuses. La quantité de vie sur terre semblait infinie, comme l'a noté Jonathan Swift dans ses fameux vers :

> Donc, les naturalistes observent qu'une puce
> A des puces plus petites qui se nourrissent d'elle ;
> Et celles-ci en ont de plus petites qui les piquent à leur tour,
> Et ainsi à l'infini.

Toutes ces nouvelles informations devaient être classées, ordonnées et comparées à ce que l'on connaissait déjà. Le monde avait un besoin désespéré d'un système correct de classification. Heureusement, il y avait un homme en Suède prêt à le lui fournir.

Il s'appelait Carl Linné (qui devint plus tard le plus aristocratique *von* Linné), connu aussi sous la forme latinisée de son nom, Carolus Linnaeus, et il était né en 1707 dans le village de Rashult, dans le sud de la Suède. Fils d'un pasteur luthérien pauvre mais ambitieux, c'était un si piètre étudiant que son père exaspéré faillit le placer en apprentissage chez un cordonnier. Peu inspiré par la perspective de passer sa vie à planter des clous dans du cuir, le jeune Linné supplia qu'on lui donnât une seconde chance et ne fut plus jamais pris en défaut sur le plan des études. Il étudia la médecine en Suède et en Hollande, mais sa passion était l'histoire naturelle. Au début des années 1730, à moins de trente ans, il commença à publier des catalogues de plantes et d'espèces animales à l'aide d'un système de sa propre invention, et sa célébrité s'accrut peu à peu.

Rarement un homme fut aussi pénétré de sa propre grandeur. Il passait l'essentiel de ses loisirs à rédiger de longs autoportraits tout à sa gloire, déclarant qu'il n'y avait jamais eu de « plus grand botaniste ou zoologiste », et que son système de classification était « la plus grande réussite du domaine scientifique ». Il suggéra modestement de faire graver sur sa pierre tombale « Ci-gît le prince des botanistes » *(Princeps Botanicorum)*. Il valait mieux ne pas discuter ces généreuses évaluations de soi, sous peine de retrouver une mauvaise herbe affublée de son nom.

L'autre caractère marquant de Linné était un intérêt sans faille – voire fiévreux – pour le sexe. Il était particulièrement frappé de la similitude de forme entre certains bivalves et les parties génitales féminines. Il appela les constituants d'une espèce de palourde respectivement *vulva, labia, pubes, anus* et *hymen*[6]. Il regroupa les plantes selon la nature de leurs organes reproducteurs et leur attribua des désirs amoureux d'un anthropomorphisme remarquable. Ses descriptions des fleurs et de leur comportement abondent en « relations sexuelles multiples », « concubines stériles » et « lits nuptiaux ». Voici un passage célèbre décrivant le printemps :

> L'amour vient même aux plantes. Les mâles et les femelles [...] font leurs noces [...] en montrant par leurs organes sexuels qui est mâle et qui femelle. Les feuilles servent de lits nuptiaux, que le Créateur a glorieusement disposés et ornés de nobles ciels de lit, et parfumés de si douces senteurs que l'époux et son épouse célèbrent leurs noces dans la plus grande solennité. Quand le lit est prêt, il est temps pour lui d'embrasser son épouse bien-aimée et de se rendre à elle[7].

Il appela un genre de plantes *Clitoria*. Beaucoup de gens, on s'en doute, le trouvaient bizarre, mais son système de classification était irrésistible. Avant lui, les plantes recevaient des noms interminables. La lanterne chinoise commune (dite aussi « cerise de terre ») s'appelait *Physalis amno ramosissime ramis angulosis glabris follis dentoserratis*. Linné la réduisit à la *Physalis angulata*, nom toujours en usage. Le monde des plantes se trouvait également désorganisé par des incohérences taxinomiques. Un botaniste ne pouvait savoir avec certitude si *Rosa sylvestris alba cum rubore folio glabro* était la même plante que d'autres appelaient *Rosa sylvestris inodora seu canina*. Linné trancha la question en la baptisant tout simplement *Rosa canina*[8]. Pour que ces coupes soient utiles et agréables à tous, il fallait bien plus que le sens de la décision. Il fallait un instinct – un génie, en fait – pour repérer les caractères saillants d'une espèce.

Le système de Linné est si bien établi que nous avons du mal à en imaginer un autre, mais il a existé avant lui d'autres systèmes de classification, souvent des plus fantaisistes. Les animaux par exemple étaient divisés entre sauvages ou domestiques, terrestres ou aquatiques, grands ou petits, voire entre beaux et nobles ou de peu de conséquence. Buffon disposa les siens en fonction de leur utilité pour l'homme, à peu près sans considération pour leur anatomie. L'œuvre de la vie de Linné consista à classer l'ensemble du vivant en fonction de ses attributs physiques. La taxinomie – la science de la classification – ne revint jamais en arrière.

Tout cela prit du temps, bien sûr. La première édition de son grand *Systema Naturae*, en 1735, faisait tout juste quatorze pages[9], mais ne cessa de prendre de l'ampleur jusqu'à sa douzième édition – la dernière du vivant de Linné – qui comptait trois volumes et 2 300 pages. Au total, il y énumérait ou décrivait 13 000 espèces de plantes et d'animaux. D'autres ouvrages sont plus complets – l'*Historia Generalis Plantarum* de John Ray, parue en Angleterre une génération plus tôt, ne comptait pas moins de 18 625 espèces de plantes[10] –, mais nul ne pouvait approcher Linné pour la cohérence, l'ordre, la simplicité et la pertinence. Ses travaux remontent aux années 1730, mais ils ne furent connus en Angleterre que vers 1760, à temps pour faire de lui une sorte de père fondateur aux yeux des botanistes anglais[11]. Nulle part son système ne fut adopté avec autant d'enthousiasme (ce qui explique notamment que la Société linnéenne ait son siège à Londres, et non à Stockholm).

Linné n'était pas sans failles. Il fit place à des bêtes mythiques et à des « hommes monstrueux » issus de l'imagination de marins et d'autres voyageurs, dont il accepta aveuglément les descriptions. On y comptait notamment un homme sauvage, *Homo ferus*, qui marchait à quatre pattes et n'avait pas encore acquis la maîtrise du langage, et un *Homo caudatus* – « homme avec une queue ». C'était alors, ne l'oublions pas, un âge bien plus crédule. Même le grand Joseph Banks prêta une oreille attentive à des descriptions de sirènes aperçues au large de l'Écosse à la fin du XVIIIe siècle[12]. Mais Linné compensa largement ces erreurs par une taxinomie solide et souvent brillante. Entre autres exploits, il fut le premier à comprendre que les baleines devaient être classées avec les vaches, les souris et les autres animaux terrestres dans la classe des quadrupèdes (plus tard des mammifères)[13].

Au début, Linné entendait simplement donner à chaque plante un nom de genre et un nombre – *Convolvulus 1*, *Convolvulus 2*, et ainsi de suite –, mais il ne tarda pas à comprendre que ces dénominations n'étaient pas satisfaisantes ;

il établit alors la nomenclature binomale qui demeure à ce jour au cœur du système. Son intention première était de l'appliquer aux roches, aux minéraux, aux maladies, aux vents – à tout ce qui existe dans la nature. Son système ne fut pas toujours accueilli avec chaleur. Beaucoup étaient troublés par son manque de délicatesse, ce qui ne manque pas d'ironie, car avant Linné les noms courants de beaucoup de plantes et d'animaux étaient d'une parfaite vulgarité. Le pissenlit doit toujours son nom à ses propriétés diurétiques supposées. En anglais, on comptait parmi d'autres noms courants le *pet de jument*, les *dames nues*, les *couilles ballantes*, la *pisse de chien*, le *con ouvert* et *l'éponge à fesses* – dont certains survivent encore[14]. Les capillaires de la mousse, dits « cheveux de jouvencelle », désignent d'autres cheveux que ceux de la tête. Quoi qu'il en soit, on pensait depuis longtemps que les sciences naturelles auraient gagné en dignité avec l'introduction de nouveaux noms, et l'on fut quelque peu consterné de découvrir que le prince des botanistes avait truffé ses textes de désignations comme *Clitoria*, *Fornicata* et *Vulva*.

Au cours du temps, beaucoup furent discrètement abandonnées (bien qu'une coque commune réponde encore officiellement au joli nom de *Crepidula fornicata*) et d'autres affinements introduits à mesure que le domaine se spécialisait. Le système fut notamment renforcé par l'introduction progressive de nouvelles hiérarchies. Les naturalistes utilisaient le genre et l'espèce plus d'un siècle avant Linné, et les termes d'« ordre », de « classe » et de « famille » furent adoptés dans les années 1750 et 1760. Mais le mot « phylum » ne fut forgé qu'en 1876 (par l'Allemand Ernst Haeckel) et « famille » et « ordre » restèrent interchangeables jusqu'au début du XXe siècle. Pendant un temps, les zoologues utilisèrent le mot « famille » là où les botanistes mettaient l'« ordre », créant de la confusion pour tout le monde*.

Linné avait divisé le monde animal en six catégories : mammifères, reptiles, oiseaux, poissons, insectes et « vermes », ou vers, pour tout ce qui n'entrait pas dans les cinq premières. Il était clair dès le départ qu'il était insatisfaisant de placer les homards et les crevettes dans la même catégorie que les vers, et l'on créa bientôt de nouvelles catégories, comme *Mollusca* et *Crustacea*. Hélas, ces nouveautés ne furent pas uniformément appliquées d'une nation à l'autre. Dans une tentative pour rétablir l'ordre, les Britanniques proclamèrent en 1842 un nouvel ensemble de règles, le *Stricklandian Code*, mais les Français y virent un signe de despotisme et la Société zoologique répliqua en sortant son propre code. Entre-temps, l'American Ornithological Society avait

---

* L'homme, par exemple, appartient au domaine des eucaryotes, au Règne des animaux, au phylum des cordés, à l'embranchement des vertébrés, à la classe des mammifères, à l'ordre des primates, à la famille des hominidés, au genre *Homo* et à l'espèce *sapiens*. (La convention exige, me suis-je laissé dire, de mettre en italiques le genre et l'espèce, mais pas les autres divisions.) Certains taxinomistes utilisent encore d'autres divisions : tribu, sous-ordre, infra-ordre, etc.

décidé pour d'obscures raisons de prendre pour base de sa taxinomie l'édition de 1758 du *Systema Naturae*, au lieu de celle de 1766 en usage ailleurs, de sorte que de nombreux oiseaux d'Amérique passèrent le XIXe siècle logés dans un autre genre que celui de leurs cousins d'Europe. Il fallut attendre 1902 et le premier Congrès international de zoologie pour que les naturalistes commencent à montrer un esprit de compromis et adoptent un code universel.

On décrit parfois la taxinomie comme une science et parfois comme un art, mais c'est avant tout un champ de bataille. Même aujourd'hui, il y a plus de désordre dans le système qu'on ne tend généralement à le penser. Prenons la catégorie du phylum, qui décrit le schéma corporel des organismes. Quelques-uns sont bien connus, comme les mollusques (palourdes et escargots), les arthropodes (insectes et crustacés) et les cordés (nous et tous les animaux dotés d'une colonne vertébrale ou proto-colonne), mais ensuite les choses ne tardent pas à s'obscurcir. Citons notamment les gnathostomes (vers marins), les cnidaires (méduses, anémones et coraux) et les délicats priapuliens (ou petits « vers-pénis » marins). Familières ou non, il s'agit de divisions élémentaires. Pourtant, il reste de surprenants désaccords sur le nombre de phyla. Les biologistes fixent en général le total à une trentaine, mais certains optent pour un chiffre plus proche de vingt, tandis qu'Edward O. Wilson, dans *The Diversity of Life*, fait monter ce chiffre à la hauteur surprenante de 89[15]. Cela dépend de l'endroit où vous placez vos divisions – selon que vous faites partie des « groupistes » ou des « scissionnistes », dans le jargon des biologistes.

Au niveau plus ordinaire des espèces, les possibilités de désaccord sont plus grandes encore. Qu'une espèce d'herbe doive s'appeler *Aegilops incurva*, *Aegilops incurvata* ou *Aegilops ovata* n'a pas lieu *a priori* d'affoler les foules non botanistes, mais ce peut être la source de chaudes disputes dans le secteur concerné. Le problème, c'est qu'il existe 5 000 espèces d'herbes dont beaucoup se ressemblent terriblement, même aux yeux des gens qui connaissent les herbes. Du coup, certaines espèces ont été trouvées et nommées au moins vingt fois, et il semble qu'il n'y en ait pas une qui n'ait été identifiée au moins deux fois par des chercheurs indépendants. Le *Manual of the Grasses of the United States* consacre deux cents pages en petits caractères à trier les synonymies, comme les spécialistes désignent ces innombrables doublons. Et nous ne parlons que des herbes d'un seul pays.

Pour traiter ces désaccords au niveau mondial, l'International Association for Plant Taxonomy arbitre les questions de priorité et de duplication. Elle sort régulièrement des décrets déclarant que *Zauschneria californica* (une plante commune des jardins de rocaille) s'appelle désormais *Epilobium canum*, ou que *Aglaothamnion tenuissimum* peut être considérée de la même espèce que *Aglaothamnion byssoides*, mais pas *Aglaothamnion pseudobyssoides*. En temps normal, ces petits dépoussiérages n'attirent guère l'attention, mais quand ils touchent à des plantes communes de nos jardins, ils suscitent immanquablement des levées de boucliers. À la fin des années 1980, le chrysanthème commun a été banni (apparemment sur des bases scientifiques solides) du genre du même nom, et relégué dans le monde assez terne et apparemment peu couru du genre *Dendranthema*.

Les amoureux des chrysanthèmes, un gang bruyant et très peuplé, protestèrent auprès du très réel, bien qu'un peu improbable, Comité des spermatophytes. (Il y a aussi le comité des ptéridophytes, des bryophytes et des champignons, qui obéissent tous à une instance supérieure, le rapporteur général : il s'agit vraiment d'une précieuse institution.) Bien que les règles de la nomenclature doivent s'appliquer sans failles, les botanistes ont aussi un cœur, et la décision fut annulée en 1995. Des décisions semblables ont sauvé de la démolition les pétunias, les fusains et une espèce commune d'amaryllis, mais pas un certain nombre d'espèces de géraniums, transférées voici quelques années, sous les huées, au genre *Pelargonium*[16]. Ces menues bagarres ont été résumées avec humour dans *The Potting-Shed Papers* de Charles Elliott.

On trouve à peu près le même genre de disputes et de reclassifications dans tous les domaines du vivant, ce qui rend la comptabilité bien plus ardue que vous ne pourriez le croire.

Le résultat, c'est que nous n'avons aucune idée, « pas même un ordre de grandeur », selon Edward O. Wilson, du nombre de choses vivantes sur notre planète. Les estimations vont de 3 à 200 millions[17]. Plus stupéfiant encore, selon un rapport de l'*Economist*, 97 % des espèces de plantes et d'animaux attendraient encore d'être découvertes[18].

Quant aux organismes que nous connaissons, plus de 99 sur 100 font l'objet d'une simple esquisse : « un nom scientifique, une poignée de spécimens dans un musée et quelques lignes de descriptions dans des journaux spécialisés » – voilà comment Wilson résume l'état de notre connaissance. Dans *The Diversity of Life*, il a estimé le nombre d'espèces connues – plantes, insectes, microbes, algues, etc. – à 1,4 million, en précisant que ce n'était qu'une hypothèse[19]. D'autres autorités placent ce chiffre un poil plus haut, entre 1,5 et 1,8 million[20], mais il n'existe pas de registre central pour ces choses, et l'on ne peut donc vérifier les chiffres nulle part. En bref, nous nous trouvons dans cette situation remarquable de ne même pas savoir ce que nous savons.

En principe, on devrait pouvoir aller consulter les experts de chaque domaine, leur demander combien d'espèces il contient, puis additionner le tout. Beaucoup de gens l'ont fait, d'ailleurs. Le problème, c'est qu'il s'en est rarement trouvé deux pour revenir avec des chiffres concordants. Certaines sources situent le nombre de types connus de champignons à 70 000, d'autres à

100 000. On peut vous assurer sans l'ombre d'un doute que le nombre d'espèces décrites de vers de terre se monte à 4 000 et, avec la même assurance, qu'il s'élève en fait à 12 000. Pour les insectes, le nombre d'espèces va de 750 000 à 950 000. Entendons-nous : il ne s'agit ici que du nombre d'espèces *connues*. Pour les plantes, les chiffres les plus courants vont de 248 000 à 265 000. Cet écart peut sembler relativement insignifiant, mais il représente quand même plus de vingt fois le nombre de plantes à fleurs de toute l'Amérique du Nord.

Mettre de l'ordre là-dedans n'est pas une tâche facile. Au début des années 1960, Colin Groves, de l'Australian National University, entreprit une recension systématique des espèces connues de primates – un peu plus de 250. Il se révéla souvent que la même espèce avait été décrite deux fois – voire plusieurs fois – sans qu'aucun des découvreurs ne réalise qu'il avait affaire à un animal déjà connu de la science. Il fallut quarante ans à Groves pour débrouiller le tout, sur un groupe relativement restreint de créatures bien distinguées et en général non discutées[21]. Dieu seul sait quels résultats on obtiendrait si l'on tâtait du même exercice sur les 20 000 types estimés de lichens, les 50 000 espèces de mollusques ou les 400 000 espèces de scarabées qu'abrite la planète.

Ce qui est sûr, c'est qu'il y a beaucoup de vie là-dedans, même si les quantités avancées sont fatalement des estimations fondées sur des extrapolations – parfois très extrapolées. Dans une expérience célèbre des années 1980, Terry Erwin, de la Smithsonian Institution, vaporisa d'un brouillard d'insecticide une zone du Panama comportant 19 types d'arbres tropicaux, puis recueillit dans ses filets tout ce qui tombait de la canopée. Dans sa récolte (plusieurs, en fait, car il répéta l'expérience à des saisons différentes pour être sûr de capturer des espèces migrantes), il trouva 1 200 types de scarabées. En fonction de la distribution de ceux-ci dans d'autres lieux, du nombre d'autres espèces d'arbres dans la forêt, du nombre de forêts dans le monde, du nombre d'autres types d'insectes et ainsi de suite suivant une longue chaîne de variables, il parvint à une estimation de 30 millions d'espèces d'insectes sur toute la planète – un chiffre qu'il déclara ensuite sous-estimé. D'autres, à l'aide de données comparables, ont obtenu un total de 13 millions, 80 millions ou 100 millions de types d'insectes, ce qui nous mène à la conclusion qu'en dépit de toutes les précautions ces chiffres doivent autant à la supposition qu'à la science.

Selon le *Wall Street Journal*, le monde possède « environ 10 000 taxinomistes actifs ». Pas énorme si l'on considère le nombre de choses à cataloguer. Mais, du fait du coût (2 000 dollars par espèce) et des lenteurs administratives, on n'enregistre qu'environ 15 000 nouvelles espèces de tout type chaque année[22].

« Ce n'est pas une crise de la biodiversité, c'est une crise de la taxinomie ! », gronde Koen Maes, un Belge à la tête du département des invertébrés au Musée national du Kenya à Nairobi, que j'ai brièvement rencontré lors d'une visite dans ce pays à l'automne 2002[23]. « Il n'y a pas de taxinomistes spécialisés dans toute l'Afrique, m'a-t-il dit. Il y en avait un en Côte d'Ivoire, mais je crois qu'il a pris sa retraite. » Il faut huit à dix ans pour former un taxinomiste, mais aucun ne vient en Afrique. « Ce sont eux, les fossiles », a ajouté Maes. Lui aussi devait partir à la fin de l'année. Après sept ans passés au Kenya, son contrat n'était pas renouvelé. « Manque de crédits », a-t-il conclu.

Le biologiste britannique G. H. Godfray notait dans la revue *Nature* que les taxinomistes souffrent partout « d'un manque chronique de prestige et de ressources ». En conséquence, « beaucoup d'espèces sont mal décrites dans des publications isolées, sans que l'on cherche à relier un nouveau taxon* aux espèces et aux classifications existantes[24] ». En outre, les taxinomistes consacrent une part non négligeable de leur temps non pas à décrire de nouvelles espèces, mais à trier les anciennes. Beaucoup, selon Godfray, « passent l'essentiel de leur carrière à essayer d'interpréter le travail des systématicistes du XIXe siècle : déconstruire leurs descriptions souvent inadéquates ou courir les musées du monde en quête de matériaux parfois conservés dans de très mauvaises conditions ».

---

* Ce terme désigne une catégorie zoologique, comme le phylum ou le genre. Son pluriel est *taxa*.

Godfray souligne notamment leur peu d'intérêt pour les possibilités de systématisation qu'offre Internet. Le fait est que la taxinomie reste de nos jours étroitement mariée au papier.

Pour tenter de faire entrer la discipline dans l'âge moderne, Kevin Kelly, cofondateur du magazine *Wired*, a lancé en 2001 une entreprise appelée All Species Foundation qui vise à trouver chaque organisme vivant et à le cataloguer dans une base de données[25]. On a estimé le coût de l'exercice entre 2 et 50 milliards de dollars. Au printemps 2002, la fondation disposait de 1,2 milliard de fonds et de quatre employés à plein temps. Si nous avons vraiment 100 millions d'espèces d'insectes à trouver, et si nos découvertes s'effectuent à la vitesse actuelle, nous devrions avoir un total définitif dans un peu plus de 15 000 ans. Le reste du règne animal peut prendre un peu plus longtemps.

Pourquoi savons-nous si peu de choses ? Il y a à peu près autant de raisons qu'il y a encore d'animaux à compter, mais voici quelques-unes des causes principales.

La plupart des êtres vivants sont petits et nous passons facilement à côté

En termes pratiques, ce n'est pas toujours mauvais. Vous dormiriez peut-être moins bien si vous aviez conscience que votre matelas abrite environ 2 millions d'acariens microscopiques qui viennent dans votre sommeil se régaler de vos fluides sébacés et de ces délicieux fragments de peau bien croustillants que vous abandonnez en dormant[26]. Votre oreiller à lui seul peut en abriter 40 000. (Pour eux, votre tête n'est qu'une énorme sucette.) Et ne croyez pas tout changer avec une taie d'oreiller propre : pour des animaux de la taille des acariens, la trame du tissu humain le plus ferme est comme le gréement d'un navire. Si votre oreiller a six ans (ce qui semble être l'âge moyen d'un oreiller), on a estimé qu'un dixième de son poids sera constitué « de peau morte, d'acariens vivants, d'acariens morts et de crottes d'acariens », pour citer l'homme qui a effectué le calcul, le Dr John Maunder du British Medical Entomology Center[27]. (Mais au moins, ce sont *vos* acariens. Pensez à ce qui se blottit contre vous chaque fois que vous vous allongez sur un lit de motel*.) Ces acariens nous accompagnent depuis des temps immémoriaux, mais ils n'ont pas été découverts avant 1965[28].

Si des créatures qui nous sont aussi intimement associées ont échappé à notre attention jusqu'à l'âge de la télévision couleur, il n'est guère surprenant que le reste du monde de l'extrêmement petit nous soit à peine connu. Allez dans une forêt quelconque, ramassez une poignée d'humus et vous aurez dans la main 10 millions de bactéries, pour la plupart ignorées de la

* Sur certains plans, la situation empire en matière d'hygiène. Le Dr Maunder estime que les détergents à basse température ont encouragé les parasites à proliférer. « Si vous lavez des vêtements contenant des poux à basse température, conclut-il, tout ce que vous obtenez, ce sont des poux propres. »

science. Votre échantillon peut contenir un million de levures grassouillettes, environ 200 000 champignons poilus et microscopiques appelés moisissures, 10 000 protozoaires (dont les plus connus sont les amibes) et un assortiment de rotifères, vers plats, vers ronds et autres créatures microscopiques désignées sous le nom collectif de cryptogammes[29]. La plupart seront également inconnues.

Le manuel le plus complet sur les micro-organismes, *Bergey's Manual of Systematic Bacteriology*, énumère environ 4 000 types de bactéries. Dans les années 1980, un couple de chercheurs norvégiens, Jostein Gosksoyr et Vigdis Torsvik, prélevèrent un gramme d'humus au hasard dans une forêt de hêtres près de leur laboratoire à Bergen, et analysèrent avec soin son contenu bactérien. Ils découvrirent que cet échantillon contenait à lui seul de 4 000 à 5 000 espèces distinctes de bactéries, soit plus que n'en mentionne le *Manuel* de Bergey. Ils se rendirent ensuite près de la côte à quelques kilomètres de là, prirent un autre gramme de terre, et découvrirent qu'il contenait 4 000 à 5 000 *autres* espèces. Comme le fait observer Edward O. Wilson, « s'il existe plus de 9 000 types de microbes dans deux pincées d'humus de deux localités de Norvège, combien d'autres attendent d'être découverts dans des habitats radicalement différents[30] ? ». Eh bien, selon une estimation, ce chiffre pourrait monter jusqu'à 400 millions[31].

Nous ne regardons pas au bon endroit

Dans *The Diversity of Life*, Wilson cite ce botaniste qui passa quelques jours à vagabonder sur dix hectares de la jungle de Bornéo et découvrit 1 000 nouvelles espèces de plantes à fleurs – plus qu'on n'en connaît dans toute l'Amérique du Nord[32]. Ces plantes n'étaient pas difficiles à trouver : simplement, personne n'y avait regardé avant lui. Koen Maes m'a raconté qu'il s'était rendu dans une forêt humide, comme on appelle les forêts montagneuses au Kenya, et qu'en une demi-heure « d'une recherche pas vraiment acharnée » il avait trouvé quatre nouvelles espèces de mille-pattes, dont trois représentaient de nouveaux genres, et une nouvelle espèce d'arbre. « Un gros arbre », a-t-il précisé en mimant une danse avec un très gros partenaire. On trouve ces forêts au sommet de plateaux qui ont parfois été isolés pendant des millions d'années. « Elles offrent un climat idéal et elles ont à peine été étudiées », a-t-il conclu.

Alors que les forêts tropicales humides ne couvrent que 6 % de la surface de la Terre, elles abritent plus de la moitié de sa vie animale, et environ deux tiers de ses plantes à fleurs ; mais l'essentiel de cette vie nous reste inconnu parce que trop peu de chercheurs s'y sont intéressés[33]. Tout cela pourrait être exploité. Au moins 99 % des plantes à fleurs n'ont jamais été testées pour leurs propriétés médicinales. Étant dans l'incapacité de fuir leurs prédateurs, elles ont développé des défenses chimiques et sont donc particulièrement riches en substances. Aujourd'hui encore, un quart environ de tous les médicaments connus sont issus d'une quarantaine de plantes, à quoi s'ajoutent 16 % de produits issus des animaux et des microbes ; il y a donc de grandes chances que chaque hectare de forêt soit rempli de possibilités médicales vitales. À l'aide d'une méthode appelée chimie combinatoire, les chimistes peuvent générer 40 000 composés à la fois dans les labos, mais ces manipulations s'effectuent au hasard et sont souvent sans usage, alors que toute molécule naturelle aura déjà passé ce que l'*Economist* appelle « la meilleure batterie de tests imaginable : plus de 3,5 milliards d'années d'évolution[34] ».

La quête de l'inconnu ne se limite pas aux voyages dans des endroits lointains. Dans son livre *Life : An Unauthorised Biography*, Richard Fortey raconte la découverte d'une ancienne bactérie sur le mur d'un pub de campagne « où les hommes avaient uriné depuis des générations » – trouvaille qui laisse supposer une chance rare et une grande dévotion, voire une autre qualité non spécifiée[35].

Il n'y a pas assez de spécialistes

La quantité de choses qui reste à trouver, examiner et cataloguer dépasse largement la quantité de scientifiques disponibles pour le faire. Prenez les organismes robustes et peu connus appelés rotifères bdélloïdes. Ce sont de microscopiques animaux qui peuvent survivre à presque tout. Quand les temps sont durs, ils s'enroulent en une boule compacte, bloquent leur métabolisme et attendent des jours meilleurs. Dans cet état, vous pouvez les faire tomber dans l'eau bouillante ou les faire geler à la limite du zéro absolu – soit la température où même les atomes abandonnent. Quand cette torture est finie et qu'ils retrouvent un environnement plus plaisant, ils se déroulent et reprennent leur route comme s'il ne s'était rien passé. Jusqu'ici, on en a identifié environ 500 espèces (360 selon d'autres sources), mais on n'a pas la moindre idée du nombre total qu'il peut en exister[36]. Pendant des années, ils n'ont été connus que grâce au travail d'un amateur dévoué, un employé de bureau nommé David Bryce qui les étudiait à ses heures perdues. On les trouve partout dans le monde, mais vous pourriez avoir à table tous les experts en rotifères bdélloïdes du monde et ne pas avoir besoin d'emprunter des chaises à vos voisins.

Même une chose aussi importante et omniprésente que les champignons soulève relativement peu d'intérêt. Ils sont présents partout sous diverses formes – champignons, moisissures, mildious, levures et vesses-de-loup notamment – et existent en volumes que nous ne soupçonnons pas. Rassemblez les champignons sur un demi-hectare de prairie et vous aurez plus d'une tonne de ces petites choses[37]. Ce ne sont pas des organismes marginaux. Sans les champignons, il n'y aurait pas de mildiou de la pomme de terre, pas de maladie des ormes, pas de démangeaisons ni de mycoses, mais il n'y aurait pas non plus de yaourts, de bières ni de fromages. En tout, on a identifié environ 70 000 espèces de champignons, mais on estime qu'il pourrait y en avoir jusqu'à 1,8 million[38]. Beaucoup de mycologues travaillent dans l'industrie à fabriquer des fromages et des yaourts, de sorte qu'il est difficile de dire combien se consacrent à la recherche, mais on peut affirmer sans crainte qu'il y a plus d'espèces de champignons à trouver que de gens occupés à les chercher.

Le monde est un endroit immense

Les voyages par avion et les nouvelles formes de communication nous ont induits à penser que le monde n'est au fond pas si grand, mais au niveau du sol, où travaillent les chercheurs, il est en fait énorme – assez pour nous réserver des surprises de taille. On sait que l'okapi, le parent le plus proche de la girafe, est présent en grand nombre dans les forêts tropicales du Zaïre – la population totale étant estimée à 30 000 individus, mais on n'a pas soupçonné son existence avant le XXe siècle. On a cru pendant deux cents ans que le takahe, un gros oiseau coureur de Nouvelle-Zélande, était éteint, avant d'en retrouver un vivant dans une région accidentée de South Island[39]. En 1995, une équipe de chercheurs français et britanniques, perdus dans une tempête de neige au fond d'une vallée ignorée du Tibet, tombèrent sur une race de cheval, le riwoche, que l'on ne connaissait que d'après des dessins rupestres préhistoriques. Les habitants de la vallée furent stupéfaits d'apprendre que ce cheval était une rareté pour le reste du monde[40].

Certains pensent d'ailleurs que nous ne sommes pas au bout de nos surprises. « Un ethnobiologiste britannique de premier plan, écrivait l'*Economist* en 1995, pense qu'un mégathérium, une sorte de paresseux géant vivant à terre, capable de se dresser aussi haut qu'une girafe [...] pourrait se dissimuler dans les profondeurs du bassin de l'Amazone[41]. » Fait significatif, l'ethnobiologiste n'était pas nommé ; en outre, on n'a plus jamais entendu parler de lui ni de son paresseux géant. On ne peut toutefois affirmer catégoriquement que cet animal n'existe pas tant que l'on n'aura pas ratissé chaque recoin de jungle, et nous en sommes fort loin.

Mais même si l'on formait des milliers de travailleurs de terrain et si on les expédiait dans les endroits les plus reculés du monde, ce ne serait pas encore suffisant, car partout où la vie peut être, elle est. Cette extraordinaire fécondité est stupéfiante, plaisante, mais aussi problématique. Pour tout découvrir, il faudrait retourner chaque caillou, explorer l'humus de chaque forêt, passer au crible des quantités inimaginables de sable et de poussière, grimper dans chaque canopée et découvrir des moyens plus efficaces d'explorer les fonds sous-marins. Même alors, on passerait à côté d'écosystèmes entiers. En Roumanie, dans les années 1980, des spéléologues pénétrèrent dans une grotte fermée au monde extérieur depuis une période indéterminée ; ils y trouvèrent 33 espèces d'insectes et d'autres petites créatures – araignées, scolopendres, poux, etc. –, tous aveugles, incolores et nouveaux pour la science. Ils vivaient sur les microbes de l'écume des mares, qui eux-mêmes se nourrissaient du sulfure d'hydrogène sortant des sources chaudes.

Cette impossibilité de tout connaître peut nous sembler frustrante et décourageante, mais aussi très excitante. Nous vivons sur une planète dotée d'une capacité à peu près infinie de nous surprendre. Au fond, qui s'en plaindrait ?

Le plus stupéfiant dans ce genre de balade à travers les disciplines de la science moderne, c'est le nombre de gens disposés à consacrer leur vie à des recherches totalement ésotériques. Dans l'un de ses essais, Gould évoque un dénommé Henry Edward Crampton qui consacra un demi-siècle, de 1906 à sa mort, à l'étude des *Partula* – un genre d'escargots polynésien. Année après année, Crampton mesura avec une précision maniaque – et des chiffres à 8 décimales – les spirales, volutes et courbes d'innombrables *Partula*, compilant ses résultats en de fastidieux tableaux. Une seule ligne d'un seul de ces tableaux pouvait représenter des semaines de mesures et de calculs[42].

Un chercheur à peine moins dévoué, mais certes plus inattendu, fut Alfred C. Kinsey, qui devint célèbre pour ses études sur la sexualité humaine dans les années 1940 et 1950. Mais avant de se pencher sur le sexe, Kinsey fut un entomologiste du genre opiniâtre. Au cours d'une expédition de deux ans, il parcourut 4 000 km pour rassembler une collection de

300 000 guêpes[43]. Le nombre de piqûres qu'il récolta dans l'affaire reste hélas imprécisé.

Une chose qui m'avait laissé perplexe, c'était le mode de succession dans ces domaines mystérieux. En effet, il ne saurait y avoir beaucoup d'institutions dans le monde en demande de spécialistes des bernacles ou des escargots du Pacifique. Comme nous sortions du Muséum d'histoire naturelle de Londres, je demandai à Richard Fortey comment fait la science pour s'assurer que, lorsqu'un chercheur s'en va, un autre est prêt à prendre sa place.

Il rit de bon cœur de ma naïveté.

« – Je crains que ce ne soit pas comme si nous avions des remplaçants assis sur le banc de touche, attendant leur tour d'entrer sur le terrain. Quand un spécialiste prend sa retraite ou meurt, il peut entraîner la mise en sommeil de tout un domaine, et parfois pendant très longtemps.

« – C'est sans doute pourquoi vous tenez tant à un homme capable de consacrer quarante-deux ans à étudier une unique espèce de plante, même s'il ne produit rien de terriblement nouveau ?

« – C'est exactement cela », me dit-il.

Et il semblait sincère.

XXIV

Cellules

Tout commence avec une cellule unique. Cette première cellule se divise en deux, ces deux deviennent quatre et ainsi de suite. Au bout de quarante-sept divisions exactement, vous avez dix millions de milliards (10 000 000 000 000 000) de cellules dans votre corps et vous êtes prêt à faire votre entrée en tant qu'être humain*. Chacune de vos cellules sait exactement quoi faire pour vous préserver et vous nourrir de l'instant de votre conception jusqu'à votre dernier souffle.

Vous n'avez pas de secrets pour vos cellules. Elles en savent bien plus long sur vous que l'inverse. Chacune porte une copie de votre code génétique complet – le manuel d'utilisation de votre corps –, de sorte qu'elle connaît non seulement son travail, mais également l'état de tous les travaux en cours dans votre corps. Jamais vous n'aurez à rappeler à une cellule de garder un œil sur ses niveaux d'adénosine-triphosphate

* En fait, beaucoup de cellules se perdent au cours du développement, de sorte que le nombre que vous possédez au départ n'est qu'une hypothèse. Selon la source consultée, le nombre peut varier considérablement. Le chiffre avancé ici vient de Margulis et Sagan, 1988.

ou de trouver une place pour telle giclée supplémentaire d'acide folique. Elle le fera pour vous, ainsi que des millions d'autres choses.

Chaque cellule est par nature une chose stupéfiante. Même les plus simples dépassent de très loin l'ingéniosité humaine. Pour construire la plus élémentaire cellule de levure, par exemple, il vous faudrait miniaturiser le nombre de composants d'un Boeing 777 et les ajuster dans une sphère de cinq microns de diamètre[1], puis il vous faudrait trouver un moyen de persuader cette sphère de se reproduire.

Mais les cellules de levure ne sont rien comparées aux cellules humaines, qui sont non seulement plus variées et plus complexes, mais aussi bien plus fascinantes du fait de leurs interactions complexes.

Vos cellules sont un pays de dix millions de milliards de citoyens, œuvrant chacun à sa manière spécifique à votre bien-être général. Il n'y a rien qu'elles ne feraient pour vous. Elles vous font éprouver du plaisir et former des pensées. Elles vous permettent de tenir debout, de vous étirer et de faire des cabrioles. Quand vous mangez, elles extraient les substances nutritives, distribuent l'énergie et vident les déchets – autant de choses que vous avez dû voir en biologie au collège –, mais elles vous rappellent aussi d'avoir faim et vous en récompensent ensuite par une agréable sensation de satiété, de sorte que vous n'oublierez pas de manger de nouveau. Elles font pousser vos cheveux, cirent vos oreilles, font ronronner votre cerveau. Elles gèrent le moindre recoin de votre être. Elles voleront à votre secours dès l'instant où vous êtes menacé. Elles mourront pour vous sans hésitation – des milliards d'entre elles le font chaque jour. Et pendant toutes ces années, vous n'avez pas pensé une fois à les remercier. Aussi prenons un moment pour les considérer avec l'émerveillement qu'elles méritent.

Nous comprenons un peu la façon dont les cellules travaillent – disposant des couches de graisse, fabriquant de l'insuline et se livrant à d'innombrables actes indispensables pour conserver en vie une entité aussi complexe que vous –, mais un peu seulement. Vous avez au moins 200 000 types de protéines à l'œuvre en vous, et nous ne comprenons à ce jour qu'environ 2 % de ce qu'elles font[2]. (D'autres placent ce chiffre à 50 % ; cela dépend, selon toute apparence, de ce qu'on entend par « comprendre ».)

Les surprises au niveau cellulaire sont infinies. Dans la nature, l'oxyde nitrique est une toxine redoutable et un important facteur de pollution atmosphérique. Aussi les chercheurs ont-ils été quelque peu surpris de découvrir, au milieu des années 1980, que certaines cellules humaines s'activaient furieusement à en produire. Sa fonction fut d'abord un mystère, puis on se mit à en trouver partout – contrôlant le flux sanguin et les niveaux d'énergie des cellules, attaquant les cancers et autres éléments pathogènes, régulant le sens de l'odorat, et même aidant à l'érection[3]. On put expliquer du même coup pourquoi la nitroglycérine, l'explosif bien connu, apaise la douleur cardiaque appelée angine de poitrine (elle est convertie en oxyde nitrique dans le sang, relaxant les parois musculaires des vaisseaux, ce qui permet au sang de s'écouler plus librement)[4]. En à peine une décennie, cette substance gazeuse était passée du statut de toxine étrange à celui d'élixir universel.

Vous possédez « quelques centaines » de types de cellules, selon le biochimiste Christian De Duve[5], et elles varient énormément en forme et en taille, depuis les cellules nerveuses dont les filaments peuvent mesurer plus d'un mètre jusqu'aux minuscules globules rouges en forme de disque en passant par les photocellules en forme de cônes et de bâtonnets qui nous permettent de voir. Elles présentent en outre une gamme somptueuse de dimensions – rien n'étant plus frappant que le moment de la conception, quand un unique spermatozoïde affronte un ovule 85 000 fois plus gros que lui (ce qui met en perspective la notion de conquête masculine). Mais, en moyenne, une cellule humaine a un diamètre de vingt microns – soit deux centièmes de millimètre –, ce qui est trop petit pour être vu, mais assez vaste pour contenir des milliers de structures complexes comme les mitochondries et des millions de molécules. Au sens le plus strict, les cellules varient aussi en vivacité. Les cellules de votre peau sont toutes mortes. C'est une idée un peu vexante de se dire que chaque pouce de notre surface est passé de vie à trépas. Si vous êtes un adulte de taille moyenne, vous trimballez environ 2,5 kilos de peau morte, dont plusieurs milliards de minuscules fragments se desquament chaque jour[6]. Passez un doigt le long d'une étagère poussiéreuse : le dessin que vous tracez s'inscrit essentiellement dans de la peau morte.

La cellule moyenne vit rarement plus d'un mois, mais il y a des exceptions notables. Les cellules du foie peuvent survivre des années, bien que leurs composants puissent se renouveler toutes les semaines[7]. Les cellules cérébrales durent aussi longtemps que vous. Vous en avez une centaine de milliards à la naissance et vous n'en aurez jamais plus. On a estimé que vous en perdez 500 à l'heure, de sorte que si vous avez à réfléchir sérieusement, il n'y a pas une seconde à perdre. La bonne nouvelle, c'est que tous les composants de vos cellules cérébrales sont constamment renouvelés, de sorte que, comme les cellules du foie, aucune d'elles ne risque d'avoir plus d'un mois. On dit parfois qu'il n'y a pas un fragment de nous – pas une seule molécule – qui ait fait partie de nous voici neuf ans[8]. Cela n'y paraît pas, mais au niveau cellulaire, nous sommes tous des gamins.

La première personne à décrire une cellule fut Robert Hooke, que nous avons laissé en train de se disputer avec Isaac Newton pour savoir qui avait découvert la loi de l'inverse carré. Hooke accomplit bien des choses au cours de ses soixante-huit années d'existence – il était à la fois un théoricien accompli et un type doué pour fabriquer des instruments ingénieux et utiles –, mais rien ne lui valut plus de gloire que son fameux ouvrage *Micrographia : or Some Physiological Descriptions of Miniature Bodies Made by Magnifying Glasses*, sorti en 1665. Il révéla à un public enchanté un univers de l'infiniment petit bien plus divers, peuplé et finement structuré qu'on ne l'avait imaginé.

Entre autres caractères microscopiques identifiés par Hooke, il y avait ces petites chambres au sein des plantes qu'il appela « cellules » parce qu'elles lui rappelaient des cellules de moine. Hooke calcula qu'un pouce carré de liège contenait 1 259 712 000 de ces petites chambres[9] – la première apparition d'un aussi grand nombre en science. Les microscopes de ce temps étaient sortis depuis une génération, mais ceux de Hooke se distinguaient par leur suprématie technique. Ils pouvaient grossir trente fois, ce qui faisait d'eux le dernier cri de la technologie optique du XVIIe siècle.

Ce fut donc un choc quand une décennie plus tard Hooke et d'autres membres de la Royal Society de Londres commencèrent à recevoir des dessins et des rapports d'un drapier illettré de Hollande utilisant des outils qui grossissaient 275 fois. Ce drapier s'appelait Antoni Van Leeuwenhoek. Bien qu'il eût peu d'éducation et pas de formation en sciences, c'était un observateur sensible et un génie de la technique.

On ne sait toujours pas comment il obtint de si magnifiques grossissements à partir d'outils aussi simples – ce n'étaient guère que de modestes chevilles en bois où était incrustée une minuscule bulle de verre, plus proches de la loupe que de ce que nous appelons des microscopes. Leeuwenhoek fabriquait un instrument pour chaque expérience et se montrait très secret sur ses techniques, bien qu'il eût parfois aidé les Anglais à améliorer leur résolution*.

En l'espace d'un demi-siècle – alors qu'il avait commencé à plus de quarante ans –, il expédia près de deux cents rapports à la Royal Society, tous rédigés en néerlandais, la seule langue qu'il maîtrisait. Leeuwenhoek ne proposait pas d'interprétations : il se bornait à offrir les faits qu'il avait découverts, accompagnés de dessins exquis. Il envoya des rapports sur à peu près tout ce qui pouvait être examiné – la levure du pain, le dard des abeilles, les cellules du sang, les dents, les cheveux, ses propres fluides (salive, excréments et sperme, accompagnés des excuses les plus plates pour leur nature peu appétissante) – et n'avait encore jamais été placé sous un microscope.

Après qu'il eut déclaré avoir trouvé des « animalcules » dans un échantillon d'eau poivrée en

* Leeuwenhoek était un ami intime d'un autre notable de Delft, le peintre Jan Vermeer. Au milieu des années 1660, Vermeer, qui avait été jusque-là un peintre compétent mais pas extraordinaire, acquit soudain la maîtrise de la lumière et de la perspective qui allait le rendre célèbre. Même si cela n'a jamais été prouvé, on a longtemps soupçonné qu'il utilisait une *camera obscura*, un appareil permettant de projeter des images sur une surface plate sans lentille. On n'a retrouvé aucun appareil de ce type dans les affaires de Vermeer après sa mort, mais il se trouve que son exécuteur testamentaire n'était autre qu'Antoni Van Leeuwenhoek, le plus secret des fabricants de lentilles de l'époque.

1676, les membres de la Royal Society passèrent un an à traquer ces « petits animaux », armés des meilleurs instruments que pouvait fournir la technologie anglaise, avant de trouver le bon grossissement[10]. Ce qu'avait trouvé Leeuwenhoek, c'étaient des protozoaires. Il calcula qu'il y avait 8 280 000 de ces petits êtres dans une seule goutte d'eau – plus que le nombre d'habitants en Hollande[11]. Le monde grouillait de vie à un point que l'on n'avait jamais soupçonné.

Inspirés par les fantastiques trouvailles de Leeuwenhoek, d'autres se mirent à scruter les lamelles avec tant d'entrain qu'ils y trouvèrent parfois des choses qui n'existaient pas. Un respectable observateur hollandais, Nicolaus Hartsoecker, était convaincu d'avoir vu « de petits hommes tout formés » dans les cellules du sperme. Il les appela des « homunculi » et, pendant un temps, on crut que tous les êtres humains – et, de fait, toutes les créatures – n'étaient que des versions grossies de petits êtres complets[12]. Leeuwenhoek lui-même se laissa parfois emporter par son enthousiasme. Dans l'une de ses expériences les moins réussies, il voulut étudier les propriétés de la poudre à canon en observant de près une petite explosion, et fut à deux doigts d'y laisser la vue[13].

En 1683, Leeuwenhoek découvrit les bactéries, mais le progrès en resta là pendant encore un siècle et demi, du fait des limites des microscopes. Il faudrait attendre 1831 pour voir le premier noyau d'une cellule, grâce au botaniste écossais Robert Brown, ce fréquent mais fantomatique visiteur de l'histoire des sciences qui vécut entre 1773 et 1858. Il l'appela *nucleus*, du latin *nucula*, « petite noix » ou « noyau ». Mais il fallut attendre 1839 et l'Allemand Theodor Schwann pour comprendre que toute la matière vivante est cellulaire[14]. Comme il arrive souvent en science, non seulement cette idée vint tard, mais elle ne fut pas acceptée tout de suite. Ce n'est qu'en 1860, avec les travaux de Louis Pasteur, qu'il fut démontré que la vie ne peut surgir spontanément du néant, mais doit être issue de cellules qui lui préexistent. Cette idée, qui prit le nom de « théorie cellulaire », est la base de toute la biologie moderne.

La cellule a été comparée à bien des choses, depuis « une raffinerie chimique complexe » (par le physicien James Trefil) jusqu'à « une vaste et grouillante métropole » (par le biochimiste Guy Brown)[15]. Une cellule est à la fois les deux et rien de cela. Elle ressemble à une raffinerie en ceci qu'elle se consacre à l'activité chimique à une grande échelle, et à une métropole en ceci qu'elle grouille d'animation et d'interactions incessantes qui semblent se produire au hasard tout en obéissant manifestement à un système. Mais c'est un endroit bien plus cauchemardesque que toutes les villes ou les usines que vous avez jamais visitées. D'abord, il n'y a ni haut ni bas dans la cellule (la gravité ne s'applique pas de façon significative à l'échelle cellulaire), et pas un pouce d'espace inutilisé. Il y a de l'activité partout, accompagnée d'un incessant bourdonnement électrique. Vous ne vous sentez peut-être pas follement électrique, mais vous l'êtes. La nourriture que nous absorbons et l'oxygène que nous respirons se combinent dans les cellules pour donner de l'électricité. Si nous ne sommes pas électrocutés ou grillés vifs en nous asseyant sur un canapé, c'est que la charge est infime : de l'ordre de 0,1 volt parcourant des distances qui se mesurent en nanomètres. Mais rehaussez cette échelle et vous obtenez un coup de jus de 20 millions de volts par mètre, l'équivalent de la charge portée par un orage[16].

Quelle que soit leur taille ou leur forme, vos cellules sont conçues fondamentalement selon le même plan : elles ont une enveloppe externe ou membrane, un noyau où réside l'information génétique qui vous fait fonctionner, et, entre les deux, un espace grouillant d'activité appelé cytoplasme. La membrane n'est pas, comme on tend à se l'imaginer, une enveloppe dure que l'on pourrait transpercer avec une aiguille. Elle est constituée d'un matériel graisseux appelé les lipides, qui ont la consistance approximative « d'une huile de machine de faible grade[17] », pour citer Sherwin B. Nuland. Si cela vous semble étonnamment peu substantiel, rappelez-vous qu'au niveau microscopique les choses se comportent différemment. À l'échelle moléculaire, l'eau devient une sorte de gel multifonction, et les lipides sont durs comme du fer.

Vous n'aimeriez pas visiter l'intérieur d'une cellule. Poussée à une échelle où les atomes auraient la taille de petits pois, une cellule serait une sphère de 800 mètres de diamètre, soutenue par une structure complexe de poutrelles appelée le cytosquelette. Là, des millions et des millions de projectiles – certains gros comme des ballons de basket, d'autres comme des voitures – passent en vous sifflant aux oreilles. Il n'y a pas d'endroit où se tenir sans être martelé et lacéré des milliers de fois, à chaque seconde, dans toutes les directions. Même pour ses occupants permanents, l'intérieur d'une cellule n'est pas un endroit sûr. Chaque brin d'ADN est attaqué ou endommagé en moyenne une fois toutes les 8,4 secondes – 10 000 fois par jour – par des substances chimiques qui se cognent dedans ou le lacèrent par inadvertance, et chacune de ces blessures doit être rapidement recousue si la cellule ne veut pas mourir.

Les protéines sont particulièrement vivaces, tournant, pulsant et se cognant entre elles jusqu'à un milliard de fois par seconde[18]. Les enzymes, qui sont elles-mêmes un type de protéine, foncent dans tous les coins, accomplissant jusqu'à un millier de tâches par seconde. Comme des fourmis accélérées, elles construisent et recontruisent les molécules, arrachant un fragment à celle-ci, en ajoutant un à cette autre. Certaines surveillent les protéines qui passent et marquent d'une substance chimique celles qui sont irrémédiablement endommagées. Une fois sélectionnées, ces protéines sont dirigées vers une structure appelée protéasome, où elles sont lacérées et leurs composants réutilisés pour construire de nouvelles protéines. Certaines existent pendant moins d'une demi-heure ; d'autres survivent pendant des semaines ; mais toutes mènent une existence incroyablement frénétique. Comme le note De Duve, « le monde moléculaire reste fatalement hors de portée de notre imagination, du fait de l'incroyable vitesse à laquelle les événements s'y produisent[19] ».

Mais ramenez tout cela à une vitesse où les interactions deviennent observables et l'endroit devient tout de suite beaucoup plus calme. Vous voyez qu'une cellule est simplement composée de millions d'objets – lysosomes, endosomes, ribosomes, ligases, péroxysomes, protéines de toutes formes et de toutes dimensions – qui se cognent dans des millions d'autres et accomplissent des tâches ordinaires : extraire de l'énergie des substances nutritives, assembler des structures, évacuer les déchets, arrêter les intrus, envoyer et recevoir des messages, effectuer des réparations. Une cellule classique contient 20 000 types de protéines, dont environ 2 000 seront représentés chacun par au moins 50 000 molécules. « Ce qui signifie, selon Nuland, que même si nous ne comptons que les molécules présentes par paquets de 50 000, le total est encore un extrême minimum de 100 millions de protéines dans chaque cellule. Un chiffre aussi prodigieux donne une idée de la furieuse activité biochimique en chacun de nous[20]. »

Tout ce processus est extrêmement exigeant. Votre cœur doit pomper 280 litres de sang à l'heure, 6 800 litres par jour, soit 2 500 000 litres par an – assez pour remplir quatre piscines olympiques – pour garder toutes ces cellules fraîchement oxygénées. (Et cela au repos. Pendant l'effort, ce chiffre peut être multiplié par six.) L'oxygène est transporté par les mitochondries. Ce sont les pompes à essence des cellules et chacune en contient un millier, bien que ce chiffre varie considérablement selon le rôle de la cellule et la quantité d'énergie qu'elle requiert.

Vous vous rappelez peut-être d'un précédent chapitre que les mitochondries seraient à l'origine des bactéries captives qui vivent aujourd'hui comme des locataires dans nos cellules, préservant leurs propres instructions génétiques, se divisant selon leur propre calendrier, parlant leur propre langage. Vous vous rappelez aussi que nous sommes à la merci de leur bonne volonté. Voici pourquoi : à peu près toute la nourriture et tout l'oxygène que vous absorbez sont livrés, après traitement, aux mitochondries, où ils sont convertis en une molécule appelée adénosine-triphosphate, ou ATP.

Vous n'avez peut-être jamais entendu parler de l'ATP, mais c'est ce qui vous fait fonctionner. Les molécules d'ATP sont comme de petites batteries qui se déplacent à travers la cellule en fournissant l'énergie nécessaire à tous ses processus, et il y en a *beaucoup*. À tout moment, une cellule typique de votre corps aura environ un milliard de molécules d'ATP ; en deux minutes, elles auront toutes été asséchées et un autre milliard aura pris leur place[21]. Vous produisez et utilisez chaque jour un volume d'ATP équivalent à la moitié de votre poids[22]. Sentez la chaleur de votre peau : c'est votre ATP à l'œuvre.

Quand les cellules ne sont plus nécessaires,

elles meurent avec ce qu'on doit appeler une grande dignité. Elles démontent la structure qui les soutenait et dévorent en silence leurs éléments. On appelle ce processus l'apoptose, ou mort cellulaire programmée. Chaque jour, des milliards de vos cellules meurent à votre profit et des milliards d'autres nettoient les dégâts. Les cellules peuvent aussi mourir de mort violente – lors d'une infection, par exemple –, mais elles meurent surtout parce qu'on leur dit de le faire. En effet, si on ne leur dit pas de vivre – si elles ne reçoivent pas une sorte d'instruction active de la part d'une autre cellule –, elles se tuent automatiquement. Les cellules ont sans cesse besoin d'être rassurées.

Quand l'une d'elles échoue à expirer de la façon prescrite – comme cela arrive – et se met au contraire à se diviser et à proliférer follement, nous appelons le résultat un cancer. Les cellules cancéreuses sont en fait des cellules qui ont perdu les pédales. Elles font cette erreur assez régulièrement, mais le corps dispose de mécanismes élaborés pour y remédier. Il est très rare que le processus soit hors de contrôle. En moyenne, chez l'homme, il surgit une cellule maligne sur 100 millions de milliards de divisions cellulaires[23]. Le cancer est une malchance dans tous les sens possibles du terme.

Le plus stupéfiant avec les cellules, ce n'est pas que les choses dérapent de temps à autre, mais que tout soit géré en douceur pendant des décennies. Elles y parviennent en envoyant et en surveillant constamment des messages – une véritable cacophonie de messages – venus de tout le corps : instructions, questions, corrections, demandes d'assistance, remises à jour, avis de division ou de décès. La plupart de ces signaux arrivent par des courriers appelés les hormones, des entités chimiques comme l'insuline, l'adrénaline, l'estrogène et la testostérone qui convoient l'information des endroits les plus lointains – la typhoïde ou les glandes endocrines. D'autres messages arrivent par télégraphe du cerveau ou de centres régionaux, selon un processus de signaux appelé régulation paracrine. Enfin, les cellules communiquent directement avec leurs voisines pour s'assurer que leurs actions sont coordonnées.

Le plus remarquable peut-être, c'est que tout cela n'est au fond qu'une activité frénétique au hasard, une séquence infinie de rencontres qui n'est dirigée par rien, sinon les règles élémentaires d'attraction/répulsion. Il n'y a pas de présence pensante derrière les actes des cellules. Tout se passe sans heurts, d'une façon si fiable que nous en avons rarement conscience, assurant l'ordre au niveau cellulaire et une parfaite harmonie dans tout l'organisme. Par des moyens que nous commençons à peine à comprendre, des milliards et des milliards de réactions chimiques se cumulent pour créer un moi mobile, pensant, prenant des décisions – ou encore un petit bousier moins pensant mais tout aussi organisé. N'oublions pas que tout être vivant est une merveille d'ingénierie.

De fait, certains organismes que nous jugeons

primitifs ont un niveau d'organisation cellulaire qui nous fait apparaître comme de parfaits lourdauds. Démontez les cellules d'une éponge (en les passant à travers un crible, par exemple), puis jetez-les dans une solution ; elles retrouveront leur chemin pour se réassembler obstinément parce que, comme vous et moi et tout ce qui vit, elles n'ont qu'une seule pulsion irrépressible : continuer à être.

Et cela à cause d'une molécule étrange, déterminée, à peine comprise, qui n'est pas vivante elle-même et tend en règle générale à ne rien faire du tout. Nous l'appelons l'ADN et, pour commencer à comprendre son importance suprême pour la science et pour nous, il nous faut retourner cent soixante ans en arrière vers l'Angleterre victorienne, au moment où venait au naturaliste Charles Darwin « la meilleure idée qu'on ait jamais eue[24] » qu'il s'empressa, pour des raisons qui demandent à être un peu expliquées, d'enfermer dans un tiroir pendant quinze ans.

XXV

L'étrange idée de Darwin

À la fin de l'été 1859, Whitwell Elwin, rédacteur en chef du fameux journal anglais le *Quaterly Review*, reçut un jeu d'épreuves du dernier livre du naturaliste Charles Darwin. Il le lut avec intérêt, en reconnut les mérites mais, jugeant le sujet trop restreint pour attirer un large public, il conseilla à Darwin d'écrire plutôt un ouvrage sur les pigeons. « Tout le monde s'intéresse aux pigeons[1] », lui glissa-t-il en guise d'encouragement.

Darwin ignora ce sage conseil et *De l'origine des espèces par la sélection naturelle ou la préservation des races favorisées dans la lutte pour la vie* fut mis en vente à la fin novembre 1859 au prix de quinze shillings. Le premier tirage, de 1 250 exemplaires, fut épuisé le jour même de sa sortie. Depuis, ce livre n'a cessé d'être réimprimé et de faire l'objet de controverses – un destin remarquable pour un auteur qui s'intéressait essentiellement aux vers de terre et qui, s'il n'avait pas décidé sur un coup de tête de faire le tour du monde en bateau, aurait sans doute passé sa vie à la campagne, dans l'anonymat de son ministère, à étudier assidûment… Eh bien, les vers de terre.

Charles Robert Darwin naquit le 12 février 1809* à Shrewsbury, un petit bourg des Midlands. Son père était un médecin prospère et bien considéré. Sa mère, morte alors que Charles n'avait que huit ans, était la fille du célèbre potier Josiah Wedgwood.

Darwin profita pleinement de tous les avantages de son éducation, mais donna bien du souci à son père avec ses médiocres résultats scolaires. « Tu ne t'intéresses qu'à la chasse, aux chiens et aux pièges à rats. Tu vas finir par te faire honte et être la honte de toute ta famille[2] », lui écrivit-il dans une lettre régulièrement citée dès qu'il est question de l'enfance de Darwin. Bien que son goût le portât plutôt vers l'histoire naturelle, Charles, soucieux de ne pas désobliger son père, entreprit des études de médecine à l'université d'Édimbourg, mais découvrit bien vite qu'il ne supportait ni la vue du sang ni la souffrance. Il assista à l'opération d'un enfant terrorisé (c'était avant les beaux jours de l'anesthésie) et sortit de cette épreuve traumatisé à jamais[3]. Il s'essaya alors au droit, qu'il jugea d'un ennui intolérable, et finit à défaut par obtenir un diplôme de théologie à Cambridge.

Alors qu'il semblait promis à une vie de pasteur de campagne, une perspective nettement plus attrayante s'offrit soudainement à lui. Il fut invité à embarquer sur le *Beagle*, un navire de recherche, à titre surtout de commensal du

* Une date qui n'est pas anodine, puisque le même jour naissait dans le Kentucky Abraham Lincoln.

capitaine, Robert FitzRoy, à qui son rang interdisait de fréquenter quiconque n'était pas un gentleman. FitzRoy était un personnage assez singulier : il avait choisi Darwin notamment pour la forme de son nez, lequel dénotait selon lui sa profondeur de caractère. Darwin n'était toutefois que son second choix : il ne devait son invitation qu'au désistement de dernière minute du compagnon sur lequel FitzRoy avait d'abord jeté son dévolu. De notre point de vue moderne, le plus frappant chez ces deux hommes, c'est leur extrême jeunesse : au moment où le *Beagle* appareille, FitzRoy a vingt-trois ans, Darwin à peine vingt-deux.

Si FitzRoy avait pour mission de cartographier les eaux côtières, sa véritable passion – trouver des preuves d'une interprétation biblique littérale de la création – reprit bientôt le dessus. Les études de théologie de Darwin n'étaient sans doute pas étrangères à sa décision de le convier à bord ; mais son convive s'étant révélé non seulement libéral, mais fort peu attaché aux fondements du dogme, ces questions ne tardèrent pas à devenir une source permanente de conflit entre les deux hommes.

Si les années passées à bord du *Beagle*, de 1831 à 1836, furent de toute évidence formatrices pour Darwin, elles comptèrent aussi parmi les plus pénibles de sa vie. Son hôte et lui partageaient une petite cabine, dans une promiscuité d'autant plus désagréable que FitzRoy était sujet à des accès de colère et avait une nature plutôt rancunière. Les deux hommes se querellaient sans cesse, « jusqu'à friser parfois la folie », comme le rappellerait plus tard Darwin[4]. Les longues traversées d'alors tendaient à encourager la mélancolie, même dans les circonstances les plus favorables ; le précédent capitaine du *Beagle* s'était d'ailleurs tiré une balle dans la tête dans un accès de profonde tristesse. FitzRoy venait en outre d'une famille connue pour ses états dépressifs : son oncle, le vicomte Castlereagh, s'était tranché la gorge alors qu'il était chancelier de l'Échiquier (FitzRoy finira par se suicider de la même façon en 1865). Bref, même quand tout semblait aller pour le mieux, FitzRoy était un homme difficile à cerner. Darwin eut ainsi la surprise d'apprendre que dès la fin de leur voyage il avait épousé une jeune femme à qui il était fiancé depuis longtemps. En cinq ans, il n'avait pas une seule fois fait allusion à cet engagement ni n'avait mentionné le nom de sa promise[5].

Mais à d'autres égards, ce voyage fut un triomphe. Darwin vécut assez d'aventures pour remplir toute une vie, et il accumula une quantité de spécimens suffisante pour asseoir sa réputation et l'occuper pendant des années. Il trouva un magnifique trésor de fossiles géants, dont un mégathérium qui allait faire date dans l'Histoire ; il survécut à un tremblement de terre au Chili ; il découvrit une nouvelle espèce de dauphins (qu'il baptisa *Delphinus fitzroyi*) ; il mena des recherches géologiques assidues à travers la cordillère des Andes et bâtit une nouvelle théorie fort appréciée sur la formation des atolls, qui laissait entendre que ceux-ci n'avaient pu se former en moins d'un million d'années – première allusion à sa thèse sur l'extrême ancienneté des processus de formation de la Terre[6]. En 1836, âgé de vingt-sept ans, il rentrait chez lui après une absence de cinq ans et deux jours. Il ne devait plus jamais quitter l'Angleterre.

S'il y a une chose que Darwin ne fit pas au cours de ce voyage, c'est exposer sa théorie (ni même une quelconque théorie) de l'évolution. Rappelons que dans les années 1830 le concept d'évolution avait déjà plusieurs décennies. Le propre grand-père de Darwin Erasmus avait rendu hommage aux principes évolutionnistes dans un poème à l'inspiration médiocre, « Le Temple de la nature », écrit bien avant la naissance de Charles. Ce n'est qu'une fois de retour en Angleterre, après avoir lu l'*Essai sur le principe de la population*[7] de Thomas Malthus (les ressources en nourriture ne peuvent augmenter aussi vite que la population, et ce pour des raisons mathématiques), que le jeune Charles entrevit l'idée que la vie est un combat perpétuel où la sélection naturelle permet d'expliquer pourquoi certaines espèces ont prospéré et d'autres non. Darwin comprit notamment que tous les organismes sont en compétition pour les ressources, et que ceux qui possèdent des avantages innés se développent et transmettent ces avantages à leur descendance. C'est ainsi que les espèces ne cessent de s'améliorer.

Si cette idée paraît fort simple – et elle l'est

effectivement –, elle explique beaucoup de choses auxquelles Darwin allait consacrer sa vie. « Suis-je bête de ne pas y avoir pensé moi-même[8] ! », s'exclama T. H. Huxley en lisant *L'Origine des espèces*. Cette exclamation n'a cessé de retentir depuis partout dans le monde.

Curieusement, nulle part dans ses ouvrages Darwin n'a utilisé l'expression « la survie des plus aptes » (bien qu'il la trouvât parfaite). Elle ne serait inventée qu'en 1864, cinq ans après la publication de *L'Origine des espèces*, par Herbert Spencer dans ses *Principes de biologie.* Par ailleurs, le terme d'« évolution » n'apparaît que dans la sixième édition de *L'Origine des espèces* (il était alors si répandu qu'il aurait été difficile de l'éviter), Darwin ayant préféré parler jusqu'alors de « descendance avec modification ». Mais surtout, aucune de ses conclusions n'était inspirée des notes qu'il avait prises aux Galapagos sur l'intéressante diversité des becs des pinsons. L'histoire classique (du moins d'après les souvenirs de beaucoup d'entre nous) soutient que Darwin, alors qu'il voyageait d'île en île, remarqua que le bec des pinsons était merveilleusement adapté aux ressources locales : sur une île, il était solide et court, c'est-à-dire parfait pour casser des noix, et sur une autre, long et fin – parfait pour dénicher de la nourriture dans des crevasses. Cette observation lui inspira la réflexion que les oiseaux n'avaient peut-être pas été créés ainsi, mais s'étaient d'une certaine façon créés eux-mêmes.

De fait, ces oiseaux s'étaient bel et bien créés

eux-mêmes, mais ce ne fut pas Darwin qui s'en aperçut. À l'époque où le *Beagle* sillonnait les mers, Darwin sortait à peine de l'université et n'était pas encore le naturaliste accompli qu'il deviendrait plus tard, aussi ne vit-il pas que les oiseaux des Galapagos étaient tous de la même espèce. Ce fut son ami l'ornithologue John Gould[9] qui comprit que Darwin avait en fait observé des pinsons dotés de caractères différents. Hélas, dans son manque d'expérience, Darwin ne pensa pas à noter de quelle île provenait chaque oiseau (erreur qu'il commit également avec les tortues). Il lui fallut deux ans pour mettre de l'ordre dans ses notes.

Du fait de ces nombreuses omissions et de la nécessité de trier des dizaines de caisses de spécimens, ce n'est qu'en 1842, cinq ans après son retour en Angleterre, que Darwin ébaucha les rudiments de sa nouvelle théorie, dont il publia deux ans plus tard un premier aperçu long de deux cent trente pages[10]. Il fit ensuite une chose extraordinaire : il rangea ses notes et, pendant les dix années suivantes, se consacra à de tout autres tâches. Il éleva dix enfants, passa huit ans à écrire un opus complet sur les bernacles (« jamais un homme n'a autant détesté les bernacles que moi[11] », soupirait-il en y mettant le point final) et fut la proie de troubles étranges qui le laissaient sans énergie, faible et « agité » selon ses propres termes. Il souffrait entre autres symptômes de terribles nausées et de palpitations, de migraines, d'une grande fatigue, de tremblements, de taches devant les yeux, de difficultés à respirer, d'étourdissements et (assez logiquement) de phases de dépression.

La cause de cette maladie n'a jamais été établie. L'hypothèse la plus romantique et peut-être la plus vraisemblable est qu'il souffrait de la maladie de Chaga, une maladie tropicale due à la morsure d'un benchuga en Amérique du Sud. On peut penser plus simplement qu'il s'agissait de troubles psychosomatiques. Quoi qu'il en soit, il souffrait bel et bien, au point d'être souvent incapable de travailler plus de vingt minutes d'affilée, voire moins.

Darwin passa son temps à s'imposer une série de traitements de plus en plus radicaux – prenant des bains d'eau glacée ou de vinaigre, s'entourant le corps de « chaînes électriques » pour se soumettre à de petites décharges. Il devint peu à peu une espèce d'ermite, quittant rarement sa maison de Down House, dans le Kent. Son premier soin en en prenant possession fut d'ailleurs d'installer une sorte de rétroviseur à la fenêtre de son bureau afin d'identifier, et d'éviter si nécessaire, les visiteurs.

Darwin garda sa théorie pour lui, sachant quelle tempête elle risquait de déclencher. En 1844, l'année où il mit ses notes sous clé, un ouvrage intitulé *Vestiges de l'histoire naturelle de la création* mit le monde pensant en émoi : il suggérait que l'homme pourrait descendre de petits primates, en l'absence de toute intervention d'un créateur divin. Anticipant les protestations, l'auteur prit la précaution de ne pas révéler son identité, qu'il sut taire même à ses plus proches amis pendant les quarante années suivantes. Certains crurent qu'il s'agissait de Darwin[12] ; d'autres soupçonnèrent le prince Albert. En fait, l'auteur était un modeste éditeur écossais du nom de Robert Chambers, dont le refus de s'identifier obéissait à d'excellentes raisons pratiques : en effet, sa maison s'était spécialisée dans l'impression des bibles*. Si *Les Vestiges* furent violemment attaqués du haut des chaires de toute l'Angleterre et d'ailleurs, ils s'attirèrent également les foudres des érudits. L'*Edimburg Review* consacra un numéro entier – quatre-vingt-cinq pages – à éreinter l'ouvrage. Même T. H. Huxley, autre tenant de l'évolution, attaqua le livre avec véhémence, sans savoir que son auteur était l'un de ses amis.

Darwin aurait pu laisser son manuscrit au fond d'un tiroir jusqu'à sa mort s'il n'avait pas reçu, au début de l'été 1858, un coup de semonce venu d'Extrême-Orient sous la forme d'une lettre chaleureuse d'un jeune naturaliste nommé Alfred Russell Wallace ; y était jointe une ébauche d'article intitulé « Sur la tendance des variétés à s'éloigner indéfiniment de l'original », où il énonçait une théorie sur la sélection naturelle curieusement similaire aux notes secrètes de Darwin. Parfois, les phrases mêmes étaient

* Darwin fut l'un des rares à deviner de qui il s'agissait. Un jour qu'il rendait visite à Chambers, on apporta les épreuves de la sixième édition des *Vestiges*. La rapidité avec laquelle Chambers survola les révisions lui mit la puce à l'oreille, même si les deux hommes n'abordèrent jamais ce sujet.

l'écho des siennes. « Je n'ai jamais vu pareille coïncidence, fit observer Darwin, consterné. Si Wallace avait mis au propre mon manuscrit en 1842, il n'en aurait pas fait un meilleur résumé[13]. »

Wallace ne débarqua pas dans la vie de Darwin aussi subitement qu'on l'a parfois suggéré. Les deux hommes correspondaient depuis un moment, et Wallace avait eu à maintes reprises la générosité d'envoyer à Darwin des spécimens qu'il pensait pouvoir l'intéresser. Lors de ces échanges, Darwin fit discrètement comprendre à Wallace qu'il considérait le sujet de la création des espèces comme un terrain strictement réservé. « Cet été, cela fera vingt ans (!) que j'ai entamé mon premier carnet de notes sur la façon dont les espèces et les variétés diffèrent les unes des autres, lui avait-il écrit quelque temps plus tôt. J'envisage à présent de faire publier mes travaux[14] », ajoutait-il, même si c'était faux.

La mise en garde de Darwin échappa à Wallace. À sa décharge, il faut dire qu'il n'avait aucun moyen de savoir que sa théorie était à peu près identique à celle sur laquelle travaillait Darwin depuis vingt ans.

Darwin se trouva pris dans un terrible dilemme. S'il se hâtait de publier, il profiterait des informations d'un lointain admirateur ; s'il attendait, comme le voulait la bienséance, il perdrait tout crédit pour une théorie qu'il avait été le premier à découvrir. La théorie de Wallace, du propre aveu du jeune naturaliste, avait jailli d'une idée ; celle de Darwin était le fruit d'un long travail consciencieux et méthodique. Tout cela était d'une parfaite injustice.

Un malheur n'arrivant jamais seul, Darwin apprit que son plus jeune fils, nommé lui aussi Charles, avait attrapé la scarlatine et se trouvait dans un état critique ; il mourut au plus fort de la fièvre, le 28 juin. Malgré les heures passées à son chevet, Darwin avait trouvé le temps d'écrire à ses amis Charles Lyell et Joseph Hooker. Il leur annonçait son intention de se retirer de la partie, tout en faisant observer que son travail, « quelle qu'en soit la quantité, serait alors réduit à néant[15] ». Lyell et Hooker lui suggérèrent alors le compromis suivant : présenter conjointement un résumé de ses idées et de celles de Wallace. Ils lui fixèrent un rendez-vous à la Linnaean Society, qui cherchait à l'époque à redevenir le siège de l'éminence scientifique. Le 1er juillet 1858, les théories de Darwin et de Wallace furent révélées au monde. Darwin était absent : ce jour-là, sa femme et lui enterraient leur fils.

La théorie Darwin-Wallace était l'une des sept à être présentées lors de cette session (dont l'une sur la flore en Angola) et si les trente personnes présentes dans la salle eurent le sentiment d'assister à *la* révélation scientifique du siècle, elles se gardèrent bien de le laisser voir. La présentation ne fut suivie d'aucun débat ; l'événement ne suscita en fait que peu d'intérêt. Plus tard, Darwin se rappelait gaiement qu'une seule personne – un certain professeur Haughton, de Dublin – avait mentionné les deux articles avant de conclure en ces termes : « Tout ce qu'ils rapportent de nouveau est faux, et ce qui est vrai est connu de longue date[16]. »

Wallace, toujours au fond de son lointain Extrême-Orient, n'eut connaissance de tous ces événements que bien plus tard. D'un tempérament égal, il se déclara simplement satisfait d'avoir été inclus dans l'affaire, et dès lors attribua systématiquement le nom de darwinisme à la théorie. Nettement moins disposé à reconnaître cette paternité à Darwin, le jardinier écossais Patrick Matthew prétendit avoir lui aussi découvert les principes de la sélection naturelle plus de vingt ans auparavant – en fait l'année même où Darwin embarquait sur le *Beagle*[17]. Malheureusement pour lui, Matthew avait publié sa thèse dans un ouvrage intitulé *Naval Timber and Arboriculture*, de sorte qu'elle était passée inaperçue non seulement aux yeux de Darwin, mais à ceux du monde entier. En voyant que Darwin recevait tous les honneurs pour une idée qui n'était pas la sienne, Matthew réagit vertement par une lettre au *Gardener's Chronicle*. Darwin s'excusa aussitôt, tout en remarquant : « À mon sens, cela ne surprendra personne d'apprendre que ni moi-même ni aucun autre naturaliste n'avons entendu parler de la thèse de Mr Matthew, vu son caractère succinct et sa publication dans une annexe à un ouvrage sur le bois de construction navale et l'arboriculture. »

Wallace poursuivit pendant un demi-siècle son œuvre de naturaliste et de penseur. Bien qu'il fît souvent preuve d'une grande perspicacité, il se discrédita peu à peu aux yeux de la communauté scientifique par des prises de position douteuses sur le spiritisme ou sur l'éventuelle présence d'une vie ailleurs dans l'Univers. Aussi la théorie de la sélection naturelle devint-elle par défaut celle de Darwin seul.

Darwin ne cessa jamais d'être tourmenté par ses idées. Il parlait de lui comme de « l'aumônier du diable[18] », ajoutant que lorsqu'il exposait sa théorie il avait l'impression de « confesser un crime[19] ». Il savait en outre que son point de vue sur l'évolution choquait profondément sa chère et pieuse épouse. Il s'attela pourtant à la tâche, et son manuscrit devint bientôt un ouvrage assez volumineux. Il l'intitula provisoirement *Extrait d'une réflexion sur l'origine des espèces et des variétés à travers la sélection naturelle* – un titre si peu attrayant que son éditeur, John Murray, résolut de ne tirer le livre qu'à 500 exemplaires. Mais une fois qu'il eut le manuscrit en main et qu'il lui eut trouvé un titre un peu plus frappant, Murray augmenta son tirage à 1 250 exemplaires.

Dès sa parution, *L'Origine des espèces* fut un succès commercial ; chez les critiques, en revanche, le livre ne fit pas l'unanimité. La théorie de Darwin présentait en effet deux difficultés insolubles. Elle exigeait bien plus de temps que lord Kelvin n'était disposé à lui en concéder, et ne pouvait guère s'appuyer sur les fossiles pour prouver sa justesse. Où donc, demandaient les critiques de Darwin, se trouvaient les formes transitionnelles dont cette théorie avait un si cruel besoin ? Si de nouvelles espèces étaient en évolution constante, il aurait dû y avoir quantité de formes intermédiaires parmi les fossiles, et l'on n'en avait trouvé aucune*. En fait, les données fossiles de l'époque (qui resteront les mêmes pendant longtemps encore) ne montraient aucune trace de vie au moment de la fameuse explosion du Cambrien.

Pourtant, Darwin s'obstina : les mers avaient *dû* abriter autrefois une vie abondante ; si nous ne l'avions pas encore trouvée, c'est que, pour une raison quelconque, elle n'avait pas été préservée. Il ne pouvait en aller autrement. « Dans l'état actuel des choses, l'affaire demeure inexplicable ; et cela peut certes constituer un solide argument contre le point de vue que l'on entretient ici », déclarait-il avec candeur – sans pour autant lâcher un pouce de terrain[20]. En guise d'explication, il avança (pure invention de sa part, et totalement erronée) que les mers précambriennes étaient trop claires pour que des sédiments s'y soient déposés, de sorte qu'aucun fossile n'avait été préservé[21].

Même les plus proches amis de Darwin furent troublés par certaines de ses déclarations. Adam Sedgwick, qui avait été son professeur à

* Par hasard, en 1861, alors que la controverse battait son plein, on en découvrit une preuve. En Bavière, des ouvriers exhumèrent les ossements d'un ancien archéopteryx, une créature entre l'oiseau et le dinosaure (elle avait des plumes, mais aussi des dents). La signification de cette impressionnante découverte fut vivement débattue, mais une unique trouvaille ne suffisait pas pour établir des conclusions.

Cambridge et l'avait invité à une expédition géologique à travers le pays de Galles en 1831, déclara que le livre lui avait causé « plus de peine que de joie ». Louis Agassiz jugea qu'il s'agissait au mieux de vagues conjectures. Quant à Lyell, il conclut sombrement : « Darwin est allé trop loin[22]. »

T. H. Huxley n'appréciait guère l'insistance de Darwin sur l'importance du temps géologique. En tant que saltationniste, il pensait que les changements au cours de l'évolution ne s'étaient pas produits petit à petit, mais brusquement[23]. Les saltationnistes (du latin *saltare*, « sauter ») ne pouvaient accepter l'idée que des organes complexes soient apparus progressivement. À quoi aurait bien pu servir un dixième d'aile ou la moitié d'un œil ? De tels organes, pensaient-ils, n'avaient pu apparaître que sous leur forme définitive.

Cette théorie paraît un peu surprenante chez un esprit aussi radical que Huxley, car elle rappelle une notion religieuse très conservatrice prônée par le théologien anglais William Paley en 1802 et reprise depuis par les créationnistes de tout poil. Selon Paley, si l'on trouvait une montre par terre, on la percevait immédiatement comme un objet fabriqué par une entité intelligente, même si l'on n'en avait jamais vu auparavant. Il en allait de même, pensait-il, de la nature : sa complexité était la preuve de l'existence d'un créateur. Cette idée était fort répandue au XIXe siècle, et Darwin en était troublé lui aussi. « L'œil jusqu'à ce jour me donne le frisson », écrivit-il à un ami[24]. Dans *L'Origine des espèces*, il reconnaissait qu'il pouvait paraître « absurde au plus haut point » que la sélection naturelle ait produit un tel instrument en plusieurs étapes[25].

Darwin s'obstina pourtant à soutenir que tout changement s'était effectué progressivement, et accrut même à chaque réédition de *L'Origine* le temps qu'il jugeait nécessaire à l'évolution pour progresser, ce qui n'aida guère à faire adopter ses idées, bien au contraire. Selon l'historien des sciences Jeffrey Schwartz, « Darwin finit par perdre tout le soutien dont l'assuraient encore ses camarades géologues et naturalistes[26] ».

Notons pour mémoire que bien que Darwin eût intitulé son livre *L'Origine des espèces*, la seule chose qu'il fût incapable d'expliquer fut précisément d'où venaient les espèces. Sa théorie suggère un mécanisme expliquant comment une espèce peut devenir plus forte, meilleure ou plus rapide – en un mot, plus adaptée –, mais elle n'indique pas comment elle en produit une nouvelle. Fleeming Jenkin, un ingénieur écossais, réfléchit à la question et découvrit un important défaut à l'argumentation de Darwin. Celui-ci pensait que tout caractère positif apparu dans une génération était transmis aux générations suivantes, renforçant ainsi l'espèce. Jenkin fit alors observer qu'un trait positif chez un parent n'était pas fatalement dominant dans les générations suivantes, mais se diluait au contraire à chaque nouveau mélange. Si l'on verse du whisky dans un gobelet d'eau, on ne rend pas le whisky plus fort, mais plus doux ; et si l'on verse ce mélange dilué dans un autre verre d'eau, le whisky s'en trouve encore adouci. De la même façon, un trait positif introduit par un parent risquait de se diluer à force d'accouplements successifs jusqu'à disparaître tout à fait. La théorie de Darwin était donc le meilleur moyen d'expliquer non le changement, mais la constance. Des hasards extraordinaires pouvaient certes survenir de temps à autre, mais ils risquaient de disparaître rapidement sous la pulsion générale de tout ramener à une médiocrité stable. Pour qu'il y ait une sélection naturelle, il fallait l'intervention d'un autre mécanisme encore inconnu.

Darwin ne se doutait pas, ni personne d'ailleurs, qu'à 1 200 km de là, dans un recoin ignoré de l'Europe centrale, un moine à la retraite du nom de Gregor Mendel s'activait à leur apporter la solution.

Mendel était né en 1822 dans une famille de paysans d'un village perdu de l'Empire autrichien – aujourd'hui de la République tchèque. Les manuels scolaires le décrivaient autrefois comme un moine simple, mais très observateur, dont les découvertes étaient le fruit d'un heureux hasard : il avait constaté des caractéristiques héréditaires intéressantes en cultivant des pois dans le potager du monastère. En fait, Mendel était un véritable scientifique – il avait étudié la physique et les mathématiques à l'Institut de philosophie d'Olmütz et à l'université de Vienne – qui apportait une rigueur scientifique à toutes ses entreprises. En outre, le monastère de Brno où il vécut à partir de 1843 était connu pour accueillir des érudits ; il possédait une bibliothèque de 20 000 ouvrages et était réputé pour sa tradition de recherches scientifiques sérieuses[27].

Avant de se lancer dans ses expériences, Mendel passa deux ans à préparer ses spécimens de contrôle – sept variétés de pois – pour s'assurer de leur reproduction selon le type parental. Puis, aidé de deux assistants à plein temps, il fit se reproduire et se croiser des hybrides issus de 30 000 pois. C'était un travail minutieux, qui requérait l'attention constante des trois hommes pour éviter des croisements accidentels et les contraignait à noter les plus minimes modifications dans la croissance et l'apparence des graines, des gousses, des feuilles, des tiges et des fleurs. Mendel ne laissait rien au hasard.

Il n'utilisa jamais le mot « gène » – il faudrait attendre 1913 pour le voir employé dans un dictionnaire médical anglais –, mais il inventa les termes « dominant » et « récessif ». Il établit que chaque graine contient deux « facteurs » ou *Elemente,* comme il les appelait – un dominant et un récessif – et que ces deux facteurs, une fois combinés, produisent des modèles héréditaires prévisibles.

Mendel convertit ensuite ses résultats en une formule mathématique précise. Au total, il consacra huit ans à ses expériences, qu'il vérifia ensuite à l'aide d'expériences similaires, menées cette fois sur des fleurs, du maïs et d'autres plantes. Mendel était peut-être *trop* scientifique dans son approche, car lorsqu'il présenta ses découvertes aux conférences de printemps de la Société d'histoire naturelle de Brno en 1865, la quarantaine de personnes dont se composait l'assistance, pourtant fort intéressée par la reproduction des plantes, l'écouta avec une indifférence polie.

Une fois son rapport publié, Mendel s'empressa d'en envoyer un exemplaire au célèbre botaniste suisse Karl Wilhelm von Nägeli, dont le soutien était vital pour l'avenir de sa théorie. Malheureusement, Nägeli ne mesura pas l'importance des découvertes de Mendel. Il lui suggéra d'essayer de faire se reproduire de l'épervière. Mendel s'y attela aussitôt, mais s'aperçut bien vite que l'épervière ne possédait pas les caractères requis pour étudier l'hérédité. De toute évidence, Nägeli s'était contenté de survoler son rapport. Frustré, Mendel abandonna ses recherches. Il passa le reste de sa vie à faire pousser des légumes et à étudier les abeilles, les souris et les taches solaires, tout en dirigeant son couvent dont il avait été élu supérieur.

Les découvertes de Mendel ne passèrent pas aussi inaperçues qu'on l'a parfois laissé entendre. Son étude fit l'objet d'un article dans l'*Encyclopaedia Britannica* – alors une incontournable référence scientifique – et fut citée à plusieurs reprises dans une importante contribution de l'allemand Wilhelm Olbers Focke. C'est bien parce que les idées de Mendel n'avaient jamais totalement disparu de l'horizon scientifique qu'elles furent si promptes à reprendre vie quand le monde fut prêt à les recevoir.

À eux deux, sans le savoir, Darwin et Mendel avaient préparé le terrain pour toutes les sciences de la vie du XXe siècle. Darwin avait perçu la corrélation entre toutes les choses vivantes, que l'on pouvait faire remonter « à une unique source commune ». Mendel, pour sa part, avait fourni le mécanisme permettant d'expliquer comment cela s'était produit. Les deux hommes auraient pu s'entraider. Mendel possédait une édition en allemand de *L'Origine des espèces*, et il comprit peut-être que ses recherches pouvaient s'appliquer à celles de Darwin ; pourtant, il ne semble pas avoir cherché à se mettre en contact avec lui. Quant à Darwin, il avait étudié l'article de Focke qui faisait à plusieurs reprises référence aux travaux de Mendel, sans pour autant les relier aux siens[28].

Ce que tout le monde pense trouver chez Darwin, à savoir que l'homme descend du singe, ne figurait pas dans son argumentation – sinon d'une façon très fugitive. Cela dit, il ne fallait pas beaucoup d'imagination pour deviner les implications de sa théorie sur le développement de l'homme et, très vite, les spéculations allèrent bon train.

L'épreuve de force eut lieu le samedi 30 juin 1860, lors d'une réunion de la British Association for the Advancement of Science à Oxford. Huxley fut invité à y assister par Robert Chambers[29], l'auteur des *Vestiges de l'histoire naturelle de la création*, alors qu'il ignorait encore le rôle de celui-ci dans la querelle. Darwin, comme d'habitude, était absent. La réunion se tenait au musée zoologique d'Oxford ; plus de mille personnes s'entassèrent dans la salle, tandis que des centaines d'autres étaient refoulées. Chacun sentait l'imminence d'un grand événement. Mais avant, ils durent ingurgiter deux heures d'un discours soporifique donné par un certain John William Draper, de l'université de New York, sur « Le développement intellectuel de l'Europe en référence aux points de vue de Mr Darwin[30] ».

Enfin, l'évêque d'Oxford, Samuel Wilberforce, prit la parole. Wilberforce avait été mis au courant de l'affaire (du moins, c'est ce qu'on pense) par le véhément antidarwinien Richard Owen, lequel se trouvait chez lui la veille. Comme il est fréquent lorsqu'une réunion se termine dans le tumulte, les comptes rendus des événements varient. Selon la version la plus répandue, Wilberforce, alors sur sa lancée, se serait tourné vers Huxley et, un sourire caustique aux lèvres, lui aurait demandé si à son avis il descendait du singe du côté de sa grand-mère ou de son grand-père. La remarque se voulait railleuse ; elle fut reçue comme un défi. Huxley se serait en effet tourné vers son voisin et aurait murmuré : « Le Seigneur vient de me le livrer » – avant de se lever avec dignité.

D'autres au contraire gardaient le souvenir d'un Huxley tremblant de fureur et d'indignation. Quoi qu'il en soit, Huxley déclara qu'il préférait être apparenté à un singe qu'à quelqu'un qui usait de sa position pour formuler des âneries dans ce qui était censé être un débat scientifique. C'était une riposte d'une impertinence scandaleuse, doublée d'une insulte à la fonction de Wilberforce. La réunion devint houleuse. Une certaine lady Brewster eut des vapeurs. Robert FitzRoy, le compagnon de Darwin sur le *Beagle* vingt ans auparavant, errait dans le hall, une Bible à la main, en hurlant : « Le Livre ! Le Livre ! » (Directeur fraîchement nommé du tout nouveau département de météorologie, il se trouvait à la conférence pour présenter un article sur les tempêtes.) Notons au passage que chaque partie prétendit par la suite avoir mis l'autre en déroute.

Darwin finit par rendre explicite sa théorie selon laquelle l'homme descend du singe dans *La Descendance de l'homme et la sélection sexuelle* en 1871. Ses conclusions étaient d'autant plus hardies que rien dans les documents fossiles n'étayait cette hypothèse. Les seuls vestiges humains que l'on connaissait à l'époque étaient ceux du célèbre homme de Neandertal, découvert en Allemagne, et quelques fragments de mâchoire dont l'authenticité avait été mise en doute par plusieurs experts. *La Descendance de l'homme* fut un ouvrage bien plus controversé que *L'Origine des espèces*, mais lors de sa publication, le monde était moins prompt à l'excitation et ses arguments soulevèrent moins de tumulte.

Darwin se consacra sur la fin de sa vie à quantité d'autres projets qui ne touchaient qu'indirectement les questions de sélection naturelle. Il passa de longs moments à trier des déjections d'oiseau, analysant leur contenu pour tenter de comprendre comment les graines se répartissaient entre les continents, et consacra des années à étudier enfin à son aise le comportement des vers de terre. L'une de ses expériences consistait à leur jouer du piano[31] – non pour les distraire, mais pour étudier sur eux les effets des sons et des vibrations. Il fut le premier à comprendre l'importance des vers de terre pour la fertilité des sols. « On peut se demander si d'autres animaux ont joué un rôle aussi capital dans l'histoire du monde », écrivit-il dans son chef-d'œuvre sur la question, *The Formation of Vegetable Mould Through the Action of Worms* (1881), ouvrage qui toucha en fait un public bien plus vaste que *L'Origine des espèces*. Parmi ses autres écrits, citons *On the Various Contrivances by which British and Foreign Orchids Are Fertilised by Insects* (1862), *Expressions des émotions chez l'homme et les animaux* (1872), qui se vendit à 5 300 exemplaires dès le premier jour, *Effets de la fécondation directe et croisée dans le règne végétal* (1876) – thème qui se rapprochait des travaux de Mendel sans atteindre pour autant la même acuité – et *The Power of Movement in Plants*. Et enfin, il consacra des années à étudier les conséquences du croisement d'animaux de même souche – un sujet qui l'intéressait tout personnellement. Ayant épousé sa propre cousine, Darwin se demandait si certaines défaillances physiques et mentales chez ses enfants n'étaient pas dues à une absence de diversité dans son arbre généalogique[32].

Darwin reçut bien des honneurs au cours de sa vie, mais jamais pour *L'Origine des espèces* ou *La Descendance de l'homme*[33]. Lorsque la Royal Society lui accorda la prestigieuse médaille Copley, ce fut pour ses travaux en géologie, en zoologie et en botanique, et non pour sa théorie de l'évolution ; de même, la Linnaean Society l'honora sans pour autant adhérer à ses idées radicales. Il ne fut jamais anobli, bien qu'il soit enterré à l'abbaye de Westminster à côté de Newton. Il mourut à Down en avril 1882. Mendel disparut à son tour deux ans plus tard.

La théorie de Darwin ne fut véritablement acceptée que dans les années 1930 et 1940, avec l'avancée d'une théorie affinée appelée non sans un peu d'arrogance la « Synthèse moderne », qui combinait les idées de Darwin et de Mendel[34]. Lui aussi ne fut vraiment reconnu que de façon posthume, bien qu'un peu plus tôt que Darwin. En 1900, trois scientifiques européens travaillant indépendamment redécouvrirent les travaux de Mendel à peu près en même temps. C'est seulement parce que l'un d'eux, un Hollandais du nom de Hugo De Vries, semblait prêt à revendiquer les découvertes de Mendel que l'un de ses rivaux rappela avec bruit que le crédit en revenait à un moine oublié depuis longtemps[35].

Le monde était presque prêt à commencer à comprendre comment nous en sommes arrivés là et comment nous avons été fabriqués. Il est surprenant de songer qu'au début du XXe siècle les plus grands esprits scientifiques pouvaient à peine nous expliquer de manière claire d'où viennent les bébés.

Et c'étaient ces hommes, rappelons-le, qui jugeaient que la science ne pouvait pratiquement plus progresser.

XXVI

L'étoffe de la vie

Si vos deux parents ne s'étaient pas unis au moment précis où ils l'ont fait – à la seconde, voire à la nanoseconde près –, vous ne seriez pas ici. Et si leurs propres parents ne s'étaient pas unis à un moment tout aussi précis, vous n'y seriez pas non plus. Et si leurs parents n'en avaient pas fait autant, et leurs propres parents avant eux, vous n'y seriez pas davantage.

Quand on remonte un peu dans le temps, ces dettes ancestrales commencent à peser leur poids. Remontez simplement sur huit générations, à l'époque de la naissance de Charles Darwin et d'Abraham Lincoln, et cela fait déjà 250 personnes dont les accouplements en temps et en heure ont permis votre existence. Voyagez un peu plus loin, à l'époque de Shakespeare et des pèlerins du *Mayflower*, et vous n'avez pas moins de 16 384 ancêtres échangeant scrupuleusement leur matériel génétique d'une façon qui allait, finalement et miraculeusement, aboutir à vous.

À vingt générations d'ici, le nombre de gens procréant pour votre compte s'élève à 1 048 576. Cinq générations plus loin, nous n'avons pas moins de 33 554 432 hommes et femmes dont les accouplements dévoués ont abouti à votre existence. À trente générations d'ici, le nombre total de vos ancêtres – je ne parle pas d'oncles, de tantes ou autres cousins par alliance, mais uniquement de parents en ligne directe – s'élève à plus d'un milliard (1 073 741 824 pour être précis). Si vous remontez sur soixante-quatre générations jusqu'à l'époque romaine, le nombre de gens qui ont activement coopéré à vous faire naître s'élève approximativement à 1 000 000 000 000 000 000, soit plusieurs milliers de fois le nombre de gens ayant jamais vécu.

À l'évidence, quelque chose ne va pas dans notre mathématique. La réponse, si cela vous intéresse, c'est que votre lignée n'est pas pure. Vous ne seriez pas ici sans un brin d'inceste – de beaucoup d'inceste, en fait –, bien qu'à une distance génétique respectueuse. Avec tous ces millions d'ancêtres derrière vous, il y aura eu de nombreuses occasions où un parent du côté maternel de la famille aura procréé avec une cousine éloignée de la lignée de votre père. En fait, si votre partenaire actuel est quelqu'un de votre race et de votre pays, il y a de fortes chances pour que vous soyez parents à un degré quelconque. Si vous regardez autour de vous dans un bus, un parc, un café ou un métro bondé, *la plupart* des gens que vous voyez vous sont probablement apparentés. Quand vous entendrez quelqu'un se targuer de descendre de Guillaume le Conquérant ou des pèlerins du *Mayflower*, vous pourrez aussitôt répondre : « Moi aussi ! » Au sens le plus strict, nous sommes tous de la même famille, et le roi est toujours notre cousin.

Nous sommes aussi étonnamment semblables. Comparez vos gènes à ceux d'un autre être humain, et ils sont, en moyenne, à 99,9 % les mêmes. C'est ce qui fait de nous une espèce. Ce sont les minuscules différences dans ce 0,1 % restant – « en gros un nucléotide base sur mille », pour citer le généticien britannique et récent Prix Nobel John Sulston[1] – qui nous dotent de notre individualité. On a beaucoup parlé ces dernières années du déchiffrage du génome humain. En fait, on ne peut pas parler *du* génome humain. Chaque génome est différent, sinon nous serions tous identiques. Ce sont les recombinaisons infinies de nos génomes – tous quasiment identiques, mais pas complètement – qui font de nous ce que nous sommes, tant comme individus que comme espèce.

Mais qu'est exactement cette chose que nous appelons le génome ? Et, puisque nous y sommes, que sont précisément les gènes ? Bon, repartons de la cellule. Dans la cellule se trouve un noyau, et chaque noyau contient les chromosomes – quarante-six petits paquets de complexité, dont vingt-trois viennent de votre mère et vingt-trois de votre père. À de très rares exceptions près, chaque cellule de votre corps – 99,99 % d'entre elles – porte le même effectif de chromosomes. (Les exceptions sont les globules rouges, certaines cellules du système immunitaire, et les cellules des ovules et du sperme, qui pour diverses raisons d'organisation ne portent pas le paquet génétique complet[2].) Les chromosomes constituent le kit complet d'instructions nécessaires pour vous fabriquer et vous conserver en vie ; ils sont constitués de longs brins d'acide désoxyribonucléique ou ADN, « la molécule la plus extraordinaire sur terre » comme on l'a appelée.

L'ADN n'a qu'une seule raison d'être : créer davantage d'ADN. Et vous en avez beaucoup en vous – environ 2 mètres compressés dans presque chacune de vos cellules. Chaque brin d'ADN comporte 3,2 milliards de lettres d'encodage, assez pour offrir $10^{3\,480\,000\,000}$ combinaisons possibles, « garanties uniques selon toutes les probabilités[3] », selon Christian De Duve. Cela fait beaucoup de possibilités – un 1 suivi de plus de 3 milliards de zéros. « Il faudrait plus de 5 000 livres de taille moyenne pour imprimer ce seul chiffre », précise De Duve. Regardez-vous dans la glace et réfléchissez au fait que vous contenez 10 milliards de millions de cellules, dont la plupart contiennent 2 mètres d'ADN fortement compacté : vous commencerez à saisir combien vous trimballez de ce truc avec vous. Si tout votre ADN était tissé en un seul fil ténu, il serait assez long pour relier la Terre à la Lune non pas une fois, mais des milliers de fois[4]. En tout, d'après un calcul, vous auriez jusqu'à 20 millions de kilomètres d'ADN entassés en vous[5].

En bref, votre corps adore fabriquer de l'ADN et, sans lui, vous ne pourriez pas vivre. Pourtant, l'ADN n'est pas vivant en soi. Aucune molécule ne l'est, mais l'ADN est particulièrement peu vivace. Il est « parmi les molécules les moins réactives, les plus chimiquement inertes du monde vivant[6] », à en croire le généticien Richard Lewontin. C'est pourquoi on peut en retrouver dans des taches de sang ou de sperme depuis longtemps desséchées quand on cherche à élucider un meurtre – ou encore dans les os des hommes de Neandertal. C'est aussi pourquoi les scientifiques ont mis tant de temps à comprendre qu'une substance si étrangement discrète – en un mot, si peu vivante – pouvait être au cœur même de la vie.

En tant qu'entité connue, l'ADN est dans le secteur depuis bien plus longtemps qu'on ne l'imagine en général. Il fut découvert dès 1869 par Johann Friedrich Miescher, un chercheur suisse de l'université de Tübingen[7]. En examinant au microscope du pus imprégnant des bandes chirurgicales, Miescher découvrit une substance qu'il ne reconnut pas et qu'il baptisa nucléine (parce qu'elle résidait dans les noyaux des cellules). À l'époque, Miescher ne fit guère plus que noter son existence, mais la nucléine continua à le turlupiner, car vingt-trois ans plus tard, dans une lettre à son oncle, il évoqua la possibilité que ces molécules puissent être les agents de l'hérédité. C'était une intuition extraordinaire, mais elle était si en avance sur la science de son temps qu'elle ne suscita aucune réaction.

Pendant les cinquante années suivantes, on crut communément que ce matériel – désormais appelé acide désoxyribonucléique, ou ADN – jouait tout au plus un rôle subsidiaire dans les questions d'hérédité. Il était trop simple. Il n'avait que quatre composants de base, appelés nucléotides, ce qui revenait à avoir un alphabet limité à quatre lettres. Comment pouvait-on écrire l'histoire de la vie avec un alphabet aussi rudimentaire ? (La réponse est qu'on écrit comme on crée des messages complexes avec les simples points et tirets de l'alphabet morse : en combinant les signes.) Pour ce qu'on en savait à l'époque, l'ADN ne faisait strictement rien[8]. Il était simplement posé dans le noyau, liant peut-être les chromosomes ou ajoutant une pointe d'acidité sur commande, ou remplissant une autre tâche triviale à laquelle on n'avait pas encore pensé. La nécessaire complexité, pensait-on, devait se trouver dans des protéines du noyau[9].

Toutefois, écarter l'ADN posait deux problèmes. D'abord, il y en avait trop : 2 mètres dans quasiment chaque noyau, ce qui semble indiquer que les cellules le tiennent en grande estime. Ensuite, il persistait à apparaître partout dans les expériences, comme le suspect dans un roman policier. Dans deux études notamment, l'une portant sur le pneumocoque et l'autre sur les macrophages (les virus qui infectent les bactéries), l'ADN semblait tenir une place qui ne s'expliquait que s'il avait une fonction plus centrale que ne l'admettait l'opinion courante. Les preuves suggéraient que l'ADN intervenait d'une manière ou d'une autre dans la fabrication des protéines, un processus vital pour la vie ; mais il était non moins clair que les protéines étaient fabriquées à l'extérieur du noyau, bien loin de l'ADN censé diriger leur assemblage.

On ne comprenait absolument pas comment l'ADN pouvait obtenir des messages des protéines. La réponse, nous le savons aujourd'hui, était l'ARN, ou acide ribonucléique, qui agit comme un interprète entre les deux. C'est une curiosité notable de la biologie que l'ADN et les protéines ne parlent pas le même langage. Ils sont depuis bientôt 4 milliards d'années le grand duo du monde vivant, et pourtant ils répondent à des codes mutuellement incompatibles, comme si l'un parlait espagnol et l'autre hindi. Pour communiquer, il leur faut un médiateur sous la forme de l'ARN. Aidé d'un homme à tout faire chimique appelé un ribosome, l'ARN traduit l'information de l'ADN d'une cellule en des termes que les protéines peuvent comprendre et mettre en œuvre.

Mais au début du XXe siècle où nous reprenons notre histoire, nous étions encore fort loin de comprendre tout cela, ni d'ailleurs quoi que ce soit concernant la question confuse de l'hérédité.

À l'évidence, il y avait grand besoin d'expériences inspirées, et l'époque produisit un jeune homme doté de la diligence et de l'aptitude à les entreprendre. Il s'appelait Thomas Hunt Morgan. En 1904, quatre ans après la redécouverte des expériences de Mendel avec ses pois, et dix ans avant que le mot gène ne fasse son apparition, il se mit à faire des choses remarquables avec les chromosomes.

Ceux-ci avaient été découverts par hasard en 1888 et étaient appelés ainsi parce qu'ils absorbaient fort bien la teinture et se voyaient aisément au microscope. En cette aube du XXe siècle, on suspectait fortement qu'ils avaient quelque chose à voir avec la transmission des caractères, mais sans que l'on sache comment – ni même s'ils le faisaient vraiment.

Morgan choisit pour objet d'étude une mouche minuscule, *Drosophila melanogaster*, appelée aussi mouche du fruit ou mouche du vinaigre. La drosophile est ce frêle insecte incolore qui semble avoir un penchant irrésistible pour la noyade dans nos verres. En tant que spécimens de laboratoire, ces mouches présentaient des avantages certains : elles ne coûtaient rien à héberger et à nourrir, pouvaient être élevées par millions dans des bouteilles de lait, passaient de l'état d'œuf à celui de parent en une dizaine de jours, et n'avaient que quatre chromosomes, ce qui simplifiait sérieusement les choses.

Installés dans un petit labo (qui prit inévitablement le nom de « chambre à mouches ») de l'université Columbia à New York, Morgan et son équipe se lancèrent dans un méticuleux programme d'élevage et de croisement impliquant des millions de mouches (des milliards, selon un biographe, mais c'est sans doute une exagération), qu'il fallait capturer à la pince à épiler et examiner à la loupe pour chercher la plus minuscule variation héritée[10]. Pendant six ans, ils s'efforcèrent d'obtenir des mutations par tous les moyens imaginables – en passant les mouches aux radiations et aux rayons X, en les élevant en pleine lumière et dans l'obscurité, en les faisant revenir à feu doux dans des fours ou tourner dans des centrifugeuses –, mais en vain. Morgan était sur le point d'abandonner quand il se produisit une mutation soudaine et persistante : une mouche aux yeux blancs et non rouges. À partir de là, Morgan et son équipe purent générer diverses difformités qui leur permirent de retracer un caractère sur plusieurs générations. Ils purent ainsi découvrir les corrélations entre certains caractères spécifiques et les chromosomes individuels, démontrant enfin à la satisfaction à peu près générale que les chromosomes étaient bien au cœur de l'hérédité.

Mais le problème restait le niveau suivant de complexité biologique : les gènes énigmatiques et l'ADN qui les composait. Ils étaient bien plus compliqués à isoler et à comprendre. En 1933, quand Morgan reçut son prix Nobel, de nombreux chercheurs n'étaient toujours pas convaincus de l'existence des gènes. Comme le notait Morgan à l'époque, il n'y avait pas de consensus « sur ce que sont les gènes – s'ils sont réels ou une simple fiction[11] ». Il peut sembler surprenant que des scientifiques aient eu du mal à admettre la réalité physique d'une chose aussi fondamentale pour l'activité cellulaire, mais comme le font remarquer Wallace, King et Sanders dans *Biology : The Science of Life* (cette chose rarissime : un manuel scolaire lisible), nous sommes aujourd'hui dans la même situation vis-à-vis de processus mentaux tels que la pensée et la mémoire. Nous savons bien sûr que nous avons l'une et l'autre, mais nous ignorons tout de leur forme physique – à supposer qu'elles en aient une[12]. Il en alla ainsi longtemps pour les gènes. L'idée que vous puissiez en retirer un de votre corps et l'embarquer pour l'étudier ailleurs était aussi absurde pour bien des pairs de Morgan que l'est de nos jours l'idée de capturer une pensée et de la placer sous un microscope.

Ce qui était vrai sans aucun doute, c'était que *quelque chose* associé aux chromosomes dirigeait cette réplication des cellules. Enfin, en 1944, après quinze ans d'efforts, une équipe du Rockefeller Institute de Manhattan, menée par un brillant mais timide Canadien nommé Oswald Avery, parvint à rendre contagieuse une souche inoffensive de bactérie en la croisant avec un ADN étranger ; cette expérience fort délicate démontrait que l'ADN était bien plus qu'une molécule passive et qu'il était sans doute l'agent actif de l'hérédité. Selon le biochimiste autrichien Erwin Chargaff, la découverte d'Avery aurait mérité au moins deux prix Nobel[13].

Malheureusement, Avery fut contredit par l'un de ses propres collègues de l'institut, un enthousiaste des protéines mal embouché nommé Alfred Mirsky, qui fit tout ce qui était en son pouvoir pour discréditer les travaux d'Avery – y compris, dit-on, en complotant auprès des autorités de l'Institut Karolinska de Stockholm pour lui refuser le Nobel[14]. Avery avait à cette époque soixante-six ans et il était fatigué. Incapable de soutenir le stress et la controverse, il démissionna et ne remit plus jamais les pieds dans un labo. Mais d'autres expériences menées ailleurs vinrent à l'appui de ses conclusions, et bientôt la course commença pour découvrir la structure de l'ADN.

Si vous aviez eu du goût pour les paris au début des années 1950, vous auriez sans doute placé tous vos espoirs en Linus Pauling, de Caltech, le plus célèbre chimiste d'Amérique, pour déchiffrer enfin la structure de l'ADN. Pauling n'avait pas son pareil pour déterminer l'architecture des molécules et était l'un des pionniers de la cristallographie aux rayons X, une technique qui allait se révéler décisive pour plonger au cœur de l'ADN. Au cours d'une carrière fort distinguée, il obtint deux prix Nobel (de chimie en 1954 et de la paix en 1962), mais, s'étant convaincu que la structure de l'ADN était une triple hélice, et non une double, il persista dans cette impasse. La victoire revint donc à un improbable quatuor de scientifiques qui travaillaient tous en Angleterre mais pas en équipe, qui souvent ne s'adressaient pas la parole et étaient tous des novices dans le domaine.

Des quatre, le plus proche d'un expert traditionnel était Maurice Wilkins, qui avait passé une bonne partie de la Deuxième Guerre mondiale à concevoir la bombe atomique. Deux d'entre eux, Rosalind Franklin et Francis Crick, avaient consacré les années de guerre à travailler sur les mines pour le gouvernement britannique – Crick sur le genre qui explose, et Franklin sur le genre qui produit du charbon.

Le moins conventionnel des quatre était James Watson, un prodige américain qui s'était distingué dans son enfance en participant à un programme de radio très suivi intitulé *The Quiz Kids* (qui devait inspirer J. D. Salinger pour la famille Glass dans *Franny et Zooey*), et était entré à l'université de Chicago à l'âge de quinze ans[15]. Il avait passé sa thèse à vingt-deux ans et travaillait désormais au célèbre laboratoire Cavendish de Cambridge. Les photos de 1951 nous montrent un grand dégingandé de vingt-trois ans, doté d'une tignasse plantée droit sur la tête, comme attirée par un puissant aimant situé hors cadre.

Crick, de douze ans son aîné et toujours sans doctorat, était un peu moins hirsute et d'aspect un peu plus comme il faut. Selon Watson, il était agité, fouineur, joyeusement polémiste, impatient avec quiconque ne comprenait pas assez vite, et sans cesse au bord d'être prié d'aller se faire voir ailleurs. Aucun n'avait de formation en biochimie.

Ils supposaient que si l'on arrivait à déterminer la forme d'une molécule d'ADN, on comprendrait comment celui-ci fonctionnait. Ils espéraient y parvenir, semble-t-il, en ne faisant guère autre chose que penser. Comme le remarquait joyeusement Watson (bien qu'avec une pointe d'insincérité) dans son autobiographie, *The Double Helix*, « j'espérais résoudre les mystères du gène sans devoir rien apprendre en chimie[16] ». Ils n'étaient pas censés travailler sur l'ADN et furent même priés, à un moment, de cesser leurs recherches. Watson maîtrisait l'art de la cristallographie ; en théorie, Crick terminait une thèse sur la diffraction aux rayons X des macromolécules.

Bien que Crick et Watson aient reçu pratiquement tout le crédit pour avoir résolu le mystère de l'ADN, cette réussite n'était pas étrangère au travail expérimental réalisé par leurs concurrents, dont ils obtinrent les résultats « fortuitement », selon l'expression pleine de tact de l'historienne Lisa Jardine[17]. Les deux chercheurs du King's College de Londres Wilkins et Franklin étaient bien en avance sur eux, du moins au début.

Wilkins, natif de Nouvelle-Zélande, était un personnage discret jusqu'à l'invisibilité. Un documentaire de PBS de 1998 sur la découverte de la structure de l'ADN – exploit pour lequel il partagea le prix Nobel en 1962 avec Crick et Watson – réussit à l'escamoter complètement.

Le personnage le plus énigmatique de ce quatuor était Rosalind Franklin. Dans un portrait peu flatteur, Watson la dépeint comme une femme déraisonnable, secrète, souffrant d'un refus chronique de coopération et – ce qui semblait particulièrement l'irriter – résolument dépourvue de sex-appeal[18]. Il reconnaissait qu'« elle n'était pas sans attraits et aurait pu être formidable si elle avait porté le moindre intérêt aux vêtements », mais sur ce point elle déçut toutes les attentes. Elle ne mettait même pas de rouge à lèvres, remarquait-il stupéfait, et montrait dans ses goûts vestimentaires « toute l'imagination des jeunes bas-bleus anglais* ».

Quoi qu'il en soit, elle possédait les meilleures images de la possible structure de l'ADN, obtenues par cristallographie, la technique perfectionnée par Linus Pauling. On avait utilisé la cristallographie avec succès pour établir la carte des atomes dans des cristaux (d'où son nom), mais les molécules d'ADN étaient une affaire bien plus complexe. Seule Franklin était parvenue à obtenir de bons résultats, mais, à la grande exaspération de Wilkins, elle refusait de les partager.

On ne peut totalement la blâmer à cet égard. Dans les années 1950, les chercheuses de King's College étaient traitées avec un dédain qui trouble la sensibilité moderne – et d'ailleurs toutes les sensibilités. Quel que fût leur degré d'ancienneté, elles n'étaient pas autorisées à pénétrer dans la salle des professeurs, mais devaient prendre leurs repas dans une pièce que Watson qualifiait lui-même de « turne défraîchie ». En outre, Franklin était constamment pressée (pour ne pas dire plus) de partager ses

---

* En 1968, Harvard University Press annula la publication de *La Double Hélice* après que Crick et Wilkins eurent protesté contre ce portrait, que l'historienne des sciences Lisa Jardine qualifie de « gratuitement blessant ». Les descriptions citées ici sont tirées des commentaires adoucis de Watson.

résultats avec un trio d'hommes dont le désir frénétique d'y jeter un coup d'œil s'accompagnait rarement de qualités plus plaisantes – comme le respect. « Je crains que nous ayons toujours eu une attitude disons, paternaliste, envers elle », reconnut Crick plus tard. Deux de ces hommes venaient d'une institution concurrente et le troisième s'était plus ou moins ouvertement rangé à leurs côtés. Il n'est donc guère surprenant qu'elle ait préféré garder ses résultats pour elle.

Il semble que le désaccord entre Wilkins et Franklin ait été bien exploité par Watson et Crick. Ces deux derniers avaient beau empiéter de façon éhontée sur son territoire, Wilkins s'acoquina progressivement avec eux – ce qui n'est pas si surprenant, le comportement de Franklin devenant franchement bizarre. Alors que ses résultats montraient que l'ADN avait bien une forme d'hélice, elle persista à dire que c'était faux. Au grand embarras de Wilkins, elle afficha à l'été 1952 dans le département de physique la notice suivante : « Nous avons le grand regret d'annoncer la mort, le vendredi 18 juillet 1952, de l'hélice de l'ADN. [...] On espère que le Pr M. F. H. Wilkins dira quelques mots en mémoire de la défunte hélice[19]. »

Le résultat de tout cela fut qu'en janvier 1953 Wilkins montra à Watson les images de Franklin, « apparemment sans son consentement[20] ». Ce fut une aide significative – à tout le moins. Des années plus tard, Watson concédait que « ce fut l'événement clé [...] qui nous mobilisa[21] ». Une fois instruits de la forme de la molécule d'ADN et de certaines de ses dimensions, Watson et Crick redoublèrent d'efforts. Désormais, tout semblait s'aplanir devant eux. Alors que Pauling était en route pour l'Angleterre où il allait selon toute vraisemblance rencontrer Wilkins et en apprendre suffisamment pour corriger ses erreurs, il se trouva retenu à l'aéroport de New York (on était alors en pleine période maccarthyste), son passeport confisqué, sous le prétexte qu'il était trop libéral pour être autorisé à voyager à l'étranger. En outre, son propre fils travaillait au labo Cavendish, et tenait en toute innocence Crick et Watson au courant de tout ce qui se passait chez lui.

Sachant qu'ils pouvaient être pris de vitesse à tout moment, Watson et Crick s'appliquèrent fiévreusement au problème. On savait que l'ADN avait quatre composants chimiques – l'adénine, la guanine, la cytosine et la thymine – qui se liaient par paires de façon spécifique. En jouant avec des bouts de carton découpés en forme de molécules, Watson et Crick parvinrent à figurer la façon dont les pièces s'emboîtaient. Ils obtinrent une sorte de maquette façon Meccano – la plus célèbre de la science moderne – constituée de plaques de métal boulonnées en une forme de spirale, et invitèrent Wilkins, Franklin et le reste du monde à y jeter un coup d'œil. Toute personne informée pouvait voir aussitôt qu'ils avaient résolu le problème. C'était un fort brillant travail de détective, avec ou sans l'aide des images de Franklin.

Le 25 avril 1953, *Nature* sortit un article de

900 mots par Watson et Crick, intitulé « A Structure for Deoxyribose Nucleic Acid[22] », accompagné d'articles séparés par Wilkins et Franklin. L'actualité était chargée – Edmund Hillary venait de vaincre l'Everest et Elisabeth II allait être couronnée –, de sorte que la découverte du secret de la vie passa inaperçue. Elle eut droit en tout et pour tout à une petite mention dans le *News Chronicle*[23].

Rosalind Franklin ne partagea pas le prix Nobel. Elle mourut d'un cancer des ovaires à l'âge de trente-sept ans en 1958, quatre ans avant la remise du prix – et les Nobel ne sont pas attribués de façon posthume. Elle avait sans doute attrapé son cancer par une exposition chronique aux rayons X. Dans sa biographie de Franklin, Brenda Maddox note qu'elle portait rarement un tablier de plomb et passait souvent sans aucune précaution devant le faisceau de rayons[24]. Oswald Avery n'obtint pas non plus de Nobel et fut largement ignoré de la postérité, bien qu'il ait eu la satisfaction de vivre assez longtemps pour voir ses hypothèses confirmées. Il mourut en 1955.

La découverte de Watson et Crick ne fut pourtant pas confirmée avant les années 1980. Comme le disait Crick dans l'un de ses livres : « Il a fallu plus de vingt-cinq ans pour que notre modèle d'ADN passe de "assez plausible"... à "très plausible"... et de là à "certainement exact"[25]. »

Mais dès l'instant où la structure de l'ADN fut

comprise, la génétique fit de rapides progrès, au point qu'en 1968 la revue *Science* put sortir un article intitulé « That Was the Molecular Biology That Was », laissant entendre (ce qui nous paraît à peine pensable) que la recherche en génétique avait pratiquement abouti[26].

En fait, ce n'était que le début. Aujourd'hui encore, il y a bien des choses à propos de l'ADN que nous comprenons à peine, à commencer par la raison pour laquelle une si grande proportion semble ne *rien* faire. Quatre-vingt-dix-sept pour cent de votre ADN consiste en longues séquences de messages confus – de « l'ADN non codant » ou « ADN-poubelle ». Ce n'est qu'ici et là, le long de chaque brin, que l'on trouve des sections qui contrôlent et organisent des fonctions vitales. Tels sont les curieux et longtemps invisibles gènes.

Les gènes ne sont rien de plus (ou de moins) que des instructions pour fabriquer des protéines. Cela, ils le font avec une fidélité aveugle. En ce sens, ils ressemblent assez à des touches de piano, jouant chacune une note unique et rien d'autre, ce qui est certes un rien monotone. Mais combinez les gènes comme vous combineriez des notes, et vous pouvez créer des accords et des mélodies infiniment variés[27]. Rassemblez tous ces gènes et vous aurez (pour poursuivre la métaphore) la grande symphonie de l'existence, connue sous le nom de génome humain.

On qualifie souvent le génome de manuel d'utilisation du corps. Vus ainsi, les chromosomes apparaissent comme des chapitres de livre et les gènes comme des instructions individuelles pour fabriquer des protéines. Les mots dans lesquels ces instructions sont écrites s'appellent les codons, et les lettres sont les bases. Les bases – les lettres de l'alphabet génétique – sont les quatre nucléotides mentionnés plus haut : adénine, thymine, guanine et cytosine. Malgré l'importance de ce qu'elles font, ces substances n'ont rien d'exotique. La guanine, par exemple, est cette chose qui abonde dans le guano et qui lui donne son nom[28].

Comme chacun sait, la forme d'une molécule d'ADN rappelle un escalier en colimaçon ou une échelle de corde tordue : c'est la fameuse double hélice. Les montants de cette structure sont faits d'un type de sucre appelé désoxyribose, et l'hélice tout entière est un acide nucléique – d'où le nom d'« acide désoxyribonucléique ». Les barreaux de l'échelle sont formés de deux bases qui se rejoignent entre les montants et qui ne peuvent se combiner que de deux façons : la guanine est toujours associée à la cytosine, et la thymine à l'adénine. L'ordre dans lequel apparaissent ces lettres tandis que vous montez ou descendez l'échelle constitue le code ADN ; le déchiffrer est l'objectif du Human Genome Project.

Tout l'intérêt de l'ADN tient à son mode de réplication. Quand il est temps de produire une nouvelle molécule d'ADN, les deux brins s'écartent, comme la fermeture Éclair d'une veste, et chaque moitié s'en va former un nouveau couple. Chaque nucléotide le long d'un brin s'apparie à un nucléotide spécifique, chaque brin servant de modèle pour créer un nouveau brin complémentaire. Si vous n'aviez qu'un seul brin de votre propre ADN, vous pourriez aisément fabriquer le brin complémentaire en calculant les couples nécessaires : si le barreau supérieur est composé de guanine, le barreau supérieur sur le brin complémentaire doit être de la cytosine. Continuez en descendant l'échelle tout le long des paires de nucléotides, et vous obtiendrez le code d'une nouvelle molécule. C'est exactement ce qui se passe dans la nature, à ceci près que la nature l'exécute très vite – en une poignée de secondes, ce qui est un véritable exploit.

En règle générale, notre ADN se réplique avec une parfaite exactitude, mais de temps à autre – une fois sur un million environ – une lettre va se placer au mauvais endroit. On appelle cela un polymorphisme d'un nucléotide simple ou SNP – « Snip » pour les biochimistes. En général, ces Snips sont enfouis dans des brins d'ADN non codant et n'ont pas de conséquences décelables pour le corps. Mais parfois, ils font la différence. Ils peuvent vous prédisposer à une certaine maladie, mais aussi vous offrir un léger avantage – une pigmentation plus protectrice, par exemple, ou une production accrue de globules rouges si vous vivez en altitude. Avec le temps, ces légères modifications s'accumulent chez les individus comme chez les populations, contribuant à en faire des entités spécifiques.

L'équilibre entre copie conforme et erreurs de réplication est fort délicat. Trop d'erreurs, et l'organisme ne peut pas fonctionner ; pas assez, et c'est l'adaptabilité qui se trouve sacrifiée. Il doit s'effectuer dans chaque organisme un même équilibre entre stabilité et innovation. Un accroissement des globules rouges peut permettre à une personne ou à un groupe vivant en altitude de respirer et de se déplacer plus facilement, parce que ces globules rouges supplémentaires transportent davantage d'oxygène. Mais cet apport de globules rouges épaissit le sang. S'il en est trop chargé, « cela revient à pomper du pétrole », selon l'anthropologue de Temple University Charles Weitz, et c'est le cœur qui fatigue. Ainsi, ceux qui sont adaptés à la vie en altitude ont un plus grand volume respiratoire, mais ils le paient de risques cardio-vasculaires accrus. C'est ainsi que la sélection darwinienne s'occupe de nous, et c'est pourquoi nous ne sommes pas si semblables. L'évolution veille simplement à ce que nous ne devenions pas trop différents – en tout cas pas sans devenir une nouvelle espèce.

Le 0,1 % de différence entre vos gènes et les miens tient à nos Snips. Comparez votre ADN à celui d'une tierce personne : vous trouverez aussi 99,9 % de correspondance, mais les Snips seront pour la plupart à des endroits différents. Intégrez d'autres gens à votre étude comparative et vous aurez encore d'autres Snips situés à d'autres endroits. Pour chacune de vos 3,2 milliards de bases, il y a quelque part sur la planète une personne ou un groupe de personnes ayant un codage différent dans cette position. Il est donc non seulement faux de parler « du » génome humain, mais en un sens nous n'avons même pas « un » génome humain : nous en avons 6 milliards. Nous sommes tous à 99,9 % les mêmes ; mais, selon le biochimiste David Cox, « on pourrait dire que tous les humains n'ont rien en commun, et l'on aurait également raison[29] ».

Mais il nous reste à expliquer pourquoi tant de cet ADN n'a aucune fonction discernable. Cela commence à devenir un peu énervant, mais il semble bien que le but de la vie soit de perpétuer l'ADN. Les 97 % de votre « ADN-poubelle » sont constitués de groupes de lettres qui, selon les termes de Ridley, « existent pour la pure et simple raison qu'ils sont bons à se dupliquer*[30] ». En d'autres termes, l'essentiel de votre ADN n'est dévoué qu'à lui-même : vous êtes une machine pour le reproduire, et non l'inverse. La vie, nous le savons, veut simplement *être*, et l'ADN est ce qui la pousse à le vouloir.

Même quand l'ADN inclut des instructions pour fabriquer les gènes – quand il code pour eux, en langage scientifique –, il n'a pas forcément en vue le bon fonctionnement de votre

* L'ADN-poubelle a bien un usage : la prise d'empreintes. Il fut découvert par hasard par Alec Jeffreys, chercheur à l'université de Leicester. En 1986, Jeffreys étudiait des séquences d'ADN en quête de marqueurs génétiques associés à des maladies héréditaires, quand la police vint lui demander s'il pouvait l'aider à identifier un suspect de deux meurtres. Il comprit que sa technique devait s'appliquer parfaitement à la résolution d'affaires criminelles – ce qui se vérifia en effet. Un jeune boulanger du nom de Colin Pitchfork fut arrêté et condamné à perpétuité.

organisme. L'un de nos gènes les plus communs code pour une protéine appelée transcriptase inverse qui n'a aucune fonction bénéfique connue chez l'homme. Tout ce qu'il fait, c'est permettre aux rétrovirus comme celui du sida de se glisser subrepticement dans notre organisme.

En d'autres termes, notre corps consacre une énergie considérable à produire une protéine qui ne nous apporte rien de bénéfique et parfois nous démolit. Notre corps ne peut que s'exécuter, parce que les gènes le lui ordonnent. Nous sommes les vaisseaux de leurs caprices. Au total, la moitié des gènes humains – la plus grande proportion trouvée à ce jour dans un organisme – ne fait absolument rien, à notre connaissance, sinon se reproduire[31].

Tous les organismes sont en un sens esclaves de leurs gènes. C'est pourquoi les saumons, les araignées et des milliers d'autres créatures sont disposés à mourir dans le processus d'accouplement. Le désir de disperser ses propres gènes est la pulsion la plus puissante de la nature. Comme l'a dit Sherwin B. Nuland : « Des empires s'effondrent, des pulsions inconscientes explosent, de grandes symphonies sont écrites et, derrière tout cela, il y a un seul instinct qui cherche à être satisfait[32]. » D'un point de vue évolutionnaire, le sexe n'est jamais qu'un mécanisme d'incitation à transmettre notre matériel génétique.

Les scientifiques avaient à peine eu le temps de digérer la surprenante inertie de notre ADN que des découvertes encore plus surprenantes se profilaient à l'horizon. D'abord en Allemagne, puis en Suisse, les chercheurs se livrèrent à des expériences bizarres dont les résultats se révélèrent bizarrement peu bizarres. Ainsi, ils prirent le gène qui contrôle le développement de l'œil chez la souris et l'insérèrent dans une larve de drosophile. On crut d'abord produire quelque chose d'un grotesque intéressant. En fait, le gène de l'œil de souris ne se borna pas à faire un œil viable chez la mouche : il fit un œil de mouche. On avait deux créatures qui n'avaient partagé aucun ancêtre commun pendant 500 millions d'années et qui pouvaient pourtant échanger leur matériel génétique comme si elles étaient sœurs[33].

L'histoire se révéla la même partout. Les chercheurs découvrirent qu'ils pouvaient insérer de l'ADN humain dans certaines cellules de mouches, et que les mouches les acceptaient comme si c'étaient les leurs. Plus de 60 % des gènes humains se révélèrent fondamentalement les mêmes que ceux des mouches du vinaigre. Au moins 90 % sont en corrélation à un niveau quelconque avec celles des souris[34]. (Nous avons même des gènes qui pourraient nous fabriquer une queue s'ils étaient activés[35].) On s'aperçut bientôt que, quel que soit l'organisme considéré – vers nématodes ou êtres humains –, on retrouvait essentiellement les mêmes gènes. La vie semblait bien issue d'un même plan d'architecte.

De nouvelles explorations révélèrent l'existence d'un pool de gènes sélecteurs, ou Hox, responsables chacun du développement d'une section du corps, qui furent appelés gènes homéotiques (du grec, « semblable »)[36]. Cette découverte apportait une réponse à une vieille énigme : comment des milliards de cellules embryonnaires, toutes issues d'un seul œuf fécondé et portant un ADN identique, savaient-elles où aller et que faire – devenir une cellule du foie, ou un neurone, ou un globule rouge, ou une partie d'une aile chatoyante. Ce sont les gènes homéotiques qui leur fournissent les instructions, et ils le font pour quasiment tous les organismes.

Curieusement, la quantité de matériel génétique et la façon dont il est organisé ne reflètent pas toujours – ni même souvent – le degré de sophistication de la créature qui le possède. Nous avons 46 chromosomes, mais certaines fougères en ont plus de 600[37]. Le protoptère, l'un des moins évolués de tous les animaux complexes, a quarante fois plus d'ADN que nous. Même le triton commun est environ cinq fois plus riche que nous sur le plan génétique[38].

À l'évidence, ce qui compte n'est pas le nombre de gènes, mais ce que l'on en fait. C'est une fort bonne chose, parce que la quantité de gènes chez l'homme affiche à la baisse, ces derniers temps. Il y a peu encore, on pensait que l'homme avait au bas mot 100 000 gènes, mais ce chiffre s'est réduit de façon drastique avec les premiers résultats du Human Genome Project, qui laisse envisager un chiffre plus proche de 35 000 à 40 000 – soit le même nombre que l'herbe. Ce fut à la fois une surprise et une déception.

Il n'aura pas échappé à votre attention que les gènes ont souvent été impliqués dans les faiblesses humaines. Des scientifiques un peu exaltés ont parfois déclaré avoir découvert les gènes responsables de l'obésité, de la schizophrénie, de l'homosexualité, de la criminalité, de la violence, de l'alcoolisme – voire de la kleptomanie et du vagabondage. L'apogée de cette foi dans le biodéterminisme fut peut-être une étude publiée dans la revue *Science* en 1980, soutenant que les femmes sont génétiquement inférieures en mathématiques[39]. En fait, nous savons aujourd'hui que rien en nous n'est jamais aussi simple.

C'est en un sens fort regrettable, car si vous aviez un gène déterminant la taille, ou la propension au diabète ou à la calvitie, il serait facile – assez facile, disons – de l'isoler et de le bricoler. Mais 35 000 gènes fonctionnant de façon indépendante ne sont manifestement pas suffisants pour produire le type de complexité aboutissant à un être humain. Les gènes sont donc contraints de coopérer. Quelques troubles – l'hémophilie, la maladie de Parkinson et la mucoviscidose par exemple – sont dus à des gènes dysfonctionnels isolés, mais en règle générale, ceux-ci sont évacués par la sélection naturelle bien avant de devenir un problème pour une espèce ou une population. Pour l'essentiel, notre sort et notre bien-être – et même la couleur de nos yeux – sont déterminés non par des gènes isolés, mais par des pools de gènes travaillant en coopération. Il est donc fort difficile d'en comprendre le fonctionnement, et l'on peut d'ores et déjà prédire que les bébés sur mesure ne sont pas pour demain.

En fait, plus nous en avons appris ces dernières années, et plus les choses ont eu tendance à se compliquer. Même la pensée semble affecter le fonctionnement des gènes. La pousse de la barbe d'un homme, par exemple, est partiellement fonction de son intérêt pour le sexe (parce que penser au sexe induit une poussée de testostérone)[40]. Au début des années 1990, les scientifiques firent une découverte plus profonde encore en réalisant qu'ils pouvaient bloquer des gènes apparemment vitaux dans des embryons de souris, et que ces souris naissaient non seulement en bonne santé, mais parfois mieux adaptées que leurs frères et sœurs. Quand on détruisait certains gènes, d'autres surgissaient pour remplir la brèche. C'était une nouvelle excellente pour nous en tant qu'organismes, mais moins bonne pour notre compréhension du fonctionnement des cellules, puisqu'elle introduisait un niveau supplémentaire de complexité dans un domaine que nous commencions à peine à comprendre.

C'est pourquoi la cartographie du génome humain a été considérée dès le départ comme un simple début. Le génome, selon Eric Lander, du MIT, est comme une liste des pièces du corps humain : il nous dit de quoi nous sommes faits, mais reste muet sur notre fonctionnement. Ce qu'il nous faut à présent, c'est le mode d'emploi – et il est encore loin de notre portée.

Il s'agit donc désormais de déchiffrer le protéome

humain – un concept si récent qu'il n'existait même pas voici une dizaine d'années. Le protéome est la bibliothèque d'informations qui crée les protéines. « Hélas, rappelait *Scientific American* au printemps 2002, le protéome est bien plus compliqué que le génome[41]. »

C'est le moins qu'on puisse dire. Les protéines, vous le savez, sont les chevaux-vapeur de tous les systèmes vivants ; il peut y en avoir jusqu'à cent millions en activité dans chaque cellule à tout moment. Cela fait beaucoup d'interactions à débrouiller. Pis encore, le comportement et les fonctions des protéines ne tiennent pas simplement à leur chimie, comme les gènes, mais aussi à leurs formes. Pour fonctionner, une protéine doit non seulement posséder les substances chimiques nécessaires correctement assemblées, mais elle doit ensuite se plier selon une forme extrêmement spécifique. On parle de *folding* (« pliage »), mais c'est un terme trompeur, dans la mesure où il suggère une netteté géométrique qui n'existe pas. Les protéines se froissent, s'enroulent et se plissent selon des formes extravagantes et complexes. Elles ressemblent plus à un paquet de cintres furieusement intriqués qu'à des serviettes bien pliées.

En outre, les protéines sont les hommes à tout faire du monde biologique. Selon l'humeur et la situation métabolique, elles se laisseront phosphoryler, glycosyler, acétyler, farneysyler, sulfater et lier au glycophosphatidylinositol, parmi bien d'autres choses[42]. Il semble souvent qu'un rien suffise à les mettre en action. Buvez un verre de vin, et vous modifiez matériellement le nombre et le type de protéines présentes dans tout votre système[43]. C'est agréable pour les buveurs, mais pas pour les généticiens qui s'efforcent de comprendre ce qui se passe.

Toute cette affaire peut sembler horriblement compliquée, et elle l'est en effet. Mais elle possède aussi une simplicité sous-jacente due à une unité élémentaire fondamentale dans le mode de fonctionnement de la vie. Tous les minuscules processus chimiques qui animent les cellules – la coopération des nucléotides, la transcription de l'ADN en ARN – ont évolué une seule fois et sont restés depuis à peu près fixes dans la nature entière. Comme le disait le généticien français Jacques Monod en plaisantant à demi : « Tout ce qui est vrai de *E. coli* doit l'être aussi des éléphants, sauf qu'il y en a plus[44]. »

Chaque chose vivante est une élaboration à partir d'un unique plan originel. En tant qu'humains, nous sommes de simples rouages – une antique histoire d'ajustements, d'adaptations, de modifications et de bricolages providentiels remontant à 3,8 milliards d'années. Nous sommes encore étroitement apparentés aux fruits et aux légumes. Environ la moitié des fonctions chimiques qui s'effectuent dans une banane sont fondamentalement les mêmes que celles dont vous avez l'honneur d'être le siège.

On ne saurait trop le répéter : la vie est une. C'est l'affirmation la plus profondément vraie en ce monde – et sans doute pour toujours.

Sixième partie

LE CHEMIN VERS NOUS

« Descendre du singe !
Mon cher, souhaitons que ce ne soit pas vrai ;
mais si ça l'est, prions pour que cela
ne se sache pas. »

Remarque attribuée à l'épouse
de l'évêque de Worcester,
quand on lui eut expliqué
la théorie darwinienne de l'évolution.

XXVII

L'âge de glace

« J'ai fait ce rêve qui n'était pas un rêve.
Le brûlant soleil s'était éteint,
et les étoiles erraient... »
Byron, *Ténèbres*.

En 1815, sur l'île de Sumbawa en Indonésie, un jolie montagne du nom de Tambora, qui s'était tenue tranquille depuis des lustres, explosa brutalement, provoquant plusieurs tsunamis et faisant au total 100 000 victimes. C'était la plus grande explosion volcanique depuis 10 000 ans – 150 fois plus forte que celle du mont Saint Helens, l'équivalent de 60 000 bombes d'Hiroshima.

Les nouvelles à cette époque ne circulaient pas aussi vite qu'aujourd'hui. À Londres, le *Times* ne rendit compte de l'événement que sept mois plus tard, en publiant une lettre que lui avait adressée un négociant[1]. Mais les effets de Tambora avaient dès lors commencé à se faire sentir : des tonnes de cendres, de poussière et de suie s'étaient répandues dans l'atmosphère, obscurcissant les rayons du soleil et provoquant un refroidissement de la planète. Les couchers de soleil étaient plus colorés que de coutume, mais aussi plus brouillés – un effet magistralement saisi par le peintre Turner. Mais le monde s'en trouvait enseveli sous un manteau crépusculaire oppressant qui inspira à Byron les vers cités ici.

Il n'y eut pas de printemps et l'été ne vint jamais : 1816 resta dans l'Histoire comme l'année sans été[2]. Les récoltes furent désastreuses. En Irlande, une famine associée à une fièvre typhoïde fit 65 000 victimes. En Nouvelle-Angleterre, où cette année resta dans les annales sous le nom du Grand Gel, les gelées matinales persistèrent jusqu'en juin et presque aucune semence ne leva. En l'absence de fourrage, le bétail mourut ou dut être abattu prématurément. À tous points de vue, ce fut une année terrible – la pire des temps modernes pour les agriculteurs. Pourtant, la température globale ne tomba que de 2,5 degrés. Le thermostat naturel de la Terre, comme les scientifiques n'allaient pas tarder à s'en apercevoir, est un instrument extrêmement délicat.

Le XIXe siècle était déjà une époque frisquette. Depuis deux cents ans, l'Europe et l'Amérique du Nord connaissaient ce que l'on a appelé un « petit âge glaciaire » qui permettait toutes sortes de réjouissances hivernales – des fêtes du givre sur la Tamise, des courses de patinage sur les canaux d'Amsterdam –, autant de choses impossibles de nos jours. En un mot, c'était une période de froideur généralisée. Les géologues de l'époque ont donc quelques excuses d'avoir été si lents à comprendre que le monde où ils vivaient était tout de douceur comparé aux époques précédentes, et que la terre qui les entourait avait été modelée par des glaciers broyeurs et un froid à vous dégoûter de toutes les foires du givre.

Ils savaient toutefois qu'il s'était produit des choses bizarres dans le passé. Le paysage européen était jonché d'inexplicables anomalies – des os de rennes arctiques dans le sud de la France, d'énormes rochers restés en rade dans les endroits les plus improbables – et ils en proposèrent des explications aussi inventives qu'irréalistes. Un naturaliste français nommé de Luc, cherchant à rendre compte de la présence de roches granitiques au sommet des pentes calcaires du Jura, suggéra qu'elles avaient pu être expédiées là-haut par de l'air comprimé dans des cavernes, comme un bouchon jaillit d'un pistolet[3]. Ces roches sont dites « erratiques », mais, au XIXe siècle, le terme semblait s'appliquer plus souvent aux théories qu'aux rochers.

Le grand géologue britannique Arthur Hallam pensait que si James Hutton, le père de la géologie, avait visité la Suisse, il aurait aussitôt compris la signification de ces vallées creusées, de ces roches striées et polies, de ces moraines – en bref des innombrables indices du passage des glaciers[4]. Hutton n'avait certes rien d'un voyageur, mais même en ne disposant que de récits de seconde main, il rejeta l'idée que de simples crues aient pu transporter d'énormes rochers à 1 000 mètres d'altitude (toute l'eau de la planète ne fait pas flotter un rocher, faisait-il judicieusement observer), et il fut l'un des premiers à appuyer l'hypothèse d'une glaciation généralisée. Hélas, ses idées passèrent inaperçues, et pendant cinquante ans encore les naturalistes continuèrent à soutenir que les rainures sur les roches avaient été creusées par le passage de charrettes, ou même de bottes cloutées.

Les paysans locaux, indemnes de toute orthodoxie scientifique, savaient toutefois à quoi s'en tenir. Le naturaliste Jean de Charpentier a raconté qu'il se promenait en 1834 avec un bûcheron suisse quand la conversation tomba sur les rochers qui jonchaient le bord du sentier. Le bûcheron mentionna en passant qu'ils étaient issus du Grimsel, une zone granitique située à quelque distance. « Quand je lui demandai comment à son avis ces roches étaient arrivées là, il répondit sans hésiter : "Le glacier de Grimsel les a transportées sur les deux côtés de la vallée, parce qu'il s'étendait autrefois jusqu'à la ville de Berne[5]." »

Charpentier fut ravi : il était parvenu de son côté à la même conclusion, mais n'avait jamais réussi à l'imposer devant une quelconque assemblée savante. Il comptait parmi ses plus proches amis un autre naturaliste suisse, Louis Agassiz, qui, après s'être montré sceptique, finit par embrasser sa théorie avant de se l'approprier totalement.

Agassiz avait étudié à Paris sous la direction de Cuvier et était désormais titulaire de la chaire d'histoire naturelle de l'université de Neuchâtel. Ce fut un autre ami d'Agassiz, le botaniste Karl Schimper, qui forgea en 1837 le terme d'âge glaciaire (*Eiszeit* en allemand). Il fut en outre le premier à soutenir qu'il existait quantité de preuves que la glace avait autrefois recouvert non seulement les Alpes suisses, mais aussi une grande partie de l'Europe, de l'Asie et de l'Amérique du Nord. C'était une idée radicalement nouvelle. Il prêta ses notes à Agassiz – et eut lieu de s'en mordre les doigts quand il vit celui-ci recueillir tous les lauriers pour une théorie qu'il jugeait, de façon assez légitime, lui appartenir[6]. Charpentier allait à son tour devenir un ennemi acharné de son ancien ami. Alexandre von Humboldt, qui connaissait lui aussi Agassiz, pensait peut-être à lui quand il fit observer qu'il existe trois phases dans une découverte scientifique : celle où les gens nient qu'elle soit vraie ; celle où ils nient son importance ; et enfin celle où ils l'attribuent à la mauvaise personne[7].

En tout cas, Agassiz fit main basse sur le domaine. Dans son désir de comprendre la dynamique de la glaciation, il descendit au fond des crevasses les plus dangereuses, escalada les pics alpins les plus escarpés – souvent sans savoir que son équipe et lui étaient les premiers à y poser le pied[8]. Agassiz trouva partout la même réticence à accepter ses théories. Humboldt le pressait de retourner à son véritable domaine d'expertise – les poissons fossiles – et d'abandonner sa folle obsession des glaciers, mais Agassiz était un homme possédé par son idée.

Sa théorie fut plus mal accueillie encore en Grande-Bretagne, où la plupart des naturalistes n'avaient jamais vu de glacier de leur vie et peinaient à percevoir la puissance de broyage de grosses masses de glace. « Ces stries et ce polissage seraient-ils dus uniquement à de la *glace* ? », demandait incrédule Roderick Murchinson lors d'une réunion, s'imaginant sans doute des roches recouvertes d'une mince couche de givre. Jusqu'à sa mort, il exprima la plus vive méfiance pour ces géologues « fous de glace » qui s'imaginaient les glaciers capables de tant de choses. William Hopkins, professeur à Cambridge et membre éminent de la Geological Society, se rangea à son côté, arguant que l'idée que la glace puisse transporter des roches présentait « des absurdités mécaniques si patentes » qu'elle n'était pas digne de retenir l'attention de la digne société[9].

Imperturbable, Agassiz voyagea sans relâche pour promouvoir sa théorie. En 1840, il fit une communication à la British Association for the Advancement of Science à Glasgow, et fut ouvertement critiqué par le grand Charles Lyell. L'année suivante, la Société de géologie d'Édimbourg adopta une résolution concédant que sa théorie n'était pas sans mérites, mais que cela ne s'appliquait pas à l'Écosse.

Lyell finit par changer d'avis. La révélation lui vint quand il comprit qu'une moraine, située près de sa propriété familiale en Écosse, devant laquelle il était passé des centaines de fois, ne pouvait se comprendre que si l'on acceptait l'idée qu'un glacier l'avait laissée dans son sillage. Mais une fois converti, il perdit tout courage et refusa de soutenir publiquement l'idée d'un âge glaciaire. Ce fut un moment de grande frustration pour Agassiz. Son mariage prenait l'eau, Schimper l'accusait violemment de lui avoir volé ses idées, Charpentier ne lui adressait plus la parole et le plus grand géologue de son temps ne lui accordait qu'un soutien timide et vacillant.

En 1846, Agassiz se rendit en Amérique pour donner une série de conférences et il y trouva enfin l'estime qu'il recherchait. Harvard lui offrit une chaire et un magnifique musée de zoologie comparative. Il avait eu l'excellente idée de s'installer en Nouvelle-Angleterre, dont les longs hivers avaient préparé les habitants à accepter l'idée d'interminables périodes de froid. En outre, six ans après son arrivée, la première expédition scientifique au Groenland rapporta que ce semi-continent était recouvert d'une banquise tout à fait comparable à celle que supposait sa théorie. Enfin, ses idées commençaient à trouver de véritables disciples. Le défaut central de sa théorie restait que ses périodes glaciaires étaient dépourvues de cause, mais il allait bientôt bénéficer d'un renfort parfaitement inattendu.

Dans les années 1860, les publications savantes de Grande-Bretagne commencèrent à recevoir des articles sur l'hydrostatique, l'électricité et d'autres sujets scientifiques d'un dénommé James Croll, de l'université Anderson à Glasgow. L'un de ces articles, sur le rôle éventuel des variations orbitales de la Terre dans l'apparition de périodes glaciaires, fut publié dans le *Philosophical Magazine* en 1864 et aussitôt reconnu comme un travail de premier plan. Ce fut donc avec surprise, voire un certain embarras, que l'on apprit que Croll n'était pas chercheur à l'université, mais concierge.

Né en 1821, Croll grandit dans la pauvreté et ne fréquenta l'école que jusqu'à l'âge de treize ans. Il fit quantité de petits boulots – charpentier, vendeur de polices d'assurances, gérant d'un hôtel de tempérance – avant de prendre ce poste de concierge à Anderson (aujourd'hui l'université de Strathclyde). En persuadant son frère de faire l'essentiel de son travail, il put passer bien des soirées studieuses dans la bibliothèque de l'université, apprenant tout seul la physique, la mécanique, l'astronomie, l'hydrostatique et d'autres sciences à la mode de l'époque ; il se mit ensuite à rédiger des articles, notamment sur les mouvements de la Terre et leurs effets sur le climat. La force de persuasion de sa théorie permit aux Anglais de s'accoutumer à l'idée que, dans un lointain passé, des parties de la Terre avaient été enfouies sous la glace. Une fois son talent reconnu, Croll fut embauché par le Geological Survey d'Écosse et honoré selon ses mérites : il fut élu membre de la Royal Society de Londres, de la New York Academy of Science, et reçut un doctorat *honoris causa* de l'université de Saint Andrews.

Hélas, au moment où la théorie d'Agassiz

commençait à trouver des disciples en Europe, celui-ci s'affairait à l'appliquer à des territoires de plus en plus exotiques. Il se mit à trouver des preuves du passage de glaciers absolument partout, y compris à proximité de l'équateur[10]. Il se convainquit pour finir que la glace avait autrefois recouvert la totalité de la Terre, provoquant l'extinction de la vie, qui avait ensuite été recréée par Dieu[11]. Aucune des preuves d'Agassiz ne venait à l'appui de ce point de vue, ce qui ne l'empêcha pas d'acquérir bientôt dans son pays d'adoption une stature qui le mettait presque à l'égal d'un dieu. À sa mort en 1873, Harvard crut bon d'appointer pas moins de trois professeurs pour le remplacer[12].

Pourtant, comme il arrive parfois, ses théories se démodèrent très rapidement. Moins de dix ans après sa mort, son successeur à la chaire de géologie de Harvard pouvait écrire que « la prétendue époque glaciaire [...] si populaire voici quelques années chez les géologues, peut désormais être rejetée sans hésitation[13] ».

Le problème tenait notamment au fait que les calculs de Croll faisaient remonter la période glaciaire la plus récente à 80 000 ans, alors que des preuves géologiques indiquaient de façon persistante que la Terre avait connu un bouleversement spectaculaire à une époque bien plus récente. En l'absence d'une explication plausible de ce qui provoquait une ère glaciaire, la théorie tout entière tombait à l'eau. Elle aurait pu y rester longtemps si, au début du XXe siècle, un chercheur serbe nommé Milutin Milankovitch, sans aucune formation en matière de mouvements célestes (il était ingénieur en mécanique) n'avait manifesté un intérêt inattendu pour la question. Milankovitch comprit que le problème de la théorie de Croll n'était pas sa fausseté, mais son excès de simplicité.

Dans sa course à travers l'espace, la Terre subit des variations dans la longueur et la forme de son orbite, et son angle d'orientation par rapport au Soleil se modifie – son inclinaison, sa hauteur, son oscillation –, affectant la longueur et l'intensité du rayonnement solaire sur chaque parcelle de terre. Elle est notamment sujette à trois changements de position que l'on appelle son obliquité, sa précession et son excentricité, sur de longues périodes de temps. Milankovitch se demanda s'il pouvait y avoir une relation entre ces cycles complexes et les périodes glaciaires. La difficulté, c'est que les cycles ne sont pas tous de la même longueur : ils s'étalent sur environ 20 000, 40 000 ou 100 000 ans, mais à plusieurs milliers d'années près dans chaque cas, de sorte que déterminer leurs points d'intersection sur de longues périodes exigeait des tonnes de calculs assidus. Milankovitch devait déterminer l'angle et la durée des radiations solaires sous chaque latitude terrestre, en chaque saison, pendant un million d'années, en tenant compte de trois variables toujours changeantes.

Heureusement, c'était précisément le genre de tâche répétitive qui convenait à son tempérament. Pendant vingt ans, même pendant ses vacances, armé d'un crayon et d'une règle à calcul, il ne cessa de travailler à ses tables de cycles – un travail qui serait aujourd'hui expédié en un jour ou deux avec un ordinateur[14]. Il devait effectuer ses calculs sur son temps de loisirs, mais en 1914, il en eut soudain beaucoup : la Première Guerre mondiale venait d'éclater, et il fut arrêté à titre de réserviste de l'armée serbe. Il passa les quatre années suivantes en résidence surveillée à Budapest, tenu simplement de se signaler à la police une fois par semaine, et il mit à profit ce temps pour travailler à la bibliothèque de l'Académie hongroise des sciences. Il n'y eut sans doute jamais de prisonnier de guerre plus heureux.

Le résultat final de ses diligentes notations fut un ouvrage publié en 1930, *Mathematical Climatology and the Astronomical Theory of Climatic Changes*. Milankovitch avait eu raison de supposer une corrélation entre périodes glaciaires et oscillations planétaires, même s'il pensait lui aussi qu'elles résultaient d'une succession d'hivers de plus en plus rigoureux. Ce fut un météorologue germano-russe, Wladimir Köppen (beau-père de notre ami tectonique Alfred Wegener), qui comprit que le processus était un poil plus subtil – et plus retors.

La cause des périodes glaciaires, déclara Köppen, doit être recherchée dans les étés froids, et non les hivers rigoureux[15]. Si les étés sont trop froids pour faire fondre toute la neige tombée sur une région donnée, le rayonnement solaire rebondit sur cette surface réfléchissante, exacerbant l'effet de refroidissement et provoquant de nouvelles chutes de neige. Le processus tend à se perpétuer de lui-même dans un cercle vicieux. À mesure que la neige s'accumule sur un glacier, la région se refroidit, favorisant une nouvelle accumulation de glace. Comme le note le glaciologue Gwen Schultz : « Ce n'est pas forcément la quantité de neige qui fait naître une banquise, mais le fait que cette neige perdure, même sur une faible couche[16]. » On pense qu'une période glaciaire pourrait commencer à partir d'un seul été exceptionnellement froid. La neige restée au sol réverbère la chaleur et exacerbe l'effet de refroidissement. « Le processus croît de lui-même, il est impossible à arrêter, et une fois que la glace est vraiment épaisse, elle se met en mouvement[17] », dit McPhee. On a alors des glaciers qui avancent et une période glaciaire.

Dans les années 1950, du fait de l'imperfection des techniques de datation, les spécialistes étaient incapables de faire coïncider les cycles de Milankovitch et les dates supposées des périodes glaciaires, de sorte qu'il fut oublié avec tous ses calculs. Il mourut en 1958, incapable de démontrer l'exactitude de ses cycles. À cette époque, écrivent John et Mary Gribbin, « on aurait eu du mal à trouver un géologue ou un météorologue voyant dans ce modèle autre chose qu'une curiosité historique[18] ». Il fallut attendre les années 1970 et l'affinement d'une méthode potassium-argon destinée à dater d'anciens sédiments marins pour que ses théories l'emportent enfin.

Les cycles de Milankovitch ne suffisent pas à

eux seuls à expliquer les périodes glaciaires. Il faut prendre en compte bien d'autres facteurs – dont la disposition des continents, et notamment la présence de masses continentales aux pôles – qui restent encore mal connus. On a toutefois suggéré que si l'on remorquait l'Amérique du Nord, l'Eurasie et le Groenland à 450 km au nord, on obtiendrait une période glaciaire permanente. Il semble que nous devrions bénir le ciel d'avoir au moins quelques jours de beau temps. Moins compris encore, les cycles de relative tiédeur entre deux glaciations, appelés périodes interglaciaires. Il est un peu vexant de penser que la totalité de l'histoire humaine depuis le Néolithique – l'invention de l'agriculture, la création des villes, la naissance des mathématiques, de l'écriture, de la science, etc. – s'est déroulée à la faveur d'un court intervalle atypique de clémence des températures. Les périodes interglaciaires précédentes n'ont guère duré que 8 000 ans. La nôtre a déjà passé son dix-millième anniversaire.

De fait, nous sommes encore dans une période glaciaire ; elle est simplement un peu faiblarde, mais pas autant qu'on pourrait le croire[19]. Lors de la dernière glaciation, voici environ 20 000 ans, 30 % de la surface de la Terre se trouvaient sous la glace. Dix pour cent le sont encore, à quoi s'ajoutent 14 % dans un état de permafrost. Les trois quarts de toute l'eau douce de la Terre est encore emprisonnée sous forme de glace, et nous avons des calottes glaciaires aux deux pôles – une situation peut-être unique dans l'histoire de la Terre[20]. Le fait qu'il y ait des hivers enneigés un peu partout et des glaciers permanents même dans des endroits aussi tempérés que la Nouvelle-Zélande peut nous sembler fort naturel, mais c'est une situation fort inhabituelle pour notre planète.

Pendant l'essentiel de notre histoire, et jusqu'à une époque fort récente, la Terre en général était chaude et ne présentait nulle part de banquise permanente. L'actuelle période glaciaire a commencé voici 40 millions d'années, passant progressivement d'un froid meurtrier à très modéré. Chaque glaciation tend à effacer les traces de la précédente, de sorte que plus l'on remonte dans le temps, plus l'image devient schématique, mais il semble que nous ayons eu au moins dix-sept épisodes glaciaires sévères au cours des derniers 2,5 millions d'années – période qui coïncide avec l'apparition d'*Homo erectus* en Afrique, puis de l'homme moderne[21]. Deux coupables souvent cités pour l'époque présente sont la montée de la chaîne de l'Himalaya et la formation de l'isthme de Panama, la première perturbant les flux aériens et le second les courants marins. L'Inde, qui était autrefois une île, a avancé de 2 000 km à l'intérieur du continent asiatique au cours des derniers 45 millions d'années, soulevant non seulement la chaîne himalayenne, mais le vaste plateau tibétain situé derrière elle. Outre que la région s'est refroidie du fait de l'altitude, il semble qu'elle ait détourné les vents, les redirigeant vers l'Amérique du Nord qui connut du même coup des périodes de refroidissement durables. Puis, voici environ 5 millions d'années, Panama surgit lentement de la mer, fermant l'écart entre l'Amérique du Sud et l'Amérique du Nord, perturbant les flux de courants chauds entre le Pacifique et l'Atlantique, et modifiant les modèles de précipitations sur au moins la moitié du monde. Une conséquence en fut le dessèchement de l'Afrique, qui poussa les primates à descendre des arbres pour s'en aller chercher de nouveaux modes de subsistance dans les récentes savanes.

En tout cas, étant donné la disposition actuelle des océans et des continents, il semble que la glace doive nous tenir compagnie encore un bon bout de temps. Selon John McPhee, on peut s'attendre à une cinquantaine d'épisodes glaciaires, d'une centaine de milliers d'années chacun, avant de pouvoir espérer une réelle période de dégel[22].

Jusqu'à ces derniers 50 millions d'années, la Terre n'avait pas de périodes glaciaires régulières, mais quand elle en avait, elles étaient du genre colossal[23]. Il y a eu une glaciation massive voici environ 2,2 milliards d'années, suivie d'un milliard d'années de réchauffement. Vint ensuite une nouvelle ère glaciaire plus longue encore que la première – au point que certains scientifiques l'appellent désormais le Cryogénien, ou super âge de glace[24].

Les conditions étaient alors radicales et meurtrières. Une chute de l'insolation d'environ 6 %, accompagnée d'un affaiblissement de la production (ou de la rétention) des gaz à effet de serre, fit perdre à la Terre sa capacité à conserver sa chaleur et la transforma en une sorte d'Antarctique généralisé. Les températures chutèrent de 140 degrés. Il est possible que la surface tout entière de la planète ait gelé, recouverte d'une banquise pouvant atteindre 800 mètres d'épaisseur aux plus hautes latitudes, et des dizaines de mètres même sous les tropiques[25].

Le gros problème, c'est que les preuves géologiques indiquent une banquise généralisée, y compris à l'équateur, alors que les preuves biologiques suggèrent tout aussi fermement qu'il a dû y avoir de l'eau vive quelque part. D'une part, les cyanobactéries survécurent à l'expérience ; or, elles utilisent la photosynthèse, qui exige la présence du soleil. Mais comme le sait quiconque a jamais tenté de regarder au travers, la glace devient rapidement opaque et, au bout de quelques mètres, ne laisse plus passer aucun rayon lumineux. On a avancé deux possibilités. Soit un peu d'eau de l'océan est bien resté à l'air libre (peut-être du fait d'un réchauffement localisé dû à un point chaud) ; soit la glace ainsi formée est restée translucide – un phénomène qui se produit parfois dans la nature.

Si la Terre a bien gelé dans sa totalité, se pose alors la question épineuse de savoir comment elle a bien pu se réchauffer. Une planète gelée réfracterait à ce point la chaleur qu'elle devrait le rester éternellement. Il semble que notre intérieur en fusion soit venu à notre secours. Une fois encore, nous devons peut-être à la tectonique des plaques d'être encore ici aujourd'hui. On pense que nous avons été sauvés par nos volcans, qui ont surgi de sous la glace en projetant des tonnes de gaz brûlants qui ont fait fondre la neige et recréé une atmosphère. Il est à noter que la fin de cet épisode de froid extrême est marquée par l'explosion du Cambrien – le printemps de la vie sur terre. Mais la route fut sans doute assez cahoteuse : à mesure que la Terre se réchauffait, elle dut subir la météo la plus rude qu'elle ait jamais connue, avec des ouragans assez puissants pour soulever des vagues hautes comme des gratte-ciel et des pluies semblables à des déluges[26].

Pendant tout ce temps, les vers nématodes et les bivalves restèrent collés au fond de l'océan comme si de rien n'était, mais le reste de la vie sur terre passa sans doute à un cheveu de l'extinction totale. C'était il y a très longtemps, et nous n'en savons pas beaucoup plus.

Comparées à une crise du genre du Cryogénien, les périodes glaciaires récentes semblent de peu de conséquence, mais elles restent considérables par rapport à ce que nous connaissons aujourd'hui. Le glacier continental wisconsien, qui recouvrait l'essentiel de l'Europe et de l'Amérique du Nord, atteignait 3 km d'épaisseur en certains endroits, et avançait à la vitesse de 120 mètres par an. Quel spectacle ce devait être. Même sur leur bord le plus mince, les banquises atteignaient près d'un kilomètre d'épaisseur. Imaginez-vous debout sur un mur de glace de 600 mètres de haut. Derrière, sur des millions de kilomètres carrés, il n'y aurait rien d'autre que de la glace, d'où ne surgiraient que les pics montagneux les plus hauts. Des continents entiers ployèrent sous le poids de tant de glace et, de nos jours, 12 000 ans après le retrait des glaciers, ils s'activent encore à retrouver leur place. Les glaciers en se retirant ne se bornèrent pas à traîner des roches erratiques et de longues lignes de moraines, mais ils laissèrent tomber des masses entières de terre – dont Long Island et Cape Cod, près de Boston. Il n'est donc pas si surprenant que les géologues avant Agassiz aient eu du mal à mesurer leur capacité à sculpter les paysages.

Si les banquises recommençaient à gagner, nous n'aurions rien à notre disposition pour les arrêter. En 1964, dans le détroit Prince William, en Alaska, l'un des plus grands champs de glace d'Amérique du Nord fut frappé par le tremblement de terre le plus violent jamais enregistré sur le continent – 9,2 sur l'échelle de Richter. Le long de la ligne de faille, la terre s'éleva de plus de 7 mètres. Le séisme fut ressenti jusqu'au Texas, où il fit déborder l'eau des piscines. Et quel effet eut ce phénomène sans précédent sur les glaciers de Prince William ? Aucun. Ils l'avalèrent tout cru et continuèrent leur route.

On a longtemps cru que nous étions entrés et sortis des périodes glaciaires progressivement, sur des centaines de milliers d'années, mais nous savons à présent que ce ne fut pas le cas. Grâce aux carottes de glace du Groenland, nous disposons d'un relevé détaillé du climat sur plus de

100 000 ans, et ce que l'on y trouve n'est pas réconfortant. Il montre que sur l'essentiel de son histoire récente la Terre n'a pas été cet endroit stable et tranquille où a pu se développer la civilisation, mais qu'elle n'a cessé d'osciller brutalement entre des périodes de chaleur et de froid intenses.

Vers la fin de la dernière grande glaciation, voici environ 12 000 ans, la Terre a commencé par se réchauffer très rapidement, avant de replonger abruptement dans un froid glacial pendant un millier d'années, au cours d'une période connue de la science sous le nom de Dryas récent[27]. (Ce nom vient d'une plante antarctique qui est l'une des premières à recoloniser la Terre après le retrait de la banquise. Il y a aussi un Dryas ancien, mais il n'a pas été si rude.) À la fin de ce massacre de mille ans, la température bondit de nouveau d'environ sept degrés en vingt ans, ce qui peut ne pas sembler si spectaculaire mais revient tout de même à passer en deux décennies du climat scandinave au climat méditerranéen. Localement, les changements furent encore plus drastiques. Les carottages du Groenland témoignent d'écarts de température de l'ordre de quinze degrés en dix ans, bouleversant totalement le régime de précipitations et l'environnement. Ce fut déjà sans doute un grand déséquilibre pour une planète fort peu peuplée ; imaginez quelles pourraient en être les conséquences aujourd'hui.

Le plus alarmant, c'est que nous ignorons totalement quels sont les phénomènes naturels susceptibles d'affoler si rapidement le thermomètre de la planète. Comme le faisait observer Elizabeth Kolbert dans un article du *New Yorker* : « Aucune force externe connue, ni même hypothétique, ne semble capable de faire varier les températures aussi souvent et aussi violemment que n'en attestent ces carottages. » Il semble qu'il existe « une immense boucle de feedback » impliquant sans doute les océans et des perturbations de la circulation océanique, mais tout cela est loin d'être compris.

Une théorie soutient que le puissant apport en eau douce dans les océans au début du Dryas récent a réduit la salinité (et donc la densité) des océans de l'hémisphère Nord, poussant le Gulf Stream à donner un brusque coup de volant vers le sud, comme un conducteur s'efforçant d'éviter une collision. Privées de la chaleur du Gulf Stream, les latitudes septentrionales se refroidirent. Mais cela n'explique toujours pas pourquoi un millier d'années plus tard, quand la Terre se réchauffa, le Gulf Stream ne reprit pas son cours antérieur. À la place, nous avons eu la période de calme inaccoutumé appelé l'Holocène, où nous sommes encore aujourd'hui.

Il n'y a aucune raison de supposer que ce moment de stabilité climatique doive durer éternellement. En fait, certains spécialistes pensent que le pire reste à venir. Il semble naturel de supposer que le réchauffement global puisse agir comme un bon contrepoids à la tendance naturelle de la Terre à replonger dans une période glaciaire. Mais comme le souligne Kolbert, quand vous êtes confronté à un climat fluctuant et imprévisible, « la dernière chose que vous voulez, c'est mener sur lui une expérience globale et non contrôlée[28] ». On a même suggéré, de façon plus plausible qu'il n'y paraît, qu'une période glaciaire pourrait en fait être induite par une montée des températures. En effet, un léger réchauffement renforcerait les taux d'évaporation et donc la couverture nuageuse, provoquant une accumulation de neige persistante aux plus hautes latitudes. Le réchauffement global de la planète pourrait donc paradoxalement entraîner un fort refroidissement local de l'Amérique et de l'Europe du Nord[29].

Le climat est le produit de tant de variables – les variations des niveaux de dioxyde de carbone, la dérive des continents, l'activité solaire, les oscillations des cycles de Milankovitch – qu'il est aussi difficile de comprendre les événements passés que de prédire les événements futurs. Cela nous dépasse, tout simplement. Prenez l'Antarctique. Pendant au moins vingt millions d'années après son apparition au pôle Sud, il est resté couvert de plantes et libre de glace. Cela n'aurait simplement pas dû se produire.

Autre mystère, la répartition connue des derniers dinosaures[30]. Le géologue britannique Stephen Drury note que les forêts situées à dix degrés de latitude du pôle Nord abritaient d'énormes animaux, dont Tyrannosaurus rex. « C'est très bizarre, écrit-il, car à une telle latitude, c'est la nuit permanente pendant trois mois de l'année. » En outre, nous détenons les preuves que les hivers y étaient fort rigoureux. Les études des isotopes d'oxygène montrent que le climat autour de Fairbanks, en Alaska, était à peu près le même au Crétacé que de nos jours. Alors, que faisait là un tyrannosaure ? Soit il migrait de façon saisonnière sur des distances énormes, soit il passait l'essentiel de son temps dans le noir, au milieu des tempêtes de neige. En Australie – qui se trouvait alors plus près du pôle qu'aujourd'hui –, une retraite vers des climats plus cléments était carrément impossible[31]. Comment les dinosaures ont pu survivre dans de telles conditions reste une énigme.

Il faut garder à l'esprit que si les banquises commençaient à se reformer pour une raison quelconque, elles disposeraient pour ce faire de bien plus d'eau qu'autrefois[32]. Les Grands Lacs américains, la baie de l'Hudson, les innombrables lacs canadiens n'étaient pas là pour alimenter la dernière période glaciaire. En fait, c'est elle qui les a créés.

Par ailleurs, la prochaine phase de notre histoire pourrait nous trouver occupés à faire fondre de grandes masses de glace au lieu d'en fabriquer. Si toute la banquise fondait, le niveau des mers s'élèverait d'une soixantaine de mètres – la hauteur d'un immeuble de vingt étages – et toutes les villes côtières du monde seraient inondées. Ce qui est plus probable encore, du moins à court terme, c'est que la banquise occidentale de l'Antarctique s'effondre. Au cours des cinquante dernières années, l'eau à cet endroit s'est réchauffée de 2,5 degrés, et la banquise fond à une vitesse spectaculaire. Le soubassement géologique à cet endroit est disposé de telle sorte qu'un effondrement généralisé n'est nullement à exclure. Dans ce cas, le niveau de toutes les mers du globe s'élèverait rapidement de 5 à 6 mètres[33].

Pour nous résumer, disons que nous ignorons totalement ce que l'avenir nous réserve – des années d'un froid mortel ou d'une chaleur étouffante. Une seule chose est sûre : nous sommes sur le fil du rasoir.

Notons en passant que les périodes glaciaires ne sont pas une mauvaise chose pour notre planète. Elles broient les roches et laissent derrière elles des sols neufs d'une somptueuse richesse, elles creusent de nouveaux lacs d'eau douce qui offrent une nourriture abondante à des centaines d'espèces animales. Elles encouragent les migrations et assurent le dynamisme de la planète. Comme l'a fait remarquer Tim Flannery : « Il y a une seule question pertinente à poser aux habitants d'un continent pour avoir une idée de leur sort : "Avez-vous passé une bonne période glaciaire[34] ?" » Et maintenant que nous voilà prévenus, il est temps de nous intéresser à une espèce de primates qui s'en est trouvée à merveille.

XXVIII

Le mystérieux bipède

À la veille de Noël 1887, un jeune médecin néerlandais au nom fort peu hollandais, puisqu'il s'appelait Marie Eugène François Thomas Dubois*, débarqua à Sumatra, dans les Indes orientales néerlandaises, dans l'intention de découvrir les restes des premiers hommes sur terre[1].

Cette démarche était extraordinaire à plusieurs égards. D'abord, personne ne s'était encore mis en quête de vestiges d'hommes primitifs. Toutes les découvertes avaient été le fruit du hasard, et rien dans la formation de Dubois ne le désignait comme un candidat idéal : ce n'était qu'un anatomiste dépourvu de qualification en paléontologie. En outre, il n'y avait aucune raison de penser que les Indes néerlandaises pouvaient être le berceau de l'humanité. En toute logique, si l'on devait découvrir des restes d'hommes primitifs, ce serait sur un continent peuplé de longue date, et non sur un archipel relativement récent. Ce furent donc son intuition, l'abondance de la main-d'œuvre et la

* Bien qu'il fût hollandais, Dubois était originaire de Eijsden, une ville frontalière avec la Belgique francophone.

quantité de grottes à Sumatra, où l'on avait déjà exhumé des fossiles d'hominidés*, qui guidèrent les pas de Dubois jusqu'aux Indes néerlandaises. Mais le plus remarquable de toute l'affaire – qui relève quasiment du miracle –, c'est que notre anatomiste trouva ce qu'il était venu chercher.

À l'époque où Dubois s'était mis en tête de découvrir le chaînon manquant, les fossiles humains dont on disposait étaient fort peu nombreux : cinq squelettes d'homme de Neandertal incomplets, un bout de mâchoire d'une provenance douteuse et une dizaine d'hommes de la période glaciaire, appelés Cro-Magnon et découverts en France par des ouvriers des chemins de fer, dans un abri sous roche au pied d'une falaise des Eyzies[2]. Le mieux préservé des spécimens de Neandertal traînait sur une étagère à Londres après avoir été découvert par des tailleurs de pierre dans une carrière de Gibraltar en 1848. C'était donc un miracle qu'il fût encore en bon état, mais personne hélas ne l'avait encore

* Les humains sont classés dans la famille des hominidés. Ses membres incluent toutes les créatures (y compris éteintes) qui nous sont plus proches qu'aucun chimpanzé encore vivant. Les grands singes en revanche sont regroupés dans la famille dite des pongidés. De nombreux spécialistes pensent que les chimpanzés, les gorilles et les orangs-outans devraient être classés dans la famille des hominidés et placés, avec les humains et les chimpanzés, dans une sous-famille appelée homininés. En conséquence, les créatures traditionnellement appelées hominidés deviendraient des hominiens. (Leakey et d'autres insistent sur cette appellation.) *Hominoidae* est le nom de la superfamille des grands singes, dont nous faisons partie.

apprécié à sa juste valeur. Après avoir été brièvement décrit lors d'une présentation à la Gibraltar Scientific Society, il avait été expédié au Hunterian Museum, où il allait demeurer pendant plus de cinquante ans. Il ne fut véritablement décrit pour la première fois qu'en 1907, par un géologue du nom de William Sollas, lequel ne possédait que de « vagues compétences en anatomie[3] ».

Aussi l'honneur de la découverte des premiers hommes revint-il à la vallée de Neander, en Allemagne (troublante coïncidence : *Neander* en grec signifie « homme nouveau[4] »). Là, en 1856, au fond d'une carrière creusée dans la falaise qui surplombe la rivière Düssel, des ouvriers trouvèrent des ossements si curieux qu'ils les apportèrent au maître d'école, Johann Kark Fuhlrott, dont ils connaissaient l'intérêt pour l'histoire naturelle. Fuhlrott vit immédiatement qu'il était en possession d'un nouveau type d'homme, dont les particularités et le nom allaient alimenter les querelles pendant un bon bout de temps.

Beaucoup refusèrent tout net de reconnaître l'antiquité des ossements de Neandertal. Pour August Mayer, professeur influent de l'université de Bonn, ils appartenaient à un cosaque mongol blessé au combat en Allemagne en 1814, qui s'était réfugié dans la grotte pour y mourir. À quoi T. H. Huxley, en Angleterre, répliqua non sans sarcasme qu'il était fort remarquable que ce soldat, bien que grièvement blessé, ait escaladé une falaise sur une vingtaine de mètres, se soit ensuite déshabillé et débarrassé de ses effets personnels, avant de sceller l'ouverture de la grotte et d'aller s'enterrer sous soixante centimètres de terre[5]. Un autre anthropologue, intrigué par l'arcade sourcilière proéminente de Neandertal, suggéra qu'elle résultait peut-être d'un froncement de sourcils prolongé dû à une fracture mal réduite de l'avant-bras. (Dans leur empressement à rejeter l'idée des premiers hommes, les spécialistes adhéraient souvent aux hypothèses les plus singulières. Au moment où Dubois débarquait à Sumatra, un squelette trouvé à Périgueux fut officiellement reconnu comme celui d'un Esquimau. La présence d'un ancêtre esquimau dans le sud-ouest de la France n'a jamais été vraiment élucidée : en fait, il s'agissait d'un homme de Cro-Magnon.)

C'est dans ce climat que Dubois entama ses recherches. Il ne fouillait pas lui-même, mais faisait travailler cinquante détenus que lui avaient prêtés les autorités hollandaises[6]. Ils passèrent une année entière à Sumatra avant de partir pour Java. Là, en 1891, Dubois – ou plutôt son équipe, car lui-même se rendait rarement sur les sites – trouva un fragment de boîte crânienne humaine, connue aujourd'hui sous le nom de fossile de Trinil. Bien qu'il manquât une part importante de la calotte crânienne, il était clair que son propriétaire, bien que dépourvu de traits humains, avait un cerveau bien plus gros que celui de n'importe quel grand singe. Dubois l'appela *Anthropithecus erectus* (qui devint plus tard, pour des raisons techniques, *Pithecanthropus erectus*) et déclara qu'il s'agissait du chaînon manquant entre les grands singes et l'homme. Il prit très vite le nom d'« homme de Java », mieux connu aujourd'hui sous celui d'*Homo erectus*.

L'année suivante, les ouvriers de Dubois trouvèrent un fémur entier présentant un aspect étonnamment moderne. En fait, nombre d'anthropologues pensent qu'il *est* moderne et qu'il n'a rien à voir avec l'homme de Java[7]. S'il s'agit d'un os d'*Homo erectus*, il est différent de tous ceux qui ont été découverts depuis[8]. Néanmoins, Dubois s'en servit pour déduire – correctement, d'ailleurs – que *Pithecanthropus* maîtrisait la station debout. Il produisit également, à partir d'un simple fragment de crâne et d'une seule dent, un modèle du crâne complet qui se révéla d'une surprenante justesse[9].

En 1895, Dubois rentra en Europe, s'attendant à être fêté selon ses mérites – en quoi il eut quelques raisons d'être déçu. La plupart des scientifiques désapprouvèrent ses conclusions et la hardiesse avec laquelle il les présentait. La calotte crânienne, selon eux, était celle d'un grand singe, sans doute un gibbon, et non celle d'un hominidé archaïque. Pensant trouver un appui à sa cause, Dubois accepta en 1897 qu'un anatomiste respecté de l'université de Strasbourg, Gustav Schwalbe, en réalise un moulage. Mais à son grand désarroi, Schwalbe rédigea une monographie qui fut mieux accueillie du public que ses propres écrits, et il s'enrichit par une série de conférences qui soulevèrent autant d'enthousiasme que s'il avait lui-même découvert la fameuse calotte crânienne[10]. Consterné, dépité, Dubois se retira ; il s'en alla prendre un modeste poste de professeur de géologie à l'université d'Amsterdam et refusa pendant les vingt années suivantes de laisser quiconque examiner ses précieux fossiles. Il mourut dans l'amertume en 1940.

Entre-temps, vers la fin de l'année 1924, Raymond Dart, originaire d'Australie et directeur du département d'anatomie de l'université de Witwatersrand, à Johannesburg, reçut un curieux envoi : le crâne remarquablement complet d'un enfant au visage intact, à la mâchoire inférieure bien préservée, accompagné de ce que l'on appelle un moulage endocrânien – un moulage naturel du cerveau. Le tout avait été découvert dans une carrière de calcaire, en bordure du désert du Kalahari, en un lieu appelé Taung. Dart vit aussitôt que le crâne de l'enfant de Taung n'était pas celui d'un *Homo erectus*, mais qu'il appartenait à une créature plus ancienne et plus proche des grands singes[11]. Il attribua 2 millions d'années à son enfant de Taung et le dénomma *Australopithecus africanus*, ou « homme-singe du sud de l'Afrique ». Dans un article paru dans *Nature*, il déclara que les vestiges de l'enfant de Taung étaient « étonnamment humains » et proposa de créer une famille entièrement nouvelle, les *Homo simiadae* (les hommes-singes), pour rendre compte de cette dernière découverte.

Les autorités se montrèrent encore moins bien disposées envers Dart qu'elles ne l'avaient été vis-à-vis de Dubois. Elles lui chicanèrent à peu près chaque point de sa théorie. D'abord, Dart s'était montré fort présomptueux en pratiquant cette analyse lui-même au lieu de faire appel à des spécialistes reconnus. Même le nom qu'il lui avait choisi, *Australopithecus*, témoignait d'un manque d'érudition, puisqu'il mélangeait les racines grecques et latines. Mais surtout, ses conclusions allaient à l'encontre de la sagesse des nations. Il était alors reconnu que les humains et les singes s'étaient séparés environ 15 millions d'années plus tôt en Asie. Si l'homme était né en Afrique, eh bien, cela aurait fait de nous des *nègres*, bon sang ! C'était comme si quelqu'un annonçait aujourd'hui avoir trouvé des vestiges humains dans le Missouri. En bref, sa trouvaille ne correspondait pas aux connaissances d'alors.

L'unique soutien de Dart s'appelait Robert Broom, un physicien et paléontologue écossais fort intelligent, mais aussi très excentrique. Quand il faisait chaud, ce qui était fréquent, il avait coutume de mener ses fouilles dans le plus simple appareil. On le soupçonnait en outre de mener des expériences anatomiques douteuses sur ses patients les plus pauvres et les plus dociles. Lorsque ceux-ci mouraient, ce qui était non moins fréquent, il enterrait leurs corps dans son jardin pour pouvoir les exhumer plus tard et les étudier en toute tranquillité[12].

Broom était un paléontologue accompli et, habitant en Afrique du Sud, il fut en mesure d'examiner lui-même le crâne de l'enfant de

Taung. Dès qu'il eut posé ses yeux sur lui, il mesura toute l'importance de la découverte de Dart ; aussi prit-il ardemment sa défense, mais en vain. Pendant un demi-siècle encore, on continua de croire que l'enfant de Taung n'était qu'un singe, et les ouvrages de paléontologie n'en faisaient même pas mention. Dart passa cinq ans à travailler sur une monographie, mais ne trouva personne pour la publier[13]. Il finit par renoncer, tout en continuant à chercher des fossiles. Des années durant, le fameux crâne – aujourd'hui reconnu comme l'un des plus grands trésors de l'anthropologie – servit de presse-papiers à l'un de ses collègues[14].

Lorsque Dart présenta sa découverte en 1924, on ne connaissait encore que quatre catégories d'anciens hominidés – *Homo heidelbergensis, Homo rhodesiensis*, l'homme de Neandertal et l'homme de Java. Mais tout cela allait bientôt changer radicalement.

En Chine, Davidson Black, un paléontologue amateur canadien particulièrement doué, entreprit des fouilles à Zhoukoudian, un site réputé dans la région pour receler de vieux ossements. Le *hic*, c'est qu'au lieu de préserver ces vestiges pour les étudier les Chinois les réduisaient en poudre pour en faire des préparations pharmaceutiques. On ne peut qu'imaginer combien de précieux fémurs d'*Homo erectus* ont ainsi disparu dans les estomacs impériaux. Bien que le site eût déjà été très fouillé, Black y trouva une molaire fossilisée d'où il déduisit brillamment l'existence d'un *Sinanthropus pekinensis*[15], qui prit rapidement le nom d'homme de Pékin.

À la demande de Black, de nouvelles fouilles furent entreprises et l'on exhuma de nouveaux vestiges. Hélas, tous furent perdus au lendemain de l'attaque des Japonais sur Pearl Harbor en 1941, quand un contingent de marines américains qui tentaient de faire sortir du pays les os préhistoriques (et les leurs du même coup) furent interceptés par les Japonais et jetés en prison. Voyant que leurs cantines ne contenaient que de vieux ossements, les soldats japonais les abandonnèrent sur le bord de la route.

Pendant ce temps, sur le site de Dubois à Java, une équipe conduite par Ralph von Koenigswald avait trouvé un autre groupe d'hominidés archaïques connus sous le nom de Peuple Solo, d'après le nom de la rivière de Ngandong au bord de laquelle on les avait exhumés. Les découvertes de Koenigswald auraient pu être plus impressionnantes encore s'il n'avait commis une grave erreur tactique : ayant offert à ses hommes dix cents par fragment d'ossement d'hominidé, il s'aperçut par la suite, à son grand dam, qu'ils en avaient réduit plusieurs en petits morceaux pour augmenter leurs revenus[16].

Dans les années suivantes, une quantité croissante d'ossements furent découverts et identifiés, et de nouveaux noms surgirent – *Homo aurignacensis, Australopithecus transvaalensis, Paranthropus crassidens, Zinjanthropus boisei* –, régulièrement classés dans de nouveaux genres et de nouvelles espèces. Vers 1950, les genres d'hominidés identifiés avaient largement dépassé la centaine. Pour ajouter à la confusion, tel fragment de squelette passait souvent par une succession de noms différents à mesure que les paléoanthropologues affinaient et retravaillaient leurs classifications au milieu d'incessantes querelles. Le Peuple Solo prit ainsi le nom d'*Homo soloensis, Homo primigenius asiaticus, Homo neanderthalensis, Homo sapiens soloensis, Homo erectus erectus* et enfin, tout simplement, *Homo erectus*[17].

En 1960, dans une tentative pour introduire un peu d'ordre et suivant en cela les suggestions d'Ernst Mayr, F. Clark Howell, de l'université de Chicago, proposa de réduire à deux le nombre de genres – *Australopithecus* et *Homo* – et de rationaliser quantité d'espèces[18]. Les hommes de Java et de Pékin devinrent tous les deux des *Homo erectus* et l'ordre prévalut un temps dans le monde des hominidés. C'était trop beau pour durer.

Après une décennie de calme relatif, la paléoanthropologie s'embarqua dans une nouvelle ère de découvertes qui dure encore de nos jours. Les années 1960 apportèrent l'*Homo habilis*, où certains virent le chaînon manquant entre les grands singes et l'homme – aussitôt contredits par d'autres, qui n'y voyaient même pas une espèce distincte. Puis vinrent *Homo ergaster, Homo louisleakeyi, Homo rudolfensis, Homo microcranus* et *Homo antecessor,* ainsi qu'une profusion d'australopithèques : *A. afarensis, A. praegens, A. ramidus, A. walkeri, A. anamensis,* etc.

Au total, une vingtaine d'espèces d'hominidés sont identifiées aujourd'hui dans la littérature. Le problème, c'est qu'il n'y a pas deux spécialistes pour s'accorder à les reconnaître toutes.

Si certains restent fidèles aux deux genres d'hominidés proposés par Howell en 1960, d'autres placent certains australopithèques dans un autre genre, appelé *Paranthropus*, auquel d'autres ajoutent encore un groupe plus ancien, *Ardipithecus*. Certains rangent *praegens* dans les *Australopithecus* et d'autres dans une nouvelle classification, *Homo antiquus*, mais la plupart ne reconnaissent pas *praegens* comme une espèce distincte. Aucune autorité centrale ne régit cette classification. Le seul moyen pour qu'un nom soit accepté, c'est le consensus, et il est rare qu'on y parvienne.

Paradoxalement, une grande partie du problème se résume au manque de preuves. Depuis l'aube des temps, la Terre a vu passer plusieurs milliards d'êtres humains (ou de créatures proches de l'homme), qui ont apporté chacun un peu de variabilité au stock de gènes humains. Or, toute notre compréhension de la préhistoire humaine repose sur les vestiges, souvent très fragmentaires, d'environ 5 000 individus[19]. « On pourrait tous les faire tenir à l'arrière d'un camion si l'on ne craignait pas de les mélanger[20] », m'a déclaré Ian Tattersall, le sympathique conservateur barbu du département d'anthropologie du Muséum d'histoire naturelle de New York, lorsque je lui ai demandé quel était le volume global des fossiles d'hominidés et de vestiges humains préhistoriques.

Cette absence de preuves ne serait pas si terrible si les ossements étaient également distribués dans le temps et l'espace, ce qui n'est évidemment pas le cas. Ils apparaissent au hasard, souvent de façon désespérante. *Homo erectus* a vécu pendant plus d'un million d'années et a habité des territoires allant de l'Europe à la Chine, mais si l'on ramenait à la vie chacun des *Homo erectus* dont l'existence n'est pas contestable, on ne remplirait pas un car de ramassage scolaire. Pour *Homo habilis*, on possède encore moins de preuves : deux squelettes incomplets et une série d'os épars, issus de membres isolés. Une civilisation aussi brève que la nôtre passerait sans doute totalement inaperçue si on ne la connaissait que par ses fossiles.

« En Europe, m'a expliqué Tattersall, on a des crânes d'hominidés en Géorgie qui remontent à 1,7 million d'années, et puis plus rien pendant presque un million d'années, jusqu'aux ossements suivants qui apparaissent en Espagne, carrément à l'autre bout du continent. Puis on a de nouveau 300 000 ans sans rien jusqu'à *Homo heidelbergensis* en Allemagne. Sans parler du fait qu'aucun ne se ressemble, précise-t-il en souriant. C'est à partir de ces fragments que l'on s'efforce de comprendre l'histoire de chaque espèce – et ce n'est pas une mince affaire ! On sait en effet fort peu de chose sur les relations entre de nombreuses espèces primitives – lesquelles ont mené jusqu'à nous et lesquelles se trouvaient dans une impasse évolutionnaire. Certaines ne méritent sans doute même pas d'être considérées comme des espèces distinctes. »

Du fait de ce morcellement des données, chaque nouvelle découverte semble soudaine et totalement distincte des autres. Si nous avions 10 000 squelettes distribués à intervalles réguliers dans les documents fossiles, nous serions en mesure de mieux distinguer les nuances entre eux. De nouvelles espèces n'émergent pas subitement, comme le laissent entendre les fossiles retrouvés, mais progressivement, à partir d'autres espèces existantes. Plus on se rapproche d'un point de divergence, plus on trouve de similitudes. Cela explique qu'il soit parfois très difficile, voire impossible, de distinguer un *Homo erectus* tardif d'un *Homo sapiens* précoce, puisqu'il est fort probable qu'il soit les deux à la fois, ou ni l'un ni l'autre. Pareils désaccords surviennent souvent lors de l'identification de vestiges fragmentaires – quand il s'agit par exemple de savoir si un os appartient à une femelle *Australopithecus boisei* ou à un mâle *Homo habilis*.

Avec si peu de certitudes, les scientifiques doivent souvent fonder leurs hypothèses sur d'autres fossiles trouvés à proximité de leur site – auquel cas ils en sont réduits au mieux à de hardies suppositions. Comme l'ont fait observer non sans humour Alan Walker et Pat Shipman, si vous mettez des outils en corrélation avec les espèces trouvées dans les parages, vous serez le plus souvent forcés de conclure que les premiers outils ont été forgés par des antilopes[21].

Rien peut-être n'illustre mieux la confusion ambiante que le tissu de contradictions qu'était *Homo habilis*. Pour le dire tout net, les ossements d'*Homo habilis* n'ont aucun sens. Lorsqu'on les dispose en séquence, ils montrent des mâles et des femelles évoluant à un rythme différent dans des directions différentes : les mâles ressemblent de moins en moins aux grands singes et de plus en plus à l'homme, tandis que les femelles de la même période semblent s'éloigner de l'apparence humaine pour se rapprocher de celle des grands singes[22]. Selon certains spécialistes, *habilis* ne constitue pas une catégorie valide. Tattersall et son collège Jeffrey Schwartz considèrent qu'il s'agit d'une espèce négligeable, « tout juste bonne pour la poubelle », « que l'on gagnerait à dépoussiérer » de ses fossiles dépourvus de lien entre eux[23]. Même ceux qui voient dans *habilis* une espèce à part entière ne s'accordent pas à dire s'il appartient au même genre que nous ou s'il provient d'une branche latérale qui n'a jamais mené nulle part.

Enfin, et c'est peut-être le point essentiel, la nature humaine intervient dans tout cela. Les scientifiques ont naturellement tendance à interpréter leurs découvertes dans le sens le plus flatteur. Il est rare en effet qu'un paléontologue annonce qu'il a trouvé des ossements mais qu'il n'y a pas de quoi en faire un plat. Comme le fait remarquer John Reader dans son livre *Les Chaînons manquants* : « Souvent, la première interprétation scientifique se borne à confirmer les idées préconçues des découvreurs[24]. »

Tout cela laisse bien sûr une large place au débat, et les paléoanthropologues raffolent des débats. « De toutes les disciplines scientifiques, la paléoanthropologie est peut-être celle qui compte le plus d'ego », déclarent les auteurs de *L'Homme de Java* – un ouvrage récent qui consacre bien évidemment de longs passages à attaquer la médiocrité des autres, notamment celle de leur ancien collègue Donald Johanson. En voici un petit échantillon :

> Au cours de nos années de collaboration à l'institut, il se forgea une réputation regrettable, mais fort méritée, d'imprévisibles et bruyants éclats de colère, parfois accompagnés de lancers de livres ou de tout ce qui lui tombait sous la main[25].

En bref, sachant qu'il y a peu de chose que l'on puisse avancer sur la préhistoire humaine sans être aussitôt contredit, ce que l'on croit savoir à notre propos et sur notre lieu d'origine se résume à ceci : pendant 99,9999 % de notre histoire, nous avons appartenu à la même lignée ancestrale que les chimpanzés[26]. On ne sait pratiquement rien de la préhistoire des chimpanzés, mais quoi qu'ils aient pu être, nous l'avons été aussi. Puis, voici environ 7 millions d'années, il s'est produit un événement capital : un groupe d'êtres nouveaux est sorti des forêts tropicales d'Afrique pour peupler la savane.

C'étaient les australopithèques et ils allaient être l'espèce d'hominidés dominante pendant les cinq millions d'années à venir. (Austral vient du latin *australis,* de *auster*, « vent du midi » : rien à voir avec l'Australie.) Les australopithèques présentaient de fortes variations d'un groupe à l'autre. Certains étaient minces et graciles, comme l'enfant de Taung de Raymond Dart, d'autres plus costauds et plus robustes, mais tous possédaient la station debout. Certaines de ces espèces vécurent plus d'un million d'années, d'autres à peine 100 000 ans, mais n'oublions pas que même les moins chanceuses d'entre elles ont duré bien plus longtemps que nous ne l'avons fait à ce jour.

Les vestiges d'hominidé les plus célèbres au monde sont ceux d'un australopithèque vieux de 3,18 millions d'années qui fut découvert en 1974 à Hafar, en Éthiopie, par une équipe menée par Donald Johanson. Anciennement appelé A.L. 288-1 (A.L. pour « Afar Locality »), ce squelette est désormais connu sous le nom de Lucy – ainsi nommé d'après la chanson des Beatles que l'équipe écoutait ce jour-là, *Lucy in the Sky with Diamonds*. Johanson n'a jamais mis en doute son importance. Selon lui, « Lucy est notre plus ancienne ancêtre, le chaînon manquant entre le singe et l'homme[27] ».

Lucy était petite : elle mesurait à peine plus d'un mètre. Elle savait marcher – bien ou mal, tout le monde n'est pas d'accord sur ce point. C'était aussi une bonne grimpeuse. On ne sait pas grand-chose d'autre à son propos. Son crâne n'ayant pas été retrouvé, on ne peut guère que conjecturer la taille de son cerveau, mais les fragments de calotte crânienne que nous possédons laissent à penser qu'il était plutôt petit. Les ouvrages spécialisés donnent en général le squelette de Lucy comme complet à 40 %. D'autres vont jusqu'à 50 %, et un ouvrage de l'American Museum of Natural History le déclare complet aux 2/3. La série *Ape Man* de la BBC va jusqu'à parler d'un « squelette entier » – ce dont l'image offre un parfait démenti.

Un corps humain compte 206 os, dont beaucoup sont doubles. Si vous possédez le fémur gauche d'un spécimen, vous n'avez pas besoin du fémur droit pour connaître ses dimensions. Une fois éliminés tous ces doublons, il vous reste 120 os – ce que l'on appelle un demi-squelette. Même avec ce nombre standard plutôt commode, et même en comptant le plus petit fragment comme un os complet, Lucy ne présente que 28 % d'un demi-squelette (et seulement 20 % d'un squelette complet).

Dans *The Wisdom of the Bones*, Alan Walker raconte qu'il demanda un jour à Johanson comment il avait obtenu ce chiffre d'un squelette complet à 40 %. Johanson répliqua vivement qu'il avait compté les 106 os des mains et des pieds[28] – soit la moitié du corps, et pas la moindre, puisque ce qui caractérise Lucy, c'est précisément la façon dont elle se servait de ses mains et de ses pieds pour affronter un monde en pleine mutation. Quoi qu'il en soit, le peu que l'on sait d'elle repose avant tout sur des suppositions. On n'est même pas sûr qu'il s'agissait d'une femelle : on a déduit son sexe de sa petite taille.

Deux ans après la découverte de Lucy, Mary Leakey trouva à Laetoli, en Tanzanie, des empreintes de pas laissées par deux individus issus – pensait-on alors – de la même famille d'hominidés. Deux australopithèques étaient passés par là, imprimant leurs pas dans de la cendre boueuse après une éruption volcanique. La cendre s'étant durcie par la suite, leurs empreintes avaient été préservées sur une distance de 23 mètres.

Le Muséum d'histoire naturelle de New York possède un passionnant diorama qui immortalise ce moment historique. On y voit un mâle et une femelle grandeur nature, marchant côte à côte à travers l'ancienne plaine d'Afrique. Bien que poilus et dotés des dimensions d'un chimpanzé, ils ont un air très humain dans leur maintien et leur démarche. Le trait le plus frappant de cette scène, c'est que le mâle a passé d'un geste protecteur son bras gauche sur l'épaule de la femelle.

Le tableau est si convaincant qu'il est facile d'oublier que tout en lui, hormis les empreintes des pas, relève de l'imagination. La tournure des deux personnages – leur pilosité, leurs appendices faciaux (nez humains ou nez de chimpanzé), leur expression, la couleur de leur peau et la forme des seins de la femelle – est fatalement hypothétique. On ne peut pas affirmer qu'il s'agissait d'un couple, ni même, d'ailleurs, d'australopithèques. Nous n'avons tout simplement pas d'autres candidats à proposer.

Je me suis laissé dire que si l'on avait choisi cette position, c'est qu'au cours du montage du diorama la femelle tombait sans arrêt. Ian Tattersall jure ses grands dieux que c'est faux, sans pouvoir s'empêcher de rire de cette histoire. « Bien sûr, nous ne savons pas si le mâle avait posé son bras autour des épaules de la femelle. En revanche, grâce à la longueur des pas, nous avons au moins la certitude qu'ils marchaient côte à côte et tout près l'un de l'autre – assez pour se toucher. La région était relativement exposée et ils devaient se sentir en danger. C'est pour cela que nous avons cherché à leur donner une expression légèrement inquiète. »

Je lui ai demandé si les nombreuses autorisations nécessaires pour reconstituer les personnages lui avaient posé problème. « C'est toujours très compliqué. Vous n'imaginez pas les discussions autour du moindre détail – savoir par exemple si Neandertal avait ou non des sourcils. Idem pour le couple de Laetoli. On ne sait pas exactement à quoi ils ressemblaient, mais on peut imaginer leur taille et leur posture et, à partir de là, élaborer des hypothèses raisonnables. Si je devais les refaire, je leur donnerais une apparence légèrement plus simiesque et moins humaine. Ces créatures n'étaient pas des hommes : c'étaient de grands singes bipèdes. »

Il y a peu encore, on pensait que nous descendions de Lucy et du couple de Laetoli.

Aujourd'hui, rien n'est moins sûr. Certaines caractérisques physiques (les dents, notamment) ont beau évoquer un lien éventuel avec nous, les australopithèques présentent d'autres éléments anatomiques fort troublants. Dans *Extinct Humans*, Tattersall et Schwartz font remarquer que la partie supérieure du fémur humain est très proche de celle du grand singe, mais pas de l'australopithèque. En clair, si Lucy se situe en ligne directe entre les grands singes et l'homme moderne, il faut croire que nous avons adopté un fémur d'australopithèque pendant environ un million d'années, avant de revenir à un fémur de grand singe dans la phase suivante de notre développement. En fait, les spécialistes pensent aujourd'hui que Lucy n'est pas notre ancêtre, et qu'en outre elle ne maîtrisait pas totalement la marche.

« Lucy et les siens ne se déplaçaient certainement pas comme l'homme moderne, insiste Tattersall[29]. Ces hominidés ne recouraient à la bipédie que lorsqu'ils devaient se déplacer entre deux zones arborées, "contraints" à cet expédient par leur anatomie[30]. » Johanson pour sa part refuse cette explication. « Vu ses hanches et la disposition des muscles de son pelvis, Lucy aurait eu du mal à grimper aux arbres comme l'homme moderne[31] », écrit-il.

Les choses se sont encore compliquées en 2001 et 2002 avec la découverte de quatre nouveaux spécimens absolument exceptionnels. Le premier a été trouvé par Meave Leakey, de la célèbre famille de chasseurs de fossiles, au bord du lac Turkana au Kenya[32] ; appelé *Kenyanthropus platyops* (« Kenyan au visage plat »), il date à peu près de la même époque que Lucy et pourrait être notre ancêtre, Lucy étant alors reléguée dans une simple branche secondaire. Le deuxième, estimé entre 5,2 et 5,8 millions d'années, s'appelle *Ardipithecus ramidus kadabba*. Le troisième, *Orrorin tugenensis*, que l'on a daté à 6 millions d'années, est resté un moment le plus vieil hominidé jamais découvert – mais cela n'a pas duré[33]. À l'été 2002, une équipe française travaillant dans le désert Djurab, au Tchad (un site qui n'avait jamais livré aucun ossement jusqu'alors), a découvert un quatrième spécimen, vieux de près de 7 millions d'années, appelé *Sahelanthropus tchadensis*[34]. (Selon certains critiques, il ne s'agit pas d'un humain, mais d'un grand singe primitif qui devrait donc s'appeler *Sahelpithecus*[35].) Toutes étaient des créatures primitives, mais elles maîtrisaient la station debout depuis bien plus longtemps qu'on ne l'aurait cru jusqu'alors.

Le bipédisme est une stratégie exigeante et risquée, qui requiert un bassin façonné pour supporter une forte charge et implique donc que le canal de naissance de la femelle soit relativement étroit. Cette étroitesse a deux conséquences immédiates et une troisième à plus long terme. D'abord, elle suppose de violentes douleurs pour la mère en couches et un grand danger de mort pour la mère et l'enfant. Ensuite, pour que sa tête puisse passer à travers un espace aussi étroit, l'enfant doit naître alors que son cerveau est encore petit – c'est-à-dire quand il est encore sans défense. Ce fait implique des soins infantiles plus longs et, en conséquence, des liens solides entre un mâle et une femelle.

Si tout cela est déjà problématique lorsqu'on est le maître intellectuel de la planète, on peut imaginer que pour un petit australopithèque fragile et doté d'un cerveau de la taille d'une orange* les risques ont dû être énormes[36].

Pourquoi, dans ce cas, Lucy et les siens sont-ils descendus des arbres et sont-ils sortis des forêts ? Ils n'ont sans doute pas eu le choix. La lente montée de l'isthme de Panama a bloqué l'écoulemement des eaux du Pacifique vers l'Atlantique, déviant les courants chauds loin de l'Arctique et provoquant une période glaciaire sous les latitudes septentrionales. En Afrique, le climat est devenu plus sec et plus froid, transformant peu à peu la jungle en savane. « En fait, Lucy et les siens n'ont pas quitté la forêt, écrit John Gribbin. C'est la forêt qui les a quittés[37]. »

---

* La taille absolue du cerveau n'a aucune importance. Les éléphants et les baleines ont des cerveaux plus gros que le nôtre, ce qui n'empêche que nous n'aurions aucun mal à nous montrer plus malins qu'eux dans la signature d'un contrat. C'est la taille relative qui compte, un détail souvent négligé. Comme le fait remarquer Gould, *A. africanus* avait un cerveau de 450 centimètres cubes, soit plus petit que celui d'un gorille. Mais un *africanus* mâle type pesait à peine 45 kilos et une femelle encore moins, tandis que les gorilles dépassent souvent 150 kilos. Voir Stephen Jay Gould, *Ever since Darwin : Reflections in Natural History*, Londres et New York, W. W. Norton, 1980, p. 181-183.

Mais en sortant de la forêt pour gagner la savane, les premiers hominidés se sont à l'évidence retrouvés dans une situation bien plus précaire. Un hominidé possédant la station debout voyait mieux et plus loin, mais il était aussi plus repérable. De nos jours encore, nous restons une espèce ridiculement vulnérable. N'importe quel gros animal est plus fort, plus rapide et plus féroce que nous. Face à une attaque, l'homme moderne n'a que deux avantages : son cerveau, grâce auquel il peut concevoir des stratégies de défense, et ses mains, qui lui permettent de lancer ou de brandir des armes. Nous sommes la seule créature capable de blesser à distance, ce qui nous autorise à être physiquement vulnérables.

Il semble que tous les éléments étaient réunis pour une évolution rapide d'un cerveau puissant, mais, apparemment, les choses ne se sont pas passées ainsi. Pendant plus de 3 millions d'années, Lucy et les australopithèques n'ont quasiment pas évolué[38]. Leur cerveau n'a pas grossi et nous n'avons aucune preuve qu'ils aient utilisé des outils. Fait plus curieux encore, nous savons à présent qu'ils ont vécu pendant un million d'années à côté d'autres hominidés qui, eux, maîtrisaient l'usage des outils, sans avoir jamais recours à leur technologie[39].

Voici 2 à 3 millions d'années, il semble que six types d'hominidés coexistaient en Afrique. Un seul toutefois était destiné à durer : *Homo*, qui est sorti du lot voici environ 2 millions d'années. On ignore tout des relations entre australopithèques et *Homo* ; notre seule certitude, c'est qu'ils ont coexisté pendant plus d'un million d'années avant que les australopithèques, pourtant robustes, ne disparaissent de façon mystérieuse et peut-être soudaine voici plus d'un million d'années. « Peut-être les avons-nous mangés[40] », dit sobrement Matt Ridley.

Il est admis que la lignée des *Homo* commence avec *Homo habilis*, une créature dont nous ne savons presque rien, et se termine par nous, *Homo sapiens* (littéralement, « Homme penseur »). Dans l'intervalle, et selon le point de vue adopté, il y a eu cinq ou six autres espèces d'*Homo* : *Homo ergaster, Homo neanderthalensis, Homo rudolfensis, Homo heidelbergensis, Homo erectus* et *Homo antecessor*.

En 1964, Louis Leakey et ses collègues donnèrent le nom d'*Homo habilis* (« homme manuel ») au premier hominidé à se servir d'outils – même rudimentaires. C'était une créature relativement primitive, plus proche du chimpanzé que de l'homme, mais comme il disposait d'un cerveau 50 % plus gros que celui de Lucy en étant à peine plus grand qu'elle, on peut le considérer comme le Einstein de son époque. Aucune explication convaincante n'a été avancée à ce jour pour expliquer que le cerveau des hominidés se soit mis brusquement à grossir voici 2 millions d'années. On a cru longtemps que les gros cerveaux et la position verticale étaient liés – la sortie des forêts ayant exigé de nouvelles stratégies astucieuses qui favorisaient le développement du cerveau. Ce fut donc une surprise de taille de constater, une fois qu'on eut découvert tous ces bipèdes balourds, que ces deux caractères n'avaient apparemment aucun lien entre eux.

« On ignore tout simplement pourquoi le cerveau de l'homme a grossi », déclare Tattersall. De gros cerveaux sont des organes exigeants : ils ne représentent que 2 % de la masse corporelle, mais consomment 20 % de son énergie[41]. Ils sont également difficiles à satisfaire en termes de « combustible » : si vous n'avez jamais mangé de graisse, votre cerveau ne s'en plaindra pas parce qu'il n'y touche pas. Ce qu'il veut, c'est du glucose, et en grosses quantités, même s'il faut pour cela léser d'autres organes. Comme le fait remarquer Guy Brown : « Un cerveau gourmand met le corps en danger permanent de privation, mais celui-ci ne peut se permettre de laisser le cerveau affamé, car cela le conduirait rapidement à la mort[42]. » Un gros cerveau exige davantage de nourriture, et plus de nourriture accroît la prise de risques.

Pour Tattersall, l'apparition des gros cerveaux pourrait être un simple accident de l'évolution. Il pense avec Stephen Jay Gould que si l'on faisait redéfiler le film de la vie en partant de l'aube des hominidés, il est « fort peu probable » que l'homme moderne ou toute autre créature du même type existerait aujourd'hui.

« L'une des idées les plus difficiles à accepter pour l'homme, dit-il, c'est qu'il n'est pas le point culminant de quoi que ce soit. Notre présence ici n'a rien d'inévitable. C'est notre fierté d'humains de croire que le processus évolutionnaire était programmé pour aboutir à nous, et les anthropologues eux-mêmes tendaient à penser en ces termes jusque dans les années 1970. » En effet, dans son célèbre ouvrage *The Stages of Evolution* qui date de 1991, C. Loring Brace reste fidèle au concept linéaire, n'admettant qu'une seule impasse évolutionnaire, celle des robustes australopithèques[43]. Le reste n'a été qu'une simple progression – chaque espèce d'hominidés portant le flambeau du développement avant de le remettre à un nouveau venu plus jeune et plus ingambe. Pourtant, nous savons aujourd'hui que nombre de ces formes primitives ont suivi des chemins parallèles qui n'ont mené nulle part.

Heureusement pour nous, l'un d'eux s'est distingué – un groupe d'utilisateurs d'outils qui semble avoir surgi de nulle part pour venir s'imbriquer avec l'obscur et très controversé *Homo habilis*. Il s'agit d'*Homo erectus*, l'espèce découverte par Eugène Dubois à Java en 1891. Selon certaines sources, il est apparu voici 1,8 million d'années et vivait encore il n'y a guère que 20 000 ans.

Selon les auteurs de *L'Homme de Java, Homo erectus* se situe sur la ligne de démarcation : tout ce qui vient avant lui ressemblait aux singes, tout ce qui vient après, à l'homme[44]. *Homo erectus* fut le premier à chasser, à maîtriser le feu, à tailler des outils complexes, à laisser des traces de campement, à veiller sur les membres fragiles et faibles du groupe. Comparé aux créatures qui l'avaient précédé, il était extrêmement humain dans son aspect comme dans son comportement.

Il avait des membres longs et fins, très forts (bien plus que ceux de l'homme moderne) et était assez dynamique et intelligent pour occuper de vastes territoires. Aux yeux des autres hominidés, *Homo erectus* devait paraître extrêmement grand, puissant, rapide et doué. Son cerveau était bien plus sophistiqué que tous ceux que le monde avait connus jusqu'alors.

Erectus était « le vélociraptor de son époque », selon Alan Walker, de l'université de Pennsylvanie, l'un des meilleurs spécialistes de la question. Si on en regardait un droit dans les yeux, il nous semblerait superficiellement humain, mais « nous ne pourrions établir aucun contact avec lui : à ses yeux, nous serions une proie ». À en croire Walker, il avait le corps d'un adulte, mais le cerveau d'un bébé.

Bien qu'*erectus* soit connu depuis bientôt un siècle, on n'en possède que des fragments épars – en quantité insuffisante pour espérer même reconstituer un squelette complet. Aussi a-t-il fallu attendre une découverte extraordinaire en Afrique dans les années 1980 pour comprendre son importance – ou du moins son éventuelle importance – en tant que précurseur de l'homme moderne. La vallée du lac Turkana (anciennement lac Rudolf), au Kenya, est aujourd'hui l'un des sites les plus féconds en vestiges préhistoriques, mais pendant longtemps personne n'avait envisagé d'y faire des fouilles. Il a fallu que Richard Leakey se trouve à bord d'un avion dont le trajet avait été détourné pour qu'il se fasse la réflexion en la survolant qu'elle était peut-être plus prometteuse qu'il n'y paraissait. Une équipe envoyée sur place pour entreprendre des fouilles ne trouva rien dans un premier temps. Puis un beau jour, en fin d'après-midi, Kamoya Kimeu, le plus connu des chasseurs de fossiles de Leakey, découvrit un petit morceau d'arcade sourcilière d'hominidé sur une colline assez éloignée du lac. Bien que persuadés que ce site était sans intérêt, les membres de l'équipe le fouillèrent par respect pour Kimeu et son instinct. À leur grand étonnement, ils découvrirent un squelette presque complet d'*Homo erectus*. C'était celui d'un garçon âgé de neuf à douze ans, mort voici 1,54 million d'années[45]. Le squelette présentait « une structure parfaitement moderne », selon Tattersall. En clair, l'adolescent du Turkana était « très probablement l'un des nôtres[46] ».

On doit également à Kimeu la découverte, toujours au bord du lac Turkana, de KNM-ER 1808 – une femelle âgée de 1,7 million d'années qui a donné aux scientifiques la première clé indiquant qu'*Homo erectus* était plus intéressant et plus complexe qu'on ne l'avait cru jusqu'alors. Les restes de cette femelle étaient déformés et couverts de grossières excroissances, résultat d'une hypervitaminose A, un trouble provoqué par l'ingestion de foie de carnivores. On en conclut aussitôt qu'*Homo erectus* mangeait de la viande. Plus surprenant encore, la quantité d'excroissances montrait que cette femelle avait vécu des semaines, voire des mois, avec cette maladie. Quelqu'un s'était donc occupé d'elle[47]. On était en présence du premier signe de tendresse dans l'évolution des hominidés.

On découvrit aussi que les crânes des *Homo erectus* possédaient (du moins, possédaient peut-être) une aire de Broca, cette région du lobe frontal associée au langage dont les chimpanzés sont dépourvus. Alan Walker pense que le canal spinal n'était ni assez développé ni assez complexe pour permettre le langage et qu'*erectus* ne communiquait sans doute pas mieux que les chimpanzés modernes. D'autres, comme Richard Leakey, sont convaincus qu'il parlait.

Il semble qu'*Homo erectus* ait longtemps été la seule espèce d'hominidés. Aventureux, ses membres se sont dispersés à travers tout le globe à une vitesse qui nous paraît stupéfiante[48]. Si l'on s'en tient à une lecture littérale des fossiles, on peut en déduire que certains membres de l'espèce ont atteint Java à peu près en même temps que la sortie d'Afrique – voire un peu avant. Cette idée a mené certains scientifiques à penser que l'homme moderne n'est pas né en Afrique mais en Asie – ce qui serait remarquable, pour ne pas dire miraculeux, dans la mesure où toutes les espèces antérieures ont été découvertes en Afrique. Les hominidés d'Asie seraient dans ce cas une sorte de génération spontanée. De toute façon, faire démarrer la lignée en Asie ne ferait qu'inverser le problème de sa dispersion : il resterait toujours à expliquer comment l'homme de Java a pu atteindre l'Afrique aussi rapidement.

Il existe d'autres thèses plausibles expliquant

pourquoi *Homo erectus* a pu gagner aussi rapidement l'Asie après sa première apparition en Afrique. D'abord, la datation des premiers vestiges humains reste très discutée : si l'âge véritable des ossements africains se trouve dans la fourchette la plus haute des estimations, et ceux de l'homme de Java dans la fourchette la plus basse, cela laisse amplement le temps à *erectus* de quitter l'Afrique pour gagner l'Asie. Il est également fort possible que d'autres ossements d'*erectus*, plus anciens encore, attendent d'être découverts en Afrique. Enfin, les datations de l'homme de Java peuvent être totalement fausses.

À présent, les doutes. Pour certains spécialistes, les squelettes de Turkana ne sont pas des *Homo erectus*. Le problème, assez ironiquement, c'est que les spécimens de Turkana sont si admirablement complets, quand tous les autres fossiles d'*erectus* sont aussi fragmentaires. Comme le remarquent les auteurs d'*Extinct Humans*, « nous ne pouvons comparer les hommes de Turkana à quoi que ce soit qui leur soit proche, parce que nous ne disposons pas des pièces requises ! ». Ces squelettes ne ressemblent en rien à un *Homo erectus* d'Asie, et n'auraient jamais été considérés de la même espèce s'ils n'avaient été contemporains. Certains persistent à les appeler *Homo ergaster*. Tattersall et Schwartz vont plus loin encore. À leurs yeux, c'est *ergaster*, « ou un parent raisonnablement proche », qui s'est répandu d'Afrique en Asie, a évolué en *Homo erectus*, puis s'est éteint.

Ce qui est certain, c'est que voici plus d'un million d'années des créatures nouvelles, relativement modernes et maîtrisant la bipédie, ont quitté l'Afrique et, affrontant avec courage toutes sortes de dangers, se sont dispersées sur une grande partie du globe. Il semble qu'elles aient parcouru cette distance assez rapidement, élargissant leur habitat à raison d'une quarantaine de kilomètres par an, tout en franchissant des chaînes de montagnes, des rivières, des déserts et d'autres obstacles sans nombre, et en s'adaptant sans cesse à de nouveaux climats et à de nouvelles nourritures. Comment ces *homo* ont-ils survécu le long de la côte ouest de la mer Rouge, une zone connue pour sa très grande sécheresse ? C'est un mystère. Curieuse ironie, les conditions mêmes qui précipitèrent leur départ d'Afrique durent rendre leurs déplacements particulièrement pénibles. Pourtant, ils ont réussi à trouver leur chemin, à surmonter tous les obstacles et à prospérer sur ces terres inconnues.

Et c'est là, j'en ai peur, que finit le consensus. Ce qui s'est produit par la suite au cours du développement de l'humanité est l'objet d'un long et furieux débat, comme nous allons le voir au chapitre suivant.

Mais avant de poursuivre, n'oublions pas qu'au cours de ces 5 millions d'années tous ces bouleversements, du lointain australopithèque à l'homme moderne, ont abouti à une créature qui reste à 98,4 % impossible à distinguer génétiquement du chimpanzé moderne. Il existe plus de différences entre un zèbre et un cheval, ou un dauphin et un marsouin, qu'entre nous et ces créatures poilues que nos ancêtres éloignés ont laissées derrière eux quand ils se sont lancés à la conquête du monde.

XXIX

Ça bouge chez les grands singes

Voici environ 1,5 million d'années, un membre de la famille des hominidés eut une idée géniale : il (ou peut-être elle) ramassa une pierre et s'en servit pour en tailler une autre. Le résultat donna une petite hache en forme de larme – la première technologie de pointe existant au monde.

Elle était si supérieure aux outils précédents que d'autres hominidés s'empressèrent de l'imiter et fabriquèrent à leur tour leur propre hache de pierre. Des sociétés entières, semble-t-il, ont vécu sans inventer grand-chose d'autre. « Ils en fabriquaient par milliers, déclare Ian Tattersall. Dans certains endroits d'Afrique, on ne peut littéralement pas faire un pas sans trébucher sur l'une d'elles. C'est d'autant plus étrange qu'il s'agit d'objets dont la fabrication demande un gros effort. On a l'impression qu'ils les taillaient pour le plaisir[1]. »

D'une étagère de son bureau ensoleillé, Tattersall descend un énorme moulage – 50 cm de long sur 20 de large – et me le tend. On dirait un fer de lance, mais de la taille d'un pavé. Le moulage en fibre de verre ne pèse qu'une cinquantaine de grammes, mais l'original, trouvé en Tanzanie, pesait ses 11 kilos.

« – En tant qu'outil, il ne servait à rien, m'explique Tattersall. Il aurait fallu deux personnes pour le soulever, et il aurait été épuisant d'essayer de piler quoi que ce soit avec.

« – À quoi servait-il, alors ? »

Tattersall hausse les épaules, enchanté par le côté mystérieux de l'objet.

« Aucune idée. Il devait sans doute avoir une importance symbolique, mais nous en sommes réduits aux conjectures. »

Ces haches prirent le nom d'outils acheuléens – d'après Saint-Acheul, un quartier d'Amiens d'où les premiers spécimens furent exhumés au XIXe siècle – pour les différencier des outils dits oldoviens, plus simples et plus anciens, retrouvés dans les gorges d'Olduvai en Tanzanie. Les outils d'Olduvai ont souvent été décrits comme des pierres peu tranchantes, arrondies, de la taille d'une main. En fait, les paléoanthropologues tendent aujourd'hui à penser qu'il s'agissait de fragments de silex qui s'étaient détachés de quartiers de roches et pouvaient servir à couper.

Toutefois, un mystère subsiste. Lorsque les premiers hommes modernes – ceux qui allaient aboutir à notre lignée – ont entamé leur sortie d'Afrique voici plus de 100 000 ans, les outils acheuléens était la pointe de la technologie. Ils étaient très prisés des *Homo sapiens* qui n'hésitaient pas à les transporter sur de longues distances. Parfois, ils emportaient même des roches non taillées pour les travailler en route. En un mot, ils étaient attachés à leur technologie. Or, si l'on a retrouvé des outils acheuléens en Afrique, en Europe et en Asie occidentale et centrale, on n'en trouve quasiment pas trace en Extrême-Orient – ce qui a de quoi laisser perplexe.

À la fin des années 1940, un paléontologue de Harvard, Hallam Movius, traça ce qu'il appela la ligne « Movius » : d'un côté, la présence d'outils acheuléens, et de l'autre, leur absence. Cette ligne court vers le sud-est à travers l'Europe et le Moyen-Orient jusqu'à proximité de l'emplacement actuel de Calcutta, et traverse toute l'Asie du Sud-Est et la Chine. On sait qu'*Homo sapiens* est allé au-delà de ce point. Pourquoi alors aurait-il transporté ce trésor lithique jusqu'à la limite de l'Extrême-Orient pour l'y abandonner ensuite ?

« Cela m'a troublé longtemps, se souvient Alan Thorne, de l'université nationale d'Australie, à Canberra. Toute l'anthropologie moderne était construite autour de l'idée que l'homme était venu d'Afrique en deux vagues – la première constituée d'*Homo erectus* qui allaient devenir l'homme de Java et l'homme de Pékin, et la seconde, plus tardive et plus avancée, d'*Homo sapiens* qui allaient supplanter *erectus*. Si l'on est d'accord avec cette vision des choses, on doit admettre qu'*Homo sapiens* est allé aussi loin avec toute cette technologie sur les bras avant de l'abandonner pour une raison ou une autre. C'est tout à fait déroutant. »

Mais bien d'autres choses allaient se révéler

plus déroutantes encore, la plus troublante de toutes venant du pays même de Thorne, l'Australie. En 1968, un géologue du nom de Jim Bowler effectuait des fouilles sur le site d'un lac asséché, le Mungo, dans un coin isolé et aride de la Nouvelle-Galles du Sud, quand un curieux objet attira son regard. Des ossements humains dépassaient d'une dune de sable. À l'époque, on pensait que l'homme n'était apparu en Australie que 8 000 ans auparavant, mais le lac Mungo était à sec depuis 12 000 ans. Que pouvait bien faire un homme dans un endroit aussi peu hospitalier ?

La réponse, fournie par la datation au carbone 14, était que le propriétaire de ces os avait vécu là à l'époque où le lac Mungo constituait un habitat de 20 km de long, agréable, poissonneux et bordé de bouquets d'arbres appelés filaos. À l'étonnement général, ces ossements se révélèrent âgés de 23 000 ans. D'autres vestiges exhumés dans les parages affichaient un âge encore plus canonique de 60 000 ans. C'était si inattendu que cela paraissait presque impossible. Depuis l'apparition des hominidés sur terre, l'Australie a toujours été un continent à part. Tous les humains qui sont arrivés là ont dû venir par la mer, en nombre suffisant pour se reproduire, après avoir traversé au bas mot 100 km d'océan sans savoir s'ils allaient aborder une terre où ils pourraient vivre. Une fois débarqué, le peuple Mungo a marché sur 3 000 km depuis la côte nord de l'Australie – son point d'entrée présumé –, ce qui laisse à penser, d'après un rapport du *Proceeding of the National Academy of Sciences*, « que les premiers hommes ont pu arriver avant 60 000 ans[2] ».

Comment ont-ils débarqué là et pourquoi sont-ils venus ? Nous n'avons aucune réponse à ces deux questions. Pour la majorité des anthropologues, il n'existe aucune preuve que des gens aient pu avoir un langage voici 60 000 ans, et encore moins se lancer dans un travail manuel collectif ou s'embarquer pour coloniser des îles-continents.

« Nous ignorons tant de choses sur les déplacements des peuples avant que l'Histoire ne soit écrite, a soupiré Alan Thorne lors de notre rencontre à Canberra. Savez-vous que lorsque les anthropologues du XIXe siècle sont allés pour la première fois en Papouasie-Nouvelle-Guinée ils ont découvert des peuplades dans les montagnes de l'intérieur du pays – l'un des endroits les plus inaccessibles de la terre – qui cultivaient des patates douces. Or, les patates douces sont originaires d'Amérique du Sud. Comment se sont-elles retrouvées en Papouasie-Nouvelle-Guinée ? On n'en a pas la moindre idée. La seule certitude, c'est que l'homme se déplace d'un endroit à un autre avec une certaine aisance depuis plus longtemps qu'on ne tend à le croire, et qu'il a très certainement partagé gènes et informations avec ceux qu'ils croisaient[3]. »

Le problème, comme toujours, ce sont les documents fossiles. « Très peu d'endroits au monde sont favorables, même vaguement, à la préservation de vestiges humains, déclare Thorne, un homme aux yeux vifs, à la barbiche blanche, à l'air résolu mais chaleureux. Si nous n'avions pas des sites aussi fertiles que l'Hadar et Olduvai en Afrique de l'Est, nous ne saurions pas grand-chose. Et quand on regarde ailleurs, souvent, on ne *sait* pas grand-chose. L'Inde tout entière n'a livré qu'un seul fossile humain, âgé d'environ 300 000 ans. Entre l'Irak et le Vietnam – soit en gros une distance de 5 000 km –, on n'a trouvé que deux fossiles : un en Inde même, et un homme de Neandertal en Ouzbékistan. Vu le travail fourni, ajoute-t-il en souriant, il n'y a pas de quoi pavoiser. À part la vallée du Grand Rift en Afrique et Mungo ici, en Australie, il n'y a guère de sites fertiles en fossiles humains. Pas étonnant que les paléontologues aient eu du mal à se faire un tableau complet. »

La théorie classique pour expliquer les déplacements humains – encore acceptée par la majorité des spécialistes –, c'est que les hommes se sont dispersés à travers l'Eurasie en deux vagues. La première était constituée d'*Homo erectus* qui ont quitté l'Afrique assez vite – quasiment dès leur apparition en tant qu'espèce – voici près de 2 millions d'années. À mesure qu'ils s'installaient dans différentes régions, ces premiers hommes debout évoluèrent en deux types distincts – en homme de Java et en homme de Pékin en Asie, en *Homo heidelbergensis* et enfin en *Homo neanderthalensis* en Europe.

Puis, voici environ 100 000 ans, une créature plus gracile et plus vive – notre ancêtre – est apparue dans les plaines africaines et a commencé à se disperser au cours d'une seconde vague. Selon cette théorie, ces nouveaux *Homo sapiens* supplantèrent leurs prédécesseurs, plus lents et moins adaptés, partout où ils passèrent. La façon dont ils s'y sont pris reste sujette à controverse. Aucune trace de massacre n'ayant jamais été retrouvée, la plupart des spécialistes pensent que ces nouveaux hominidés étaient tout simplement plus forts que les anciens, même si d'autres facteurs ont dû jouer. « On leur a peut-être refilé la petite vérole, suggère Tattersall. Il n'y a aucun moyen de savoir. Notre seule certitude, c'est que nous sommes là aujourd'hui, et pas eux. »

Ces premiers hommes modernes sont curieusement évanescents : nous en savons moins sur nous-mêmes que sur toutes les autres branches d'hominidés. Comme le fait remarquer Tattersall, « l'événement le plus récent et le plus important de l'évolution de l'homme – l'apparition de notre espèce – reste peut-être le plus obscur de tous[4] ». On n'arrive même pas à s'accorder sur le point d'apparition des premiers hommes modernes dans les documents fossiles. De nombreux ouvrages le situent à 120 000 ans d'ici, dans des vestiges exhumés à l'embouchure de la rivière Klasies, en Afrique du Sud, mais tous ne les reconnaissent pas comme des hommes complètement modernes. D'après Tattersall et Schwartz, « une clarification définitive s'impose avant que nous puissions dire s'il s'agit ou non de représentants de notre espèce[5] ».

La première apparition d'*Homo sapiens* qui fasse l'unanimité se situe non loin de l'actuel

État d'Israël et remonte à 100 000 ans environ – mais là encore, ces vestiges sont qualifiés (par Trinkaus et Shipman) de « bizarres et difficiles à classer[6] ». Neandertal était déjà bien établi dans la région et possédait un type d'outils, dit moustérien, que l'homme moderne jugea de toute évidence assez intéressant pour l'emprunter. Aucun vestige de Neandertal n'a été découvert dans le nord de l'Afrique, mais leurs outils jonchent littéralement le sol[7]. Quelqu'un a bien dû les déposer là, et l'homme moderne est le seul candidat dont nous disposions. On sait également que Neandertal et l'homme moderne ont coexisté d'une manière ou d'une autre pendant des dizaines de milliers d'années au Moyen-Orient. « On ignore s'ils partageaient le même espace ou vivaient côte à côte, déclare Tattersall, mais l'homme moderne a continué à se servir allégrement des outils de Neandertal – ce qui ne plaide guère en faveur de sa supériorité. Fait non moins curieux, on a retrouvé au Moyen-Orient des outils acheuléens datant de plus d'un million d'années, mais quasiment aucun en Europe (ceux que l'on y a découverts ne remontant qu'à 300 000 ans). Pourquoi des êtres possédant cette technique de fabrication n'ont-ils pas emporté leurs outils avec eux ? »

On a cru longtemps que l'homme de Cro-Magnon, comme on appelle l'homme moderne en Europe, avait écarté Neandertal de son passage à mesure qu'il progressait, le repoussant jusqu'au bord occidental du continent où il n'avait guère d'autre choix que de tomber à la mer et disparaître. En fait, on sait maintenant que Cro-Magnon se trouvait à la pointe occidentale de l'Europe à peu près en même temps qu'il arrivait de l'est. « L'Europe était assez vide à l'époque, nous rappelle Tattersall. Ils ne se sont peut-être pas croisés si souvent que ça, malgré toutes leurs allées et venues. » Ce que l'on a du mal à s'expliquer à propos de l'arrivée de Cro-Magnon, c'est qu'elle s'est produite au cours d'une époque connue des paléoclimatologues sous le nom d'intervalle Boutellier, quand l'Europe quittait une période relativement douce pour entrer dans une nouvelle phase de froid très rigoureux[8]. Quel qu'ait été ce qui a pu l'attirer en Europe, ce n'était certes pas le climat.

Bref, l'idée que Neandertal ait capitulé devant l'arrivée de Cro-Magnon reste assez difficile à admettre. Neandertal était un vrai costaud. Pendant des dizaines de milliers d'années, il a vécu dans des conditions qu'aucun homme moderne n'a jamais eu à affronter, en dehors de quelques scientifiques et explorateurs polaires. Dans les pires moments de l'ère glaciaire, les tempêtes de neige soufflant avec la force d'un ouragan étaient monnaie courante. La température tombait tous les jours à 45 degrés sous zéro. Des ours polaires vaguaient dans les vallées enneigées du sud de l'Angleterre. Même si Neandertal s'est naturellement abrité autant que possible, il a quand même dû vivre sous des climats au moins aussi rudes que l'hiver sibérien. Il a souffert, assurément – un homme de Neandertal qui vivait au-delà de trente ans avait beaucoup de chance –, mais, en tant qu'espèce, il a magnifiquement résisté et s'est révélé pratiquement indestructible. Il a survécu au moins 100 000 ans, et peut-être deux fois plus, sur un territoire allant de Gibraltar à l'Ouzbékistan, ce qui est assez remarquable pour une espèce quelle qu'elle soit[9].

Sa nature et son aspect demeurent des sujets de dispute et de doute. Jusqu'au milieu du XXe siècle, l'image de Neandertal communément acceptée par les anthropologues était celle d'un être à la peau foncée, voûté, simien, traînant des pieds – l'homme des cavernes dans toute sa splendeur –, lorsqu'un douloureux accident incita les scientifiques à reconsidérer ce point de vue. En 1947, alors qu'il menait des fouilles au Sahara, un paléontologue franco-algérien du nom de Camille Arambourg s'abrita du soleil de midi sous l'aile de son avion[10]. Alors qu'il était assis là, un pneu éclata sous l'effet de la chaleur ; l'avion pencha brusquement et s'abattit sur lui. De retour à Paris, Arambourg passa des radios de la nuque et remarqua que ses vertèbres étaient alignées exactement comme celles de l'homme de Neandertal. Soit Arambourg était physiologiquement primitif, soit la posture attribuée à Neandertal était fausse. Il se révéla que la deuxième hypothèse était la bonne : les vertèbres de Neandertal n'étaient nullement simiennes. Cette découverte modifia totalement notre point de vue sur Neandertal – du moins pendant un temps.

On dit encore souvent que Neandertal n'était

pas assez intelligent pour rivaliser avec les nouveaux venus, ces *Homo sapiens* plus élancés et plus cérébraux[11]. Voici des commentaires typiques relevés dans des ouvrages récents : « L'homme moderne a neutralisé cet avantage (la nature robuste de Neandertal) en s'habillant mieux, en faisant des feux plus importants et en construisant des abris plus solides ; pendant ce temps, Neandertal stagnait avec son corps massif qui exigeait davantage de nourriture pour survivre[12]. » En d'autres termes, les facteurs qui lui avaient précisément permis de résister pendant 100 000 ans seraient soudain devenus des handicaps insurmontables.

Mais il y a surtout un point que l'on se garde bien d'évoquer : Neandertal avait un cerveau beaucoup plus gros que celui de l'homme moderne – d'une capacité de 1,8 litre, contre 1,4 pour l'homme moderne[13]. C'est plus que la différence entre *Homo sapiens* et feu *Homo erectus*, que nous jugeons pourtant à peine humain. L'argument avancé dans ce cas, c'est que si nos cerveaux sont effectivement plus petits, ils sont d'une manière ou d'une autre plus efficaces. Je crois pouvoir dire sans crainte de me tromper que cet argument n'est invoqué nulle part ailleurs en matière d'évolution humaine.

Pourquoi donc, demanderez-vous, cet homme de Neandertal si robuste et doté d'une telle capacité cérébrale et adaptative n'est-il plus parmi nous ? Une réponse possible (mais très controversée) est qu'il est encore parmi nous. Alan Thorne, l'un des chefs de ligne d'une théorie alternative connue sous le nom d'hypothèse multirégionale, soutient que l'évolution de l'homme a été continue ; de même que les australopithèques sont devenus des *Homo abilis* et les *Homo heidelbergensis* des *Homo neanderthalensis*, l'*Homo sapiens* moderne est tout simplement né d'une forme plus ancienne d'*Homo*. De ce point de vue, *Homo erectus* n'est pas une espèce séparée, mais une phase transitionnelle. Ainsi, les Chinois modernes descendraient d'ancêtres d'*Homo erectus*, les Européens modernes d'anciens *Homo erectus* européens, etc. « Sauf qu'à mes yeux il n'y a pas d'*Homo erectus*, déclare Thorne. Pour moi, c'est un terme qui a fait son temps. *Homo erectus* est tout simplement une partie primitive de nous-mêmes. Je crois qu'une seule espèce d'humains a quitté l'Afrique, et que cette espèce est *Homo sapiens*. »

Les opposants à cette théorie multirégionale la rejettent d'abord parce qu'elle requiert une pluralité improbable d'évolutions parallèles chez les hominidés de l'Ancien Monde – en Afrique, en Chine, en Europe, dans les îles les plus éloignées de l'Indonésie, bref dans tous les endroits où ils sont apparus. Certains pensent aussi que le multirégionalisme encourage une vision raciste dont l'anthropologie a mis longtemps à se débarrasser. Au début des années 1960, Carleton Coon, un célèbre anthropologue de l'université de Pennsylvanie, laissa entendre que les races modernes avaient des origines différentes, impliquant ainsi que certains d'entre nous venaient de souches supérieures à d'autres. Cela rappelait désagréablement d'anciennes croyances selon lesquelles des races modernes, comme les « Bushmen » d'Afrique (les Kalahari San) ou les Aborigènes, seraient plus primitives que les autres.

Quoi qu'ait réellement voulu dire Coon, beaucoup entendirent dans ses propos que certaines races étaient fondamentalement plus avancées, et que certains humains pouvaient appartenir à des espèces différentes. Ce point de vue, si clairement offensant de nos jours, était encore fort répandu voici peu de temps. J'ai devant moi une compilation d'articles du magazine *Life,* intitulée *The Epic of Man*, qui a eu beaucoup de succès et qui date de 1961. On y trouve des commentaires de ce genre : « Le Rhodésien vivait encore voici 25 000 ans et il a peut-être été un ancêtre des nègres d'Afrique. La taille de son cerveau était proche de celle d'*Homo sapiens*[14]. » En d'autres termes, les Noirs d'Afrique descendaient depuis peu de créatures « proches » d'*Homo sapiens*.

Thorne rejette catégoriquement (et à mon avis sincèrement) l'idée que sa théorie soit en aucune façon raciste, et justifie l'uniformité de l'évolution humaine par de nombreuses allées et venues entre des cultures issues de différentes régions. « Il n'y a aucune raison d'imaginer que les gens aient tous suivi une même direction, dit-il. Les gens allaient partout et, là où ils se rencontraient, il est à peu près certain qu'ils partageaient leur matériel génétique par le biais de croisements. Les nouveaux arrivants ne remplaçaient pas les populations indigènes, ils se mélangeaient à elles. Ils se transformaient en elles. » Il compare cette situation à l'époque où des explorateurs comme Cook ou Magellan ont découvert des peuples lointains pour la première fois. « Il ne s'agissait pas de rencontres entre espèces différentes, mais entre individus de la même espèce dotés de différences physiques. »

Ce qui ressort des documents fossiles, insiste Thorne, c'est une transition continue, sans heurts. « Il existe à Petralona, en Grèce, un célèbre crâne qui date de 300 000 ans et qui a fait l'objet des plus vifs débats parmi les traditionalistes, parce qu'il présente certains aspects typiques d'*Homo erectus* et d'autres caractéristiques d'*Homo sapiens*. En fait, c'est exactement le genre de situation à laquelle on peut s'attendre quand on se penche sur des espèces qui ont plus évolué qu'elles n'ont été remplacées. »

Si l'on avait des preuves que de tels croisements ont bien eu lieu, la question serait résolue, mais hélas les fossiles ne permettent pas de l'établir. En 1999, des archéologues ont découvert au Portugal le squelette d'un enfant d'environ quatre ans qui vivait voici 24 500 ans. Le squelette était moderne mais présentait certaines caractéristiques archaïques propres à Neandertal : un tibia inhabituellement massif, une mâchoire de type Cro-Magnon (bien que tout le monde ne soit pas d'accord sur ce point), et une indentation à l'arrière du crâne, appelée fosse sus-iniaque, caractéristique des Néandertaliens. Erik Trinkaus, de la Washington University à Saint Louis, spécialiste de Neandertal, a déclaré que l'enfant était un hybride – preuve que les hommes modernes et les Néandertaliens s'étaient métissés. D'autres en revanche se sont étonnés que ces caractéristiques néandertaliennes et modernes ne soient pas plus mélangées. Comme l'a fait observer un critique : « Quand on regarde une mule, on ne voit pas l'arrière d'un âne et l'avant d'un cheval[15]. »

Ian Tattersall déclara quant à lui que l'enfant n'était jamais qu'un « enfant moderne trapu ». Il reconnaît que les Néandertaliens et les hommes modernes ont pu « batifoler entre eux », mais se refuse à croire que toute une descendance* ait pu en résulter. « Je ne connais pas deux organismes qui soient si différents tout en appartenant à la même espèce », dit-il.

Les fossiles ne les aidant guère, les scientifiques se sont tournés vers la génétique, notamment vers l'étude de l'ADN mitochondrial. Celui-ci n'a été découvert qu'en 1964, mais dès les années 1980, des petits malins de l'université Berkeley s'étaient aperçus qu'il possède deux caractéristiques qui permettent de l'utiliser comme une sorte d'horloge moléculaire : il est

* Il est possible que les Néandertaliens et les Cro-Magnon n'aient pas eu le même nombre de chromosomes, complication qui apparaît souvent quand des espèces proches mais non identiques se mélangent. Dans le monde chevalin, par exemple, les chevaux ont 64 chromosomes et les ânes 62. Accouplez les deux et vous obtenez une descendance portant un nombre de chromosomes, 63, qui la rend impropre à la reproduction. En bref, vous obtenez une mule stérile.

hérité presque exclusivement de la mère – de sorte qu'il ne se mélange pas avec l'ADN du père à chaque nouvelle génération – et sa fréquence de mutation est dix fois plus élevée que celle de l'ADN nucléaire, ce qui facilite la détection de séquences génétiques dans le temps. En s'appuyant sur la fréquence des mutations, ils ont pu retracer l'histoire et les liens génétiques de groupes entiers d'individus.

En 1987, l'équipe de Berkeley, conduite par feu Allan Wilson, entreprit l'analyse de l'ADN mitochondrial de 147 individus ; elle en conclut que l'homme moderne est apparu en Afrique voici 150 000 à 200 000 ans et que « toutes les populations humaines actuelles sont issues de cette population première[16] ». C'était une attaque sérieuse contre les adeptes de la continuité régionale, qui se penchèrent alors de plus près sur les données[17]. L'un des points les plus frappants de l'étude, c'est que ces « Africains » étaient en fait des Afro-Américains, dont les gènes avaient manifestement subi un brassage considérable dans le passé. Des réserves furent également émises quant à la fréquence des mutations.

Dès 1992, cette étude était largement discréditée. Mais les techniques d'analyse génétique s'affinèrent : en 1997, des scientifiques de l'université de Munich parvinrent à extraire et à analyser l'ADN d'un humérus de Neandertal et, cette fois, leurs preuves tenaient la route[18]. L'équipe de Munich annonça que l'ADN de Neandertal différait de tous les ADN étudiés jusque-là, ce qui démontrait l'absence de tout lien génétique entre Néandertaliens et hommes modernes. Un sale coup pour les tenants du multirégionalisme.

Puis, vers la fin 2000, *Nature* et d'autres magazines publièrent une étude suisse sur l'ADN mitochondrial de 53 individus, suggérant que tous les hommes modernes sont apparus en Afrique voici moins de 100 000 ans et proviennent d'un groupe qui ne comptait pas plus de 10 000 individus[19]. Peu après, Eric Lander, directeur du Whitehead Institute/Massachusetts Institute of Technology Center for Genome Research, annonça que les Européens modernes, et peut-être des populations plus lointaines, descendent « tout au plus de quelques centaines d'Africains ayant quitté leur terre voici 25 000 ans ».

Nous avons déjà vu au cours de cet ouvrage que l'homme moderne se caractérise par une très faible variabilité génétique – « il y a plus de diversité dans un seul groupe de cinquante-cinq chimpanzés que dans la population humaine tout entière », comme l'a déclaré un spécialiste – et ceci expliquerait pourquoi[20]. Si nous descendons depuis peu d'un petit groupe d'individus, il n'y a eu depuis ni assez de temps ni assez d'individus pour produire une grande variabilité. C'était un second coup non moins sévère porté au multirégionalisme. « Désormais, les gens vont totalement se détourner de la théorie multirégionale, qui de toute façon ne repose pas sur grand-chose », déclara un professeur de l'État de Pennsylvanie au *Washington Post*.

Mais c'était sans compter avec l'infinie capacité

à nous surprendre que semble présenter l'ancien peuple Mungo, en Nouvelle-Galles du Sud. Début 2001, Thorne et ses collègues de l'université nationale d'Australie annoncèrent qu'ils avaient analysé l'ADN du plus ancien des spécimens du lac Mungo – daté de 62 000 ans – et que cet ADN s'était révélé « génétiquement différent[21] ».

À en croire ces découvertes, l'homme de Mungo était moderne d'un point de vue anatomique – c'est-à-dire qu'il était comme vous et moi –, mais il appartenait à une lignée génétique aujourd'hui disparue. Son ADN mitochondrial n'existe plus chez les humains actuels, ce qui ne serait pas le cas si, comme tous les peuples modernes, il descendait d'une population sortie d'Afrique dans un passé récent. « Cela vient bouleverser à nouveau toutes les théories », jubile Thorne.

D'autres anomalies plus surprenantes encore sont apparues par la suite. Rosalind Harding, généticienne des populations de l'Institut d'anthropologie biologique d'Oxford, a trouvé en étudiant le gène de la bétaglobine chez les peuples modernes deux variantes chez les Asiatiques et les indigènes d'Australie qui sont à peu près inexistantes en Afrique. À l'en croire, ces gènes variants sont apparus voici plus de 200 000 ans non pas en Afrique, mais en Extrême-Orient, bien avant que l'*Homo sapiens* moderne n'atteigne cette région. La seule explication plausible, c'est que les ancêtres des peuples vivant aujourd'hui en Asie comptaient des hominidés archaïques – l'homme de Java et ses semblables.

Chose étrange, ce même gène variant est présent dans les populations modernes de l'Oxfordshire.

Troublé, je suis allé voir Mme Harding dans sa petite maison de briques à Oxford. C'est une Australienne petite et gaie, originaire de Brisbane, qui possède le rare talent d'être drôle et sérieuse à la fois.

« Aucune idée », m'a-t-elle répondu avec un grand sourire quand je lui ai demandé comment elle expliquait la présence chez les gens de l'Oxfordshire de séquences de bétaglobine qui n'auraient pas dû être là. « Dans l'ensemble, a-t-elle poursuivi en reprenant son sérieux, les données génétiques vont dans le sens de l'hypothèse de la sortie d'Afrique, mais on tombe alors sur des anomalies dont la plupart des généticiens préfèrent ne pas parler[22]. Nous avons *d'énormes* quantités de données qui nous seraient fort utiles si nous y comprenions quelque chose, ce qui n'est pas le cas pour l'instant. Nous n'en sommes qu'au tout début. » Elle s'est refusée à toute spéculation sur ce que pourrait impliquer la présence de gènes d'origine asiatique dans la population de l'Oxfordshire, se bornant à répéter que la situation est compliquée. « Tout ce que l'on peut dire à ce stade, c'est que le désordre règne et qu'on ne sait pas pourquoi. »

Au début de l'année 2002, alors que j'étais en compagnie de Mme Harding, un autre scientifique d'Oxford du nom de Bryan Sykes a sorti un ouvrage à succès intitulé *Les Sept Filles d'Ève*, qui prétendait, à partir d'études d'ADN mitochondrial, faire remonter l'ensemble des

Européens vivants à un peuple fondateur réduit en tout et pour tout à sept femmes (les « filles d'Ève » de son titre) qui auraient vécu il y a 10 000 à 45 000 ans, soit la période connue sous le nom de Paléolithique. Sykes avait attribué à chacune de ces femmes un nom – Ursula, Xenia, Jasmine, etc. – et une biographie détaillée (« Ursula était la seconde fille de sa mère, la première ayant été kidnappée par un léopard quand elle n'était âgée que de deux ans... »).

Quand j'ai demandé à Harding son opinion sur ce livre, elle a eu un sourire prudent : « Eh bien, j'imagine qu'on doit lui reconnaître un certain crédit, dans la mesure où il contribue à populariser un sujet difficile. » Puis, après un court moment de réflexion : « Sans compter qu'il y a toujours la vague possibilité qu'il ait raison. » Sur quoi elle a éclaté de rire avant de reprendre plus sérieusement : « Les données génétiques ne peuvent rien nous dire de vraiment définitif. Si l'on suit l'ADN mitochondrial à rebours, on aboutit à un point précis – à une Ursula ou une Tara ou que sais-je. Mais si l'on remonte n'importe quelle autre séquence d'ADN ou n'importe quel autre gène, on aboutit ailleurs. »

En clair, c'est un peu comme suivre au hasard une route qui irait de Londres à Aberdeen et en conclure que tout le monde à Londres est issu du nord de l'Écosse. Certes, des gens peuvent être issus de cette région, mais d'autres peuvent aussi bien venir de n'importe où ailleurs. D'après Harding, chaque gène est une route différente, et l'on a à peine commencé à en tracer la carte.

« Aucun gène ne vous racontera la totalité de l'histoire », a-t-elle conclu.

Les études génétiques ne sont-elles donc pas fiables ?

« On peut tout à fait se fier aux études. Ce dont il faut se méfier, ce sont les conclusions hâtives que l'on tend parfois à en tirer. »

Le modèle de la sortie d'Afrique, dit-elle, « est sans doute correct à 95 % », tout en précisant : « À mon avis, les deux théories ont un peu desservi la science en affirmant que c'était tout l'un ou tout l'autre. Mais les choses sont souvent moins simples que chaque camp aimerait le croire. Les preuves suggèrent désormais qu'il y a eu des migrations et des dispersions multiples dans diverses parties du monde et un peu dans toutes les directions, mélangeant le pool génétique. Ça ne va pas être facile de démêler tout ça. »

C'était précisément l'époque où plusieurs rapports mettaient en cause la fiabilité des études fondées sur de l'ADN très ancien. Un article de la revue *Nature* racontait comment un paléontologue, interrogé par l'un de ses collègues qui lui demandait s'il pensait qu'un crâne était vernissé ou non, en avait léché le sommet et avait répondu qu'il l'était en effet[23]. « Avec le temps, poursuivait l'article de *Nature*, d'importantes quantités d'ADN moderne auraient été transférées au crâne », le rendant impropre à l'étude. J'ai interrogé Harding à ce propos. « Oh, il devait sans doute être déjà contaminé, m'a-t-elle répondu. Le simple fait de toucher un os, de respirer en sa présence le contamine. L'eau de nos laboratoires le contamine. On nage dans de l'ADN étranger. Pour avoir un spécimen fiable, il faut le dégager dans des conditions stériles et procéder aux tests sur le site même. Ne pas contaminer un spécimen, c'est ce qu'il y a de plus difficile au monde. »

Faut-il alors mettre en doute toutes ces études ?

Mme Harding a hoché gravement la tête avant de répondre : « Oui, résolument. »

Si vous voulez comprendre pourquoi nous en savons si peu sur nos origines, je vous conseille la région qui s'étend au-delà des collines Ngong au Kenya, au sud-ouest de Nairobi. Quittez la ville par la route nationale en direction de l'Ouganda, jusqu'à cet endroit d'une beauté saisissante où les collines descendent en pente douce et d'où l'on découvre l'infini paradis vert pâle de la plaine africaine.

C'est la Rift Valley, qui décrit un arc de 5 000 km à travers l'Afrique de l'Est, marquant la fracture tectonique qui a détaché l'Afrique de l'Asie. Ici, à une soixantaine de kilomètres de Nairobi, sur le sol brûlant de la vallée, se trouve le site d'Olorgesailie, autrefois à proximité d'un lac immense. En 1919, bien longtemps après la disparition du lac, un géologue du nom de J. W. Gregory fouillait la région en quête de minéraux quand il tomba sur une bande de terre jonchée de curieuses pierres sombres de toute évidence taillées par l'homme. Il venait de découvrir l'un de ces grands sites de fabrication d'outils acheuléens dont Ian Tattersall m'avait parlé.

De façon fort inattendue, j'ai eu l'occasion de visiter ce site à l'automne 2002. J'étais au Kenya pour une tout autre raison – je visitais des chantiers dirigés par CARE International –, mais mes hôtes, connaissant mon intérêt pour les origines de l'homme, m'avaient réservé une visite à Olorgesailie[24].

Après sa découverte par Gregory, Olorgesailie tomba dans l'oubli pendant une vingtaine d'années avant que Louis et Mary Leakey n'entreprennent des fouilles qui se poursuivent encore aujourd'hui. Les Leakey découvrirent un site s'étendant sur 4 hectares, où un nombre incalculable d'outils avaient été fabriqués sur un million d'années, il y a entre 1,2 million d'années et 200 000 ans. Aujourd'hui, le site est protégé des intempéries par de vastes auvents et entouré d'une clôture pour décourager les visiteurs qui seraient tentés de venir s'y servir, mais les outils sont restés à l'emplacement exact où les tailleurs les ont abandonnés et où les Leakey les ont trouvés.

Jillani Ngalli, un jeune employé du Musée national du Kenya que l'on m'avait attribué pour guide, m'a expliqué que les quartz et les obsidiennes dont sont faites les haches ne se trouvaient pas dans la vallée. « Ils ont dû transporter les pierres de là-haut, m'a-t-il dit en désignant deux montagnes au loin, dans des directions opposées au site, Olorgesailie et Ol Esakut, situées chacune à une dizaine de kilomètres de distance – un long trajet quand on transporte un chargement de pierres. »

Pourquoi le peuple d'Olorgesailie s'est-il donné autant de mal ? Nous en sommes réduits aux hypothèses. Non contents d'avoir traîné de lourdes pierres sur des distances considérables jusqu'au lac, ils ont en outre organisé le site. Les fouilles des Leakey ont en effet révélé des zones réservées au façonnage des haches, et d'autres où l'on apportait les haches mal taillées pour les retravailler. En bref, Olorgesailie était une sorte d'usine qui resta en activité pendant un million d'années.

Diverses répliques ont montré que les haches étaient des outils difficiles et longs à fabriquer (même avec de la pratique, il faut des heures pour en tailler une) qui pourtant ne coupaient ni ne hachaient particulièrement bien. Cela revient à dire que pendant un million d'années – bien plus que n'en a vécu notre propre espèce – des hommes primitifs sont venus en masse sur ce site pour fabriquer un nombre incroyable d'outils qui semblent ne leur avoir été d'aucune utilité.

Et qui étaient ces hommes ? À vrai dire, on n'en a pas la moindre idée. On pense qu'il s'agit d'*Homo erectus* parce qu'il n'existe pas d'autres candidats connus, ce qui signifie qu'à leur apogée les ouvriers du site d'Olorgesailie avaient le cerveau d'un enfant moderne. Mais nous n'en avons aucune preuve tangible. Malgré plus de soixante années de recherches, aucun ossement humain n'a jamais été retrouvé à Olorgesailie ou dans ses environs. Même s'ils passaient un temps fou à y tailler des pierres, il semble qu'ils allaient mourir ailleurs.

« C'est un mystère », a conclu Jillani Ngalli avec un grand sourire.

Le peuple d'Olorgesailie a disparu voici environ 200 000 ans, quand le lac s'est asséché et que la Rift Valley est devenue peu à peu la terre aride brûlée par le soleil qu'elle est aujourd'hui. Mais à cette époque, ses jours en tant qu'espèce étaient déjà comptés. Le monde allait connaître son premier vrai maître, *Homo sapiens*, et rien ne serait plus jamais pareil.

XXX

Salut la compagnie

Dans les années 1680, alors qu'Edmond Halley et ses amis Christopher Wren et Robert Hooke s'installaient dans un café de Londres pour se lancer dans des paris qui conduiraient aux *Principes mathématiques de philosophie naturelle* d'Isaac Newton, à la détermination du poids de la Terre par Henry Cavendish et à quantité d'autres entreprises inspirées et louables qui nous ont occupés au cours des quelque huit cents pages de cet ouvrage, un événement tout aussi crucial mais nettement moins plaisant se déroulait sur l'île Maurice, dans l'océan Indien, à près de 1 300 km au large de la côte est de Madagascar.

Là, un marin anonyme et depuis longtemps oublié, ou son chien, était occupé à traquer à mort le dernier des dodos, ces célèbres oiseaux coureurs dont la maladresse, la nature confiante et l'incapacité à voler faisaient des cibles faciles pour les matelots en permission qui s'ennuyaient à terre. Des milliers d'années de vie solitaire mais paisible ne les avaient guère préparés au comportement fantasque et profondément déconcertant des êtres humains.

On ne connaît pas précisément les circonstances, ni même l'année, qui virent les dernières heures du dernier dodo, de sorte que nous ne savons pas ce qui advint en premier : un monde doté des *Principia* ou un monde dépourvu de dodos. On aurait du mal à trouver meilleure illustration de la nature divine et criminelle de l'être humain – cette créature capable à la fois de percer les plus profonds secrets de la nature et d'exterminer sans raison une créature inoffensive et incapable de comprendre ce qui lui arrivait. Il semble en effet que les dodos aient manqué à tel point de perspicacité que, pour attraper tous les dodos du voisinage, il suffisait d'en attraper un et de le faire glousser : les autres rappliquaient dare-dare pour voir ce qui se passait.

Les outrages que dut subir le malheureux dodo ne s'arrêtèrent pourtant pas là. En 1755, une soixantaine d'années après la mort du dernier représentant de l'espèce, le directeur de l'Ashmolean Museum à Oxford décida que le dodo empaillé du musée commençait à dégager une désagréable odeur de moisi et ordonna sa crémation. Décision fort surprenante, dans la mesure où c'était le seul spécimen existant, empaillé ou non. Un employé qui passait par là, atterré, s'efforça de récupérer l'oiseau, mais ne parvint à sauver des flammes que le bec et une patte.

En conséquence, on ne sait pas vraiment à quoi ressemblait le dodo. On possède sur lui bien moins d'informations qu'on ne tend à le croire – quelques descriptions de voyageurs « qui n'étaient pas des scientifiques, trois ou quatre peintures à l'huile et quelques fragments osseux éparpillés çà et là », selon le commentaire quelque peu attristé de H. E. Strickland, naturaliste du XIXe siècle[1]. Comme Strickland l'a finement observé, nous avons plus de données physiques sur d'anciens monstres marins que sur un oiseau qui a vécu à notre époque et n'avait besoin pour survivre que de notre absence.

Bref, ce que l'on sait du dodo, c'est qu'il vivait sur l'île Maurice, qu'il avait un corps dodu mais non dépourvu d'une certaine grâce, et qu'il était le plus gros membre de la famille des pigeons, bien que son poids précis n'ait jamais été noté. Des extrapolations à partir des « fragments osseux » de Strickland et des modestes vestiges de l'Ashmolean attestent qu'il était aussi large que haut et mesurait à peu près 70 cm du bec à la queue. Incapable de voler, il nichait à terre, ses œufs et ses poussins étant alors des proies faciles pour les cochons, les chiens et les singes amenés sur l'île par les étrangers. Il était sans doute en voie d'extinction dès 1683, et avait complètement disparu avant 1693. On ne sait pratiquement rien d'autre, sauf bien sûr qu'on n'en reverra jamais. Nous ignorons tout de son mode de reproduction, de son régime, de son habitat, des cris qu'il poussait quand il était satisfait ou inquiet. Nous ne possédons pas un seul œuf.

Au total, nous n'avons connu des dodos vivants que pendant soixante-dix ans. C'est un temps extrêmement court – même si, arrivés à ce point de notre histoire, nous avions déjà des milliers d'années de pratique en matière d'éliminations irréversibles. Nous mesurons mal combien l'être humain peut être destructeur, mais c'est un fait qu'au cours de ces derniers 50 000 ans, où que nous ayons mis le pied, les animaux ont eu tendance à disparaître, et souvent en quantités considérables.

En Amérique, 30 genres de gros animaux – de fait, parfois énormes – ont disparu brutalement après l'arrivée de l'homme moderne sur le continent, voici dix à vingt mille ans. L'Amérique du Nord et du Sud ont perdu à elles deux les trois quarts de leurs grands animaux une fois que l'homme chasseur eut débarqué avec ses lances à pointe de silex et son sens de l'organisation. L'Europe et l'Asie, où les animaux ont eu plus de temps pour développer une utile prudence vis-à-vis de l'homme, ont perdu pour leur part entre un tiers et la moitié de leurs grandes créatures. L'Australie, pour la raison inverse, en a perdu pas moins de 95 %[2].

Les premières populations de chasseurs étant assez restreintes et les populations d'animaux monumentales – on estime que jusqu'à 10 millions de carcasses de mammouths gisent congelées dans la toundra sibérienne –, certains spécialistes pensent qu'il doit y avoir une autre explication, impliquant un changement de climat ou une pandémie d'un type quelconque. Comme le dit Ross MacPhee, de l'American Museum of Natural History : « Il n'y a aucun bénéfice matériel à chasser des animaux dangereux plus qu'il n'est nécessaire : on ne peut ingurgiter qu'un nombre limité de steaks de mammouth[3]. » Pour d'autres, ils étaient si faciles à capturer et à massacrer que c'en était criminel. « En Australie et en Amérique du Nord et du Sud, déclare Tim Flannery, les animaux n'ont sans doute même pas pensé à fuir. »

Certaines de ces créatures disparues étaient particulièrement impressionnantes et pourraient nous poser quelques problèmes si elles étaient encore en vie. Imaginez un paresseux géant se dressant jusqu'à vos fenêtres au premier étage, des tortues de la taille d'une petite Fiat, des lézards de 6 mètres de long se chauffant au soleil le long des routes australiennes désertes. Hélas, ils ont disparu et la biodiversité s'est fortement réduite. Aujourd'hui, dans le monde entier, seuls quatre types massifs d'animaux terrestres (pesant une tonne ou plus) ont survécu : les éléphants, les rhinocéros, les hippopotames et les girafes[4]. Jamais, sur des dizaines de milliers d'années, la vie sur terre n'a été plus restreinte et plus domestiquée.

On est dès lors en droit de se demander si les disparitions de l'âge de pierre et celles d'époques plus récentes font partie d'une même extinction – en clair, si les hommes sont par essence nuisibles aux autres créatures vivantes. Il semble hélas que ce soit le cas. D'après David Raup, paléontologue à l'université de Chicago, le taux moyen d'extinction s'élève à une disparition d'espèce tous les quatre ans. Mais Richard Leakey et Roger Lewin estiment dans *La Sixième Extinction* que le rythme d'extinction dû à l'homme est aujourd'hui 120 000 fois supérieur[5].

Au milieu des années 1990, le naturaliste australien Tim Flannery, aujourd'hui à la tête du South Australian Museum d'Adélaïde, fut frappé par la faiblesse de nos connaissances sur les espèces éteintes, y compris des espèces relativement récentes. « Où que vous regardiez, il y a des trous dans les données – des pièces manquantes, comme les dodos, ou encore des espèces qui n'ont jamais été répertoriées », me dit-il lors d'un entretien à Melbourne, début 2002.

Flannery recruta son ami Peter Schouten, un artiste australien, et ils s'embarquèrent tous les deux dans une quête légèrement obsessionnelle, parcourant les plus importantes collections du monde pour déterminer ce qui avait disparu, ce qui restait et ce qui n'avait jamais été répertorié. Ils passèrent quatre ans à examiner des peaux anciennes, des spécimens moisis, de vieilles gravures et d'antiques descriptions – bref, tout ce qui leur tombait sous la main. Schouten réalisa des tableaux grandeur nature de tous les animaux qu'il était possible de recréer et Flannery rédigea les légendes. Le résultat fut un livre extraordinaire intitulé *A Gap in Nature*, qui constitue le catalogue le plus complet – et, disons-le, le plus émouvant – des animaux disparus au cours des trois derniers siècles.

Pour certains animaux, les données étaient justes, mais personne n'en avait jamais fait usage. La vache marine de Steller, une créature de la famille du dudong qui ressemblait au morse, est l'un des derniers gros animaux à s'être éteint. Elle était effectivement énorme – une vache marine adulte pouvait mesurer près de 9 mètres de long et peser plus de 10 tonnes. Nous la connaissons grâce à une expédition russe de 1741 qui fit naufrage au seul endroit où vivaient encore ces créatures, les lointaines et brumeuses îles Commander dans la mer de Béring.

Heureusement, l'expédition comptait un naturaliste, Georg Steller, qui fut fasciné par l'animal. « Il a pris quantité de notes, constate Flannery. Il a même mesuré la longueur de ses moustaches. Curieusement, la seule chose qu'il n'a pas décrite, ce sont les organes génitaux des mâles, alors qu'il a décrit ceux de la femelle. Il a même sauvé un morceau de peau. Du coup, on a une bonne idée de sa texture. Nous n'avons pas toujours autant de chance. »

Steller n'a pas pu sauver la vache marine. Déjà en voie d'extinction à cause de la chasse, elle aurait de toute façon disparu dans les soixante-dix ans suivant sa découverte. Mais quantités d'autres animaux n'ont pu être inclus dans le catalogue de Flannery et Schouten, nos connaissances sur eux étant trop réduites. La souris *Notomys mordax* des Darling Downs, le cygne des îles Chatham, le râle coureur de l'île de l'Ascension, cinq types au moins de grandes tortues et bien d'autres ont à jamais disparu. Il ne nous reste que leur nom.

Flannery et Schouten ont découvert que nombre d'extinctions n'ont été ni cruelles ni gratuites, mais tenaient à la pure bêtise. En 1894, un phare fut érigé sur un rocher isolé appelé Stephens Island, dans le détroit exposé entre les îles du Nord et du Sud de Nouvelle-Zélande. Le chat du gardien de phare ne cessait de rapporter à son maître d'étranges petits oiseaux qu'il attrapait en quantités. Celui-ci en envoya quelques spécimens au musée de Wellington, où le conservateur découvrit avec bonheur qu'il s'agissait d'une espèce de roitelets coureurs – l'unique spécimen connu de percheur coureur. Il partit aussitôt pour l'île pour apprendre à son arrivée que le chat les avait tous mangés[6]. Il ne reste plus aujourd'hui que douze spécimens empaillés des roitelets coureurs de Stephens Island.

Du moins ceux-ci sont-ils en notre possession. Trop souvent en effet, nous ne nous comportons pas mieux à l'égard de certaines espèces après leur disparition qu'avant. Prenez le cas de la charmante perruche ondulée de Caroline. D'un vert émeraude avec une tête dorée, c'était le plus bel oiseau vivant en Amérique du Nord – les perroquets, comme chacun sait, ne s'aventurent guère si loin au nord – et une espèce très abondante, devancée seulement par le pigeon voyageur. Mais les perruches de Caroline étaient jugées nuisibles par les fermiers, qui les abattaient d'autant plus facilement qu'elles affluaient en masse. Elles avaient en outre l'étrange habitude de s'envoler comme les autres au bruit des coups de feu, mais de revenir presque aussitôt jeter un coup d'œil à leurs sœurs tombées.

Dans son classique *American Ornithology*, rédigé au début du XIXe siècle Charles Willson Peale décrit ce moment où il tire à plusieurs reprises sur un arbre où nichaient ces perruches :

À chaque chargeur que je vidais, malgré la pluie de balles qui tombaient sur elles, l'affection des survivantes semblait s'accroître ; car après avoir tournoyé dans les parages, elles revenaient se poser près de moi, contemplant leurs compagnes abattues avec de telles manifestations de sympathie et d'inquiétude que j'en étais totalement désarmé[7].

Dès les années 1920, ces oiseaux avaient été chassés avec un tel acharnement qu'il ne restait que quelques individus en captivité. La dernière, appelée Inca, mourut au zoo de Cincinnati en 1918 (quatre ans après la mort dans le même zoo du dernier pigeon voyageur) et fut empaillée avec respect. Où aller maintenant pour voir cette pauvre Inca ? Nul ne le sait. Le zoo l'a égarée[8].

Ce qui est à la fois fascinant et déroutant dans cette histoire, c'est que Peale, pourtant amoureux des oiseaux, n'hésita pas à en tuer des quantités quasiment pour l'amour de l'art. Il est frappant de constater que, pendant fort longtemps, les gens qui s'intéressaient le plus aux êtres animés de ce monde étaient aussi les plus susceptibles de les anéantir.

Nul n'illustre mieux cette mentalité que Lionel Walter Rothschild, le deuxième baron Rothschild. Descendant de la fameuse famille de banquiers, c'était un homme étrange et solitaire. Il passa sa vie entière, de 1868 à 1937, dans la nursery de sa demeure de Tring, dans le Buckinghamshire ; il dormait dans un lit d'enfant, bien qu'il approchât les 140 kilos à la fin de sa vie.

Passionné d'histoire naturelle, il accumula toutes sortes d'objets. Il envoyait des hordes d'hommes qualifiés – jusqu'à quatre cents à la fois – aux quatre coins du globe pour gravir des montagnes ou explorer la jungle en quête de nouveaux spécimens – notamment des créatures volantes. Celles-ci étaient alors emballées dans des caisses et envoyées à Rothschild, qui, avec un bataillon d'assistants, notait et analysait minutieusement tout ce qui lui passait entre les mains. Il rédigea à partir de ces données une quantité impressionnante de livres, d'articles et de monographies – de l'ordre de 1 200 au total. L'entreprise d'histoire naturelle de Rothschild passa en revue plus de 2 millions de spécimens et enrichit les archives scientifiques de 5 000 nouvelles espèces.

Signalons toutefois que la collection de Rothschild n'était ni la plus importante ni la plus généreusement financée du XIXe siècle. Ce titre revient à un riche collectionneur anglais du nom de Hugh Cuming, si obsédé par la collecte d'objets qu'il fit construire un énorme navire de haute mer et employa tout un équipage à plein temps pour écumer le monde entier et en rapporter tout ce qu'ils pouvaient trouver – oiseaux, plantes, animaux, et surtout coquillages[9]. C'est sa collection unique de bernacles qui servit à Darwin pour sa fameuse étude.

Mais Rothschild restait le collectionneur le plus scientifique de son époque, bien qu'il fût aussi, hélas, le plus meurtrier. Dans les années 1890, il s'intéressa à Hawaii, peut-être le biotope le plus fragile que la Terre ait produit. Des milliers d'années d'isolement y avaient permis l'épanouissement de 8 800 espèces d'animaux et de plantes[10]. Rothschild se passionna tout particulièrement pour les oiseaux colorés de l'île, qui vivaient en groupes restreints dans des habitats très spécifiques.

La tragédie de beaucoup d'oiseaux de Hawaii, outre qu'ils étaient typiques de ces îles, magnifiques et rares – une combinaison en soi fort dangereuse –, tient à qu'ils étaient excessivement faciles à attraper. Le pinson géant de Koa, un membre inoffensif de la famille des drépanis, avait beau se dissimuler dans les feuillages, il abandonnait sa cachette dès que quelqu'un imitait son chant et volait à terre en signe de bienvenue. Le dernier individu de l'espèce disparut en 1896, tué par Harry Palmer, le meilleur chasseur de Rothschild, cinq ans après la disparition de son cousin le pinson nain de Koa, un oiseau si rare qu'on n'en a jamais vu qu'un seul : celui qui fut abattu pour enrichir la collection de Rothschild[11]. Au cours de la décennie la plus faste pour cette collection, au moins neuf espèces d'oiseaux de Hawaii furent éradiquées, et peut-être plus.

Rothschild n'était pas le seul à vouloir capturer des oiseaux à n'importe quel prix, et d'autres se montrèrent bien plus cruels que lui. En 1907, quand un célèbre collectionneur du nom d'Alanson Bryan apprit qu'il avait tué les trois derniers spécimens de drépanide noir, une espèce d'oiseau des forêts découverte à peine dix ans auparavant, il nota que la nouvelle « l'emplissait de joie ».

Bref, c'est un âge difficile à comprendre – une époque où les animaux étaient persécutés dès qu'ils étaient jugés un tant soit peu gênants. En 1890, l'État de New York versa plus de cent primes pour des dépouilles de lions des montagnes, bien qu'il fût clair que les malheureuses bêtes étaient déjà en voie d'extinction. La Virginie-Occidentale offrit une bourse d'études d'un an à quiconque lui apporterait le plus grand nombre d'animaux nuisibles morts – étant entendu que le terme d'« animaux nuisibles » englobait à peu près tout ce qui n'était pas le bétail ou les animaux de compagnie.

Rien n'illustre mieux l'étrangeté de cette époque que le destin de la charmante fauvette de Bachman. Née dans le sud des États-Unis, la fauvette était connue pour son chant exceptionnellement mélodieux. Mais l'espèce n'ayant jamais été très prolifique, le nombre d'individus ne cessa de décroître jusqu'à sa disparition complète dans les années 1930. Puis, en 1939, par une heureuse coïncidence, deux passionnés d'oiseaux vivant dans des lieux différents tombèrent à deux jours d'intervalle sur deux survivantes isolées. Ils les tuèrent l'une et l'autre, et ce fut la dernière fois que l'on entendit parler de la fauvette de Bachman.

Ce désir d'extermination est loin d'être exclusivement américain. En Australie, on accordait encore des primes pour chaque dépouille de tigre de Tasmanie – en fait, de thylacine, une créature de la carrure d'un chien mais portant la robe rayée typique des tigres – peu de temps avant la mort du dernier représentant de l'espèce, délaissé et sans nom, dans un musée privé à Hobart en 1936. Allez aujourd'hui au Tasmanian Museum and Art Gallery et demandez à voir le thylacine – qui est tout de même le dernier marsupial carnivore ayant vécu à l'époque moderne – et tout ce qu'on vous montrera, ce sont des photos et un film de soixante et une secondes. À sa mort, le dernier des thylacines fut jeté à la poubelle.

Pour nous résumer, si vous avez l'intention de créer un organisme pour veiller sur la vie dans notre cosmos solitaire, pour contrôler son destin et conserver une trace de ses origines, il vaudrait mieux confier le boulot à quelqu'un d'autre qu'à *Homo sapiens*.

Pourtant, méditons un instant sur ce point : nous avons été choisis, par le destin ou la Providence – à votre choix. Pour autant que nous le sachions, nous sommes ce qu'il y a de mieux. Nous sommes peut-être tout ce qu'il y a. C'est une pensée troublante de se dire que nous pouvons être l'achèvement suprême du monde vivant et son pire cauchemar à la fois.

Nous prêtons si peu attention à ce qui nous entoure, qu'il soit animal ou végétal, que nous n'avons strictement aucune idée du nombre de choses qui ont définitivement disparu, ou vont bientôt disparaître, ou peut-être ne disparaîtront jamais, et du rôle que nous avons joué dans ce processus. En 1979, dans son livre *L'Arche en perdition*, Norman Myers avançait que les activités humaines provoquaient deux extinctions par semaine sur la planète. Au début des années 1990, ce chiffre était monté à 600 par semaine[12]. (On parle ici d'extinctions de toutes sortes – plantes, insectes, animaux.) D'autres vont jusqu'à parler de 1 000 extinctions par semaine. Un rapport des Nations unies de 1995 situait en revanche le nombre total d'extinctions connues au cours des quatre derniers siècles à moins de 500 pour les animaux et un peu plus de 650 pour les plantes – tout en reconnaissant que ce chiffre « était sans doute sous-estimé », notamment en ce qui concerne les espèces tropicales[13]. Il se trouve toutefois des gens pour juger ces chiffres scandaleusement gonflés.

En réalité, nous n'en savons rien. Nous n'en avons aucune idée. Nous ne savons même pas quand nous avons commencé à faire ce que nous avons fait. Nous ignorons tout autant ce que nous faisons en ce moment et dans quelle mesure nos actions présentes affecteront l'avenir. La seule certitude, c'est que nous n'avons qu'une seule planète pour agir, et qu'il n'y a qu'une seule espèce capable de faire la différence. Edward O. Wilson a exprimé ce point en une formule frappante dans *La Diversité de la vie* : « Une planète, une expérience[14]. »

S'il y a une leçon à tirer de ce livre, c'est que nous avons une chance inouïe d'être là – et par

« nous », j'entends toutes les choses vivantes. Le simple fait que la vie soit apparue sous une forme quelconque dans l'univers qui est le nôtre est un formidable exploit. En tant qu'hommes, nous sommes doublement chanceux : nous disposons non seulement du privilège de l'existence, mais aussi de cette capacité singulière à l'apprécier et même à la rendre meilleure. C'est un talent dont nous commençons à peine à prendre conscience.

Nous avons atteint cette position éminente en un temps très court. Les hommes modernes n'occupent que 0,0001 % de l'histoire de la Terre – à peine un souffle –, mais même une existence aussi brève a exigé une succession infinie de heureux hasards.

Nous n'en sommes qu'au tout début. L'astuce consiste à s'assurer que nous n'en verrons jamais la fin. Et, à coup sûr, cela va exiger de nous bien autre chose que de simples coups de chance.

Notes

I. Pour construire un univers

1. David Bodanis, *E = mc²: A Biography of the World's Most Famous Equation*, Londres, Macmillan, 2000, p. 111.
2. Alan Guth, *The Inflationary Universe : The Quest for a New Theory of Cosmic Origins*, Reading, Mass., Helix/Addison-Wesley, 1997, p. 254.
3. *U.S. News and World Report*, « How Old Is the Universe? », 18-25 août 1997, p. 34-36 ; *New York Times*, « Cosmos Sits for Early Portrait, Gives Up Secrets », 12 février 2003, p. 1.
4. Alan Guth, *op. cit.*, p. 86.
5. Lawrence M. Krauss, « Rediscovering Creation », *in* William H. Shore (dir.), *Mysteries of Life and the Universe*, San Diego, Harvest/Harcourt Brace & Co., 1992, p. 50.
6. Dennis Overbye, *Lonely Hearts of the Cosmos : The Scientific Quest for the Secret of the Universe*, New York, HarperCollins, 1991, p. 153.
7. *Scientific American*, « Echoes from the Big Bang », janvier 2001, p. 38-43 ; et *Nature*, « It All Adds Up », 19-26 décembre 2002, p. 733.
8. Alan Guth, *op. cit.*, p. 101.
9. John Gribbin, *In the Beginning : The Birth of the Living Universe*, Londres, Penguin, 1994, p. 18.
10. *New York Times*, « Before the Big Bang, There Was… What? », 22 mai 2001, p. 1.

11. Alan Lightman, « First Birth », *in* William H. Shore (dir.), *op. cit.*, p. 13.

12. Dennis Overbye, *op. cit.*, p. 216.

13. Alan Guth, *op. cit.*, p. 89.

14. Dennis Overbye, *op. cit.*, p. 242.

15. *New Scientist*, « The First Split Second », 31 mars 2001, p. 27-30.

16. *Scientific American*, « The First Stars in the Universe », décembre 2001, p. 64-71 ; *New York Times*, « Listen Closely : From Tiny Hum Came Big Bang », 30 avril 2001, p. 1.

17. Cité par Alan Guth, *op. cit.*, p. 14.

18. *Discover*, novembre 2000.

19. Martin Rees, *Just Six Numbers : The Deep Forces That Shape the Universe*, Londres, Phoenix/Orion, 2000, p. 147.

20. *Financial Times*, « Riddle of the Flat Universe », 1er-2 juillet 2000 ; *Economist*, « The World Is Flat After All », 20 mai 2000, p. 97.

21. Steven Weinberg, *Dreams of a Final Theory*, New York, Pantheon Books, 1992, p. 34.

22. Stephen Hawking, *A Brief History of Time : From the Big Bang to Black Holes*, Londres, Bandtam Books, 1988, p. 47. [*Une brève histoire du temps*, Paris, Flammarion, 1999, trad. Isabelle Naddeo-Souriau.]

23. *Ibid.*, p. 13.

24. Martin Rees, *op. cit.*, p. 147.

II. Bienvenue dans le système solaire

1. *New Yorker*, « Among Planets », 9 décembre 1996, p. 84.

2. Carl Sagan, *Cosmos*, New York, Ballantine

Books, 1980, p. 217. [*Cosmos*, Paris, « Marabout », 1981.]

3. Communiqué de presse de l'Observatoire naval U.S., « 20th Anniversary of the Discovery of Pluto's Moon Charon », 22 juin 1998.

4. *Atlantic Monthly*, « When is a Planet not a Planet ? », février 1998, p. 22-34.

5. Cité sur PBS *Nova*, « Doomsday Asteroid », 1re diffusion 29 avril 1997.

6. Communiqué de presse de l'Observatoire naval U.S., *op. cit.*

7. Article de Clyde Tombaugh, « The Struggles to Find the Ninth Planet » sur le site Internet de la NASA.

8. *Economist*, « X Marks the Spot », 19 octobre 1999, p. 83.

9. *Nature*, « Almost Planet X », 24 mai 2001, p. 423.

10. *Economist*, « Pluto Out in the Cold », 6 février 1999, p. 85.

11. *Nature*, « Seeing Double in the Kuiper Belt », 12 décembre 2002, p. 618.

12. *Nature*, art. cit., 2001, p. 423.

13. Transcription de PBS *NewHour*, 20 août 2002.

14. *Natural History*, « Between the Planets », octobre 2001, p. 20.

15. *New Scientist*, « Many Moons », 17 mars 2001, p. 39 ; *Economist*, « A Roadmap for Planet-Hunting », 8 avril 2000, p. 87.

16. Carl Sagan et Ann Druyan, *Comet*, New York, Random House, 1985, p. 198.

17. *New Yorker*, « Medicine on Mars », 14 février 2000, p. 39.

18. Carl Sagan et Ann Druyan, *op. cit.*, p. 195.

19. Philip Ball, *H_2O : A Biography of Water*, Londres, Phoenix/Orion, 1999, p. 15.

20. Alan Guth, *The Inflationary Universe : The Quest for a New Theory of Cosmic Origins*, Reading, Mass., Helix/Addison-Wesley, 1997, p. 1, et Stephen Hawking, *A Brief History of Time, op. cit.*, p. 39.

21. Freeman Dyson, *Disturbing the Universe*, New York, Harper & Row, 1979, p. 251.

22. Carl Sagan, *Cosmos, op. cit.*, p. 52.

III. L'univers du révérend Evans

1. Timothy Ferris, *The Whole Shebang : A State of the Universe(s) Report*, New York, Simon & Schuster, 1997, p. 37.

2. Robert Evans, entretien avec l'auteur, Hazelbrook, Australie, 2 septembre 2001.

3. Oliver Sacks, *An Anthropologist on Mars : Seven Paradoxical Tales*, New York, Alfred A. Knopf, 1995, p. 198. [*Un anthropologue sur Mars,* Paris, Le Seuil, 2003, trad. Christian Cler.]

4. Kip S. Thorne, *Black Holes and Time Warps : Einstein's Outrageous Legacy*, New York, W. W. Norton, 1994, p. 164. [*Trous noirs et distorsion du temps. L'héritage sulfureux d'Einstein*, Paris, Flammarion, 1996, trad. Alain Bouquet.]

5. Timothy Ferris, *op. cit.*, p. 125.

6. Dennis Overbye, *Lonely Hearts of the Cosmos : The Scientific Quest for the Secret of the Universe*, New York, HarperCollins, 1991, p. 18.

7. *Nature*, « Twinkle, Twinkle, Neutron Star », 7 novembre 2002, p. 31.

8. Kip S. Thorne, *op. cit.*, p. 171.

9. *Ibid.*

10. *Ibid.*

11. *Ibid.*

12. Dennis Overbye, *op. cit.*, p. 18.

13. Edward Harrison, *Darkness at Night : A Riddle of the Universe*, Cambridge, Mass., Harvard University Press, 1987, p. 3.

14. *Horizon*, documentaire de la BBC, « From Here to Infinity », 1re diffusion 28 février 1999.

15. John Thorstensen, entretien avec l'auteur, Hanover, New Hampshire, 5 décembre 2001.

16. Note d'Evans, 3 décembre 2002.

17. *Nature*, « Fred Hoyle (1915-2001) », 17 septembre 2001, p. 270.

18. John Gribbin et Jeremy Cherfas, *The First Chimpanzee : In Search of Human Origins*, Londres, Penguin Books, 2001, p. 190.

19. Martin Rees, *Just Six Numbers : The Deep Forces That Shape the Universe*, Londres, Phoenix/Orion, 2000, p. 75.

20. David Bodanis, $E = mc^2$. *A Biography of the World's Most famous Equation*, Londres, Macmillan, 2000, p. 187.

21. Isaac Asimov, *Atom : Journey Across the Subatomic Cosmos*, New York, Truman Talley/Dutton, 1991, p. 294.

22. William K. Stevens, *The Change in the Weather : People, Weather, and the Science of Climate*, New York, Delacorte Press, 1999, p. 6.

23. Supplément au *New Scientist*, « Firebirth », 7 août 1999.

24. James Lawrence Powell, *Night Comes to the Cretaceous : Dinosaur Extinction and the Transformation of Modern Geology*, New York, W. H. Freeman & Co., 1998, p. 38.

25. Stephen Drury, *Stepping Stones : The Making*

of Our Home World, Oxford, Oxford University Press, 1999, p. 144.

IV. La mesure des choses

1. Carl Sagan et Ann Druyan, *Comet*, New York, Random House, 1985, p. 52.
2. Richard P. Feynman, *Six Easy Pieces*, Londres, Penguin Books, 1998, p. 90.
3. Derek Gjersten, *The Classics of Science : A Study of Twelve Enduring Scientific Works*, New York, Lilian Barber Press, 1984, p. 219.
4. Cité par Timothy Ferris *in Coming of Age in the Milky Way*, New York, William Morrow, 1998, p. 106.
5. Will Durant et Ariel Durant, *The Age of Louis XIV*, New York, Simon & Schuster, 1963, p. 538.
6. *Ibid.*, p. 546.
7. William H. Cropper, *Great Physicists : The Life and Times of Leading Physicists from Galileo to Hawking*, New York, Oxford University Press, 2001, p. 31.
8. Richard P. Feynman, *op. cit.*, p. 69.
9. Nigel Calder, *The Comet Is Coming ! : The Feverish Legacy of Mr Halley*, New York, Viking Press, 1981, p. 39.
10. Lisa Jardine, *Ingenious Pursuits : Building the Scientific Revolution*, New York, Nan A. Talese/Doubleday, 1999, p. 36.
11. John Noble Wilford, *The Mapmakers*, New York, Alfred A. Knopf, 1981, p. 98.
12. Isaac Asimov, *Exploring the Earth and the Cosmos : The Growth and Future of Human Knowledge*, Londres, Penguin Books, 1984, p. 86.
13. Timothy Ferris, *Coming of Age in the Milky Way*, New York, William Morrow, 1998, p. 134. [*La*

Nuit du temps, Paris, Hachette, 1988, trad. Oristelle Bonis.]

14. Lisa Jardine, *op. cit.*, p. 141.

15. *Dictionary of National Biography*, vol. 7, p. 1302.

16. Christa Jungnickel et Russel McCormach, *Cavendish : The Experimental Life*, Bucknell, Pa., Bucknell Press, 1999, p. 449.

17. Nigel Calder, *op. cit.*, p. 71.

18. Christa Jungnickel et Russel McCormach, *op. cit.*, p. 306.

19. *Ibid.*, p. 305.

20. J. G. Crowther, *Scientists of the Industrial Revolution*, Londres, Cresset Press, 1962, p. 214-215.

21. *Dictionary of National Biography*, vol. 3, p. 1261.

22. *Economist*, « G Whiz », 6 mai 2000, p. 82.

V. Les casseurs de pierres

1. *Dictionary of National Biography*, vol. 10, p. 354-356.

2. Dennis R. Dean, *James Hutton and the History of Geology*, Ithaca, Cornell University Press, 1992, p. 18.

3. John McPhee, *Basin and Range*, New York, Farrar, Straus & Giroux, 1983, p. 99.

4. Stephen Jay Gould, *Time's Arrow, Time's Cycle : Myth and Metaphor in the Discovery of Geological Time*, Cambridge, Mass., Harvard University Press, 1987, p. 66. [*Aux racines du temps*, Paris, « Biblio », trad. Bernard Ribault, 1997.]

5. David R. Oldroyd, *Thinking About the Earth :*

A History of Ideas in Geology, Cambridge, Mass., Harvard University Press, 1996, p. 96-97.

6. Cecil J. Schneer (dir.), *Toward a History of Geology*, Cambridge, Mass., MIT Press, 1969, p. 128.

7. Geological Society Papers, *A Brief History of the Geological Society of London*.

8. Martin J. S. Rudwick, *The Great Devonian Controversy : The Shaping of Scientific Knowledge Among Gentlemanly Specialists*, Chicago, University of Chicago Press, 1985, p. 25.

9. Erik Trinkaus et Pat Shipman, *The Neandertals : Changing the Image of Mankind*, Londres, Pimlico, 1994, p. 28.

10. Deborah Cadbury, *Terrible Lizard : The First Dinosaur Hunters and the Birth of a New Science*, New York, Henry Holt, 2000, p. 39.

11. *Dictionary of National Biography*, vol. 15, p. 314-315.

12. Erik Trinkaus et Pat Shipman, *op. cit.*, p. 26.

13. Noel Annan, *The Dons : Mentors, Eccentrics and Geniuses*, Londres, HarperCollins, 2000, p. 27.

14. Erik Trinkaus et Pat Shipman, *op. cit.*, p. 30.

15. Adrian Desmond et James Moore, *Darwin*, Londres, Penguin Books, 1992, p. 202.

16. Cecil J. Schneer, *op. cit.*, p. 139.

17. Ronald W. Clark, *The Huxleys*, New York, McGraw-Hill, 1968, p. 48.

18. Cité *in* Stephen Jay Gould, *Dinosaur in a Haystack : Reflections in Natural History*, New York, Harmony Books, 1995, p. 167. [*La Foire aux dinosaures. Réflexions sur l'histoire naturelle*, Paris, Le Seuil, 1997, trad. Marcel Blanc.]

19. Anthony Hallam, *Great Geological Controversies*, 2e éd., Oxford, Oxford University Press, 1989, p. 135.

20. Stephen Jay Gould, *Ever Since Darwin : Reflections in Natural History*, New York, W. W. Norton, 1977, p. 151. [*Darwin et les Grandes Énigmes de la vie*, Paris, Le Seuil, 1984, trad. Daniel Lemoine.]

21. Steven M. Stanley, *Extinction*, New York, Scientific American, 1987, p. 5.

22. Cité *in* Cecil J. Schneer, *op. cit.*, p. 288.

23. Cité *in* Martin J. S. Rudwick, *The Great Devonian Controversy*, *op. cit.*, p. 194.

24. John McPhee, *In Suspect Terrain*, New York, Noonday Press/Farrar, Straus & Giroux, 1983, p. 190.

25. Derek Gjertsen, *The Classics of Science : A Study of Twelve Enduring Scientific Works*, New York, Lilian Barber Press, 1984, p. 305.

26. John McPhee, *op. cit.*, p. 50.

27. James Lawrence Powell, *Night Comes to the Cretaceous : Dinosaur Extinction and the Transformation of Modern Geology*, New York, W. H. Freeman & Co., 1998, p. 200.

28. Richard Fortey, *Trilobite ! Eyewitness to Evolution*, Londres, HarperCollins, 2000, p. 238.

29. Deborah Cadbury, *op. cit.*, p. 149.

30. Stephen Jay Gould, *Eight Little Piggies : Reflections in Natural History*, Londres, Penguin, 1994, p. 185. [*Comme les huit doigts de la main. Réflexions sur l'histoire naturelle*, Paris, Le Seuil, 2000, trad. Marcel Blanc.]

31. Stephen Jay Gould, *Time's Arrow*, *op. cit.*, p. 114.

32. Martin J. S. Rudwick, *op. cit.*, p. 42.

33. Deborah Cadbury, *op. cit.*, p. 192.

34. Anthony Hallam, *op. cit.*, p. 105 et Timothy Ferris, *Coming of Age in the Milky Way*, New York, William Morrow, 1998, p. 246-247.

35. Derek Gjersten, *op. cit.*, p. 335.

36. William H. Cropper, *The Life and Times of Leading Physicists from Galileo to Hawking*, New York, Oxford University Press, 2001, p. 78.

37. *Ibid.*, p. 79.

38. *Dictionary of National Biography*, supplément 1901-1911, p. 508.

VI. Dinosaures et compagnie

1. Edwin H. Colbert, *The Great Dinosaur Hunters and Their Discoveries*, New York, Dover Publications, 1984, p. 4.

2. Joseph Kastner, *A Species of Eternity*, New York, Alfred A. Knopf, 1977, p. 123.

3. *Ibid.*, p. 124.

4. Erik Trinkaus et Pat Shipman, *The Neandertals : Changing the Image of Mankind*, Londres, Pimlico, 1994, p. 15.

5. George Gaylord Simpson, *Fossils and the History of Life*, New York, Scientific American, 1983, p. 7.

6. John W. Harrington, *Dance of the Continents : Adventures with Rocks and Time*, Los Angeles, J. P. Tarcher, 1958, p. 175.

7. Cherry Lewis, *The Dating Game : One Man's Search for the Age of the Earth*, Cambridge, Cambridge University Press, 2000, p. 17-18.

8. Lynn Barber, *The Heyday of Natural History : 1820-1870*, Garden City, NY, Doubleday, 1980, p. 217.

9. Edwin H. Colbert, *op. cit.*, p. 5.

10. Lynn Barber, *op. cit.*, p. 127.

11. *New Zealand Geographic*, « Holy incisors ! What a treasure ! », avril-juin 2000, p. 17.

12. John Noble Wilford, *The Riddle of the Dinosaur*, New York, Alfred A. Knopf, 1985, p. 31.

13. *Ibid.*, p. 34.

14. Richard Fortey, *Life : An Unauthorised Biography*, Londres, Flamingo/HarperCollins, 1998, p. 214.

15. Deborah Cadbury, *Terrible Lizard : The First Dinosaur Hunters and the Birth of a New Science*, New York, Henry Holt, 2000, p. 133.

16. *Ibid.*, p. 200.

17. John Noble Wilford, *op. cit.*, p. 5.

18. Robert T. Bakker, *The Dinosaur Heresies : New Theories Unlocking the Mystery of the Dinosaurs and their Extinction*, New York, William Morrow, 1986, p. 22.

19. Edwin H. Colbert, *op. cit.*, p. 33.

20. *Nature*, « Owen's Parthian Shot », 12 juillet 2001, p. 123.

21. Deborah Cadbury, *op. cit.*, p. 321.

22. Ronald W. Clark, *The Huxleys*, New York, McGraw-Hill, 1968, p. 45.

23. Deborah Cadbury, *op. cit.*, p. 291.

24. *Ibid.*, p. 261-262.

25. Edwin H. Colbert, *op. cit.*, p. 30.

26. John Thackray et Bob Press, *The Natural History Museum : Nature's Treasurehouse*, Londres, Natural History Museum, 2001, p. 24.

27. *Ibid.*, p. 98.

28. John Noble Wilford, *op. cit.*, p. 97.

29. *Ibid.*, p. 99-100.

30. Edwin H. Colbert, *op. cit.*, p. 73.

31. *Ibid.*, p. 93.

32. John Noble Wilford, *op. cit.*, p. 90.

33. Louie Psihoyos, avec la coll. de John Knoebber, *Hunting Dinosaurs*, New York, Random House, 1994, p. 16.

34. Deborah Cadbury, *op. cit.*, p. 325.
35. *Newsletter of the Geological Society of New Zealand*, « Gideon Mantell : the New Zealand connection », avril 1992 ; *New Zealand Geographic*, art. cit., avril-juin 2000, p. 17.
36. Edwin H. Colbert, *op. cit.*, p. 151.
37. Cherry Lewis, *op. cit.*, p. 37.
38. Anthony Hallam, *Great Geological Controversies*, 2e éd., Oxford, Oxford University Press, 1989, p. 173.

VII. Questions élémentaires

1. Philip Ball, *H_2O : A Biography of Water*, Londres, Phoenix/Orion, 1999, p. 125.
2. Will Durant et Ariel Durant, *The Age of Louis XIV*, New York, Simon & Schuster, 1963, p. 516.
3. Paul Strathern, *Mendeleyev's Dream : The Quest for the Elements*, Londres, Penguin Books, p. 193.
4. Paul Davies, *The Fifth Miracle : The Search for the Origin of Life*, Londres, Penguin Books, 1999, p. 14.
5. Michael White, *Rivals : Conflicts as the Fuel of Science*, Londres, Vintage, 2001, p. 63.
6. William H. Brock, *The Norton History of Chemistry*, New York, W. W. Norton & Co., 1993, p. 92.
7. Stephen Jay Gould, *Bully for Brontosaurus : Reflections in Natural History*, Londres, Hutchinson Radius, 1991, p. 366.
8. William H. Brock, *op. cit.*, p. 95-96.
9. Paul Strathern, *op. cit.*, p. 239.
10. William H. Brock, *op. cit.*, p. 124.
11. William H. Cropper, *The Life and Times of*

Leading Physicists from Galileo to Hawking, New York, Oxford University Press, 2001, p. 139.

12. Richard Hamblyn, *The Invention of Clouds : How an Amateur Meteorologist Forged the Language of the Skies*, Londres, Picador, 2001, p. 76. [*L'Invention des nuages : comment un météorologue amateur a découvert le langage du ciel*, Paris, J.C. Lattès, 2003, trad. Gérald Messadié.]

13. Brian Silver, *The Ascent of Science*, New York, Solomon/Oxford University Press, 1998, p. 201.

14. *Dictionary of National Biography*, vol. 19, p. 686.

15. Isaac Asimov, *The History of Physics*, New York, Walker & Co., 1966, p. 501.

16. Henry A. Boorse, Lloyd Motz, Jefferson Hane Weaver, *The Atomic Scientists : A Biographical History*, New York, John Wiley and Sons, 1989, p. 75.

17. Philip Ball, *op. cit.*, p. 139.

18. William H. Brock, *op. cit.*, p. 312.

19. *Ibid.*, p. 111.

20. John Carey (dir.), *The Faber Book of Sciences*, Londres, Faber and Faber, 1995, p. 155.

21. Philip Ball, *op. cit.*, p. 139.

22. Robert E. Krebs, *The History and Use of Our Earth's Chemical Elements*, Westport, Connecticut, Greenwood Press, 1998, p. 23.

23. Gautum R. Desiraju, critique de « Mind over Matter ? », *Nature*, 26 septembre 2000.

24. David L. Heiserman, *Exploring Chemical Elements and their Compounds*, Blue Ridge Summit, Pa., TAB Books/McGraw-Hill, 1992, p. 33.

25. David Bodanis, *$E = mc^2$: A Biography of the World's Most Famous Equation*, Londres, Macmillan, 2000, p. 75.

26. Cherry Lewis, *The Dating Game : One Man's*

Search for the Age of the Earth, Cambridge, Cambridge University Press, 2000, p. 55.

27. Paul Strathern, *op. cit.*, p. 294.

28. Publicité du magazine *Time*, 3 janvier 1927, p. 24.

29. Wayne Biddle, *A Field Guide to the Invisible*, New York, Henry Bolt & Co., 1998, p. 133.

30. *Science*, « We Are Made of Starstuff », 4 mai 2001, p. 863.

VIII. L'univers d'Einstein

1. William H. Cropper, *The Life and Times of Leading Physicists from Galileo to Hawking*, New York, Oxford University Press, 2001, p. 106.

2. *Ibid.*, p. 109.

3. C. P. Snow, *The Physicists*, Londres, House of Stratus, 1979, p. 7.

4. Daniel J. Kevles, *The Physicists : The History of a Scientific Community in Modern America*, New York, Alfred A. Knopf, 1978, p. 33.

5. *Ibid.*, p. 27-28.

6. Kip S. Thorne, *Black Holes and Time Warps : Einstein's Outrageous Legacy*, New York, W. W. Norton, 1994, p. 65.

7. William H. Cropper, *op. cit.*, p. 208.

8. *Nature*, « Physics from the Inside », 12 juillet 2001, p. 121.

9. C. P. Snow, *op. cit.*, p. 101.

10. David Bodanis, *$E = mc^2$: A Biography of the World's Most Famous Equation*, Londres, Macmillan, 2000, p. 6.

11. Henry A. Boorse, Lloyd Motz, Jefferson Hane

Weaver, *The Atomic Scientists : A Biographical History*, New York, John Wiley and Sons, 1989, p. 142.

12. Timothy Ferris, *Coming of Age in the Milky Way*, New York, William Morrow, 1988, p. 193.

13. C. P. Snow, *op. cit.*, p. 101.

14. Kip S. Thorne, *op. cit.*, p. 172.

15. David Bodanis, *op. cit.*, p. 77.

16. *Nature*, « In the Eye of the Beholder », 21 mars 2002, p. 264.

17. Henry A. Boorse *et al.*, *op. cit.*, p. 53.

18. David Bodanis, *op. cit.*, p. 204.

19. Alan Guth, *The Inflationary Universe : The Quest for a New Theory of Cosmic Origins*, Reading, Mass., Helix/Addison-Wesley, 1997, p. 36.

20. C. P. Snow, *op. cit.*, p. 21.

21. David Bodanis, *op. cit.*, p. 215.

22. Cité par Stephen Hawking in *A Brief History of Time : From the Big Bang to Black Holes*, Londres, Bantam Books, 1988, p. 91 ; et Amir D. Aczel, *God's Equation : Einstein, Relativity, and the Expanding Universe*, New York, Delta/Random House, 1999, p. 146.

23. Alan Guth, *op. cit.*, p. 37.

24. John Brockman et Katinka Matson (dir.), *How Things are : A Science Took-Kit for the Mind*, New York, William Morrow, 1995, p. 263.

25. David Bodanis, *op. cit.*, p. 83.

26. Dennis Overbye, *Lonely Hearts of the Cosmos : The Scientific Quest for the Secret of the Universe*, New York, HarperCollins, 1991, p. 55.

27. Michio Kaku, « The Theory of the Universe ? », *in* William H. Shore (dir.), *Mysteries of Life and the Universe*, San Diego, Harvest/Harcourt Brace & Co., 1992.

28. William H. Cropper, *op. cit.*, p. 423.

29. Gale E. Christianson, *Edwin Hubble : Mariner*

of the Nebulae, Bristol, Institute of Physics Publishing, 1995, p. 33.

30. Timothy Ferris, *op. cit.*, p. 258.

31. Kitty Ferguson, *Measuring the Universe : The Historical Quest to Quantify Space*, Londres, Headline, 1999, p. 166-167.

32. *Ibid.*, p. 166.

33. Patrick Moore, *Fireside Astronomy : An Anecdotal Tour Through the History and Lore of Astronomy*, Chichester, John Wiley and Sons, 1992, p. 63.

34. Dennis Overbye, *op. cit.*, p. 45 ; et *Natural History*, « Delusions of Centrality », décembre 2002-janvier 2003, p. 28-32.

35. Stephen Hawking, *The Universe in a Nutshell*, Londres, Bantam Press, 2001, p. 71-72.

36. Dennis Overbye, *op. cit.*, p. 14.

37. *Ibid.*, p. 28.

IX. L'atome tout-puissant

1. Richard P. Feynman, *Six Easy Pieces*, Londres, Penguin Books, 1998, p. 4.

2. John Gribbin, *Almost Everyone's Guide to Science : The Universe, Life and Everything*, Londres, Phoenix, 1998, p. 250.

3. Paul Davies, *The Fifth Miracle : The Search for the Origin of Life*, Londres, Penguin Books, 1999, p. 127.

4. Martin Rees, *Just Six Numbers : The Deep Forces that Shape the Universe*, Londres, Phoenix/Orion, 2000, p. 96.

5. Richard P. Feynman, *op. cit.*, p. 4-5.

6. Daniel J. Boorstin, *The Discoverers*, Londres, Penguin Books, 1986, p. 679.

7. Derek Gjersten, *The Classics of Science : A Study of Twelve Enduring Scientific Works*, New York, Metropolitan Books/Henry Holt, 2002, p. 260.
8. Eric John Holmyard, *Makers of Chemistry*, Oxford, Clarendon Press, 1931, p. 222.
9. *Dictionary of National Biography*, vol. 5, p. 433.
10. Hans Christian von Baeyer, *Taming the Atom : The Emergence of the Visible Microworld*, New York, Random House, 1992, p. 17.
11. Steven Weinberg, *The Discovery of Subatomic Particles*, New York, Scientific American, 1983, p. 3.
12. *Ibid.*, p. 104.
13. Cité par William H. Cropper, *The Life and Times of Leading Physicists from Galileo to Hawking*, New York, Oxford University Press, 2001, p. 259.
14. *Ibid.*, p. 317.
15. David Wilson, *Rutherford : Simple Genius*, Cambridge, Mass., MIT Press, 1983, p. 174.
16. *Ibid.*, p. 208.
17. *Ibid.*
18. Cité par William H. Cropper, *op. cit.*, p. 328.
19. C. P. Snow, *Variety of Men*, New York, Charles Scribner's Sons, 1966, p. 47.
20. William H. Cropper, *op. cit.*, p. 94.
21. Isaac Asimov, *The History of Physics*, New York, Walker & Co., 1966, p. 551.
22. Alan Guth, *The Inflationary Universe : The Quest for a New Theory of Cosmic Origins*, Reading, Mass., Helix/Addison-Wesley, 1997, p. 90.
23. P. W. Atkins, *The Periodic Kingdom*, New York, Basic Books, 1995, p. 106.
24. John Gribbin, *op. cit.*, p. 35.
25. William H. Cropper, *op. cit.*, p. 245.
26. Timothy Ferris, *Coming of Age in the Milky Way*, New York, William Morrow, 1988, p. 288.

27. Richard P. Feynman, *op. cit.*, p. 117.
28. Henry A. Boorse, Lloyd Motz, Jefferson Hane Weaver, *The Atomic Scientists : A Biographical History*, New York, John Wiley and Sons, 1989, p. 338.
29. William H. Cropper, *op. cit.*, p. 269.
30. Timothy Ferris, *op. cit.*, p. 288.
31. David H. Freeman, « Quantum Liaisons », *in* William H. Shore (dir.), *Mysteries of Life and the Universe*, San Diego, Harvest/Harcourt Brace & Co., 1992, p. 137.
32. Dennis Overbye, *Lonely Hearts of the Cosmos : The Scientific Quest for the Secret of the Universe*, New York, HarperCollins, 1991, p. 109.
33. Hans Christian von Baeyer, *op. cit.*, p. 43.
34. Darrell D. Ebbing, *General Chemistry*, Boston, Houghton Mifflin, 1996, p. 295.
35. James Trefil, *101 Things You Don't Know About Science and No One Else Does Either*, Boston, Mariner/Houghton Mifflin, 1996, p. 62.
36. Richard P. Feynman, *op. cit.*, p. 33.
37. Alan Lightman, « First Birth », *in* William H. Shore, *op. cit.*, p. 13.
38. Lawrence Joseph, « Is Science Common Sense ? », *in* William H. Shore, *op. cit.*, p. 42-43.
39. *Christian Science Monitor*, « Spooky Action at a Distance », 4 octobre 2001.
40. Stephen Hawking, *A Brief History of Time : From the Big Bang to Black Holes*, Londres, Bantam Books, 1988, p. 61.
41. David H. Freeman, art. cit., *in* Shore, *op. cit.*, p. 141.
42. Timothy Ferris, *The Whole Shebang : A State of the Universe(s) Report*, New York, Simon & Schuster, 1997, p. 297.
43. Isaac Asimov, *Atom : Journey Across the*

Subatomic Cosmos, New York, Truman Talley/Dutton, 1991, p. 258.

44. C. P. Snow, *The Physicists*, Londres, House of Stratus, 1979, p. 89.

X. L'art de plomber l'atmosphère

1. Sharon B. McGrayne, *Prometheans in the Lab : Chemistry and the Making of the Modern World*, New York, McGraw-Hill, 2001, p. 88.
2. *Ibid.*, p. 92.
3. *Ibid.*
4. *Ibid.*, p. 97.
5. Wayne Biddle, *A Field Guide to the Invisible*, New York, Henry Holt & Co., 1998, p. 62.
6. *Science*, « The Ascent of Atmospheric Sciences », 13 octobre 2000, p. 299.
7. *Nature*, 27 septembre 2001, p. 364.
8. Willard Libby, « Radiocarbon Dating », discours de réception du prix Nobel, 12 décembre 1960.
9. John Gribbin et Mary Gribbin, *Ice Age*, Londres, Allen Lane, 2001, p. 58.
10. Timothy Flannery, *The Eternal Frontier : An Ecological History of North America and Its Peoples*, Londres, William Heinemann, 2001, p. 174.
11. Timothy Flannery, *The Future Eaters : An Ecological History of the Australasian Lands and People*, Sydney, Reed New Holland, 1997, p. 151.
12. Timothy Flannery, *The Eternal Frontier*, *op. cit.*, p. 174-175.
13. *Science*, « Can Genes Solve the Syphilis Mystery ? », 11 mai 2001, p 109.
14. Cherry Lewis, *The Dating Game : One Man's

Search for the Age of the Earth, Cambridge, Cambridge University Press, 2000, p. 204.

15. James L. Powell, *Mysteries of Terra Firma : The Age and Evolution of the Earth*, New York, Free Press/Simon & Schuster, 2001, p. 58.

16. Sharon B. McGrayne, *op. cit.*, p. 173.

17. *Ibid.*, p. 94.

18. *Nation*, « The Secret History of Lead », 20 mars 2000.

19. James L. Powell, *op. cit.*, p. 60.

20. *Nation*, art. cit.

21. Sharon B. McGrayne, *op. cit.*, p. 169.

22. *Nation*, art. cit.

23. Bill Green, *Water, Ice and Stone : Science and Memory on the Antarctic Lakes*, New York, Harmony Books, 1995, p. 258.

24. Sharon B. McGrayne, *op. cit.*, p. 191.

25. *Ibid.*

26. Wayne Biddle, *op. cit.*, p. 110-111.

27. *Ibid.*, p. 63.

28. *Nature*, « The Rocky Road to Dating the Earth », 4 janvier 2001, p. 20.

XI. Les quarks de Môssieu Mark

1. William H. Cropper, *The Life and Times of Leading Physicists from Galileo to Hawking*, New York, Oxford University Press, 2001, p. 325.

2. Cité par William H. Cropper, *op. cit.*, p. 403.

3. *Discover*, « Gluons », juillet 2000, p. 68.

4. Alan Guth, *The Inflationary Universe : The Quest for a New Theory of Cosmic Origins*, Reading, Mass., Helix/Addison-Wesley, 1997, p. 121.

5. *Economist*, « Heavy Stuff », 13 juin 1998, p. 82 ;

National Geographic, « Unveiling the Universe », octobre 1999, p. 36.

6. James Trefil, *101 Things You Don't Know About Science and No One Else Does Either*, Boston, Mariner/Houghton Mifflin, 1996, p. 48.

7. *Economist*, « Cause for Concern », 28 octobre 2000, p. 75.

8. Lettre de Jeff Guinn.

9. *Science*, « U.S. Researchers Go for Scientific Gold Mine », 15 juin 2001, p. 1979.

10. *Science*, 8 février 2002, p. 942.

11. Alan Guth, *op. cit.*, p. 120 ; Richard P. Feynman, *Six Easy Pieces*, Londres, Penguin Books, 1998, p. 39.

12. *Nature*, 27 septembre 2001, p. 354.

13. Carl Sagan, *Cosmos*, New York, Ballantine Books, 1980, p. 221. [*Cosmos*, Paris, Mazarine, 1981, trad. Dominique Peters et Marie-Hélène Dumas.]

14. Steven Weinberg, *The Discovery of Subatomic Particles*, New York, Scientific American, 1983, p. 165.

15. *Ibid.*, p. 167.

16. Hans Christian von Baeyer, *Taming the Atom : The Emergence of the Visible Microworld*, New York, Random House, 1992, p. 17.

17. *Economist*, « New Realities ? », 7 octobre 2000, p. 95 ; *Nature*, « The Mass Question », 28 février 2002, p. 969-970.

18. *Scientific American*, « Uncovering Supersymetry », juillet 2002, p. 74.

19. Cité dans le programme de PBS *Creation of the Universe*, 1985. Également cité, avec des chiffres légèrement différents, *in* Timothy Ferris, *Coming of Age of the Milky Way*, New York, William Morrow, 1998, p. 298-299.

20. Document du site Internet du CERN, « The Mass Mystery », sans date.

21. Richard P. Feynman, *op. cit.*, p. 39.

22. *Science News*, 22 septembre 2001, p. 185.

23. Steven Weinberg, *Dreams of a Final Theory*, New York, Pantheon Books, 1992, p. 214.

24. Michio Kaku, *Hyperspace : A Scientific Odyssey Through Parallel Universes, Time Warps, and the Tenth Dimension*, New York, Oxford University Press, 1994, p. 158.

25. *Scientific American*, « The Universe's Unseen Dimensions », août 2000, p. 62-69 ; *Science News*, « When Branes Collide », 22 septembre 2001, p. 184-185.

26. *New York Times*, « Before the Big Bang, There Was... What ? », 22 mai 2001, p. F1.

27. *Nature*, 27 septembre 2001, p. 354.

28. *New York Times*, site Internet, « Are They a) Geniuses or b) Jokers ? : French Physicists' Cosmic Theory Creates a Big Bang of Its Own », 9 novembre 2002 ; *Economist*, « Publish and Perish », 16 novembre 2002, p. 75.

29. Steven Weinberg, *op. cit.*, p. 230.

30. *Ibid.*, p. 234.

31. *U.S. News and World Report*, « How Old Is the Universe ? », 25 août 1997, p. 34.

32. James Trefil, *op. cit.*, p. 91.

33. Dennis Overbye, *Lonely Hearts of the Cosmos : The Scientific Quest for the Secret of the Universe*, New York, HarperCollins, 1991, p. 268.

34. *Economist*, « Queerer Than We Can Suppose », 5 janvier 2002, p. 58.

35. *National Geographic*, « Unveiling the Universe », art. cit.

36. Donald Goldsmith, *The Astronomers*, New York, St. Martin's Press, 1991, p. 82.

37. *U.S. News and World Report*, art. cit., p. 34.
38. *Economist*, « Dark for Dark Business », 5 janvier 2002, p. 51.
39. Transcription du programme de PBS *Nova*, « Runaway Universe », 1re diffusion 21 novembre 2000.
40. *Economist*, « Dark for Dark Business », art. cit.

XII. La Terre bouge

1. Charles H. Hapgood, *Earth's Shifting Crust : A Key to Some Basic Problems of Earth Science*, New York, Pantheon Books, 1958, p. 29.
2. George Gaylord Simpson, *Fossils and the History of Life*, New York, Scientific American, 1983, p. 98.
3. Stephen Jay Gould, *Ever Since Darwin : Reflections in Natural History*, New York, W. W. Norton, 1977, p. 163.
4. *Encyclopaedia britannica*, 1964, vol. 6, p. 163.
5. Cherry Lewis, *The Dating Game : One Man's Search for the Age of the Earth*, Cambridge, Cambridge University Press, 2000, p. 182.
6. Charles H. Hapgood, *op. cit.*, p. 31.
7. James L. Powell, *Mysteries of Terra Firma : The Age and Evolution of the Earth*, New York, Free Press/Simon & Schuster, 2001, p. 147.
8. John McPhee, *Basin and Range*, New York, Farrar, Straus & Giroux, 1980, p. 175.
9. *Ibid.*, p. 187.
10. John W. Harrington, *Dance of the Continents : Adventures with Rocks and Time*, Los Angeles, J. P. Tarcher, 1983, p. 208.

11. James L. Powell, *op. cit.*, p. 131-132.
12. *Ibid.*, p. 141.
13. John McPhee, *op. cit.*, p. 198.
14. George Gaylord Simpson, *op. cit.*, p. 113.
15. John McPhee, *Assembling California*, New York, Farrar, Straus & Giroux, 1993, p. 202-208.
16. Shawna Vogel, *Naked Earth : The New Geophysics*, New York, Dutton, 1995, p. 19.
17. Lynn Margulis et Dorion Sagan, *Microcosmos : Four Billion Years of Evolution from Our Microbial Ancestors*, New York, Summit Books, 1996, p. 44.
18. James Trefil, *Meditations at 10.000 Feet : A Scientist in the Mountains*, New York, Charles Scribner's Sons, 1987, p. 181.
19. *Science*, « Inconstant Ancient Seas and Life's Path », 8 novembre 2002, p. 1165.
20. John McPhee, *Rising from the Plains*, New York, Farrar, Straus & Giroux, 1986, p. 158.
21. George Gaylord Simpson, *op. cit.*, p. 115.
22. *Scientific American*, « Sculpting the Earth from Inside Out », mars 2001.
23. Robert Kunzig, *The Restless Sea : Exploring the World Beneath the Waves*, New York, W. W. Norton, 1999, p. 51.
24. James L. Powell, *Night Comes to the Cretaceous : Dinosaur Extinction and the Transformation of Modern Geology*, New York, W. H. Freeman & Co., 1998, p. 7.

XIII. Boum !

1. Raymond R. Anderson, Geological Society of America : GSA Special Paper 302, « The Manson

Impact Structure : A Late Cretaceous Meteor Crater in the Iowa Subsurface », printemps 1996.

2. *Des Moines Register*, 30 juin 1979.

3. Anna Schlapkohl, entretien avec l'auteur, Manson, Iowa, 18 juin 2001.

4. John S. Lewis, *Rain of Iron and Ice : The Very Real Threat of Comet and Asteroid Bombardment*, Reading, Mass., Addison-Wesley, 1996, p. 38.

5. James L. Powell, *Night Comes to the Cretaceous : Dinosaur Extinction and the Transformation of Modern Geology*, New York, W. H. Freeman & Co., 1998, p. 37.

6. Transcription du documentaire *Horizon* de la BBC, « New Asteroid Danger », p. 4, 1re diffusion 18 mars 1999.

7. *Science News*, « A Rocky Bicentennial », 28 juillet 2001, p. 61-63.

8. Timothy Ferris, *Seeing in the Dark : How Backyard Stargazers Are Probing Deep Space and Guarding Earth from Interplanetary Peril*, New York, Simon & Schuster, 2002, p. 150.

9. *Science News*, « A Rocky Bicentennial », art. cit.

10. Timothy Ferris, *op. cit.*, p. 147.

11. *Horizon*, BBC, « New Asteroid Danger », doc. cit.

12. *New Yorker*, « Is This the End ? », 27 janvier 1997, p. 44-52.

13. Ron Vernon, *Beneath Our Feet : The Rocks of Planet Earth*, Cambridge, Cambridge University Press, 2000, p. 191.

14. Frank Asaro, entretien téléphonique avec l'auteur, 10 mars 2002.

15. James L. Powell, *op. cit.*, p. 184.

16. Curtis Peebles, *Asteroids : A History*, Washington, Smithsonian Institution Press, 2000, p. 170.

17. John S. Lewis, *op. cit.*, p. 107.

18. Cité par Charles Officer et Jake Page, *Tales of the Earth : Paroxysms and Perturbations of the Blue Planet*, New York, Oxford University Press, 1993, p. 142.

19. *Boston Globe*, « Dinosaur Extinction Theory Backed », 16 décembre 1985.

20. Curtis Peebles, *op. cit.*, p. 175.

21. Iowa Department of Natural Ressources Publication, *Iowa Geology 1999*, n° 24.

22. Ray Anderson et Brian Witzke, entretien avec l'auteur, Iowa City, 15 juin 2001.

23. *Boston Globe*, « Dinosaur Extinction Theory Backed », art. cit.

24. Curtis Peebles, *op. cit.*, p. 177-178 ; et *Washington Post*, « Incoming », 9 avril 1998.

25. Stephen Jay Gould, *Dinosaur in a Haystack : Reflections in Natural History*, New York, Harmony Books, 1995, p. 162.

26. Cité par Curtis Peebles, *op. cit.*, p. 196.

27. Curtis Peebles, *op. cit.*, p. 202.

28. *Ibid.*, p. 204.

29. Anderson, Iowa Department of Natural Ressources Publication, *Iowa Geology 1999*, « Iowa Mansion Impact Structure ».

30. John S. Lewis, *op. cit.*, p. 209.

31. *Arizona Republic*, « Impact Theory Gains New Supporters », 3 mars 2001.

32. John S. Lewis, *op. cit.*, p. 215.

33. *New York Times Magazine*, « The Asteroids Are Coming ! The Asteroids Are Coming! », 28 juillet 1996, p. 17-19.

34. Timothy Ferris, *op. cit.*, p. 168.

XIV. Le feu sous nos pieds

1. Mike Voorhies, entretien avec l'auteur, Ashfall Fossil Beds State Park, Nebraska, 13 juin 2001.
2. *National Geographic*, « Ancient Ashfall Creates Pompeii of Prehistoric Animals », janvier 1981, p. 66.
3. Richard P. Feynman, *Six Easy Pieces*, Londres, Penguin Books, 1998, p. 60.
4. Stanley Williams et Fen Montaigne, *Surviving Galeras*, Boston, Houghton Mifflin, 2001, p. 78.
5. Minoru Ozima, *The Earth : Its Birth and Growth*, Cambridge, Cambridge University Press, 1981, p. 49.
6. Charles Officer et Jake Page, *Tales of the Earth : Paroxysms and Perturbations of the Blue Planet*, New York, Oxford University Press, 1993, p. 33.
7. *Ibid.*, p. 52.
8. Bill McGuire, *A Guide to the End of the World : Everything You Never Wanted to Know*, Oxford, Oxford University Press, 2002, p. 21.
9. *Ibid.*, p. 130.
10. James Trefil, *101 Things You Don't Know About Science and No One Else Does Either*, Boston, Mariner/Houghton Mifflin, 1996, p. 158.
11. Shawna Vogel, *Naked Earth : The New Geophysics*, New York, Dutton, 1995, p. 37.
12. *Valley News*, « Drilling the Ocean Floor for Earth's Deep Secrets », 21 août 1995.
13. William J. Schopf, *Cradle of Life : The Discovery of Earth's Earliest Fossils*, Princeton, NJ, Princeton University Press, 1999, p. 73.
14. John McPhee, *In Suspect Terrain*, New York, Noonday Press/Farrar, Straus & Giroux, 1983, p. 16-18.
15. *Scientific American*, « Sculpting the Earth from Inside Out », mars 2001, p. 40-47 ; *New*

Scientist, « Journey to the Centre of the Earth », supplément, 14 octobre 2000, p. 1.

16. *Earth*, « Mystery in the High Sierra », juin 1996, p. 16.

17. Shawna Vogel, *op. cit.*, p. 31.

18. *Science*, « Much About Motion in the Mantle », 1er février 2002, p. 982.

19. Colin Tudge, *The Time Before History : Five Million Years of Human Impact*, New York, Touchstone/Simon & Schuster, 1996, p. 43.

20. Shawna Vogel, *op. cit.*, p. 53.

21. James Trefil, *op. cit.*, p. 146.

22. *Nature*, « The Earth's Mantle », 2 août 2001, p. 501-506.

23. Stephen Drury, *Stepping Stones : The Making of Our Home World*, Oxford, Oxford University Press, 1999, p. 50.

24. *New Scientist*, « Dynamo Support », 10 mars 2001, p. 27.

25. James Trefil, *op. cit.*, p. 150.

26. Shawna Vogel, *op. cit.*, p. 139.

27. Richard V. Fisher, Grant Heiken, Jeffrey B. Hulen, *Volcanoes : Crucibles of Change*, Princeton, NJ, Princeton University Press, 1997, p. 24.

28. Dick Thompson, *Volcano Cowboys : The Rocky Evolution of a Dangerous Science*, New York, St. Martin's Press, 2000, p. 118.

29. Stanley Williams et Fen Montaigne, *op. cit.*, p. 7.

30. Richard V. Fisher *et al.*, *op. cit.*, p. 12.

31. Stanley Williams et Fen Montaigne, *op. cit.*, p. 150.

32. Dick Thompson, *op. cit.*, p. 123.

33. Richard V. Fisher *et al.*, *op. cit.*, p. 16.

XV. Une beauté fatale

1. Anthony Smith, *The Weather : The Truth About the Health of Our Planet*, Londres, Hutchinson, 2000, p. 112.

2. *Horizon*, documentaire de la BBC, « Crater of Death », 1re diffusion 6 mai 2001.

3. John S. Lewis, *Rain of Iron and Ice : The Very Real Threat of Comet and Asteroid Bombardment*, Reading, Mass., Addison-Wesley, 1996, p. 152.

4. Bill McGuire, *A Guide to the End of the World : Everything You Never Wanted to Know*, Oxford, Oxford University Press, 2002, p. 104.

5. *Ibid.*, p. 107.

6. Paul Doss, entretien avec l'auteur, parc national de Yellowstone, Wyoming, 16 juin 2001.

7. Robert B. Smith et Lee J. Siegel, *Windows into the Earth : The Geologic Story of Yellowstone and Grand Teton National Parks*, New York, Oxford University Press, 2000, p. 5-6.

8. Bryan Sykes, *The Seven Daughters of Eve*, Londres, Bantam Press, 2001, p. 12. [*Les Sept Filles d'Ève. Génétique et histoire de nos origines*, Paris, Albin Michel, 2001, trad. Pierre-Emmanuel Dauzat.]

9. Frances Ashcroft, *Life at the Extremes : The Science of Survival*, Londres, HarperCollins, 2000, p. 275.

10. Transcription de NewsHour sur PBS, 20 août 2002.

XVI. Une planète solitaire

1. *New York Times Book Review*, « Where Leviathan Lives », 20 avril 1997, p. 9.

2. Frances Ashcroft, *Life at the Extremes : The Science of Survival*, Londres, HarperCollins, 2000, p. 51.

3. *New Scientist*, « Into the Abyss », 31 mars 2001.

4. *New Yorker*, « The Pictures », 15 février 2000, p. 47.

5. Frances Ashcroft, *op. cit.*, p. 68.

6. *Ibid.*, p. 69.

7. J. B. S. Haldane, *What is Life?*, New York, Boni and Gaer, 1947, p. 188.

8. Frances Ashcroft, *op. cit.*, p. 59.

9. Trevor Norton, *Stars Beneath the Sea : The Extraordinary Lives of the Pioneers of Diving*, Londres, Arrow Books, 2000, p. 111.

10. J. B. S. Haldane, *op. cit.*, p. 202.

11. Trevor Norton, *op. cit.*, p. 105.

12. Cité par Trevor Norton, *op. cit.*, p. 121.

13. Stephen Jay Gould, *The Lying Stones of Marrakech : Penultimate Reflections in Natural History*, New York, Harmony Books, 2000, p. 305. [*Les Pierres truquées de Marrakech*, Paris, Le Seuil, trad. M. Blanc, 2002.]

14. Trevor Norton, *op. cit.*, p. 124.

15. *Ibid.*, p. 133.

16. J. B. S. Haldane, *op. cit.*, p. 192.

17. *Ibid.*, p. 202.

18. Frances Ashcroft, *op. cit.*, p. 78.

19. J. B. S. Haldane, *op. cit.*, p. 197.

20. *Ibid.*, p. 79.

21. David Attenborough, *The Living Planet : A Portrait of the Earth*, Boston, Little, Brown & Co., 1984, p. 39.

22. Anthony Smith, *The Weather : The Truth About the Health of Our Planet*, Londres, Hutchinson, 2000, p. 40.

23. Timothy Ferris, *The Whole Shebang : A State of the Universe(s) Report*, New York, Simon & Schuster, 1997, p. 81.

24. David Harry Grinspoon, *Venus Revealed : A New Look Below the Clouds of Our Mysterious Twin Planet*, Reading, Mass., Helix/Addison-Wesley, 1997, p. 9.

25. *National Geographic*, « The Planets », janvier 1985, p. 40.

26. Harry Y. Jr McSween, *Stardust to Planets : A Geological Tour of the Solar System*, New York, St. Martin's Press, 1993, p. 200.

27. Peter D. Ward et Donald Brownlee, *Rare Earth : Why Complex Life Is Uncommon in the Universe*, New York, Copernicus, 1999, p. 33.

28. P. W. Atkins, *The Periodic Kingdom*, New York, Basic Books, 1995, p. 28.

29. David Bodanis, *The Secret House : Twenty-Four Hours in the Strange and Unexpected World in Which We Spend Our Nights and Days*, New York, Simon & Schuster, 1997, p. 13.

30. Robert E. Krebs, *The History and Use of Our Earth's Chemical Elements*, Westport, Conn., Greenwood Press, 1998, p. 148.

31. Paul Davies, *The Fifth Miracle : The Search for the Origin of Life*, Londres, Penguin Books, 1999, p. 126.

32. Carl H. Snyder, *The Extraordinary Chemistry of Ordinary Things*, New York, John Wiley & Sons, 1995, p. 24.

33. Ronald B. Parker, *Inscrutable Earth : Explorations in the Science of Earth*, New York, Charles Scribner's Sons, 1984, p. 100.

34. Carl H. Snyder, *op. cit.*, p. 42.

35. Ronald B. Parker, *op. cit.*, p. 103.

36. Richard P. Feynman, *Six Easy Pieces*, Londres, Penguin Books, 1998, p. XIX.

XVII. Dans la troposphère

1. William K. Stevens, *The Change in the Weather : People, Weather, and the Science of Climate*, New York, Delacorte Press, 1999, p. 7.
2. *Ibid.*, p. 56 ; *Nature*, « 1902 and All That », 3 janvier 2002, p. 15.
3. Anthony Smith, *The Weather : The Truth About the Health of Our Planet*, Londres, Hutchinson, 2000, p. 52.
4. Frances Ashcroft, *Life at the Extremes : The Science of Survival*, Londres, HarperCollins, 2000, p. 7.
5. Anthony Smith, *op. cit.*, p. 25.
6. Oliver E. Allen, *Atmosphere*, Alexandria, Va., Time-Life Books, 1983, p. 58.
7. *Ibid.*, p. 57.
8. Matt Dickinson, *The Other Side of Everest : Climbing the North Face Through the Killer Storm*, New York, Times Books, p. 86.
9. Frances Ashcroft, *op. cit.*, p. 8.
10. David Attenborough, *The Living Planet : A Portrait of the Earth*, Boston, Little, Brown & Co., 1984, p. 18.
11. Cité par James Hamilton-Paterson, *The Great Deep : The Sea and Its Thresholds*, New York, Random House, 1992, p. 177.
12. Anthony Smith, *op. cit.*, p. 50.
13. Sebastian Junger, *The Perfect Storm : A True Story of Men Against the Sea*, New York, HarperCollins, 1997, p. 128.

14. William K. Stevens, *op. cit.*, p. 55.

15. Wayne Biddle, *A Field Guide to the Invisible*, New York, Henry Bolt & Co., 1998, p. 161.

16. David Bodanis, *E = mc² : A Biography of the World's Most Famous Equation*, Londres, Macmillan, 2000, p. 68.

17. Philip Ball, *H_2O : A Biography of Water*, Londres, Phoenix/Orion, 1999, p. 51.

18. *Science*, « The Ascent of Atmospheric Sciences », 13 octobre 2000, p. 300.

19. James Trefil, *The Unexpected Vista : A Physicist's View of Nature*, New York, Charles Scribner's Sons, 1983, p. 24.

20. Stephen Drury, *Stepping Stones : The Making of Our Home World*, Oxford, Oxford University Press, 1999, p. 25.

21. James Trefil, *The Unexpected Vista, op. cit.*, p. 107.

22. *Dictionary of National Biography*, vol. 10, p. 51-52.

23. James Trefil, *Meditations at Sunset : A Scientist Looks at the Sky*, New York, Charles Scribner's Sons, 1987, p. 62.

24. *Ibid.*, p. 66.

25. Philip Ball, *op. cit.*, p. 57.

26. Jerry Dennis, *The Bird in the Waterfall : A Natural History of Oceans, Rivers and Lakes*, New York, HarperCollins, 1996, p. 8.

27. John Gribbin et Mary Gribbin, *Being Human : Putting People in an Evolutionary Perspective*, Londres, Phoenix/Orion, 1993, p. 123.

28. *New Scientist*, « Vanished », 7 août 1999.

29. James Trefil, *Meditations at 10.000 Feet : A Scientist in the Mountains*, New York, Charles Scribner's Sons, 1987, p. 122.

30. William K. Stevens, *op. cit.*, p. 111.

31. *National Geographic*, « New Eyes on the Oceans », octobre 2000, p. 101.

32. William K. Stevens, *op. cit.*, p. 7.

33. *Science*, « The Ascent of Atmospheric Sciences », 13 octobre 2000, p. 303.

XVIII. Le réseau de liaison

1. Lynn Margulis et Dorion Sagan, *Microcosmos : Four Billion Years of Evolution from Our Microbial Ancestors*, New York, Summit Books, 1996, p. 100.

2. William J. Schopf, *Cradle of Life : The Discovery of Earth's Earliest Fossils*, Princeton, NJ, Princeton University Press, 1999, p. 107.

3. Bill Green, *Water, Ice and Stone : Science and Memory on the Antarctic Lakes*, New York, Harmony Books, 1995, p. 29 ; John Gribbin, *In the Beginning : The Birth of the Living Universe*, Londres, Penguin, 1994, p. 174.

4. James Trefil, *Meditations at 10.000 Feet : A Scientist in the Mountains*, New York, Charles Scribner's Sons, 1987, p. 121.

5. John Gribbin, *op. cit.*, p. 174.

6. Robert Kunzig, *The Restless Sea : Exploring the World Beneath the Waves*, New York, W. W. Norton, 1999, p. 8.

7. Jerry Dennis, *The Bird in the Waterfall : A Natural History of Oceans, Rivers and Lakes*, New York, HarperCollins, p. 152.

8. *Economist*, 13 mai 2000, p. 4.

9. Jerry Dennis, *op. cit.*, p. 248.

10. Lynn Margulis et Dorion Sagan, *op. cit.*, p. 183-184.

11. Bill Green, *op. cit.*, p. 25.

12. Peter D. Ward et Donald Brownlee, *Rare Earth : Why Complex Life Is Uncommon in the Universe*, New York, Copernicus, 1999, p. 36.

13. Jerry Dennis, *op. cit.*, p. 226.

14. Philip Ball, *H_2O : A Biography of Water*, Londres, Phoenix/Orion, 1999, p. 21.

15. Jerry Dennis, *op. cit.*, p. 6 ; *Scientific American*, « On Thin Ice », décembre 2002, p. 100-105.

16. Anthony Smith, *The Weather : The Truth About the Health of Our Planet*, Londres, Hutchinson, 2000, p. 62.

17. Gwen Schultz, *Ice Age Lost*, Garden City, NY, Anchor Press/Doubleday, 1974, p. 75.

18. Samantha Weinberg, *A Fish Caught in Time : The Search for the Coelacanth*, Londres, Fourth Estate, p. 34.

19. James Hamilton-Paterson, *The Great Deep : The Sea and Its Thresholds*, New York, Random House, 1992, p. 178.

20. Trevor Norton, *Stars Beneath the Sea : The Extraordinary Lives of the Pioneers of Diving*, Londres, Arrow Books, 2000, p. 57.

21. Robert D. Ballard, *The Eternal Darkness : A Personal History of Deep-Sea Exploration*, Princeton, NJ, Princeton University Press, 2000, p. 14-15.

22. Samantha Weinberg, *op. cit.*, p. 158 ; Robert D. Ballard, *op. cit.*, p. 17.

23. Samantha Weinberg, *op. cit.*, p. 159.

24. William J. Broad, *The Universe Below : Discovering the Secrets of the Deep Sea*, New York, Simon & Schuster, 1997, p. 54.

25. Cité in *Underwater Magazine*, « The Deepest Spot On Earth », hiver 1999.

26. William J. Broad, *op. cit.*, p. 56.

27. *National Geographic*, « New Eyes on the Oceans », octobre 2000, p. 93.

28. Robert Kunzig, *op. cit.*, p. 47.

29. David Attenborough, *The Living Planet : A Portrait of the Earth*, Boston, Little, Brown & Co., 1984, p. 30.

30. *National Geographic*, « Deep Sea Vents », octobre 2000, p. 123.

31. Jerry Dennis, *op. cit.*, p. 248.

32. Shawna Vogel, *Naked Earth : The New Geophysics*, New York, Dutton, 1995, p. 182.

33. Leonard Engel, *The Sea*, New York, Time-Life Books, 1969, p. 183.

34. Robert Kunzig, *op. cit.*, p. 294-305.

35. Carl Sagan, *Cosmos*, New York, Ballantine Books, 1980, p. 225.

36. *Good Weekend*, « Armed and Dangerous », 15 juillet 2000, p. 35.

37. *Time*, « Call of the Sea », 5 octobre 1998, p. 60.

38. Robert Kunzig, *op. cit.*, p. 104-105.

39. Dossier de l'*Economist*, « The Sea », 23 mai 1998, p. 4.

40. Timothy Flannery, *The Future Eaters : An Ecological History of the Australasian Lands and People*, Sydney, Reed New Holland, 1997, p. 104.

41. *Audubon*, mai-juin 1998, p. 54.

42. *Time*, « The Fish Crisis », 11 août 1997, p. 66.

43. *Economist*, « Pollock Overboard », 6 janvier 1996, p. 22.

44. Dossier de l'*Economist*, « The Sea », p. 12.

45. *Outside*, décembre 1997, p. 62.

46. Dossier de l'*Economist*, « The Sea », p. 8.

47. Mark Kurlansky, *Cod : A Biography of the Fish That Changed the World*, Londres, Vintage, 1999, p. 186.

48. *Nature*, « How Many More Fish in the Sea ? », 17 octobre 2002, p. 662.

49. Mark Kurlansky, *op. cit.*, p. 138.

50. *New York Times Magazine*, « A Tale of Two Fisheries », 27 août 2000, p. 40.

51. Transcription de la série *Horizon* de la BBC, « Antarctica : The Ice Melts », p. 16.

XIX. La naissance de la vie

1. *Earth*, « Life's Crucible », février 1998, p. 34.

2. Philip Ball, *H_2O : A Biography of Water*, Londres, Phoenix/Orion, 1999, p. 209.

3. *Discover*, « The Power of Proteins », janvier 2002, p. 38.

4. Francis Crick, *Life Itself : Its Origin and Nature*, New York, Simon & Schuster, 1981, p. 51.

5. John Sulston et Georgina Ferry, *The Common Thread : A Story of Science, Politics, Ethics and the Human Genome*, Londres, Bantam Press, 2002, p. 14.

6. Lynn Margulis et Dorion Sagan, *Microcosmos : Four Billion Years of Evolution from Our Microbial Ancestors*, New York, Summit Books, 1996, p. 63.

7. Paul Davies, *The Fifth Miracle : The Search for the Origin of Life*, Londres, Penguin Books, 1999, p. 71.

8. Richard Dawkins, *The Blind Watchmaker*, Londres, Penguin Books, 1988, p. 45. [*L'Horloger aveugle*, Paris, Robert Laffont, 1989, trad. Bernard Sigaud.]

9. *Ibid.*, p. 115.

10. Cité par Sherwin B. Nuland, *How We Live : The Wisdom of the Body*, Londres, Vintage, 1998, p. 121.

11. William J. Schopf, *Cradle of Life : The Discovery*

of Earth's Earliest Fossils, Princeton, NJ, Princeton University Press, 1999, p. 107.

12. Richard Dawkins, *op. cit.*, p. 112.

13. Robert A. Wallace, Jack L. King, Gerald P. Sanders, *Biology : The Science of Life*, 2e éd., Glenview, Ill., Scott, Foresman and Company, 1986, p. 428.

14. Lynn Margulis et Dorion Sagan, *op. cit.*, p. 71.

15. *New York Times*, « Life on Mars ? So What ? », 11 août 1996.

16. Stephen Jay Gould, *Eight Little Piggies : Reflections in Natural History*, Londres, Penguin, 1994, p. 328.

17. *Sydney Morning Herald*, « Aerial Blast Rocks Towns », 29 septembre 1969 ; « Farmer Finds "Meteor Soot" », 30 septembre 1969.

18. Paul Davies, *op. cit.*, p. 209-210.

19. *Nature*, « Life's Sweet Beginnings ? », 20-27 décembre 2001, p. 857 ; *Earth*, « Lifes's Crucible », art. cit.

20. John Gribbin, *In the Beginning : The Birth of the Living Universe*, Londres, Penguin, 1994, p. 78.

21. John Gribbin et Jeremy Cherfas, *The First Chimpanzee : In Search of Human Origins*, Londres, Penguin, 2001, p. 190.

22. Matt Ridley, *Genome : The Autobiography of a Species*, Londres, Fourth Estate, 1999, p. 21.

23. Entretien avec Victoria Bennett, Australia National University, Canberra, 21 août 2001.

24. Timothy Ferris, *Seeing in the Dark : How Backyard Stargazers Are Probing Deep Space and Guarding Earth from Interplanetary Peril*, New York, Simon & Schuster, 2002, p. 200.

25. Lynn Margulis et Dorion Sagan, *op. cit.*, p. 78.

26. Je dois cette note au Dr Laurence Smaje.

27. Edward O. Wilson, *The Diversity of Life*,

Cambridge, Mass., Belknap Press/Harvard University Press, 1992, p. 186.

28. Richard Fortey, *Life : An Unauthorised Biography*, Londres, Flamingo/HarperCollins, 1998, p. 66.

29. William J. Schopf, *op. cit.*, p. 212.

30. Richard Fortey, *op. cit.*, p. 89.

31. Lynn Margulis et Dorion Sagan, *op. cit.*, p. 17.

32. Guy Brown, *The Energy of Life*, Londres, Flamingo/HarperCollins, 2000, p. 101.

33. Peter D. Ward et Donald Brownlee, *Rare Earth : Why Complex Life Is Uncommon in the Universe*, New York, Copernicus, 1999, p. 10.

34. Stephen Drury, *Stepping Stones : The Making of Our Home World*, Oxford, Oxford University Press, 1999, p. 68.

35. Carl Sagan, *Cosmos*, New York, Ballantine Books, 1980, p. 227.

XX. Un petit monde

1. Wayne Biddle, *A Field Guide to the Invisible*, New York, Henry Bolt & Co., 1998, p. 16.

2. Frances Ashcroft, *Life at the Extremes : The Science of Survival*, Londres, HarperCollins, 2000, p. 248 ; Dorion Sagan et Lynn Margulis, *Garden of Microbial Delights : A Practical Guide to the Subvisible World*, Boston, Harcourt Brace Jovanovich, 1988, p. 4.

3. Wayne Biddle, *op. cit.*, p. 57.

4. *National Geographic*, « Bacteria », août 1993, p. 51.

5. Lynn Margulis et Dorion Sagan, *Microcosmos : Four Billion Years of Evolution from Our Microbial Ancestors*, New York, Summit Books, 1996, p. 67.

6. *New York Times*, « From Birth, Our Body Houses a Microbe Zoo », 15 octobre 1996, p. C3.

7. Dorion Sagan et Lynn Margulis, *op. cit.*, p. 11.

8. *Outside*, juillet 1999, p. 88.

9. Lynn Margulis et Dorion Sagan, *op. cit.*, p. 75.

10. Christian De Duve, *A Guided Tour of the Living Cell*, vol. 2, New York, Scientific American/Rockefeller University Press, 1984, p. 320.

11. Lynn Margulis et Dorion Sagan, *op. cit.*, p. 16.

12. Paul Davies, *The Fifth Miracle : The Search for the Origin of Life*, Londres, Penguin Books, 1999, p. 145.

13. *National Geographic*, « Bacteria », art. cit.

14. *Economist*, « Human Genome Survey », 1er juillet 2000, p. 9.

15. Paul Davies, *op. cit.*, p. 146.

16. *New York Times*, « Bugs Shape Landscape, Make Gold », 15 octobre 1996, p. C1.

17. *Discover*, « To Hell and Back », juillet 1999, p. 82.

18. *Scientific American*, « Microbes Deep Inside the Earth », octobre 1996, p. 71.

19. *Economist*, « Earth's Hidden Life », 21 décembre 1996, p. 112.

20. *Nature*, « A Case of Bacterial Immortality ? », 19 octobre 2000, p. 844.

21. *Economist*, « Earth's Hidden Life », art. cit.

22. *New Scientist*, « Sleeping Beauty », 21 octobre 2000, p. 12.

23. BBC en ligne, « Row over Ancient Bacteria », 7 juin 2000.

24. Dorion Sagan et Lynn Margulis, *op. cit.*, p. 22.

25. *Ibid.*, p. 23.

26. *Ibid.*, p. 24.

27. *New York Times*, « Microbial Life's Steadfast Champion », 15 octobre 1996, p. C3.

28. *Science*, « Microbiologists Explore Life's Rich, Hidden Kingdoms », 21 mars 1997, p. 1740.

29. *New York Times*, « Microbial Life », art. cit.

30. Frances Ashcroft, *op. cit.*, p. 274-275.

31. *Proceedings of the National Academy of Sciences*, « Default Taxonomy ; Ernst Mayr's View of the Microbial World », 15 septembre 1998.

32. *Proceedings of the National Academy of Sciences*, « Two Empires or Three? », 18 août 1998.

33. William J. Schopf, *Cradle of Life : The Discovery of Earth's Earliest Fossils*, Princeton, NJ, Princeton University Press, 1999, p. 106.

34. *New York Times*, « Microbial Life », art. cit.

35. *Nature*, « Wolbachia : A Tale of Sex and Survival », 11 mai 2001, p. 109.

36. *National Geographic*, « Bacteria », art. cit.

37. *Outside*, juillet 1999, p. 88.

38. Jared Diamond, *Guns, Germs and Steel : The Fates of Human Societes*, New York, Norton, 1997, p. 208.

39. Atul Gawande, *Complications : A Surgeon's Notes on an Imperfect Science*, New York, Metropolitan Books/Henry Holt, 2002, p. 234.

40. *New Yorker*, « No Profit, No Cure », 5 novembre 2001, p. 46.

41. *Economist*, « Disease Fights Back », 20 mai 1995, p. 15.

42. *Boston Globe*, « Microbe Is Feared to Be Winning Battle Against Antibiotics », 30 mai 1997, p. A7.

43. *Economist*, « Bugged by Disease », 21 mars 1998, p. 93.

44. *Forbes*, « Do Germs Cause Cancer ? », 15 novembre 1999, p. 195.

45. *Science*, « Do Chronic Diseases Have an Infectious Root? », 14 septembre 2001, p. 1974-1976.

46. Cité par Michael B. Oldstone, *Viruses, Plagues and History*, New York, Oxford University Press, 1998, p. 8.

47. Wayne Biddle, *op. cit.*, p. 153-154.

48. Michael B. Oldstone, *op. cit.*, p. 1.

49. Gina Kolata, *Flu : The Story of the Great Influenza Pandemic of 1918 and the Search for the Virus That Caused It*, Londres, Pan Books, 2001, p. 292.

50. *American Heritage*, « The Great Swine Flu Epidemic of 1918 », juin 1976, p. 82.

51. *Ibid.*

52. *National Geographic*, « The Disease Detectives », janvier 1991, p. 132.

53. Michael B. Oldstone, *op. cit.*, p. 126.

54. *Ibid.*, p. 128.

XXI. La vie continue

1. William J. Schopf, *Cradle of Life : The Discovery of Earth's Earliest Fossils*, Princeton, NJ, Princeton University Press, 1999, p. 72.

2. Cherry Lewis, *The Dating Game : One Man's Search for the Age of the Earth*, Cambridge, Cambridge University Press, 2000, p. 24.

3. James Trefil, *101 Things You Don't Know About Science and No One Else Does Either*, Boston, Mariner/Houghton Mifflin, 1996, p. 280.

4. Richard Leakey et Roger Lewin, *The Sixth Extinction : Patterns of Life and the Future of Humankind*, New York, Doubleday, 1995, p. 45. [*La Sixième*

Extinction, évolutions et catastrophes, Paris, Flammarion, « Champs », 1999, trad. Vincent Fleury.]

5. *Ibid.*

6. Richard Fortey, entretien avec l'auteur, Muséum d'histoire naturelle, Londres, 19 février 2001.

7. Richard Fortey, *Trilobite ! Eyewitness to Evolution*, Londres, HarperCollins, 2000, p. 24.

8. *Ibid.*, p. 121.

9. *GSA Today*, « From Farmer-Laborer to Famous Leader : Charles D. Walcott (1850-1927) », janvier 1996.

10. Stephen Jay Gould, *Wonderful Life : The Burgess Shale and the Nature of History*, New York, W. W. Norton, 1989, p. 242-243. [*La vie est belle*, Paris, Le Seuil, « Points », 2004, trad. Marcel Blanc.]

11. Richard Fortey, *Trilobite !*, *op. cit.*, p. 53.

12. Stephen Jay Gould, *Wonderful Life*, *op. cit.*, p. 56.

13. *Ibid.*, p. 71.

14. Richard Leakey et Roger Lewin, *op. cit.*, p. 27.

15. Stephen Jay Gould, *Wonderful Life*, *op. cit.*, p. 208.

16. Stephen Jay Gould, *Eight Little Piggies : Reflections in Natural History*, Londres, Penguin, 1994, p. 225.

17. *National Geographic*, « Explosion of Life », octobre 1993, p. 126.

18. Richard Fortey, *Trilobite !*, *op. cit.*, p. 123.

19. *U.S. News and World Report*, « How Do Genes Switch On? », 18-25 août 1997, p. 74.

20. Stephen Jay Gould, *Wonderful Life*, *op. cit.*, p. 25.

21. *Ibid.*, p. 14.

22. Richard Corfield, *Architects of Eternity : The*

New Science of Fossils, Londres, Headline, 2001, p. 287.

23. *Ibid.*

24. Richard Fortey, *Life : An Unauthorised Biography*, Londres, Flamingo/HarperCollins, 1998, p. 85.

25. *Ibid.*, p. 88.

26. Richard Fortey, *Trilobite !*, *op. cit.*, p. 125.

27. *Sunday Telegraph*, critique de Dawkins, 25 février 1990.

28. *New York Times Review of Books*, « Survival of the Luckiest », 22 octobre 1989.

29. Critique de *Full House* in *Evolution*, juin 1997.

30. *New York Times Review of Books*, « Rock of Ages », 10 mai 1998, p. 15.

31. Richard Fortey, *Trilobite !*, *op. cit.*, p. 138.

32. *Ibid.*, p. 132.

33. Richard Fortey, *Life*, *op. cit.*, p. 111.

34. Richard Fortey, « Shock Lobsters », *London Review of Books*, 1er octobre 1998.

35. Richard Fortey, *Trilobite !*, *op. cit.*, p. 137.

XXII. Ce n'est qu'un au revoir

1. David Attenborough, *The Living Planet : A Portrait of the Earth*, Boston, Little, Brown & Co., 1984, p. 48.

2. Nina Marshall, *Mosses and Lichens*, New York, Doubleday, Page & Co., 1908, p. 22.

3. David Attenborough, *The Private Life of Plants : A Natural History of Plant Behavior*, Princeton, NJ, Princeton University Press, 1995, p. 214.

4. David Attenborough, *The Living Planet*, *op. cit.*, p. 42.

5. Adapté de William J. Schopf, *Cradle of Life : The*

Discovery of Earth's Earliest Fossils, Princeton, NJ, Princeton University Press, 1999, p. 13.

6. John McPhee, *Basin and Range*, New York, Farrar, Straus & Giroux, 1980, p. 126.

7. Charles Officer et Jake Page, *Tales of the Earth : Paroxysms and Perturbations of the Blue Planet*, New York, Oxford University Press, 1993, p. 123.

8. *Ibid.*, p. 118.

9. Richard Conniff, *Spineless Wonders : Strange Tales from the Invertebrate World*, New York, Henry Bolt, 1996, p. 84.

10. Richard Fortey, *Life : An Unauthorised Biography*, Londres, Flamingo/HarperCollins, 1998, p. 201.

11. *Horizon*, série documentaire de la BBC, « The Missing Link », 1re diffusion 1er février 2001.

12. Colin Tudge, *The Variety of Life : A Survey and a Celebration of All the Creatures That Have Ever Lived*, Oxford, Oxford University Press, 2002, p. 411.

13. *Ibid.*, p. 9.

14. Cité par Stephen Jay Gould, *Eight Little Piggies : Reflections in Natural History*, Londres, Penguin, 1994, p. 46.

15. Richard Leakey et Roger Lewin, *The Sixth Extinction : Patterns of Life and the Future of Humankind*, New York, Doubleday, 1995, p. 38.

16. Ian Tattersall, entretien à l'American Museum of Natural History, New York, 6 mai 2002.

17. Steven M. Stanley, *Extinction*, New York, Scientific American, 1987, p. 95 ; William K. Stevens, *The Change in the Weather : People, Weather, and the Science of Climate*, New York, Delacorte Press, 1999, p. 12.

18. *Harper's*, « Planet of Weeds », octobre 1998, p. 58.

19. William K. Stevens, *op. cit.*, p. 12.

20. Richard Fortey, *op. cit.*, p. 235.

21. Stephen Jay Gould, *Hen's Teeth and Horse's Toes*, New York, W. W. Norton, 1983, p. 340. [*Quand les poules auront des dents. Réflexions sur l'histoire naturelle*, Paris, Le Seuil, 1991, trad. Marie-France de Paloméra.]

22. James L. Powell, *Night Comes to the Cretaceous : Dinosaur Extinction and the Transformation of Modern Geology*, New York, W. H. Freeman & Co., 1998, p. 143.

23. Timothy Flannery, *The Eternal Frontier : An Ecological History of North America and Its Peoples*, Londres, William Heinemann, 2001, p. 100.

24. *Earth*, « The Mystery of Selective Extinctions », octobre 1996, p. 12.

25. *New Scientist*, « Meltdown », 7 août 1999.

26. James L. Powell, *op. cit.*, p. 19.

27. Timothy Flannery, *op. cit.*, p. 17.

28. *Ibid.*, p. 43.

29. Stephen Jay Gould, *Eight Little Piggies*, *op. cit.*, p. 304.

30. Richard Fortey, *op. cit.*, p. 292.

31. Timothy Flannery, *op. cit.*, p. 39.

32. Steven M. Stanley, *op. cit.*, p. 92.

33. Michael Novacek, *Time Traveler : In Search of Dinosaurs and Other Fossils from Montana to Mongolia*, New York, Farrar, Straus & Giroux, 2001, p. 112.

34. Richard Dawkins, *The Blind Watchmaker*, Londres, Penguin Books, 1988, p. 102.

35. Timothy Flannery, *op. cit.*, p. 138.

36. Edwin H. Colbert, *The Great Dinosaur Hunters and Their Discoveries*, New York, Dover Publications, 1984, p. 164.

37. James L. Powell, *op. cit.*, p. 168-169.

38. *Horizon*, série documentaire de la BBC, « Crater of Death », 1re diffusion 6 mai 2001.

39. Stephen Jay Gould, *Eight Little Piggies*, *op. cit.*, p. 229.

XXIII. La richesse de l'être

1. John Thackray et Bob Press, *The Natural History Museum : Nature's Treasurehouse*, Londres, Natural History Museum, 2001, p. 90.

2. *Ibid.*, p. 74.

3. Henry S. Conard, *How to Know the Mosses and Liverworts*, Dubuque, Iowa, William C. Brown Co., 1956, p. 5.

4. Entretien avec Len Ellis, Muséum d'histoire naturelle, Londres, 18 avril 2002.

5. Lynn Barber, *The Heyday of Natural History : 1820-1870*, Garden City, NY, Doubleday, 1980, p. 17.

6. Stephen Jay Gould, *Leonardo's Mountain of Clams and the Diet of Worms : Essays on Natural History*, New York, Harmony Books, 1998, p. 79.

7. Cité par Derek Gjersten, *The Classics of Science : A Study of Twelve Enduring Scientific Works*, New York, Metropolitan Books/Henry Holt, 2002, p. 237 ; site de l'université de Californie/UCMP Berkeley.

8. Joseph Kastner, *A Species of Eternity*, New York, Alfred A. Knopf, 1977, p. 31.

9. Derek Gjersten, *op. cit.*, p. 223.

10. Will Durant et Ariel Durant, *The Age of Louis XIV*, New York, Simon & Schuster, 1963, p. 519.

11. Keith Thomas, *Man and the Natural World : Changing Attitudes in England, 1500-1800*, New York, Oxford University Press, 1983, p. 65.

12. Jeffrey H. Schwartz, *Sudden Origins : Fossils,*

Genes and the Emergence of Species, New York, John Wiley and Sons, 1999, p. 59.

13. *Ibid.*

14. Keith Thomas, *op. cit.*, p. 82-85.

15. Edward O. Wilson, *The Diversity of Life*, Cambridge, Mass., Belknap Press/Harvard University Press, 1992, p. 157.

16. Charles Elliott, *The Potting-Shed Papers : On Gardens, Gardeners and Garden History*, Guilford, Conn., Lyons Press, 2001, p. 18.

17. *Audubon*, « Earth's Catalogue », janvier-février 2002 ; Edward O. Wilson, *op. cit.*, p. 132.

18. *Economist*, « A Golden Age of Discovery », 23 décembre 1996, p. 56.

19. Edward O. Wilson, *op. cit.*, p. 133.

20. *U.S. News and World Report*, 18 août 1997, p. 78.

21. *New Scientist*, « Monkey Puzzle », 6 octobre 2001, p. 54.

22. *Wall Street Journal*, « Taxonomists Unite to Catalog Every Species, Big and Small », 22 janvier 2001.

23. Entretien de l'auteur avec Ken Maes, Musée national de Nairobi, 2 octobre 2002.

24. *Nature*, « Challenges for Taxonomy », 2 mai 2002, p. 17.

25. *The Times* (Londres), « The List of Life on Earth », 30 juillet 2001.

26. David Bodanis, *The Secret House : Twenty-Four Hours in the Strange and Unexpected World in Which We Spend Our Nights and Days*, New York, Simon & Schuster, 1997, p. 16.

27. *New Scientist*, « Bugs Bite Back », 17 février 2001, p. 48.

28. David Bodanis, *op. cit.*, p. 15.

29. *National Geographic*, « Bacteria », août 1993, p. 39.

30. Edward O. Wilson, *op. cit.*, p. 144.

31. Colin Tudge, *The Variety of Life : A Survey and a Celebration of All the Creatures That Have Ever Lived*, Oxford, Oxford University Press, 2002, p. 8.

32. Edward O. Wilson, *op. cit.*, p. 197.

33. *Ibid.*

34. *Economist*, « Biotech's Secret Garden », 30 mai 1998, p. 75.

35. Richard Fortey, *Life : An Unauthorised Biography*, Londres, Flamingo/HarperCollins, 1998, p. 75.

36. Matt Ridley, *The Red Queen : Sex and the Evolution of Human Nature*, Londres, Penguin, 1994, p. 54.

37. David Attenborough, *The Private Life of Plants : A Natural History of Plant Behavior*, Princeton, NJ, Princeton University Press, 1995, p. 176.

38. *National Geographic*, « Fungi », août 2000, p. 60 ; Richard Leakey et Roger Lewin, *The Sixth Extinction : Patterns of Life and the Future of Humankind*, New York, Doubleday, 1995, p. 117.

39. Timothy Flannery et Peter Schouten, *A Gap in Nature : Discovering the World's Extinct Animals*, Melbourne, Text Publishing, 2001, p. 2.

40. *New York Times*, « A Stone-Age Horse Still Roams a Tibetan Plateau », 12 novembre 1995.

41. *Economist*, « A World to Explore », 23 décembre 1995, p. 95.

42. Stephen Jay Gould, *Eight Little Piggies : Reflections in Natural History*, Londres, Penguin, 1994, p. 32-34.

43. Stephen Jay Gould, *The Flamingo's Smile : Reflections in Natural History*, New York, W. W. Norton, 1985, p. 159-160. [*Le Sourire du flamant rose.*

Réflexions sur l'histoire naturelle, Paris, Le Seuil, 2000, trad. Dominique Teyssié.]

XXIV. Cellules

1. *New Scientist*, 2 décembre 2000, p. 37.
2. Guy Brown, *The Energy of Life*, Londres, Flamingo/HarperCollins, 2000, p. 83.
3. *Ibid.*, p. 229.
4. Bruce Alberts *et al.*, *Essential Cell Biology : An Introduction to the Molecular Biology of the Cell*, New York et Londres, Garland Publishing, 1998, p. 489.
5. Christian De Duve, *A Guided Tour of the Living Cell*, vol. 1, New York, Scientific American/Rockefeller University Press, 1984, p. 21.
6. David Bodanis, *The Secret Family : Twenty-Four Hours Inside the Mysterious World of Our Minds and Bodies*, New York, Simon & Schuster, 1984, p. 106.
7. Christian De Duve, *op. cit.*, vol. 1, p. 68.
8. David Bodanis, *op. cit.*, p. 81.
9. Sherwin B. Nuland, *How We Live : The Wisdom of the Body*, Londres, Vintage, 1998, p. 100.
10. Lisa Jardine, *Ingenious Pursuits : Building the Scientific Revolution*, New York, Nan A. Talese/Doubleday, 1999, p. 93.
11. Keith Thomas, *Man and the Natural World : Changing Attitudes in England, 1500-1800*, New York, Oxford University Press, 1983, p. 167.
12. Jeffrey H. Schwartz, *Sudden Origins : Fossils, Genes and the Emergence of Species*, New York, John Wiley and Sons, 1999, p. 167.
13. John Carey (dir.), *The Faber Book of Science*, Londres, Faber and Faber, 1995, p. 28.
14. Sherwin B. Nuland, *op. cit.*, p. 101.

15. James Trefil, *101 Things You Don't Know About Science and No One Else Does Either*, Boston, Mariner/Houghton Mifflin, 1996, p. 133 ; Guy Brown, *op. cit.*, p. 78.

16. Guy Brown, *op. cit.*, p. 87.

17. Sherwin B. Nuland, *op. cit.*, p. 103.

18. Guy Brown, *op. cit.*, p. 80.

19. Christian De Duve, *op. cit.*, vol. 2, p. 293.

20. Sherwin B. Nuland, *op. cit.*, p. 157.

21. Bruce Alberts *et al.*, *Essential Cell Biology : An Introduction to the Molecular Biology of the Cell*, New York et Londres, Garland Publishing, 1998, p. 110.

22. *Nature*, « Darwin's Motors », 2 mai 2002, p. 25.

23. Matt Ridley, *Genome : The Autobiography of a Species*, Londres, Fourth Estate, 1999, p. 237.

24. Daniel C. Dennett, *Darwin's Dangerous Idea : Evolution and the Meanings of Life*, Londres, Penguin, 1996, p. 21.

XXV. L'étrange idée de Darwin

1. Daniel J. Boorstin, *Cleopatra's Nose*, New York, Random House, 1994, p. 176.

2. Daniel J. Boorstin, *The Discoverers*, Londres, Penguin Books, 1986, p. 467. [*Les Découvreurs*, Paris, Robert Laffont, 1992, trad. Jérôme Bodin et Béatrice Vierne et al.]

3. Adrian Desmond et James Moore, *Darwin*, Londres, Penguin Books, 1992, p. 27.

4. Richard Hamblyn, *The Invention of Clouds : How an Amateur Meteorologist forged the Language of the Skies*, Londres, Picador, 2001, p. 199.

5. Adrian Desmond et James Moore, *op. cit.* p. 197.

6. Alan Moorehead, *Darwin and the Beagle*, Londres, Hamish Hamilton, 1969, p. 191.
7. Stephen Jay Gould, *Ever since Darwin : Reflections in Natural History*, Londres, Deutsch, 1978, p. 21.
8. *Sunday Telegraph*, « The Origins of Darwin's Genius », 8 décembre 2002.
9. Adrian Desmond et James Moore, *op. cit.*, p. 209.
10. *Dictionary of National Biography*, vol. 5, p. 526.
11. Timothy Ferris, *Coming of Age in the Milky Way*, Londres, HarperCollins, 2003, p. 239.
12. Lynn Barber, *The Heyday of Natural History : 1820-1870*, Londres, Jonathan Cape, 1980, p. 214.
13. *Dictionary of National Biography*, vol. 5, p. 528.
14. Adrian Desmond et James Moore, *op. cit.*, p. 454-455.
15. *Ibid.*, p. 469.
16. John Gribbin et Jeremy Cherfas, *The First Chimpanzee : In Search of Human Origins*, Londres, Penguin Books, 2001, p. 150.
17. Stephen Jay Gould, *The Flamingo's Smile : Reflections in Natural History*, New York, W. W. Norton, 1985, p. 336.
18. Deborah Cadbury, *Terrible Lizard : The First Dinosaur Hunters and the Birth of a New Science*, New York, Henry Holt, 2000, p. 305.
19. Adrian Desmond et James Moore, *op. cit.*, p. XVI.
20. Stephen Jay Gould, *Wonderful Life : The Burgess Shale and the Nature of History*, Londres, Hutchinson Radius, 1990, p. 57.
21. Stephen Jay Gould, *op. cit.*, p. 126.
22. John McPhee, *In Suspect Terrain*, New York, Noonday Press/Farrar, Straus & Giroux, 1983, p. 190.

23. Jeffrey H. Schwartz, *Sudden Origins : Fossils, Genes and the Emergence of Species*, New York, John Wiley & Sons, 1999, p. 81-82.

24. Evelyn Fox Keller, *The Century of the Genes*, Cambridge, Mass., Harvard University Press, 2000, p. 97.

25. Charles Darwin, *On the Origin of Species by Means of Natural Selection, or the Preservation of Favoured Races in the Struggle for Life* (fac-similé), Londres, AMSPR, 1972, p. 217.

26. Jeffrey H. Schwartz, *op. cit.*, p. 89.

27. Richard Lewontin, *It Ain't Necessarily So : The Dream of the Human Genome and Other Illusions*, Londres, Granta, 2001, p. 91.

28. Matt Ridley, *Genome : The Autobiography of a Species*, Londres, Fourth Estate, 1999, p. 44.

29. Erik Trinkaus et Pat Shipman, *The Neandertals : Changing the Image of Mankind*, Londres, Pimlico, 1994, p. 79.

30. Ronald W. Clark, *The Survival of Charles Darwin : A Biography of a Man and an Idea*, Londres, Daedalus Books, 1985, p. 142.

31. Richard Conniff, *Spineless Wonders : Strange Tales from the Invertebrate World*, Londres et New York, Henry Holt, 1996, p. 147.

32. Adrian Desmond et James Moore, *op. cit.*, p. 575.

33. Ronald W. Clark, *op. cit.*, p. 148.

34. Ian Tattersall et Jeffrey Schwartz, *Extinct Humans*, Boulder, Colo., Westview/Perseus, 2001, p. 45.

35. Jeffrey H. Schwartz, *op. cit.*, p. 187.

XXVI. L'étoffe de la vie

1. John Sulston et Georgina Ferry, *The Common Thread : A Story of Science, Politics, Ethics and the Human Genome*, Londres, Bantam Press, 2002, p. 198.

2. Adrian Woolfson, *Life Without Genes : The History and Future of Genomes*, Londres, Flamingo, 2000, p. 12.

3. Christian De Duve, *A Guided Tour of the Living Cell*, vol. 2, New York, Scientific American/Rockefeller University Press, 1984, p. 314.

4. Daniel C. Dennett, *Darwin's Dangerous Idea : Evolution and the Meanings of Life*, Londres, Penguin, 1996, p. 151.

5. John Gribbin et Mary Gribbin, *Being Human : Putting People in an Evolutionary Perspective*, Londres, Phoenix/Orion, 1993, p. 8.

6. Richard Lewontin, *It Ain't Necessarily So : The Dream of the Human Genome and Other Illusions*, Londres, Granta Books, 2001, p. 142.

7. Matt Ridley, *Genome : The Autobiography of a Species*, Londres, Fourth Estate, 1999, p. 48.

8. Robert A. Wallace, Jack L. King, Gerald P. Sanders, *Biology : The Science of Life*, 2e éd., Glenview, Ill., Scott, Foresman and Company, 1986, p. 211.

9. Christian De Duve, *op. cit.*, vol. 2, p. 295.

10. Ronald W. Clark, *The Survival of Charles Darwin : A Biography of a Man and an Idea*, New York, Random House, 1984, p. 259.

11. Evelyn Fox Keller, *The Century of the Gene*, Cambridge, Mass., Harvard University Press, 2000, p. 2.

12. Robert A. Wallace *et al.*, *op. cit.*, p. 211.

13. Brenda Maddox, *Rosalind Franklin : The Dark Lady of DNA*, New York, HarperCollins, 2002, p. 327.
14. Michael White, *Rivals : Conflict As the Fuel of Science*, Londres, Vintage, 2001, p. 251.
15. Horace Freeland Judson, *The Eighth Day of Creation : Makers of the Revolution in Biology*, Londres, Penguin, 1995, p. 46.
16. James D. Watson, *The Double Helix : A Personal Account of the Discovery of the Structure of DNA*, Londres, Penguin Books, 1999, p. 28. [*La Double Hélice*, Paris, Robert Laffont, 2003, trad. Henriette Joël.]
17. Lisa Jardine, *Ingenious Pursuits : Building the Scientific Revolution*, New York, Nan A. Talese/ Doubleday, 1999, p. 356.
18. James D. Watson, *op. cit.*, p. 26.
19. Michael White, *op. cit.*, p. 257 ; Brenda Maddox, *op. cit.*, p. 185.
20. Site Internet PBS, « A Science Odyssey », sans date.
21. Cité par Brenda Maddox, *op. cit.*, p. 317.
22. Christian De Duve, *op. cit.*, vol. 2, p. 290.
23. Matt Ridley, *op. cit.*, p. 50.
24. Brenda Maddox, *op. cit.*, p. 144.
25. Francis Crick, *What Mad Pursuit : A Personal View of Scientific Discovery*, New York, Basic Books, 1988, p. 74.
26. Evelyn Fox Keller, *op. cit.*, p. 25.
27. *National Geographic*, « Secrets of the Gene », octobre 1995, p. 55.
28. Robert Pollack, *Signs of Life : The Language and Meanings of DNA*, Boston, Houghton Mifflin, 1994, p. 23.
29. *Discover*, « Bad Genes, Good Drugs », avril 2002, p. 54.

30. Matt Ridley, *op. cit.*, p. 127.
31. Adrian Woolfson, *op. cit.*, p. 18.
32. Sherwin B. Nuland, *How We Live : The Wisdom of the Body*, Londres, Vintage, 1998, p. 158.
33. *Horizon*, documentaire BBC, « Hopeful Monsters », 1re diffusion 1998.
34. *Nature*, « Sorry, Dogs – Man's Got a New Best Friend », 19-26 décembre 2002, p. 734.
35. *Los Angeles Times* (repris in *Valley News*), 9 décembre 2002.
36. *Horizon*, « Hopeful Monsters », doc. cit.
37. John Gribbin et Jeremy Cherfas, *The First Chimpanzee : In Search of Human Origins*, Londres, Penguin, 2001, p. 53.
38. William J. Schopf, *Cradle of Life : The Discovery of Earth's Earliest Fossils*, Princeton, NJ, Princeton University Press, 1999, p. 240.
39. Richard Lewontin, *op. cit.*, p. 215.
40. *Wall Street Journal*, « What Distinguishes Us from the Chimps? Actually, Not Much », 12 avril 2002, p. 1.
41. *Scientific American*, « Move Over, Human Genome », avril 2002, p. 44-45.
42. *The Bulletin*, « The Human Enigma Code », 21 août 2001, p. 32.
43. *Scientific American*, art. cit.
44. *Nature*, « From *E. coli* to Elephants », 2 mai 2002, p. 22.

XXVII. L'âge de glace

1. Stanley Williams et Fen Montaigne, *Surviving Galeras*, Boston, Houghton Mifflin, 2001, p. 198.
2. Charles Officer et Jake Page, *Tales of the Earth :*

Paroxysms and Perturbations of the Blue Planet, New York, Oxford University Press, 1993, p. 3-6.

3. Anthony Hallam, *Great Geological Controversies*, 2e éd., Oxford, Oxford University Press, 1989, p. 89.

4. *Ibid.*, p. 90.

5. *Ibid.*

6. *Ibid.*, p. 92-93.

7. Timothy Ferris, *The Whole Shebang : A State of the Universe(s) Report*, New York, Simon & Schuster, 1997, p. 173.

8. John McPhee, *In Suspect Terrain*, New York, Noonday Press/Farrar, Straus & Giroux, 1983, p. 182.

9. Anthony Hallam, *op. cit.*, p. 98.

10. *Ibid.*, p. 99.

11. Stephen Jay Gould, *Time's Arrow, Times'Cycle : Myth and Metaphor in the Discovery of Geological Time*, Cambridge, Mass., Harvard University Press, 1987, p. 115. [*Aux racines du temps*, Paris, Le Livre de poche, « Biblio essais », 1997, trad. Bernard Ribault.]

12. John McPhee, *op. cit.*, p. 197.

13. *Ibid.*

14. John Gribbin et Mary Gribbin, *Ice Age*, Londres, Allen Lane, 2001, p. 51.

15. Windsor Chorlton, *Ice Ages*, New York, Time-Life Books, 1983, p. 101.

16. Gwen Schultz, *Ice Age Lost*, Garden City, NY, Anchor Press/Doubleday, 1974, p. 72.

17. John McPhee, *op. cit.*, p. 205.

18. John Gribbin et Mary Gribbin, *op. cit.*, p. 60.

19. Gwen Schultz, *op. cit.*, p. 5.

20. John Gribbin et Mary Gribbin, *op. cit.*, p. 147.

21. Timothy Flannery, *The Eternal Frontier : An Ecological History of North America and Its Peoples*, Londres, William Heinemann, 2001, p. 148.

22. John McPhee, *op. cit.*, p. 4.

23. William K. Stevens, *The Change in the Weather : People, Weather, and the Science of Climate*, New York, Delacorte Press, 1999, p. 10.

24. Bill McGuire, *A Guide to the End of the World : Everything You Never Wanted to Know*, Oxford, Oxford University Press, 2002, p. 69.

25. *Valley News* (section du *Washington Post*), « The Snowball Theory », 19 juin 2000, p. C1.

26. *Horizon*, documentaire de la BBC, « Snowball Earth », 22 février 2001, p. 7.

27. William K. Stevens, *op. cit.*, p. 34.

28. *New Yorker*, « Ice Memory », 7 janvier 2002, p. 36.

29. Gwen Schultz, *op. cit.*, p. 72.

30. Stephen Drury, *Stepping Stones : The Making of Our Home World*, Oxford, Oxford University Press, 1999, p. 268.

31. Thomas H. Rich, Patricia Vickers-Rich, Roland Gangloff, « Polar Dinosaurs », manuscrit.

32. Gwen Schultz, *op. cit.*, p. 159.

33. Philip Ball, *H_2O : A Biography of Water*, Londres, Phoenix/Orion, 1999, p. 75.

34. Timothy Flannery, *op. cit.*, p. 267.

XXVIII. Le mystérieux bipède

1. *National Geographic*, mai 1997, p. 87.

2. Ian Tattersall et Jeffrey Schwartz, *Extinct Humans*, Boulder, Colo., Westview/Perseus, 2001, p. 149.

3. Erik Trinkaus et Pat Shipman, *The Neandertals : Changing the Image of Mankind*, Londres, Pimlico, 1994, p. 173.

4. *Ibid.*, p. 3-6.

5. *Ibid.*, p. 59.

6. Stephen Jay Gould, *Eight Little Piggies : Reflections in Natural History*, Londres, Penguin, 1994, p. 126-127.

7. Alan Walker et Pat Shipman, *The Wisdom of the Bones : In Search of Human Origins*, Londres, Weidenfeld & Nicolson, 1996, p. 39.

8. Erik Trinkaus et Pat Shipman, *op. cit.*, p. 144.

9. *Ibid.*, p. 154.

10. Alan Walker et Pat Shipman, *op. cit.*, p. 42.

11. *Ibid.*, p. 74.

12. Erik Trinkaus et Pat Shipman, *op. cit.*, p. 233.

13. Roger Lewin, *Bones of Contention : Controversies in the Search for Human Origins*, 2e éd., Chicago, University of Chicago Press, 1997, p. 82.

14. Alan Walker et Pat Shipman, *op. cit.*, p. 93.

15. Carl C. Swisher III, Garniss H. Curtis et Roger Lewin, *Java Man : How Two Geologists' Dramatic Discoveries Changed our Understanding of the Evolutionary Path to Modern Humans*, Londres, Little, Brown & Co., 2001, p. 75.

16. *Ibid.*, p. 77.

17. *Ibid.*, p. 211.

18. Erik Trinkaus et Pat Shipman, *op. cit.*, p. 267-268.

19. *Washington Post*, « Skull Raises Doubts about our Ancestry », 22 mars 2001.

20. Entretien avec Ian Tattersall, American Museum of Natural History, New York, 6 mai 2002.

21. Alan Walker et Pat Shipman, *op. cit.*, p. 66.

22. *Ibid.*, p. 194.

23. Ian Tattersall et Jeffrey Schwartz, *op. cit.*, p. 111.

24. John Gribbin et Jeremy Cherfas, *The First*

Chimpanzee : In Search of Human Origins, Londres, Penguin Books, 2001, p. 60.

25. Swisher III *et al.*, *op. cit.*, p. 17.

26. Ian Tattersall, *The Human Odyssey : Four Million Years of Human Evolution*, New York, Prentice-Hall, 1993, p. 60.

27. PBS *Nova,* « In Search of Human Origins », 1re diffusion août 1999.

28. Alan Walker et Pat Shipman, *op. cit.*, p. 147.

29. Ian Tattersall, *The Monkey in the Mirror : Essays on the Science of What Makes Us Human*, Oxford, Oxford University Press, 2002, p. 88.

30. Ian Tattersall et Jeffrey Schwartz, *op. cit.*, p. 91.

31. *National Geographic,* « Face to Face with Lucy's Family », mars 1996, p. 114.

32. *New Scientist*, 24 mars 2001, p. 5.

33. *Nature,* « Return to the Planet of the Apes », 12 juillet 2001, p. 131.

34. *Scientific American,* « An Ancestor to Call our Own », janvier 2003, p. 54-63.

35. *Nature,* « Face to Face with our Past », 19-26 décembre 2002, p. 735.

36. William K. Stevens, *The Change in the Weather : People, Weather, and the Science of Climate*, New York, Delacorte, 1999, p. 3. Stephen Drury, *Stepping Stones : The Making of our Home World*, Oxford, Oxford University Press, 1999, p. 335-336.

37. John Gribbin et Mary Gribbin, *Being Human : Putting People in an Evolutionary Perspective*, Londres, Phoenix/Orion, 1993, p. 135.

38. PBS *Nova*, *op. cit.*

39. Stephen Drury, *Stepping Stones : The Making of our Home World*, Oxford, Oxford University Press, 1999, p. 338.

40. Matt Ridley, *Genome : The Autobiography of a Species*, Londres, Fourth Estate, 1999, p. 33.

41. Stephen Drury, *op. cit.*, p. 345.

42. Guy Brown, *The Energy of Life*, Londres, Flamingo/HarperCollins, 2000, p. 216.

43. Stephen Jay Gould, *Leonardo's Mountain of Clams and the Diet of Worms : Essays on Natural History*, Londres, Jonathan Cape, 2000, p. 204. [*Les Coquillages de Léonard. Réflexions sur l'histoire naturelle*, Paris, Le Seuil, 2001, trad. Marcel Blanc.]

44. Swisher III *et al.*, *op. cit.*, p. 131.

45. *National Geographic*, mai 1997, p. 90.

46. Ian Tattersall, *op. cit.*, p. 132.

47. Alan Walker et Pat Shipman, *op. cit.*, p. 165.

48. *Scientific American*, « Food for Thought », décembre 2002, p. 108-115.

XXIX. Ça bouge chez les grands singes

1. Entretien avec Ian Tattersall, American Museum of Natural History, New York, 6 mai 2002.

2. *Proceedings of the National Academy of Sciences*, 16 janvier 2001.

3. Entretien avec Alan Thorne, Canberra, 20 août 2001.

4. Ian Tattersall, *The Human Odyssey : Four Million Years of Human Evolution*, New York, Prentice-Hall, 1993, p. 150.

5. Ian Tattersall et Jeffrey Schwartz, *Extinct Humans*, Boulder, Colo., Westview/Perseus, 2001, p. 226.

6. Erik Trinkaus et Pat Shipman, *The Neandertals : Changing the Image of Mankind*, Londres, Pimlico, 1994, p. 412.

7. Ian Tattersall et Jeffrey Schwartz, *op. cit.*, p. 209.

8. Brian M. Fagan, *The Great Journey : The Peopling of Ancient America*, Londres et New York, Facts on File, 1992, p. 105.

9. Ian Tattersall et Jeffrey Schwartz, *op. cit.*, p. 204.

10. Erik Trinkaus et Pat Shipman, *op. cit.*, p. 300.

11. *Nature*, « Those Elusive Neanderthals », 25 octobre 2001, p. 791.

12. William K. Stevens, *The Change in the Weather : People, Weather, and the Science of Climate*, New York, Delacorte, 1999, p. 30.

13. Timothy Flannery, *The Future Eaters : An Ecological History of the Australasian Lands and People*, Londres, W. W. Norton, 1995, p. 301.

14. Courtland Canby (dir.), *The Epic of Man*, New York, Time/Life, 1961, page non notée.

15. *Science* « What – or Who – Did In the Neandertals? », 14 septembre 2001, p. 1981.

16. Carl C. Swisher III, Garniss H. Curtis et Roger Lewin, *Java Man : How Two Geologists' Dramatic Discoveries Changed our Understanding of the Evolutionary Path to Modern Humans*, Londres, Little, Brown & Co., 2001, p. 189.

17. *Scientific American*, « Is Out of Africa Going Out the Door? », août 1999.

18. *Proceedings of the National Academy of Sciences*, « Ancient DNA and the Origin of Modern Human », 16 janvier 2001.

19. *Nature*, « A Start for Population Genomics », 7 décembre 2000, p. 65 ; *Natural History*, « What's New in Prehistory », mai 2000, p. 90-91.

20. *Science*, « A Glimpse of Humans. First Journey out of Africa », 12 mai 2000, p. 950.

21. *Proceedings of the National Academy of Sciences*, « Mitochondrial DNA sequences in Ancient Australians : Implications for Modern Human Origins », 16 janvier 2001.

22. Entretien avec Rosalind Harding, Institute of Biological Anthropology, Oxford, 28 février 2002.

23. *Nature*, 27 septembre 2001, p. 359.

24. Signalons que ce nom est souvent épelé *Olorgasailie*, notamment dans des ouvrages de référence kényans. C'est cette orthographe que j'ai utilisée dans un petit livre écrit pour CARE. Ian Tattersall m'a expliqué depuis que l'orthographe correcte prend un « e ».

XXX. Salut la compagnie

1. Stephen Jay Gould, *Leornardo's Mountain of Clams and the Diet of Worms*, Londres, Jonathan Cape, 1998, p. 237.

2. Timothy Flannery et Peter Schouten, *A Gap in Nature : Discovering the World's Extinct Animals*, Londres, Heinemann, 2001, p. XV.

3. *New Scientist*, « Mammoth Mystery », 5 mai 2001, p. 34.

4. Timothy Flannery, *The Eternal Frontier : An Ecological History of North America and its People*, Londres, Heinemann, 2001, p. 195.

5. Richard Leakey et Roger Lewin, *The Sixth Extinction : Biodiversity and its Survival*, Londres, Weidenfeld & Nicolson, 1996, p. 241.

6. Timothy Flannery, *The Future Eaters : An Ecological History of the Australasian Lands and People*, Londres, W. W. Norton, 1995, p. 62-63.

7. Peter Matthiessen, *Wildlife in America,* Londres, Penguin Books, 1995, p. 114-115.

8. Timothy Flannery et Peter Schouten, *op. cit.*, p. 125.

9. Adrian Desmond et James Moore, *Darwin*, Londres, Penguin Books, 1992, p. 342.

10. *National Geographic*, « On the Brink : Hawaii's Vanishing Species », septembre 1995, p. 2-37.

11. *Ibid.*, p. 76.

12. Gregg Easterbrook, *A Moment on the Earth : The Coming Age of Environmental Optimism*, Londres, Penguin, 1995, p. 558.

13. *Washington Post,* section *Valley News*, 27 novembre 1995, « Reports Finds Growing Biodiversity Threat ».

14. Edward O. Wilson, *The Diversity of Life*, Londres, Allen Lane/Penguin Press, 1993, p. 182.

Bibliographie

ACZEL, Amir D., *God's Equation : Einstein, Relativity, and the Expanding Universe*, New York, Delta/Random House, 1999.

ALBERTS, Bruce *et al.*, *Essential Cell Biology : An Introduction to the Molecular Biology of the Cell*, New York et Londres, Garland Publishing, 1998.

ALLEN, Oliver E., *Atmosphere*, Alexandria, Va., Time-Life Books, 1983.

ALVAREZ, Walter, *T. Rex and the Crater of Doom*, Princeton, NJ, Princeton University Press, 1997.

ANNAN, Noël, *The Dons : Mentors, Eccentrics and Geniuses*, Londres, HarperCollins, 2000.

ASHCROFT, Frances, *Life at the Extremes : The Science of Survival*, Londres, HarperCollins, 2000.

ASIMOV, Isaac, *Atom : Journey Across the Subatomic Cosmos*, New York, Truman Talley/Dutton, 1991.

ASIMOV, Isaac, *Exploring the Earth and the Cosmos : The Growth and Future of Human Knowledge*, Londres, Penguin Books, 1984.

ASIMOV, Isaac, *The History of Physics*, New York, Walker & Co., 1966.

ATKINS, P. W., *Molecules*, New York, Scientific American, 1987.

ATKINS, P. W., *The Periodic Kingdom*, New York, Basic Books, 1995.

ATKINS, P. W., *The Second Law*, New York, Scientific American, 1984.

ATTENBOROUGH, David, *Life on Earth : A Natural History*, Boston, Little, Brown & Co., 1979.
ATTENBOROUGH, David, *The Living Planet : A Portrait of the Earth*, Boston, Little, Brown & Co., 1984.
ATTENBOROUGH, David, *The Private Life of Plants : A Natural History of Plants Behavior*, Princeton, NJ, Princeton University Press, 1995.
BAEYER, Hans Christian von, *Taming the Atom : The Emergence of the Visible Microworld*, New York, Random House, 1992.
BAKKER, Robert T., *The Dinosaur Heresies : New Theories Unlocking the Mystery of the Dinosaurs and Their Extinction*, New York, William Morrow, 1986.
BALL, Philip, *H_2O : A Biography of Water*, Londres, Phoenix/Orion, 1999.
BALLARD, Robert D., *The Eternal Darkness : A Personal History of Deep-Sea Exploration*, Princeton, NJ, Princeton University Press, 2000.
BARBER, Lynn, *The Heyday of Natural History : 1820-1870*, Garden City, NY, Doubleday, 1980.
BARRY, Roger G., CHORLEY, Richard J., *Atmosphere, Weather and Climate*, 7e éd., Londres, Routledge, 1998.
BIDDLE, Wayne, *A Field Guide to the Invisible*, New York, Henry Bolt & Co., 1998.
BODANIS, David, *$E = mc^2$: A Biography of the World's Most famous Equation*, Londres, Macmillan, 2000.
BODANIS, David, *The Body Book*, Londres, Little, Brown & Co., 1984.
BODANIS, David, *The Secret Family : Twenty-Four Hours Inside the Mysterious World of Our Minds and Bodies*, New York, Simon & Schuster, 1997.
BODANIS, David, *The Secret House : Twenty-Four Hours in the Strange and Unexpected World in*

Which We Spend Our Nights and Days, New York, Simon & Schuster, 1997.

BOLLES, Edmund Blair, *The Ice Finders : How a Poet, a Professor and a Politician Discovered the Ice Age*, Washington, DC, Counterpoint/Perseus, 1999.

BOORSE, Henry A., MOTZ, Lloyd, WEAVER, Jefferson Hane, *The Atomic Scientists : A Biographical History*, New York, John Wiley and Sons, 1989.

BOORSTIN, Daniel J., *Cleopatra's Nose : Essays on the Unexpected*, New York, Random House, 1994.

BOORSTIN, Daniel J., *The Discoverers*, Londres, Penguin Books, 1986.

BRACEGIRDLE, Brian, *A History of Microtechnique : The Evolution of the Microtome and the Development of Tissue Preparation*, Londres, Heinemann, 1978.

BREEN, Michael, *The Koreans : Who They Are, What They Want, Where Their Future Lies*, New York, St. Martin's Press, 1998.

BROAD, William J., *The Universe Below : Discovering the Secrets of the Deep Sea*, New York, Simon & Schuster, 1997.

BROCK, William H., *The Norton History of Chemistry*, New York, W. W. Norton & Co., 1993.

BROCKMAN, John, MATSON, Katinka (dir.), *How Things are : A Science Took-Kit for the Mind*, New York, William Morrow, 1995.

BROOKES, Martin, *Fly : The Unsung Hero of Twentieth-Century Science*, Londres, Phoenix, 2002.

BROWN, Guy, *The Energy of Life*, Londres, Flamingo/HarperCollins, 2000.

BROWNE, Janet, *Charles Darwin : A Biography*, vol. 1, New York, Alfred A. Knopf, 1995.

BURENHULT, Göran (dir.), *The First Americans : Human Origins and History to 10.000 B.C.*, San Francisco, HarperCollins, 1993.

CADBURY, Deborah, *Terrible Lizard : The First Dinosaur Hunters and the Birth of a New Science*, New York, Henry Holt, 2000.

CALDER, Nigel, *Einstein's Universe*, New York, Wings Books/Random House, 1979.

CALDER, Nigel, *The Comet Is Coming ! : The Feverish Legacy of Mr Halley*, New York, Viking Press, 1981.

CANBY, Courtland (dir.), *The Epic of Man*, New York, Time/Life, 1961.

CAREY, John (dir.), *The Faber Book of Sciences*, Londres, Faber and Faber, 1995.

CHORLTON, Windsor, *Ice Ages*, New York, Time-Life Books, 1983.

CHRISTIANSON, Gale E., *Edwin Hubble : Mariner of the Nebulae*, Bristol, Institute of Physics Publishing, 1995.

CHRISTIANSON, Gale E., *In the Presence of the Creator : Isaac Newton and His Times*, New York, Free Press/Macmillan, 1984.

CLARK, Ronald W., *Einstein : The Life and Times*, New York, World Publishing, 1971.

CLARK, Ronald W., *The Huxleys*, New York, McGraw-Hill, 1968.

CLARK, Ronald W., *The Survival of Charles Darwin : A Biography of a Man and an Idea*, New York, Random House, 1984.

COE, Michael, SNOW, Dan, BENSON, Elizabeth, *Atlas of Ancient America*, New York, Equinox/Facts of Life, 1986.

COLBERT, Edwin H., *The Great Dinosaur Hunters and Their Discoveries*, New York, Dover Publications, 1984.

COLE, K. C., *First You Build a Cloud : And Other Reflections on Physics As a Way of Life*, San Diego, Harvest/Harcourt Brace, 1999.

CONARD, Henry S., *How to Know the Mosses and Liverworts*, Dubuque, Iowa, William C. Brown Co., 1956.
CONNIFF, Richard, *Spineless Wonders : Strange Tales from the Invertebrate World*, New York, Henry Holt, 1996.
CORFIELD, Richard, *Architects of Eternity : The New Science of Fossils*, Londres, Headline, 2001.
COVENEY, Peter, HIGHFIELD, Roger, *The Arrow of Time : The Quest to Solve Science's Greatest Mystery*, Londres, Flamingo, 1991.
COWLES, Virginia, *The Rothschilds : A Family of Fortune*, New York, Alfred A. Knopf, 1973.
CRICK, Francis, *Life Itself : Its Origin and Nature*, New York, Simon & Schuster, 1981.
CRICK, Francis, *What Mad Pursuit : A Personal View of Scientific Discovery*, New York, Basic Books, 1988.
CROPPER, William H., *Great Physicists : The Life and Times of Leading Physicists from Galileo to Hawking*, New York, Oxford University Press, 2001.
CROWTHER, J. G., *Scientists of the industrial Revolution*, Londres, Cresset Press, 1962.
DARWIN, Charles, *On the Origin of Species by Means of Natural Selection, or the Preservation of Favored Races in the Struggle for Life* (fac-similé), New York, Random House/Gramercy Books, 1979. [*L'Origine des espèces*, Paris, Garnier-Flammarion, 1999, trad. E. Barbier.]
DAVIES, Paul, *The Fifth Miracle : The Search for the Origin of Life*, Londres, Penguin Books, 1999.
DAWKINS, Richard, *Climbing Mount Improbable*, New York, W. W. Norton, 1996.
DAWKINS, Richard, *River Out of Eden : A Darwinian View of Life*, Londres, Phoenix, 1996.

DAWKINS, Richard, *The Blind Watchmaker*, Londres, Penguin Books, 1988. [*L'Horloger aveugle*, Paris, Robert Laffont, 1989, trad. Bernard Sigaud.]

DEAN, Dennis R., *James Hutton and the History of Geology*, Ithaca, Cornell University Press, 1992.

DE DUVE, Christian, *A Guided Tour of the Living Cell*, vol. 2, New York, Scientific American/Rockefeller University Press, 1984.

DENNETT, Daniel C., *Darwin's Dangerous Idea : Evolution and the Meanings of Life*, Londres, Penguin, 1996.

DENNIS, Jerry, *The Bird in the Waterfall : A Natural History of Oceans, Rivers and Lakes*, New York, HarperCollins, 1996.

DESMOND Adrian, MOORE, James, *Darwin*, Londres, Penguin Books, 1992.

DEWAIR, Elaine, *Bones : Discovering the First Americans*, Toronto, Random House Canada, 2001.

DIAMOND, Jared, *Guns, Germs and Steel : The Fates of Human Societies*, New York, Norton, 1997.

DICKINSON, Matt, *The Other Side of Everest : Climbing the North Face Through the Killer Storm*, New York, Times Books, 1997.

DRURY, Stephen, *Stepping Stones : The Making of Our Home World*, Oxford, Oxford University Press, 1999.

DURANT, Will, DURANT, Ariel, *The Age of Louis XIV*, New York, Simon & Schuster, 1963.

DYSON, Freeman, *Disturbing the Universe*, New York, Harper & Row, 1979.

EASTERBROOK, Gregg, *A Moment on the Earth : The Coming Age of Environmental Optimism*, Londres, Penguin, 1995.

EBBING, Darrell D., *General Chemistry*, Boston, Houghton Mifflin, 1996.
ELLIOTT, Charles, *The Potting-Shed Papers : On Gardens, Gardeners and Garden History*, Guilford, Conn., Lyons Press, 2001.
ENGEL, Leonard, *The Sea*, New York, Time-Life Books, 1969.
ERICKSON, Jon, *Plate Tectonics : Unraveling the Mysteries of the Earth*, New York, Facts on File, 1992.
FAGAN, Brian M., *The Great Journey : The Peopling of Ancient America*, Londres et New York, Facts on File, 1992.
FELL, Barry, *American B.C. : Ancient Settlers in the New World*, New York, Quadrangle/New York Times, 1977.
FELL, Barry, *Bronze Age America*, Boston, Little, Brown & Co., 1982.
FERGUSON, Kitty, *Measuring the Universe : The Historical Quest to Quantify Space*, Londres, Headline, 1999.
FERRIS, Timothy, *Coming of Age in the Milky Way*, Londres, HarperCollins, 2003. [*La Nuit du temps*, Paris, Hachette, 1992, trad. Oristelle Bonis.]
FERRIS, Timothy, *Seeing in the Dark : How Backyard Stargazers Are Probing Deep Space and Guarding Earth from Interplanetary Peril*, New York, Simon & Schuster, 2002.
FERRIS, Timothy, *The Mind's Sky : Human Intelligence in a Cosmic Context*, New York, Bantam Books, 1992.
FERRIS, Timothy, *The Whole Shebang : A State of the Universe(s) Report*, New York, Simon & Schuster, 1997.

FEYNMAN, Richard P., *Six Easy Pieces*, Londres, Penguin Books, 1998.

FISHER, Richard V., HEIKEN, Grant, HULEN, Jeffrey B., *Volcanoes : Crucibles of Change*, Princeton, Princeton University Press, 1997.

FLANNERY, Timothy, SCHOUTEN, Peter, *A Gap in Nature : Discovering the World's Extinct Animals*, Londres, Heinemann, 2001.

FLANNERY, Timothy, *The Eternal Frontier : An Ecological History of North America and Its Peoples*, Londres, William Heinemann, 2001.

FLANNERY, Timothy, *The Future Eaters : An Ecological History of the Australasian Lands and People*, Sydney, Reed New Holland, 1997.

FORTEY, Richard, *Life : An Unauthorised Biography*, Londres, Flamingo/HarperCollins, 1998.

FORTEY, Richard, *Trilobite ! Eyewitness to Evolution*, Londres, HarperCollins, 2000.

FRAYN, Michael, *Copenhagen*, New York, Anchor Books, 2000.

GAMOW, George, STANNARD, Russell, *The New World of Mr Tompkins*, Cambridge, Cambridge University Press, 2001.

GAWANDE, Atul, *Complications : A Surgeon's Notes on an Imperfect Science*, New York, Metropolitan Books/Henry Holt, 2002.

GIANCOLA, Douglas C., *Physics : Principles with Applications*, Upper Saddle River, NJ, Prentice Hall, 1998.

GJERTSEN, Derek, *The Classics of Science : A Study of Twelve Enduring Scientific Works*, New York, Lilian Barber Press, 1984.

GODFREY, Laurie R. (dir.), *Scientists Confront Creationism*, New York, W. W. Norton, 1983.

GOLDSMITH, Donald, *The Astronomers*, New York, St. Martin's Press, 1991.

GOULD, Stephen Jay, *Bully for Brontosaurus : Reflections in Natural History*, Londres, Hutchinson Radius, 1991.

GOULD, Stephen Jay, *Dinosaur in a Haystack : Reflections in Natural History*, New York, Harmony Books, 1995. [*La Foire aux dinosaures*, Paris, Le Seuil, 1997, trad. Marcel Blanc.]

GOULD, Stephen Jay, *Eight Little Piggies : Reflections in Natural History*, Londres, Penguin, 1994. [*Comme les huit doigts de la main*, Paris, Le Seuil, 2000, trad. Marcel Blanc.]

GOULD, Stephen Jay, *Ever Since Darwin : Reflections in Natural History*, New York, W. W. Norton, 1977. [*Darwin et les Grandes Énigmes de la vie*, Paris, Le Seuil, 1984, trad. Daniel Lemoine.]

GOULD, Stephen Jay, *Leonardo's Mountain of Clams and the Diet of Worms : Essays on Natural History*, Londres, Jonathan Cape, 2000. [*Les Coquillages de Léonard*, Paris, Le Seuil, 2001.]

GOULD, Stephen Jay (dir.), *The Book of Life*, New York, W. W. Norton, 1993. [*Le Livre de la vie*, Paris, Le Seuil, 1993, trad. Marcel Blanc.]

GOULD, Stephen Jay, *The Flamingo's Smile : Reflections in Natural History*, New York, W. W. Norton, 1985. [*Le Sourire du flamant rose*, Paris, Le Seuil, 2000, trad. Dominique Teyssié.]

GOULD, Stephen Jay, *The Lying Stones of Marrakech : Penultimate Reflections in Natural History*, New York, Harmony Books, 2000, p. 305. [*Les Pierres truquées de Marrakech*, Paris, Le Seuil, 2002, trad. Marcel Blanc.]

GOULD, Stephen Jay, *The Panda's Thumb : More Reflections in Natural History*, New York, W. W.

Norton, 1977. [*Le Pouce du panda*, Grasset, Paris, 1982, trad. Jacques Chabert.]

GOULD, Stephen Jay, *Time's Arrow, Time's Cycle : Myth and Metaphor in the Discovery of Geological Time*, Cambridge, Mass., Harvard University Press, 1987. [*Aux racines du temps*, Paris, Le Livre de poche, « Biblio essais », trad. Bernard Ribault, 1997.]

GOULD, Stephen Jay, *Wonderful Life : The Burgess Shale and the Nature of History*, New York, W. W. Norton, 1989. [*La vie est belle, les surprises de l'évolution*, Paris, Le Seuil, 1991, trad. Marcel Blanc.]

GREEN, Bill, *Water, Ice and Stone : Science and Memory on the Antarctic Lakes*, New York, Harmony Books, 1995.

GRIBBIN, John, *Almost Everyone's Guide to Science : The Universe, Life and Everything*, Londres, Phoenix, 1998.

GRIBBIN, John, CHERFAS, Jeremy, *The First Chimpanzee : In Search of Human Origins*, Londres, Penguin, 2001.

GRIBBIN, John, GRIBBIN, Mary, *Being Human : Putting People in an Evolutionary Perspective*, Londres, Phoenix/Orion, 1993.

GRIBBIN, John, GRIBBIN, Mary, *Fire on Earth : Doomsday, Dinosaurs and Humankind*, New York, St. Martin's Press, 1996.

GRIBBIN, John, GRIBBIN, Mary, *Ice Age*, Londres, Allen Lane, 2001.

GRIBBIN, John, *In the Beginning : The Birth of the Living Universe*, Londres, Penguin, 1994.

GRINSPOON, David Harry, *Venus Revealed : A New Look Below the Clouds of Our Mysterious Twin Planet*, Reading, Mass., Helix/Addison-Wesley, 1997.

GUTH, Alan, *The Inflationary Universe : The Quest for*

a New Theory of Cosmic Origins, Reading, Mass., Helix/Addison-Wesley, 1997.

HALDANE, J. B. S., *Adventures of a Biologist*, New York, Harper & Brothers, 1937.

HALDANE, J. B. S., *What is Life ?*, New York, Boni and Gaer, 1947.

HALLAM, Anthony, *Great Geological Controversies*, 2e éd., Oxford, Oxford University Press, 1989.

HAMBLYN, Richard, *The Invention of Clouds : How an Amateur Meteorologist Forged the Language of the Skies*, Londres, Picador, 2001.

HAMILTON-PATERSON, James, *The Great Deep : The Sea and Its Thresholds*, New York, Random House, 1992.

HAPGOOD, Charles H., *Earth's Shifting Crust : A Key to Some Basic Problems of Earth Science*, New York, Pantheon Books, 1958.

HARRINGTON, John W., *Dance of the Continents : Adventures with Rocks and Time*, Los Angeles, J. P. Tarcher, 1958.

HARRISON, Edward, *Darkness at Night : A Riddle of the Universe*, Cambridge, Mass., Harvard University Press, 1987.

HAWKING, Stephen, *A Brief History of Time : From the Big Bang to Black Holes*, Londres, Bandtam Books, 1988, p. 47. [*Une brève histoire du temps*, Paris, Flammarion, 1999, trad. Isabelle Naddeo-Souriau.]

HAWKING, Stephen, *The Universe in a Nutshell*, Londres, Bantam Press, 2001.

HAZEN, Robert M., TREFIL, James, *Science Matters : Achieving Scientific Literacy*, New York, Doubleday, 1991.

HEISERMAN, David L., *Exploring Chemical Elements and Their Compounds*, Blue Ridge Summit, Pa., TAB Books/McGraw-Hill, 1992.

HITCHCOCK, A. S., *Manual of the Grasses of the United States*, 2e éd., New York, Dover Publications, 1971.
HOLMYARD, E. J., *Makers of Chemistry*, Oxford, Clarendon Press, 1931.
HORWITZ, Tony, *Blue Latitudes : Boldly Going Where Captain Cook Has Gone Before*, New York, Henry Holt, 2002.
HOUGH, Richard, *Captain James Cook*, New York, W. W. Norton, 1994.
JARDINE, Lisa, *Ingenious Pursuits : Building the Scientific Revolution*, New York, Nan A. Talese/Doubleday, 1999.
JOHANSON, Donald, BLAKE, Edgar, *From Lucy to Language*, New York, Nan A. Talese/Doubleday, 1999.
JOLLY, Allison, *Lucy's Legacy : Sex and Intelligence in Human Evolution*, Cambridge, Mass., Cambridge University Press, 1999.
JONES, Steve, *Almost Like a Whale : The Origin of Species Updated*, Londres, Doubleday, 1999.
JUDSON, Horace Freeland, *The Eighth Day of Creation : Makers of the Revolution in Biology*, Londres, Penguin 1995.
JUNGER, Sebastian, *The Perfect Storm : A True Story of Men Against the Sea*, New York, HarperCollins, 1997.
JUNGNICKEL, Christa, MCCORMACH, Russel, *Cavendish : The Experimental Life*, Bucknell, Pa., Bucknell Press, 1999.
KAKU, Michio, *Hyperspace : A Scientific Odyssey Through Parallel Universes, Time Warps, and the Tenth Dimension*, New York, Oxford University Press, 1994.
KASTNER, Joseph, *A Species of Eternity*, New York, Alfred A. Knopf, 1977.

KELLER, Evelyn Fox, *The Century of the Gene*, Cambridge, Mass., Harvard University Press, 2000.
KEMP, Peter, *The Oxford Companion to Ships and the Sea*, Londres, Oxford University Press, 1979.
KEVLES, Daniel J., *The Physicists : The History of a Scientific Community in Modern America*, New York, Alfred A. Knopf, 1978.
KITCHER, Philip, *Abusing Science : The Case Against Creationism*, Cambridge, Mass., MIT Press, 1982.
KOLATA, Gina, *Flu : The Story of the Great Influenza Pandemic of 1918 and the Search for the Virus That Caused It*, Londres, Pan Books, 2001.
KREBS, Robert E., *The History and Use of Our Earth's Chemical Elements*, Westport, Connecticut, Greenwood Press, 1998.
KUNZIG, Robert, *The Restless Sea : Exploring the World Beneath the Waves*, New York, W. W. Norton, 1999.
KURLANSKY, Mark, *Cod : A Biography of the Fish That Changed the World*, Londres, Vintage, 1999.
LEAKEY, Richard, *The Origin of Mankind*, New York, Basic Books/HarperCollins, 1994.
LEAKEY, Richard, LEWIN, Roger, *The Sixth Extinction : Biodiversity and its Survival*, Londres, Weidenfeld & Nicolson, 1996. [*La Sixième Extinction, évolutions et catastrophes*, Paris, Flammarion, « Champs », 1999, trad. Vincent Fleury.]
LEICESTER, Henry M., *The Historical Background of Chemistry*, New York, Dover Publications, 1971.
LEMMON, Kenneth, *The Golden Age of Plant Hunters*, Londres, Phoenix House, 1968.
LEWIN, Roger, *Bones of Contention : Controversies in the Search for Human Origins*, 2e éd., Chicago, University of Chicago Press, 1997.
LEWIS, Cherry, *The Dating Game : One Man's Search

for the Age of the Earth, Cambridge, Cambridge University Press, 2000.
LEWIS, John S., *Rain of Iron and Ice : The Very Real Threat of Comet and Asteroid Bombardment*, Reading, Mass., Addison-Wesley, 1996.
LEWONTIN, Richard, *It Ain't Necessarily So : The Dream of the Human Genome and Other Illusions*, Londres, Granta Books, 2001.
LITTLE, Charles E., *The Dying of the Trees : The Pandemic in America's Forests*, New York, Viking, 1995.
LYNCH, John, *The Weather*, Toronto, Firefly Books, 2002.
MADDOX, Brenda, *Rosalind Franklin : The Dark Lady of DNA*, New York, HarperCollins, 2002.
MARGULIS, Lynn, SAGAN, Dorion, *Microcosmos : Four Billion Years of Evolution from Our Microbial Ancestors*, New York, Summit Books, 1996.
MARSHALL, Nina L., *Mosses and Lichens*, New York, Doubleday, Page & Co., 1908.
MATTHIESSEN, Peter, *Wildlife in America*, Londres, Penguin Books, 1995.
MCGHEE, George R. Jr, *The Late Devonian Mass Extinction : The Frasnian/Famennian Crisis*, New York, Columbia University Press, 1996.
MCGRAYNE, Sharon Bertsch, *Prometheans in the Lab : Chemistry and the Making of the Modern World*, New York, McGraw-Hill, 2001.
MCGUIRE, Bill, *A Guide to the End of the World : Everything You Never Wanted to Know*, Oxford, Oxford University Press, 2002.
MCKIBBEN, Bill, *The End of Nature*, New York, Random House, 1989.
MCPHEE, John, *Assembling California*, New York, Farrar, Straus & Giroux, 1993.

McPhee, John, *Basin and Range*, New York, Farrar, Straus & Giroux, 1983.
McPhee, John, *In Suspect Terrain*, New York, Noonday Press/Farrar, Straus & Giroux, 1983.
McPhee, John, *Rising from the Plains*, New York, Farrar, Straus & Giroux, 1986.
McSween, Harry Y. Jr, *Stardust to Planets : A Geological Tour of the Solar System*, New York, St. Martin's Press, 1993.
Moore, Patrick, *Fireside Astronomy : An Anecdotal Tour Through the History and Lore of Astronomy*, Chichester, John Wiley and Sons, 1992.
Moorehead, Alan, *Darwin and the Beagle*, New York, Harper and Row, 1969.
Morowitz, Harold J., *The Thermodynamics of Pizza*, New Brunswick, NJ, Rutgers University Press, 1991.
« Mrs Gordon », *The Life and Correspondence of William Buckland, D.D., F.R.S.*, Londres, John Murray, 1984.
Musgrave, Toby, Gardner, Chris, Musgrave, Will, *The Plant Hunters : Two Hundred Years of Adventure and Discovery Around the World*, Londres, Ward Lock, 1999.
Norton, Trevor, *Stars Beneath the Sea : The Extraordinary Lives of the Pioneers of Diving*, Londres, Arrow Books, 2000.
Novacek, Michael, *Time Traveler : In Search of Dinosaurs and Other Fossils from Montana to Mongolia*, New York, Farrar, Straus & Giroux, 2001.
Nuland, Sherwin B., *How We Live : The Wisdom of the Body*, Londres, Vintage, 1998.
Officer, Charles, Page, Jake, *Tales of the Earth :*

Paroxysms and Perturbations of the Blue Planet, New York, Oxford University Press, 1993.
OLDROYD, David R., *Thinking About the Earth : A History of Ideas in Geology*, Cambridge, Mass., Harvard University Press, 1996.
OLDSTONE, Michael B., *Viruses, Plagues and History*, New York, Oxford University Press, 1998.
OVERBYE, Dennis, *Lonely Hearts of the Cosmos : The Scientific Quest for the Secret of the Universe*, New York, HarperCollins, 1991.
OZIMA, Minoru, *The Earth : Its Birth and Growth*, Cambridge, Cambridge University Press, 1981.
PARKER, Ronald B., *Inscrutable Earth : Explorations in the Science of Earth*, New York, Charles Scribner's Sons, 1984.
PEARSON, John, *The Serpent and the Stag*, New York, Holt, Rinehart and Winston, 1983.
PEEBLES, Curtis, *Asteroids : A History*, Washington, Smithsonian Institution Press, 2000.
PLUMMER, Charles C., MCGEARY, David, *Physical Geology*, Dubuque, Iowa, William C. Brown, 1996.
POLLACK, Robert, *Signs of Life : The Language and Meanings of DNA*, Boston, Houghton Mifflin, 1994.
POWELL, James L., *Mysteries of Terra Firma : The Age and Evolution of the Earth*, New York, Free Press/Simon & Schuster, 2001.
POWELL, James L., *Night Comes to the Cretaceous : Dinosaur Extinction and the Transformation of Modern Geology*, New York, W. H. Freeman & Co., 1998.
PSIHOYOS, Louie (en coll. avec John KNOEBBER), *Hunting Dinosaurs*, New York, Random House, 1994.
PUTNAM, William Lowell, *The Worst Weather on Earth*,

Gorham, H. H., Mount Washington Observatory/American Alpine Club, 1991.
QUAMMEN, David, *Monster of God*, New York, W. W. Norton, 2003.
QUAMMEN, David, *The Boilerplate Rhino : Nature in the Eye of the Beholder*, New York, Touchstone/Simon & Schuster, 2000.
QUAMMEN, David, *The Song of the Dodo*, Londres, Hutchinson, 1996.
REES, Martin, *Just Six Numbers : The Deep Forces That Shape the Universe*, Londres, Phoenix/Orion, 2000.
RIDLEY, Matt, *Genome : The Autobiography of a Species*, Londres, Fourth Estate, 1999.
RIDLEY, Matt, *The Red Queen : Sex and the Evolution of Human Nature*, Londres, Penguin, 1994.
RITCHIE, David, *Superquake ! Why Earthquakes Occur and When the Big One Will Hit Southern California*, New York, Crown Publishers, 1988.
ROSE, Steven, *Lifelines : Biology, Freedom, Determinism*, Londres, Penguin, 1997.
RUDWICK, Martin J. S., *The Great Devonian Controversy : The Shaping of Scientific Knowledge Among Gentlemanly Specialists*, Chicago, University of Chicago Press, 1985.
SACKS, Oliver, *An Anthropologist on Mars : Seven Paradoxical Tales*, New York, Alfred A. Knopf, 1995. [*Un anthropologue sur Mars*, Paris, Le Seuil, 2003, trad. Christian Cler.]
SACKS, Oliver, *Oaxaca Journal*, Washington, National Geographic, 2002.
SAGAN Carl, DRUYAN, Ann, *Comet*, New York, Random House, 1985.
SAGAN, Carl, *Cosmos*, New York, Ballantine Books,

1980. [*Cosmos*, Paris, Mazarine, 1981, trad. Dominique Peters et Marie-Hélène Dumas.]
SAGAN, Dorion, MARGULIS, Lynn, *Garden of Microbial Delights : A Practical Guide to the Subvisible World*, Boston, Harcourt Brace Jovanovich, 1988.
SAYRE, Anne, *Rosalind Franklin and DNA*, New York, W. W. Norton, 1975.
SCHNEER, Cecil J. (dir.), *Toward a History of Geology*, Cambridge, Mass., MIT Press, 1969.
SCHOPF, William J., *Cradle of Life : The Discovery of Earth's Earliest Fossils*, Princeton, NJ, Princeton University Press, 1999.
SCHULTZ, Gwen, *Ice Age Lost*, Garden City, NY, Anchor Press/Doubleday, 1974.
SCHWARTZ, Jeffrey H., *Sudden Origins : Fossils, Genes and the Emergence of Species*, New York, John Wiley and Sons, 1999.
SEMONIN, Paul, *American Monster : How the Nation's First Prehistoric Creature Became a Symbol of National Identity*, New York, New York University Press, 2000.
SHORE, William H. (dir.), *Mysteries of Life and the Universe*, San Diego, Harvest/Harcourt Brace & Co., 1992.
SILVER, Brian, *The Ascent of Science*, New York, Solomon/Oxford University Press, 1998.
SIMPSON, George Gaylord, *Fossils and the History of Life*, New York, Scientific American, 1983.
SMITH, Anthony, *The Weather : The Truth About the Health of Our Planet*, Londres, Hutchinson, 2000.
SMITH, Robert B., SIEGEL, Lee J., *Windows into the Earth : The Geologic Story of Yellowstone and Grand Teton National Parks*, New York, Oxford University Press, 2000.

SNOW, C. P., *The Physicists*, Londres, House of Stratus, 1979.
SNOW, C. P., *Variety of Men*, New York, Charles Scribner's Sons, 1966.
SNYDER, Carl H., *The Extraordinary Chemistry of Ordinary Things*, New York, John Wiley & Sons, 1995.
STALCUP, Brenda (dir.), *Endangered Species : Opposing Viewpoints*, San Diego, Greenhaven Press, 1996.
STANLEY, Steven M., *Extinction*, New York, Scientific American, 1987.
STARK, Peter, *Last Breath : Cautionary Tales from the Limits of Human Endurance*, New York, Ballantine Books, 2001.
STEPHEN, sir Leslie, LEE, sir Sidney (dir.), *Dictionary of National Biography*, Oxford, Oxford University Press, 1973.
STEVENS, William K., *The Change in the Weather : People, Weather, and the Science of Climate*, New York, Delacorte Press, 1999.
STEWART, Ian, *Nature's Numbers : Discovering Order and Pattern in the Universe*, Londres, Phoenix, 1995.
STRATHERN, Paul, *Mendeleyev's Dream : The Quest for the Elements*, Londres, Penguin Books, 2001.
SULLIVAN, Walter, *Landprints*, New York, Times Books, 1984.
SULSTON, John, FERRY, Georgina, *The Common Thread : A Story of Science, Politics, Ethics and the Human Genome*, Londres, Bantam Press, 2002.
SWISHER III, Carl C., CURTIS, Garniss H., LEWIN, Roger, *Java Man : How Two Geologists' Dramatic Discoveries Changed our Understanding of the Evolutionary Path to Modern Humans*, Londres, Little, Brown & Co., 2001.

SYKES, Bryan, *The Seven Daughters of Eve*, Londres, Bantam Press, 2001. [*Les Sept Filles d'Ève. Génétique et histoire de nos origines*, Paris, Albin Michel, 2001, trad. Pierre-Emmanuel Dauzat.]

TATTERSALL, Ian, SCHWARTZ, Jeffrey, *Extinct Humans*, Boulder, Colo., Westview/Perseus, 2001.

TATTERSALL, Ian, *The Human Odyssey : Four Million Years of Human Evolution*, New York, Prentice-Hall, 1993.

TATTERSALL, Ian, *The Monkey in the Mirror : Essays on the Science of What Makes Us Human*, Oxford, Oxford University Press, 2002.

THACKRAY, John, PRESS, Bob, *The Natural History Museum : Nature's Treasurehouse*, Londres, Natural History Museum, 2001.

THOMAS, Gordon, WITTS, Max Morgan, *The San Francisco Earthquake*, New York, Stein and Day, 1971.

THOMAS, Keith, *Man and the Natural World : Changing Attitudes in England, 1500-1800*, New York, Oxford University Press, 1983.

THOMPSON, Dick, *Volcano Cowboys : The Rocky Evolution of a Dangerous Science*, New York, St. Martin's Press, 2000.

THORNE, Kip. S., *Black Holes and Time Warps : Einstein's Outrageous Legacy*, New York, W. W. Norton, 1994. [*Trous noirs et distorsion du temps. L'héritage sulfureux d'Einstein*, Paris, Flammarion, 1996, trad. Alain Bouquet.]

TORTORA, Gerard J., REYNOLDS GRABOWSKI, Sandra, *Principles of Anatomy and Physiology*, Menlo Park, Californie, Addison-Wesley, 1996.

TREFIL, James, *101 Things You Don't Know About Science and No One Else Does Either*, Boston, Mariner/Houghton Mifflin, 1996.

TREFIL, James, *Meditations at 10.000 Feet : A Scientist in the Mountains*, New York, Charles Scribner's Sons, 1987.
TREFIL, James, *Meditations at Sunset : A Scientist Looks at the Sky*, New York, Charles Scribner's Sons, 1987.
TREFIL, James, *The Unexpected Vista : A Physicist's View of Nature*, New York, Charles Scribner's Sons, 1983.
TRINKAUS, Erik, SHIPMAN, Pat, *The Neandertals : Changing the Image of Mankind*, Londres, Pimlico, 1994.
TUDGE, Colin, *The Time Before History : Five Million Years of Human Impact*, New York, Touchstone/ Simon & Schuster, 1996.
TUDGE, Colin, *The Variety of Life : A Survey and a Celebration of All the Creatures That Have Ever Lived*, Oxford, Oxford University Press, 2002.
VERNON, Ron, *Beneath Our Feet : The Rocks of Planet Earth*, Cambridge, Cambridge University Press, 2000.
VOGEL, Shawna, *Naked Earth : The New Geophysics*, New York, Dutton, 1995.
WALKER Alan, SHIPMAN, Pat, *The Wisdom of the Bones : In Search of Human Origins*, Londres, Weidenfeld & Nicolson, 1996.
WALLACE, Robert A., KING, Jack L., SANDERS, Gerald P., *Biology : The Science of Life*, 2e éd., Glenview, Ill., Scott, Foresman and Company, 1986.
WARD, Peter D., BROWNLEE, Donald, *Rare Earth : Why Complex Life Is Uncommon in the Universe*, New York, Copernicus, 1999.
WATSON, James D., *The Double Helix : A Personal Account of the Discovery of the Structure of DNA*, Londres, Penguin Books, 1999.

WEINBERG, Samantha, *A Fish Caught in Time : The Search for the Coelacanth*, Londres, Fourth Estate, 1999.

WEINBERG, Steven, *Dreams of a Final Theory*, New York, Pantheon Books, 1992.

WEINBERG, Steven, *The Discovery of Subatomic Particles*, New York, Scientific American, 1983.

WHITAKER, Richard (dir.), *Weather*, Sydney, Nature Company/Time-Life Books, 1996.

WHITE, Michael, *Isaac Newton : The Last Sorcerer*, Reading, Mass., Helix Books/Addison-Wesley, 1997.

WHITE, Michael, *Rivals : Conflicts as the Fuel of Science*, Londres, Vintage, 2001.

WILFORD, John Noble, *The Mapmakers*, New York, Alfred A. Knopf, 1981.

WILFORD, John Noble, *The Riddle of the Dinosaur*, New York, Alfred A. Knopf, 1985.

WILLIAMS, E. T., NICHOLLS, C. S. (dir.), *Dictionary of National Biography, 1961-1970*, Oxford, Oxford University Press, 1981.

WILLIAMS, Stanley, MONTAIGNE, Fen, *Surviving Galeras*, Boston, Houghton Mifflin, 2001.

WILSON, David, *Rutherford : Simple Genius*, Cambridge, Mass., MIT Press, 1983.

WILSON, Edward O., *The Diversity of Life*, Cambridge, Mass., Belknap Press/Harvard University Press, 1992.

WINCHESTER, Simon, *The Map That Changed the World : The Tale of William Smith and the Birth of a Science*, Londres, Viking, 2001.

WOOLFSON, Adrian, *Life Without Genes : The History and Future of Genomes*, Londres, Flamingo, 2000.

Remerciements

J'ai devant moi, en ce début de l'année 2003, plusieurs pages de manuscrit portant de somptueux encouragements et quelques notes pleines de tact de Ian Tattersall, de l'American Museum of Natural History, me signalant, entre autres détails, que Périgueux ne se trouve pas dans une région viticole, qu'il est fort inventif mais assez peu orthodoxe de ma part de mettre en italique les divisions taxinomiques situées au-dessus du genre et de l'espèce, et que j'ai mis une belle constance à orthographier de travers le nom d'Olorgesailie (un endroit que je n'ai visité que depuis peu) – et ainsi de suite dans la même veine sur deux chapitres couvrant son domaine d'expertise : l'homme préhistorique.

Dieu seul sait combien de confusions du même genre dissimulent encore ces pages, mais c'est grâce au Dr Tattersall et à tous ceux que je m'apprête à mentionner qu'il n'y en a pas des centaines de plus. À défaut de pouvoir remercier à la mesure de l'aide qu'ils m'ont apportée tous ceux qui ont participé à la préparation de ce livre, j'ai une dette particulière envers ceux dont les noms apparaissent ci-après, pour leur générosité et leur amabilité, et pour les trésors d'héroïque patience qu'ils ont dû trouver pour répondre à cette demande simple et réitérée *ad nauseam* : « Excusez-moi, vous pourriez m'expliquer ça encore une fois ? »

Aux États-Unis : Ian Tattersall, de l'American Museum of Natural History de New York ; John Thorstensen, Mary K. Hudson et David Blanchflower de Darmouth College à Hanover, New Hampshire ; le Dr William Abdu et le Dr Bryan Marsh de Dartmouth-Hitchcock Medical Center de Lebanon, New Hampshire ; Ray Anderson et Brian Witzke du Iowa Department of Natural Ressources, Iowa City ; Mike Voorhies de l'université du Nebraska et du parc national d'Ashfall Fossil Beds State, près d'Orchard, dans le Nebraska ; Chuck Offenburger, de Buena Vista University, Storm Lake, Iowa ; Ken Rancourt, directeur de recherches, Observatoire de Mount Washington, Gorham, New Hampshire ; Paul Doss, géologue du parc national de Yellowstone, et sa femme, Heidi, du même parc national ; Frank Asaro, de l'université de Californie, Berkeley ; Oliver Payne et Lynn Addison de la National Geographic Society ; James O. Farlow, université d'Indiana-Purdue ; Roger L. Larson, professeur de géophysique marine, université de Rhode Island ; Jeff Guinn, du *Fort Worth Star Telegram* ; Jerry Kasten de Dallas, Texas ; et le personnel de la Iowa Historical Society de Des Moines.

En Angleterre : David Caplin de l'Imperial College, Londres ; Richard Fortey, Len Ellis et Kathy Way du Muséum d'histoire naturelle ;

Martin Raff de University College, Londres ; Rosalind Harding de l'Institute of Biological Anthropology d'Oxford ; le Dr Lawrence Smaje, ancien membre du Wellcome Institute ; et Keith Blackmore, du *Times*.

En Australie : le révérend Robert Evans d'Hazelbrook, Nouvelle-Galles du Sud ; Alan Thorne et Victoria Bennett, de l'Université nationale australienne de Canberra ; Anne Milne, du *Sydney Morning Herald* ; Ian Nowak, ancien membre de la Geological Society of Western Australia ; Thomas H. Rich, du musée Victoria ; Tim Flannery, directeur du South Australian Museum d'Adélaïde ; et le très obligeant personnel de la State Library de Nouvelle-Galles du Sud à Sydney.

Et ailleurs : Sue Superville, directrice du centre d'information du musée de Nouvelle-Zélande de Wellington, et le Dr Emma Mbua, le Dr Koen Maes, et Jillani Ngalla du Musée national du Kenya à Nairobi.

J'ai aussi des dettes profondes et variées envers Patrick Janson-Smith, Gerald Howard, Marianne Velmans, Alison Tulett, Larry Finlay, Steve Rubin, Jed Mattes, Carol Heaton, Charles Elliott, David Bryson, Felicity Bryson, Dan McLean, Nick Southern, Patrick Gallagher, Larry Ashmead, et le personnel de l'incomparable et toujours accueillante Howe Library d'Hanover, New Hampshire.

Enfin et surtout, mes remerciements émus à ma chère, patiente et incomparable épouse, Cynthia.

Table des matières

Composition et mise en pages réalisées
par IND - 39100 Brevans

Achevé d'imprimer
en février 2007
par Printer Industria Gráfica
pour le compte de France Loisirs, Paris

Numéro d'éditeur : 47671
Dépôt légal : février 2007
Imprimé en Espagne